Pro/ENGINEER Wildfire 4.0 工程零件设计实战教程

（第 2 版）

主　编　程燕军　姚水清

副主编　靳　远　牛　海　于吉鲲

北京理工大学出版社
BEIJING INSTITUTE OF TECHNOLOGY PRESS

内 容 简 介

本书以 Pro/ENGINEER 为对象，通过实例向读者展示利用 Pro/ENGINEER 和进行工程零件设计的实战过程。软件版本：Pro/ENGINEER Wildfire 4.0。

全书共分 12 章，分别是：Pro/ENGINEER Wildfire 4.0 应用基础、草绘、基础造型特征、基准特征、工程特征、其他特征、高级造型特征、扭曲特征、特征修改和解决特征再生失败、曲面特征、装配设计、工程图与 Auto CAD 等，其中第 12 章为 Pro/ENGINEER 和 Auto CAD 结合进行工程图设计。

本书适合于用 Pro/ENGINEER 进行产品开发和设计的广大工程技术人员、在校大中专生及各类相关培训机构使用。

图书在版编目（CIP）数据

Pro/ENGINEER Wildfire 4.0 工程零件设计实战教程 / 程燕军，姚水清主编．—2 版．—北京：北京理工大学出版社，2012.11

ISBN 978 - 7 - 5640 - 6971 - 1

Ⅰ．①P…　Ⅱ．①程…　②姚…　Ⅲ．①机械元件 - 计算机辅助设计 - 应用软件 - 教材　Ⅳ．①TH13 - 39

中国版本图书馆 CIP 数据核字（2012）第 256704 号

出版发行 / 北京理工大学出版社
社　　址 / 北京市海淀区中关村南大街 5 号
邮　　编 / 100081
电　　话 / (010)68914775(办公室)　68944990(批销中心)　68911084(读者服务部)
网　　址 / http：// www. bitpress. com. cn
经　　销 / 全国各地新华书店
印　　刷 / 天津紫阳印刷有限公司
开　　本 / 787 毫米 ×960 毫米　1/16
印　　张 / 23. 25
字　　数 / 473 千字
版　　次 / 2012 年 11 月第 2 版　　2012 年 11 月第 1 次印刷　　责任校对 / 申玉琴
定　　价 / 54. 00 元　　责任印制 / 吴皓云

图书出现印装质量问题，本社负责调换

前　言

Pro/ENGINEER 是美国参数技术公司（PTC）于 1988 年发布的 CAD/CAM/CAE 一体化软件。自 Pro/ENGINEER 问世以来，经过近二十年的不断更新已成为世界上最普及的三维工业设计软件。2008 年 PTC 推出了目前最新版本 Pro/ENGINEER Wildfire 4.0。新版的 Pro/ENGINEER 在系统界面和设计功能方面都做了较大的改进，能更好地满足用户的要求，全面提高了设计效率。同时，因其使用方便、易于掌握而被广泛应用于机械设计、工业设计、辅助制造等领域，特别是在模具设计和制造行业有着广泛的应用。

本书使用的软件为目前的最高版本 Pro/ENGINEER Wildfire 4.0。

本书注重实用性，编写循序渐进、由浅入深。通过大量实例，引导读者理解 Pro/ENGINEER 软件，掌握它们的操作技巧。本书以较大篇幅演示了 Pro/ENGINEER 完成工程零件设计的步骤。如果读者按书中顺序有步骤地练习，假以时日必会掌握 Pro/ENGINEER 零件设计的方法和技巧。

全书共分 12 章，主要内容如下：

第 1 章　Pro/ENGINEER Wildfire 4.0 应用基础，介绍了野火版的界面和常用基本操作。

第 2 章　草绘，介绍了二维剖面的绘制方法。

第 3 章　基本造型特征，介绍了拉伸、旋转、扫描和混合四种基本造型特征的操作和应用。

第 4 章　基准特征，介绍了基准平面、基准轴、基准点、基准坐标系和图形特征的创建方法。

第 5 章　工程特征，介绍了孔、壳、筋、拔模、倒圆角、倒角和自动倒圆角特征的创建方法。

第 6 章　其他特征，介绍了特征的复制和阵列方法，样条折弯和环形折弯等特征的特点及应用。

第 7 章　高级造型特征，介绍了可变剖面扫描、扫描混合和螺旋扫描特征的特点及应用。

第 8 章　扭曲特征，介绍了扭曲特征的特点及应用。

第 9 章　特征修改和解决特征再生失败，介绍了特征编辑、特征编辑定义和重定义特征参照等特征修改方法，阐述了特征失败的原因及解决特征再生失败的方法。

第 10 章　曲面特征，介绍了曲面造型的特点及方法。

第 11 章　装配设计，介绍了零件的基本装配方法，自顶向下设计、动画和运动仿真的特点及应用。

第 12 章　工程图与 Auto CAD，介绍了利用 Pro/ENGINEER 创建工程图的方法和过程，并详细介绍了 Pro/ENGINEER 和 Auto CAD 之间数据交换的方法，利用 Auto CAD 进行二维工程图编辑的方法和过程。

本书由程燕军、姚水清任主编，由靳远、牛海、于吉鲲任副主编，对本书的编写提供帮助的人员还有：阳伟、张志龙、王凤、石海珍、齐建军、代涛、王丹，在此表示衷心感谢。本书同时参考了业界的最新研究成果，在此向相关作者表示衷心的感谢。

由于编者水平有限，书中错误在所难免，希望广大读者谅解，并请批评指正。

编　者

目　录

第 1 章　Pro/ENGINEER Wildfire 4.0 应用基础

1.1　Pro/ENGINEER Wildfire 4.0 对系统软硬件的要求

Pro/ENGINEER Wildfire 4.0 的主要软、硬件配置的建议。

操作系统：Windows NT/2000/XP 或 Linux

IE 浏览器：6.0 版本及以上

中央处理器：主频 1 GHz 以上（推荐使用英特尔奔腾四处理器）

内存：256 MB 以上（虚拟内存建议 512 MB 以上）

显卡：64 MB 显存

硬盘：40 GB 以上

显示器：19 英寸 OCR 显示器或 17 英寸 LCD 显示器

网卡：（10/100）Mbit/s 自适应网卡

鼠标：三键鼠标

打印机：黑白激光打印机或一般彩色喷墨打印机

扫描仪：根据需要配置

移动存储器：根据需要配置

如果用户的电脑配置未达到上述要求，也可以执行 Pro/ENGINEER，只不过在运行速度上可能有所下降。

1.2　Pro/ENGINEER Wildfire 4.0 的界面

Pro/ENGINEER Wildfire 4.0 的主界面与 Wildfire 3.0 相比变化不大，如图 1.1 所示。

“主菜单”的主要功能是控制 Pro/ENGINEER 系统的整体环境和各种特征操作。其中包括的菜单选项有：文件、编辑、视图、插入、分析、信息、应用程序、工具、窗口和帮助，如图 1.2 所示。

提示：某些菜单的具体内容会随着当前工作模块的变化而变化。

主菜单
Pro/ENGINEER
文件(F) 编辑(E) 视图(V) 插入(I) 分析(A) 信息(N) 应用程序(P) 工具(T) 窗口(W)
帮助(H)
系统工具栏
特征工具栏
快速框
架控制
绘图区
(绘图窗口)
● 窗口定制信息自动保存到F:\程燕军\proe\一般特征\config.win。
状态信息栏
拾取过滤器

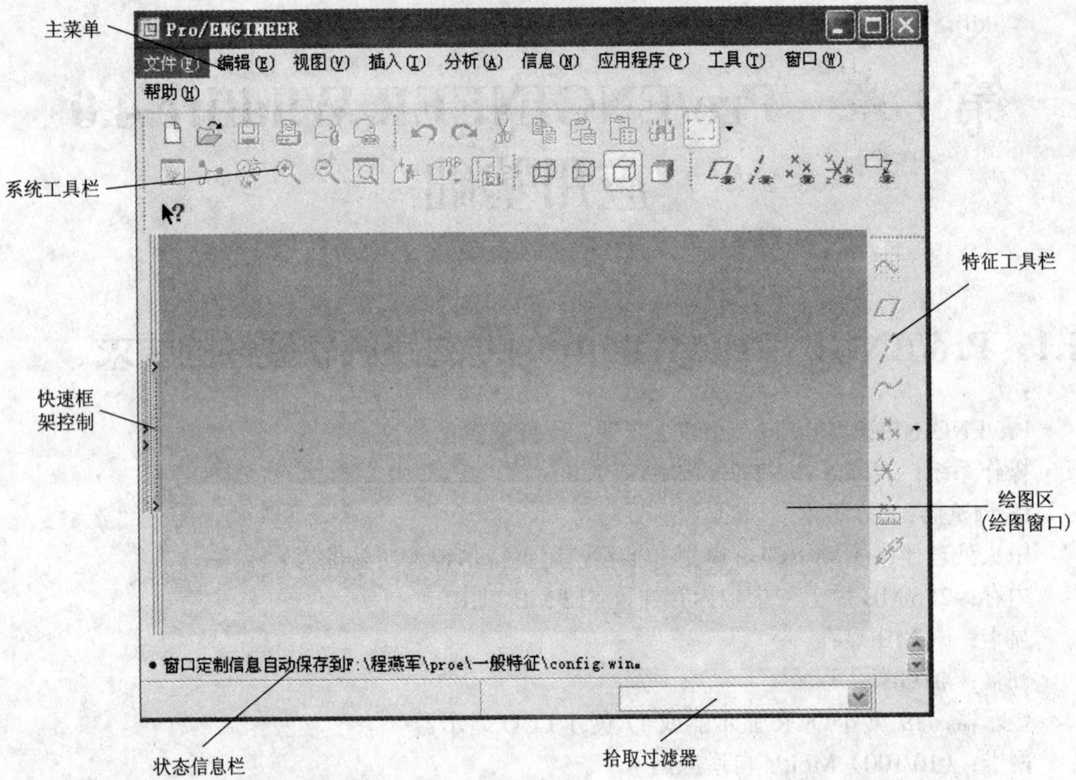

图 1.1

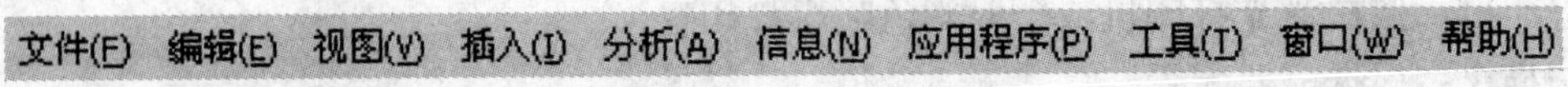

文件(F) 编辑(E) 视图(V) 插入(I) 分析(A) 信息(N) 应用程序(P) 工具(T) 窗口(W) 帮助(H)

图 1.2

“系统工具栏”位于主菜单下方，图 1.3 是实体零件环境下的默认显示状态，这里包含了部分常用功能的图标按钮，单击这些按钮，可以执行相应的功能。

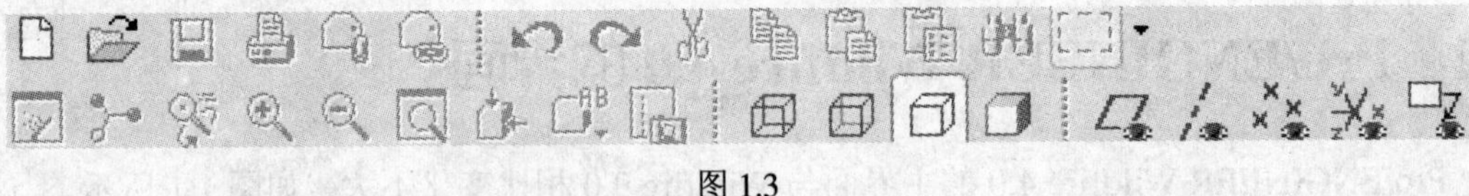

图 1.3

“特征工具栏”位于软件界面的右侧。这里纵向排列了常用的建立特征所对应的功能按钮，默认状态下包括基准特征、工程特征、基本特征和编辑操作等，如图 1.4 所示。

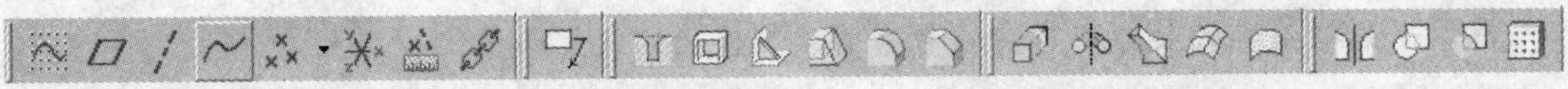

图 1.4

Wildfire 4.0 界面的主体分为 3 个部分，从左到右分别是：

① 导航器窗口：此窗口集成了模型树、文件夹浏览器、收藏夹和链接 4 个方面的内容。在打开模型的时候，层也会出现在导航器窗口。这种导航器可以在一个窗口中显示多项内容，操作非常集中方便，如图 1.5 所示。

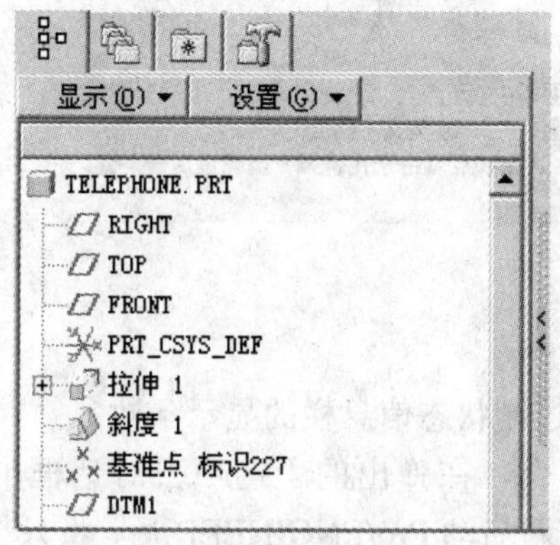

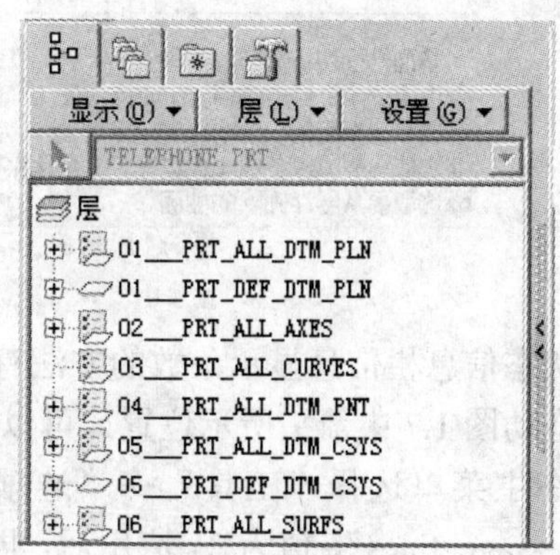

图 1.5

② 浏览器窗口：此窗口显示和操作网页内容，需要说明的是，如果 IE 浏览器版本过低，浏览器功能将不能正常使用，但 Pro/ENGINEER Wildfire 4.0 的其他功能不受影响，系统只是关闭浏览器的相应功能。如果计算机已经连接到了因特网，在缺省状态下，Pro/ENGINEER 系统启动后会自动定位到 PTC 公司的网页，中文版用户可以在这里看到许多关于 Pro/ENGINEER Wildfire 4.0 的介绍。

浏览器的控制按钮和 IE 浏览器的基本功能相同，如图 1.6 所示。

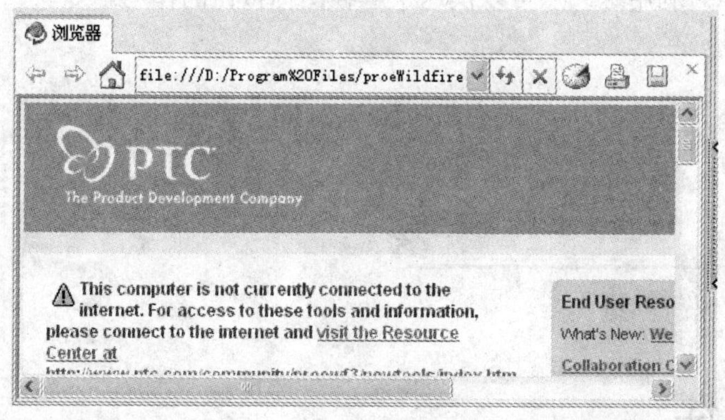

图 1.6

③ 绘图窗口：在这个窗口中完成产品设计的任务，它是最主要的工作场所。

在 Pro/ENGINEER Wildfire 4.0 界面 3 个窗口之间有两个快速框架控制栏，单击框架控制栏上的箭头，可以控制导航器窗口和浏览器窗口的显示和关闭，在工作状态下隐藏这两个窗口后，会让绘图窗口处于最大状态。

在界面的最下方是状态信息栏，在这里显示当前操作状态的信息，在缺省状态下，显示5条最近操作的信息，如图1.7所示。

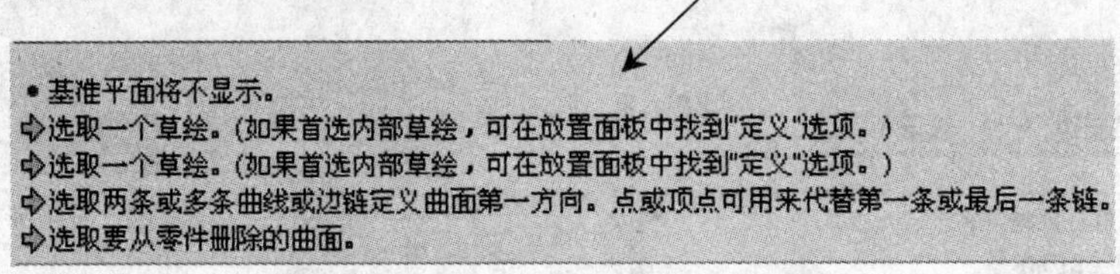

图 1.7

改变状态信息栏信息显示条数的方法有两种。

（1）拖动图1.7中箭头所示位置，可以随机控制状态信息栏的显示条数。

（2）在主菜单选择“工具”→“选项”命令，在弹出的“选项”对话框中输入选项“visible_message_lines”，值为2。应用后，再次重新启动Pro/ENGINEER后，将只显示2条信息，用户可以用该选项自定义显示信息的条数。

在界面右下角，有一个“拾取过滤器”。过滤器缺省的选项是“智能”，通过选择过滤器中的不同选项，可以更加方便地选择图形窗口中零件的不同特征，从而极大地提高了选取的效率，如图1.8所示。注意该图中箭头所指的状态提示灯，该灯为绿色表示零件处于正常状态，为黄色表示有某个特征需要处理，为红色表示特征失败。

在界面中移动鼠标到某个按钮或绘图窗口中零件的某个特征上，如果停留几秒，系统会在鼠标旁边显示这个按钮或者零件特征的名称说明（在界面最下方也会同时出现相同的内容），如图1.9所示。利用这一点可以快速了解各图标按钮的作用。

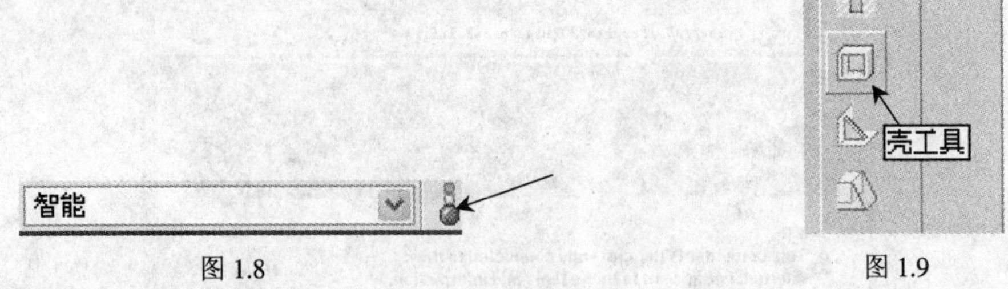

图 1.8　　图 1.9

1.3　管理文件

本节介绍如何在Pro/ENGINEER Wildfire 4.0系统中进行工作目录的设置、文件管理、自动备份文件及多个窗口的管理。

1.3.1　设置工作目录

工作目录是指分配存储 Pro/ENGINEER Wildfire 4.0 文件的区域，缺省的工作目录是在安装 Pro/ENGINEER Wildfire 4.0 时指定的目录文件夹。缺省情况下，新创建的文件会保存在这个工作目录中，在不另外设置系统选项的情况下，每次产生的轨迹文件也会保存在此目录中。

在主菜单选择“文件”→“设置工作目录”命令可设置不同的临时工作目录。

提示：选择桌面的 Pro/ENGINEER Wildfire 4.0 快捷方式并单击右键，在弹出的快捷菜单中选择“属性”命令，在打开的属性对话框中更改起始位置的路径，确定后可以永久地改变工作目录，如图 1.10 所示。

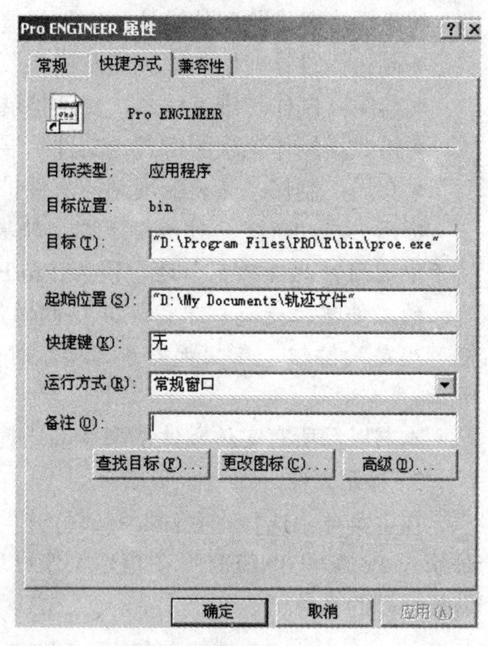

图 1.10

提示：在主菜单中选择“工具”→“选项”命令，在弹出的“选项”对话框中输入参数“trail_dir”，设置值为本地硬盘的指定文件夹，应用后，在以后重新启动 Pro/ENGINEER Wildfire 4.0 后，产生的轨迹文件将保存在该文件夹中。

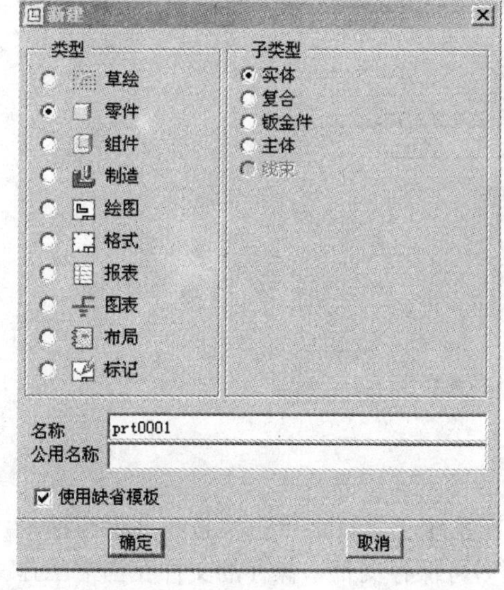

图 1.11

1.3.2　文件的新建、打开和保存

1. 新建文件

在主菜单中选择“文件”→“新建”命令，或者在系统工具栏上单击□按钮（创建新对象），出现如图 1.11 所示的“新建”对话框，在这里选择要创建的文件类型并输入文件名称。

提示：Pro/ENGINEER 的文件名必须限制在 31 个字符内，不能包含括号，如[ ]、{}、( ) 或空格，不能包含非字母数字字符如!、@等，文件名中只能使用小写字符，在 Wildfire 版本中不支持对文件的中文命名。

主要的文件类型包括下列选项：

- 草绘：绘制二维剖面，文件扩展名为.sec。
- 零件：三维零件，文件扩展名为.prt。

- 组件：三维装配体设计，文件扩展名为.asm。
- 制造：设计三维加工流程及模具制造，文件扩展名为.mfg。
- 绘图：制作二维工程图，文件扩展名为.drw。
- 格式：制作工程图格式，文件扩展名为.frm。
- 布局：制作产品装配规划，文件扩展名为.lay。

提示：在“新建”对话框下方，缺省状态下“使用缺省模板”选项处于被选择的状态，对于中国用户此选项不合适，因为 Pro/ENGINEER 系统默认的缺省模板是英制模板，以此建立的文件单位是英制单位，正确的做法是取消“使用缺省模板”前的小钩，再单击对话框“确定”按钮，在“新文件选项”对话框中选择 mmns_part_solid 公制模板，如图 1.12 所示。

本书以后所有实体零件造型实例均使用该模板，在其他地方不再说明。

2. 打开文件

在主菜单中选择“文件”→“打开”命令，或者在系统工具栏上单击按钮（打开现有对象），Pro/ENGINEER 会在指定工作目录选择文件。用户可以在“文件打开”对话框中选择需要打开的文件。

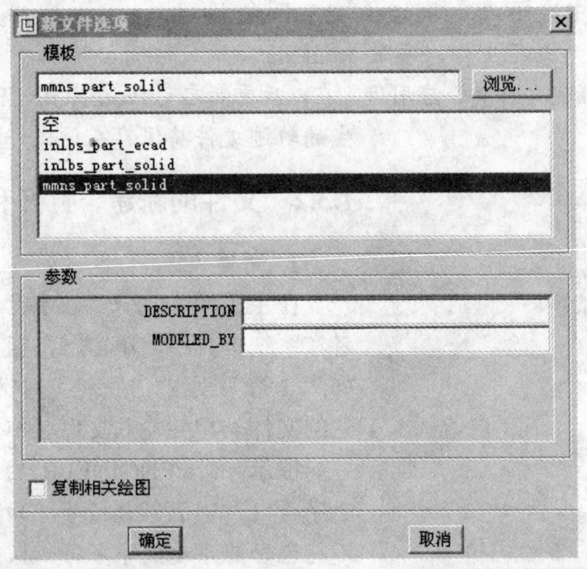

图 1.12

3. 保存、备份文件和文件版本

在主菜单中选择“文件”→“保存”命令，或者在系统工具栏上单击按钮（保存活动对象），出现“保存对象”对话框，单击“确定”按钮即可保存文件，保存的文件在当前工作目录中。

提示：在 Pro/ENGINEER 中，零件每保存一次，便会自动创建一个新的文件版本，并使用阿拉伯数字来标注文件版本号。

如果担心由于疏忽忘记保存文件而关闭软件，可以在主菜单中选择“工具”→“选项”命令，在弹出的“选项”对话框中输入参数“prompt_on_exit”，设置值为 yes，强制在关闭软件时提示保存文件。

在主菜单中选择“文件”→“保存副本”命令，出现如图 1.13 所示的“保存副本”对话框（该图仅截取对话框的下半部分），可以将当前文件保存为其他名称的文件。使用“保存副本”命令，保存的文件可以更改保存目录。

图 1.13

提示：保存的文件可以选择不同的类型，例如保存为 IGS 文件。

在主菜单中选择“文件”→“备份”命令，在指定目录内保存文件或者在其他目录中备份保存的零件。在其他目录中备份的文件，其版本号始终以 1 开头，而不论其在当前工作目录中的版本号为几。但在当前目录中备份保存的文件，其版本号是上一版本号的延续，其实质等同于再次保存文件。

1.3.3　重命名文件

在主菜单中选择“文件”→“重命名”命令，出现如图 1.14 所示的“重命名”对话框，可以对文件进行重新命名。

如果选中“在磁盘上和进程中重命名”单选按钮，无论保存文件与否，都将改变该文件在磁盘中的名称。

如果选中“在进程中重命名”单选按钮，保存文件时将建立一个新命名的文件，该文件与原文件相同，而原文件不发生变化，相当于在当前目录中备份文件。

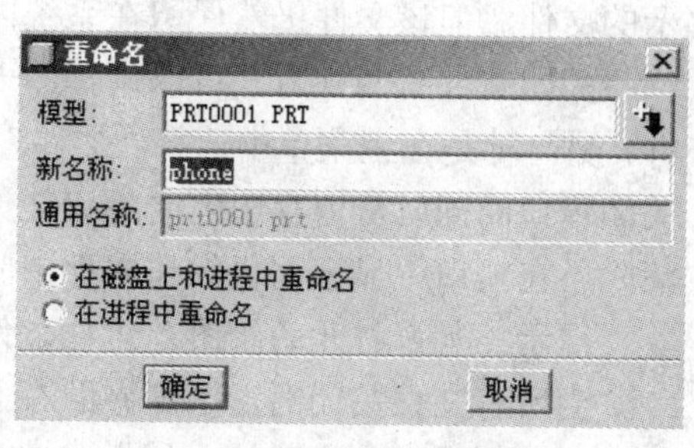

图 1.14

1.3.4　删除文件

在主菜单中选择“文件”→“删除”→“旧版本”命令，在状态信息栏出现如图 1.15 所示的提示信息，按 Enter 键即可删除旧版本的所有文件，只保留最新版本的文件。

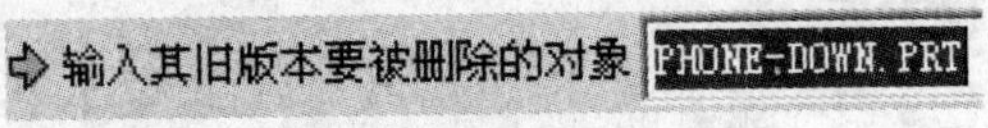

输入其旧版本要被删除的对象
PHONE-DOWN.PRT

图 1.15

在主菜单中选择“文件”→“删除”→“所有版本”命令，将删除该文件的所有版本，该命令将在本地硬盘彻底删除该文件，使用此命令会出现一个警告窗口，提醒确认删除文件，如图 1.16 所示。

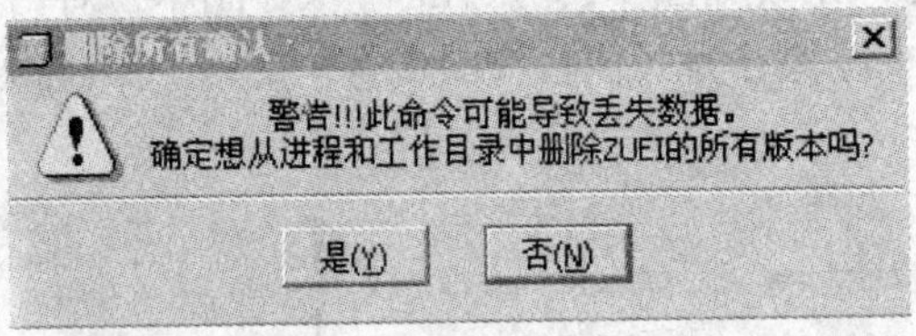

删除所有确认
警告!!!此命令可能导致丢失数据。
确定想从进程和工作目录中删除ZUEI的所有版本吗?
是(Y)
否(N)

图 1.16

提示：在主菜单中选择“窗口”→“打开系统窗口”命令，在系统窗口中输入“purge”命令，可以一次性删除当前目录中的所有旧版本文件，只保留版本号最高的文件。

1.3.5 进程中的多个窗口和关闭文件

在 Pro/ENGINEER 系统中可以同时打开多个文件窗口，但一次只能对一个窗口进行操作，正在进行操作的窗口称为“活动窗口”。如果要在不同的窗口之间切换，需要在主菜单中选择“窗口”命令，在下拉菜单中选择不同的零件，如图 1.17 所示。

窗口(W)
帮助(H)
激活(A)
Ctrl+A
新建(N)
关闭(C)
打开系统窗口(O)
最大化(X)
恢复(R)
缺省尺寸(D)
1 PHONE.ASM
2 PHONE-DOWN.PRT

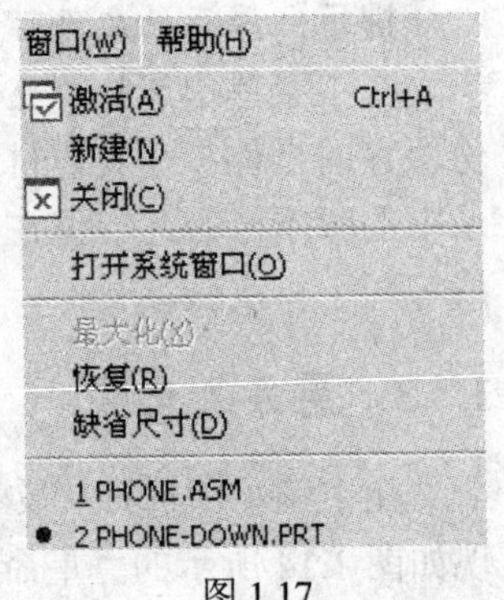

图 1.17

如果使用任何其他方法切换窗口，必须在主菜单中选择“窗口”→“激活”命令来激活当前窗口，这样才能进行其他操作。

在主菜单中选择“窗口”→“关闭”命令，或者直接单击界面右上角的 ☒ 按钮（关闭），可以关闭当前窗口，即关闭在此窗口显示的文件，但该文件仍然保留在系统内存中。

关闭文件有两种方式可以选择，一种是用“关闭”命令关闭文件，另一种是在主菜单中选择“文件”→“拭除”→“当前”命令，关闭窗口的同时从内存中也清除该文件；也可以使用“文件”→“拭除”→“不显示”命令，清除不在窗口中显示而仍然在内存中驻留的文件。

提示：如果打开的绘图或组件文件正在参照某个文件，就无法将该文件从内存中清除。

当所有文件关闭后，单击界面右上角的 ☒ 按钮（关闭），Pro/ENGINEER 软件将被关闭，缺省情况下会有一个确认对话框出来，再次确定后即关闭。如果在主菜单中选择“工具”→“选项”命令，在弹出的“选项”对话框中输入参数“allow_confirm_window”，设置值为 no，应用后可以直接关闭软件，而不会跳出“确认”对话框。

1.4　视图控制及模型显示

1.4.1　用鼠标控制模型旋转、平移和缩放

在 Wildfire 4.0 版本中，必须使用三键鼠标，否则无法完成操作。

在视图中必须通过旋转、平移和缩放来不断调整三维零件，而二维草绘图纸等类型的文件需要通过平移和缩放来进行调整。

- 三维模式

旋转：按住鼠标中键，并滑移鼠标，可实现模型的旋转。

平移：按住 Shift 键，同时按住鼠标中键，并滑移鼠标，可实现模型的平移。

缩放：按住 Ctrl 键，同时按住鼠标中键，并上下滑移鼠标，可实现模型的缩放。

- 二维模式

平移：按住鼠标中键，并滑移鼠标，可实现平移操作。

缩放：按住 Ctrl 键，同时按住鼠标中键，并上下滑移鼠标，可实现缩放操作。

提示：旋转鼠标滚轮可实现模型的缩放。

1.4.2　旋转中心控制

在系统工具栏上单击按钮（旋转中心开/关），可以控制零件的旋转中心是否打开，在旋转中心打开时，按住鼠标中键拖动，零件以旋转中心为中心进行旋转；当旋转中心关闭时，旋转中心位于鼠标中键按下的位置。

1.4.3　使用定向模式

在主菜单中选择“视图”→“方向”→“定向模式”命令，或者在系统工具栏上单击按钮（定向模式开/关），进入定向模式。在该模式下，会始终出现一个图柄，在绘图窗口右击，在弹出的快捷菜单中可以选择 4 种控制，如图 1.18 所示。

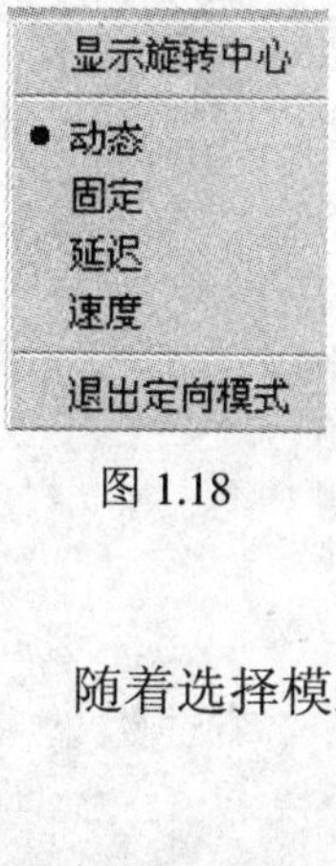

显示旋转中心
• 动态 固定 延迟 速度
退出定向模式

图 1.18

- 动态：使用常用的旋转、平移和缩放控制。
- 固定：使用向量图标来控制零件的动作。
- 延迟：等到移动并释放向量图柄后视图变更才生效，这样可以避免大型组件的重画工作。
- 速度：只要按下鼠标键，零件就一直保持动作，即使停止拖动鼠标，零件仍然保持这种动作。

随着选择模式的不同，图柄的形状也发生变化。

1.4.4 视图创建和保存

缺省情况下，每个模型的内部都存储了一些标准视图。在系统工具栏上单击按钮（保存的视图列表），在出现的下拉列表框中可以选择系统缺省的视图，如图 1.19 所示，在列表框中选择一种视图，可以用该视图定向 3D 模型。

图 1.19

提示：按键盘上 Ctrl+D 组合键，可以实现零件快速回到视图的“标准方向”显示状态。

如果需要经常使用某个视图，可以在主菜单中选择“视图”→“方向”→“重定向”命令，或者在系统工具栏上单击按钮（重定向视图），打开如图 1.20 所示的“方向”对话框；如果不需要进行视图的特殊设定（需要利用基准平面进行重新定向）的话，直接在“名称”栏内输入新视图的名称，单击“保存”按钮即可。

在系统工具栏上单击按钮（保存的视图列表），在出现的下拉列表框中可以看见新保存的视图，如图 1.21 所示。

提示：设置新的视图后，必须保存零件，该新视图才能最终得到保存。

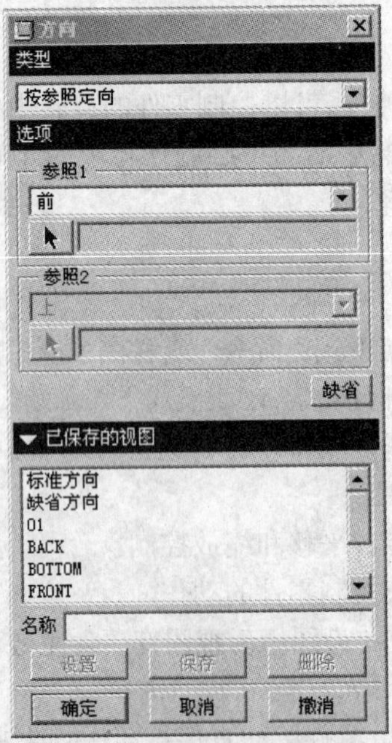

图 1.20

图 1.21

1.4.5　模型显示

在工作中，会随着设计的需要在实体与线框显示之间进行切换，以便于选取零件几何特征和提高计算机性能，零件越复杂，这种切换越频繁。零件的显示有 4 种状态，控制显示的按钮缺省在系统工具栏上，其含义如下：

按钮为“线框”显示。

按钮为“隐藏线”显示。

按钮为“无隐藏线”显示。

按钮为“着色”显示。

1.4.6　基准显示

基准包括基准平面、基准点、基准轴和基准坐标系。随着特征的建立过程，基准会越来越多，过多的基准会使工作区的视图窗口显得混乱，并且造成因重画屏幕而降低效率，因此好的方法是尽量隐藏基准，只在需要的时候显示它们。

缺省情况下，零件的所有基准均处于打开状态，单击按钮，则关闭相应基准的显示，再次单击按钮，则恢复相应基准的显示。各基准显示控制按钮含义如下：

“基准平面开/关”按钮：控制基准平面特征在绘图窗口的显示。

“基准点开/关”按钮：控制基准点特征在绘图窗口的显示。

“基准轴开/关”按钮：控制基准轴特征在绘图窗口的显示。

“坐标系开/关”按钮：控制基准坐标系特征在绘图窗口的显示。

“打开或关闭 3D 注释及注释元素”按钮：控制 3D 注释和注释元素在绘图窗口的显示。

1.4.7　模型颜色和外观的编辑

在 Pro/ENGINEER 文件中，赋予零件不同几何或对于不同零件赋予不同的颜色，会使文件显示更加清晰，零件几何的显示或零件之间的区别更加明显。而且，好的色彩对工作者的视力也有一定的帮助。

在主菜单中选择“视图”→“颜色和外观”命令，出现如图 1.22 所示的“外观编辑器”对话框。在材料选择区内，系统缺省给出了 14 种设定好的材料，其中第 1 个名称为 ref_color1 的材料，是系统文件的基本颜色，不能对此颜色进行编辑。选择 ref_colorl 材料，单击对话框中的“+”按钮，对该材料进行复制，自动建立一个名称为“copy of<ref_colorl>”的新材料。单击“属性”选项下“颜色”选项，在出现的“颜色编辑器”对话框中调整色彩的 R、G、B 数值（RGB 色彩模式下），来建立新的颜色，如图 1.23 所示。调整完成后，输入新的颜色名称（可以输入中文名称），如图 1.24 所示。选择“外观编辑器”对话框中的主菜单“文件”→“保存”命令，调配的结果保存成 appearance.dmt 外观文件，如图 1.25 所示。

提示：把此文件保存在缺省工作目录中，Pro/ENGINEER 启动后会自动加载此文件。

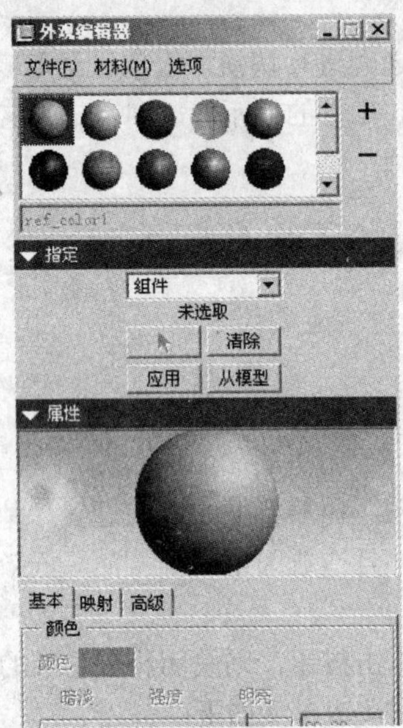

图 1.22

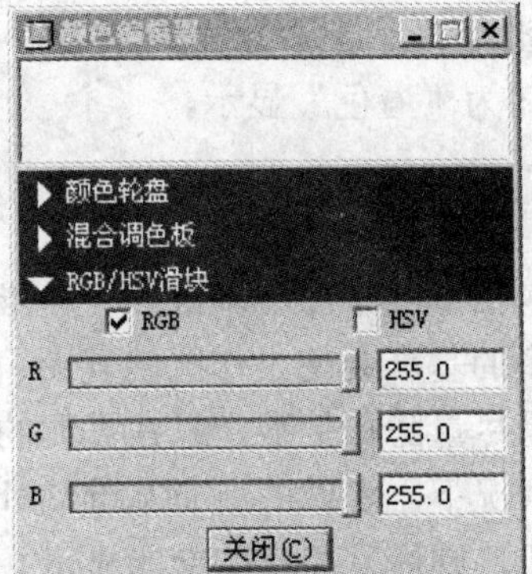

图 1.23

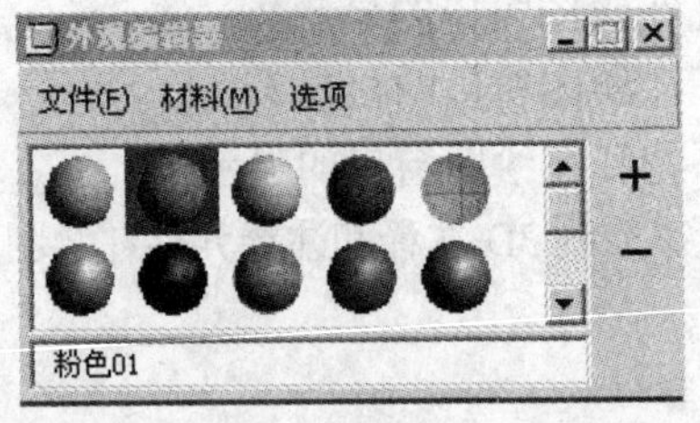

图 1.24

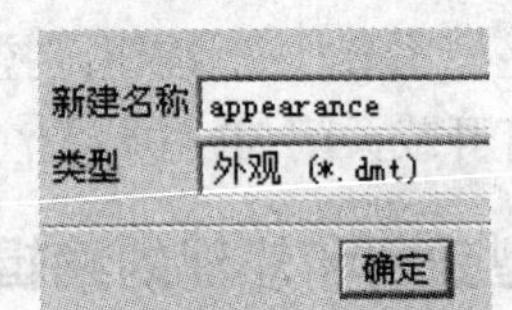

图 1.25

1.5 定制软件界面

Pro/ENGINEER Wildfire 的软件界面可以根据用户个人习惯来更改，在这方面的功能和通常 Windows 操作系统下的大型软件的类似功能相同，对于习惯了 Windows 系统的用户来说，在 Wildfire 中更改软件界面是一件很容易的事情。本小节将详细介绍软件界面的定制方法。

在主菜单中选择“工具”→“定制屏幕”命令，弹出如图 1.26 所示的“定制”对话框，在这里进行定制软件界面的操作。该对话框共有 5 个操作命令选项，分别是：工具栏、命令、导航选项卡、浏览器和选项，按照标准命令打开后，自动定位在“命令”选项操控面板。

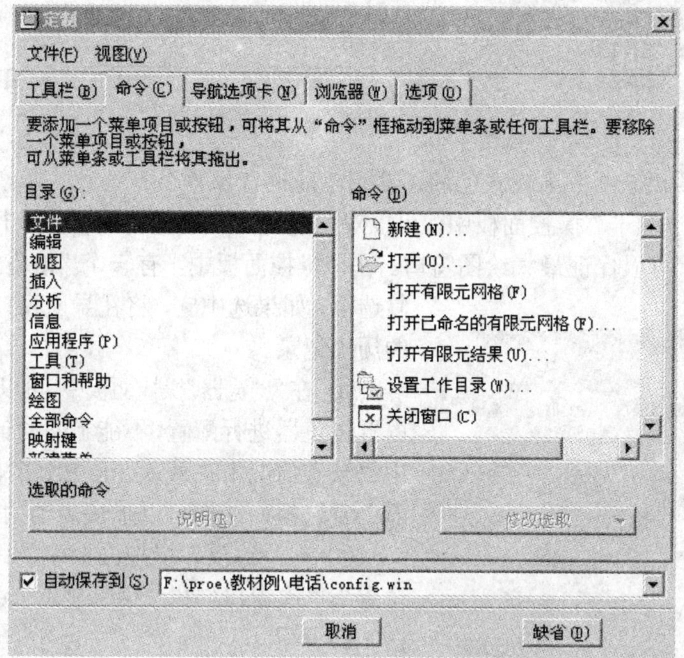

图 1.26

提示：移动鼠标至系统工具栏或者特征工具栏上，右击，在弹出菜单中选择“命令”或“工具栏”，可以快速打开“定制”对话框。

① 在“命令”操控面板中，可以调配单独的命令图标按钮，根据个人习惯增加或减少图标按钮，也可随意调整图标按钮在系统工具栏或特征工具栏中出现的位置。这种调整支持鼠标的拖放操作。

在命令列表框中选择任意按钮，再单击“说明”按钮，可以查看该按钮的作用。

提示：呈现灰色的命令按钮，只表示该命令在当前状态不可用，但一样可以进行拖放操作。

② 在“工具栏”操控面板中，可以调整各个工具栏在软件中的位置（允许在软件界面的顶端、左侧和右侧），同时提供了 3 个新工具条，作为今后自定义命令的集合工具条使用，可以为使用者提供更大的调整自由度，如图 1.27 和图 1.28 所示。

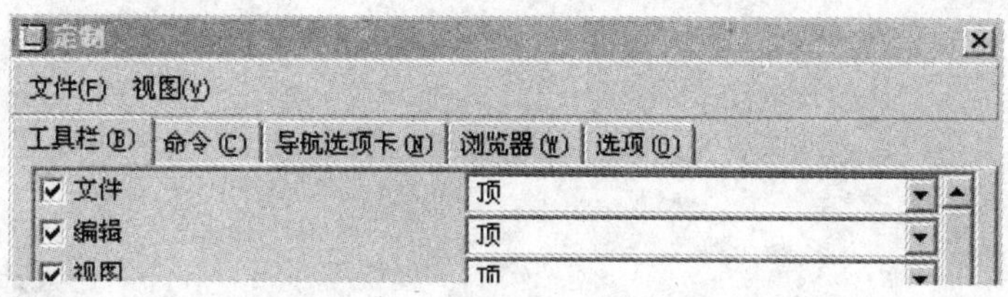

图 1.27

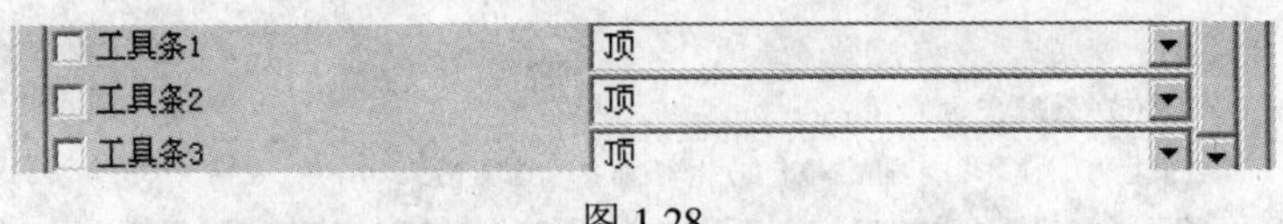

图 1.28

提示：在工具栏选项中呈现灰色的工具栏不能进行操作。

③ 在“导航选项卡”操控面板中，可以对导航窗口和模型树的位置进行设置，建议使用系统缺省的设置，可以保证最大绘图窗口。在该操控面板中，有一个“缺省情况下显示历史”复选框，如果选中它，将在导航窗口中出现浏览网页的历史记录。

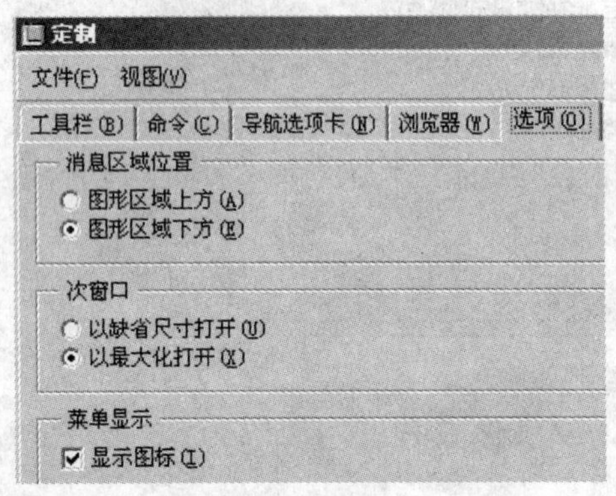

图 1.29

④ 在“浏览器”操控面板中，可以对 Pro/ENGINEER 内置浏览器进行配置，不能上网的计算机可以取消选中“缺省情况下在载入 Pro/ENGINEER 时展开浏览器”复选框，这样可以加快启动的时间。

⑤ 在“选项”操控面板中，可以对“消息区域位置”、“次窗口”和“菜单显示”选项进行调整，如图 1.29 所示。

调整完成后，单击“确定”按钮后，系统会把调整结果自动保存为 config.win 文件，该文件缺省保存在当前工作目录中，建议把此文件保存在缺省工作目录下，可以在 Pro/ENGINEER 启动时自动加载此配置文件。

提示：无论做了怎样的界面调整，单击如图 1.26 所示对话框“缺省”按钮，即可恢复软件界面的初始状态。

第2章 草　　绘

草绘是指用点、线以及文本来绘制二维剖面的过程。实际上二维剖面是实体或曲面在某个方向上的截面几何形状。在Pro/ENGINEER系统中二维剖面是三维建模的基础。一个完整的二维剖面必须包括两个要素：基本几何图形和尺寸。其中尺寸又分为几何图形的定形尺寸和定位尺寸。在创建实体或曲面的草绘过程中，依靠参照为二维剖面定位，因此缺少参照的二维剖面是不能生成实体或曲面的。

2.1 进入草绘模式

在Pro/ENGINEER中进入草绘模式有两种途径：

（1）在主菜单中选择“文件”→“新建”命令，或者在系统工具栏上单击□按钮（创建新对象），在出现的“新建”窗口中选择“草绘”选项，如图2.1所示。使用这种方法建立草绘文件是一个独立的过程，没有和后续的特征建立直接关系，但草绘文件保存以后，可以供以后在建立特征时调用。草绘文件缺省的名称为s2d0001，其中0001是系统的数字编号，会自动增加，如s2d0002、s2d0003等；草绘文件的后缀为.sec。

（2）在建立特征的过程中，根据需要绘制二维剖面，绘制时进入草绘模式，此时所完成的剖面是此特征的一部分，和特征紧密相连。但用户可以把此剖面保存为草绘文件，供以后设计调用。

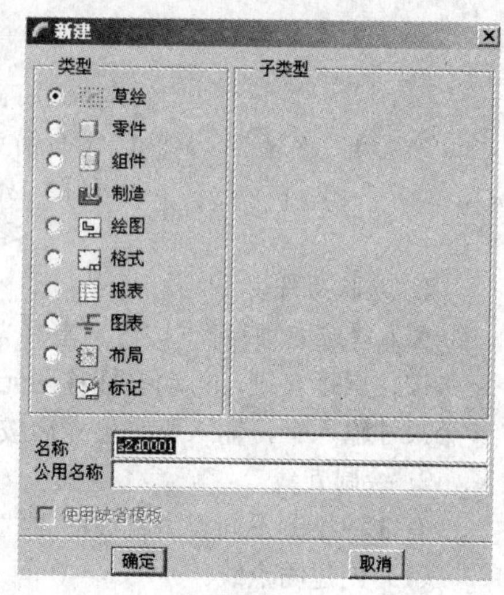

图2.1

2.2 创建二维剖面

在草绘模式中创建剖面的方法有两种：使用“目的管理器”和不使用“目的管理器”，缺省情况是使用“目的管理器”。

提示： 进入草绘模式后，在主菜单中选择“草绘”，单击其下拉菜单中的“目的管理器”可在打开或关闭“目的管理器”之间切换。如图2.2所示。

1. 使用“目的管理器”创建剖面

在草绘中可以使用“目的管理器”来建立剖面。“目的管理器”使用户能够在绘制剖面图元的同时，动态地标注尺寸和约束几何，整个过程非常智能。

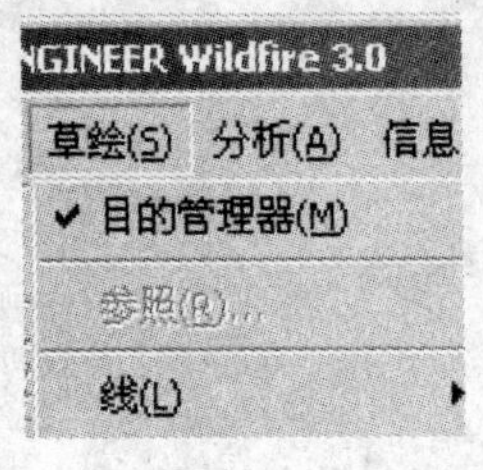

图 2.2

2. 不使用“目的管理器”创建剖面

不使用“目的管理器”创建剖面，则显得比较传统，由于这种方法不能自动标注尺寸和约束几何，需要用户手工操作。

提示：本书所有范例全部采用使用“目的管理器”创建剖面。

2.2.1 绘制图元

进入草绘模式后，在“目的管理器”打开的条件下，Wildfire 界面右侧的特征工具栏出现草绘工具的图标按钮，如图 2.3 所示。

图 2.3

将鼠标移到某个按钮上面，会出现该按钮的相关说明，对于有箭头的按钮，单击此箭头，会出现其嵌套的其他命令按钮，如图 2.4 所示。

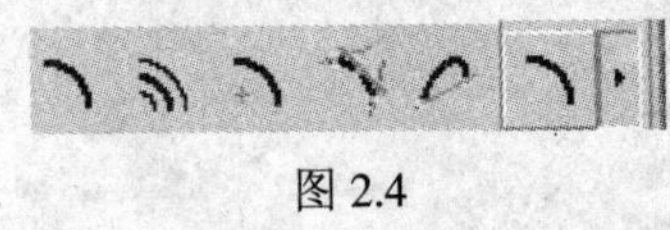

图 2.4

各命令按钮的具体作用如下：

1. 选取项目

为“选取项目” 按钮。当其为选中状态时，可对图元和尺寸进行动态修改。

按住鼠标左键，可动态拖移图元以改变图元的大小和位置；双击绘图区中的尺寸将出现一个尺寸输入框，输入所需尺寸后按回车键可更改尺寸值。

2. 绘制直线

有 3 种绘制不同类型直线的方式：

（1）创建两点线。

单击 “创建两点线”按钮，在绘图区单击确定直线的第一点，将鼠标指针移至下一点单击可绘制一条直线。如果需要绘制连续直线，继续将鼠标指针移动到第三点单击绘出第二条直线，依此类推可绘制出多条直线。如果需要绘制单根直线，只需在绘制完第一条直线后单击中键确认。如果要退出绘制“创建两点线”命令，只需再一次单击鼠标中键。

提示：在草绘环境中要退出某一命令，只需单击鼠标中键即可。

（2）创建与两个图元相切的线。

单击“创建与两个图元相切的线”按钮，单击两圆的相应位置可绘出与两个图元相切

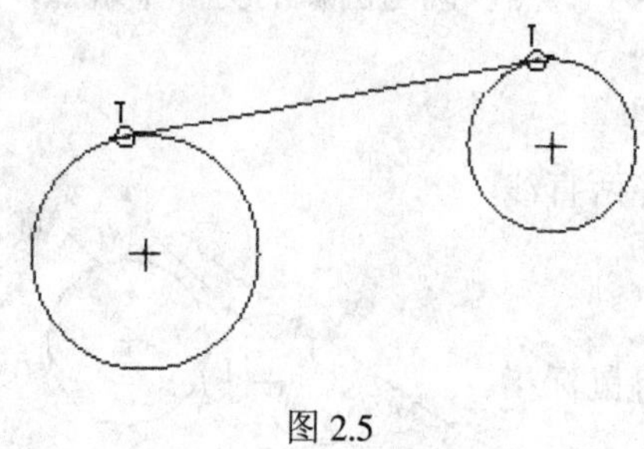

图 2.5

的直线。如图 2.5 所示。

提示：图中 T 为约束符号，代表图元相切。

（3）创建两点中心线。

单击“创建两点中心线”按钮，在绘图区单击确定中心线的第一点，将鼠标指针移至下一点单击完成中心线的绘制。

3. 绘制矩形

单击“创建矩形”按钮，在绘图区单击确定矩形的第一个角点，将鼠标指针移至下一角点单击完成矩形的绘制。

4. 绘制圆和椭圆

（1）通过拾取圆心和圆上一点来创建圆。

单击“通过拾取圆心和圆上一点来创建圆”按钮，在绘图区单击以确定圆心，将鼠标指针移至下一点以确定圆的直径，单击完成圆的绘制。

（2）创建同心圆。

单击“创建同心圆”按钮，在绘图区选择一个圆，拖动鼠标指针到某一点后单击完成同心圆的绘制。

（3）创建三点圆。

单击“创建三点圆”按钮，在绘图区单击任意三点完成三点圆的绘制。

（4）创建与三个图元相切的圆。

单击“创建与三个图元相切的圆”按钮，依次选择两直线和 R_1 圆完成与三个图元相切的 R_2 圆。如图 2.6 所示。

（5）创建椭圆。

单击“创建椭圆”按钮，在绘图区单击确定椭圆的第一点，将鼠标指针移至下一点单击完成椭圆的绘制。

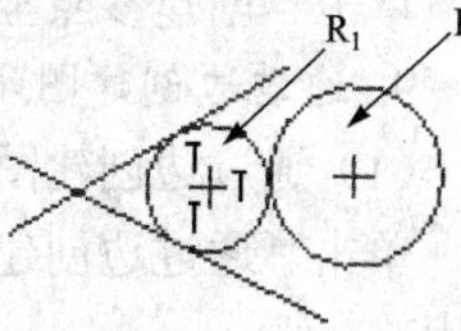

图 2.6

5. 绘制圆弧

（1）创建两点圆弧。

单击“创建两点圆弧”按钮，在绘图区单击确定圆弧的第一点，将鼠标指针移至下一点单击完成两点圆弧的绘制。

（2）创建同心圆弧。

单击“创建同心圆弧”按钮，在绘图区选择一个圆弧，拖动鼠标指针到某一点后单击完成同心圆弧的绘制。

（3）通过圆心和一个端点创建圆弧。

单击“通过圆心和一个端点创建圆弧”按钮，在绘图区单击以确定圆心，将鼠标指针移至一点以确定圆弧的第一个端点，单击，将鼠标指针移至下一点以确定圆弧的另一个端点，单击完成圆弧的绘制。

（4）创建与三个图元相切的圆弧。

单击“创建与三个图元相切的圆弧”按钮，依次选择两直线和 A_1 圆弧完成与三个图元相切的 A_2 圆。如图 2.7 所示。

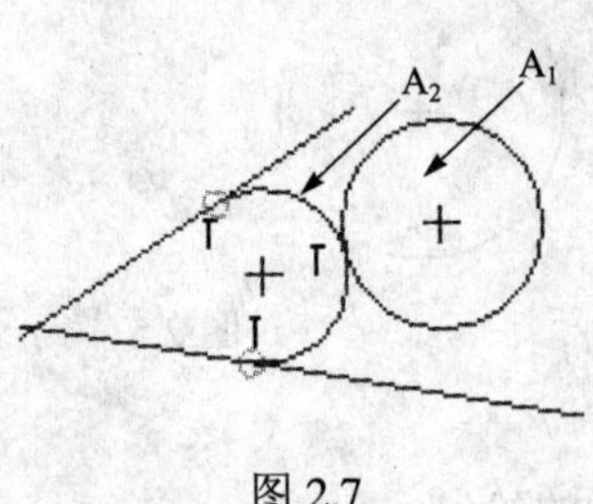

图 2.7

（5）创建锥形弧。

单击“创建锥形弧”按钮，在绘图区两点单击，将鼠标指针移至下一点，单击完成锥形弧的绘制。

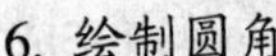

6. 绘制圆角

（1）创建圆角。

单击“创建圆角”按钮，依次选择要倒圆角的两图元，完成圆角的创建。

（2）创建椭圆形圆角。

单击“创建椭圆形圆角”按钮，依次选择要倒椭圆角的两图元，完成椭圆形圆角的创建。

7. 绘制样条曲线

单击“创建样条曲线”按钮，在绘图区单击数点后，单击中键确认，完成样条曲线的绘制。

8. 绘制点和坐标系

（1）创建点。

单击“创建点”按钮，在绘图区单击，完成点的绘制。

（2）创建参照坐标系。

单击“创建参照坐标系”按钮，在绘图区单击，完成参照坐标系的绘制。

9. 通过边创建图元

（1）通过边创建图元。

单击“通过边创建图元”按钮，选择实体或曲面的边，将实体或曲面的边投影到草绘面上。

（2）通过偏移一条边来创建图元。

单击“通过偏移一条边来创建图元”按钮，选择实体或曲面的边，将实体或曲面的边投影到草绘面上后再偏移一定的距离得到所需图元。

10. 尺寸标注与尺寸修改

（1）创建定义尺寸。

单击“创建定义尺寸”按钮，用户可以按自己的意愿标注所需尺寸。具体操作方法见“2.2.2 图元标注”。

（2）修改尺寸值。修改尺寸值的方法有两种：

① 用鼠标左键双击尺寸，在弹出的数字窗口中输入新的尺寸数值，然后单击鼠标中键或者按 Enter 键确定，系统自动再生完成剖面尺寸的更改。

② 用拾取框选取多个需要修改的尺寸，单击“修改尺寸值”按钮，出现“修改尺寸”对话框，如图 2.8 所示。去掉“再生”复选框前的勾，逐一修改尺寸，待全部尺寸修改完成后单击✔按钮，完成多个尺寸值的修改。

11. 约束

单击“在剖面上施加草绘器约束”按钮，打开“约束”对话框，如图 2.9 所示。有 9 种几何约束形式，详见“2.2.3 几何约束”。

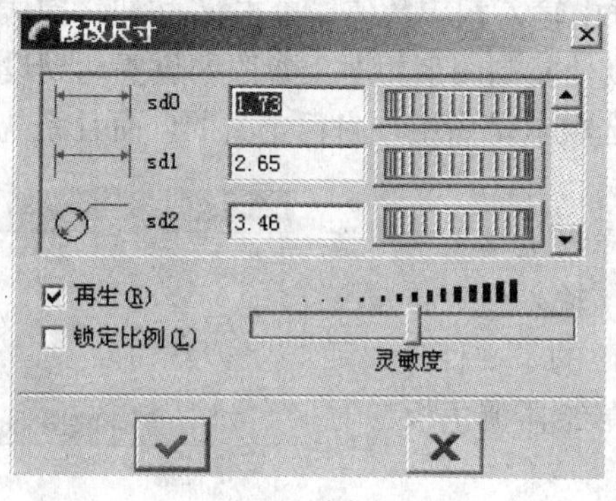

图 2.8

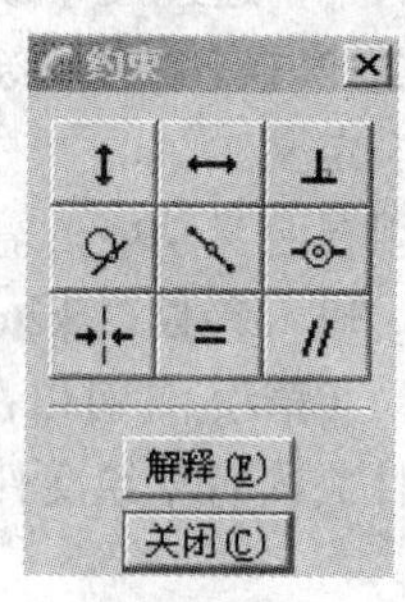

图 2.9

12. 创建文本

单击“创建文本”按钮，按系统提示在绘图区确定文字的起点和字高后出现“文本”对话框，在文本行输入相应文字，选择合适的字体，修改文字的长宽比和倾斜角度，单击“确定”，如图 2.10 所示。

如果勾选“沿曲线放置”复选框，必须在绘图区选择相关曲线，输入的文本将沿该曲线排布，如图 2.11 所示。

提示：将鼠标指针移到构造线的两个端点，按住鼠标左键不放，可动态修改文本的字高和位置。

如果要将文字拉伸为实体，须先选中图 2.11 中

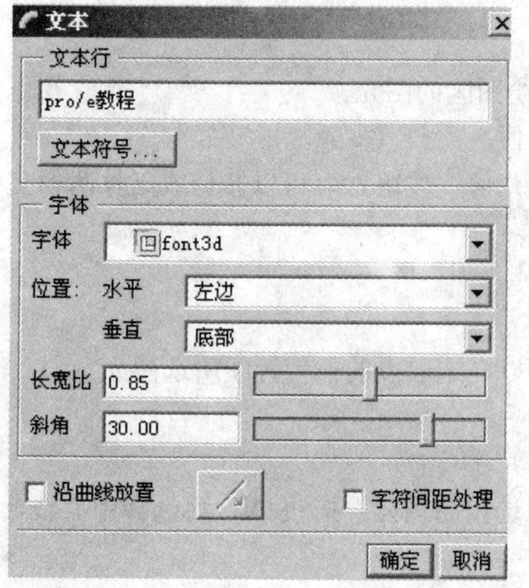

图 2.10

图 2.11

的曲线，按压鼠标右键，在右键快捷菜单中选择“构建”命令，将曲线更改为构造线。

13. 草绘器调色板

单击“将调色板中的外部数据插入到活动对象”按钮，或者在主菜单中选择“草绘”→“数据来自文件”→“调色板”命令，打开如图2.12所示的“草绘器调色板”对话框。

缺省情况下，草绘器调色板有多边形、轮廓、形状、星形4个选项卡，各选项卡中为系统提供的特殊形状的草绘文件，使用时，相当于从数据库中复制这些文件到当前草绘文件中。

如果需要从草绘器调色板中调用某图形，只要双击草绘器调色板中相应的图形，然后在绘图区单击，此时将图形调入绘图区并出现“缩放旋转”对话框，如图2.13所示。在“缩放旋转”对话框中的“比例”或“旋转”输入框中输入相应数值，单击按钮，完成所需图形的复制。另外，通过尺寸修改或动态拖移可以使复制图形相对于参照的位置达到设计要求。

在图2.12中还有“草绘”选项卡，这个选项卡是由用户自己定义的，而且系统提供无限制的选项卡定义。

要使用自定义功能，需要在主菜单中选择“工具”→“选项”命令，输入参数“sketcher_palette_path”，输入值为自定义的文件目录（草绘），可以在该目录中建立无限的子文件夹，只要这些文件夹内有草绘文件，都将出现在“草绘器调色板”对话框中。

提示：如果没有设置“sketcher_palette_path”选项，草绘器调色板将指向缺省的工作目录，如果该目录存在草绘文件，该目录将出现在选项卡中。

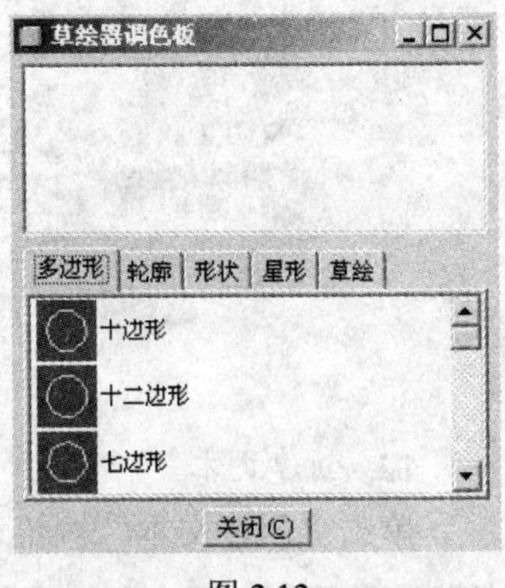

图 2.12

14. 图元编辑

（1）动态修剪剖面图元。

单击 “动态修剪剖面图元”按钮，可以擦拭绘图区的图元。

（2）将图元修剪（剪切或延伸）到其他图元或几何。

单击“将图元修剪（剪切或延伸）到其他图元或几何”按钮，可以修剪或延长两相交图元。

提示：圆图元在修剪前必须被交截/分隔。

（3）在选取点的位置处分割图元。

单击“在选取点的位置处分割图元”按钮，可以在选取点的位置打断所选图元。

15. 几何变换

（1）镜像选定的图元。

选择欲镜像的图元，单击特征工具栏上的“镜像选定的图元”按钮，再选择中心线，完成图元的镜像。

（2）缩放并旋转选定的图元。

选择欲缩放或旋转的图元，单击“缩放并旋转选定的图元”按钮，出现“缩放旋转”对话框，如图 2.13 所示。在“比例”或“旋转”输入框内输入相应数值，可完成对选定图元的缩放和旋转。

提示：将鼠标指针移动到图 2.14 的圆心处，按住鼠标左键可动态地拖移选定图元；将鼠标指针移动到图 2.14 的右上角，按住鼠标左键可动态地旋转选定图元；将鼠标指针移动到图 2.14 的右下角，按住鼠标左键可动态地缩放选定图元。

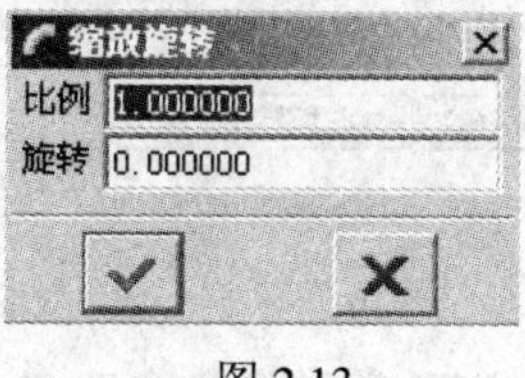

图 2.13

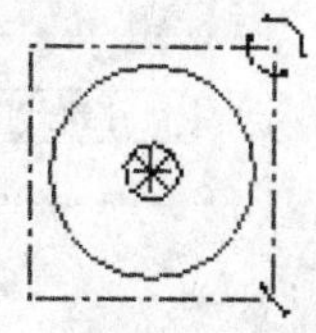
图 2.14

2.2.2　图元标注

在草绘中单击“创建定义尺寸”按钮，用户可以按自己的意愿标注所需尺寸。下面介绍其操作方法。

提示：标注尺寸时需要单击鼠标中键确定。

1. 线段的标注

线段的标注有 3 种形式：水平标注、竖直标注和倾斜标注。对于水平和竖直线段，系统自动进行标注，对于斜线段，系统一般自动以一水平或竖直尺寸配合一角度尺寸完成，如图 2.15 所示。对于斜线段还有两种不同的标注方法，如图 2.16 所示。用户可以根据需要灵活运用。

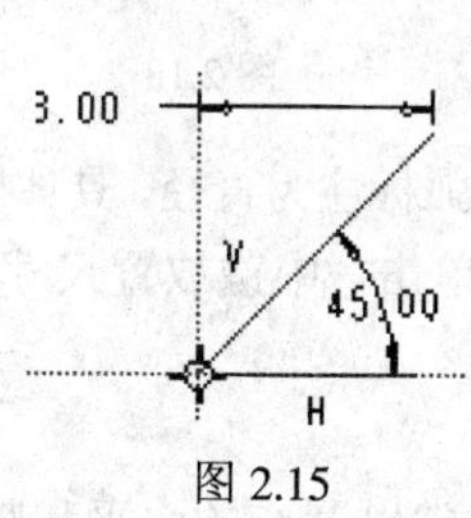

图 2.15

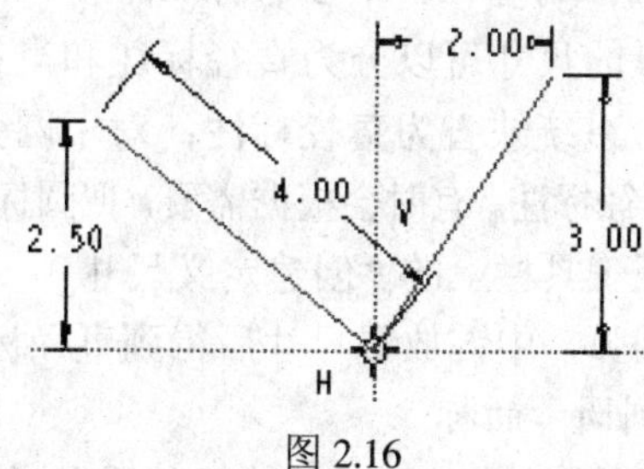

图 2.16

选择图 2.16 左边线段，中键放置得到尺寸 4.00；分别选择图 2.16 右边线段的上端点和水平中心线，中键放置后出现“解决草绘”对话框，选择角度尺寸，单击“删除”按钮得到尺寸 3.00。

在对尺寸进行标注时，容易造成尺寸的过度标注，此时会出现图 2.17 所示的“解决草绘”对话框。

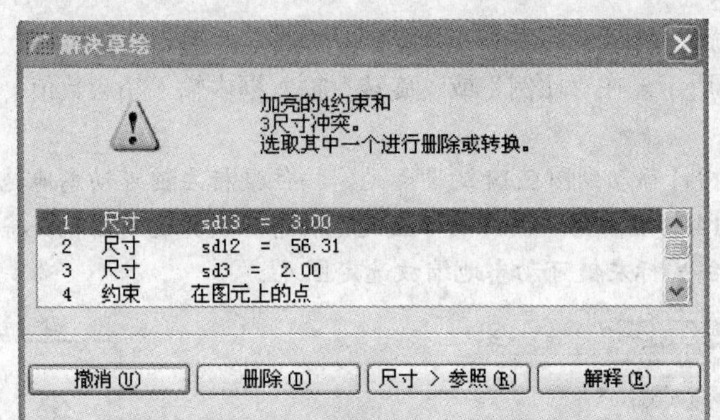

图 2.17

系统提供了 3 种解决尺寸过度标注的方法：撤消、删除和转换为参照尺寸。

“撤消”：撤消先前的标注操作。

“删除”：删除多余的标注尺寸。

“尺寸 >参照”：将被选择的尺寸转换为参照尺寸，参照尺寸只能被动地随其他尺寸的变化而改变，参照尺寸缺省附带一个 REF 的文本，如图 2.18 左侧视图所示。

提示：在主菜单中选择“工具”→“选项”命令，在“选项”对话框输入参数“parenthesize_ref_dim”，输入值为 no，则参照尺寸以（ ）为标记，如图 2.18 右侧视图所示。

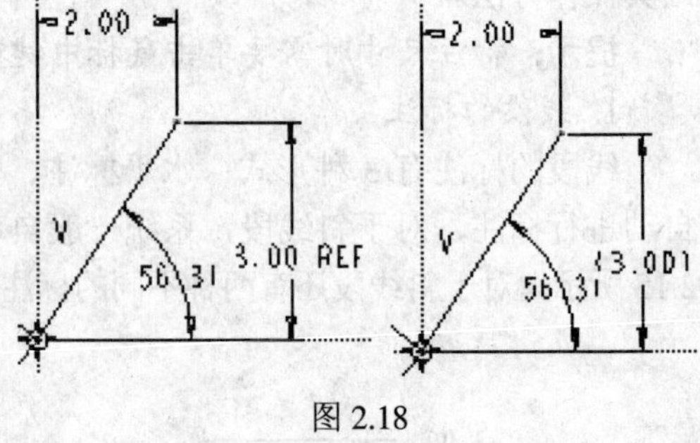

图 2.18

2. 圆和圆弧的直径、半径的标注

圆和圆弧的尺寸可以分为直径标注和半径标注。对于圆，系统缺省为直径标注；对于圆弧，系统缺省为半径标注。有时会根据需要，把圆标注为半径，把圆弧标注为直径。具体操作方法是：

单击特征工具栏上的“创建定义尺寸”按钮，在圆上单击，中键放置尺寸后得到半径标注；双击圆弧，中键放置尺寸后得到直径标注。

3. 圆心到圆心的标注

和直线段的标注相似，“目的管理器”对两个圆的位置缺省以圆心的水平和竖直做标注。也可以根据需要对圆心距离进行标注。

4. 圆周到圆周的标注

在标注尺寸时分别选择两个圆，在绘图窗口中的适当位置单击鼠标中键，在出现的“尺寸定向”对话框中选择尺寸方向，如图 2.19 所示。注意以这种方式标注后，将取代缺省的以两圆圆心为参照的标注，其结果如图 2.20 所示。

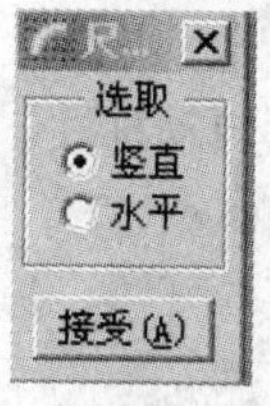

图 2.19

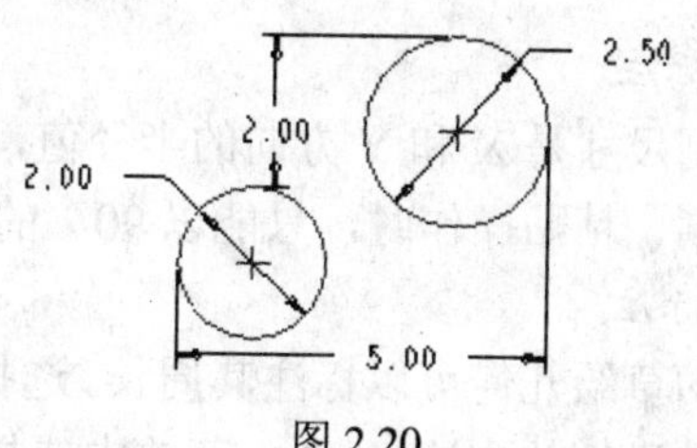

图 2.20

5. 对称尺寸标注

这种标注在建立旋转特征时会经常用到，其应用的典型剖面如图 2.21 所示，需要替代的尺寸是 1.50。单击特征工具栏上的“创建定义尺寸”按钮，在绘图区单击矩形左边垂直边，单击中心线，再次单击矩形左边垂直边后，中键放置尺寸得到如图 2.21 所示结果。

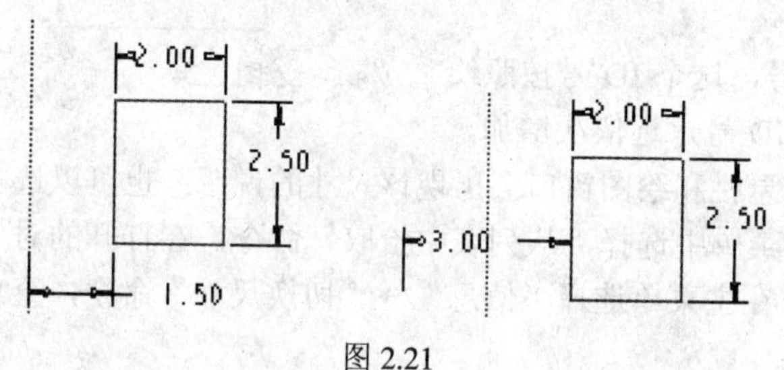

图 2.21

提示： 这种方法的利用条件是：必须在剖面中存在中心线。

6. 样条曲线尺寸的标注

缺省情况下，“目的管理器”对样条曲线进行长度和高度的标注，其内部节点的尺寸可根据需要来确定是否进行标注（标注过的节点在编辑样条曲线时不能移动）。除了长度和高度的标注，还可以对其节点做角度尺寸标注。

操作步骤： 单击特征工具栏上的“创建定义尺寸”按钮，选择角度尺寸参照（水平中心线），选择样条曲线，选择欲标注角度尺寸的节点，中键放置尺寸。参见图 2.22。

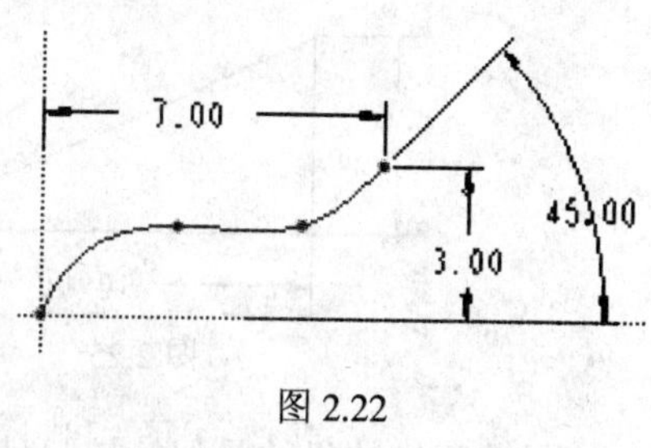

图 2.22

7. 锥形弧的标注

锥形弧的标注必须要有图元的长度尺寸、圆锥比例值（系统缺省的值是 0.5）和两端点的角度尺寸，“目的管理器”对这些尺寸均自动进行标注，其剖面及尺寸参见图 2.23。对于角度尺寸的方向可以重新进行标注，方法和样条曲线节点角度标注相同。请对比图 2.23 中左图中角度尺寸 100 和右图中的角度尺寸 80 的不同之处。

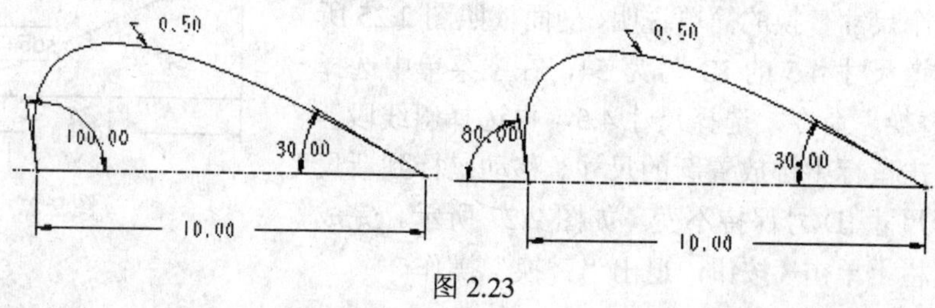

图 2.23

8. 椭圆的标注

椭圆的控制尺寸是 X 和 Y 方向的半径值，“目的管理器”对其自动标注。须要注意的是，椭圆在进行复制、粘贴操作时，只能以 90° 的倍数旋转。

9. 周长的标注

一个封闭的草绘几何可以标注其周长。选择封闭的图元后（用鼠标框选是比较迅速的方法），在主菜单中选择“编辑”→“转换到”→“周长”命令，选择一个由周长驱动的尺寸，被选择的尺寸成为变量尺寸，如图 2.24 所示。

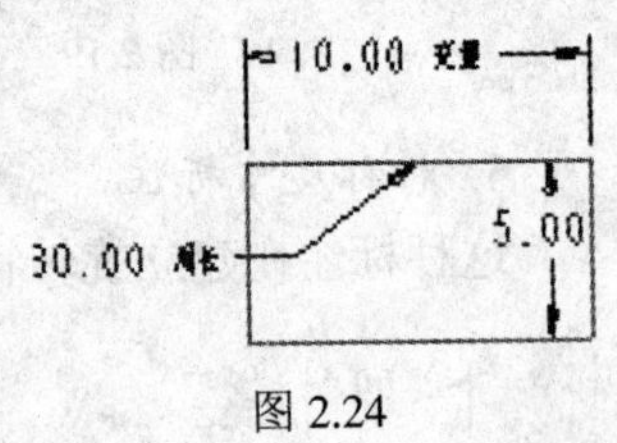

图 2.24

10. 尺寸的替换

在草绘中，每一个图元均有一随机 ID 号，这个 ID 号按照绘制顺序依次增加，无论该图元是否被删除，ID 号永远依次增加。如图 2.25，将鼠标移到尺寸 4.5 上时，在信息栏和绘图窗口会出现该尺寸的说明；也可以选择该尺寸，在绘图窗口右击，在弹出的快捷菜单中选择“从列表中拾取”命令，在打开的对话框中查看该尺寸，如图 2.26 所示；也可以在主菜单选择“信息”→“切换尺寸”命令，查看全部尺寸的 ID 号。

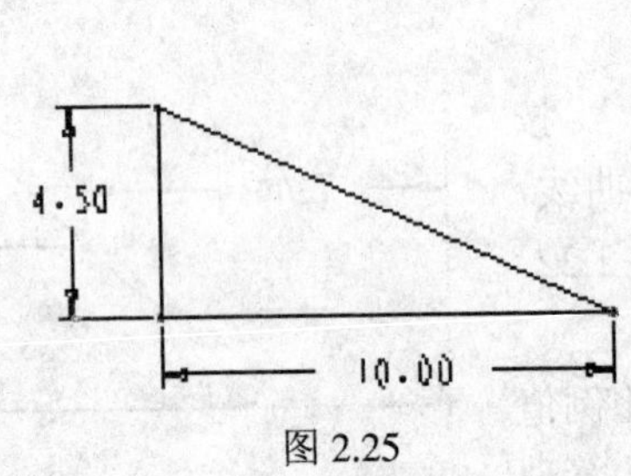

图 2.25

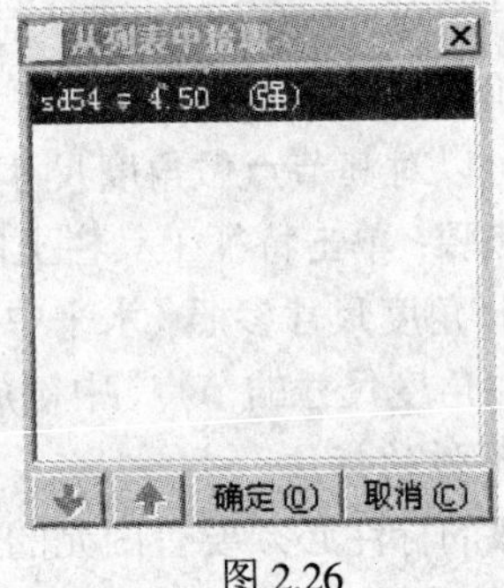

图 2.26

尺寸替换的目的是保持该尺寸的 ID 号不变，这项功能在关系式的应用中非常有用，可以避免因为尺寸更替引起的失败。

下面是一个尺寸替换的简单说明，剖面依照图 2.25 所示，从该图知道尺寸 4.5 的 ID 号为 54，在主菜单中选择“编辑”→“替换”命令，选择尺寸 4.5，再选择斜线段，在适当位置单击鼠标中键放置新的尺寸。移动鼠标到新尺寸上，显示新尺寸 ID 号保持不变。如图 2.27 所示。完成后在特征工具栏上单击按钮，退出“替换”操作。

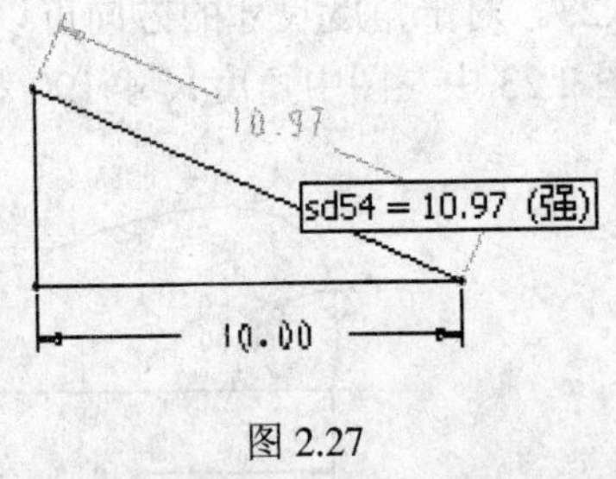

图 2.27

提示：尺寸的替换只能在同类型尺寸间进行。

2.2.3 几何约束

在草绘环境中，通过各种绘图工具和尺寸标注、编辑工具绘制几何图元。但是，仅凭上述工具绘制的几何图元还很难达到设计要求。“约束”工具则可以帮助解决这个问题。

单击“在剖面上施加草绘器约束”按钮，打开“约束”对话框，如图 2.9 所示。有 9 种几何约束形式。

1. ↕ 使线或两顶点垂直

该按钮的作用是：使两个点在垂直方向对齐。约束符号为垂直对齐的两条竖线。如图 2.28 所示，直线右端点与圆心垂直对齐。

2. ↔ 使线或两顶点水平

该按钮的作用是：使两个点在水平方向对齐。约束符号为水平对齐的两条横线，如图 2.29 所示。直线上端点与圆心水平对齐。

图 2.28　　图 2.29

3. ⊥ 使两图元正交

该按钮的作用是：使两条直线垂直。约束符号如图 2.30 所示。

4. 使两图元相切

该按钮的作用是：使直线或圆、圆弧与圆或圆弧相切。约束符号如图 2.31 所示。

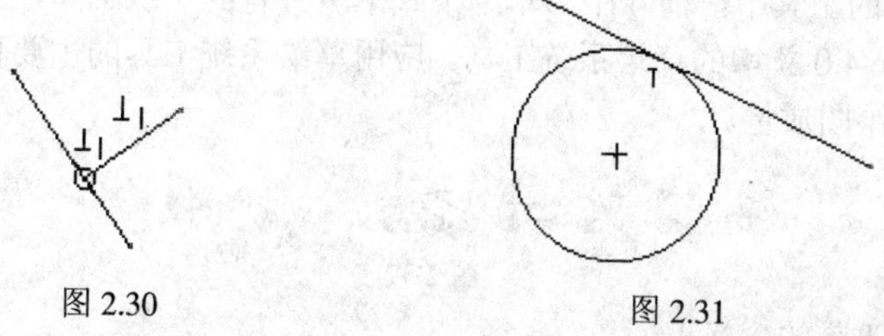

图 2.30　　图 2.31

5. 将点放到线中间

该按钮的作用是：将点放到直线的中间。约束符号如图 2.32 所示。

6. 使两图元重合

该按钮的作用是：使两直线或两点重合，如图 2.33 所示。

图 2.32　　图 2.33

7. 使两点关于中心线对称

使用该功能时必须要有中心线。约束符号如图 2.34 所示。

8. = 创建等长、等半径或相同曲率的约束

该按钮的作用是：使两直线等长，两圆弧等半径。约束符号如图 2.35 所示。

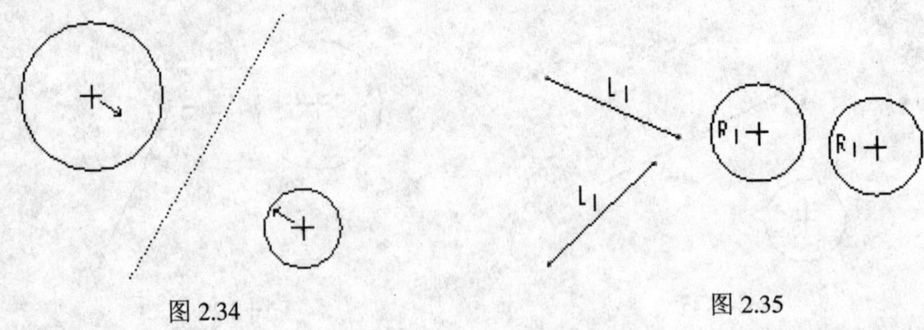

图 2.34　　图 2.35

9. // 使两线平行

该按钮的作用是：使两条直线平行。约束符号如图 2.36 所示。

图 2.36

2.2.4 草绘系统工具

如图 2.37 所示的工具中，前 4 个为草绘模式下所特有的系统工具，而后面的 3 个为 Wildfire 4.0 新增的草绘系统工具。应用草绘系统工具的主要目的是提高草绘效率和绘图质量。

图 2.37

下面分述各个工具的含义：

按钮为“切换尺寸显示的开/关”。

按钮为“切换约束显示的开/关”。

按钮为“切换栅格的开/关”。

按钮为“切换剖面顶点显示的开/关”。

按钮为“对草绘图元的封闭链内部着色”，用以检查草绘剖面是否封闭。

按钮为“加亮不为多个图元共有的草绘图元的顶点”，用以检查草绘图元是否重合。

按钮为“加亮重叠几何图元的显示”，用以检查几何图元是否重叠。

2.3 综合实例

实例 1：

完成图 2.38 所示图形的草绘。

草绘步骤：

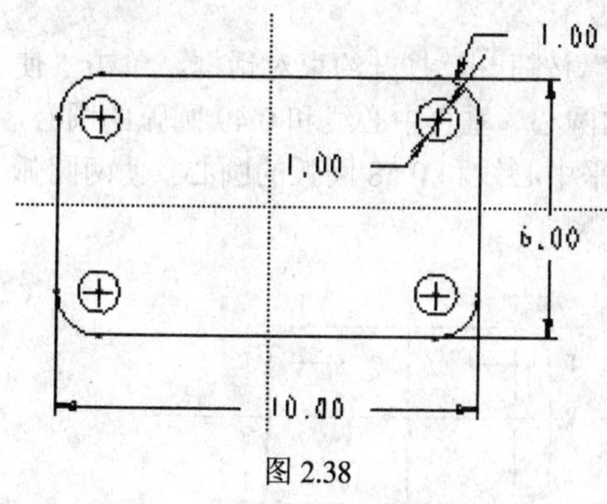

图 2.38

（1）单击系统工具栏上的“创建新对象”按钮，或在主菜单中选择“文件”→“新建”命令。在“新建”对话框中选择零件类型为“草绘”，输入文件名 2-1，单击“确定”按钮，进入草绘模式。

（2）绘制水平、垂直两条中心线。

单击特征工具栏上的“创建两点中心线”按钮，在绘图区绘制两条相互垂直的中心线。在绘制过程中，由于“目的管理器”的作用，系统在中心线接近水平或垂直时，会自动进行水平或垂直的几何约束并以相应符号表示出来，如图 2.39 所示。也可以在绘图窗口右击，在弹出的快捷菜单中选择“中心线”命令，进行草绘命令的快速选择。

提示：绘制中心线的目的是为下一步创建的矩形确定中心参照。

（3）绘制任意尺寸的矩形。

单击特征工具栏上的“创建矩形”按钮。在竖直中心线左端与水平中心线上端任意位置单击，向屏幕右下方拖动鼠标，拖出的矩形在相对两条中心线对称的位置上会自动加上对称几何约束，这时鼠标会在此位置形成一种“吸力”并出现对称几何符号加以提示。在这个位置单击，完成矩形的创建。结果如图 2.40 所示。

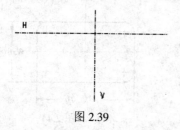

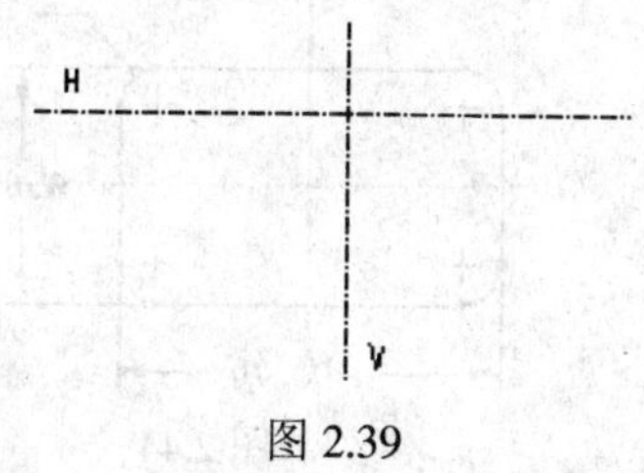

图 2.39

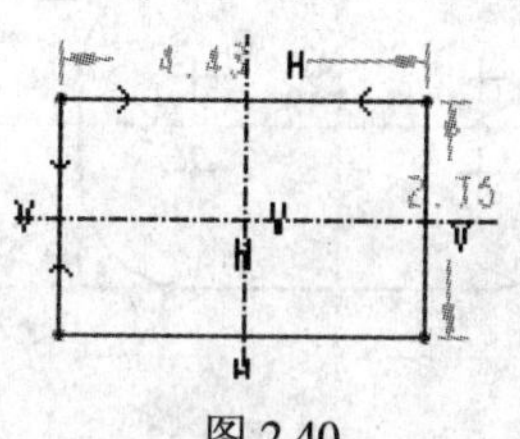

图 2.40

需要注意，虽然“目的管理器”自动进行了尺寸标注和几何约束，但此时的尺寸呈现为灰色，表示这些尺寸是弱尺寸。

在草绘中，弱尺寸是不“牢靠”的尺寸，当有其他强尺寸或约束出现时，它们会自动被更换掉。如果需要保留这些尺寸，需要把它们变“强”。把弱尺寸加强的方法有两种，一是修改该尺寸值，系统自动再生后该尺寸即成为强尺寸；二是用鼠标左键选择该尺寸后，在绘图区右击，在弹出的快捷菜单中选择“强”命令即可。强尺寸不能被自动更换，只能删除或转换为参照尺寸。

（4）建立 4 个圆角。

单击特征工具栏上的“创建圆角”按钮。分别选择矩形 4 个顶角相邻的两条边线，依次建立 4 个圆角。结果如图 2.41 所示。

观察剖面，发现建立圆角后所有的尺寸都是弱尺寸，需要重新加强；另外，尺寸比较凌乱，需要进一步整理。

（5）施加对称和相等约束。

单击特征工具栏上的“在剖面上施加草绘器约束”按钮，打开约束对话框，单击“使两点关于中心线对称”按钮，依次选择 0.59 圆弧的圆心、垂直中心线和 0.49 圆弧的圆心，使两圆弧左右对称；再依次选择 0.49 圆弧的圆心、水平中心线和 0.58 圆弧的圆心，使两圆弧上下对称。结果如图 2.42 所示。

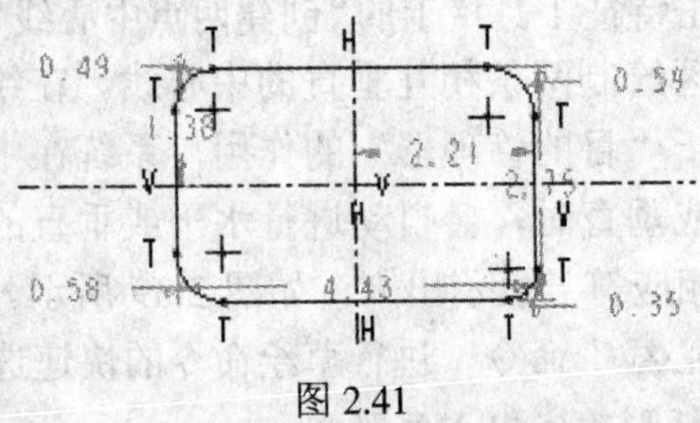

图 2.41

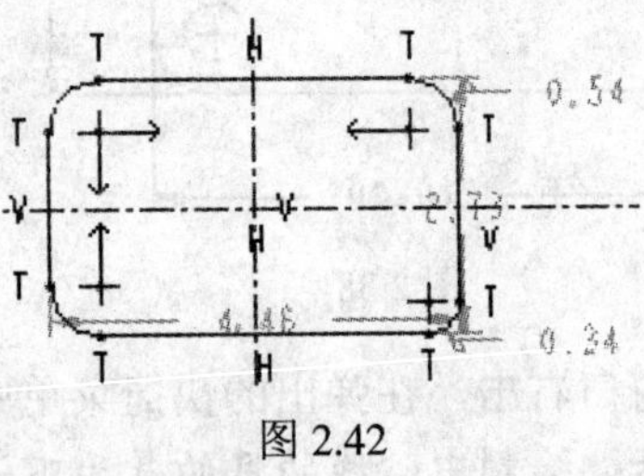

图 2.42

单击“创建等长、等半径或相同曲率的约束”按钮═，单击右上角圆弧，再单击右下角圆弧，使两圆弧半径相等。重复上述操作使 4 个圆弧的半径都相等。修改圆弧半径为 1。结果如图 2.43 所示。

（6）修改矩形尺寸为 10×6，结果如图 2.44 所示。

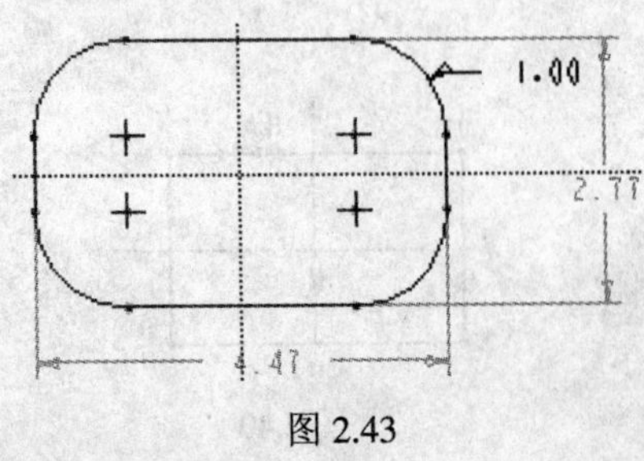

图 2.43

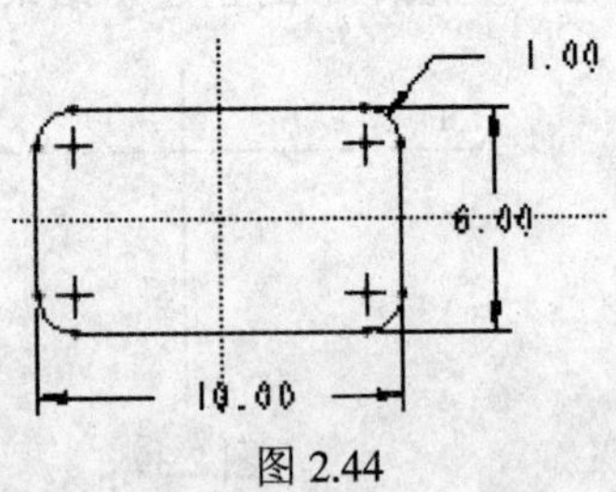

图 2.44

（7）绘制直径为 1 的 4 个圆。

单击特征工具栏上的“通过拾取圆心和圆上一点来创建圆”按钮，将鼠标指针移向右上角圆弧并捕捉其圆心，拖移鼠标指针到合适位置单击，完成第一个圆的绘制，更改圆的直径为 1；将鼠标指针移向右下角圆弧并捕捉其圆心，拖移鼠标指针至 R1 出现后单击，完成第二个圆的绘制。按相同方法完成另外两个圆的绘制。结果如图 2.45 所示。

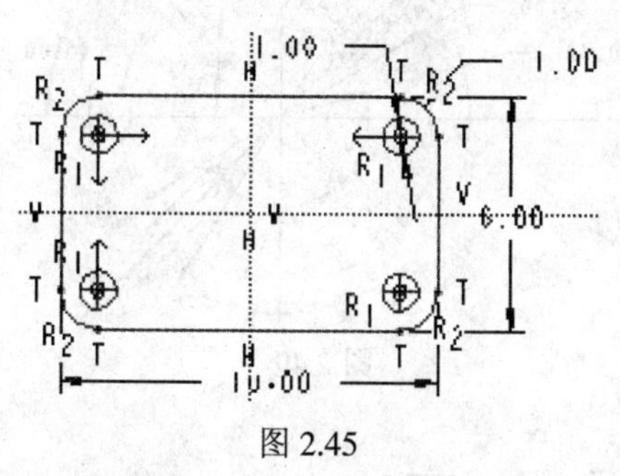

图 2.45

（8）在主菜单中选择“文件”→“保存”命令，或者在系统工具栏上单击按钮，单击“保存对象”对话框中的“确定”按钮（或者单击鼠标中键，或者直接按 Enter 键），完成文件的保存。

（9）在主菜单中选择“窗口”→“关闭”命令，关闭文件；在主菜单中选择“文件”→“拭除”→“不显示”命令，单击“拭除未显示的”对话框中的“确定”按钮，从内存中清除该文件。

提示：步骤（9）的操作也可以直接执行“文件”→“拭除”→“当前”命令。

另外一种绘制带圆角矩形的方法是通过草绘器调色板来调用已经保存的图形。操作方法如下：

单击特征工具栏上的“将调色板中的外部数据插入到活动对象”按钮。打开“草绘器调色板”对话框，单击“形状”按钮，如图 2.46 所示。

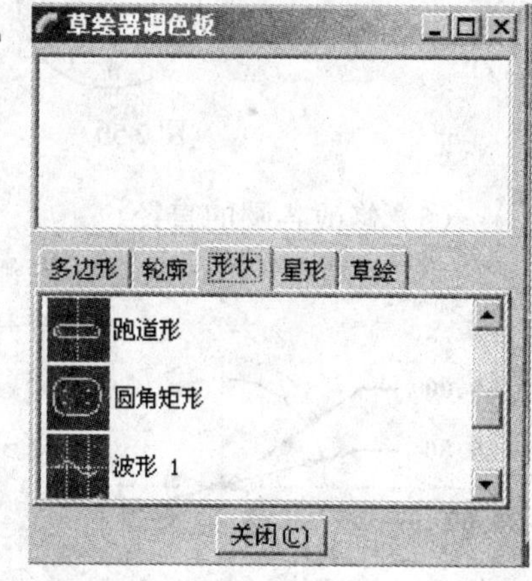

图 2.46

双击“圆角矩形”图形，然后在绘图区单击，此时将图形调入绘图区并出现“缩放旋转”对话框，按图 2.47 所示填入相应数值。单击按钮，完成所需图形的复制。对圆弧实施对称约束，修改各部分尺寸后得到如图 2.48 所示结果。

很明显，利用草绘器调色板绘制某些图形可以大大地提高草绘效率。

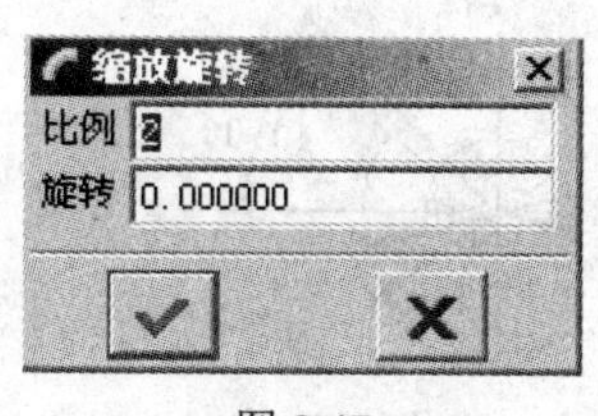

图 2.47

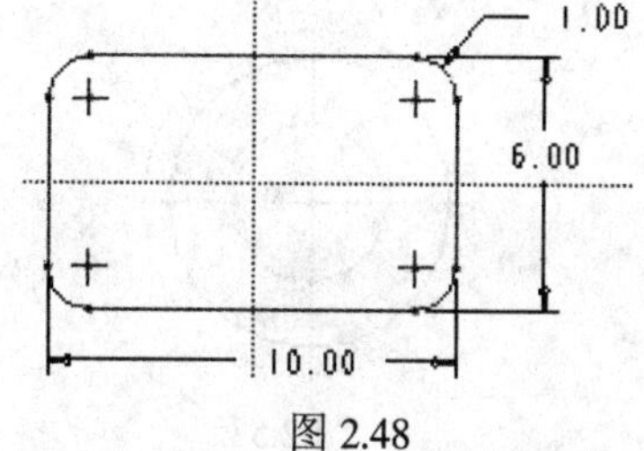

图 2.48

实例 2：

完成图 2.49 所示图形的草绘。

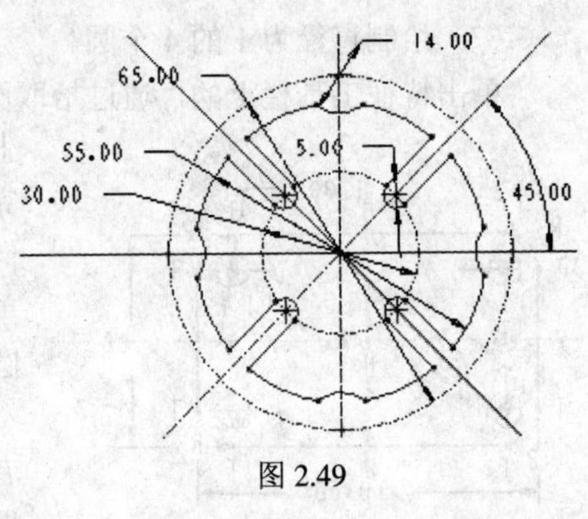

图 2.49

（1）创建名为 2-2 的草绘文件。

（2）绘制水平和垂直中心线。

（3）绘制圆。如图 2.50 所示。

（4）绘制两个同心圆。

单击特征工具栏上的“创建同心圆”按钮◎，单击上一步绘制的圆，向外侧拖移鼠标指针后单击，完成第一个同心圆的绘制。重复上述步骤完成第二个同心圆的绘制。结果如图 2.51 所示。

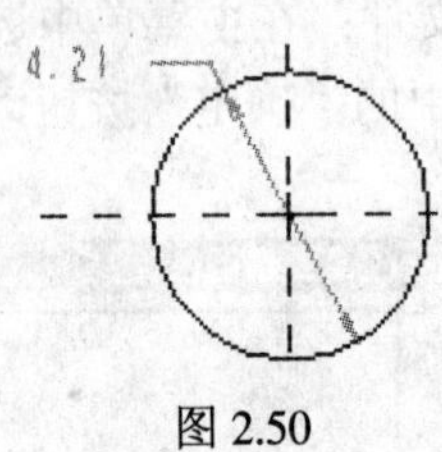

图 2.50

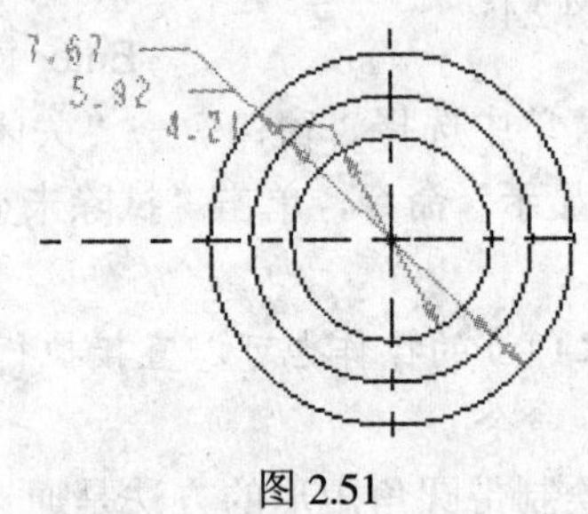

图 2.51

（5）修改各圆的直径。

用“拾取框”框选图 2.51 左侧的 3 个尺寸，单击特征工具栏上的“修改尺寸值”按钮，打开“修改尺寸”对话框，将 3 个圆的直径分别改为：30，55，65，单击该对话框的✔按钮，完成尺寸修改。结果如图 2.52 所示。

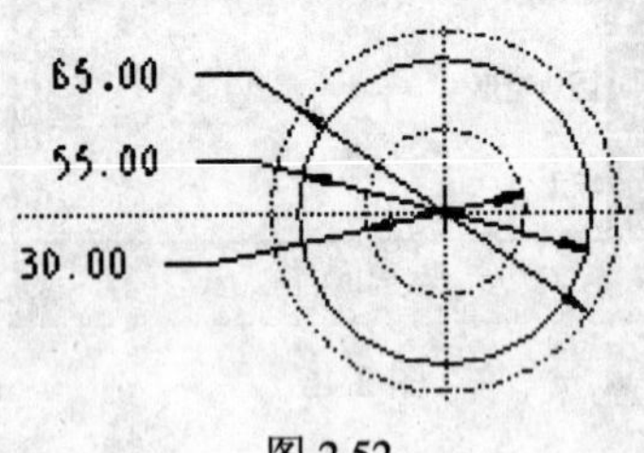

图 2.52

（6）将直径为 30 和 65 的圆切换为结构圆。

按住 Ctrl 键，同时选中两个圆，右击鼠标，在右键快捷菜单中选择“构建”，完成结构圆的创建。结果如图 2.53 所示。

（7）绘制 45° 中心线，结果如图 2.54 所示。

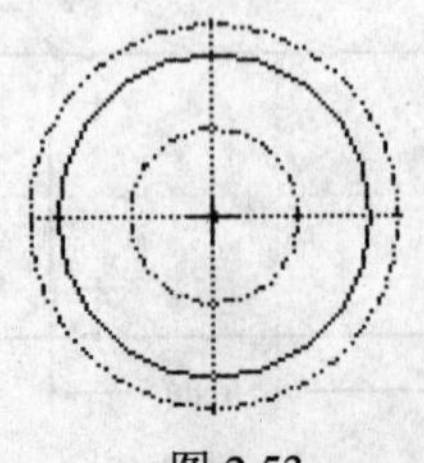
图 2.53

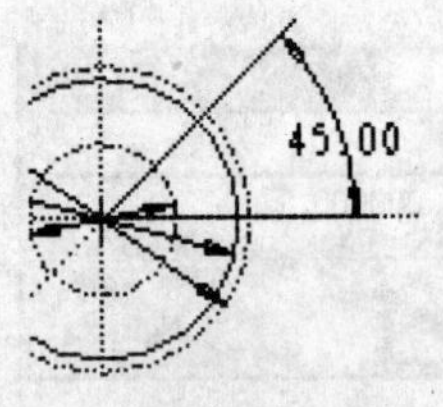

图 2.54

（8）绘制如图 2.55 所示的两个圆。

（9）绘制如图 2.56 所示的两条直线。

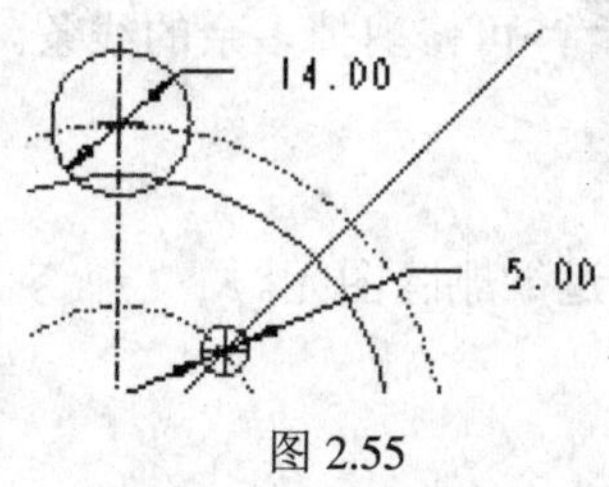

图 2.55

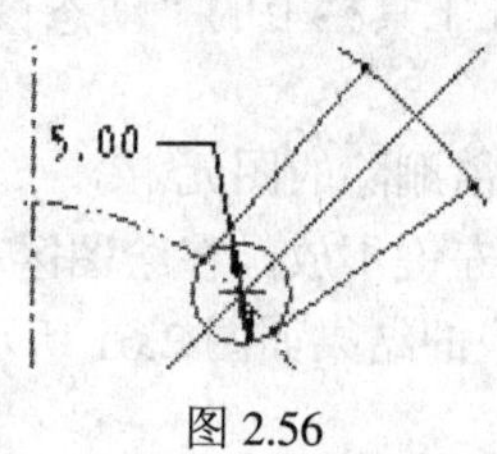

图 2.56

（10）约束两条直线与 45° 中心线平行。

当约束上方直线与 45° 中心线平行时，将出现“解决草绘”对话框，如图 2.57 所示，原因是约束冲突。首先要求直线的下端点与直径为 30 的结构圆重合；另外又要求直线与直径为 5 的圆相切；第三还要求直线与中心线平行。很明显，这三种约束要求互相矛盾，因此必须删除多余的约束以解决约束冲突。

用鼠标单击“解决草绘”对话框中各个约束项目，相应的约束情况会显示在绘图区，通过观察和判断，可以找出多余的约束。

本实例中，当用鼠标单击如图 2.57 所示的第二项时，约束情况显示为直线的下端点与直径为 30 的结构圆重合，如图 2.58 所示。单击“解决草绘”对话框中的“删除”按钮，即可删除多余约束。结果如图 2.59 所示。

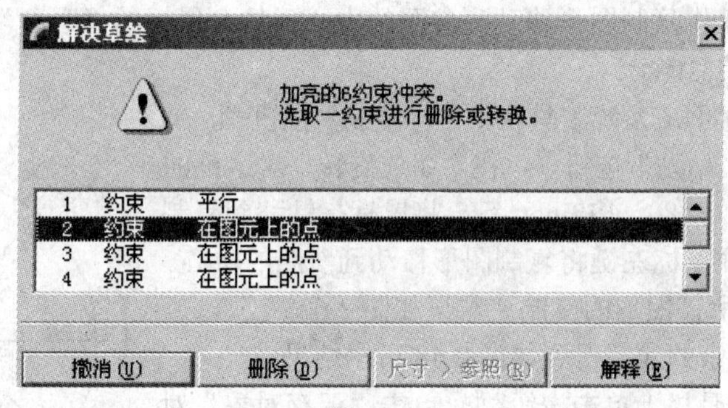

图 2.57

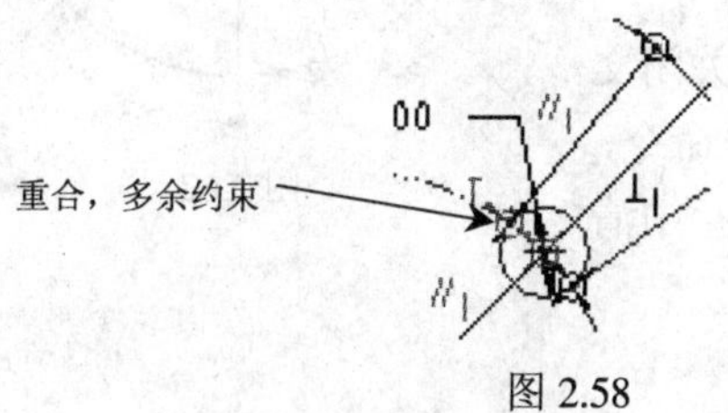

图 2.58

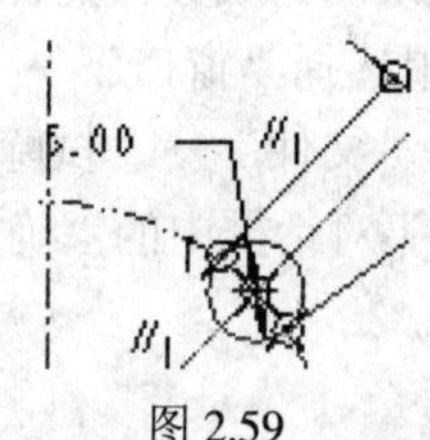

图 2.59

按上述方法约束下方直线与 45° 中心线平行。结果如图 2.60 所示。

（11）修剪掉多余的线条。

单击特征工具栏上的“动态修剪剖面图元”按钮，可修剪掉多余的线条。修剪的方法有两种：

① 单击欲删除的图元。

② 按住左键不放，在绘图区动态拖移鼠标指针经过欲删除图元。

修剪完成的结果如图 2.61 所示。

图 2.60　　图 2.61

（12）复制图元。

按住 Ctrl 键，同时选择直径为 14 和 5 的圆弧、45° 中心线及垂直中心线，单击系统工具栏上的“复制”按钮，或在主菜单中选择“编辑”→“复制”命令，单击系统工具栏上的“粘贴”按钮，或在主菜单中选择“编辑”→“粘贴”命令，在绘图区任意位置单击，出现“缩放旋转”对话框，在“旋转”输入框输入 90，按 Enter 键。将鼠标指针移到复制图形的圆柄上，按住鼠标左键将复制图形移动到参照的中心（体会鼠标的“吸引”作用）。单击按钮，完成所需图形的复制。

完成后立即再次单击系统工具栏上的“复制”按钮，单击系统工具栏上的“粘贴”按钮，在“缩放旋转”对话框的“旋转”输入框中输入 180，按 Enter 键。将鼠标指针移到复制图形的圆柄上，按住鼠标左键将复制图形移动到参照的中心。单击按钮，完成所需图形的复制。结果如图 2.62 所示。

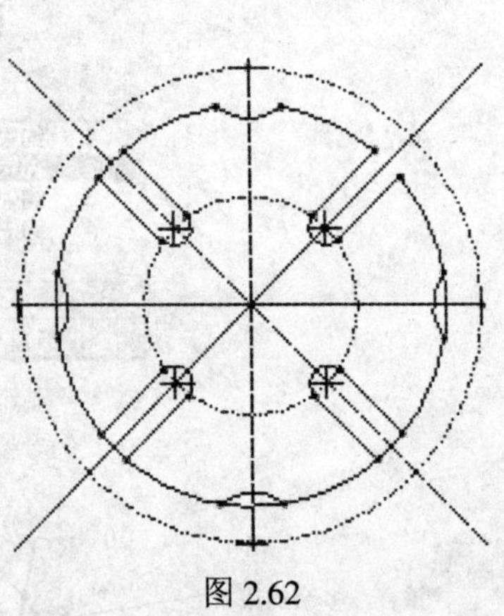

图 2.62

（13）修剪掉多余的线条得到如图 2.48 所示结果。

（14）在系统工具栏上单击按钮，单击“保存对象”对话框中的“确定”按钮，完成文件的保存。

（15）在主菜单中选择“窗口”→“关闭”命令，关闭文件；在主菜单中选择“文件”→“拭除”→“不显示”命令，单击“拭除未显示的”对话框中的“确定”按钮，从内存中清除该文件。

第3章　基础造型特征

本章开始进入 Pro/E 三维零件设计的世界。在 Pro/ENGINEER 中，零件是由许多几何特征的叠加构成的，而特征是每次创建的一个单独几何，包括基准、拉伸、孔、倒圆角、倒角、曲面特征、切口、阵列和扫描等。特征通过各种几何参数确定形状，修改参数能自动变更特征。建立的特征能进行镜像、复制等操作。

Pro/ENGINEER 中最常用的特征包括基础特征、工程特征和构造特征。在基础特征的建立基础上，再根据需要建立工程特征、构造特征等。基础特征包括：拉伸特征、旋转特征、扫描特征和混合特征；而工程特征包括建立各种孔、壳、筋、拔模、倒圆角和倒角等特征；构造特征包括建立管道、修饰特征等。本章将着重介绍基础特征的创建方法。

3.1　拉伸特征

拉伸是通过将二维草绘截面延伸到垂直于草绘平面的指定距离处来实现的，如图 3.1 所示。从图中可以看出，在创建拉伸特征时，需要指定的特征参数包括剖面所在的草绘平面、剖面形状、拉伸方向和拉伸长度。

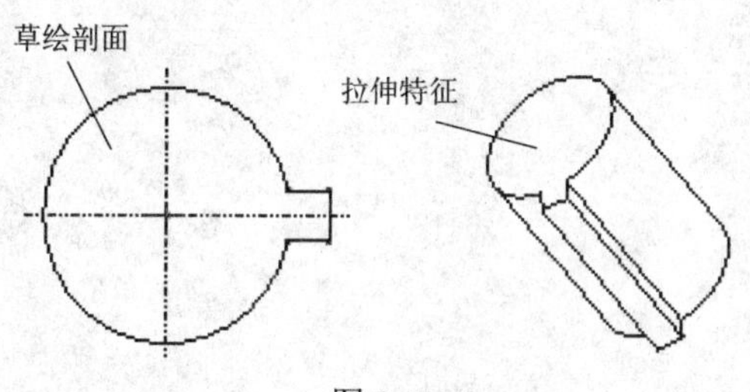

图 3.1

在 Wildfire 版本中，拉伸工具的使用有了很大的变化。新的拉伸工具彻底改变了在传统菜单管理器中的众多菜单中寻找命令的“繁琐”过程，使操作变得简洁快速。重新设计的拉伸工具在同一个操控面板中集合了老版本中拉伸实体、拉伸曲面、拉伸薄板实体和拉伸切剪等众多功能，使得利用同一个工具可以完成原来很多的功能。

在 Pro/ENGINEER Wildfire 中有两种方法使用拉伸工具：进入实体零件建立环境后，单击软件右侧特征工具栏上的按钮（拉伸工具），或者在主菜单中选择“插入”→“拉伸”命令。

使用拉伸工具后，会在软件下方出现进行相关操作的操控面板，如图 3.2 所示。

操控面板分为上下两排，上面一排有 3 个命令选项，选择后会弹出相应的上滑面板，在面板中可以定义相应的特征参数。熟练的用户可以使用下面一排，或者在绘图区右击，在弹出的快捷菜单中选择，以快速定义特征参数。

放置 选项 属性

55.59

图 3.2

操控面板中各命令按钮及其含义如下：

1. 特征类型按钮

建立的特征为实体

建立的特征为曲面

切剪材料

建立的特征为薄板

2. 深度控制按钮

输入值：从草绘平面以指定的深度值拉伸

对称：在草绘平面两侧同时以指定的深度的一半拉伸

到下一个：拉伸剖面直到与下一个曲面相交

穿透：拉伸剖面与所有曲面相交

穿至：拉伸剖面直到与选定的曲面相交

到选定的：将剖面拉伸至选定的点、曲线、平面或曲面

3. 操作按钮

切换拉伸特征的方向

暂停，使用后可以访问其他工具

特征预览

完成建立特征

取消特征建立

3.2 旋转特征

旋转特征就是让一个剖面沿着旋转轴旋转，剖面所扫过的体积就构成了旋转特征，如图 3.3 所示。在创建旋转特征时，需要指定的特征参数包括剖面所在的草绘平面、剖面形状、旋转中心线、旋转方向和旋转角度。

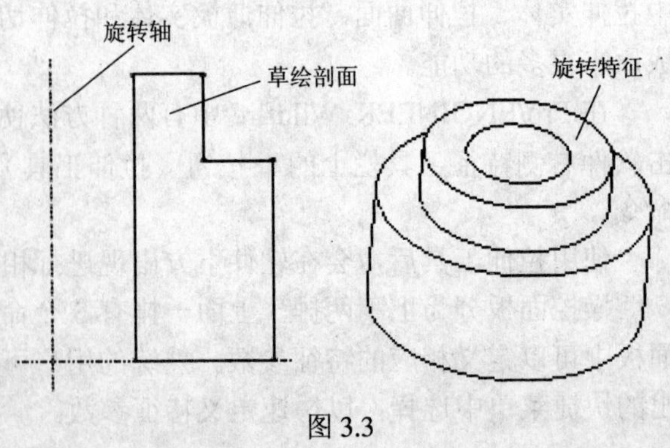

图 3.3

在 Pro/ENGINEER Wildfire 中有两种方法使用旋转工具：在进入实体零件建立

模式下，单击软件右侧特征工具栏上的按钮，或者在主菜单中选择“插入”→“旋转”命令。

使用旋转工具后，会在软件下方出现其操控面板，如图 3.4 所示。

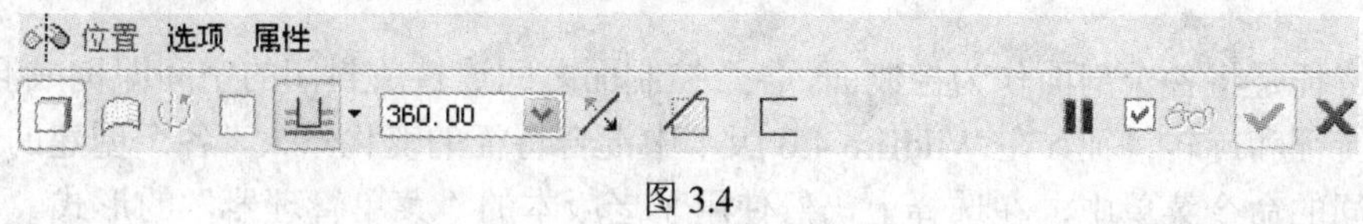

图 3.4

操控面板同样分为上下两排，上面一排有 3 个命令选项，选择后会弹出相应的上滑面板，在面板中可以定义相应的特征参数。熟练的用户可以使用下面一排，或者在绘图区右击，在弹出的快捷菜单中选择，以快速定义特征参数。

从图 3.4 中看出，大部分按钮与拉伸操控面板的按钮外形相同，含义也非常类似，在这里不再赘述。

提示：旋转特征所需的旋转轴可以是草绘的中心线也可以是现有的基准轴。如果草绘时没有绘制中心线，那么只能选择基准轴作为旋转轴。如果在草绘剖面中有多条中心线，系统有可能不会按设计意图选择中心线作为旋转轴，此时应该在绘图区选择作为旋转轴的中心线，单击右键，在右键快捷菜单中选择“旋转轴”命令，将所选择的中心线作为旋转轴。

3.3　扫描特征

扫描特征是通过草绘或选取的轨迹，然后沿该轨迹草绘剖面来创建的，如图 3.5 所示。在 Wildfire 4.0 版本中扫描特征的变化不大，各个创建的选项仍然独立在不同的命令菜单中，在选择上仍然使用了老版本的“菜单管理器”的形式。

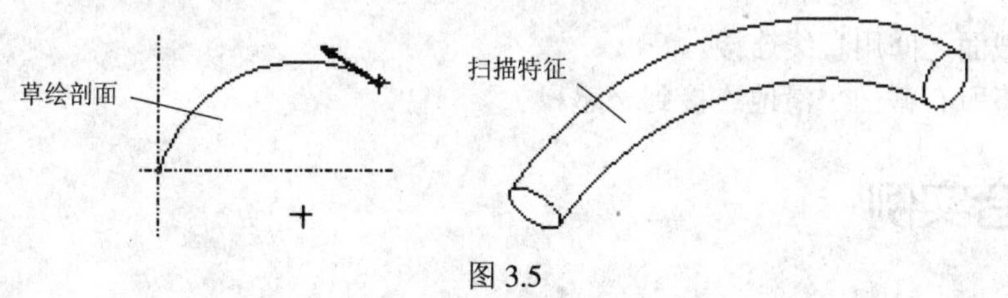

图 3.5

进入实体零件建立模式后，创建扫描特征的步骤如下：

（1）在主菜单中选择“插入”→“扫描”→“伸出项”或者“薄板伸出项”或者“曲面”命令。

（2）通过草绘建立轨迹或者选择一条已经存在的边线、曲线作为轨迹线。

（3）建立剖面。

（4）建立扫描特征。

3.4 混合特征

混合特征是将各个剖面作为控制面，各个控制面之间连接所封闭的空间即构成混合特征。相对拉伸特征和旋转特征，在 Wildfire 4.0 版本中混合特征的变化不大，各个创建的选项仍然独立在不同的命令菜单中，在选择上仍然使用了老版本的“菜单管理器”的形式。

进入实体零件建立模式后，创建混合实体特征的步骤如下：

（1）在主菜单中选择“插入”→“混合”→“伸出项”命令。

（2）设定混合选项。

（3）至少绘制两个截面。

（4）设置各剖面间的距离，创建混合实体。

如图 3.6 所示是混合选项的命令菜单，在这里可以控制混合特征的不同选项。

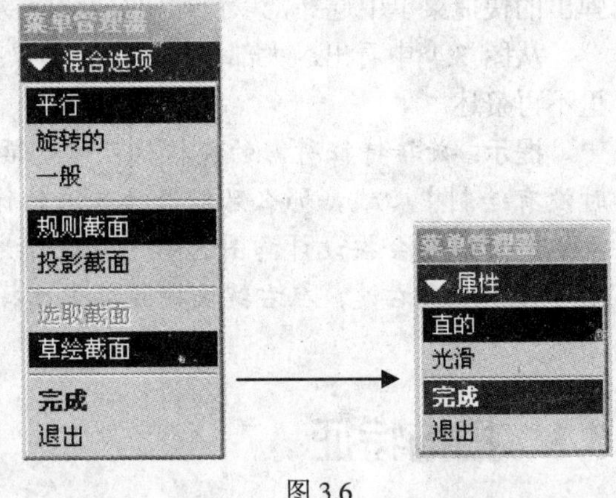

图 3.6

菜单中各个命令的含义如下：

平行：各个截面位于互相平行的绘图平面上。

旋转的：各个截面围绕绘图平面的 Y 轴旋转，需要指定局部坐标系，而且旋转角度不能超过 120°。

一般：剖面可以绕 X、Y、Z 轴旋转，需要指定局部坐标系。

规则截面：在草绘平面上绘制截面或者从现有零件图上选取。

投影截面：首先在草绘平面上绘制截面或者从现有零件图上选取，然后投影到某个曲面，得到截图。

直的：截面之间用直线连接。

光滑：将所有截面平滑地连接到一起。

3.5 综合实例

实例 1：

拉伸工具应用：2D 到 3D 的建模——盲盖

盲盖的效果图如图 3.8 所示。

造型过程如下：

（1）在系统工具栏上单击按钮（创建新对象），在“新建”对话框中设置文件类型为“零件”，子类型为“实体”，文件名输入为 3-1，注意取消“使用缺省模板”选项（缺省模板为英制模板），单击“确定”按钮，在“新文件选项”对话框中选择“mmns _part_solid”的公制实体零件模板，单击“确定”按钮，进入零件建立模式。

（2）单击特征工具栏上的“拉伸工具”按钮，打开其操控面板；在操控面板上选择“放置”命令，弹出其上滑面板，单击该面板中的“定义”按钮，弹出“草绘”对话框，选择 TOP 基准平面为草绘平面，其余接受系统缺省的设置，单击该对话框“草绘”按钮，进入草绘模式。

（3）在主菜单中选择“草绘”→“数据来自文件”→“文件系统”，在弹出的“打开”对话框中选择第二章创建的文件 2-1，单击“打开”按钮，移动鼠标至缺省中心处（注意此时鼠标带一个“+”符号），单击鼠标左键，弹出“旋转缩放”对话框，在该对话框中更改比例值为 1，保持旋转角度为 0，按 Enter 键。拖移图形使之与缺省中心重合。单击“旋转缩放”对话框的✔按钮，单击特征工具栏上的“继续当前部分”按钮✔，完成草绘。结果如图 3.7 所示。

（4）在操控面板中修改深度值为 1。单击操控面板右侧的✔按钮，完成拉伸特征的建立。结果如图 3.8 所示。

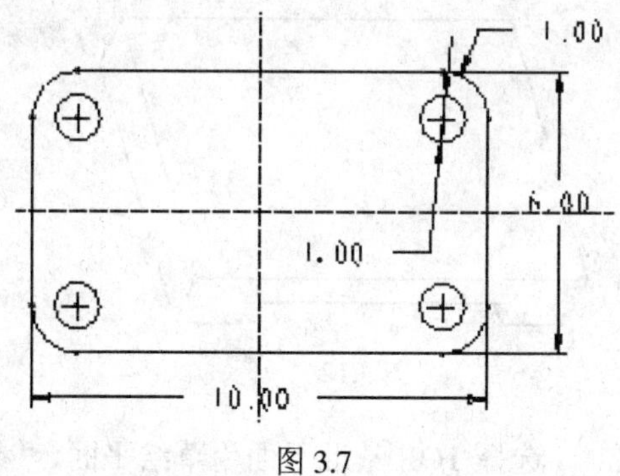

图 3.7

图 3.8

（5）在系统工具栏上单击按钮，单击“保存对象”对话框中的“确定”按钮，完成文件的保存。

（6）在主菜单中选择“窗口”→“关闭”命令，关闭文件；在主菜单中选择“文件”→“拭除”→“不显示”命令，单击“拭除未显示的”对话框中的“确定”按钮，从内存中清除该文件。

图 3.9

实例 2：

拉伸工具应用——支架

支架的效果图如图 3.9 所示。

造型过程如下：

（1）新建文件 3-2。

（2）单击特征工具栏上的“拉伸工具”按钮，打开其操控面板；在操控面板上选择“放置”命令，弹出其上滑面板，单击该面板中的“定义”按钮，弹出“草绘”对话框，选择 FRONT 基准平面为草绘平面，其余接受系统缺省的设置，单击该对话框“草绘”按钮，进入草绘模式。绘制如图 3.10 所示剖面后单击特征工具栏上的✔按钮，完成草绘。

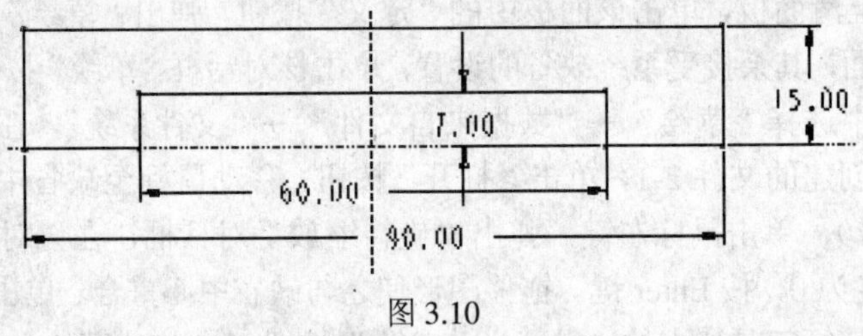

图 3.10

（3）在操控面板中作如图 3.11 所示的设置，单击操控面板右侧的✔按钮，完成拉伸特征的建立。按 Ctrl+D 组合键，恢复零件的标准显示状态。结果如图 3.12 所示。

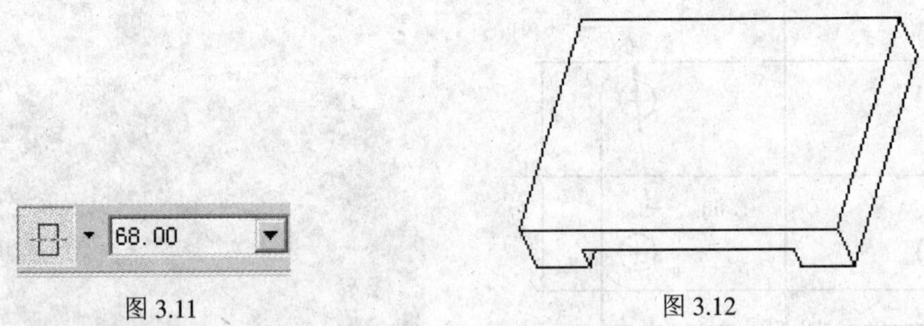

图 3.11　　图 3.12

（4）单击特征工具栏上的“拉伸工具”按钮，选择 TOP 基准平面为草绘平面，“参照”选择 FRONT 基准平面，“方向”选择“顶”， 单击“草绘”对话框“草绘”按钮，进入草绘模式。

（5）在主菜单中选择“草绘”→“参照”命令，打开“参照”对话框，如图 3.13 所示。选择如图 3.14 所示左侧的实体边作为附加参照；在缺省参照上作水平和垂直中心线。结果如图 3.14 所示。

提示：草绘时，为方便标注尺寸和绘图，常常选择实体边、基准点、基准曲线和基准平面等作为附加参照。

（6）绘制如图 3.15 所示剖面后，用“拾取框”选择上一步绘制的图元，单击特征工具栏上的按钮，单击垂直中心线，将上一步绘制的图元镜像到右侧，重新标注尺寸并修改后的结果如图 3.16 所示。单击特征工具栏上的✔按钮，完成草绘。

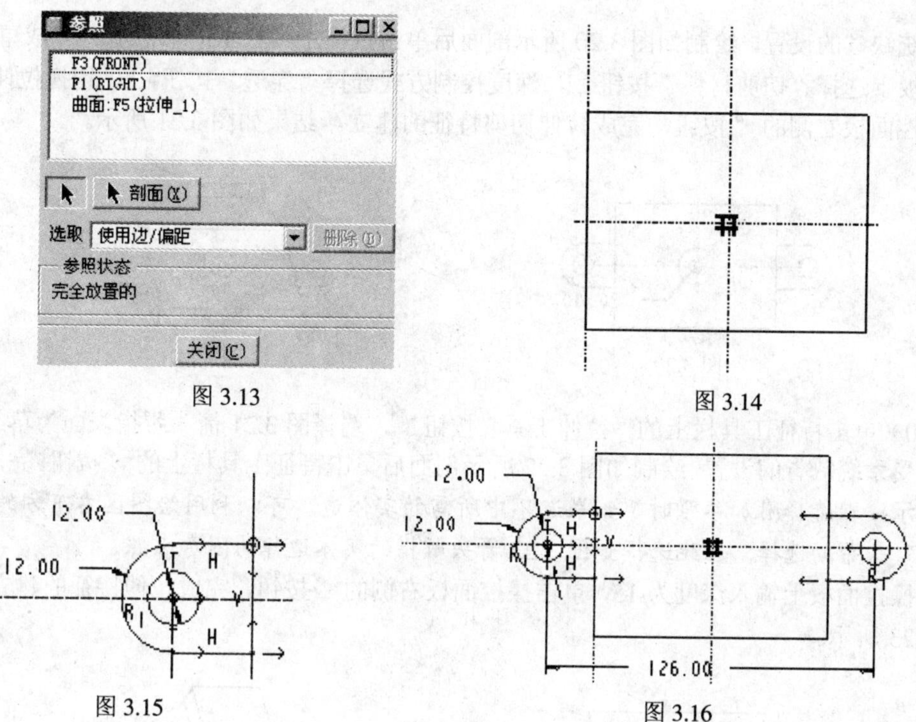

图 3.13

图 3.14

图 3.15

图 3.16

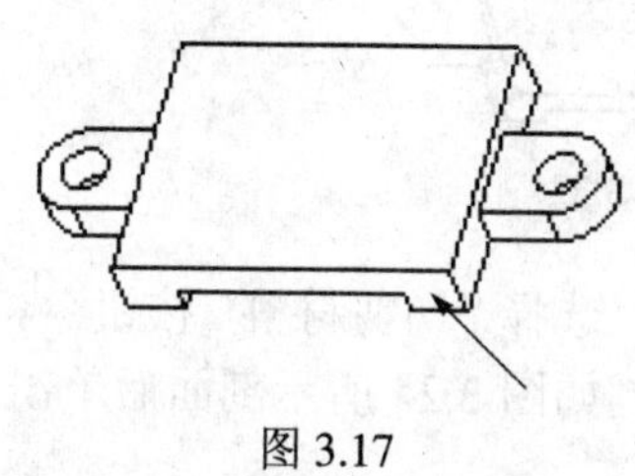

图 3.17

（7）输入深度为 10，单击操控面板右侧的✔按钮，完成拉伸特征的建立。按 Ctrl+D 组合键，恢复零件的标准显示状态。结果如图 3.17 所示。

（8）单击特征工具栏上的“拉伸工具”按钮，选择如图 3.17 中箭头所指的实体表面为草绘平面，“参照”选择实体上表面，“方向”选择“顶”，单击“草绘”对话框“草绘”按钮，进入草绘模式。选择附加参照，绘制如图 3.18 所示剖面。单击特征工具栏上的✔按钮，完成草绘。单击操控面板上的按钮切换拉伸方向，输入深度为 10，单击操控面板右侧的✔按钮，完成拉伸特征的建立。结果如图 3.19 所示。

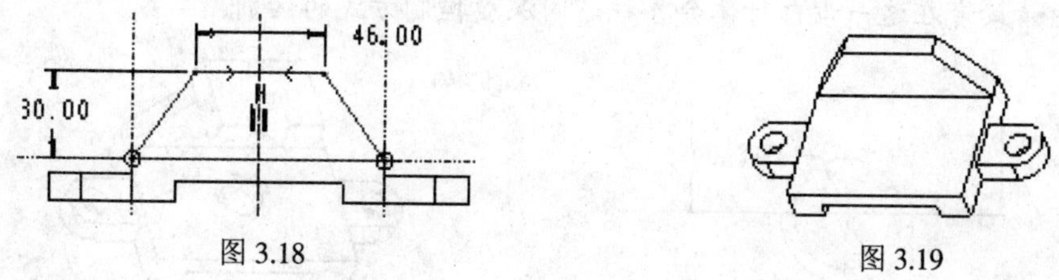

图 3.18

图 3.19

（9）单击特征工具栏上的“拉伸工具”按钮，选择支架底板上表面为草绘平面，其余接受系统缺省的设置，绘制如图 3.20 所示剖面后单击特征工具栏上的✔按钮，完成草绘。在操控面板上选择“切剪材料”按钮，深度控制方式选择“穿透”按钮，切换拉伸方向，单击操控面板右侧的✔按钮，完成拉伸切剪特征的建立。结果如图 3.21 所示。

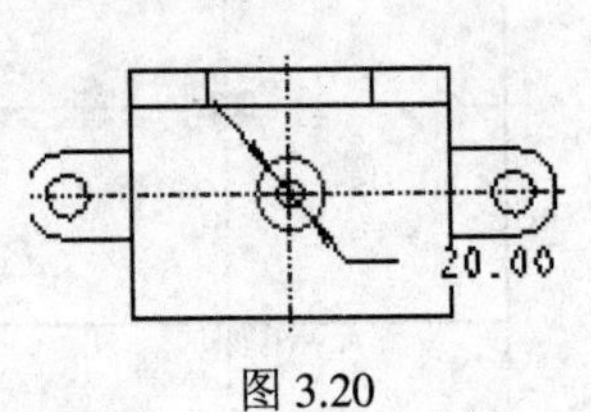

图 3.20

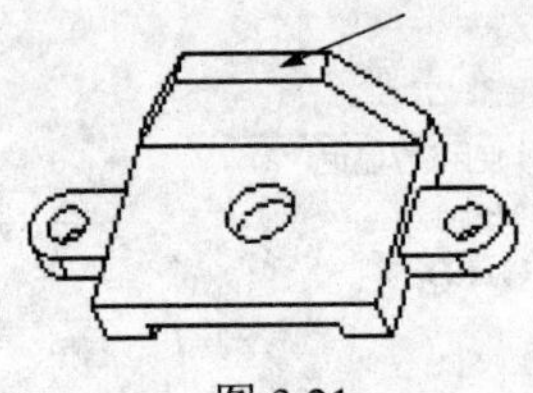

图 3.21

（10）单击特征工具栏上的“拉伸工具”按钮，选择图 3.21 箭头所指表面为草绘平面，其余接受系统缺省的设置，绘制如图 3.22 所示剖面后单击特征工具栏上的✔按钮，完成草绘。

提示：在选择附加参照时，如果选不中所需的实体边，可以利用绘图区右下方的“拾取过滤器”来帮助选择。在此选择如图 3.22 箭头所指的实体边作为附加参照。

在操控面板上输入深度为 15，单击操控面板右侧的✔按钮，完成拉伸特征的建立。结果如图 3.23 所示。

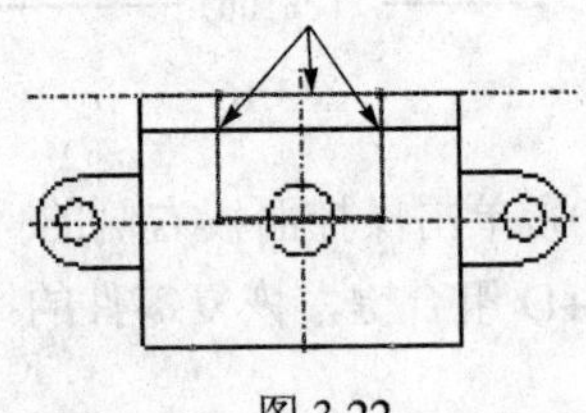

图 3.22

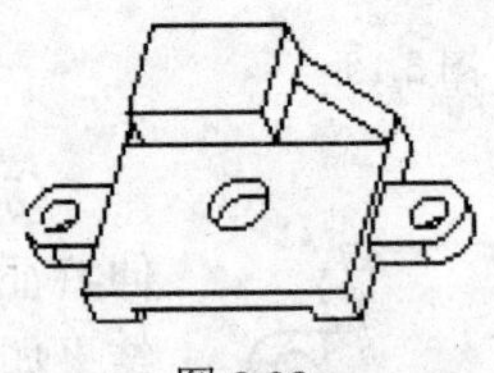

图 3.23

（11）单击特征工具栏上的“拉伸工具”按钮，在操控面板上选择“切剪材料”按钮，选择支架顶板上表面为草绘平面，其余接受系统缺省的设置，绘制如图 3.24 所示剖面后单击特征工具栏上的✔按钮，完成草绘。

深度控制方式选择“拉伸至下一曲面”（），单击操控面板右侧的✔按钮，完成拉伸切剪特征的建立。结果如图 3.25 所示。

提示：请读者在这一步自行体会各种不同深度控制方式的区别。

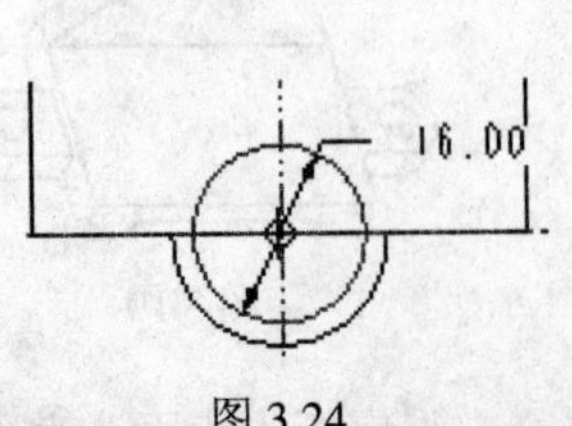

图 3.24

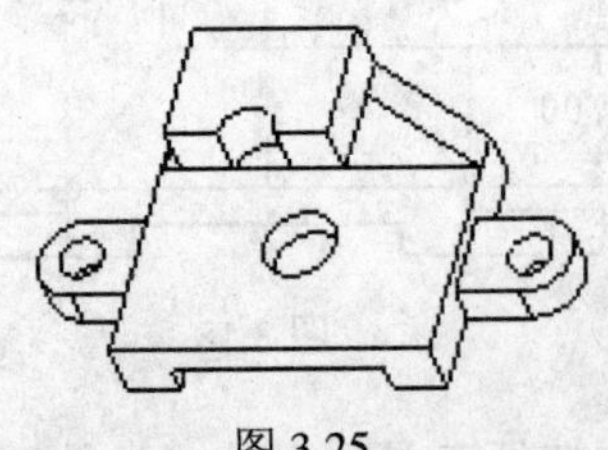

图 3.25

（12）单击特征工具栏上的“拉伸工具”按钮，在操控面板上选择“切剪材料”按钮，在“草绘”对话框中选择“使用先前的”，绘制如图 3.26 所示剖面后单击特征工具栏上的✔按钮，完成草绘。

在操控面板上输入深度为 6，单击操控面板右侧的✔按钮，完成拉伸切剪特征的建立。结果如图 3.27 所示。

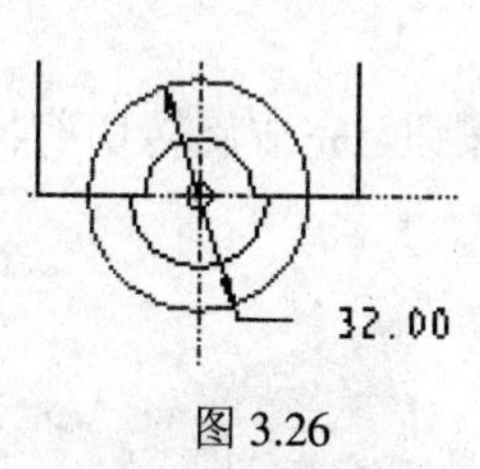

图 3.26

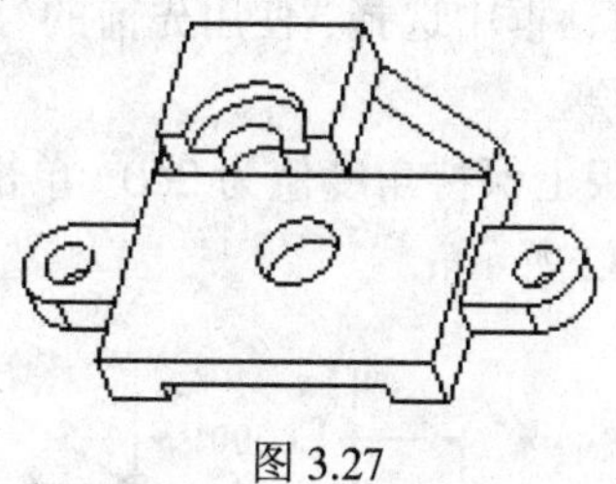

图 3.27

（13）保存并拭除文件。

实例 3：

旋转工具的应用——顶尖

顶尖的效果图如图 3.28 所示。

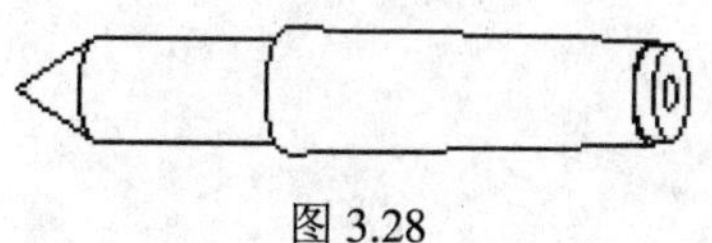

图 3.28

旋转特征通常应用于设计回转类零件。

造型过程如下：

（1）新建文件 3-3。

（2）单击特征工具栏上的“旋转工具”按钮，打开其操控面板，在操控面板上选择“位置”命令，弹出其上滑面板，单击该面板中的“定义”按钮，弹出“草绘”对话框，选择 FRONT 基准平面为草绘平面，其余接受系统缺省设置，单击“草绘”按钮，进入草绘模式。绘制如图 3.29 所示剖面后单击特征工具栏上的✔按钮，完成草绘。

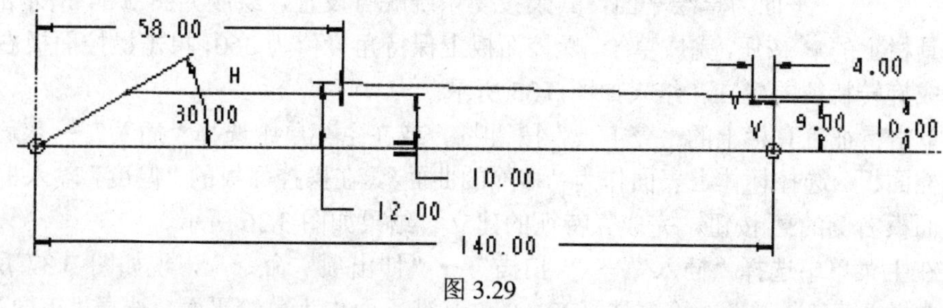

图 3.29

（3）保持操控面板上旋转角度参数为（变量），保持角度数值为 360（意味着建立的旋转特征绕中心轴旋转 360°）；单击操控面板右侧的✔按钮，完成该旋转特征的建立。结果如

图 3.30 所示。

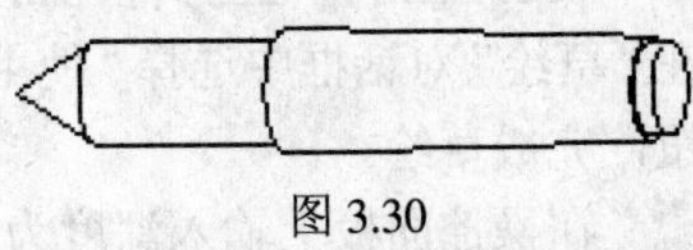
图 3.30

提示：创建旋转特征有两个基本要素：（1）应该有旋转轴（草绘中心线或基准轴）；（2）剖面的所有图元必须位于旋转轴的一侧。

（4）单击特征工具栏上的“旋转工具”按钮，在操控面板上选择“切剪材料”按钮，在“草绘”对话框中选择“使用先前的”，绘制如图 3.31 所示剖面后单击特征工具栏上的按钮，完成草绘。

操控面板上保持角度值为 360，单击操控面板右侧的按钮，完成旋转切剪特征的建立。结果如图 3.32 所示。

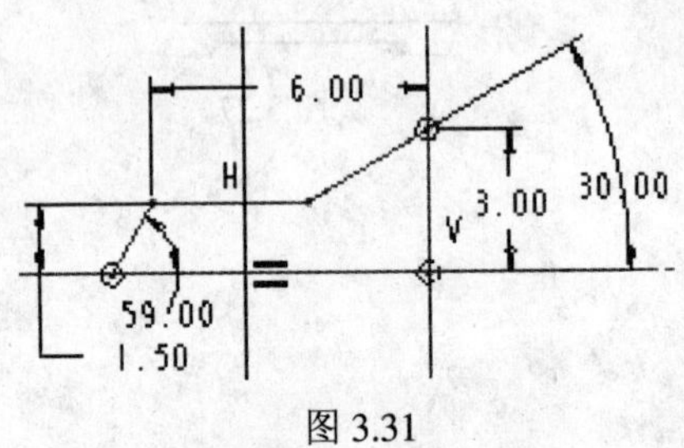

图 3.31

图 3.32

（5）保存并拭除文件。

实例 4:

旋转与扫描工具应用——水杯

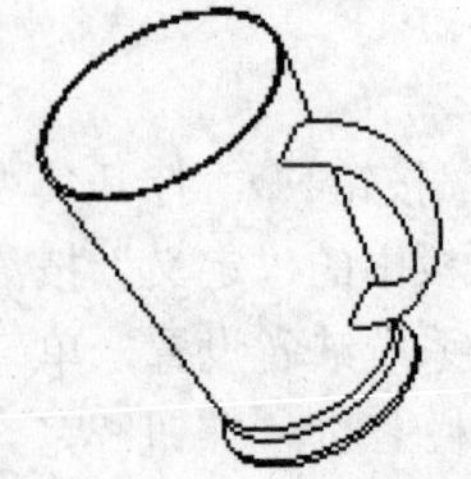
图 3.33

水杯的效果图如图 3.33 所示。

造型过程如下：

（1）新建文件 3-4。

（2）单击特征工具栏上的“旋转工具”按钮，选择 FRONT 基准平面为草绘平面，其余接受系统缺省设置，绘制如图 3.34 所示剖面后单击特征工具栏上的按钮，完成草绘。操控面板上保持角度值为 360，单击操控面板右侧的按钮，完成旋转特征的建立。结果如图 3.35 所示。

（3）单击特征工具栏上的“壳工具”按钮，或在主菜单中选择“插入”→“壳”命令，打开其操控面板。选择杯体上表面作为“移除的曲面”，在操控面板的“厚度”输入框输入 1，单击操控面板右侧的按钮，完成壳特征的建立。结果如图 3.36 所示。

（4）在主菜单中选择“插入”→“ 扫描”→“伸出项”命令，出现如图 3.37 所示菜单管理器，选择“草绘轨迹”命令，选择 FRONT 基准平面作为草绘平面，选择“正向”→“缺省”命令进入草绘模式。绘制如图 3.38 所示扫描轨迹。单击特征工具栏上的按钮，在菜单管理器中选择“合并终点”→“完成”命令。如图 3.39 所示。系统再一次进入草绘模式。绘制如图 3.40 所示剖面后单击特征工具栏上的✔按钮，完成草绘。

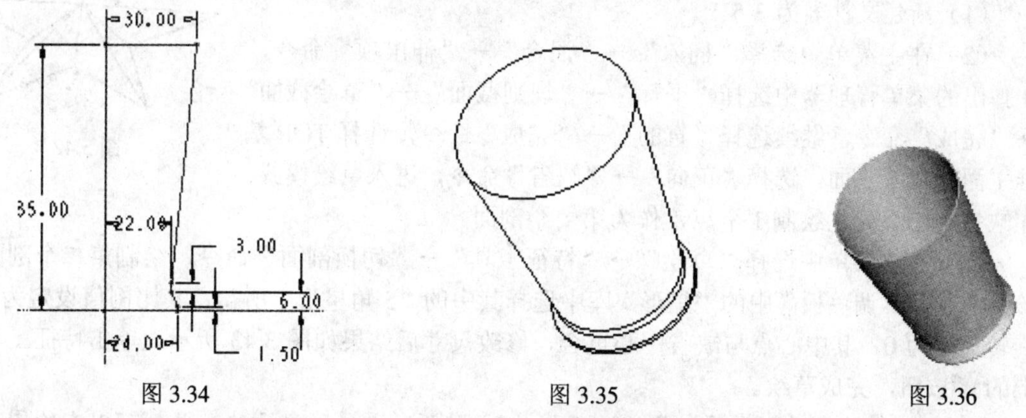

图 3.34　图 3.35　图 3.36

提示：利用样条曲线绘制杯把轨迹，除用尺寸控制形状外，还必须手动调整。

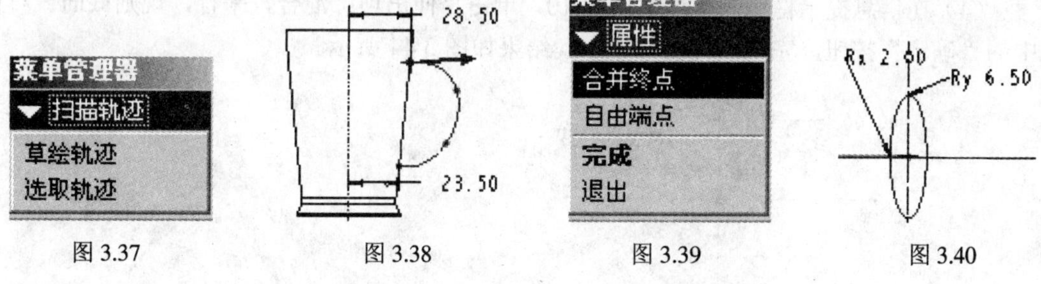

图 3.37　图 3.38　图 3.39　图 3.40

（5）单击“伸出项：扫描”对话框的“确定”按钮，完成扫描特征的创建。结果如图 3.41 所示。

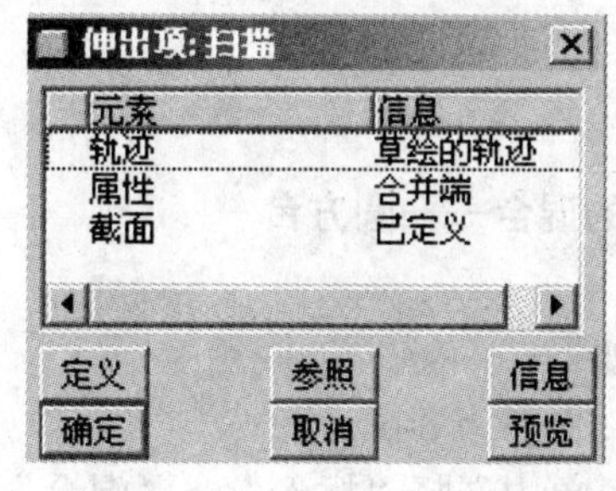

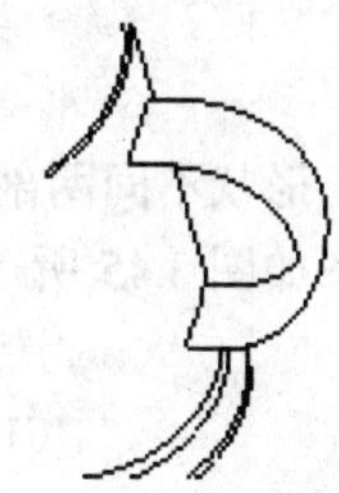

图 3.41

（6）保存并拭除文件。

实例 5：

混合工具应用——五角星

五角星的效果图如图 3.42 所示。在本实例中要注意剖面也可以由一个点构成。

造型过程如下：

（1）新建文件名为 3-5。

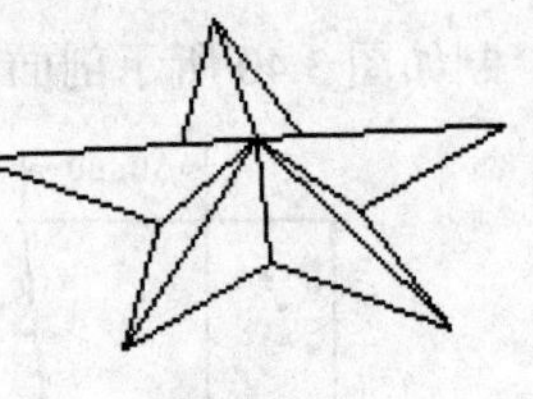
图 3.42

（2）在主菜单中选择“插入”→“混合”→“伸出项”命令，在弹出的菜单管理器中选择“平行”→“规则截面”→“草绘截面”→“完成”命令，继续选择“直的”→“完成”命令，选择 TOP 基准平面为草绘平面，选择“正向”→“缺省”命令，进入草绘模式；在缺省中心点处先绘制 1 个点，作为第一个剖面。

（3）在主菜单中选择“草绘”→“特征工具”→“切换剖面”命令，绘制第二个剖面，该剖面是从“调色板”中的“星形”库中选择其中的“5 角星形”所得，其比例值设定为 10，旋转角度为 0，其中心点与缺省中心重合，修改尺寸后结果如图 3.43 所示。单击特征工具栏上的✔按钮，完成草绘。

提示：“切换剖面”有两种方法：步骤（3）使用的是第一种方法；另外可以在绘图区单击右键，在右键快捷菜单中选择“切换剖面”命令。

（4）在信息提示栏输入深度数值为 10，单击“伸出项：混合，平行，规则截面”对话框中的“确定”按钮，完成该特征的建立，结果如图 3.44 所示。

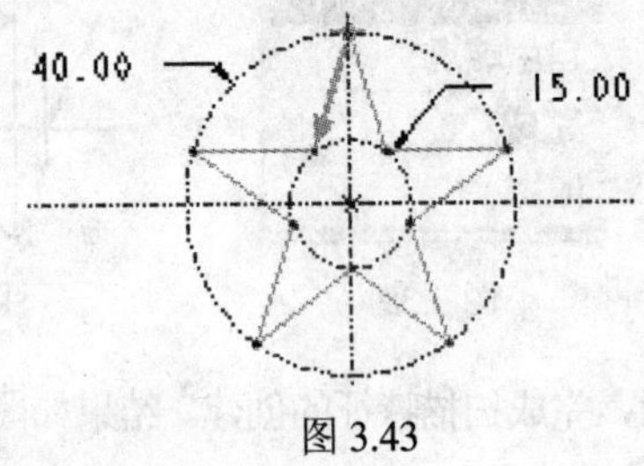

图 3.43

图 3.44

（5）保存并拭除文件。

实例 6：

混合工具应用：形状不同两剖面之间的混合——圆方台

圆方台的效果图如图 3.45 所示。

图 3.45

造型过程如下：

（1）新建文件名为 3-6。

（2）在主菜单中选择“插入”→“混合”→“伸出项”命令，在弹出的菜单管理器中选择“平行”→“规则截面”→“草绘截面”→“完成”命令，继续选择“直的”→“完成”命令，选择 TOP 基准平面为草绘平面，选择“正向”→“缺省”命令，进入草绘模式。绘制如图 3.46 所示剖面。

（3）在绘图区单击右键，在右键快捷菜单中选择“切换剖面”命令，绘制如图 3.47 所示圆。通过缺省中心和矩形顶点绘制两条中心线。单击特征工具栏上的“在选取点的位置处分割图元”按钮，在圆与中心线交点处将圆分割为 4 段。注意起始点的位置。结果如图 3.47 所示。单击特征工具栏上的✔按钮，完成草绘。

提示：（1）对于形状不同剖面之间的混合，剖面之间的段数应相等，起始点的位置应相同。（2）选择剖面中的相应点，单击右键，在右键快捷菜单中选择“起始点”命令，可以将起始点移动到该点，再一次选择该点后单击右键，在右键快捷菜单中选择“起始点”命令，可以改变起始点的方向。

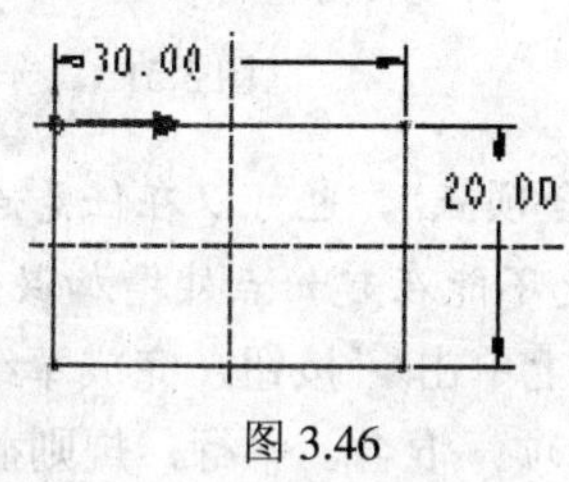

图 3.46

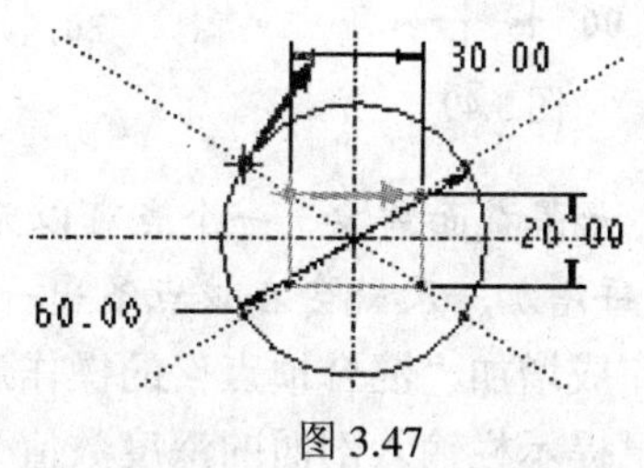

图 3.47

（4）在信息提示栏输入深度数值为 30，单击“伸出项：混合，平行，规则截面”对话框中的“确定”按钮，完成该特征的建立，结果如图 3.45 所示。

（5）保存并拭除文件。

实例 7：

混合工具应用：混合顶点——多棱台

多棱台的效果如图 3.48 所示。

图 3.48

在建立混合特征时，系统要求每个剖面的线段（包括直线段和曲线段）的数量要相等。如果各剖面的数量不相等，有两种解决方法：

① 将线段打断，以增加线段的数量。（实例 6 应用了这种方法）

② 使用混合顶点。

造型过程如下：

（1）新建文件名为 3-7。

（2）在主菜单中选择“插入”→“混合”→“伸出项”命令，在弹出的菜单管理器中选择“平行”→“规则截面”→“草绘截面”→“完成”命令，继续选择“直的”→“完成”命令，选择 TOP 基准平面为草绘平面，选择“正向”→“缺省”命令，进入草绘模式。从“调色板”中的“多边形”库中选择其中的“5 边形”得到如图 3.49 所示的第一个剖面。

（3）在绘图区单击右键，在右键快捷菜单中选择“切换剖面”命令，绘制第二个剖面，如图 3.50 所示。注意两个剖面箭头的位置和方向相同。

此时如果在特征工具栏上单击✔按钮想完成草绘的话，在信息提示栏会出现“每个截面的图元数必须相等”的警告信息，提示各截面的图元数不相等。选择第二个剖面的图元端点，在主菜单中选择“草绘”→“特征工具”→“混合顶点”命令（或者在绘图区右击，在弹出的快捷菜单中选择“混合顶点”命令），增加了混合顶点的点会出现一个圆圈标记，如图 3.51 所示。

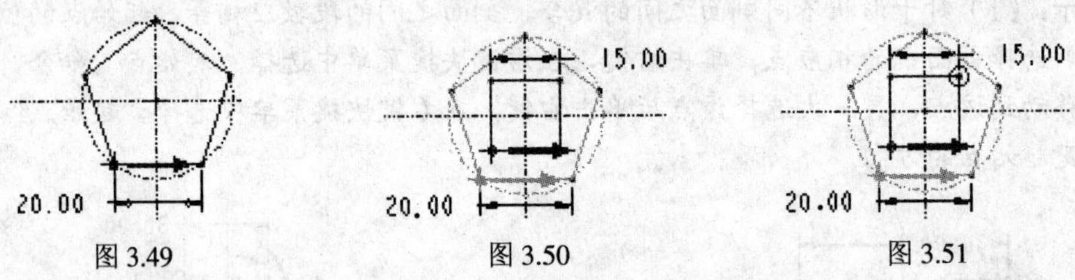

图 3.49　　图 3.50　　图 3.51

提示：如果截面需要，一个点可以无限制地增加“混合顶点”，也可以在任意点增加“混合顶点”，每增加一次就会在该点多出一个圆圈标记。但是不能在起始点处增加混合顶点。

（4）完成增加“混合顶点”的操作后，在特征工具栏上单击✔按钮，完成草绘。

在信息提示栏输入剖面的深度数值为 30；单击“伸出项：混合，平行，规则截面”对话框中的“确定”按钮，完成该特征的建立。结果如图 3.48 所示

（5）保存并拭除文件。

实例 8：

混合工具应用：多个剖面之间的混合——钻头体

钻头体的效果图如图 3.52 所示。

造型过程如下：

（1）新建草绘文件名为 3-8-1，草绘如图 3.53 所示剖面并保存文件。

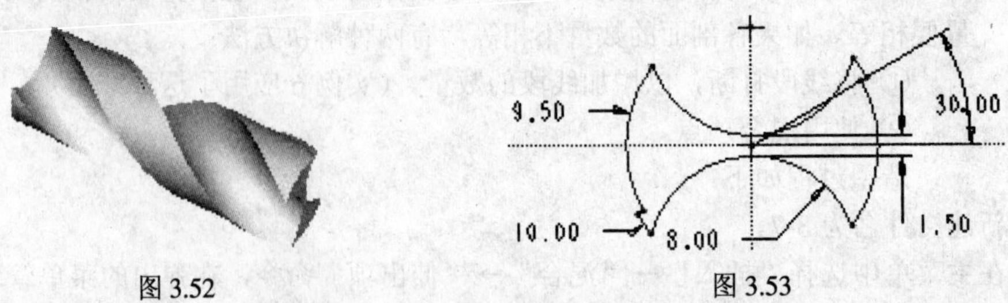

图 3.52　　图 3.53

（2）新建文件名为 3-8。

（3）在主菜单中选择“插入”→“混合”→“伸出项”命令，在弹出的菜单管理器中选择“平行”→“规则截面”→“草绘截面”→“完成”命令，继续选择“光滑”→“完成”命令，选择 TOP 基准平面为草绘平面，选择“正向”→“缺省”命令，进入草绘模式。

（4）在主菜单中选择“草绘”→“数据来自文件”→“文件系统”，在弹出的“打开”对

话框中选择步骤（1）中创建的文件 3-8-1，单击“打开”按钮，移动鼠标至缺省中心处，单击鼠标左键，弹出“旋转缩放”对话框，在该对话框中更改比例值为 1，保持旋转角度为 0，按 Enter 键。拖移图形使之与缺省中心重合。单击“旋转缩放”对话框的✔按钮。完成第一个剖面的绘制。结果如图 3.54 所示。

（5）在绘图区单击右键，在右键快捷菜单中选择“切换剖面”命令。重复执行步骤（4），在“旋转缩放”对话框中更改比例值为 1，旋转角度为 45，得到第二个剖面，结果如图 3.55 所示。

（6）重复步骤（4）和步骤（5），仅将“旋转缩放”对话框中的比例值改为 1，旋转角度分别改为 90、135、180、225 和 270，得到其余 5 个剖面。结果如图 3.56 所示。

提示： 如果需要，还可以无限增加剖面。

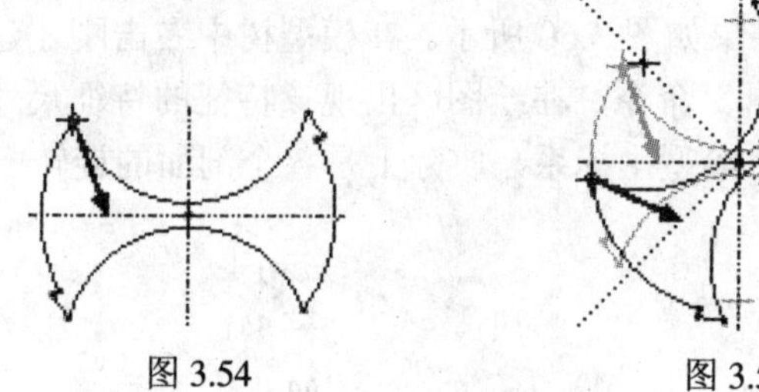

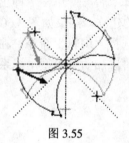

图 3.54　　图 3.55

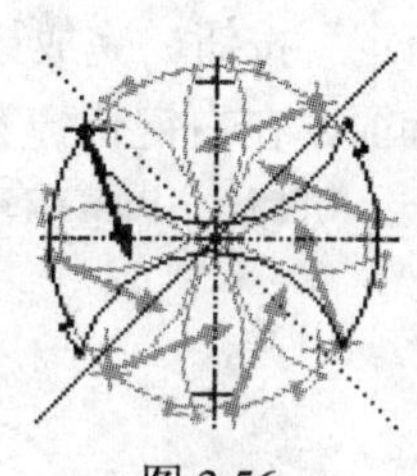

图 3.56

（7）单击特征工具栏上的✔按钮，完成草绘。在信息提示栏输入剖面的深度数值全部为 10，单击“伸出项：混合，平行，规则截面”对话框中的“确定”按钮，完成该特征的建立。结果如图 3.52 所示。

（8）保存并拭除文件。

实例 9：

混合工具应用：旋转混合——弯头

弯头的效果如图 3.57 所示。

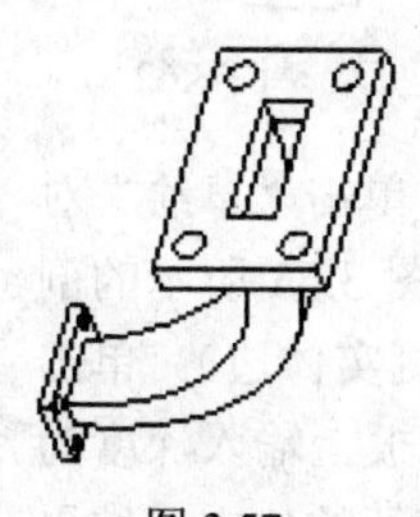

图 3.57

本实例主要强调旋转混合特征的操作技巧和理解。

造型过程如下：

（1）新建文件名为 3-9。

（2）在主菜单中选择“插入”→“混合”→“伸出项”命令，在弹出的菜单管理器中选择“旋转的”→“规则截面”→“草绘截面”→“完成”命令，继续选择“光滑”→“开放”→“完成”命令，选择 TOP 基准平面为草绘平面，选择“正向”→“缺省”命令，进入草绘模式，绘制如图 3.58 所示的第一个剖面（旋转混合特征中的每一个剖面都必须添加草绘型坐标系）。

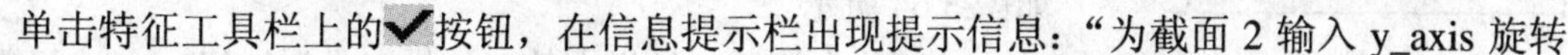

单击特征工具栏上的✔按钮，在信息提示栏出现提示信息：“为截面 2 输入 y_axis 旋转

角度（范围：0-120）”，提示输入截面 2 绕 Y 坐标轴的旋转角度，输入 90，单击该输入框右侧✔按钮。再一次进入草绘模式，绘制如图 3.59 所示的第二个剖面。

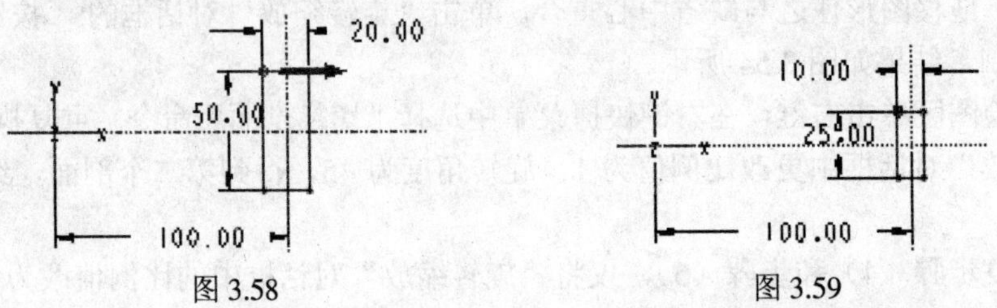

图 3.58　　　　图 3.59

（3）单击特征工具栏上的✔按钮，在信息提示栏会出现提示信息：“继续下一截面吗？”，询问是否要绘制第三个剖面，选择“否”。单击“伸出项：混合，旋转，规则截面”对话框中的“确定”按钮，完成该特征的建立。结果如图 3.60 所示。在模型树中右击刚才建立的旋转混合特征，在右键快捷菜单中选择“编辑”命令，在绘图区出现该特征的特征尺寸，如图 3.61 所示。可以看出在草绘剖面时添加的草绘型坐标系，实际上是各个剖面的旋转中心。

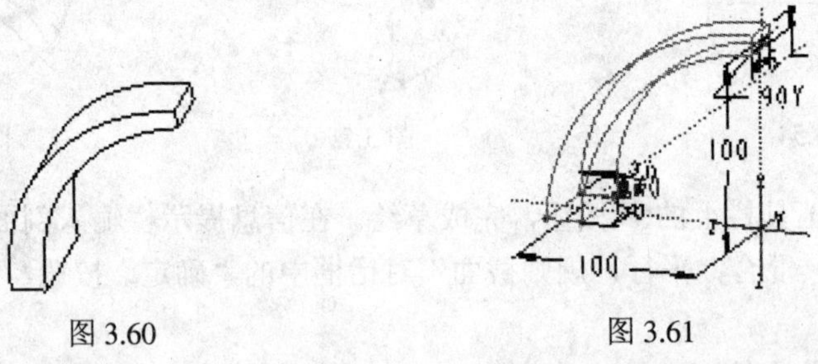

图 3.60　　　　图 3.61

（4）单击特征工具栏上的“壳工具”按钮，打开其操控面板。按住 Ctrl 键，分别选择两个矩形表面作为“移除的曲面”，在操控面板的“厚度”输入框中输入 2，单击操控面板右侧的✔按钮，完成壳特征的建立。结果如图 3.62 所示。

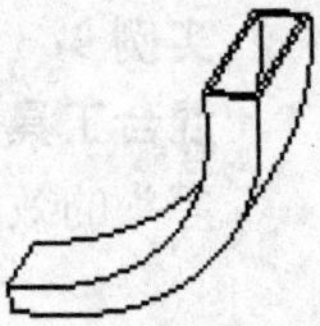

图 3.62

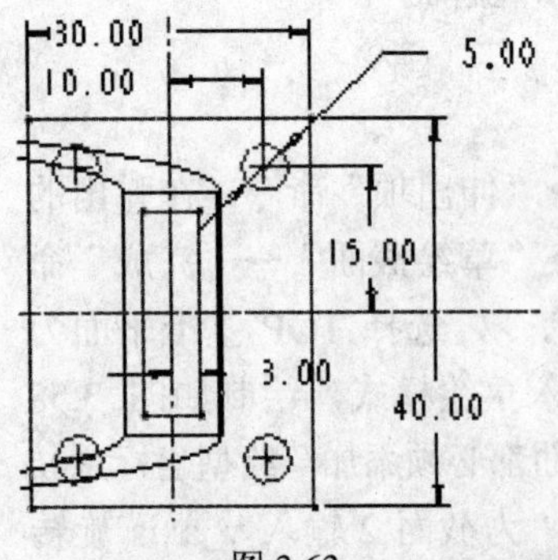

图 3.63

（5）单击特征工具栏上的“拉伸工具”按钮，选择小端端面作为草绘平面，“参照”选择 FRONT 基准平面，其余接受系统缺省的设置，单击“草绘”对话框中“草绘”按钮，进入草绘模式。绘制如图 3.63 所示的剖面（首先利用系统工具栏的□按钮复制小端内侧实体边）。单击特征工具栏上的✔按钮，完成草绘。在操控面板上输入深度为 4.5，单击操控面板右侧的✔按钮，完成拉伸特征的建立。结果如图 3.64 所示。

（6）单击特征工具栏上的“拉伸工具”按钮，选择 TOP

基准平面为草绘平面，其余接受系统缺省的设置，绘制如图 3.65 所示剖面（首先利用系统工具栏的□按钮复制大端内侧实体边），单击特征工具栏上的✔按钮，完成草绘。在操控面板上输入深度为 10，单击操控面板右侧的✔按钮，完成拉伸特征的建立。结果如图 3.66 所示。

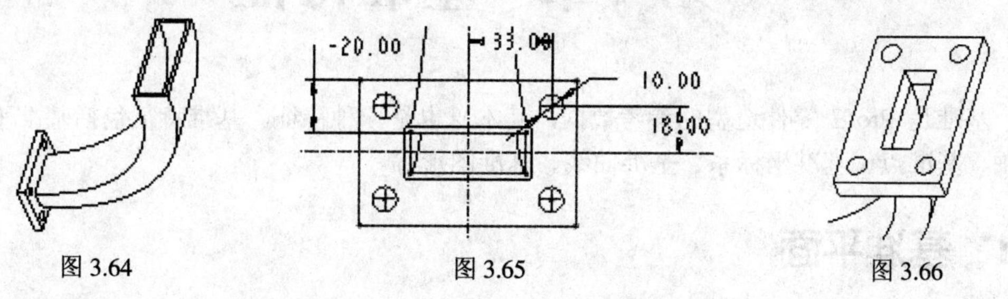

图 3.64　　图 3.65　　图 3.66

（7）保存并拭除文件。

第 4 章　基准特征

基准是 Pro/E 零件造型的参考数据，其本身也是一种特征。基准特征包括基准平面、基准轴、基准点、基准坐标系、基准曲线、基准图形等。

4.1　基准平面

基准平面最主要的作用是在零件建立特征的过程中，当没有合适的参照平面时，利用基准平面作为草绘平面或者放置特征。另外也可以根据一个基准平面进行尺寸标注。基准平面在理论上可以是无限大的，但是也可以在绘图区调整基准平面大小，以在视觉上与零件、特征、曲面、边、轴或半径相吻合，使绘图方便。

在创建基准平面时，需要指定完整的约束条件，该约束条件规定了此基准平面与现有的几何定位条件之间的关系。所选约束必须相对于模型清晰的定位基准平面。

创建基准平面时，系统按照连续编号的顺序（DTMl、DTM2 等）指定基准平面名称。如果需要，可在创建过程中利用“基准平面”对话框中的“属性”选项卡为基准平面设置一个初始名称。如要改变一个现有基准平面的名称，可以在模型树中选择该基准平面特征并右击，在弹出的快捷菜单中选择“重命名”命令，输入新的名称，如图 4.1 所示。

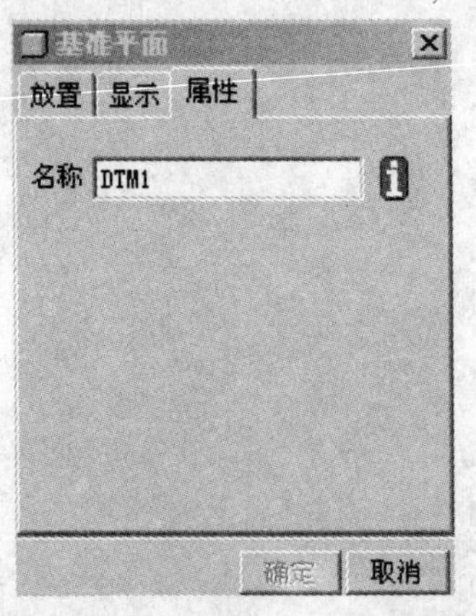

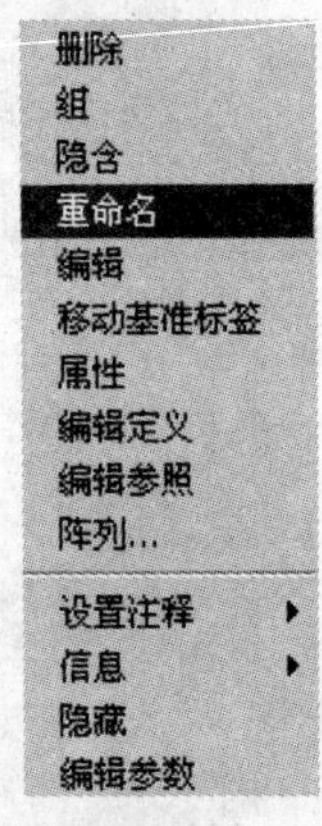

图 4.1

创建基准平面的途径是在零件模式或组件模式下，在主菜单中选择“插入”→“模型基准”→“平面”命令，或者在特征工具栏上单击按钮▱（基准平面工具），打开如图 4.1 左侧图形所示的“基准平面”对话框，在这个对话框中完成基准平面的参照及其约束条件设置等操作。

“基准平面”对话框包含“放置”、“显示”和“属性”3 个选项卡。

（1）在“放置”选项卡中，“参照”收集器允许通过参照现有平面、曲面、边、点、坐标系和轴等特征，放置新基准平面。此外，可设置每个选定参照的约束条件。

参照特征的约束条件有：

穿过——穿过选定参照放置新基准平面

偏移——偏移选定参照放置新基准平面

平行——平行于选定参照放置新基准平面

法向——垂直于选定参照放置新基准平面

相切——相切于选定参照放置新基准平面

提示：参照特征不同，可选用的约束条件也不同，只能选择适合该参照的约束。

（2）在“显示”选项卡中，可以改变基准平面的方向，并能调整基准平面轮廓的大小。

（3）在“属性”选项卡中，可以输入基准平面的名称，查询基准平面的信息，参见图 4.1 中左侧图形。

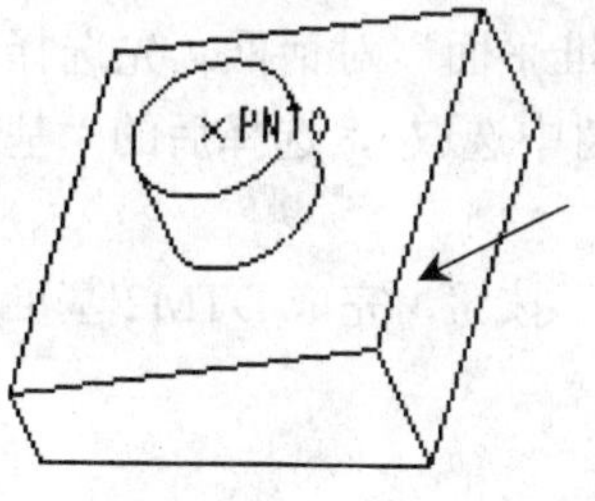

下面通过实例说明基准平面的创建方法。

例：创建基准平面

（1）新建文件 4-1。

（2）创建如图 4.2 所示零件。

在模型树中选择三个缺省基准平面并右击，在弹出的快捷菜单中选择“隐藏”命令，隐藏该特征的显示。

图 4.2

（3）在特征工具栏上单击按钮（基准平面工具），打开“基准平面”对话框。选择图 4.2 中箭头所指平面作为参照，选择后的“基准平面”对话框如图 4.3 所示，而选择后的零件显示如图 4.4 所示。

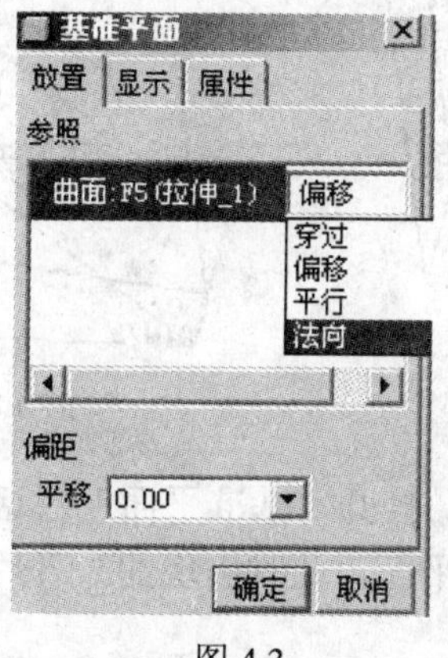

图 4.3

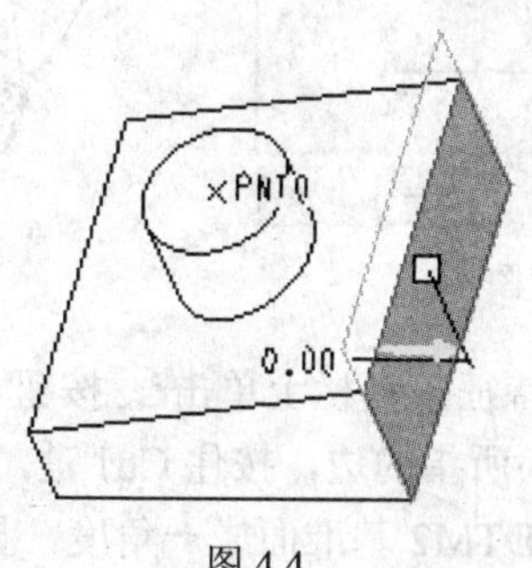

图 4.4

对于偏移的距离，可以在“基准平面”对话框中输入数值，也可以在屏幕上选择方框标记进行鼠标拖动操作。

在“基准平面”对话框中输入偏距值为 60，单击该对话框中的“确定”按钮，完成 DTM1 基准平面的建立，如图 4.5 所示。

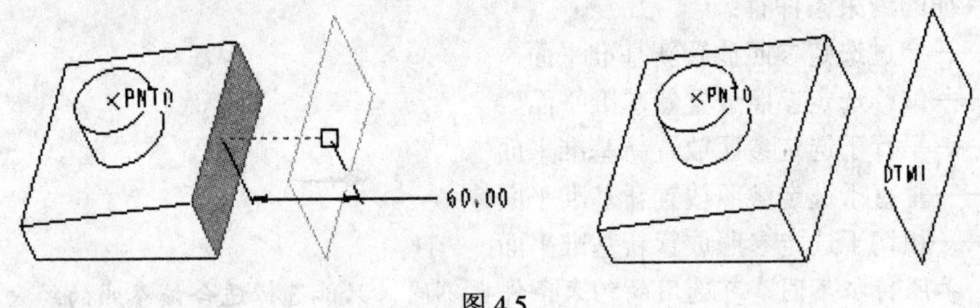

图 4.5

选择 DTMl 基准平面并右击，在弹出的快捷菜单中选择“隐藏”命令，隐藏该特征的显示。

（4）在特征工具栏上单击▱按钮（基准平面工具），打开“基准平面”对话框。先选择 A_2 基准轴，按住 Ctrl 键，再选择 FRONT 基准平面（可以在模型树中选取），选择后的“基准平面”对话框如图 4.6 所示，零件显示如图 4.7 所示。

保持缺省的角度数值 45，单击“基准平面”对话框中的“确定”按钮，完成 DTM2 基准平面的建立，结果如图 4.8 所示。

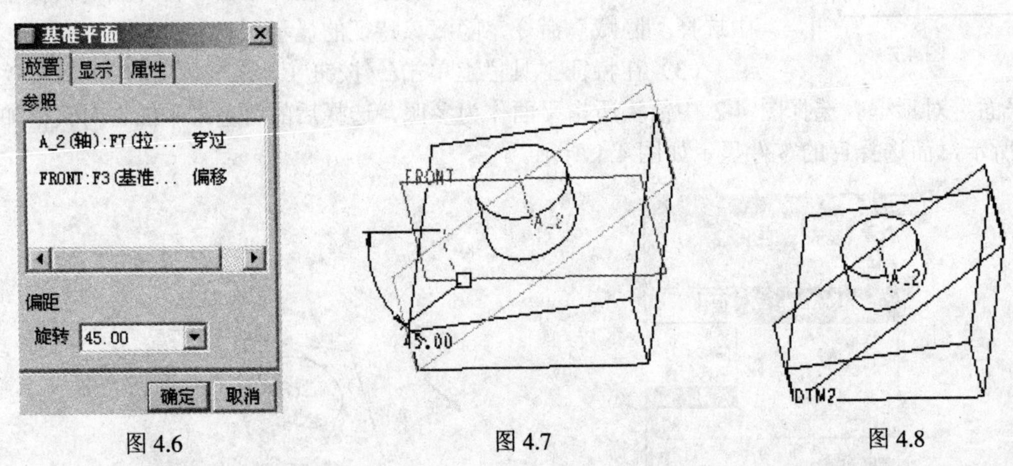

图 4.6　　图 4.7　　图 4.8

（5）在特征工具栏上单击▱按钮（基准平面工具），打开“基准平面”对话框。先选择图 4.8 中箭头所指的边，按住 Ctrl 键，选择 DTM2 基准平面，此时出现的缺省约束条件是穿过一边且与 DTM2 基准面成一角度，显示如图 4.9 所示。

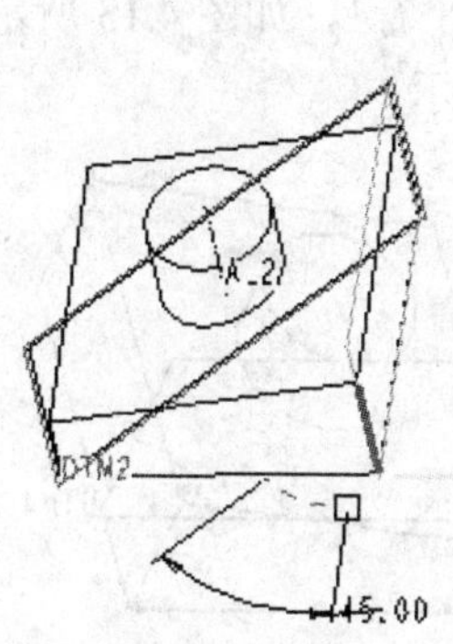

图 4.9

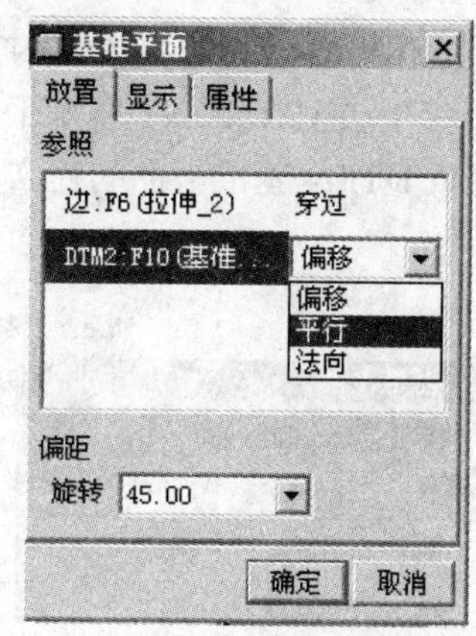

图 4.10

提示：隐藏的特征只是暂时在绘图区不显示，可以用“恢复隐藏”命令恢复显示。

这种缺省的约束条件并不符合要求，需要进行变更。选择“基准平面”对话框中“参照”收集器中的“DTM2：F10（基准平面）”参照，此时的参照约束出现下拉列表框，选择“平行”选项，如图 4.10 所示。单击“基准平面”对话框中的“确定”按钮，完成 DTM3 基准平面的建立。结果如图 4.11 所示。

（6）选择 DTM3 基准平面并右击，在弹出的快捷菜单中选择“编辑定义”命令，重新打开“基准平面”对话框，对该基准平面进行重新定义。

选择“参照”收集器中的“DTM2：F10（基准平面）”参照，在其下拉列表框中选择“法向”选项，单击“确定”按钮，完成 DTM3 基准平面的重新定义。结果如图 4.12 所示。

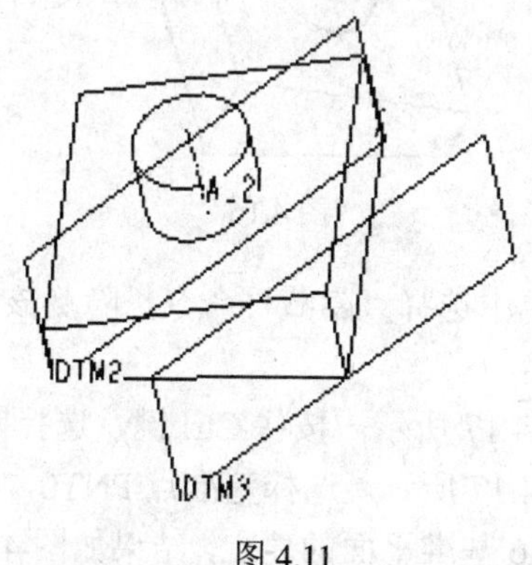

图 4.11

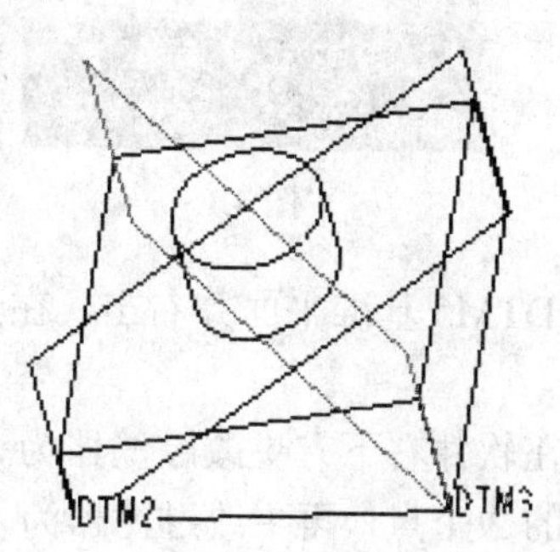

图 4.12

选择 DTM2 基准平面和 DTM3 基准平面（按住 Ctrl 键选择）并右击，在弹出的快捷菜单中选择“隐藏”命令，隐藏这两个基准平面的显示。

（7）在特征工具栏上单击按钮（基准平面工具），打开“基准平面”对话框。先选择圆柱外表面，按住 Ctrl 键，选择 FRONT 基准平面。在“基准平面”对话框中更改曲面的约束条件为“相切”，更改 FRONT 基准平面的约束条件为“平行”，如图 4.13 所示。单击“确定”按钮，完成 DTM4 基准平面的建立。结果如图 4.14 所示。

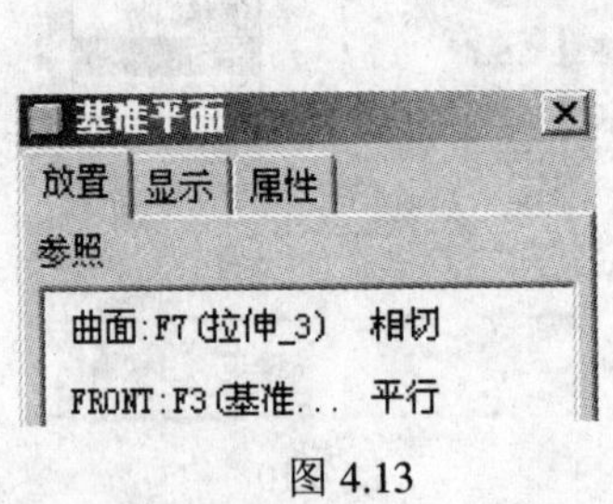

图 4.13

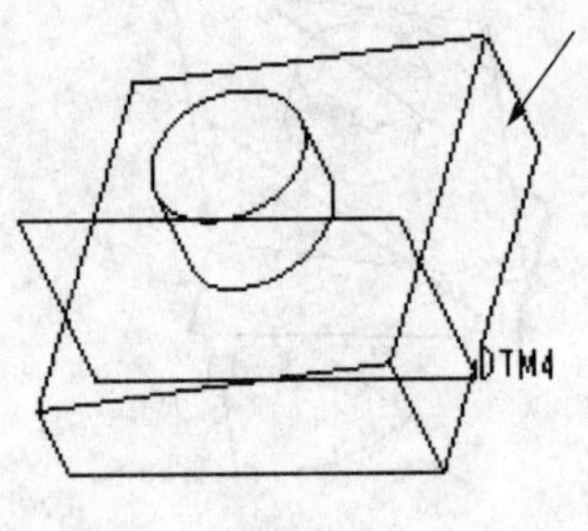

图 4.14

选择 DTM4 基准平面并右击，在弹出的快捷菜单中选择“隐藏”命令，隐藏该基准平面的显示。

(8) 在特征工具栏上单击▱按钮（基准平面工具），打开“基准平面”对话框。先选择 A_2 基准轴，按住 Ctrl 键，选择图 4.14 中箭头所指的边。此时“参照”收集器中显示两个参照的约束条件，如图 4.15 所示。选择参照不会出现下拉列表框，说明目前的参照只能有一种约束条件。单击“确定”按钮，完成 DTM5 基准平面的建立，结果如图 4.16 所示。

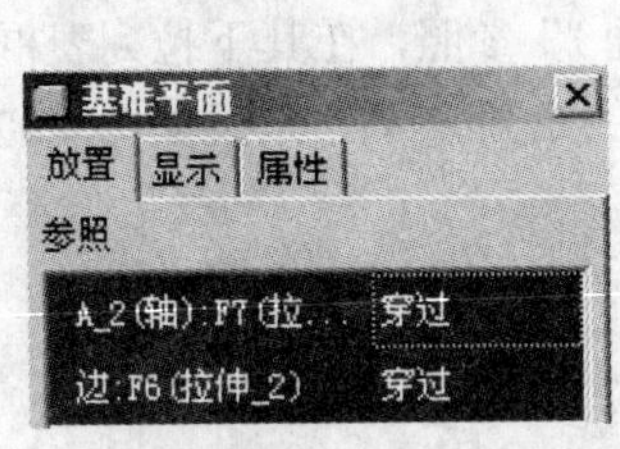

图 4.15

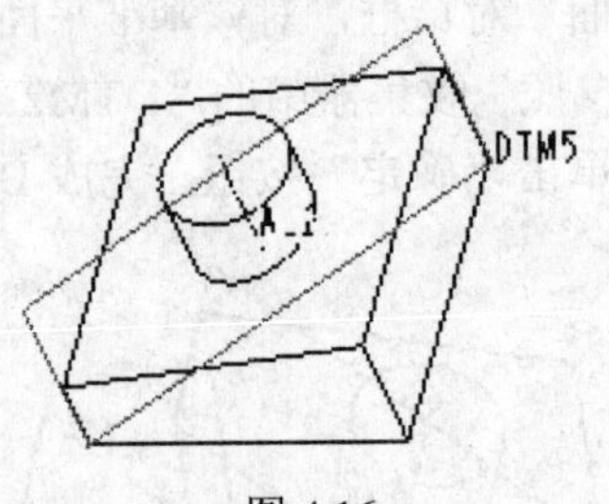

图 4.16

选择 DTM5 基准平面并右击，在弹出的快捷菜单中选择“隐藏”命令，隐藏该基准平面的显示。

(9) 在软件右下方更改过滤器为“几何”，如图 4.17 所示。按住 Ctrl 键，选择图 4.18 中箭头所指的 2 个点，再更改过滤器为“基准”，如图 4.17 所示。选择基准点 PNT0，在特征工具栏上单击▱按钮（基准平面工具），直接完成 DTM6 基准平面的建立，结果如图 4.19 所示。

图 4.17

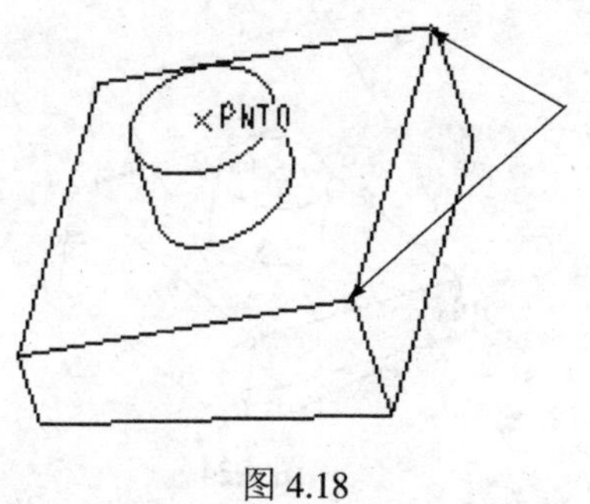

图 4.18

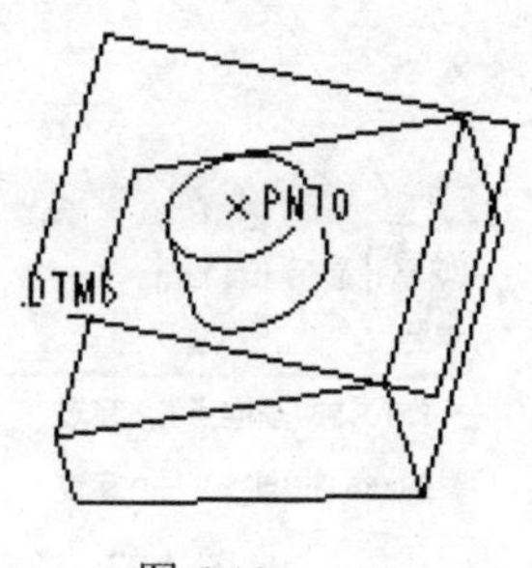

图 4.19

选择 DTM6 基准平面并右击，在弹出的快捷菜单中选择“隐藏”命令，隐藏该基准平面的显示。

提示：步骤（9）是使用 Pro/ENGINEER 系统提供的预选参照建立基准平面的方法，和之前的步骤相比，在建立基准平面的过程上，其顺序是相反的。预选参照是先选择建立基准的参照，然后再使用“基准平面”工具，完成后续操作。在不存在多余约束条件的情况下，能够直接完成基准平面的创建，而不必经过“基准平面”对话框。这种方法适合熟练用户使用，能够更快捷地完成任务。

（10）在特征工具栏上单击按钮（基准平面工具），打开“基准平面”对话框。先选择基准点 PNT0，按住 Ctrl 键，选择图 4.20 中箭头所指的平面，此时“参照”收集器中显示两个参照的约束条件如图 4.21 所示。单击“确定”按钮，完成 DTM7 基准平面的建立，结果如图 4.22 所示。

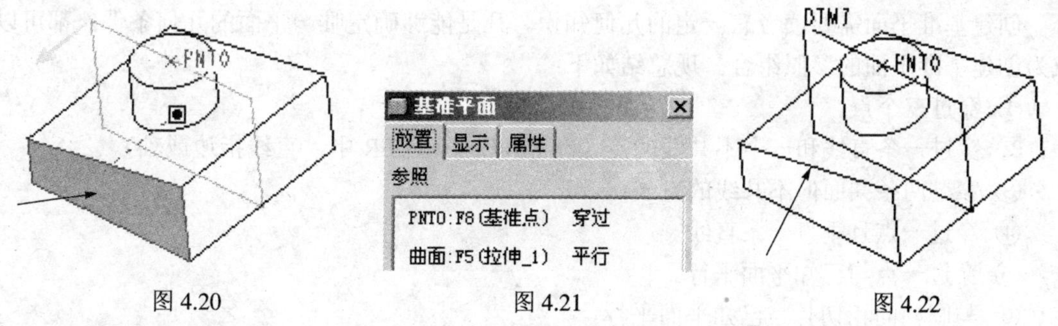

图 4.20 图 4.21 图 4.22

选择 DTM7 基准平面并右击，在弹出的快捷菜单中选择“隐藏”命令，隐藏该基准平面的显示。

（11）在特征工具栏上单击按钮（基准平面工具），打开“基准平面”对话框。先选择基准点 PNT0，按住 Ctrl 键，选择图 4.22 中箭头所指的边，此时“参照”收集器中显示两个参照的约束条件如图 4.23 所示。单击“确定”按钮，完成 DTM8 基准平面的建立，结果如图 4.24 所示。

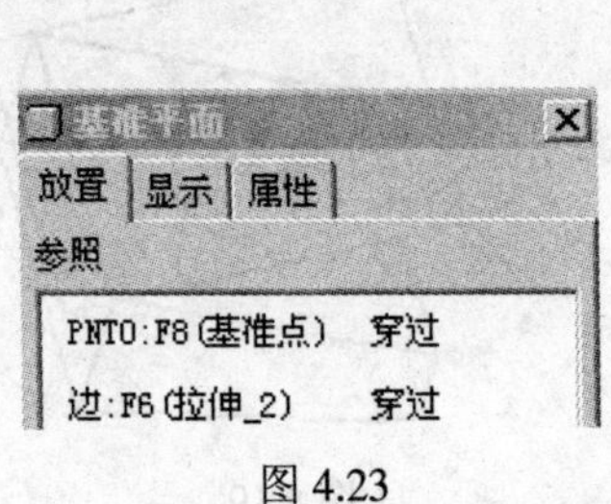

图 4.23

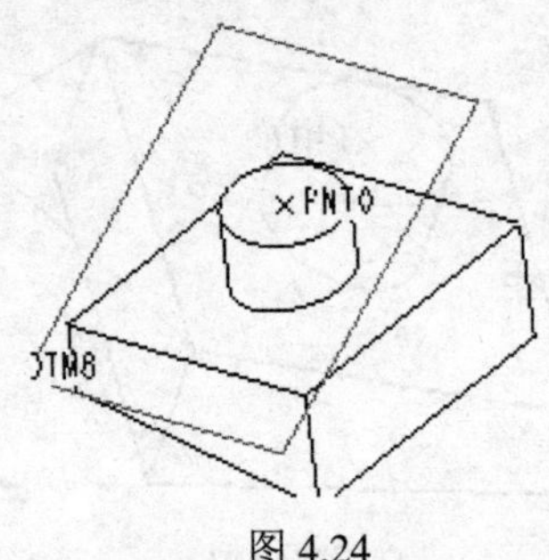

图 4.24

（12）选择 DTM8 基准平面并右击，在弹出的快捷菜单中选择“编辑定义”命令，重新打开“基准平面”对话框，对该基准平面进行重新定义。

选择“参照”收集器中的“边：F（拉伸_2）”参照，在其下拉列表框中选择“法向”选项，如图 4.25 所示。单击“确定”按钮，完成 DTM8 基准平面的重新定义，结果如图 4.26 所示。

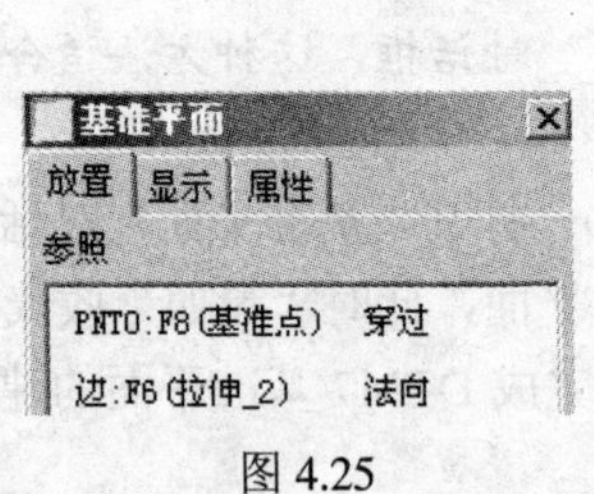

图 4.25

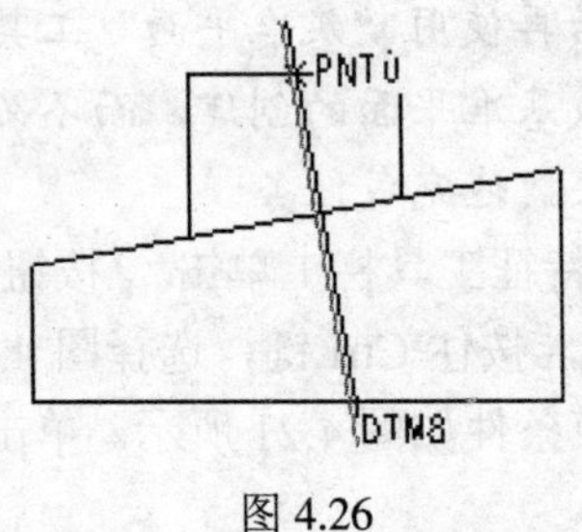

图 4.26

创建基准平面需要读者有一定的几何知识。凡是能够确定唯一平面的几何条件，都可以成为创建基准平面的参照组合。现总结如下：

① 穿过三个点。

② 穿过一条直线和一个不共线的点（在 Pro/ENGINEER 中，直线指边或轴）。

③ 穿过两条共面但不共线的直线。

④ 穿过一点且垂直一条直线。

⑤ 穿过一点与已知平面平行。

⑥ 与圆柱面相切且与已知平面平行。

⑦ 与圆柱面相切且与已知平面垂直。

（13）保存并拭除文件。

4.2 基准轴

和基准平面一样，基准轴也可以作为创建特征时所使用的参照。基准轴通常用于创建基准平面、同轴放置项目和创建径向阵列。

基准轴和特征轴在零件上的显示、作用是一样的，但基准轴是单独的特征，可以被重定义、隐含、遮蔽或删除，而特征轴是特征的一部分，只能进行重命名操作，而不能进行其他编辑。在 Pro/ENGINEER 缺省状态下，完成的圆柱、旋转等特征会自动建立相对应的特征轴。

创建基准轴时，系统按照“A_#”的形式指定基准轴的名称，此处“#”是已创建的基准轴的号码。如果需要，可在创建过程中利用“基准轴”对话框中的“属性”选项卡为基准轴设置一个初始名称。如果需要改变一个现有基准轴的名称，可以选择该特征并右击，在弹出的快捷菜单中选择“重命名”命令，输入新的名称，如图 4.27 所示。

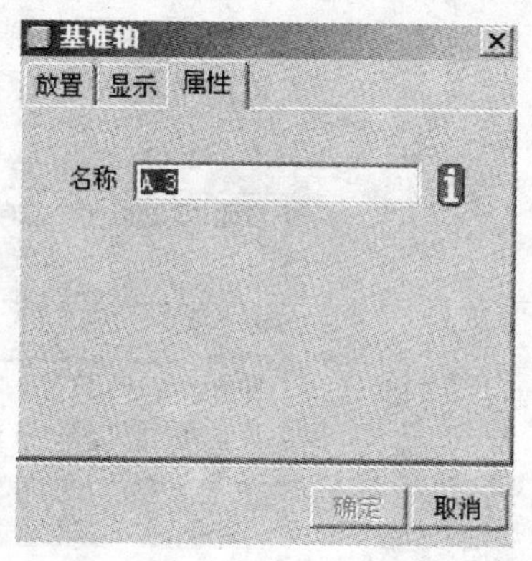

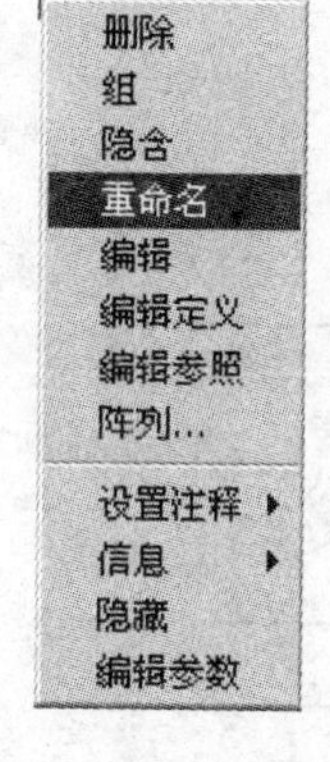

图 4.27

创建基准轴的途径是在零件模式或组件模式下，在主菜单中选择“插入”→“模型基准”→“轴”命令，或者在特征工具栏上单击按钮（基准轴工具），打开如图 4.27 所示的“基准轴”对话框，在这个对话框中完成基准轴的参照及其约束类型设置等操作。

“基准轴”对话框包含“放置”、“显示”和“属性”3 个选项卡。

（1）在“放置”选项卡中，“参照”收集器用于放置新基准轴。使用该收集器选取要在其上放置新基准轴的参照，然后设置约束条件。

参照特征的约束条件：

穿过——指示基准轴延伸时将通过选定的参照。

法向——可垂直于选定参照放置基准轴。此类型的参照将要求用户在“偏移参照”收集器中定义参照，或添加附加点或顶点来完全约束该轴。

相切——可相切于选定参照放置基准轴。此类约束将要求用户添加附加点或顶点作为参照。将在该点或顶点的位置创建一根平行于相切向量的轴。

如果在“参照”收集器中选取“法向”约束条件，需要激活“偏移参照”收集器，使用该收集器选取偏移参照。

（2）在“显示”选项卡中，可以对基准轴的轮廓进行调整，使其合理地显示在绘图区。

（3）在“属性”选项卡中，可以更改基准轴的名称，查询基准轴的信息。

下面通过实例说明基准轴的创建方法。

例：创建基准轴

（1）新建文件 4-2。

（2）创建如图 4.28 所示零件。

（3）单击特征工具栏上的“基准轴工具”按钮/，或在主菜单中选择“插入”→“模型基准”→“轴”命令，打开“基准轴”对话框。首先选择图 4.28 中箭头所指的平面。所选平面的约束条件缺省为“法向”，选择“偏移参照”收集器使之激活，如图 4.29 所示。

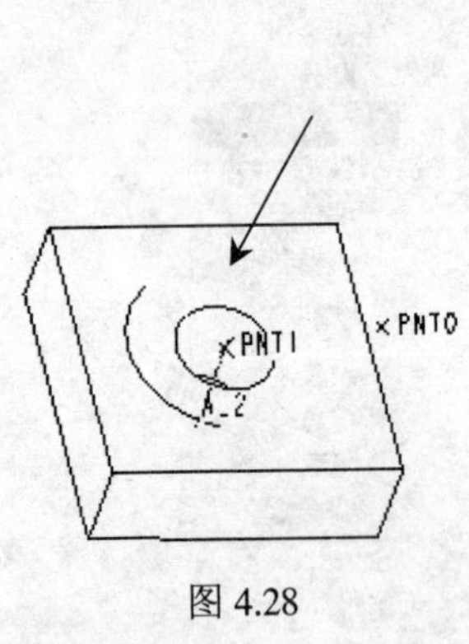

图 4.28

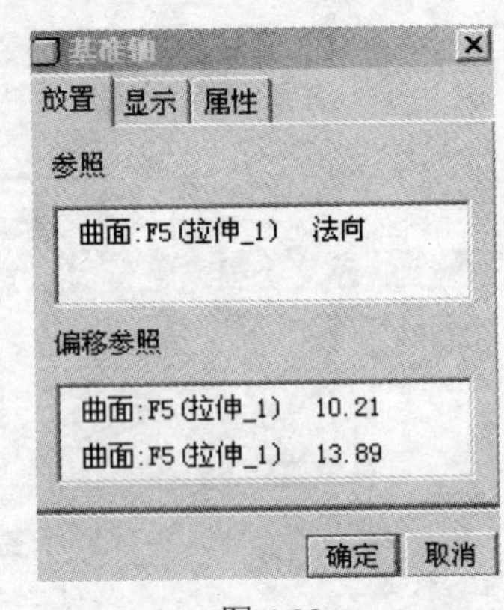

图 4.29

（4）按住 Ctrl 键，选择如图 4.30 中箭头所指平面，在“偏移参照”收集器中更改距离为 15，如图 4.31 所示。单击“基准轴”对话框中的“确定”按钮，完成该基准轴的建立，系统自动命名此基准轴为 A_3，结果如图 4.32 所示。

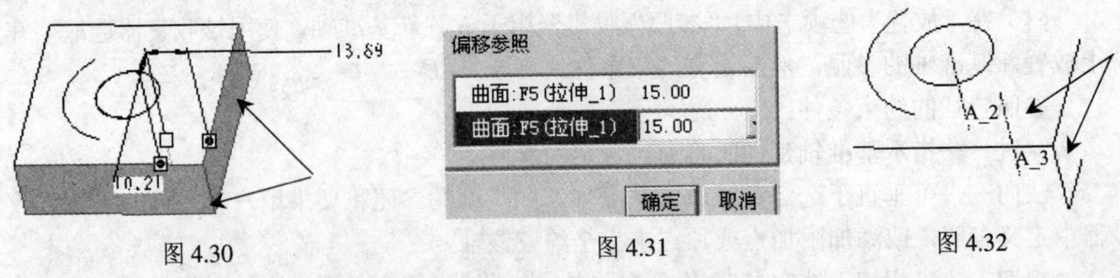

图 4.30 图 4.31 图 4.32

选择 A_3 基准轴并右击，在弹出的快捷菜单中选择“隐藏”命令，隐藏该基准轴的显示。

（5）单击特征工具栏上的“基准轴工具”按钮/，打开“基准轴”对话框。按住 Ctrl 键，选择图 4.32 中箭头所指的两个平面，所选平面的约束条件只能为“穿过”。如图 4.33 所示。单击“基准轴”对话框中的“确定”按钮，完成该基准轴的建立，系统自动命名此基准轴为

A_4，结果如图 4.34 所示。

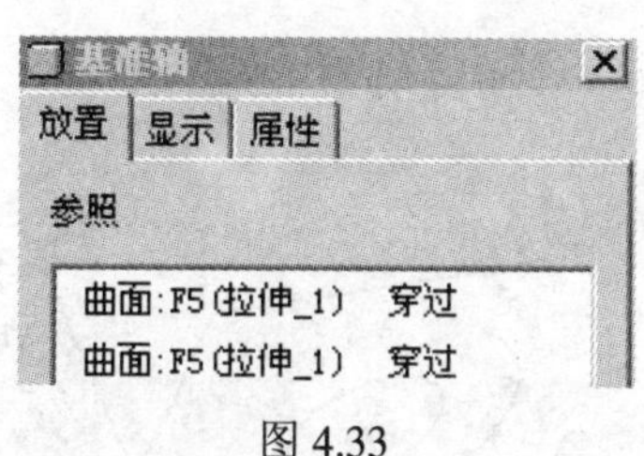

图 4.33

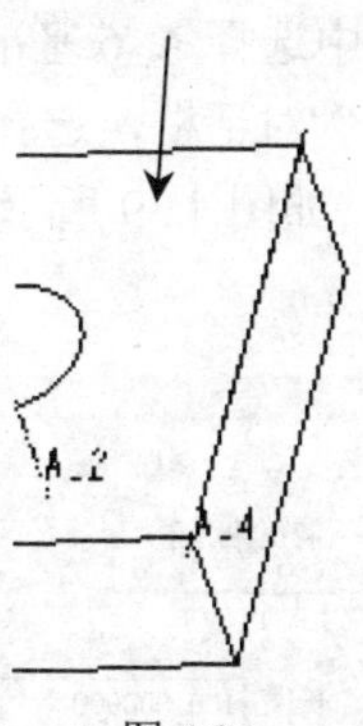

图 4.34

选择 A_4 基准轴并右击，在弹出的快捷菜单中选择“隐藏”命令，隐藏该基准轴的显示。

（6）单击特征工具栏上的“基准轴工具”按钮，打开“基准轴”对话框。选择图 4.34 中箭头所指的边，所选边的约束条件为“穿过”或“相切”，如图 4.35 所示。在两者之间切换发现，本例中两种约束条件所创建的基准轴是相同的。单击“基准轴”对话框中的“确定”按钮，完成该基准轴的建立，系统自动命名此基准轴为 A_5，结果如图 4.36 所示。

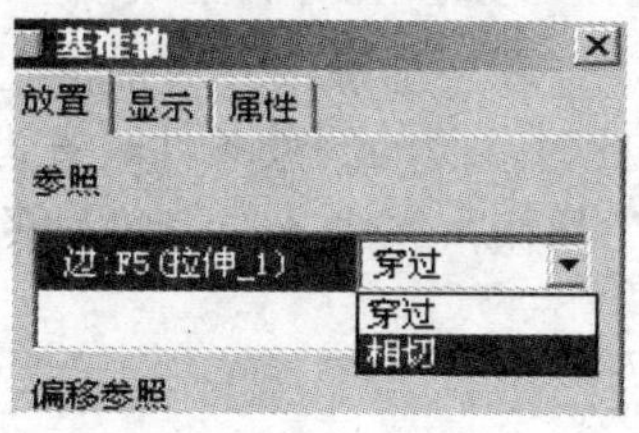

图 4.35

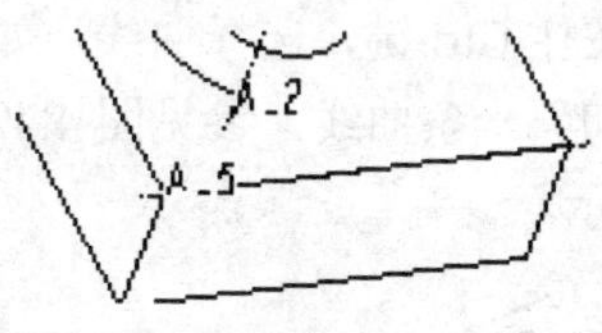

图 4.36

选择 A_5 基准轴并右击，在弹出的快捷菜单中选择“隐藏”命令，隐藏该基准轴的显示。

（7）单击特征工具栏上的“基准轴工具”按钮，打开“基准轴”对话框。先选择 PNT0 基准点，按住 Ctrl 键，选择图 4.38 中箭头所指的平面，此时缺省参照约束条件如图 4.37 所示。单击“确定”按钮，完成 A_6 基准轴的建立，结果如图 4.38 所示。

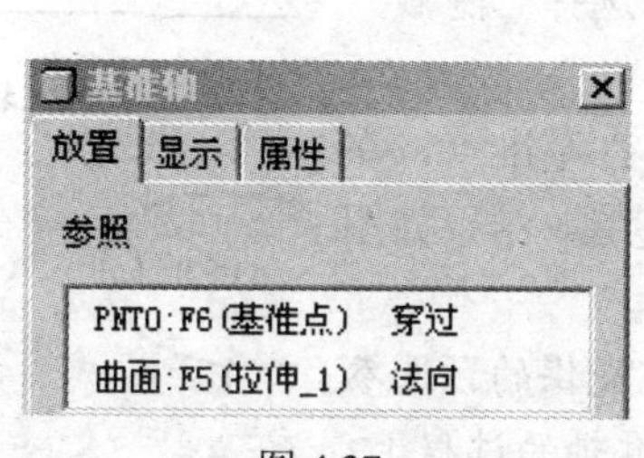

图 4.37

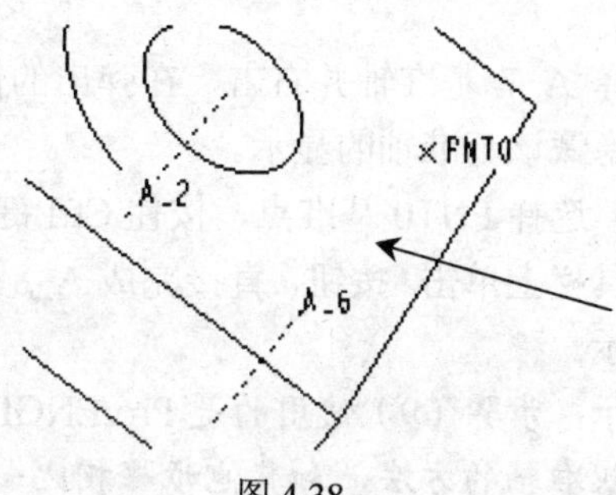

图 4.38

在模型树中选择 A_6 基准轴并右击，在弹出的快捷菜单中选择“编辑定义”命令，重新打开“基准轴”对话框，选择“显示”选项卡，选中“调整轮廓”复选框，在“长度”输入框中输入 100，如图 4.39 所示。单击“确定”按钮，完成 A_6 基准轴的重定义，结果如图 4.40 所示。

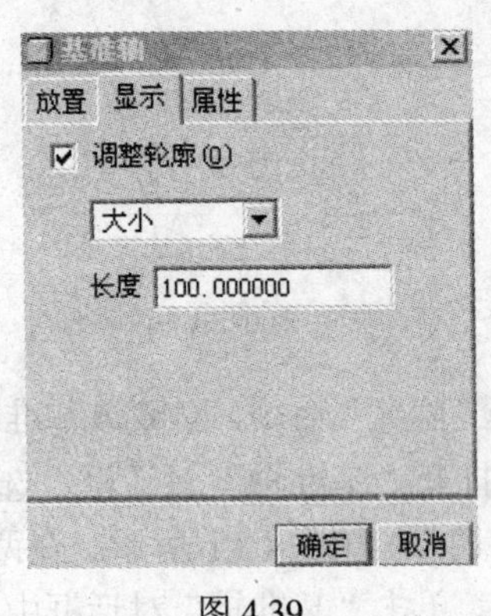

图 4.39

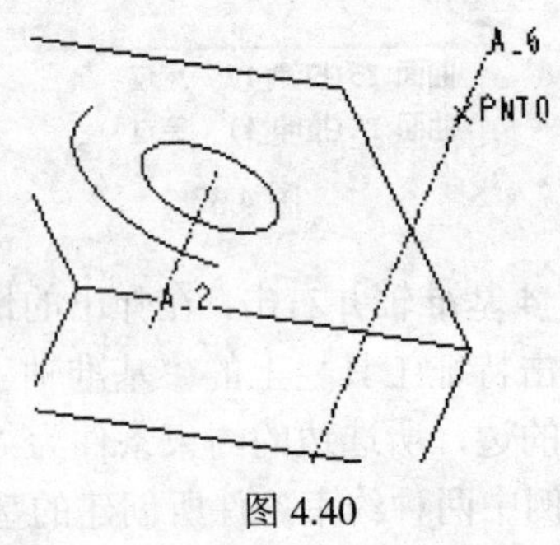

图 4.40

选择 A_6 基准轴并右击，在弹出的快捷菜单中选择“隐藏”命令，隐藏该基准轴的显示。

（8）单击特征工具栏上的“基准轴工具”按钮，打开“基准轴”对话框。先选择曲线的终点，再按住 Ctrl 键，选择曲线，如图 4.41 所示。此时参照的约束条件缺省为“穿过”一个点并“相切”一条曲线，参见图 4.42。单击“确定”按钮，完成 A_7 基准轴的建立，结果如图 4.43 所示。

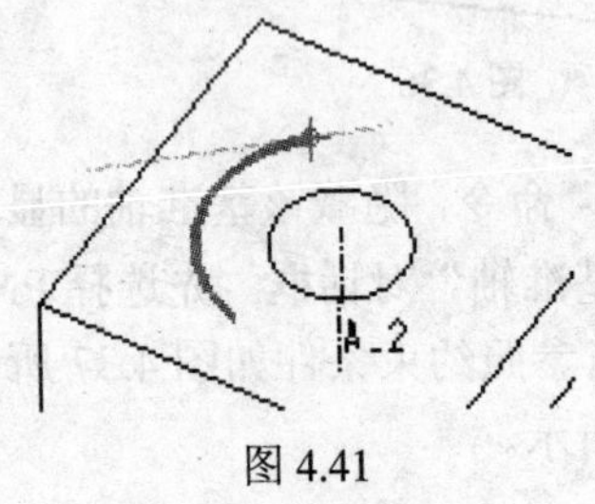

图 4.41

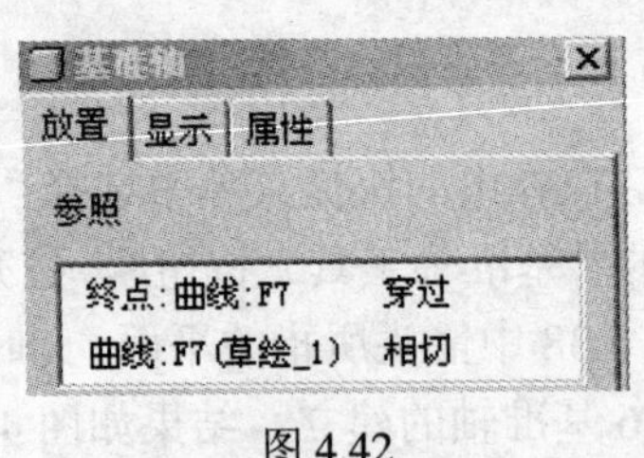

图 4.42

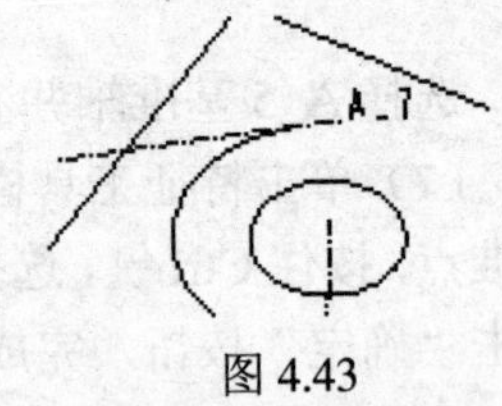

图 4.43

选择 A_7 基准轴并右击，在弹出的快捷菜单中选择“隐藏”命令，隐藏该基准轴的显示。

（9）选择 PNT0 基准点，按住 Ctrl 键，选择 PNTl 基准点，在特征工具栏上单击按钮，直接完成 A_8 基准轴的建立，结果如图 4.44 所示。

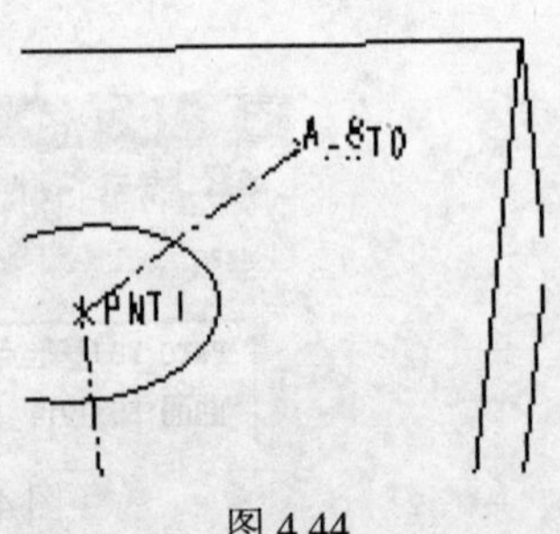

图 4.44

提示：步骤（9）使用的是 Pro/ENGINEER 系统提供的预选参照建立基准轴的方法，和其他步骤相比，在建立基准轴的过程上，其顺序是相反的。这种方法能够更快捷地完成任务。

现将创建轴的参照组合总结如下：

① 穿过两点；

② 穿过一条边；

③ 穿过一点与已知平面或曲面垂直；

④ 穿过一点与已知曲线相切；

⑤ 两平面相交；

⑥ 圆柱面的轴线。

（10）保存并拭除文件。

4.3 基准点

在建立实体模型的过程中，可以使用基准点作为构造元素以及计算和分析时的已知点。“基准”点特征可包含同一操作过程中创建的多个基准点。属于相同特征的基准点表现如下：

- 在模型树中，所有基准点都显示在一个特征节点下。
- 基准点特征中的所有基准点构成了一个组。删除某个基准点将导致删除这个组。如果需要删除基准点特征中的个别点，则需要修改这个点的定义。

Pro/E 支持 4 种类型的基准点，这些点依据创建方法和作用的不同而各不相同：

- 一般点：在图元上、图元相交处或自某一图元偏移处所创建的基准点。
- 草绘：在“草绘器”中创建的基准点。
- 自坐标系偏移：基准点与指定坐标系偏移一定距离。
- 域点：在“行为建模”中用于分析的点。一个域点标识一个几何域。

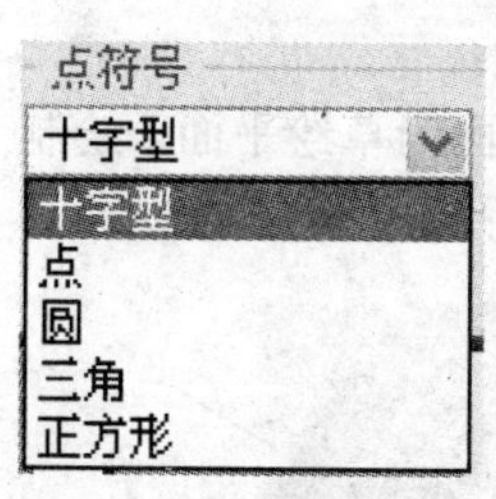

图 4.45

每个基准点均用标签“PNT#”标识，其中“#”为基准点的流水号。在缺省情况下，Pro/E 以十字叉形式显示基准点。使用下面的方法，可改变点的显示符号。

在主菜单中选择“视图”→“显示设置”→“基准显示”命令，打开“基准显示”对话框，并在“点符号”下拉列表框中选择一个选项，如图 4.45 所示。

创建基准点的途径是：在主菜单中选择“插入”→“模型基准”→“点”命令，并选取所需类型，或者在特征工具栏单击按钮上的箭头，展开基准点命令图标的全部按钮，如图 4.46 所示，根据需要选择不同的命令。

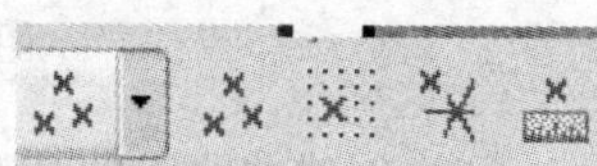

图 4.46

本节通过实例介绍创建一般点、草绘点和自坐标系偏移点的创建方法。

例：创建基准点

（1）新建文件 4-3。

（2）单击特征工具栏上的“拉伸工具”按钮，选择 TOP 基准平面为草绘平面，绘制如图 4.47 所示剖面后单击特征工具栏上的✔按钮，单击操控面板右侧的✔按钮，完成拉伸特征的建立。结果如图 4.48 所示。

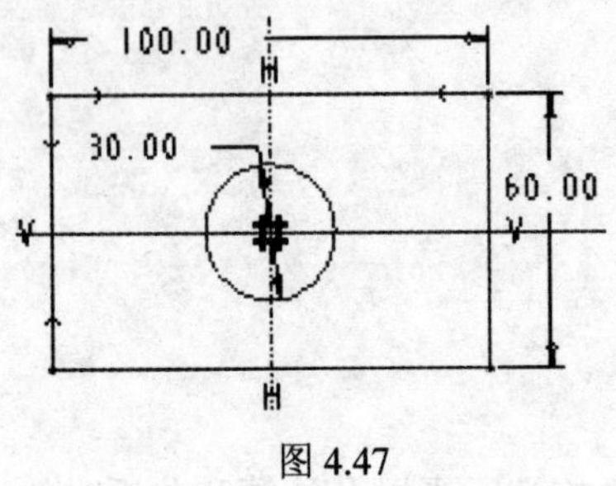

图 4.47

图 4.48

（3）在特征工具栏上单击按钮（草绘工具），选择如图 4.48 所示的模型上表面为草绘平面，绘制如图 4.49 所示的剖面，单击✔按钮，完成曲线的创建。结果如图 4.50 所示。

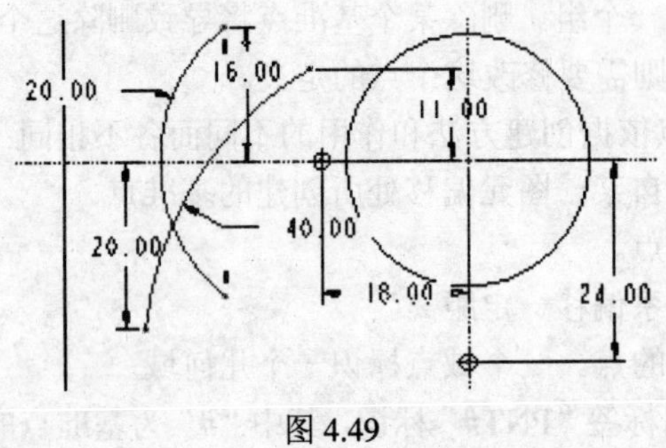

图 4.49

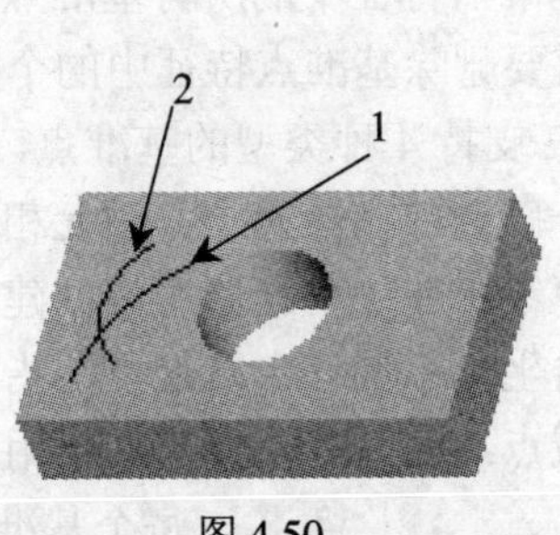

图 4.50

（4）在特征工具栏上单击按钮（草绘工具），选择 RIGHT 基准平面为草绘平面，绘制如图 4.51 所示的剖面，单击✔按钮，完成曲线的创建。结果如图 4.52 所示。

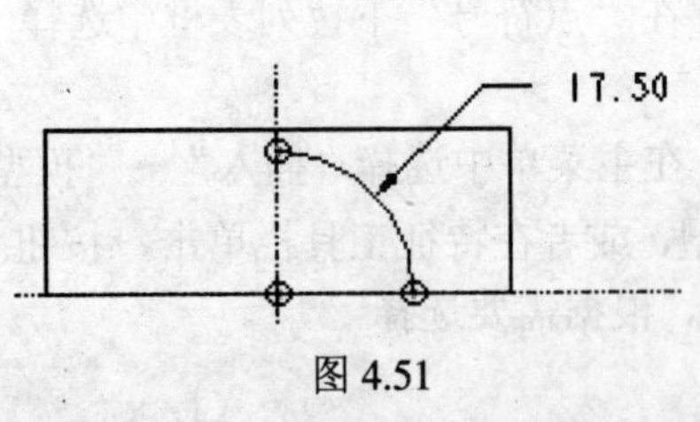

图 4.51

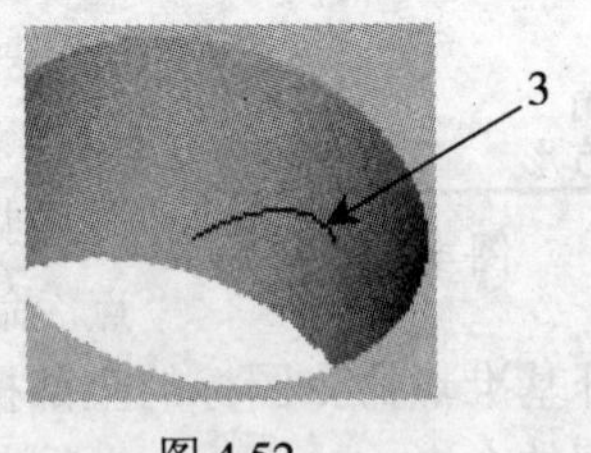

图 4.52

（5）创建曲线上的基准点。在特征工具栏上单击按钮（基准点工具），打开“基准点”

对话框。选择如图 4.50 所示的曲线 1，此时对话框内容如图 4.53 所示。观察“基准点”对话框，在“放置”选项卡左侧的点列表框中，出现了第一个名称为 PNT0 的基准点，右侧“参照”收集器显示此基准点的参照，“偏移”选项显示此基准点的距离和类型，其中类型有“比率”和“实数”两种，系统缺省的类型为“比率”。“偏移参照”选项可以定义基准点距离的参照目标，参照的点呈黑色显示，单击“下一端点”按钮可以改变参照点的位置。

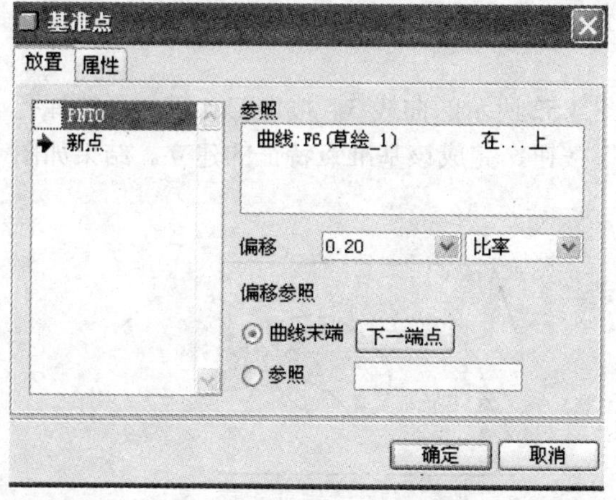

图 4.53

保持偏移的类型为“比率”，修改偏移比例为 0.2，如图 4.54 所示。

在如图 4.53 所示左侧的点列表框内选择“新点”命令，选择同一曲线，建立新的基准点 PNTl，保持偏移的类型为“比率”，修改偏移比例为 0.5，如图 4.55 所示。

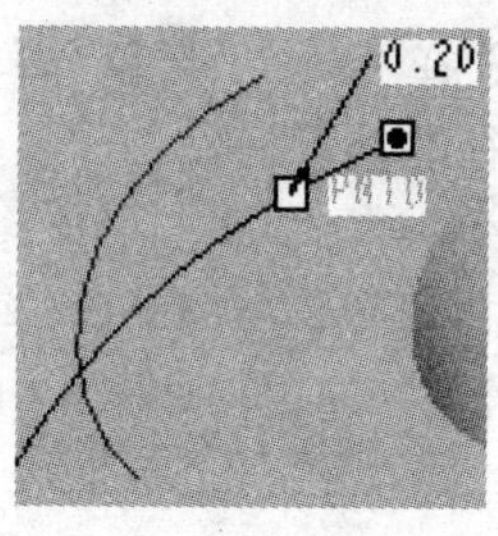

图 4.54

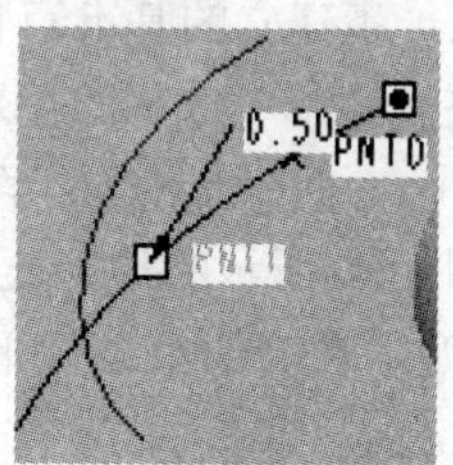

图 4.55

单击“基准点”对话框中的“确定”按钮，完成该基准点特征的建立，结果如图 4.56 所示。前面介绍基准点时，知道一次操作建立的基准点都在一个特征节点下，因此此时虽然有两个基准点，但在模型树上仍然只有一个特征标记，如图 4.57 所示。

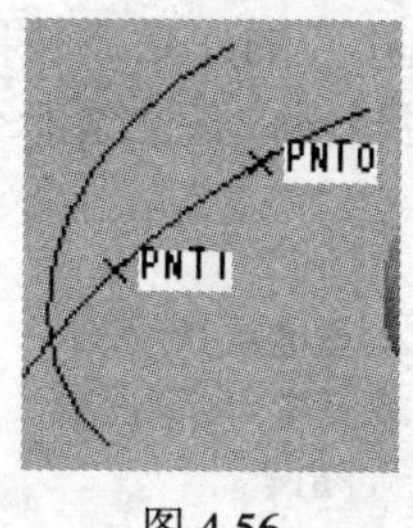

图 4.56

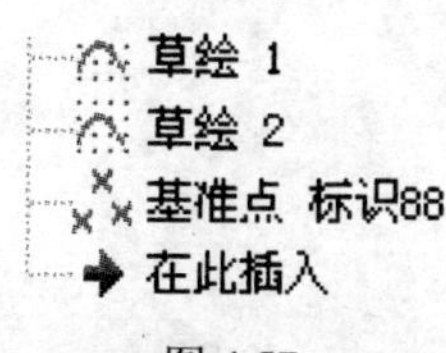

图 4.57

（6）在图元相交处建立基准点。选择上一步建立的基准点特征，右击，在弹出的快捷菜单中选择“隐藏”命令，隐藏该特征的显示。

按住 Ctrl 键，在零件上先选择如图 4.50 所示的曲线 1，再选择如图 4.50 所示的曲线 2。在特征工具栏上单击按钮（基准点工具），弹出“基准点”对话框，此时图形如图 4.58 所示。

在点列表中选择“新点”命令。先选择如图 4.52 所示的曲线 3，按住 Ctrl 键，再选择孔的内表面，单击“基准点”对话框中的“确定”按钮，完成该基准点特征的建立。结果如图 4.59 所示。

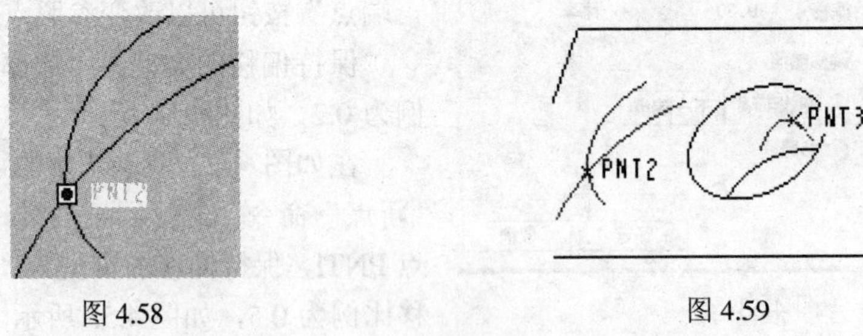

图 4.58　　　　图 4.59

（7）选择上一步建立的基准点特征，按住 Ctrl 键，选择“草绘 1”和“草绘 2”特征并右击，在弹出的快捷菜单中选择“隐藏”命令，隐藏该特征的显示。

（8）在圆形中心创建基准点。在特征工具栏上单击按钮（基准点工具），弹出“基准点”对话框，选择图 4.60 所示的边，此时“基准点”对话框内显示该参照缺省约束条件为“在其上”，选择该参照，在其约束条件下拉列表框中选择“居中”选项，如图 4.61 所示。

图 4.60　　　　图 4.61

单击“基准点”对话框中的“确定”按钮，完成 PNT4 基准点的建立。结果如图 4.62 所示。

提示： 如果在一个特征节点下只有一个基准点，在模型树上以该点名称命名，如图 4.63 所示。

图 4.62　　　　图 4.63

（9）在曲面上创建基准点。在特征工具栏上单击×按钮（基准点工具），选择零件的上端面，选择后的基准点需要指定“偏移参照”来确定基准点的位置，在“基准点”对话框中选择“偏移参照”，激活该收集器，按住 Ctrl 键，选择 FRONT 基准平面和 RIGHT 基准平面，并修改 FRONT 基准平面的距离为 20，RIGHT 基准平面的距离为 30，如图 4.64 所示。

单击“基准点”对话框中的“确定”按钮，完成 PNT5 基准点的建立。结果如图 4.65 所示。

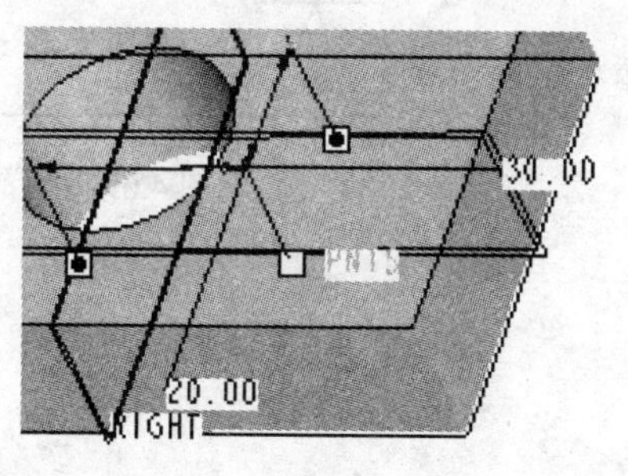

图 4.64

图 4.65

（10）创建草绘点。在特征工具栏上单击按钮（草绘的基准点工具），或者在主菜单中选择“插入”→“模型基准”→“点”→“草绘的”命令，打开“草绘的基准点”对话框。选择零件的上表面为草绘平面，其余接受系统缺省设置，单击该对话框中的“草绘”按钮，进入草绘模式。绘制如图 4.66 所示的剖面。

完成后在特征工具栏上单击✔按钮，退出草绘模式，完成该草绘基准点的建立。结果如图 4.67 所示。

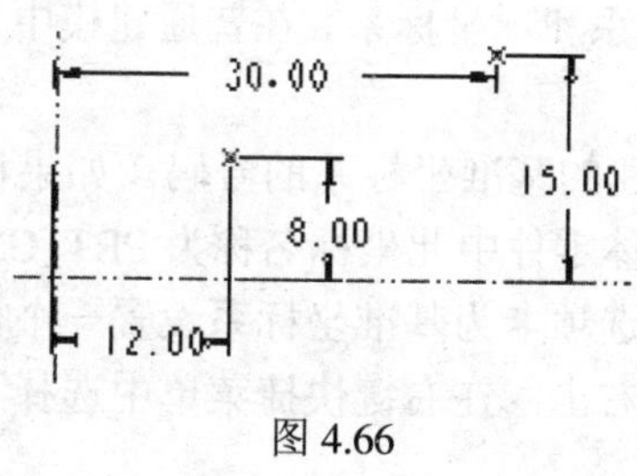

图 4.66

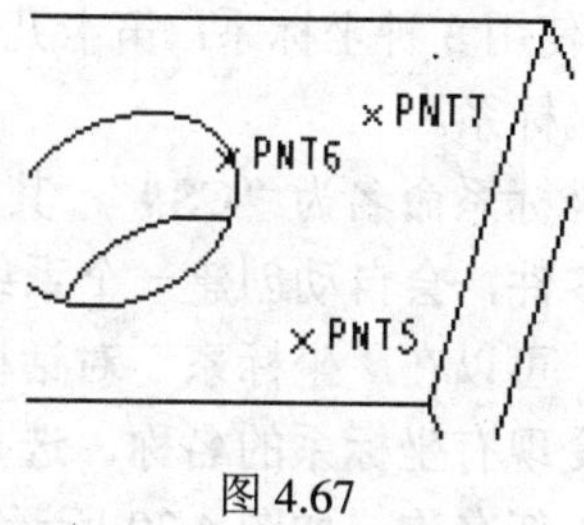

图 4.67

（11）按住 Ctrl 键，选择上两步建立的基准点特征并右击，在弹出的快捷菜单中选择“隐藏”命令，隐藏特征的显示。

（12）创建坐标系偏移点。在特征工具栏上单击按钮打开“偏移坐标系基准点”对话框。在模型树中选取系统坐标系，在“名称”下方的空白区域点击鼠标。“偏移坐标系基准点”对话框如图 4.68 所示。

输入偏移值 X30、Y20、Z10，单击“偏移坐标系基准点”对话框的“确定”按钮，完成基准点 PNT8 的创建。结果如图 4.69 所示。

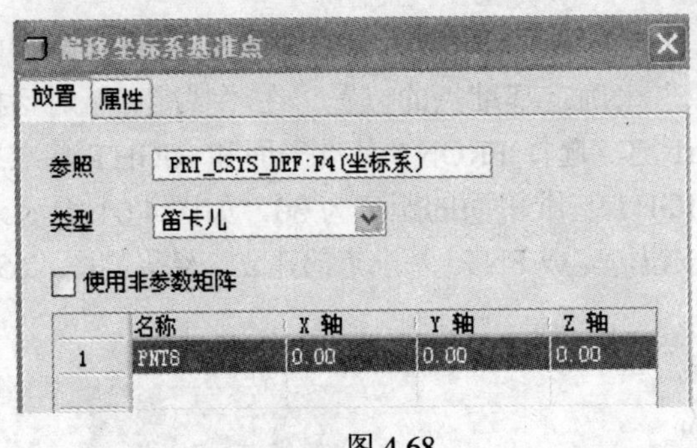

图 4.68

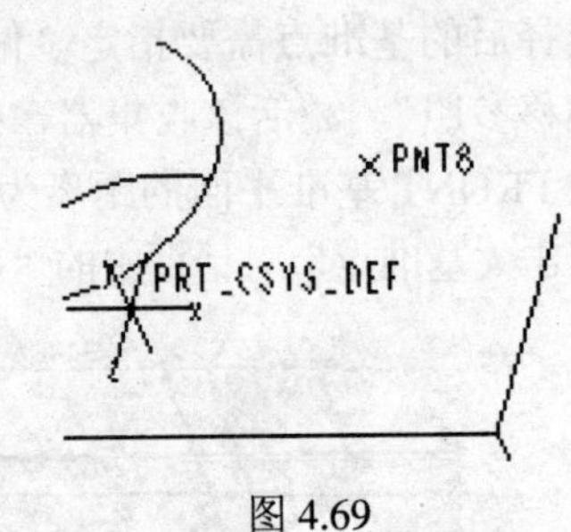

图 4.69

（13）保存并拭除文件。

4.4 基准坐标系

坐标系是可以添加到零件和组件中的参照特征，它的作用包括：

- 计算质量属性。
- 装配元件。
- 为“有限元分析（FEA）”放置约束。
- 为刀具轨迹提供制造操作参照。
- 用作定位其他特征的参照（坐标系、基准点、平面、输入的几何等）。
- 对于大多数普通的建模任务，可使用坐标系作为方向参照。

Pro/E 使用 3 种坐标系：笛卡儿坐标系、柱坐标系和球坐标系。在普通建模中，最常用的是笛卡儿坐标系。

基准坐标系命名为“CS#”，其中“#”是已创建的基准坐标系的号码。如果使用系统的模板创建零件，会自动创建一个系统坐标系，在实体零件中此坐标名称为 PRT_CSYS_DEF。如果需要，可以在“坐标系”对话框中的“属性”选项卡为基准坐标系设置一个初始名称。也可以改变现有坐标系的名称。选择基准坐标系并右击，在右键快捷菜单中选择“重命名”命令，输入新名称，如图 4.70 所示。

创建基准平面的途径是在零件模式或组件模式下，在特征工具栏上单击按钮（基准坐标系工具），或者在主菜单中选择“插入”→“模型基准”→“坐标系”命令，打开“坐标系”对话框，在这个对话框中完成基准坐标系的参照和约束类型设置等操作。

“坐标系”对话框中包括“原始”、“定向”和“属性”3 个选项卡。

（1）在“原始”选项卡中允许用户选择参照对象，以及偏移类型，其中偏移类型选项有：笛卡儿、圆柱、球坐标和自文件。

（2）在“定向”选项卡中可以设置坐标系中绕各轴的旋转角度。

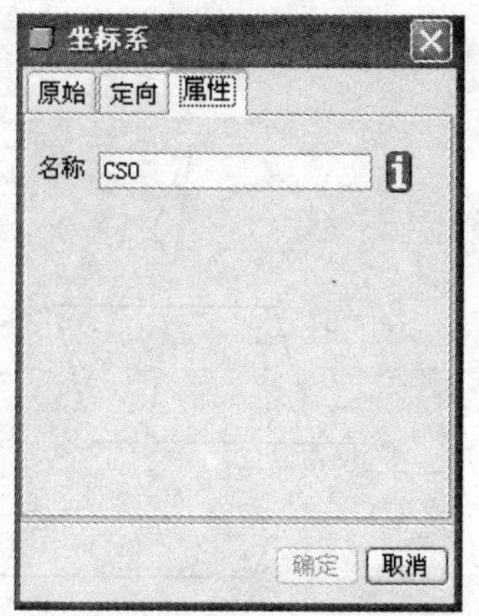

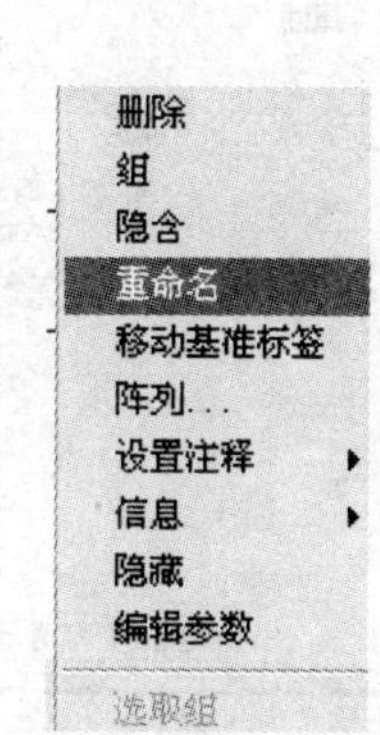

图 4.70

（3）在“属性”选项卡中可以对坐标系进行重命名和查看信息。

下面用实例介绍基准坐标系的创建方法。

例：创建基准坐标系

（1）新建文件 4-4。

（2）单击特征工具栏上的“拉伸工具” 按钮，选择 FRONT 基准平面为草绘平面，绘制如图 4.71 所示剖面后单击特征工具栏上的✔按钮，单击操控面板右侧的✔按钮，完成拉伸特征的建立。结果如图 4.72 所示。

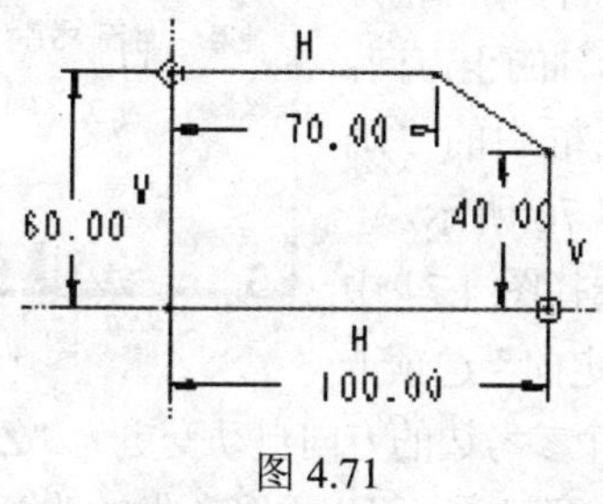

图 4.71

图 4.72

（3）创建偏移坐标系。在特征工具栏上单击按钮（基准坐标系工具），打开“坐标系”对话框。选择零件的缺省坐标系 PRT_CSYS_DEF 作为偏移参照，“偏移类型”保持“笛卡儿”选项，分别输入 X=0，Y=60，Z=50，此时“坐标系”对话框如图 4.73 所示。单击该对话框中的“确定”按钮，完成 CS0 坐标系的建立。结果如图 4.74 所示。

提示：参照现有坐标建立新的坐标系时，不需要指定新坐标系各轴的方向，新坐标系各坐标轴的方向和参照坐标系完全相同。

（4）指定 3 个平面建立坐标系。在特征工具栏上单击按钮（基准坐标系工具），按住 Ctrl 键，分别选择如图 4.74 中箭头所指的 3 个平面。

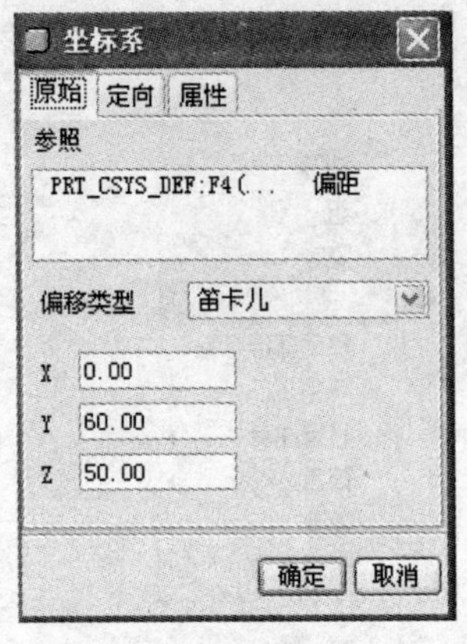

图 4.73

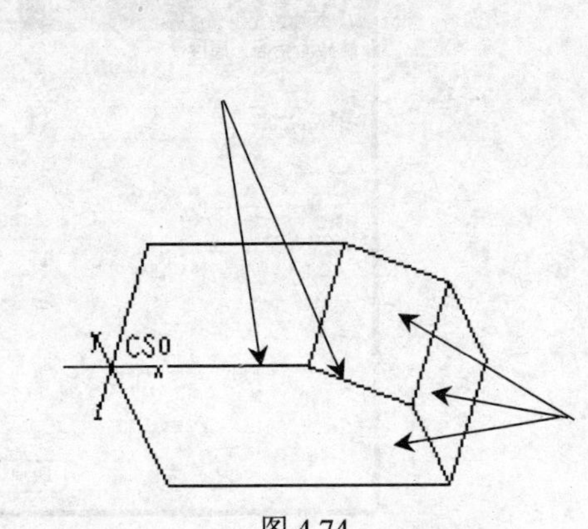

图 4.74

利用这种方法建立基准坐标系，可以自由定义新坐标系的 3 个坐标轴的方向。在“坐标系”对话框中打开“定向”选项卡，如图 4.75 所示。

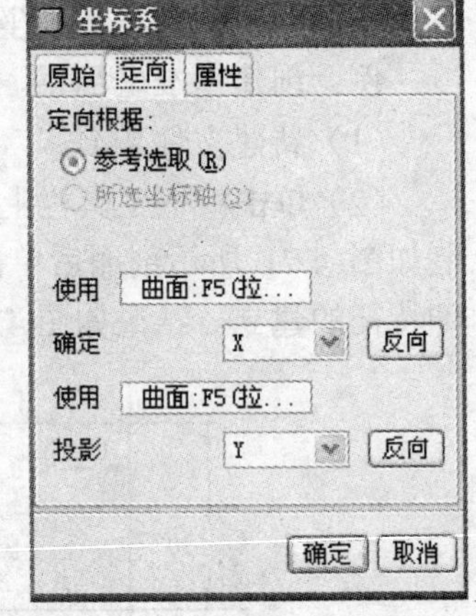

图 4.75

对话框中两个“使用”参照选择的分别是第一个和第二个平面参照，在“确定”下拉列表框中可以选择坐标轴，单击“反向”按钮可以改变当前坐标轴的方向，根据右手定则，可以很容易地确定 X、Y、Z 坐标轴的方向。

右手定则：伸出右手的大拇指、食指和中指，其中大拇指和食指呈自然 90°，食指和中指呈自然 90°，大拇指代表 X 坐标轴的正方向，食指代表 Y 坐标轴的正方向，而中指则代表 Z 坐标轴的正方向。

保留“坐标系”对话框内的默认值，单击该对话框中的“确定”按钮，完成 CS1 基准坐标系的建立，结果如图 4.76 所示。

（5）指定两个边建立坐标系。按住 Ctrl 键，分别选择图 4.74 中箭头所指的两条边，在特征工具栏上单击按钮，在“定向”选项卡中选择第一个参考边坐标系坐标为“Y”，可以看到第二个参考边的方向自动变更为“Z”，单击第一个参考边的“反向”按钮，改变 Y 轴的方向，注意在图形窗口预览可以看到所做的改变引起的变化。

单击“坐标系”对话框中的“确定”按钮，完成 CS2 坐标系的建立，结果如图 4.77 所示。

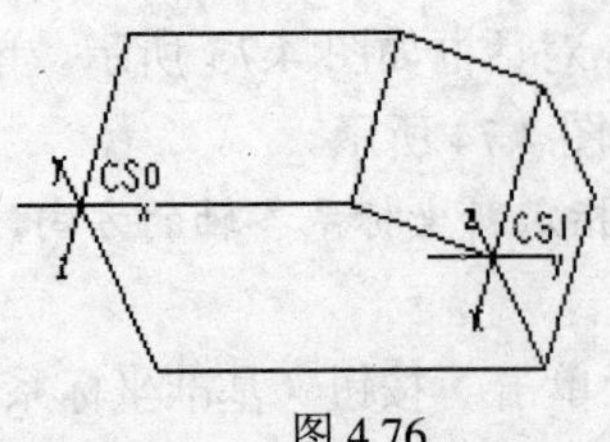

图 4.76

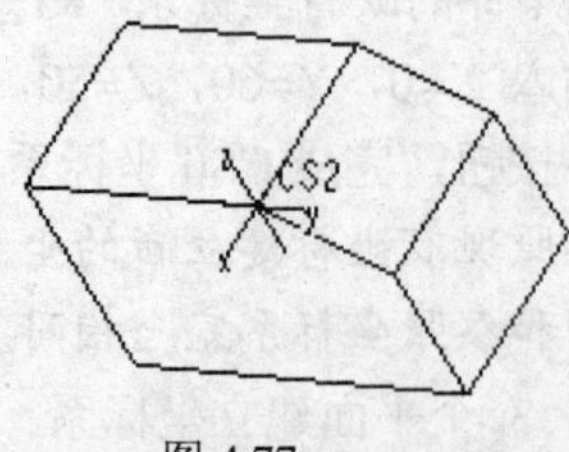

图 4.77

（6）保存并拭除文件。

4.5　基准曲线

基准曲线在建立特征的过程中具有非常重要的作用。通过本节的学习，可以详细地了解常用基准曲线的创建方法，由于基准曲线的建立涉及其他特征的应用，因此在本节中会接触到其他特征的应用，对于这类知识点可以在学习过程中先行了解，在后面的相关章节有专门的介绍。

下面通过实例介绍基准曲线的创建方法。

例 1：创建草绘曲线

（1）新建文件 4-5-1。

（2）在特征工具栏上单击按钮（草绘工具），或者在主菜单中选择“插入”→“模型基准”→“草绘”命令，打开“草绘”对话框。选择 TOP 基准平面作为草绘平面，其余接受系统缺省设置，单击该对话框中的“草绘”按钮，进入草绘环境。绘制如图 4.78 所示的剖面。

完成后在特征工具栏上单击✔按钮退出草绘，完成该草绘曲线的建立。结果如图 4.79 所示。其在模型树中的标识如图 4.80 所示。

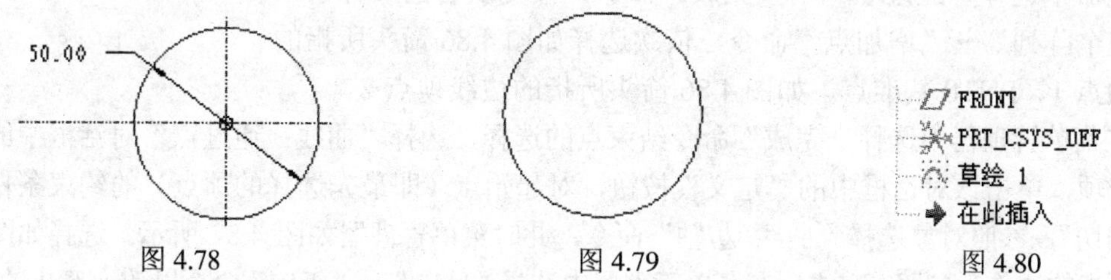

图 4.78　　图 4.79　　图 4.80

（3）保存并拭除文件。

例 2：创建通过点的曲线

（1）新建文件 4-5-2。

（2）单击特征工具栏上的“拉伸工具”按钮，选择 TOP 基准平面为草绘平面，绘制如图 4.81 所示剖面后单击特征工具栏上的✔按钮，单击操控面板右侧的✔按钮，完成拉伸特征的建立。结果如图 4.82 所示。

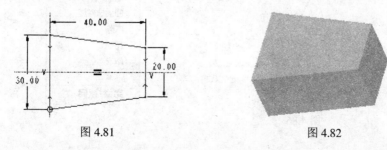

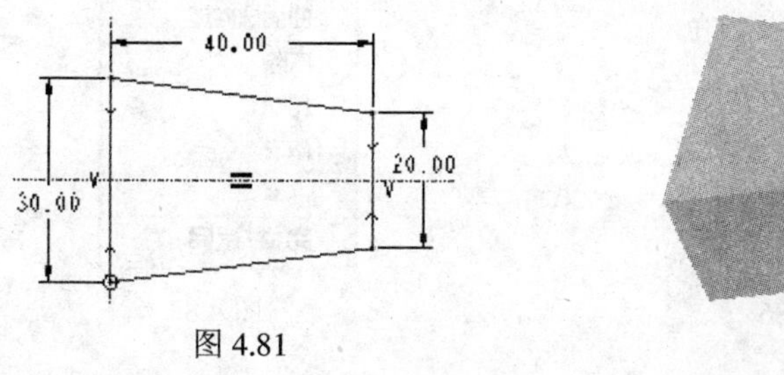

图 4.81　　图 4.82

（3）在特征工具栏上单击按钮（草绘的基准点工具），选择零件的上表面为草绘平面，绘制如图 4.83 所示的剖面，单击按钮完成该草绘基准点 PNT0 的建立，结果如图 4.84 所示。

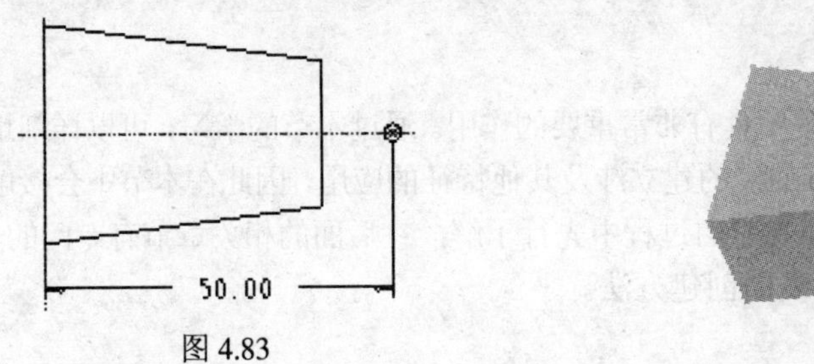

图 4.83

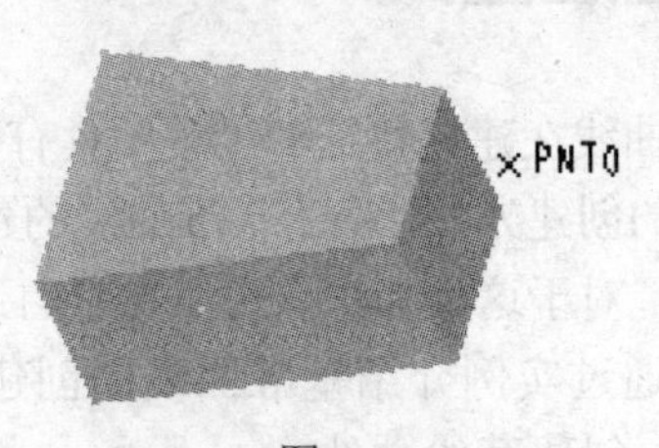

图 4.84

（4）在特征工具栏上单击按钮，选择基准平面 TOP 为草绘平面，绘制如图 4.83 所示的剖面，单击按钮，完成该草绘基准点 PNT1 的建立。如图 4.85 所示。

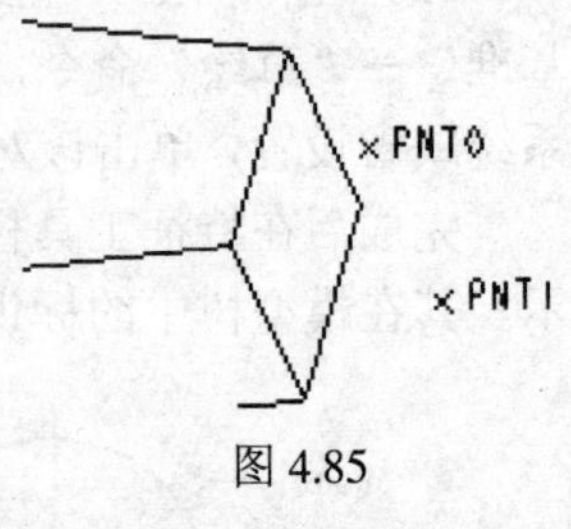

图 4.85

（5）在特征工具栏上单击按钮（插入基准曲线），或者在主菜单中选择“插入”→“模型基准”→“曲线”命令，在弹出的菜单管理器中选择“经过点”→“完成”命令，接受缺省的“样条”→“整个阵列”→“增加点”命令，依次选择如图 4.86 箭头所指的边线顶点 1、PNT0 基准点、如图 4.86 箭头所指的边线顶点 2。

在菜单管理器中选择“完成”命令结束点的选择，选择“曲线：通过点”对话框中的“相切”选项，单击该对话框中的“定义”按钮，对起始点（即最先选择的顶点）的约束条件定义为“相切”，参照对象选择“曲线/边/轴”命令，此时菜单管理器如图 4.87 所示。选择如图 4.86 箭头所指的边作为参照，完成后在菜单管理器中选择“反向”→“正向”命令以改变箭头的方向。

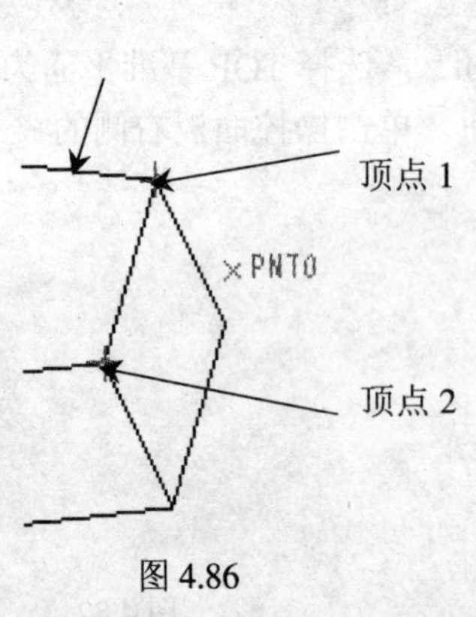

图 4.86

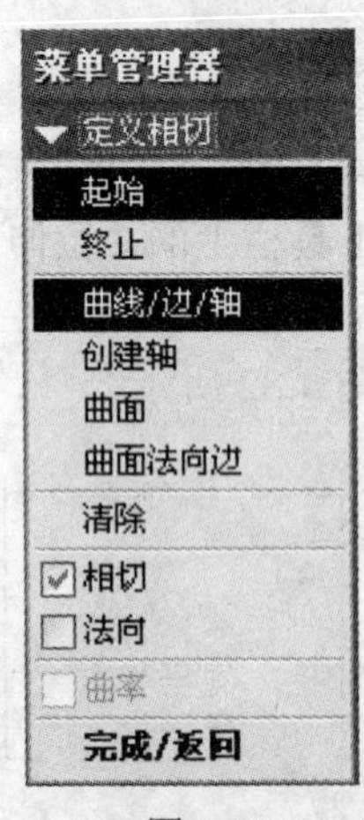

图 4.87

接着定义终止点（即最后选择的顶点），保持“相切”选项，参照对象选择“创建轴”，打开“基准轴”对话框，按提示选取如图 4.88 所示的边作为参照，单击“基准轴”对话框中的“确定”按钮。

接着在菜单管理器中选择“反向”→“正向”命令，改变箭头的方向。在菜单管理器中选择“完成/返回”命令，结束曲线的“相切”定义，单击“曲线：通过点”对话框中的“确定”按钮，完成该曲线的建立。结果如图 4.89 所示。

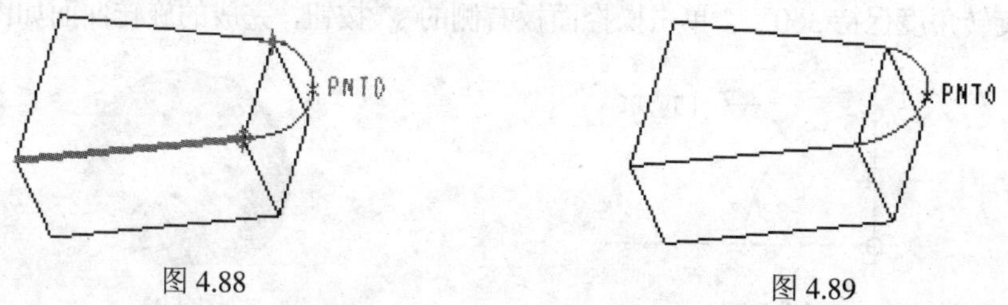

图 4.88　　图 4.89

（6）在特征工具栏上单击按钮（插入基准曲线），或者在主菜单中选择“插入”→“模型基准”→“曲线”命令，在弹出的菜单管理器中选择“经过点”→“完成”命令，接受缺省的“样条”→“整个阵列”→“增加点”命令，依次选择如图 4.90 中箭头所指的边线顶点 1、PNT1 基准点、如图 4.90 中箭头所指的边线顶点 2。

在菜单管理器中选择“完成”命令结束点的选择，选择“曲线：通过点”对话框中的“相切”选项，单击该对话框中的“定义”按钮，对起始点（即最先选择的顶点）的约束条件定义为“相切”，参照对象选择“曲面”命令，选择如图 4.90 中箭头所指的实体表面作为参照。

接着定义终止点（即最后选择的顶点），保持“相切”选项，参照对象选择“曲面法向边”，按提示选取如图 4.90 中箭头所指的实体表面作为参照，继续选取如图 4.90 中箭头所指的边作为参照，接着在菜单管理器中选择“反向”→“正向”命令，改变箭头的方向。在菜单管理器中选择“完成/返回”命令，结束曲线的“相切”定义，单击“曲线：通过点”对话框中的“确定”按钮，完成该曲线的建立。结果如图 4.91 所示。

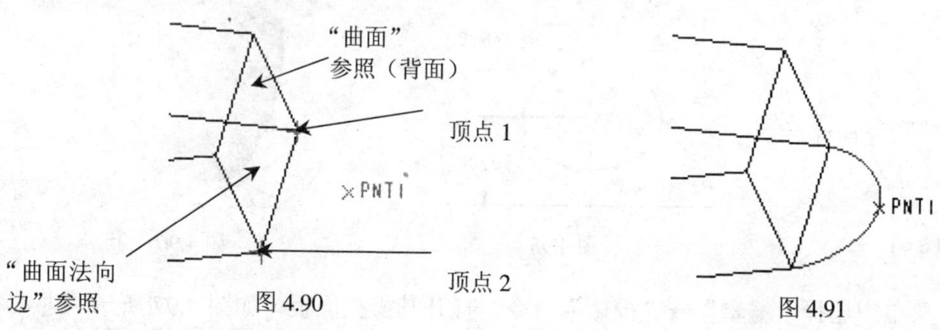

图 4.90　　图 4.91

（7）保存并拭除文件。

例 3：创建投影曲线

可使用“投影”工具在实体上和非实体曲面、面组或基准平面上创建投影基准曲线。投影基准曲线的形状和所投影的曲面形状完全相同。

（1）新建文件 4-5-3。

（2）在特征工具栏上单击按钮（旋转工具），打开其操控面板。在操控面板中单击按钮（旋转为曲面）。选择 FRONT 基准平面为草绘平面，其余接受系统缺省的设置，绘制如图 4.92 所示截面。旋转角度保持 360°，单击操控面板右侧的按钮，完成的旋转曲面如图 4.93 所示。

图 4.92　　图 4.93

（3）在特征工具栏上单击按钮（基准点工具），打开“基准点”对话框。单击旋转曲面的边缘，保持偏移的类型为“比率”，修改偏移比例为 0.06。

在点列表框内选择“新点”命令，选择旋转曲面的边缘，建立新的基准点 PNTl，保持偏移的类型为“比率”，修改偏移比例为 0.94。

单击“基准点”对话框中的“确定”按钮，完成该基准点特征的建立，结果如图 4.94 所示。

（4）在特征工具栏上单击按钮（基准平面工具），选择 FRONT 基准平面作为参照，在“基准平面”对话框中输入偏距值为 200，单击该对话框中的“确定”按钮，完成 DTM1 基准平面的创建。

（5）在特征工具栏上单击按钮（草绘工具），选择 DTM1 基准平面作为草绘平面，绘制图 4.95 所示的剖面。完成后在特征工具栏上单击按钮退出草绘，完成该草绘曲线的建立。结果如图 4.96 所示。

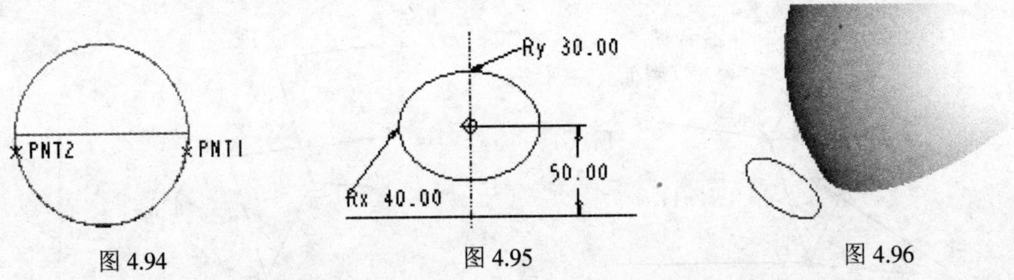

图 4.94　　图 4.95　　图 4.96

（6）在主菜单中选择“编辑”→“投影”命令，打开其操控面板，如图 4.97 所示。进入建立投影曲线的操作。

图 4.97

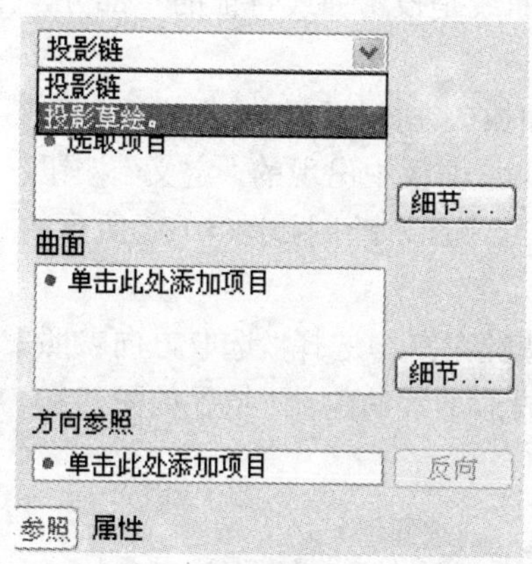

图 4.98

在操控面板上选择“参照”命令，弹出其上滑面板，如图 4.98 所示。在该面板中定义投影曲线，注意投影方式有“投影链”和“投影草绘”两个选项。

这里使用已经建立的曲线作为投影参照，在“参照”上滑面板的最上端保持缺省的“投影链”选项。此时面板中的“链”收集器呈现激活状态，在绘图区选择椭圆形曲线，在上滑面板中选择“曲面”收集器，使之激活，选择旋转曲面。在上滑面板中选择“方向参照”收集器，使之激活，选择 TOP 基准平面，此时绘图窗口中零件如图 4.99 所示。

此时操控面板中方向选项为“沿方向”，更改为“垂直于曲面”选项，此时零件如图 4.100 所示。注意观察投影曲线的形状变化。

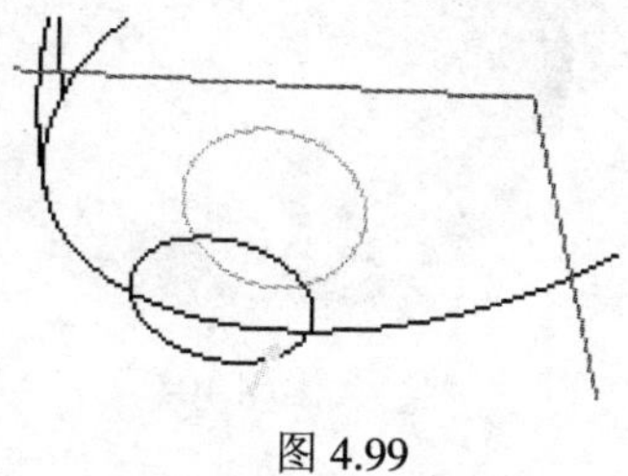
图 4.99

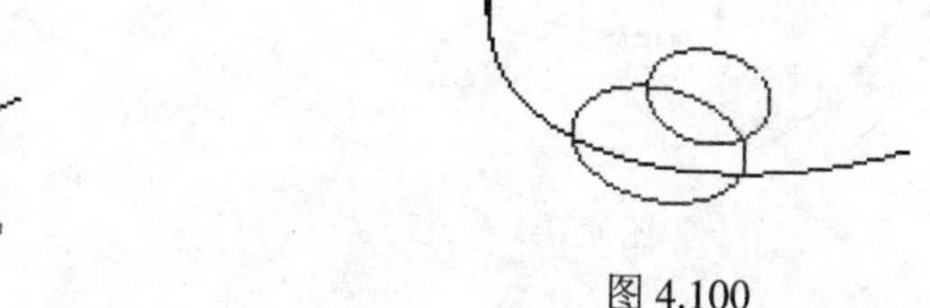
图 4.100

这里保留操控面板上方向选项的“沿方向”，意思是将沿指定方向投影该曲线。单击操控面板右侧的✔按钮，完成投影曲线的建立。结果如图 4.101 所示。投影曲线在模型树中的标记如图 4.102 所示。

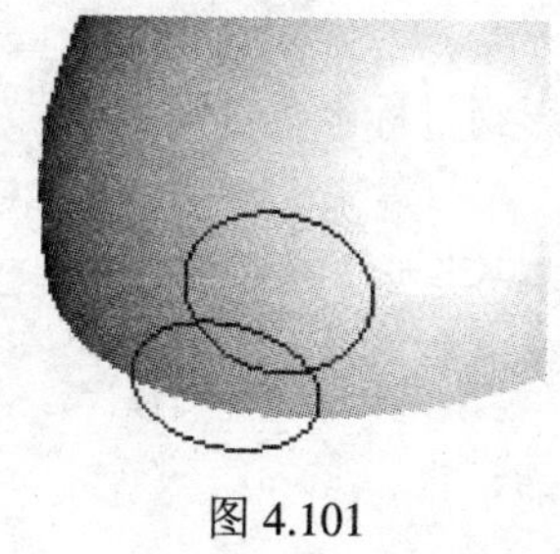
图 4.101

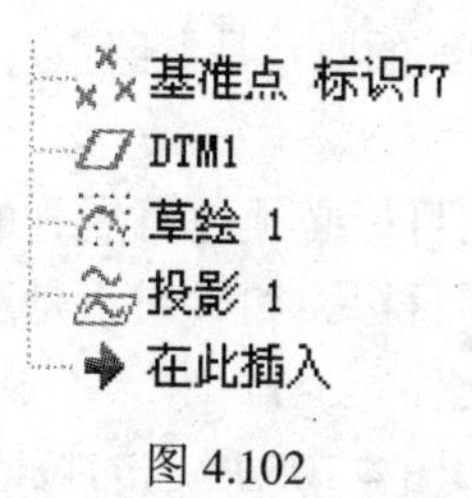

图 4.102

（7）单击特征工具栏的按钮，按住 Shift 键，在模型树中选择“草绘 1”和“投影 1”特征，在右键快捷菜单中选择“隐藏”命令，隐藏草绘曲线和投影曲线。

（8）步骤（6）中所建立的投影曲线是利用已经存在的曲线来进行投影操作的，即采用“投影链”选项。现在采用“投影草绘”的方法建立新的投影曲线。所谓“投影草绘”，即在建立投影曲线的过程中，建立需要投影的曲线，此草绘所完成的曲线是投影曲线特征的一部分，不是一个独立的特征。

在主菜单中选择“编辑”→“投影”命令，打开其操控面板。在操控面板上选择“参照”命令，弹出其上滑面板，更改投影类型为“投影草绘”，单击上滑面板中出现的“定义”按钮，打开“草绘”对话框，在模型树中选择 TOP 基准平面作为草绘平面，绘制如图 4.103 所示的剖面。完成后在特征工具栏上单击按钮，退出草绘模式。

选择旋转曲面作为投影曲面，在绘图区右击，在弹出的快捷菜单中选择“选取方向参照”命令，选择 TOP 基准平面。单击操控面板右侧按钮，完成投影曲线的建立。结果如图 4.104 所示。

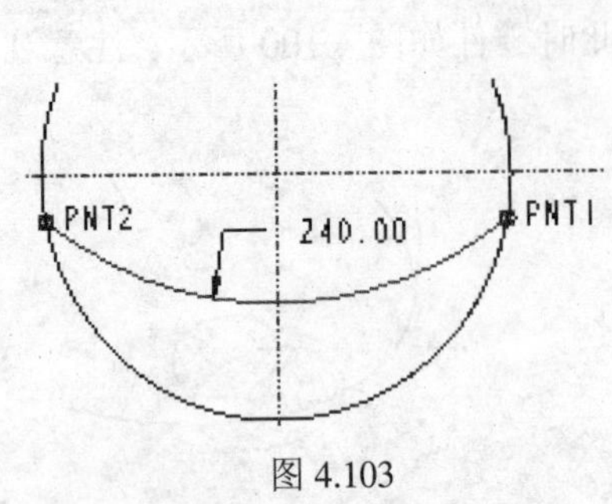

图 4.103

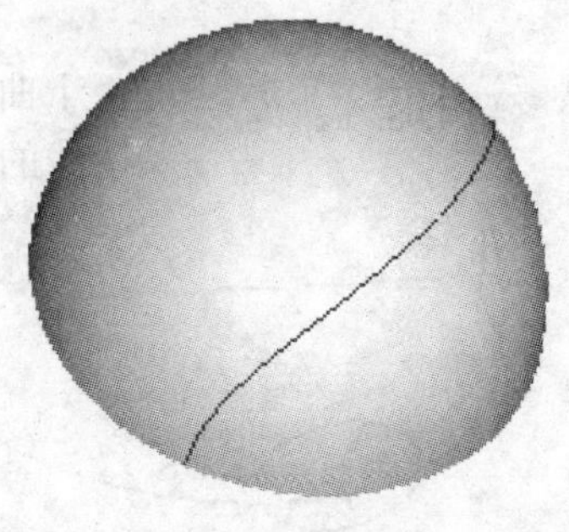
图 4.104

（9）保存并拭除文件。

例 4： 创建包络曲线

包络曲线实质上也是一种投影曲线，不同之处在于包络曲线不能直接参照已经创建的曲线，只能在创建过程中草绘曲线，再利用该曲线创建包络曲线。可使用这些成形的基准曲线模拟标签或螺纹。

包络基准曲线的原点是参照点，此点必须能够被投影到目标上，否则“包络”特征会失败。

包络曲线的目标必须是可展开的，即直纹曲面的某些类型。系统会自动选取第一个可用目标。如果它不是所需目标，则可选取另一个。

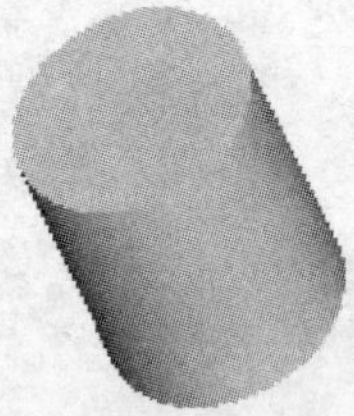

图 4.105

（1）新建文件 4-5-4。

（2）创建如图 4.105 所示的拉伸特征。

（3）在主菜单中选择“编辑”→“包络”命令，打开其操控面板。选择操控面板中的“参照”命令，弹出其上滑面板，如图 4.106 所示。单击上滑面板中的“定义”按钮，打开“草绘”对话框，选择 FRONT 基准平面为草绘平面，绘制如图 4.107 所示的剖面。

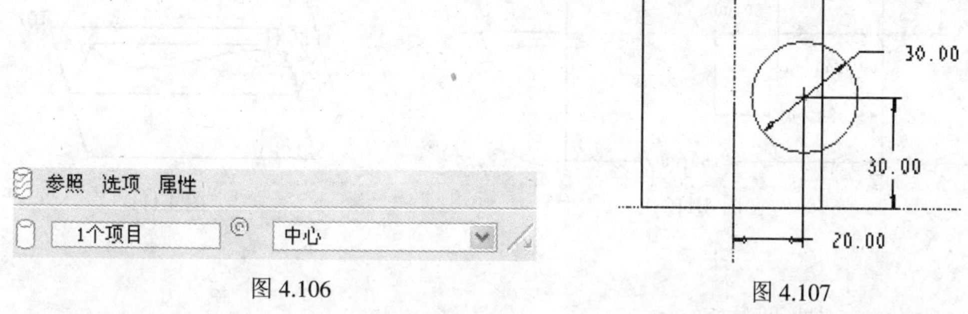

图 4.106

图 4.107

完成后在特征工具栏上单击✔按钮退出草绘模式。系统自动指定零件的“实体几何”为投影目标，单击操控面板右侧的✔按钮，完成包络曲线的建立。结果如图 4.108 所示。包络曲线特征在模型树中的标识如图 4.109 所示。

图 4.108

图 4.109

（4）保存并拭除文件。

例 5：创建二次投影曲线

二次投影曲线是参照两个方向上的平面曲线在空间投影的重合，是建立空间三维曲线最重要的手段，也是完成复杂曲面的必要手段。

（1）新建文件 4-5-5。

（2）建立二次投影曲线的第 1 条参照平面曲线。在特征工具栏上单击～按钮（草绘工具），选择 FRONT 基准平面为草绘平面，绘制如图 4.110 所示的剖面。完成后在特征工具栏上单击✔按钮退出草绘，创建的曲线如图 4.111 所示。

（3）建立二次投影曲线的第 2 条参照平面曲线。在特征工具栏上单击～按钮，打开“草绘”对话框。选择 TOP 基准平面为草绘平面，选择如图 4.111 所示曲线的右端点作为绘图参照，绘制如图 4.112 所示的剖面，完成后在特征工具栏上单击✔按钮退出草绘，创建的曲线如图 4.113 所示。

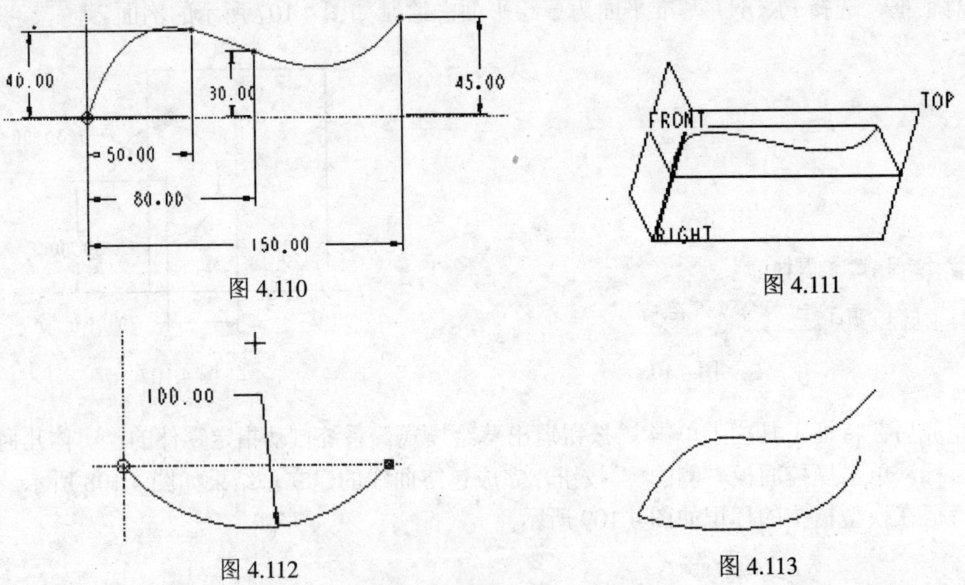

图 4.110　　图 4.111

图 4.112　　图 4.113

（4）利用前面建立的两条曲线创建二次投影曲线。选择第 1 条基准曲线，按住 Ctrl 键，再选择第 2 条基准曲线，在主菜单中选择“编辑”→“相交”命令，完成二次投影曲线的建立，结果如图 4.114 所示。此时模型树显示如图 4.115 所示。

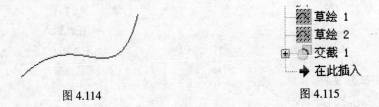

图 4.114　　图 4.115

（5）保存并拭除文件。

提示：完成的二次投影曲线在 FRONT 和 TOP 方向上的投影轮廓分别和第 1 条、第 2 条基准曲线完全相同，而且二次投影曲线的长度只参照两条参照曲线中较短的一条。

二次投影曲线参照的两条原始参照曲线和二次投影曲线缺省存在“父子”关系。选择该曲线，右击，在弹出的快捷菜单中选择“编辑定义”命令，打开其操控面板，在操控面板中选择“参照”命令，在其上滑面板中单击某个草绘后的“断开链接”按钮，可以取消该草绘与原始参照的从属关系，如图 4.116 所示。

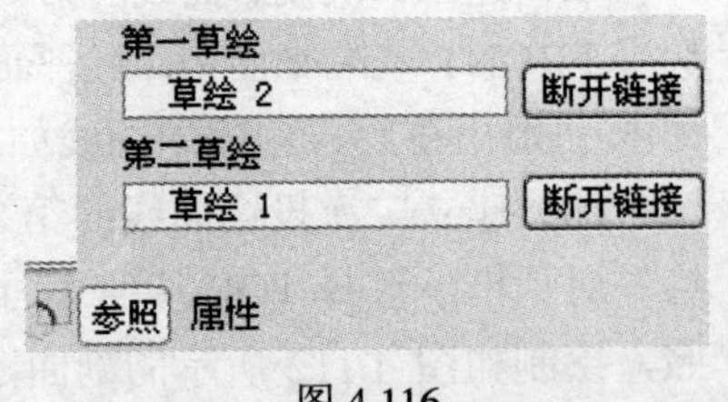

图 4.116

例 6：创建方程曲线

方程曲线也是创建空间曲线的重要手段，对于有规律的空间曲线，应用方程解决是快捷方便的手段。方程曲线极大地扩展了 Pro/E 的造型能力。

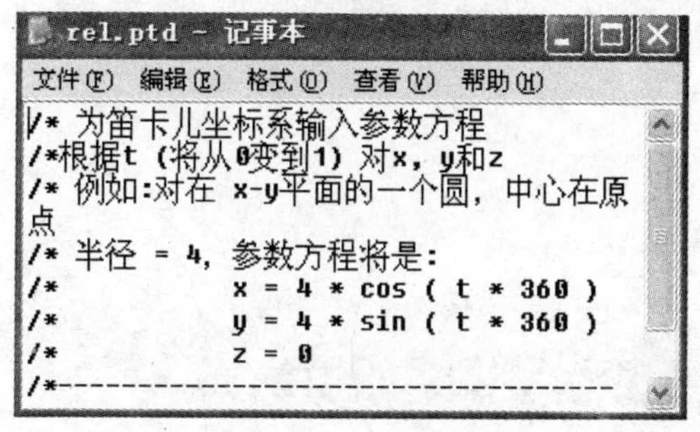
rel.ptd - 记事本
文件(F)　编辑(E)　格式(O)　查看(V)　帮助(H)

```
/* 为笛卡儿坐标系输入参数方程
/*根据t (将从0变到1) 对x, y和z
/* 例如:对在 x-y平面的一个圆, 中心在原点
/* 半径 = 4, 参数方程将是:
/*          x = 4 * cos ( t * 360 )
/*          y = 4 * sin ( t * 360 )
/*          z = 0
/*-----------------------------------
```

图 4.117

在特征工具栏上单击按钮（插入基准曲线），在弹出的菜单管理器中选择“从方程”→“完成”命令，选择参照坐标系，继续在菜单管理器中选择方程曲线采用的坐标系类型，共有 3 种类型：笛卡儿、圆柱、球。选定坐标类型后，在出现的编辑器中可以编辑方程，确定要建立的方程曲线，如图 4.117 所示。

下面是常用的方程表达式和相对应建立的曲线图形。

1. 正弦曲线（笛卡儿坐标系）（如图 4.118 所示）

x=10（波长）*3（周期）*t（从 0 变到 1 的参数）

y=6（振幅）*sin（t*360*3（周期）+10（相位））

z=0

2. 螺旋线（笛卡儿坐标系）（如图 4.119 所示）

x=15（半径）*cos（t*360*6（圈数））

y=15（半径）*sin（t*360*6（圈数））

z=50（高度）*t

提示：置换 x、y 中的正弦和余弦可以改变螺旋线的左旋和右旋。

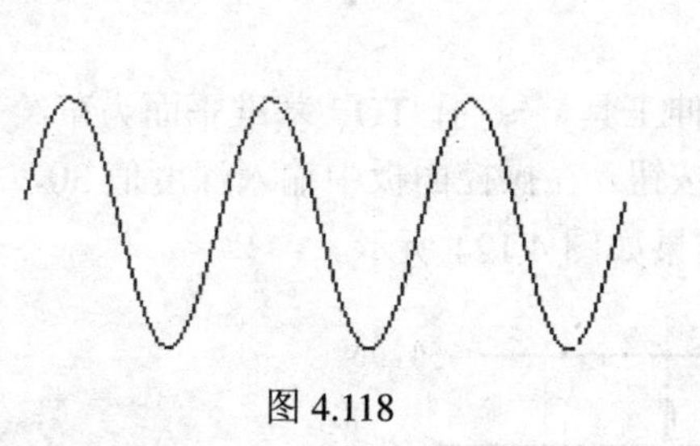

图 4.118

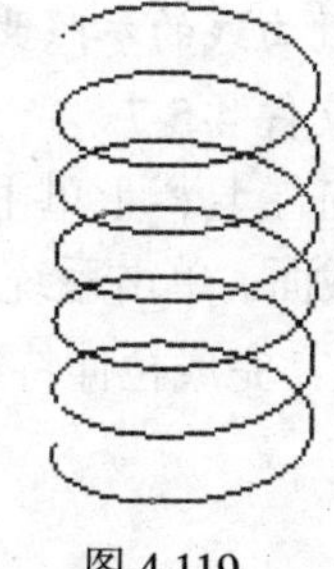

图 4.119

3. 柱面正弦波线（柱坐标系）（如图 4.120 所示）

r=100（半径）

theta=t*360

z=9（振幅）*sin（10（周期）*theta）

4. 渐开线（笛卡儿坐标系）（如图 4.121 所示）

rb（基圆半径）=10

r=rb/2

theta=t*90

x=r*cos（theta）+r*sin（theta）*theta*pi/180

y=r*sin（theta）-r*cos（theta）*theta*pi/180

z=0

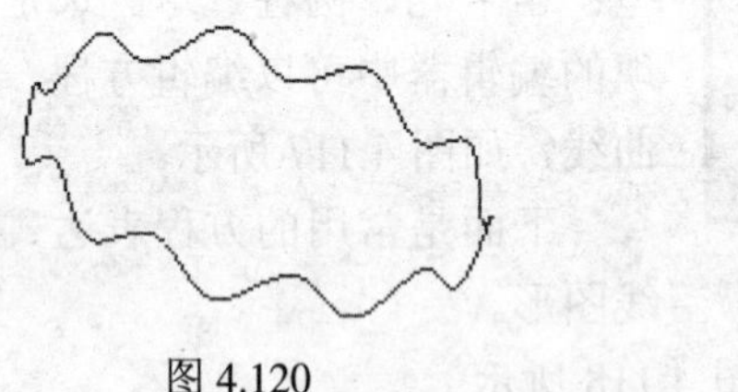

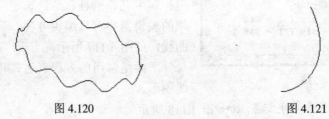

图 4.120　　图 4.121

例 7：创建复制曲线——通过现有几何的边创建复制曲线

复制和粘贴工具可以非常方便地利用已经存在的几何特征创建符合要求的曲线，其方法是选择需要复制的特征边线或其他曲线，在主菜单中选择“编辑”→“复制”命令，或者在系统工具栏上单击按钮，然后在主菜单中选择“编辑”→“粘贴”命令，或者在系统工具栏上单击按钮，打开其操控面板，在操控面板中做进一步的编辑，如图 4.122 所示。

在操控面板“曲线类型”下拉列表框中有“精确”和“逼近”两个选项，其含义如下：

“精确”：利用单一连续曲率的样条创建曲线。

“逼近”：按原样精确复制原始曲线或边。

提示：逼近曲线的参照曲线之间必须相切。

（1）新建文件 4-5-7。

（2）在特征工具栏上单击按钮（拉伸工具），选择 TOP 基准平面为草绘平面，绘制如图 4.123 所示截面。单击系统工件栏的按钮，在操控面板中输入深度值 30，单击操控面板右侧的按钮，完成拉伸特征的创建。结果如图 4.124 所示。

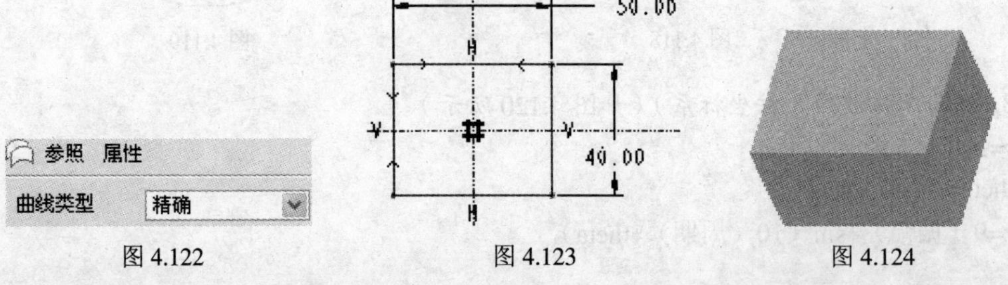

图 4.122　　图 4.123　　图 4.124

（3）选择如图 4.125 所示的边（选择后在绘图区为粗线显示），按住 Shift 键，鼠标移动到相邻的边，这样自动选择了一个封闭曲线，单击鼠标左键确定，选择的结果如图 4.126 所示。

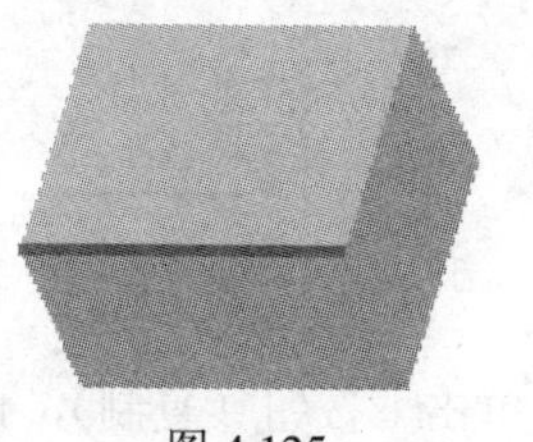
图 4.125

图 4.126

（4）在系统工具栏上单击按钮（复制），再在系统工具栏上单击按钮（粘贴），打开其操控面板，保持曲线类型为“精确”选项。单击操控面板右侧的按钮，完成复制曲线特征的建立。其在模型树中的标识如图 4.127 所示。

（5）选择图 4.125 所示的边，按住 Shift 键移动到相邻的边，先右击鼠标进行选择，再单击鼠标左键确定，选择的结果如图 4.128 所示。

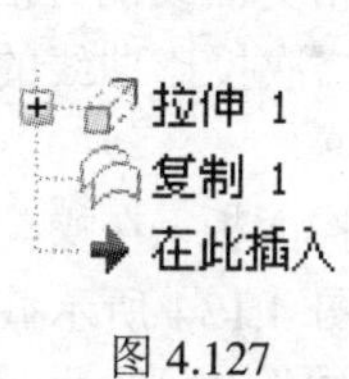

图 4.127

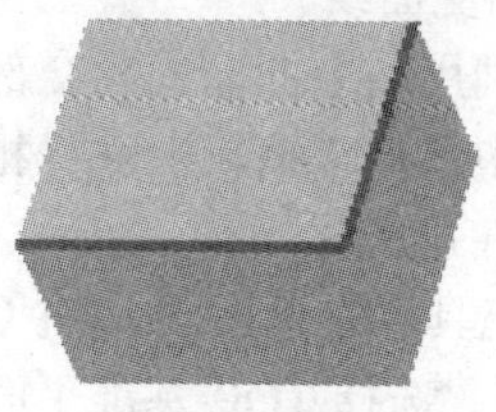
图 4.128

（6）在系统工具栏上单击按钮（复制），再在系统工具栏上单击按钮（粘贴），打开其操控面板，保持曲线类型为“精确”选项。单击操控面板右侧的按钮，完成复制曲线特征的建立。

（7）保存并拭除文件。

例 8：创建复制曲线——将几条曲线通过复制合并成一条曲线

（1）新建文件 4-5-8。

（2）在特征工具栏上单击按钮（草绘工具），选择 TOP 基准平面为草绘平面。绘制如图 4.129 所示的剖面。在特征工具栏上单击按钮退出草绘，创建的曲线如图 4.130 所示。

图 4.129　图 4.130

（3）在特征工具栏上单击按钮（草绘工具），选择 TOP 基准平面为草绘平面。绘制如图 4.131 所示的剖面。在特征工具栏上单击按钮退出草绘，创建的曲线如图 4.132 所示。

图 4.131　　图 4.132

（4）选择步骤（2）建立的曲线，在系统工具栏上单击按钮（复制），再在系统工具栏上单击按钮（粘贴），打开其操控面板。按住 Shift 键，分别选取步骤（2）和步骤（3）完成的曲线，这样两条曲线全部被选中，如图 4.133 所示。更改“曲线类型”为“逼近”选项，单击操控面板右侧的按钮，完成复制曲线的建立。

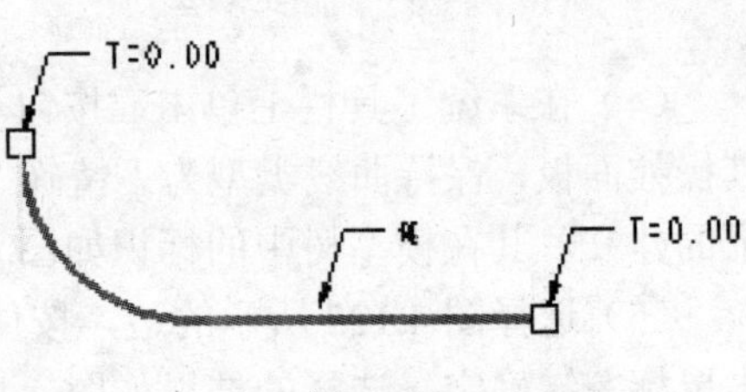

图 4.133

（5）保存并拭除文件。

例 9：创建相交曲线

相交曲线是利用两个曲面的相交部分建立的曲线。建立相交曲线的方法是选择两个参照曲面，在主菜单中选择“编辑”→“相交”命令，这和建立二次投影曲线的方法类似。

（1）新建文件 4-5-9。

（2）在特征工具栏上单击按钮（拉伸工具），打开其操控面板。在操控面板中单击按钮（拉伸为曲面）。选择 TOP 基准平面为草绘平面，绘制如图 4.134 所示截面，单击按钮退出草绘。输入深度值为 60，单击操控面板右侧的按钮，完成的拉伸曲面如图 4.135 所示。

图 4.134　　图 4.135

（3）在特征工具栏上单击按钮（拉伸工具），打开其操控面板。在操控面板中单击按钮（拉伸为曲面）。选择 RIGHT 基准平面为草绘平面，绘制如图 4.136 所示截面，单击按钮退出草绘。输入深度值为 60，单击操控面板右侧的按钮，完成的拉伸曲面如图 4.137 所示。

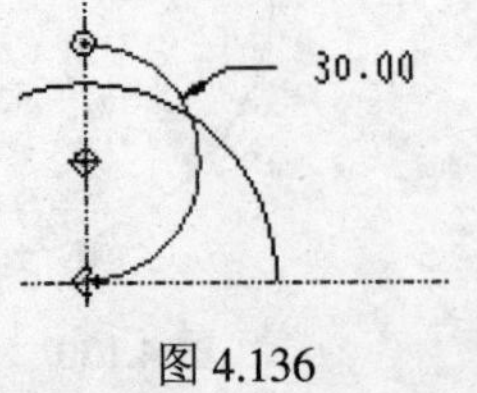

图 4.136

图 4.137

（4）按住 Ctrl 键，选择这两个曲面，在主菜单中选择“编辑”→“相交”命令，完成相交曲线的建立，如图 4.138 所示。其在模型树中的标识如图 4.139 所示。

图 4.138　　图 4.139

（5）保存并拭除文件。

例 10： 曲线的修剪

可以利用点、曲线、平面、曲面等对已经存在的曲线进行修剪操作，使之符合设计要求。对曲线进行修剪的操作方法是：选择需要修剪的曲线，在主菜单中选择“编辑”→“修剪”命令，或者在特征工具栏上单击按钮（修剪工具），打开其操控面板，在操控面板进行相关操作，如图 4.140 所示。

操控面板同样分为上下两排，在上方有“参照”和“属性”两个命令选项。在“参照”上滑面板中可以定义“修剪的曲线”和“修剪对象”，如图 4.141 所示。

操控面板下方是快速定义“修剪对象”的收集器，按钮用于控制修剪曲线后保留的方向，可以是两侧任何一个方向，也可以分割成两个独立的曲线。

提示： 箭头指向保留曲线一侧；双向箭头表示将曲线分割成两个独立的曲线。

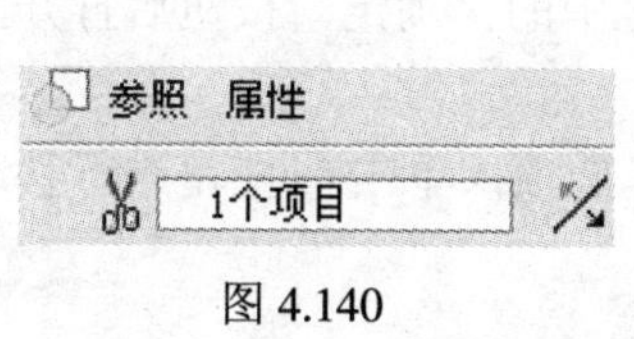

图 4.140

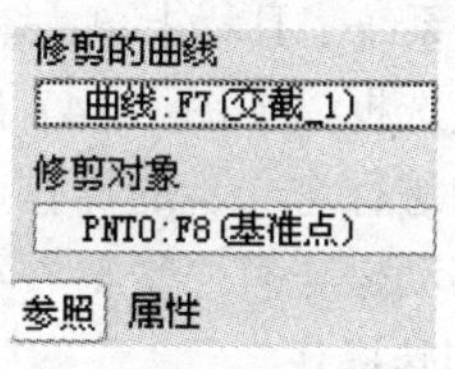

图 4.141

（1）新建文件 4-5-10。

（2）在特征工具栏上单击按钮（草绘工具），选择 TOP 基准平面为草绘平面。绘制如图 4.142 所示的剖面。在特征工具栏上单击按钮退出草绘，创建的曲线如图 4.143 所示。

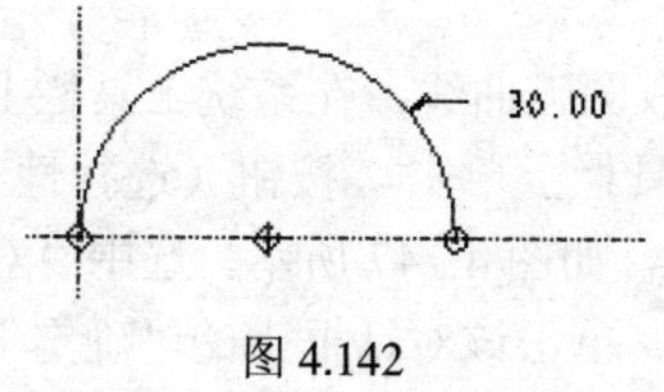

图 4.142

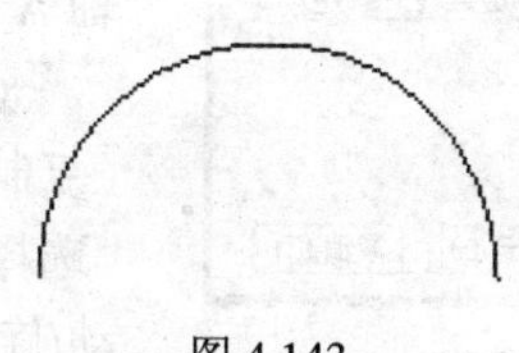

图 4.143

（3）在特征工具栏上单击按钮（基准点工具），打开“基准点”对话框。选择上步建立的曲线，保持对话框的缺省选项，修改“偏移比率”数值为 0.5。单击该对话框中的“确定”按钮，完成 PNT0 基准点的建立。结果如图 4.144 所示。

（4）选择曲线，在特征工具栏上单击按钮（修剪工具），打开其操控面板。选择 PNT0 基准点作为修剪对象。在绘图区中出现黄色箭头，箭头指向的部分为选择保留的部分，单击操控面板中的按钮可以改变箭头的方向，以控制修剪后保留的部分，这里保持缺省方向。单击操控面板右侧的按钮，完成曲线的修剪操作，结果如图 4.145 所示。修剪曲线在模型树中的标识如图 4.146 所示。

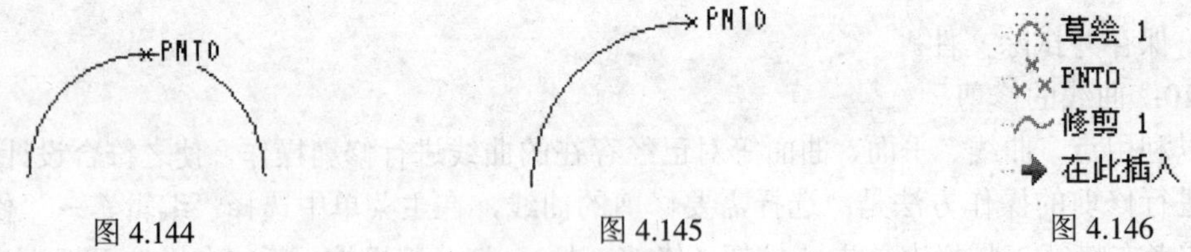

图 4.144　图 4.145　图 4.146

（5）保存并拭除文件。

例 11： 曲线的移动

对现有的曲线进行移动操作，可以充分利用现有的曲线，在零件设计中根据需要达到灵活处理的目的，拓展了曲线的功能。

对曲线进行移动操作的方法是：选择需要操作的曲线，在主菜单中选择“编辑”→“复制”命令（或者在系统工具栏上单击按钮），再在主菜单中选择“编辑”→“选择性粘贴”命令（或者在系统工具栏上单击按钮），在“选择性粘贴”对话框中选中“对副本应用移动/旋转变换”复选框，如图 4.147 所示。单击该对话框中的“确定”按钮后打开其操控面板，在操控面板中进行进一步的操作，如图 4.148 所示。

曲线的移动操作有“平移”和“旋转”两个操作选项，单击↔按钮进行移动操作，单击按钮进行旋转操作。

（1）打开文件 4-5-10。

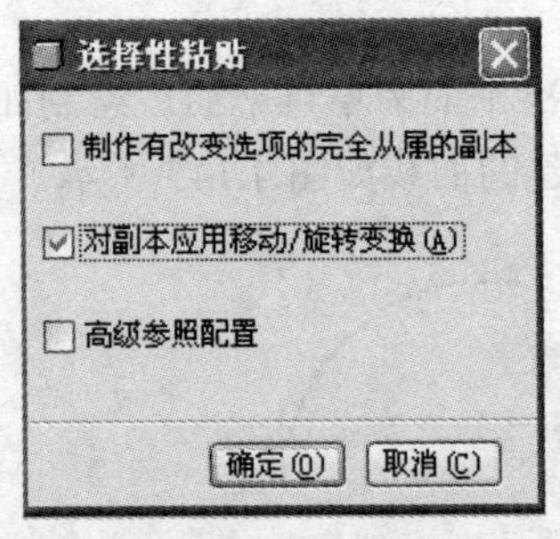

图 4.147

（2）单击特征工具栏上的“基准轴工具”按钮，打开“基准轴”对话框。按住 Ctrl 键，选择 FRONT 和 RIGHT 两个基准平面，单击“基准轴”对话框中的“确定”按钮，完成该基准轴 A_1 的建立。

（3）在绘图区选取圆弧曲线，在系统工具栏上单击按钮（复制），再在系统工具栏上单击按钮（选择性粘贴），打开“选择性粘贴”对话框，如图 4.147 所示。选中“对副本应用移动/旋转变换”复选框，单击该对话框中的“确定”按钮，打开其操控面板。如图 4.148 所示。

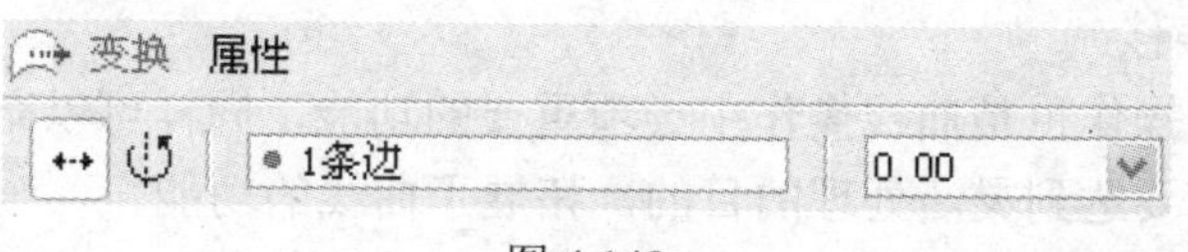

图 4.148

保持缺省的↔选项（沿选定参照平移特征）。选择 FRONT 基准平面作为参照，更改移动距离为 30。单击操控面板右侧的✔按钮，完成曲线的移动操作，结果如图 4.149 所示。移动曲线在模型树中的图标如图 4.150 所示。

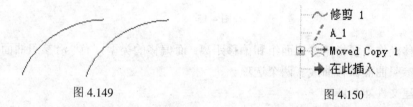

图 4.149　　图 4.150

（4）选择上一步完成的移动曲线，在系统工具栏上单击按钮（复制），再在系统工具栏上单击按钮（选择性粘贴），打开“选择性粘贴”对话框，选中“对副本应用移动/旋转变换”复选框，单击该对话框中的“确定”按钮，打开其操控面板。选择选项（相对选定参照旋转特征）。选择基准轴 A_1 作为参照，更改旋转角度为 45°。

在绘图区右击，在弹出的快捷菜单中选择“New Move”命令。单击操控面板中的按钮（相对选定参照旋转特征），选择基准坐标系的 X 轴，更改旋转角度为–45°。单击操控面板右侧的✔按钮，完成曲线的移动操作。结果如图 4.151 所示。

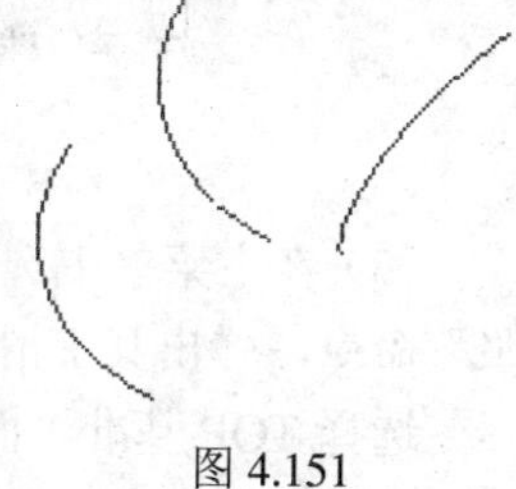

图 4.151

（5）以上操作针对的是曲线特征，如果是针对曲线几何（在过滤器中选择“几何”），复制后进行选择性粘贴则不会出现“选择性粘贴”对话框，而直接进入操控面板，此时操控面板如图 4.152 所示，在其“选项”上滑面板中有一个“隐藏原始几何”选项，缺省情况下，建立针对几何的复制后，原参照会被隐藏。

其模型树中的标识如图 4.153 所示（Moved Copy3），注意和图 4.150 的不同之处。

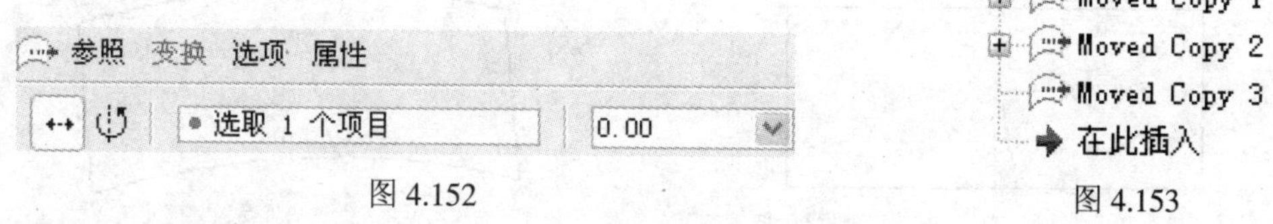

图 4.152　　图 4.153

（6）保存并拭除文件。

例 12：曲线的偏移

对曲线进行偏移操作也是曲线操作中一项重要的功能，同样可以充分利用现有的曲线，在零件设计中根据需要达到灵活处理的目的，拓展了曲线的功能。

对曲线进行偏移操作的方法是：选择操作的曲线，在主菜单中选择“编辑”→“偏移”命令，打开其操控面板，继续进一步的操作，如图 4.154 所示。

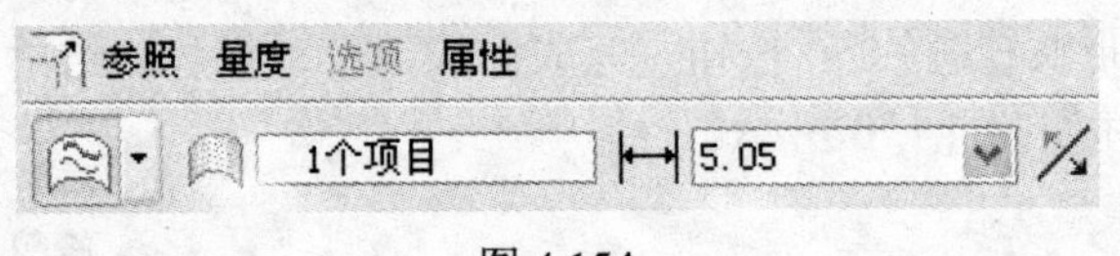

图 4.154

进行偏移操作需要指定参照面组和偏移距离，而偏移的类型则有“沿参照曲面偏移曲线”和“垂直于参照曲面偏移曲线”两个选项。

（1）新建文件 4-5-11。

（2）在特征工具栏上单击按钮（拉伸工具），打开其操控面板。在操控面板中单击按钮（拉伸为曲面）。选择 FRONT 基准平面为草绘平面，绘制如图 4.155 所示截面，单击按钮退出草绘。输入深度值为 50，单击操控面板右侧的按钮，完成的拉伸曲面如图 4.156 所示。

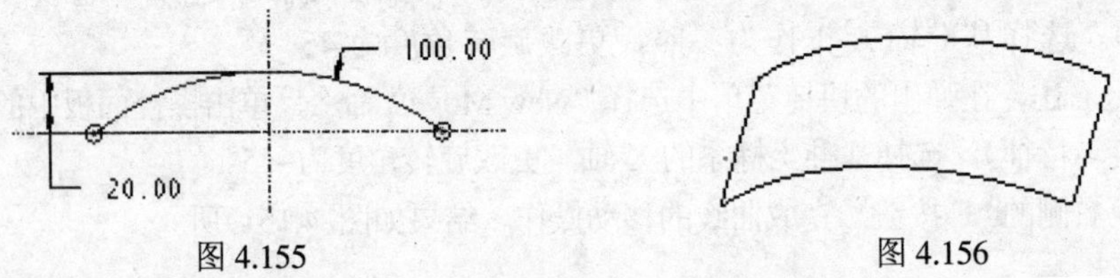

图 4.155　　图 4.156

（3）在主菜单中选择“编辑”→“投影”命令，打开其操控面板。在操控面板上选择“参照”命令，弹出其上滑面板。在其最上端选择“投影草绘”选项。

选择 TOP 基准平面为草绘平面，绘制如图 4.157 所示的剖面，单击按钮退出草绘。

选取拉伸曲面为投影参照，保留操控面板方向选项的“沿方向”，单击其右侧的空白区域，选取 TOP 基准平面为投影方向参照，单击操控面板右侧的按钮，完成投影曲线的建立。结果如图 4.158 所示。

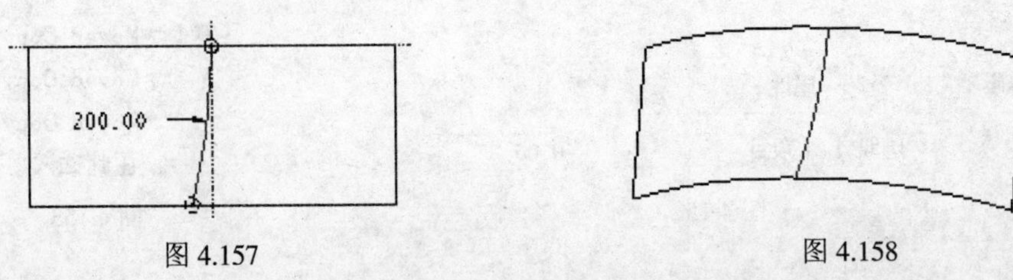

图 4.157　　图 4.158

（4）选择投影曲线，在主菜单中选择“编辑”→“偏移”命令，打开其操控面板。保持偏移类型为选项（沿参照曲面偏移曲线），更改偏移值为 20 并按下 Enter 键确定。单击操控面板右侧的按钮，完成曲线的偏移操作，结果如图 4.159 所示。偏移曲线在模型树中的标识如图 4.160 所示。

图 4.159　　图 4.160

（5）选择投影曲线特征，在主菜单中选择“编辑”→“偏移”命令，打开其操控面板。更改偏移类型为（垂直于参照曲面偏移曲线）。如图 4.161 所示。保持缺省的参照曲面，更改偏移值为 30。单击操控面板右侧的按钮，完成曲线的偏移操作，结果如图 4.162 所示。

提示：在使用“垂直于参照曲面偏移曲线”类型时，选择“选项”命令，打开其上滑面板，如图 4.163 所示。可以通过图形特征控制曲线的偏移距离，从而建立可变偏移距离的曲线偏移操作。这部分内容将在下一节做详细介绍。

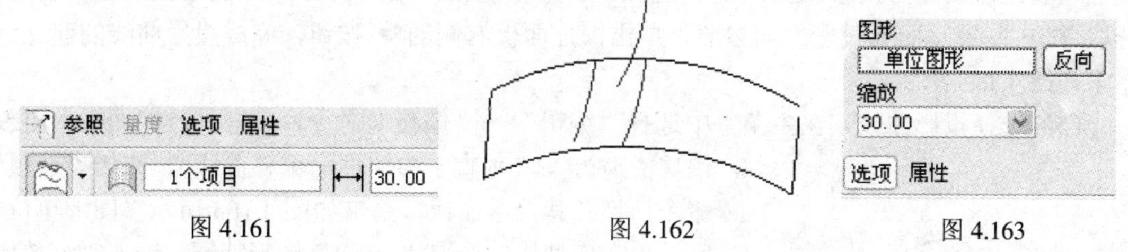

图 4.161　　图 4.162　　图 4.163

4.6　图形特征

图形特征是指数学上的函数关系：给定 X 值，由函数图形关系求得 Y 值。图形特征有两种最常用的应用方式：建立偏移曲线特征和用于可变剖面扫描剖面外形的控制。

建立图形特征的步骤是：在主菜单中选择“插入”→“模型基准”→“图形”命令，输入图形特征的名称，按 Enter 键，进入草绘模式。然后按要求绘制所需图形。

例 1：建立可变偏移距离的偏移曲线特征

（1）新建文件 4-6-1。

（2）在主菜单中选择“插入”→“模型基准”→“图形”命令，输入图形特征的名称“offset”，按 Enter 键，进入草绘模式。绘制如图 4.164 所示剖面（注意：该剖面中的草绘型坐标系是必须的)，单击✔按钮退出草绘，完成图形特征的创建。其在模型树中的标识如图 4.165 所示。

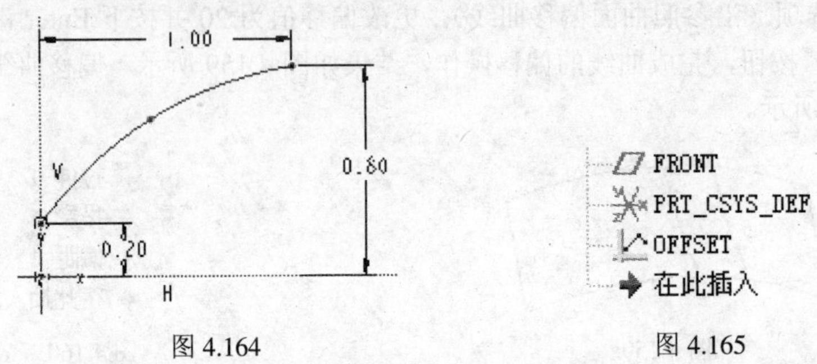

图 4.164　　图 4.165

(3) 在特征工具栏上单击按钮（拉伸工具），打开其操控面板。在操控面板中单击按钮（拉伸为曲面）。选择 FRONT 基准平面为草绘平面，绘制如图 4.155 所示截面，单击✔按钮退出草绘。输入深度值为 50，单击操控面板右侧的✔按钮，完成的拉伸曲面如图 4.156 所示。

(4) 在主菜单中选择“编辑”→“投影”命令，打开其操控面板。在操控面板上选择“参照”命令，弹出其上滑面板。在其最上端选择“投影草绘”选项。

选择 TOP 基准平面为草绘平面，绘制如图 4.157 所示的剖面，单击✔按钮退出草绘。

选取拉伸曲面为投影参照，保留操控面板方向选项的“沿方向”，单击其右侧的空白区域，选取 TOP 基准平面为投影方向参照，单击操控面板右侧的✔按钮，完成投影曲线的建立。结果如图 4.158 所示。

(5) 选择投影曲线，在主菜单中选择“编辑”→“偏移”命令，打开其操控面板。更改偏移类型为（垂直于参照曲面偏移曲线）。选择“选项”命令，打开其上滑面板，单击如图 4.163 所示“图形单位”区域，在模型树中选取“offset”图形特征。输入“缩放比例”为 50，单击操控面板右侧的✔按钮，完成曲线的偏移操作，结果如图 4.166 所示。

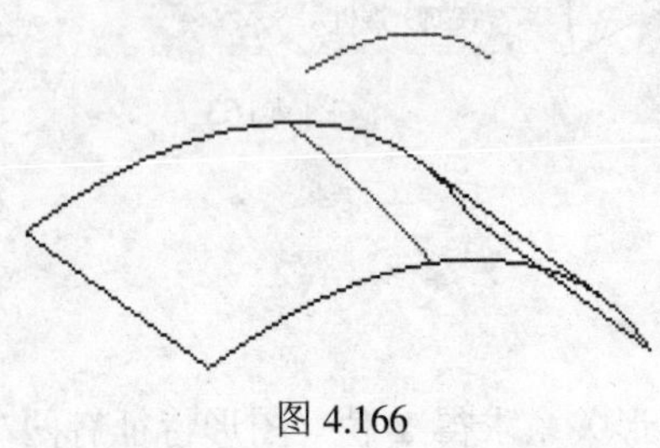

图 4.166

(6) 保存并拭除文件。

例 2：用图形特征控制可变剖面扫描剖面的外形

(1) 新建文件 4-6-2。

(2) 在主菜单中选择“插入”→“模型基准”→“图形”命令，输入图形特征的名称“spw”，按 Enter 键，进入草绘模式。绘制如图 4.167 所示剖面（注意：该剖面中的草绘型坐标系是必须的)，单击✔按钮退出草绘，完成图形特征的创建。

(3) 在特征工具栏上单击按钮（草绘工具)，打开“草绘”对话框，选择 FRONT 基准平面为草绘平面，其余接受系统缺省设置，单击该对话框中的“草绘”按钮，进入草绘模式。绘制图 4.168 所示的剖面，完成后在特征工具栏上单击✔按钮，退出草绘模式，完成原始轨迹的创建。

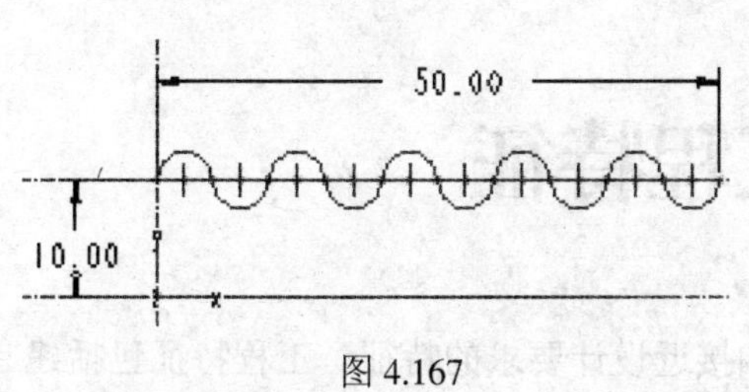

图 4.167

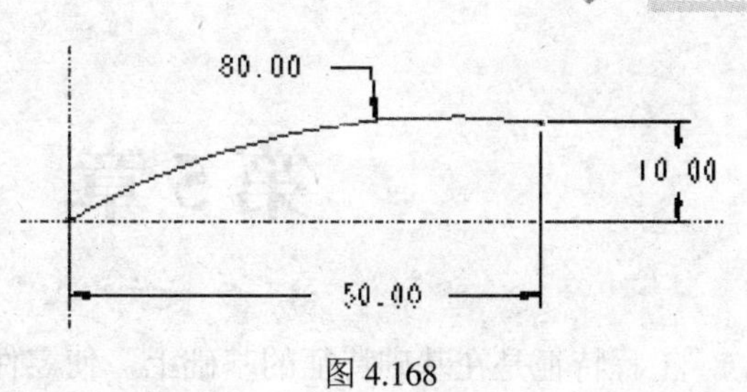

图 4.168

（4）在特征工具栏上单击按钮（可变剖面扫描工具），打开其操控面板。保持操控面板中缺省的选项（扫描为曲面），选择步骤（3）创建的曲线作为原始轨迹，单击操控面板上的按钮，进入草绘模式后绘制图 4.169 所示的剖面。

在主菜单上选择“工具”→“关系”命令，打开“关系”对话框，输入关系：

sd3=evalgraph（"spw"，trajpar*50）

完成后单击“关系”对话框中的“确定”按钮，在特征工具栏上单击✔按钮，退出草绘模式。单击操控面板右侧的✔按钮，完成的可变剖面扫描曲面如图 4.170 所示。

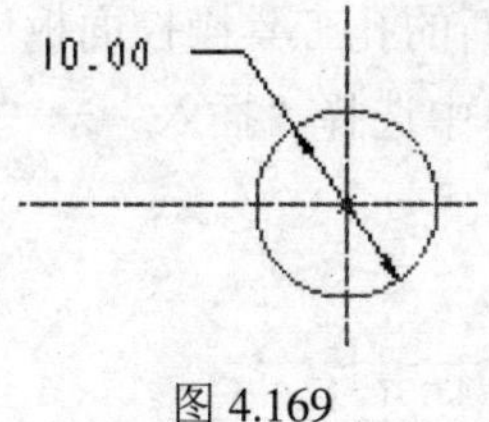

图 4.169

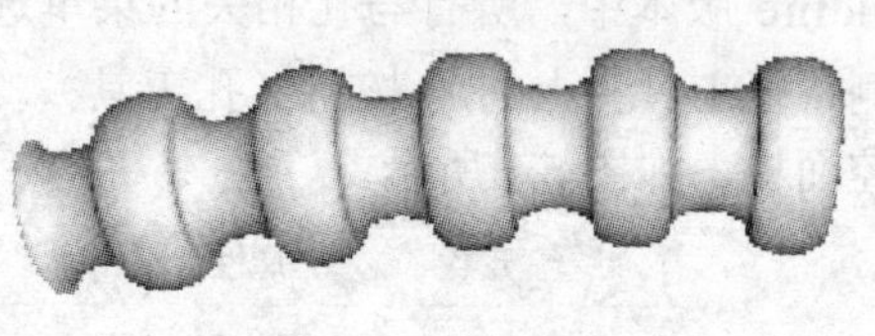
图 4.170

（5）保存并拭除文件。

第 5 章　工程特征

工程特征是在基础特征的基础上，使零件更加接近设计要求的特征。工程特征包括建立各种孔、壳、筋、拔模、倒圆角和倒角特征。灵活应用工程特征往往可以使零件设计达到意想不到的效果。

5.1　孔特征

利用孔工具可以非常轻松地创建各类简单孔和标准孔。孔特征（包括壳、筋、拔模、倒圆角、倒角等特征）不能作为实体的第一个特征，因此在建立实体零件之前，这些工具处于灰色不可用的状态。

在 Wildfire 版本中，所有与孔相关的菜单选项都集成在新的孔工具操控面板中。单击绘图窗口右侧特征工具栏上的按钮（孔工具），或者在主菜单中选择“插入”→“孔”命令，打开其操控面板，如图 5.1 所示。

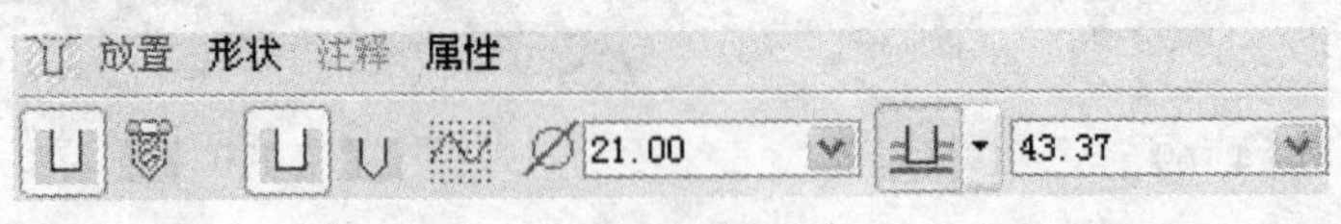

图 5.1

孔工具操控面板包含上下两排。第一排上有放置、形状、注释和属性 4 个命令选项，选择后会弹出相应的上滑面板，可以定义相应的参数。使用下面一排工具或者在绘图窗口右击，在弹出的快捷菜单中选择命令，可以用于快速定义特征参数。

选择“放置”命令，弹出其上滑面板，如图 5.2 所示。

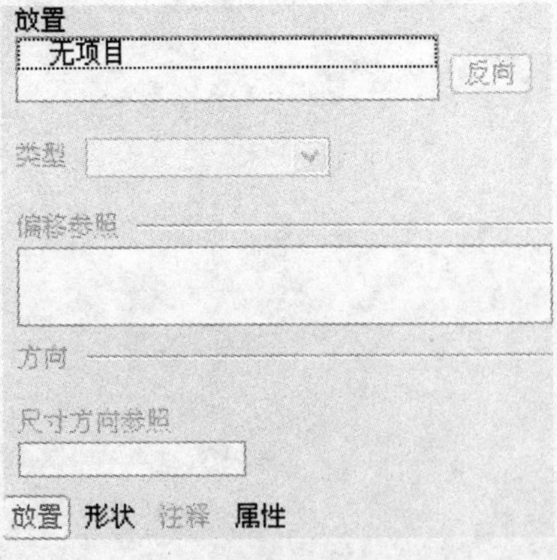

在“放置”上滑面板中，用于定义孔特征的放置位置。其中“放置”用于定义孔的放置位置，当选择参照后需要选择孔定位的方法，孔的定位方法有以下 4 种：

①“线性”：用两个线性尺寸定位孔轴线的位置。

②“径向”：用一个线性尺寸（半径值）和一个角度值来定位孔轴线。

③“直径”：与径向方法不同的是，线性尺寸为直径值。

放置
无项目
反向
类型
偏移参照
方向
尺寸方向参照
放置　形状　注释　属性

图 5.2

④“同轴”：孔轴线与其他基准轴线同轴。该方式的操作方法是：按住 Ctrl 键，同时选择放置平面和轴参照。

选择“形状”命令，弹出其上滑面板，如图 5.3 所示。

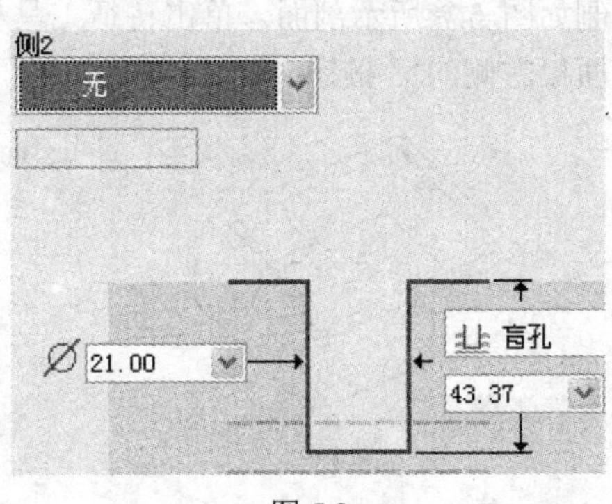

图 5.3

在“形状”上滑面板中，可以定义孔的直径以及深度等参数（具体参数随孔类型的不同会发生变化），其中孔的深度共有 6 个选项，由于与第三章介绍的深度控制方式相类似，在此不再赘述。

在孔操控面板的下排中，有两个控制孔类型的按钮，可以控制创建不同类型的孔。

按钮为“创建直孔”：选择后在其右侧有 3 个控制孔轮廓的按钮：

① 按钮为使用预定义矩形作为钻孔轮廓。可以建立剖面单一的直孔。

② 按钮为使用标准孔轮廓作为钻孔轮廓。可以建立与标准孔剖面相同的直孔。

③ 按钮为使用草绘定义钻孔轮廓。通过草绘孔的剖面可以建立形状非常复杂的直孔。

按钮为“创建标准孔”（即创建螺纹孔）：选择此选项后，在操控面板会出现新的输入框和按钮。可供选择的标准有 ISO、UNC 和 UNF。公制单位建立的零件一般选择 ISO 标准。

例：孔特征的创建

（1）新建文件 5-1。

（2）单击特征工具栏上的 按钮（拉伸工具），打开其操控面板，选择 TOP 基准平面为草绘平面，绘制如图 5.4 所示剖面。单击特征工具栏上的按钮，完成草绘。更改深度值为 20，单击操控面板右侧的按钮，完成该拉伸特征的建立。结果如图 5.5 所示。

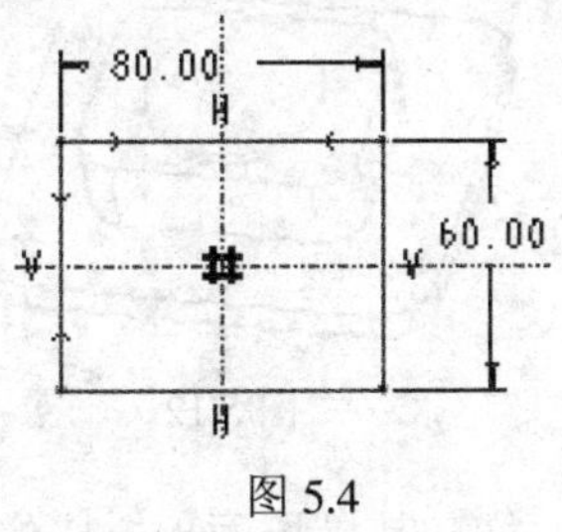

图 5.4

图 5.5

（3）单击特征工具栏上的按钮（壳工具），打开其操控面板，在绘图区选取如图 5.5 中箭头所指的实体表面，输入壳厚度为 5，单击操控面板右侧的按钮，完成壳特征的建立。结果如图 5.6 所示。

（4）单击特征工具栏上的按钮，打开其操控面板，选择 TOP 基准平面为草绘平面，绘制如图 5.7 所示剖面。单击特征工具栏上的✔按钮，完成草绘。更改强度值为 5，单击操控面板右侧的✔按钮，完成该拉伸特征的建立。结果如图 5.8 所示。

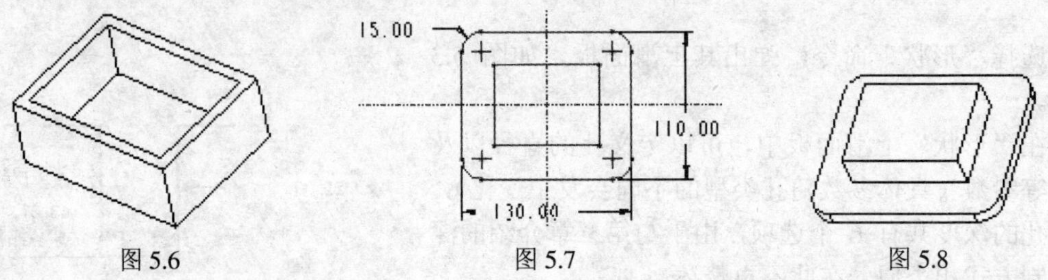

图 5.6　图 5.7　图 5.8

（5）单击特征工具栏上的按钮，打开其操控面板，在绘图区选取如图 5.8 中箭头所指的实体表面为草绘平面，绘制如图 5.9 所示剖面。单击特征工具栏上的✔按钮，完成草绘。单击操控面板右侧的✔按钮，完成该拉伸特征的建立。结果如图 5.10 所示。

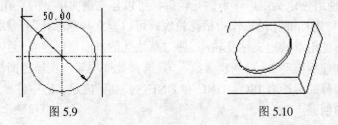

图 5.9　图 5.10

（6）单击特征工具栏上的按钮（倒圆角工具），打开其操控面板，按住 Ctrl 键，在绘图区选取如图 5.11 箭头所示的边（共 4 条），输入圆角半径值 11，单击操控面板右侧的✔按钮，完成倒圆角特征的建立。结果如图 5.12 所示。

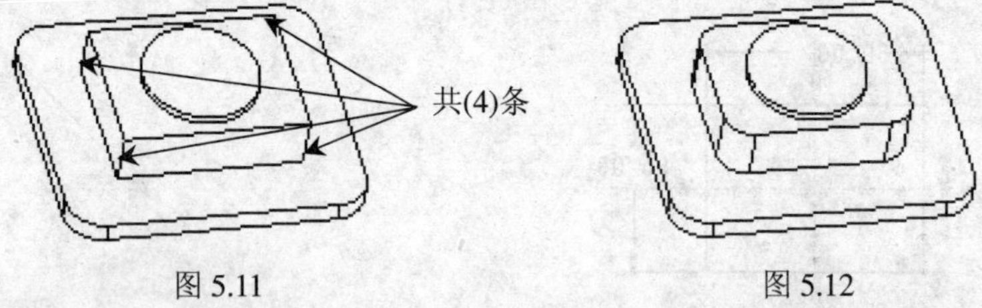

图 5.11　图 5.12

（7）单击特征工具栏上的按钮（倒圆角工具），打开其操控面板，按住 Ctrl 键，在绘图区选取如图 5.13 箭头所示的边（共 4 条），输入圆角半径值 11，单击操控面板右侧的✔按钮，完成倒圆角特征的建立。结果如图 5.14 所示。

（8）单击特征工具栏上的按钮（孔工具），打开其操控面板。保持孔类型为（直孔），单击其右侧的按钮（使用预定义矩形作为钻孔轮廓），选择如图 5.15 中箭头所指的表面作

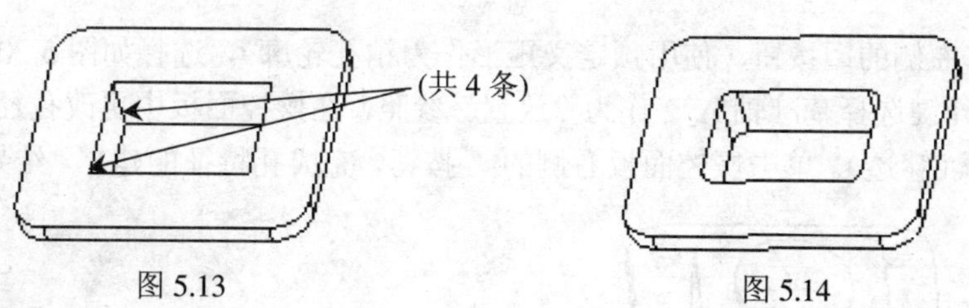

图 5.13　　　　图 5.14

为“放置”参照，孔定位方式缺省为“线性”方式。在绘图窗口右击，在弹出的快捷菜单中选择“第二参照收集器”命令，按住 Ctrl 键，选择如图 5.15 中箭头所指的两条边（也可以选取两个平面），更改线性尺寸值为 16 和 16，如图 5.16 所示。更改孔径值为 12，更改深度选项为（穿透）。

单击操控面板右侧的✔按钮，完成孔特征的建立，结果如图 5.17 所示。

提示：*以上孔特征定位尺寸的更改，可以在绘图窗口双击需要修改的尺寸，在弹出的数值输入框中填入新的数值并按下 Enter 键确定，也可以在操控面板中更改数值并按下 Enter 键确定。*

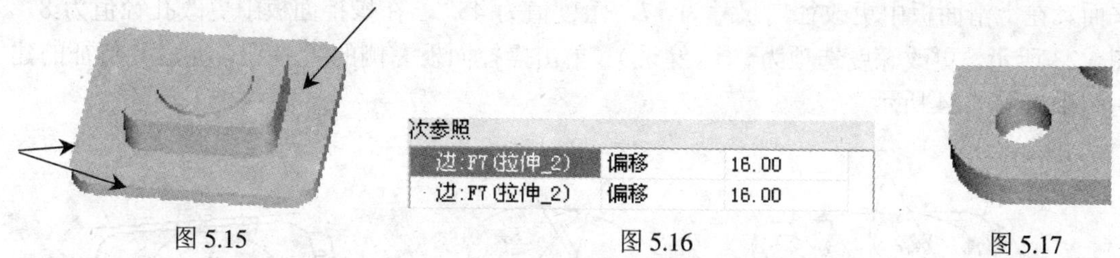

图 5.15　　　　图 5.16　　　　图 5.17

（9）选择上一步建立的孔特征，在特征工具栏上单击镜像按钮（镜像工具），打开其操控面板，选择 FRONT 基准平面作为参照，单击操控面板右侧的✔按钮，完成镜像操作，结果如图 5.18 所示。

按住 Ctrl 键，选择步骤（8）和步骤（9）所创建的孔特征，在特征工具栏上单击镜像按钮（镜像工具），打开其操控面板，选择 RIGHT 基准平面作为参照，单击操控面板右侧的✔按钮，完成镜像操作。结果如图 5.19 所示。

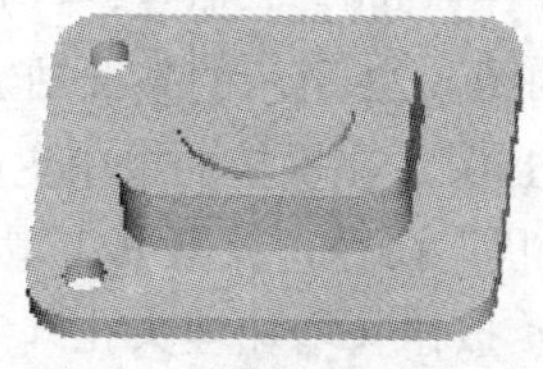

图 5.18

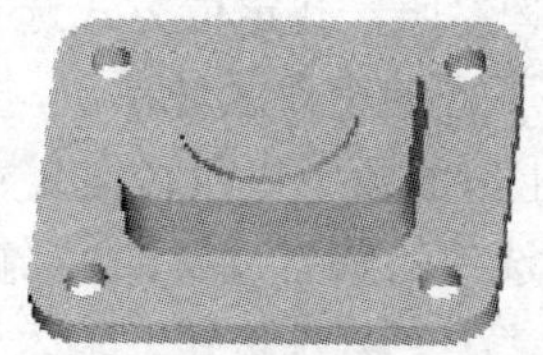

图 5.19

（10）在特征工具栏上单击孔按钮（孔工具），打开其操控面板。保持孔类型为（直孔），单击其右侧的按钮（使用预定义矩形作为钻孔轮廓），选择如图 5.20 中箭头所指的表面，按住 Ctrl 键选择基准轴 A_2 作为“放置”参照，在操控面板中更改孔径值为 20，更改深度选项为（穿透）。单击操控面板右侧的按钮，完成孔特征的建立。结果如图 5.21 所示。

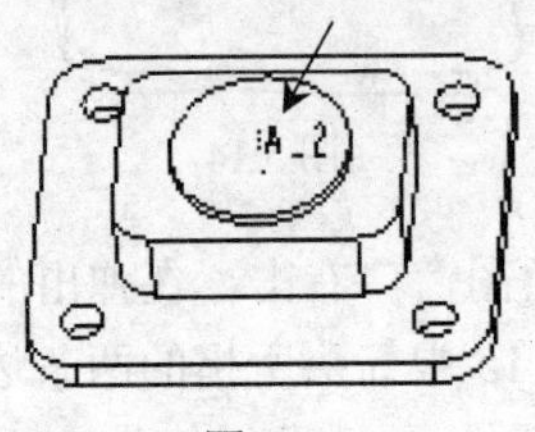

图 5.20

图 5.21

（11）在特征工具栏上单击按钮（孔工具），打开其操控面板。保持孔类型为（直孔），单击其右侧的按钮（使用预定义矩形作为钻孔轮廓），选择如图 5.22 中箭头所指的表面作为主参照，孔定位方式选择“径向”方式。单击“放置”命令，打开其上滑面板，在“偏移参照”下方的空白区域单击，按住 Ctrl 键，选择如图 5.22 所示的基准轴 A_2 和 RIGHT 基准平面。在上滑面板中更改径向尺寸为 17，角度值为 45°，在操控面板中更改孔径值为 8。如图 5.23 所示。更改深度选项为（穿透）。单击操控面板右侧的按钮，完成孔特征的建立，结果如图 5.24 所示。

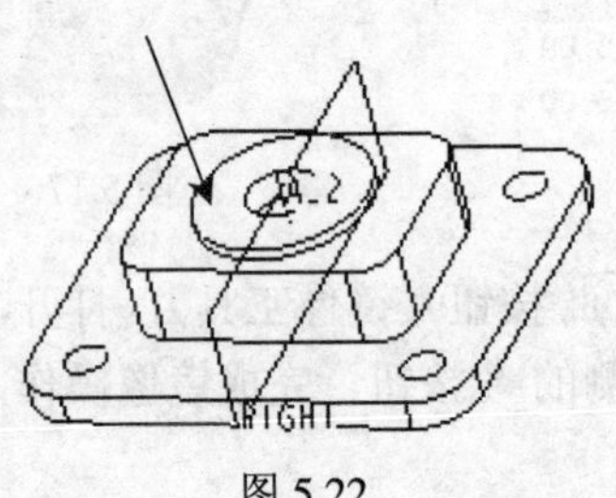

图 5.22

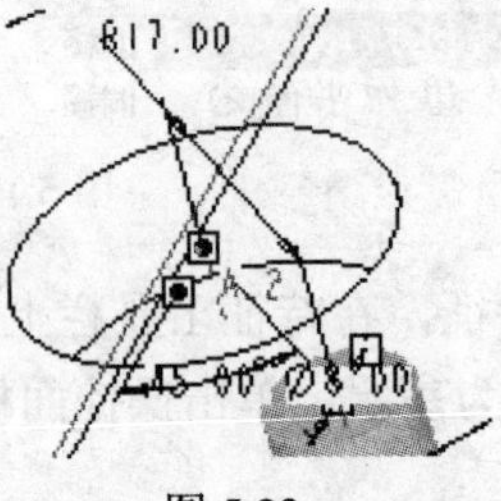

图 5.23

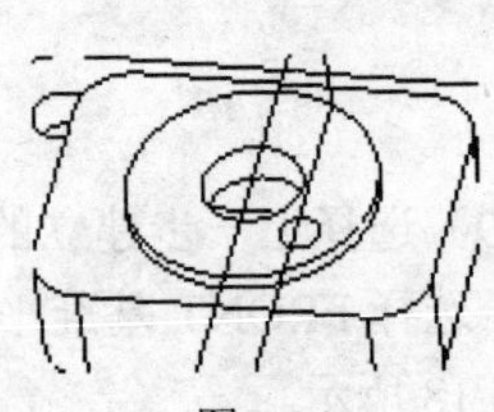
图 5.24

（12）在特征工具栏上单击按钮（孔工具），打开其操控面板。保持孔类型为（直孔），单击其右侧的按钮（使用标准孔轮廓作为钻孔轮廓），选择如图 5.22 中箭头所指的表面作为“放置”参照，孔定位方式选择“径向”方式。单击“放置”命令，打开其上滑面板，在“偏移参照”下方的空白区域单击，按住 Ctrl 键，选择如图 5.22 所示的基准轴 A_2 和 RIGHT 基准平面。在上滑面板中更改径向尺寸为 17，角度值为 150°，在操控面板中更改孔径值为 8。

保持深度选项的缺省设置（输入值）。选择“形状”命令，打开其上滑面板，单击该上滑面板中的“尖”复选按钮，输入深度值 6.5。单击按钮（增加埋头孔），单击操控面板右侧的按钮，完成孔特征的建立，结果如图 5.25 所示。

（13）在特征工具栏上单击按钮（孔工具），打开其操控面板。保持孔类型为（直孔），单击其右侧的按钮（使用草绘定义钻孔轮廓），选择如图 5.22 中箭头所指的表面作为“放置”参照，孔定位方式选择“径向”方式。单击“放置”命令，打开其上滑面板，在“偏移参照”下方的空白区域单击，按住 Ctrl 键，选择如图 5.22 所示的基准轴 A_2 和 FRONT 基准平面。在上滑面板中更改径向尺寸为 17，角度值为 0。

单击操控面板中的按钮（激活草绘器以创建剖面），绘制如图 5.26 所示的剖面，完成后单击特征工具栏上的✔按钮，完成草绘。单击操控面板右侧的✔按钮，完成孔特征的建立。结果如图 5.27 所示。

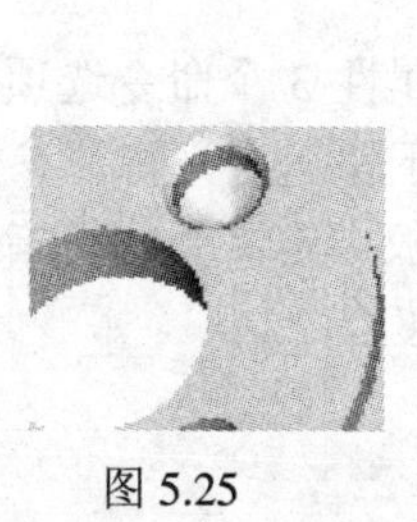

图 5.25

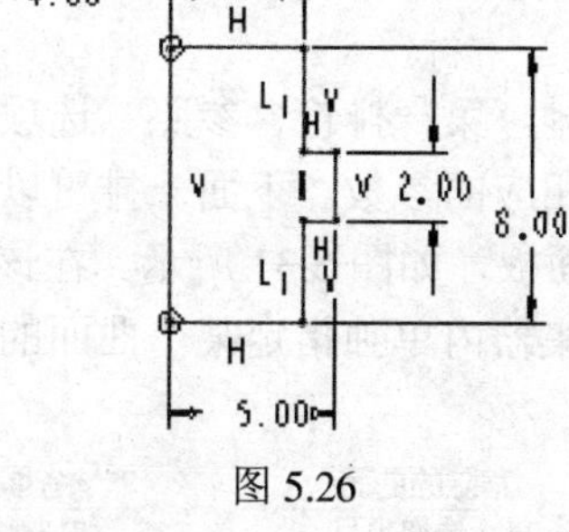

图 5.26

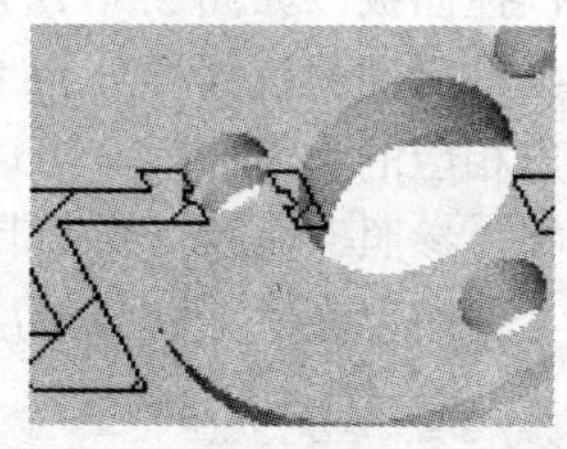

图 5.27

（14）在特征工具栏上单击按钮（孔工具），打开其操控面板。孔类型选择（标准孔），选择的标准为“ISO”，孔规格尺寸选择 M8×1。孔深度选项为（穿透）。选择“形状”命令，打开其上滑面板，单击该上滑面板中的“全螺纹”复选按钮。

提示：勾选“形状”上滑面板中的“包括螺纹曲面”选项，在模型中将显示螺纹修饰特征。

选择如图 5.22 中箭头所指的表面作为“放置”参照，孔定位方式选择“直径”方式。单击“放置”命令，打开其上滑面板，在“偏移参照”下方的空白区域单击，按住 Ctrl 键，选择如图 5.22 所示的基准轴 A_2 和 RIGHT 基准平面。更改直径尺寸为 34，角度值为–30°。单击操控面板右侧的✔按钮，完成螺纹孔特征的建立。结果如图 5.28 所示。

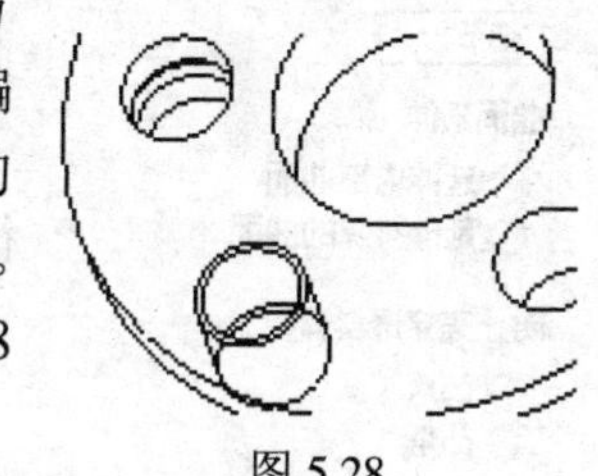

图 5.28

提示：去掉“注释”上滑面板上方“添加注释”前面的小勾，或单击系统工具栏的按钮（打开或关闭 3D 注释及注释元素），或在主菜单中选择“工具”→“环境”命令，打开“环境”对话框，去掉“名称注释”前面的小勾，单击该对话框中的“确定”按钮，可隐藏螺纹的注释文字。

（15）选择上一步创建的标准孔特征，在特征工具栏单击按钮（阵列工具），打开其操控面板。阵列方式选择“轴”，选取基准轴 A_2，阵列个数输入 3，阵列增量值输入 120，单击操控面板右侧的✔按钮，完成阵列特征的建立。结果如图 5.29 所示。

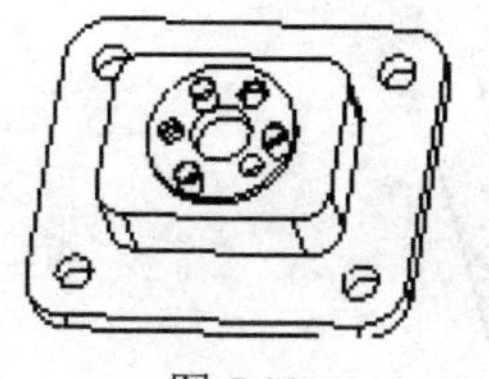

图 5.29

（16）保存并拭除文件。

5.2 壳特征

“壳”特征可将实体内部掏空，只留一个特定壁厚的壳。在创建壳特征时，须要指定移除平面、壳厚度和厚度方向等参数。

在 Wildfire 版本中，所有与壳相关的菜单选项都集成在壳工具操控面板中。单击绘图窗口右侧特征工具栏上的按钮（壳工具），或者在主菜单中选择“插入”→“壳”命令，打开壳工具操控面板，如图 5.30 所示。

壳工具操控面板同样分为上下两排。第一排包含参照、选项和属性 3 个命令选项，选择后会弹出相应的上滑面板，可以定义相应的参数。下面一排可以用于快速定义特征参数。

选择“参照”命令，弹出其上滑面板，如图 5.31 所示。在该面板中定义壳特征指定移除的曲面，并可以在“非缺省厚度”收集器内单独指定某个曲面的厚度。

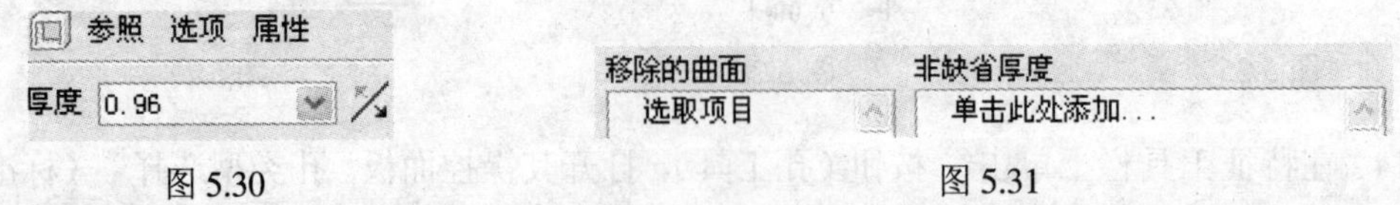

图 5.30　　图 5.31

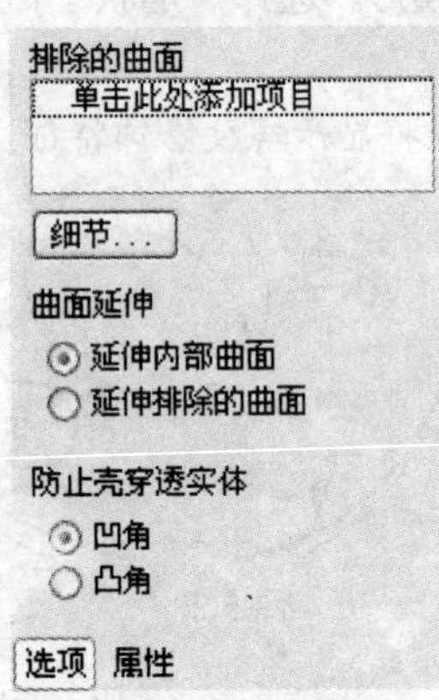

图 5.32

选择“选项”命令，弹出其上滑面板，如图 5.32 所示，可以指定在操作中排除某个指定的曲面。

提示：在绘图窗口右击，在弹出的快捷菜单中可以快速选择以上操作的命令。

选择“属性”命令，打开其上滑面板，可以在该面板中查询壳特征的信息，根据需要更改壳特征的名称。

下面以实例说明壳特征的创建过程。

例：壳特征的创建

（1）新建文件 5-2。

（2）单击特征工具栏上的按钮，打开其操控面板，选择 TOP 基准平面为草绘平面，绘制如图 5.33 所示剖面。单击特征工具栏上的按钮，完成草绘。单击操控面板右侧的按钮，完成该拉伸特征的建立。结果如图 5.34 所示。

图 5.33　　图 5.34

（3）单击特征工具栏上的按钮，打开其操控面板，选择零件上表面为草绘平面，绘制如图 5.35 所示剖面。单击特征工具栏上的按钮，完成草绘。单击操控面板右侧的按钮，完成该拉伸特征的建立。结果如图 5.36 所示。

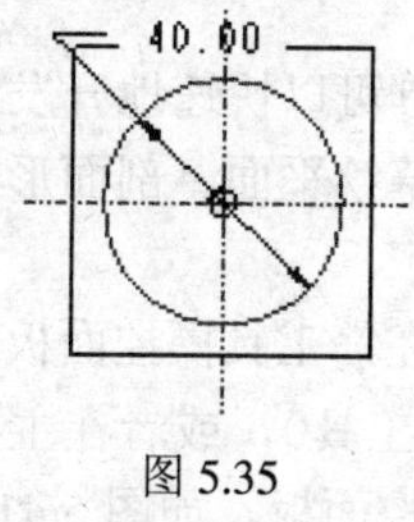

图 5.35

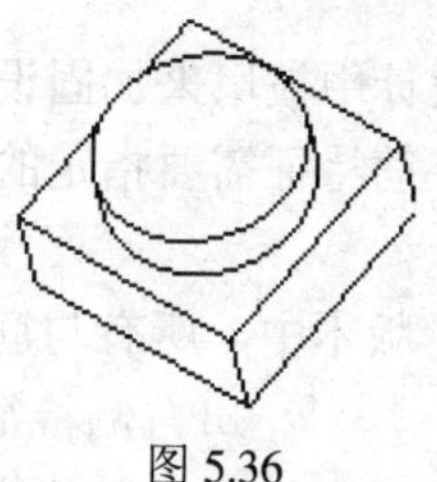
图 5.36

（4）在特征工具栏上单击按钮（壳工具），打开其操控面板。选择操控面板中的“参照”命令，弹出其上滑面板，此时“移除的曲面”收集器处于激活状态（呈现浅黄色），按住 Ctrl 键，选择如图 5.37 中箭头所指的曲面为移除曲面（共两个）。单击面板中的“非缺省厚度”收集器，使之处于激活状态（呈浅黄色），选择如图 5.37 中箭头所指的曲面，在“非缺省厚度”收集器中更改厚度数值为 5。在操控面板中更改厚度数值为 2 并按 Enter 键确定，这个数值是除去指定的“非缺省厚度”曲面以外全部的厚度数值。

单击操控面板右侧的按钮（特征预览），抽壳的结果如图 5.38 所示。现在的要求是圆柱形底座不被抽空。

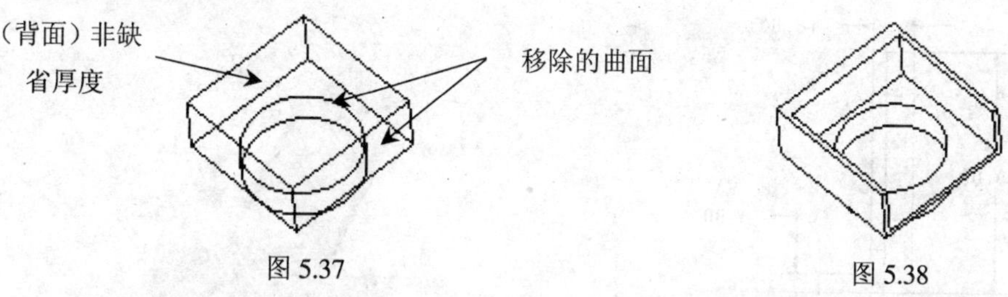

图 5.37

图 5.38

单击操控面板右侧的按钮（退出暂停模式），选择操控面板中的“选项”命令，弹出其上滑面板。按住 Ctrl 键，选取圆柱形底座的外圆柱表面和下表面，单击操控面板右侧的按钮，完成壳特征的建立，结果如图 5.39 所示。壳特征在模型树中的标识如图 5.40 所示。

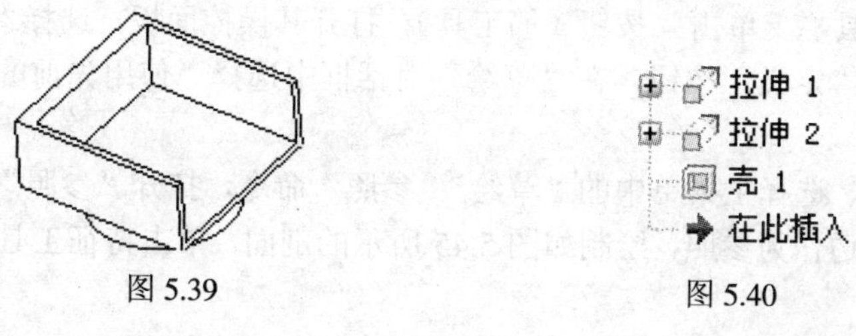

图 5.39

图 5.40

（5）保存并拭除文件。

5.3 筋特征

筋特征在设计中被用来加固设计中的零件，利用筋工具可以快速地开发出简单的或复杂的筋特征。建立筋特征需要指定的参数包括：剖面所在的草绘平面、剖面形状、厚度和厚度方向。

在 Wildfire 版本中，所有与筋相关的菜单选项都集成在筋工具操控面板中。单击绘图窗口右侧特征工具栏上的按钮（筋工具），或者在主菜单中选择“插入”→“筋”命令，打开筋工具操控面板，如图 5.41 所示。

图 5.41

筋工具操控面板同样分为上下两排。上面一排包含参照、属性 2 个命令选项，选择后会弹出相应的上滑面板，可以定义相应的参数；下面一排用于快速定义特征参数。

例：创建筋特征

（1）新建文件 5-3。

（2）单击特征工具栏上的按钮（旋转工具），打开其操控面板，选择 FRONT 基准平面为草绘平面，绘制如图 5.42 所示剖面。单击特征工具栏上的按钮，完成草绘。单击操控面板右侧的按钮，完成该旋转特征的建立。结果如图 5.43 所示。

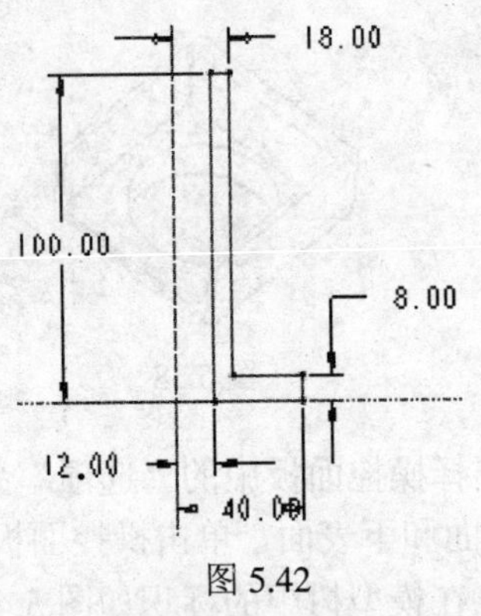

图 5.42

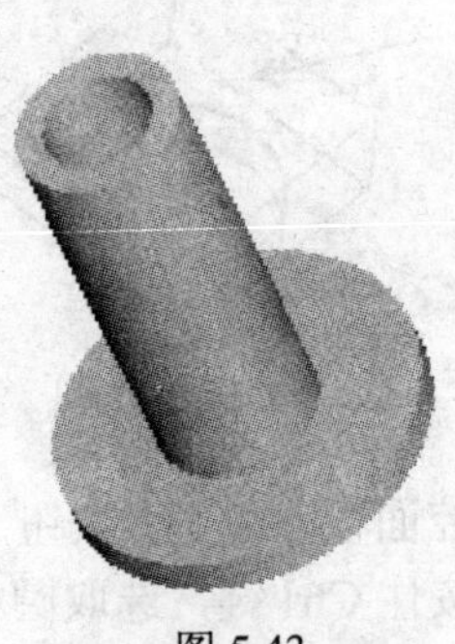
图 5.43

（3）在特征工具栏上单击按钮（筋工具），打开其操控面板，选择“参照”命令，弹出其上滑面板，单击“定义”按钮，在“草绘”对话框中选择“使用先前的”命令。打开“草绘对话框。”

在草绘环境中，选择主菜单中的“草绘”“参照”命令，打开“参照”对话框，选取如图 5.44 中箭头所指的边作为参照，绘制如图 5.45 所示的剖面，单击特征工具栏上的按钮，完成草绘。

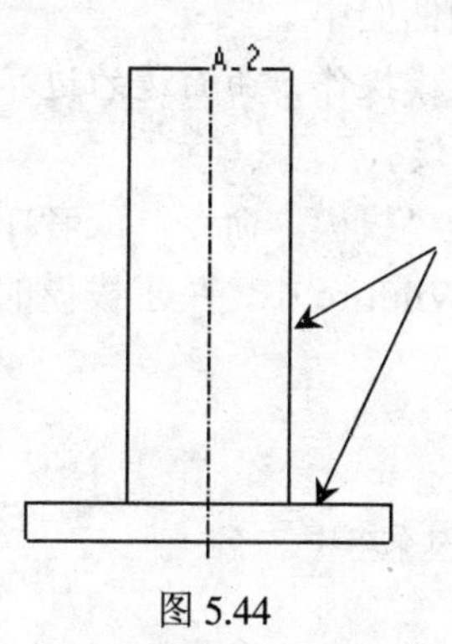

图 5.44

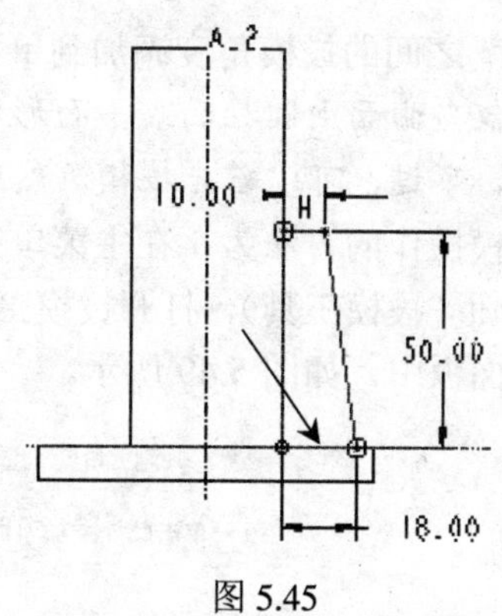

图 5.45

更改筋的厚度值为 6，单击操控面板右侧的✔按钮，完成筋特征的建立。结果如图 5.46 所示。其在模型树中的标识如图 5.47 所示。

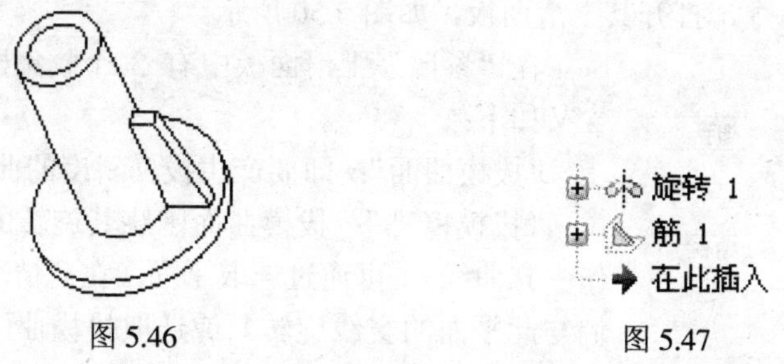

图 5.46　　图 5.47

提示：在筋特征的草绘剖面中，剖面必须开放，即在剖面中删除如图 5.45 中箭头所指的边。如果剖面封闭，系统会出现警告窗口，并在信息栏提示“此特征的剖面必须开放”。

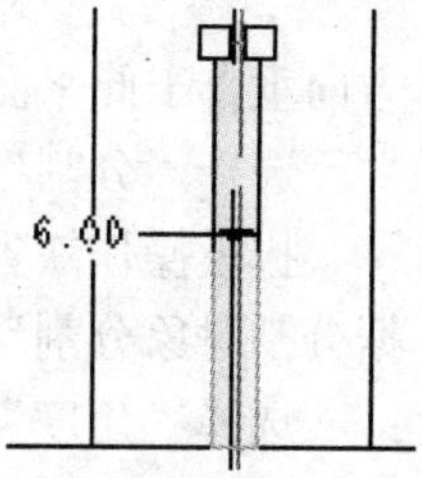

通过操控面板上的按钮可以更改筋特征的成长方向是朝侧面 1、侧面 2 或者两方向同时成长，如图 5.48 所示。这里保持系统缺省状态（朝两侧成长）。

6.00

图 5.48

缺省情况下，筋特征朝剖面内部自动填满材料，也可以在操控面板中选择“参照”命令，在其上滑面板中单击“反向”按钮，改变填充材料的方向。

（4）保存并拭除文件。

5.4 拔模特征

拔模是模具设计中所必需的，Pro/E 提供了一个专门用于拔模的工具，利用该工具可以将

–30° ～+30° 之间的拔模角度添加到单独的曲面或一系列曲面中。

提示：仅当曲面由圆柱面或平面形成时，才能进行拔模操作。曲面边的边界周围有圆角时不能拔模，不过，可以首先拔模，然后对边进行圆角过渡。

执行拔模操作的方法为：在主菜单中选择“插入”→“拔模”命令，或者在特征工具栏上单击按钮（拔模工具），打开拔模工具操控面板。在 Wildfire 中，关于拔模的全部操作集中在此操控面板中，如图 5.49 所示。

图 5.49

操控面板分为上下两排，上面一排有参照、分割、角度、选项和属性 5 个命令选项；下面一排可以进行快速操作。

选择“参照”命令，打开其上滑面板，如图 5.50 所示。

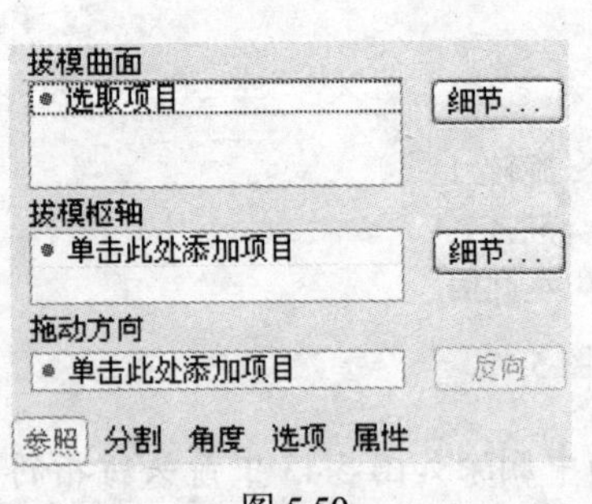

图 5.50

在“参照”上滑面板中有 3 个收集器，关于各收集器的含义如下：

“拔模曲面”：即要产生拔模斜度的曲面。

“拔模枢轴”：拔模曲面围绕其旋转的直线或曲线（也称作中立曲线）。可通过选取平面（在此情况下拔模曲面围绕它们与此平面的交线旋转）或选取拔模曲面上的单个曲线链来定义拔模枢轴。

“拖动方向”（拔模方向）：用于测量拔模角度的方向，通常为模具开模的方向。可通过选取平面（在这种情况下拖动方向垂直于此平面）、直边、基准轴、两点（如基准点或模型顶点）或坐标系对其进行定义。

选择“分割”命令，打开其上滑面板，如图 5.51 所示。

拔模操作缺省为不分割。如果要进行分割操作，可以选择“根据拔模枢轴分割”和“根据分割对象分割”两个选项。

选择“角度”命令，打开其上滑面板，在此面板中定义拔模角度。拔模角度是指拔模方向与生成的拔模曲面之间的角度。如果拔模曲面被分割，则可为拔模曲面的每侧定义两个独立的角度。拔模角度必须在–30° ～+30° 之间。

选择“选项”命令，打开其上滑面板，如图 5.52 所示。

系统缺省使用“拔模相切曲面”选项定义拔模特征，如果生成的拔模曲面和模型的一个边相交，可使用“相交”拔模选项。系统会调整拔模几何，以与现有边相交。

排除环收集器定义拔模中的排除曲面。

提示：以上各面板中的操作，大部分可以在绘图窗口中右击，在弹出的快捷菜单中选择相关命令进行快速操作。

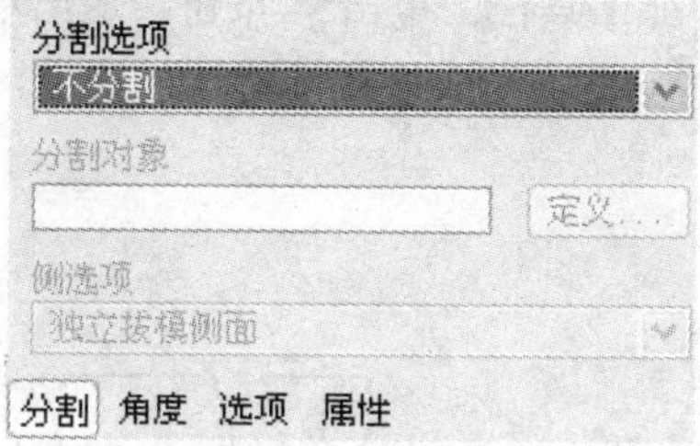

分割选项
不分割
分割对象
定义...
侧选项
独立拔模侧面
分割
角度
选项
属性

图 5.51

排除环
拔模相切曲面
延伸相交曲面
选项
属性

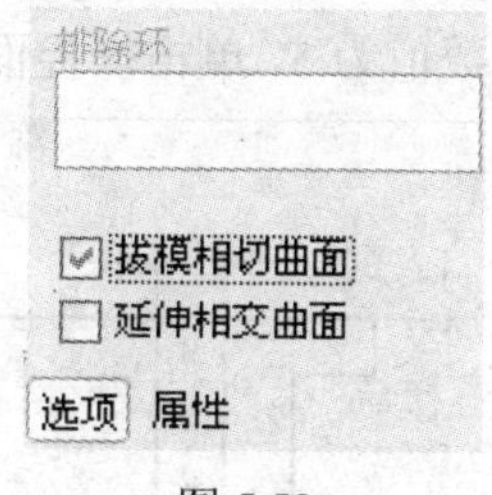

图 5.52

下面将通过实例来练习拔模工具的使用。

例：创建拔模特征

（1）新建文件 5-4。

（2）在特征工具栏上单击按钮（拉伸工具），打开其操控面板，选择 TOP 基准平面为草绘平面，绘制如图 5.53 所示的剖面。完成后在特征工具栏上单击按钮，退出草绘模式。

更改深度数值为 20，单击操控面板右侧的按钮，完成该拉伸特征的建立，结果如图 5.54 所示。

80.00
60.00

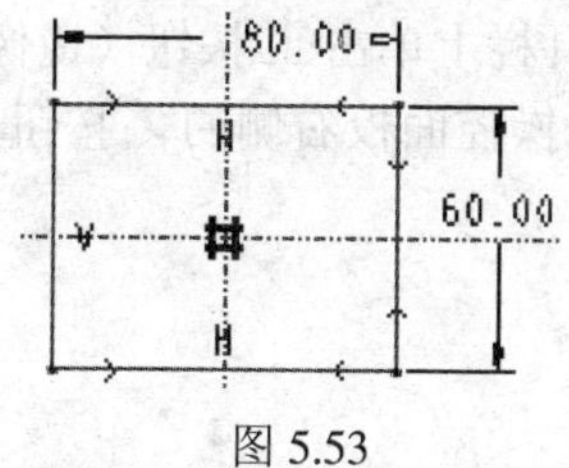

图 5.53

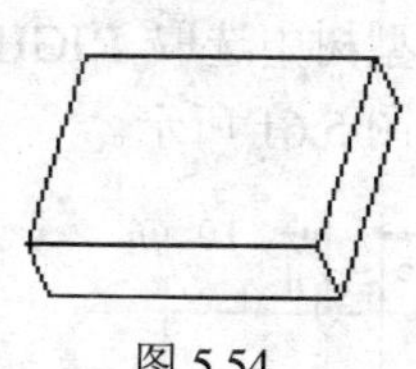

图 5.54

（3）在特征工具栏上单击按钮（拉伸工具），打开其操控面板，在操控面板上单击按钮，选择零件上表面为草绘平面，绘制图 5.55 所示的剖面。完成后在特征工具栏上单击按钮，退出草绘模式。

更改深度方式为，单击操控面板右侧的按钮，完成拉伸切剪特征的建立，结果如图 5.56 所示。

15.00
40.00

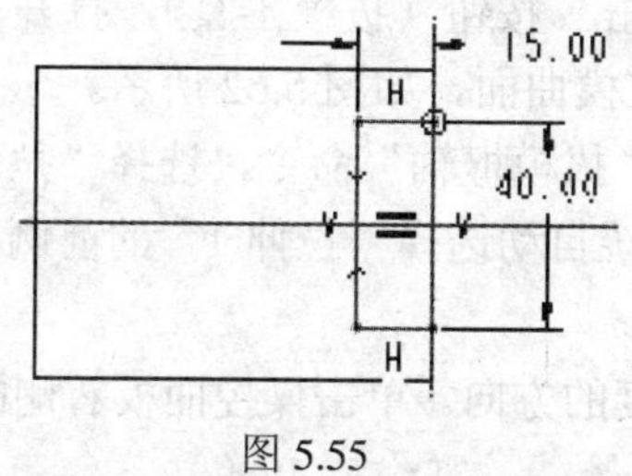

图 5.55

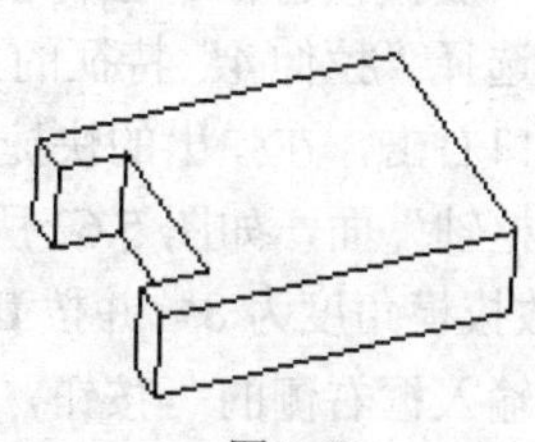

图 5.56

（4）在特征工具栏上单击按钮（拉伸工具），打开其操控面板，选择模型上表面为草绘平面，绘制图 5.57 所示的剖面。完成后在特征工具栏上单击按钮，退出草绘模式。

更改深度数值为 5，单击操控面板右侧的按钮，完成该拉伸特征的建立，结果如图 5.58 所示。

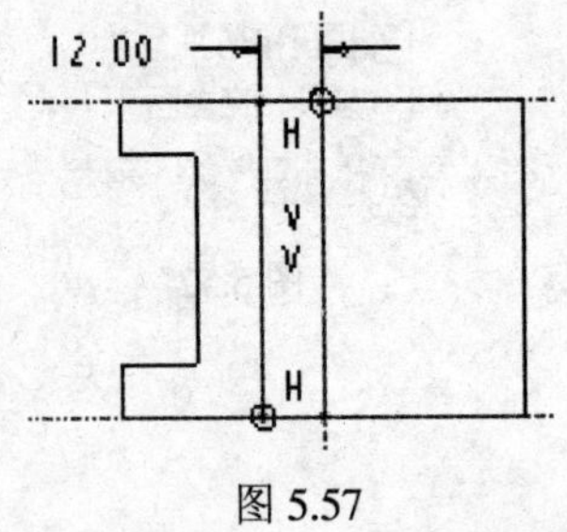

图 5.57

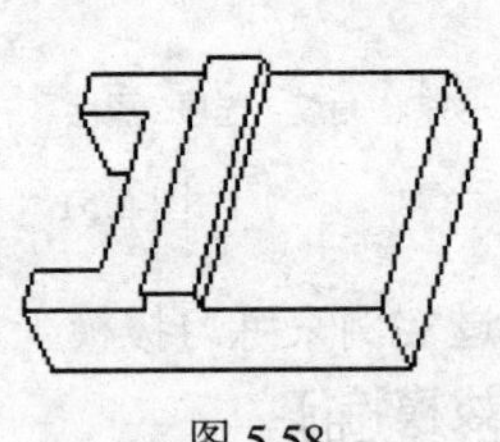
图 5.58

（5）在特征工具栏上单击按钮（拉伸工具），打开其操控面板。选择模型上表面为草绘平面，绘制图 5.59 所示的剖面。完成后在特征工具栏上单击按钮，退出草绘模式。

更改深度数值为 5，单击操控面板右侧的按钮，完成该拉伸特征的建立，结果如图 5.60 所示。

（6）在模型树中选取特征“拉伸 2”，在特征工具栏上单击按钮（镜像工具），打开其操控面板，在模型树中选取 RIGHT 基准平面，单击操控面板右侧的按钮，完成镜像特征的建立，结果如图 5.61 所示。

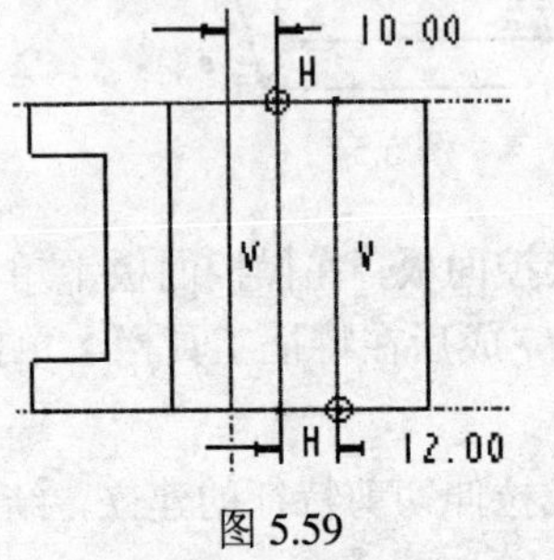

图 5.59

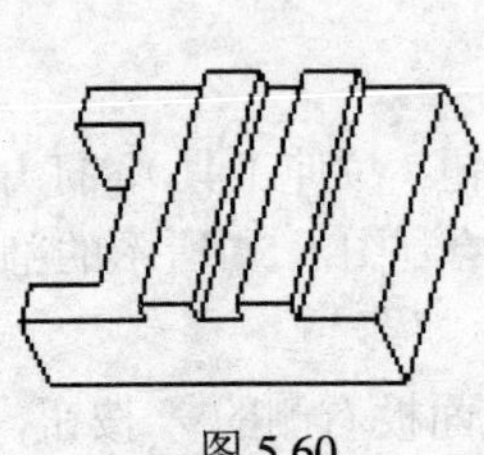
图 5.60

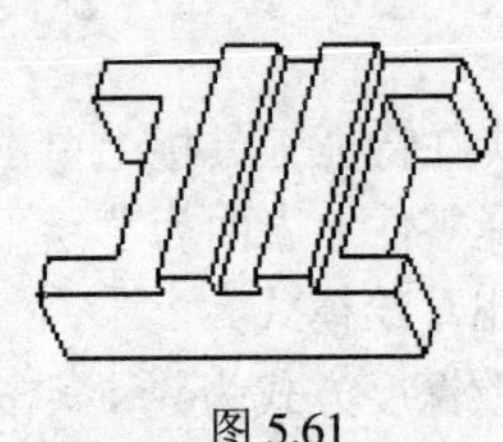
图 5.61

（7）创建一般拔模特征。在特征工具栏上单击按钮（拔模工具），打开其操控面板。按住 Ctrl 键，选择“拉伸 4”特征的上表面作为拔模曲面，如图 5.62 所示。

在绘图窗口右击，在弹出的快捷菜单中选择“拔模枢轴”命令，选择“拉伸 1”的前侧表面为“拔模枢轴”面，如图 5.63 所示。同时系统自动选择“拉伸 1”的前侧表面作为“拖动方向”。更改拔模角度为 8° 并按 Enter 键确定。

单击数值输入框右侧的按钮，改变拔模角度的方向。单击操控面板右侧的按钮，完成拔模特征的建立，结果如图 5.64 所示。

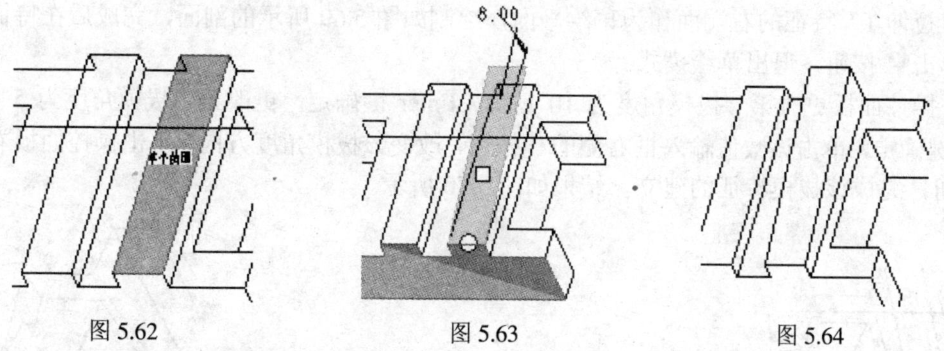

图 5.62　　图 5.63　　图 5.64

（8）创建枢轴分割拔模特征。在特征工具栏上单击按钮（拔模工具），打开其操控面板。选择“拉伸 3”特征的上表面作为拔模曲面，如图 5.65 所示。在绘图窗口右击，在弹出的快捷菜单中选择“拔模枢轴”命令，选择 FRONT 基准平面，同时系统自动选择 FRONT 基准平面作为“拖动方向”。

在操控面板中选择“分割”命令，在其上滑面板中更改分割选项为“根据拔模枢轴分割”，在操控面板中更改第一拔模角度为 10° 并按 Enter 键确定，单击该数值输入框右侧的按钮，改变该拔模角度的方向。更改第二拔模角度为 5° 并按 Enter 键确定，此时操控面板如图 5.66 所示。单击操控面板右侧的按钮，完成拔模特征的建立，结果如图 5.67 所示。

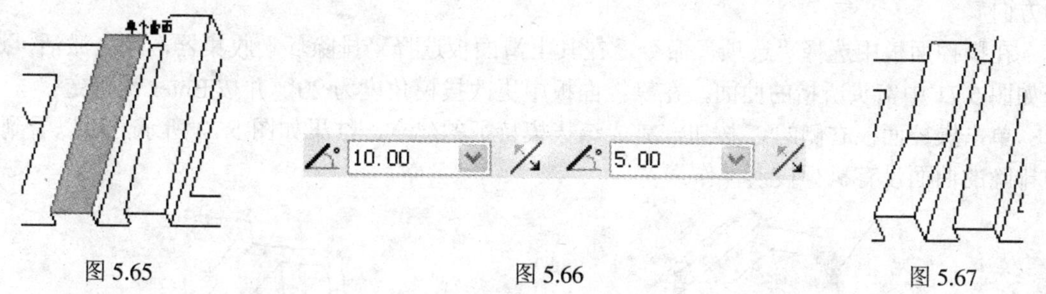

图 5.65　　图 5.66　　图 5.67

（9）按 Ctrl+D 组合键，恢复零件的标准显示状态。

（10）创建草绘分割拔模特征。在特征工具栏上单击按钮（拔模工具），打开其操控面板。选择“拉伸 1”特征的右端面作为拔模曲面。如图 5.68 所示。

在绘图窗口右击，在弹出的快捷菜单中选择“拔模枢轴”命令。在特征工具栏上单击按钮（基准平面工具），打开基准平面对话框，选取 TOP 基准平面作为偏移参照，偏移距离为 10，单击该对话框的“确定”按钮，完成内部基准平面 DTM1 的创建（DTM1 基准平面为“拔模枢轴”平面）。同时系统自动选择 DTM1 基准平面作为“拖动方向”。

在操控面板中选择“分割”命令，在其上滑面板中更改分割选项为“根据分割对象分割”，此时“分割对象”收集器处于激活状态，单击其右侧的“定义”按钮，打开“草绘”对话框，选择“拉伸 1”特征的右端面作为草绘平面，绘制如图 5.69 所示的剖面，完成后在特征工具栏上单击✔按钮，退出草绘模式。

在操控面板更改第一拔模角度为 10° 并按 Enter 键确定，更改第二拔模角度为 5° 并按 Enter 键确定，单击该数值输入框右侧的↘按钮，改变该拔模角度方向，单击操控面板右侧的✔按钮，完成该拔模特征的建立，结果如图 5.70 所示。

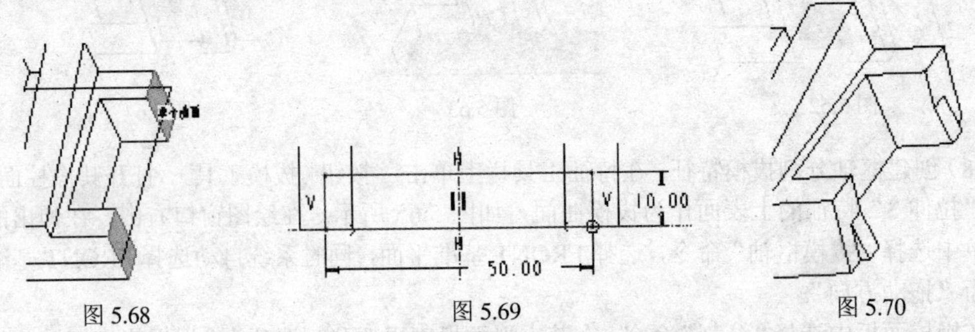

图 5.68　　图 5.69　　图 5.70

（11）创建排除曲面的拔模特征。在特征工具栏上单击按钮（拔模工具），打开其操控面板，选择图 5.71 所示平面作为拔模曲面（图中着色部分）。在绘图窗口右击，在弹出的快捷菜单中选择“拔模枢轴”命令，选择零件的上表面，同时系统自动选择零件上表面作为“拖动方向”。

在操控面板中选择“选项”命令，在其上滑面板选择“排除环”收集器，使之激活，选择如图 5.71 中箭头所指的曲面，在操控面板中更改拔模角度为 20° 并按 Enter 键确定。

单击操控面板右侧的✔按钮，完成该拔模特征的建立，结果如图 5.72 所示，可以看到，被排除的曲面没有执行拔模操作。

图 5.71　　图 5.72

（12）创建可变拔模特征。在特征工具栏上单击按钮（拔模工具），打开其操控面板。选择如图 5.73 所示平面作为拔模曲面。在绘图窗口右击，在弹出的快捷菜单中选择“拔模枢轴”命令，选择如图 5.73 中箭头所指的平面，同时系统自动选择该平面作为“拖动方向”。

在操控面板中选择“角度”命令，打开其上滑面板。在数字 1 处右击，在弹出的命令菜单中选择“添加角度”命令，或移动鼠标到圆形图柄上右击，在弹出的快捷菜单中选择“添加角度”命令。在“角度”选项上滑面板中更改第 1 个角度的数值为 3，位置为 0.2，第 2 个角度的数值为 8，位置为 0.8，最后按 Enter 键确定。此时“角度”选项上滑面如图 5.74 所示。单击操控面板右侧的✔按钮，完成拔模特征的建立，结果如图 5.75 所示。

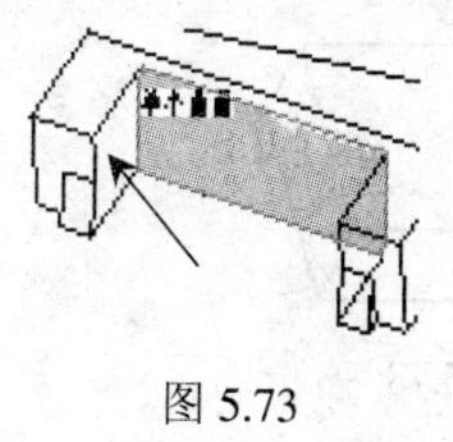

图 5.73

#	角度1	参照	位置
1	3.00	点:边:F1...	0.20
2	8.00	点:边:F1...	0.80

图 5.74

图 5.75

（13）保存并拭除文件。

5.5 倒圆角特征

倒圆角是一种边处理特征，通过向一条或多条边、边链或在曲面之间添加半径形成。

要创建倒圆角，需定义一个或多个倒圆角集。倒圆角集是一种结构单位，包含一个或多个倒圆角段（倒圆角几何）。在指定倒圆角放置参照后，系统将使用缺省属性用最适于被参照几何的缺省过渡创建倒圆角，允许用户在创建特征前创建和修改倒圆角段和过渡。缺省设置适于大多数建模情况。但是，用户可定义倒圆角集或过渡以获得满意的倒圆角几何。

在 Wildfire 版本中，所有倒圆角相关的菜单选项都集成在新的倒圆角工具操控面板中。单击绘图窗口右侧特征工具栏上的按钮（倒圆角工具），或者在主菜单中选择“插入”→“倒圆角”命令，打开倒圆角工具操控面板，如图 5.76 所示。

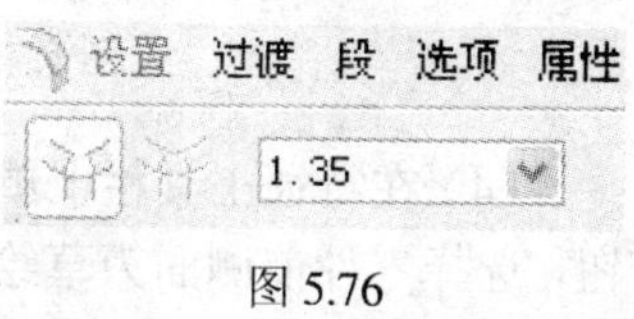

图 5.76

操控面板分为上下两排。上面一排包含设置、过渡、段、选项和属性 5 个命令选项，选择后会弹出相应的上滑面板，可以定义相应的参数。

在操控面板下面一排有两个命令按钮，其中按钮表示工作在设置模式下，相当于 Pro/E 2001 版本的一般倒圆角功能，而按钮表示工作在过渡模式，相当于 Pro/E 2001 版本的高级倒圆角功能。

由于倒圆角的参数设置比较多，本小节将通过例子来介绍倒圆角工具的多种应用。

例：创建倒圆角特征

（1）新建文件 5-5。

（2）在特征工具栏上单击按钮（拉伸工具），打开其操控面板，选择 TOP 基准平面为草绘平面，绘制如图 5.77 所示的剖面。完成后在特征工具栏上单击✔按钮，退出草绘模式。

更改深度数值为 30，单击操控面板右侧的✔按钮，完成该拉伸特征的建立，结果如图

5.78 所示。

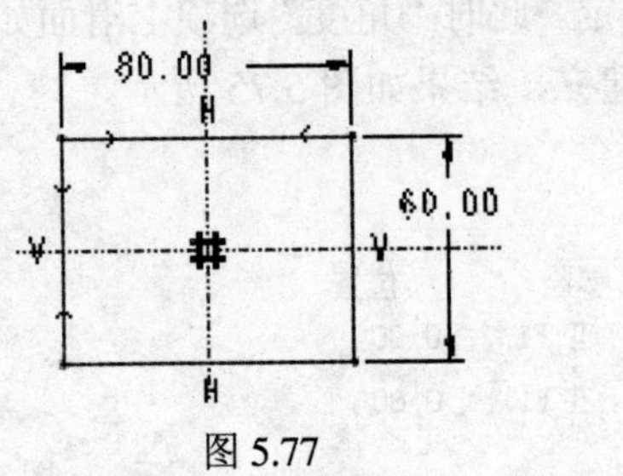

图 5.77

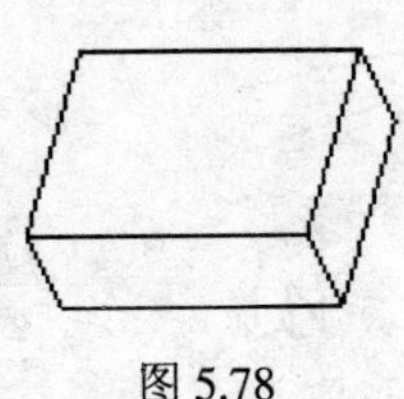
图 5.78

（3）在特征工具栏上单击按钮（拉伸工具），打开其操控面板，在操控面板上单击按钮，选择零件上表面为草绘平面，绘制如图 5.79 所示的剖面。完成后在特征工具栏上单击按钮，退出草绘模式。

更改特征深度为 15，单击操控面板右侧的按钮，完成拉伸切剪特征的建立，结果如图 5.80 所示。

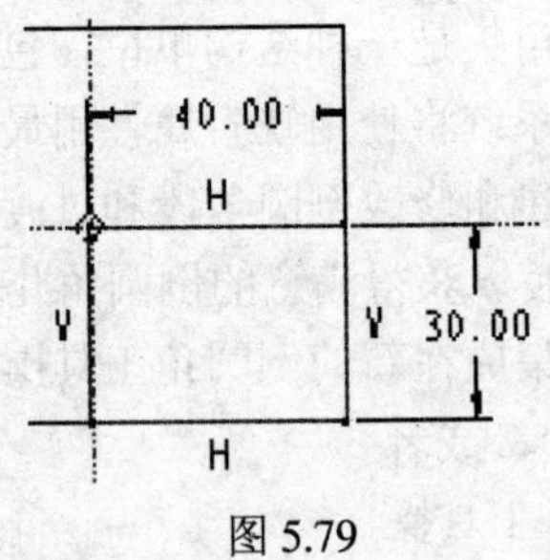

图 5.79

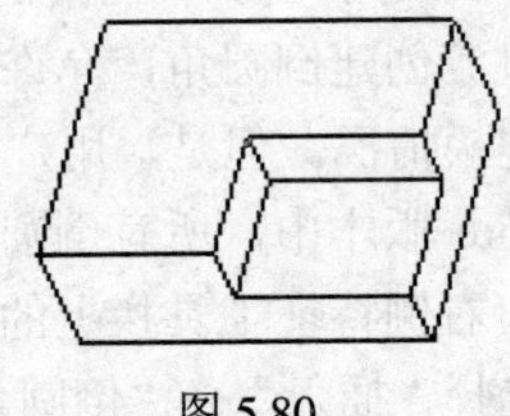
图 5.80

（4）在特征工具栏上单击按钮（拉伸工具），打开其操控面板，在操控面板上单击按钮，选择零件前侧面为草绘平面，绘制图 5.81 所示的剖面。完成后在特征工具栏上单击按钮，退出草绘模式。

更改深度方式为，单击操控面板右侧的按钮，完成拉伸切剪特征的建立，结果如图 5.82 所示。

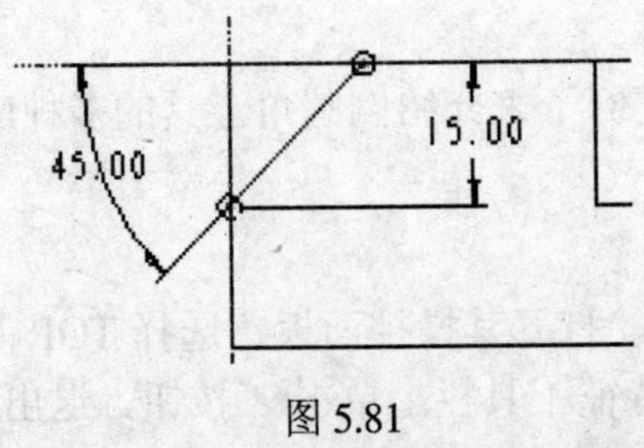

图 5.81

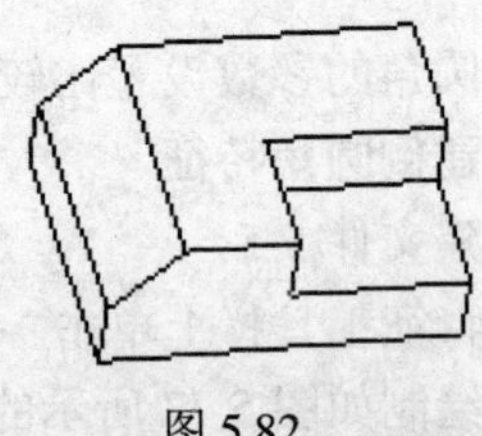
图 5.82

（5）在特征工具栏上单击按钮（拉伸工具），打开其操控面板，在操控面板上单击按钮，选择零件上表面为草绘平面，绘制图 5.83 所示的剖面。完成后在特征工具栏上单击按钮，退出草绘模式。

更改特征深度为 15，单击操控面板右侧的按钮，完成拉伸切剪特征的建立，结果如图 5.84 所示。

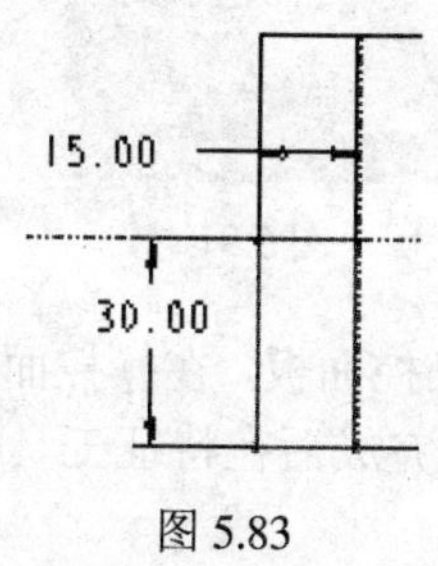

图 5.83

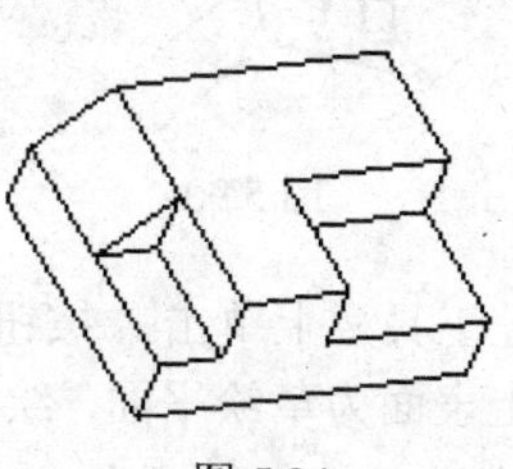
图 5.84

（6）创建一般倒圆角特征。在特征工具栏上单击按钮（倒圆角工具），打开其操控面板。保持操控面板缺省的设置选项，选择如图 5.85 所示的加亮边，更改半径值为 10。单击操控面板右侧的按钮，完成倒圆角特征的建立，结果如图 5.86 所示。

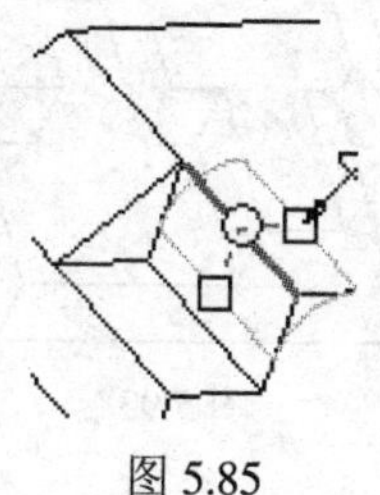
图 5.85

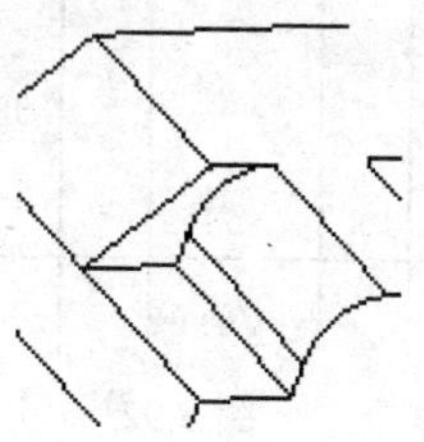
图 5.86

（7）通过“段”创建倒圆角特征。在特征工具栏上单击按钮（倒圆角工具），打开其操控面板。保持操控面板缺省的设置选项，选择如图 5.87 所示的加亮边，更改半径值为 6。单击操控面板右侧的按钮，出现“故障排除器”对话框，表示不能建立倒圆角特征。单击该对话框的“确定”按钮，再单击操控面板右侧的按钮，重定义倒圆角特征。

在操控面板中选择“段”命令，打开其上滑面板，如图 5.88 所示。在上滑面板中选择“段 1”，此时倒圆角两端出现方框标记，如图 5.89 所示。

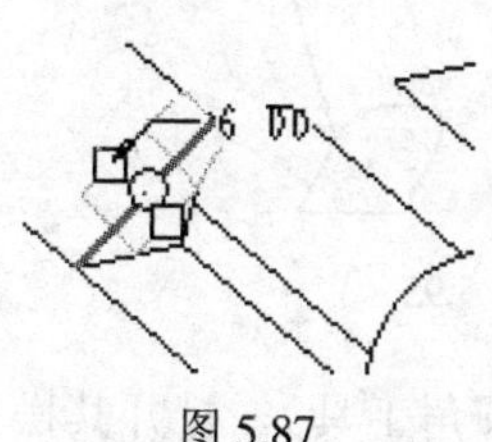

图 5.87

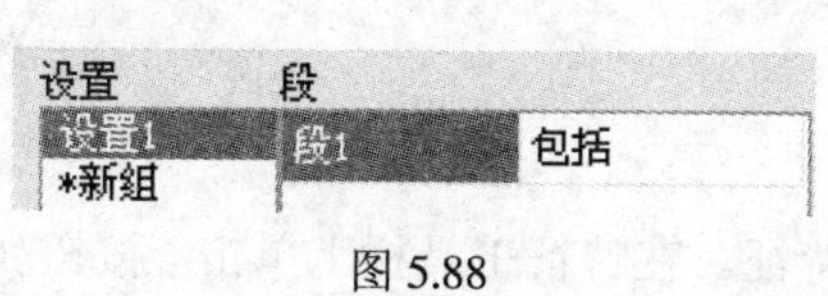

图 5.88

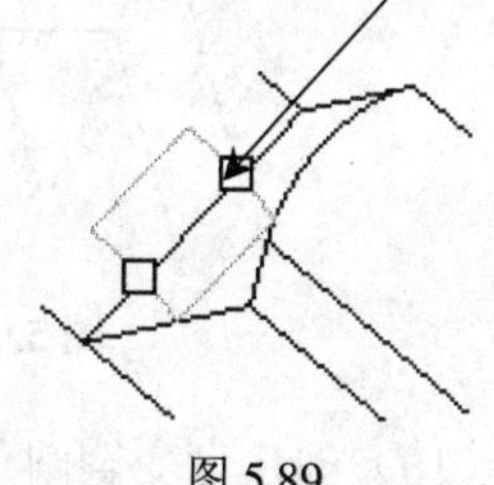
图 5.89

选择图 5.89 中箭头所指的方框，拖动到如图 5.90 所示的位置。单击操控面板右侧的✔按钮，完成倒圆角特征的建立，结果如图 5.91 所示。

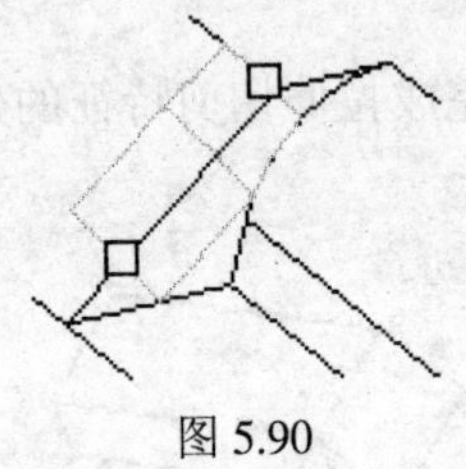
图 5.90

图 5.91

（8）在特征工具栏上单击按钮（拉伸工具），打开其操控面板，在操控面板上单击按钮，选择零件上表面为草绘平面，绘制图 5.92 所示的剖面。完成后在特征工具栏上单击✔按钮，退出草绘模式。

更改特征深度为 15，单击操控面板右侧的✔按钮，完成拉伸切剪特征的建立，结果如图 5.93 所示。

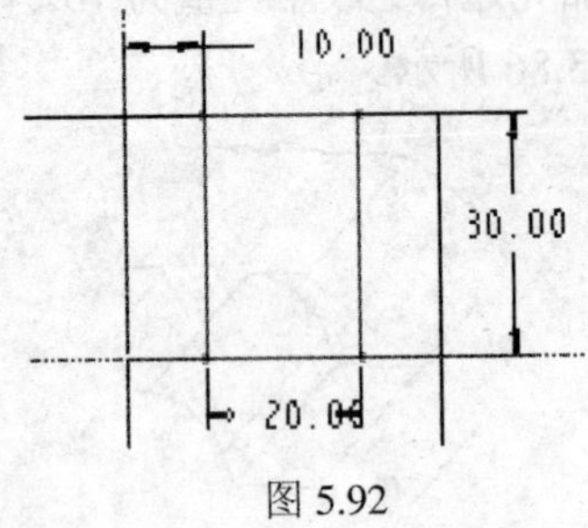

图 5.92

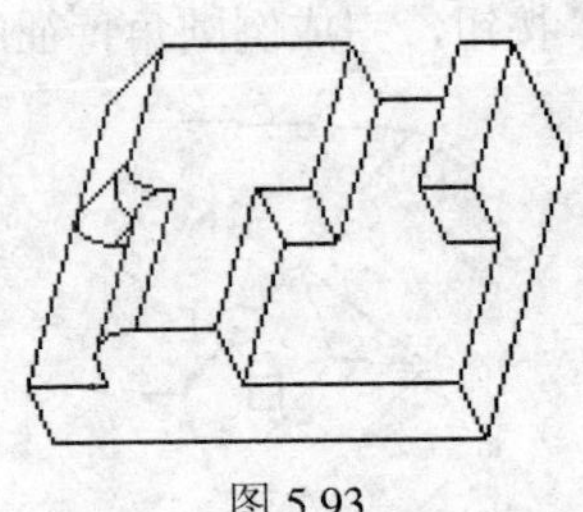
图 5.93

（9）创建完全倒圆角特征。在特征工具栏上单击按钮（倒圆角工具），打开其操控面板。保持操控面板缺省的设置选项，按住 Ctrl 键，选择如图 5.94 所示的两条加亮边，在“设置”上滑面板中选择“完全倒圆角”按钮。单击操控面板右侧的✔按钮，完成倒圆角特征的建立，结果如图 5.95 所示。

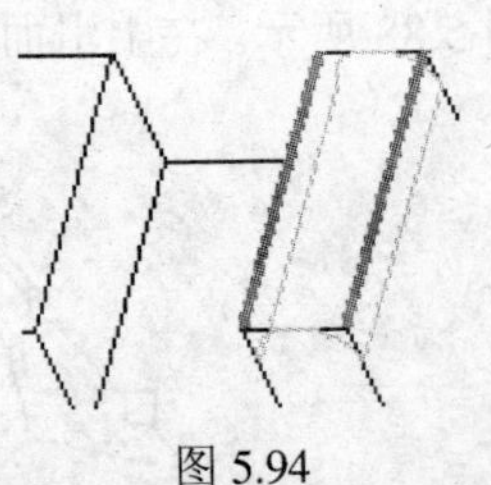
图 5.94

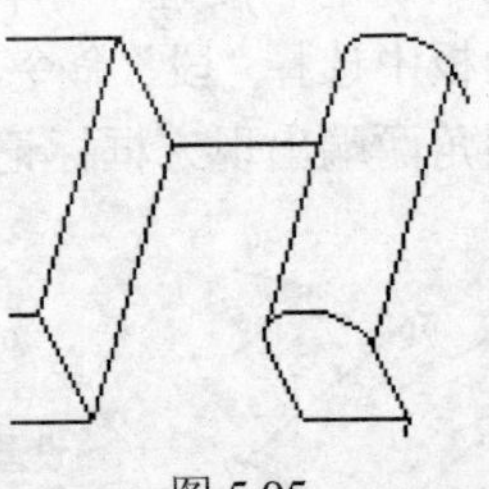
图 5.95

（10）创建可变倒圆角特征。在特征工具栏上单击按钮（倒圆角工具），打开其操控面板，选择如图 5.96 所示的加亮边。在操控面板中选择“设置”命令，在其上滑面板下方的“半径”收集器中右击，在弹出命令菜单中选择“添加半径”命令，按上述方法再依次添加 3 个“半径”，此时“半径”收集器如图 5.97 所示。

对应“半径”收集器中编号为 2、3、4、5 的“位置”比例值分别更改为 0.2、0.4、0.6、0.8。对应编号为 1~6 的半径值分别输入 3、6、3、6、3、6，并按 Enter 键确认。

单击操控面板右侧的按钮，完成倒圆角特征的建立，结果如图 5.98 所示。

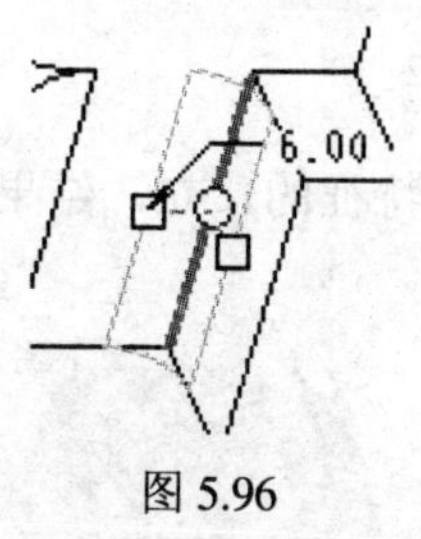

图 5.96

#	半径	位置
1	3.00	顶点:边:..
2	6.00	0.20
3	3.00	0.40

1 值 参照

图 5.97

图 5.98

（11）在特征工具栏上单击按钮（草绘工具），打开其操控面板，选择零件上表面为草绘平面，绘制如图 5.99 所示的剖面。完成后在特征工具栏上单击按钮，退出草绘模式。单击操控面板右侧的按钮，完成草绘曲线特征的建立，结果如图 5.100 所示。

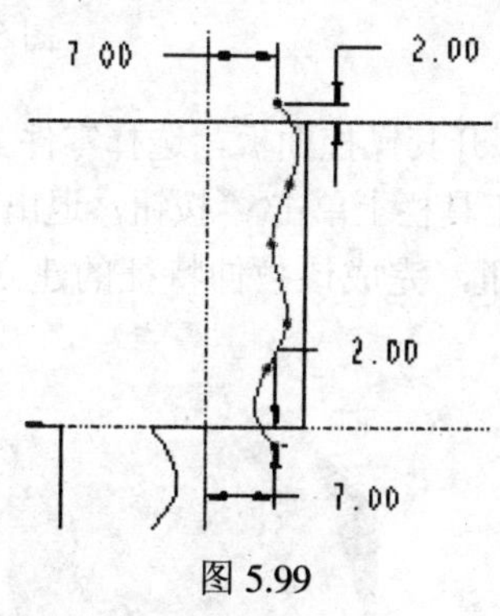

图 5.99

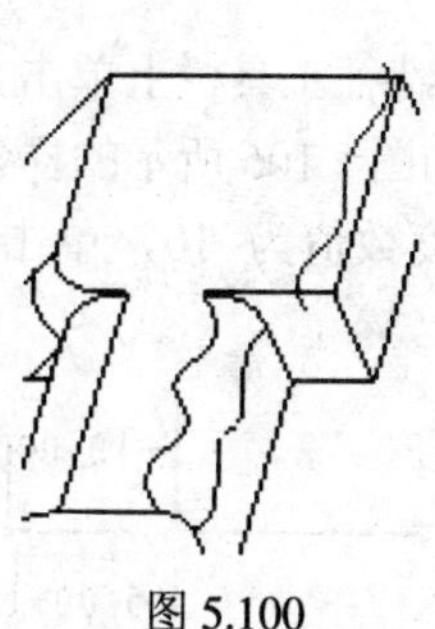

图 5.100

（12）通过曲线创建倒圆角特征。在特征工具栏上单击按钮（倒圆角工具），打开其操控面板。保持操控面板缺省的设置选项，选择如图 5.101 所示加亮边，在“设置”上滑面板中选择“通过曲线”按钮，单击“驱动曲线”下方的空白区域，在绘图区选取上一步创建的曲线，单击操控面板右侧的按钮，完成倒圆角特征的建立，结果如图 5.102 所示。

（13）在特征工具栏上单击按钮（拉伸工具），打开其操控面板，选择如图 5.103 中箭头所指的零件表面为草绘平面，绘制如图 5.104 所示的剖面。完成后在特征工具栏上单击按钮，退出草绘模式。

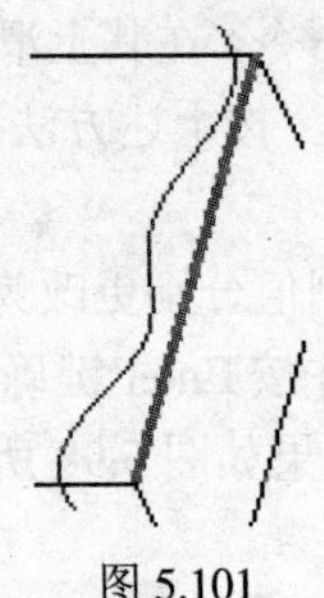
图 5.101

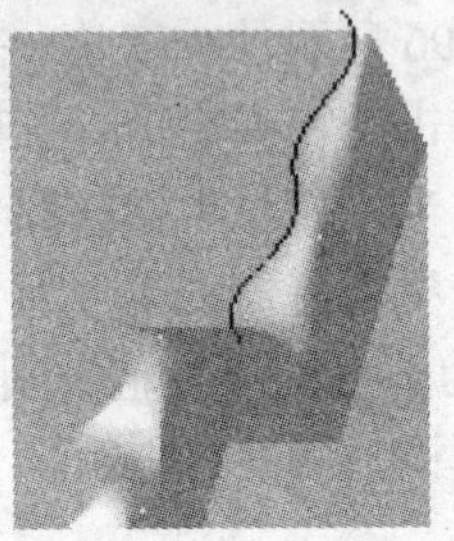
图 5.102

更改深度数值为 15，单击操控面板右侧的✔按钮，完成该拉伸特征的建立，结果如图 5.105 所示。

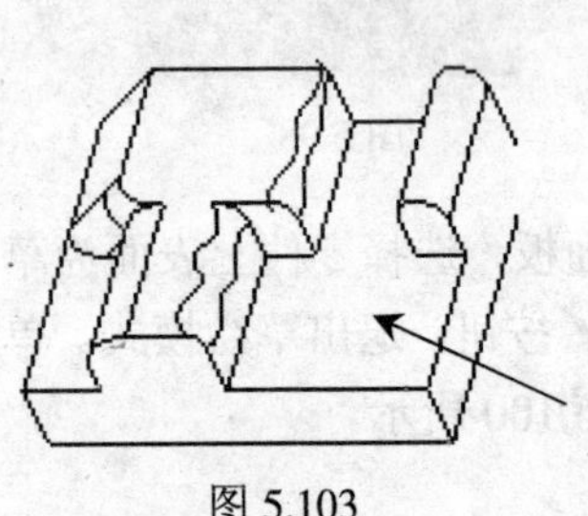
图 5.103

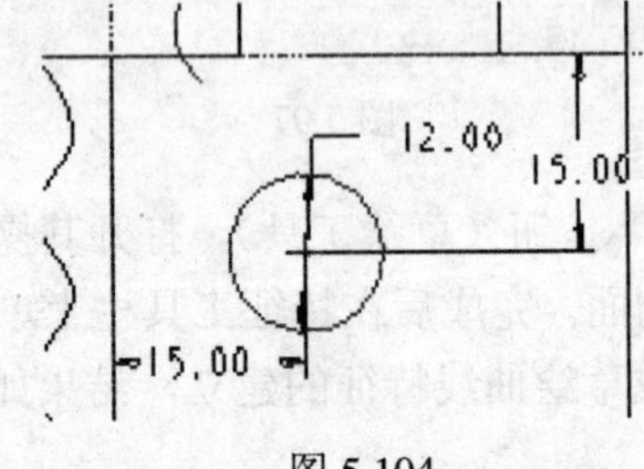

图 5.104

图 5.105

（14）在特征工具栏上单击按钮（拉伸工具），打开其操控面板，选择零件上表面为草绘平面，绘制如图 5.106 所示的样条曲线。完成后在特征工具栏上单击✔按钮，退出草绘模式。

更改深度数值为 10，单击操控面板右侧的✔按钮，完成该拉伸特征的建立，结果如图 5.107 所示。

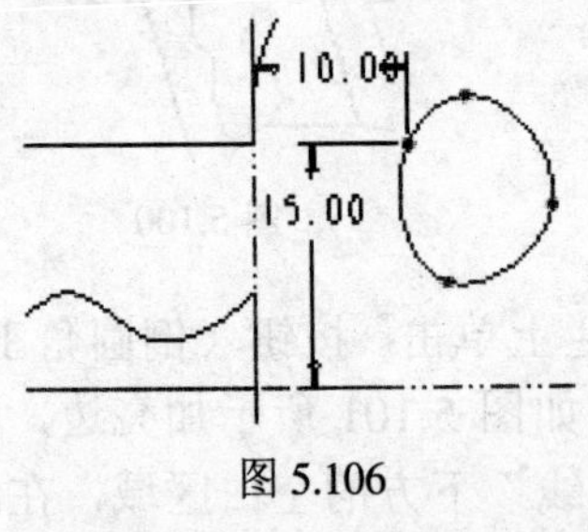

图 5.106

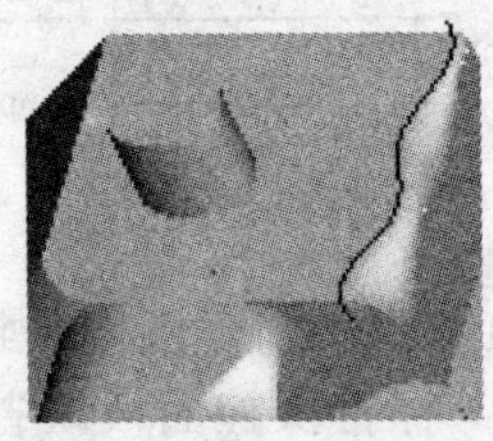
图 5.107

（15）单击特征工具栏的按钮（基准点工具），打开“基准点”对话框，单击如图 5.108 所示的平面，在“基准点”对话框中的“偏移参照”的空白区域单击，按住 Ctrl 键，选取如图 5.109 所示的两条加亮边，分别输入偏移值 10、10，并按 Enter 键，单击该对话框中的“确定”按钮，完成基准点 PNT0 的创建，结果如图 5.110 所示。

（16）通过参照创建倒圆角特征。在特征工具栏上单击按钮（倒圆角工具），打开其操

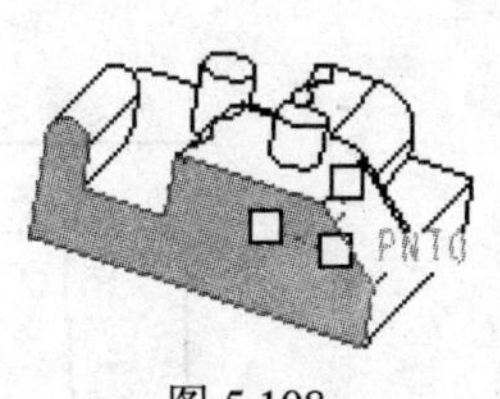

图 5.108

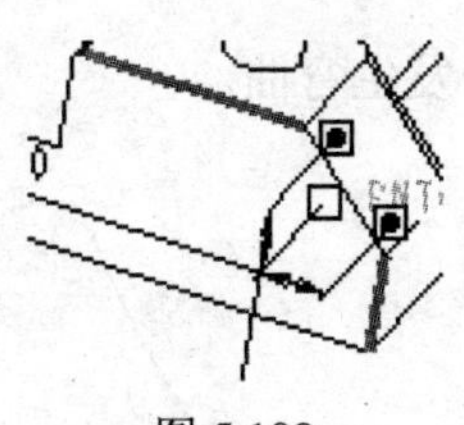
图 5.109

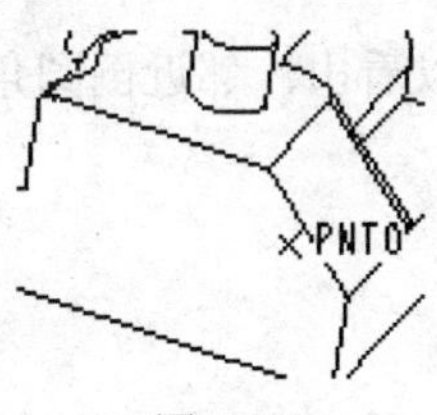

图 5.110

控面板。选择如图 5.111 所示加亮边，在“设置”上滑面板中设置半径控制方式为“参照”，如图 5.112 所示。在绘图区选取上一步创建的基准点 PNT0，单击操控面板右侧的✔按钮，完成倒圆角特征的建立，结果如图 5.113 所示。

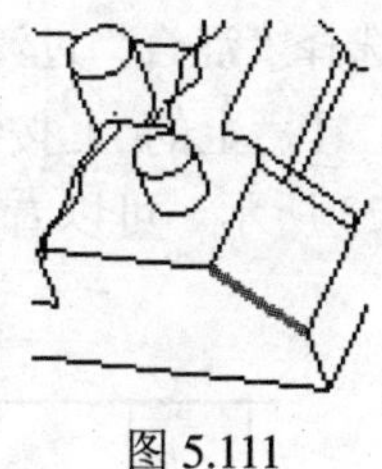
图 5.111

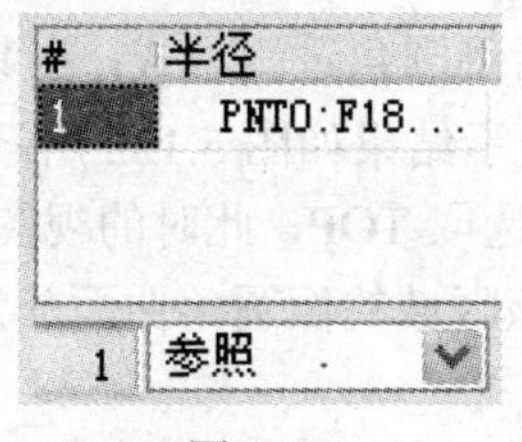

图 5.112

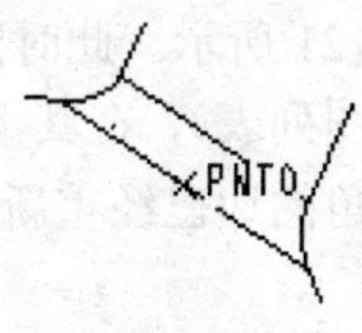

图 5.113

（17）在特征工具栏上单击按钮（拉伸工具），打开其操控面板，在操控面板上单击按钮，选择如图 5.114 所示的零件表面为草绘平面，绘制如图 5.115 所示的剖面。完成后在特征工具栏上单击✔按钮，退出草绘模式。

更改深度方式为，单击操控面板右侧的✔按钮，完成拉伸切剪特征的建立，结果如图 5.116 所示。

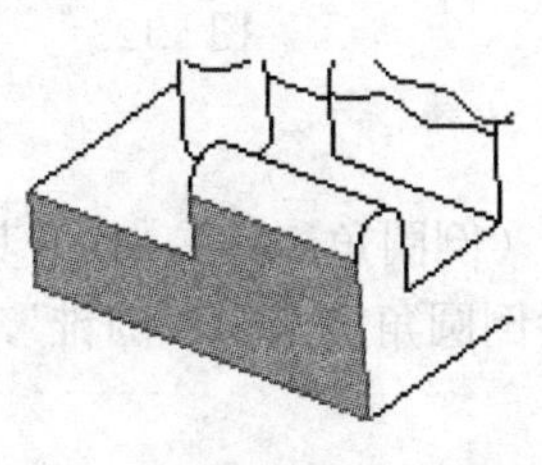
图 5.114

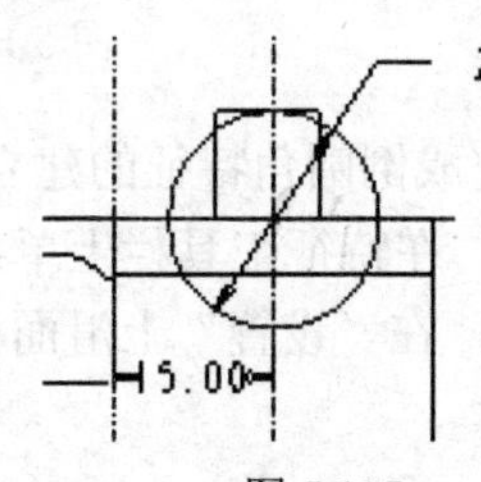

图 5.115

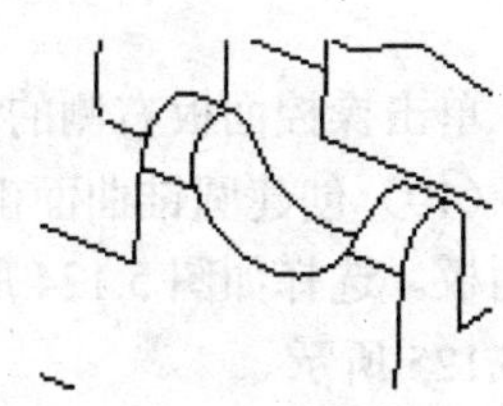
图 5.116

（18）创建倒圆角特征的过渡方式。在特征工具栏上单击按钮（倒圆角工具），打开其操控面板。倒圆角半径输入 7，选择如图 5.117 所示加亮边，单击操控面板中的按钮，设置倒圆角的过渡方式，系统缺省的过渡方式为“继续”，如图 5.118 所示。

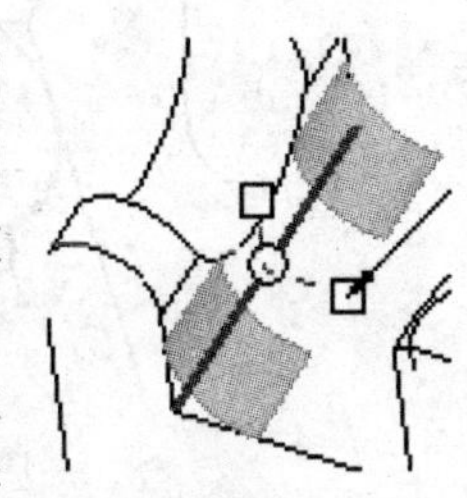
图 5.117

倒圆角的显示结果如图 5.119 所示。单击系统工具栏的按钮（保存的视图列表），在其下拉列表中选取 TOP，此时的视图显示如图 5.120 所示。可以看出，邻近倒圆角的边已经发生弯曲。

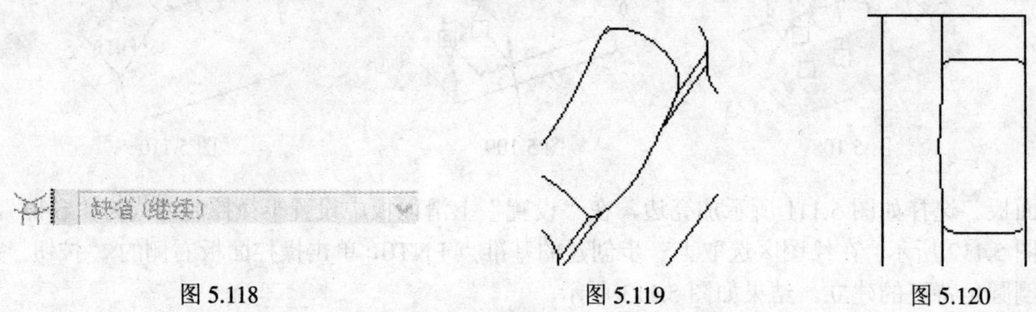

图 5.118　　图 5.119　　图 5.120

在绘图区单击过渡区域，激活倒圆角过渡方式，在其下拉列表中选择“混合”过渡方式，如图 5.121 所示。此时倒圆角的显示结果如图 5.122 所示。单击系统工具栏上的按钮（保存的视图列表），在其下拉列表中选取 TOP，此时的视图显示如图 5.123 所示。可以看出，邻近倒圆角的边已经重新变直，而该区域的倒圆角曲面却发生了凹陷。

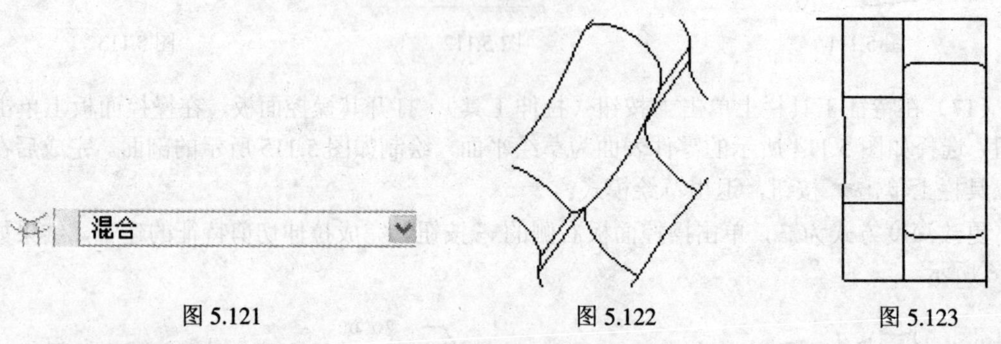

图 5.121　　图 5.122　　图 5.123

单击操控面板右侧的按钮，完成倒圆角特征的建立。

（19）创建圆锥曲面倒圆角特征。在特征工具栏上单击按钮（倒圆角工具），打开其操控面板。选择如图 5.124 所示加亮边，在“设置”上滑面板中设置倒圆角方式为“圆锥”，如图 5.125 所示。

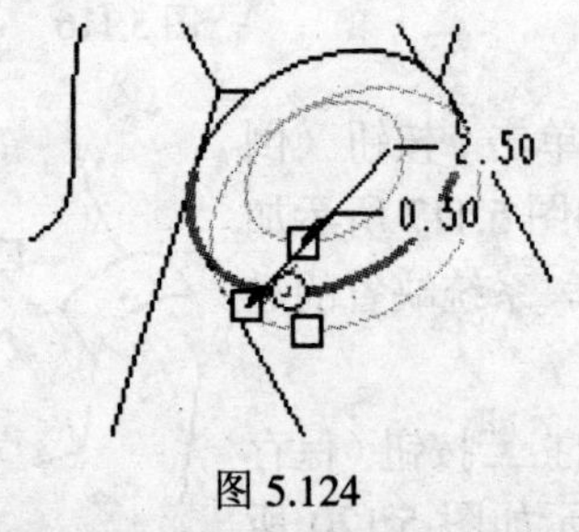

图 5.124

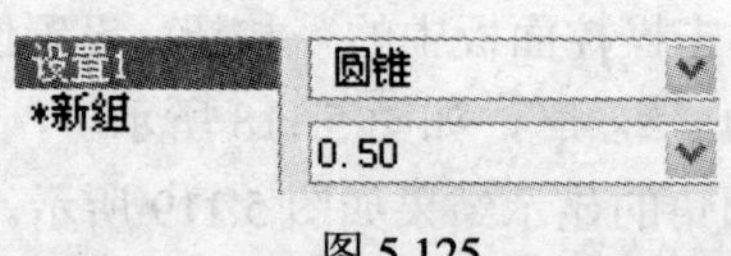

图 5.125

保持系统缺省的“圆锥参数”0.5，更改圆角半径为 2.5，如图 5.126 所示。单击操控面板右侧的✔按钮，完成倒圆角特征的建立。结果如图 5.127 所示。

图 5.126　图 5.127

提示：读者可自行更改“圆锥参数”，并观察圆角的变化。

（20）创建倒圆角集并创建倒圆角特征的过渡方式。在特征工具栏上单击按钮（倒圆角工具），打开其操控面板。选取如图 5.128 所示的边，输入半径值为 2.5。

在操控面板中选择“设置”命令，弹出其上滑面板，选择“新组”命令，添加一个新的倒圆角组，如图 5.129 所示。

提示：添加新设置更为快捷的方法是：在绘图窗口右击，在弹出的快捷菜单中选择“添加组”命令。

选择如图 5.130 所示的边，更改倒圆角半径值为 3。

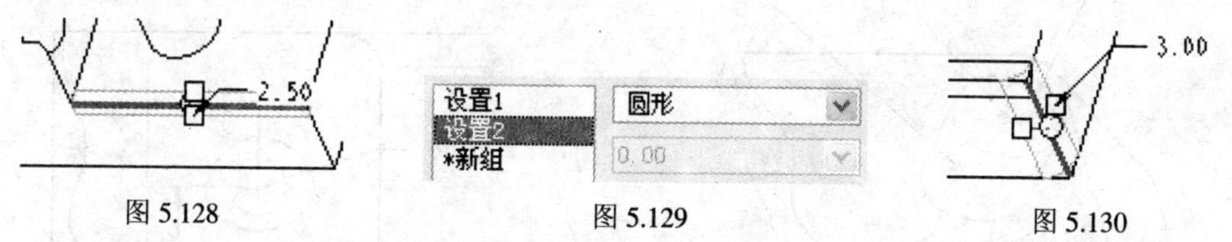

图 5.128　图 5.129　图 5.130

在绘图窗口右击，在弹出的快捷菜单中选择“添加组”命令，选择如图 5.131 所示的边，更改倒圆角半径值为 3.5。

单击操控面板右侧的按钮，倒圆角结果如图 5.132 所示。

图 5.131　图 5.132

单击操控面板右侧的▶按钮，重定义倒圆角特征。

单击操控面板中的按钮，设置倒圆角的过渡方式。在绘图区单击倒圆角的过渡区域，激活倒圆角过渡方式。在倒圆角过渡方式下拉列表中分别选择各种过渡方式，并通过特征预览观察倒圆角的变化情况。

图 5.133 所示为“相交”过渡方式，图 5.134 所示为“拐角球”过渡方式，图 5.135 所示为“曲面片”过渡方式。

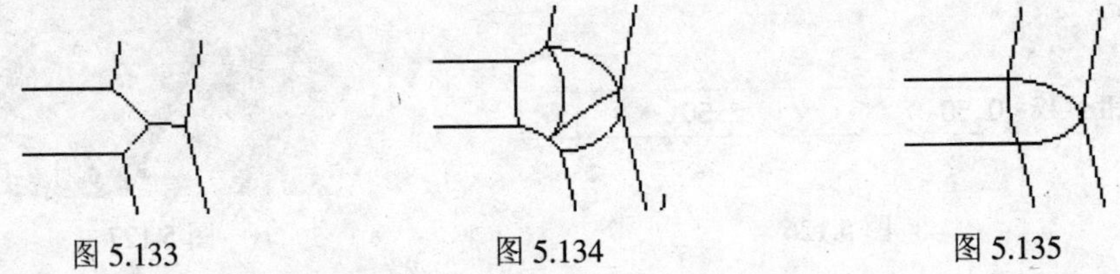

图 5.133　　图 5.134　　图 5.135

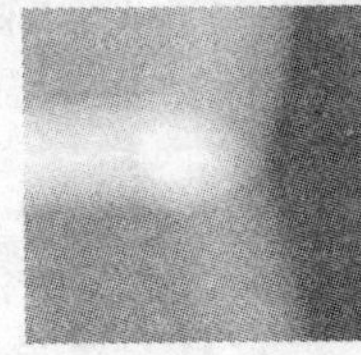

图 5.136

保持缺省过渡方式，单击操控面板右侧的✔按钮，完成倒圆角特征的建立。结果如图 5.136 所示。

（21）在特征工具栏上单击〜按钮（草绘工具），打开其操控面板，选择如图 5.137 中箭头 1 所指的表面为草绘平面，绘制如图 5.138 所示的剖面。完成后在特征工具栏上单击✔按钮，退出草绘模式。单击操控面板右侧的✔按钮，完成草绘曲线特征的建立。

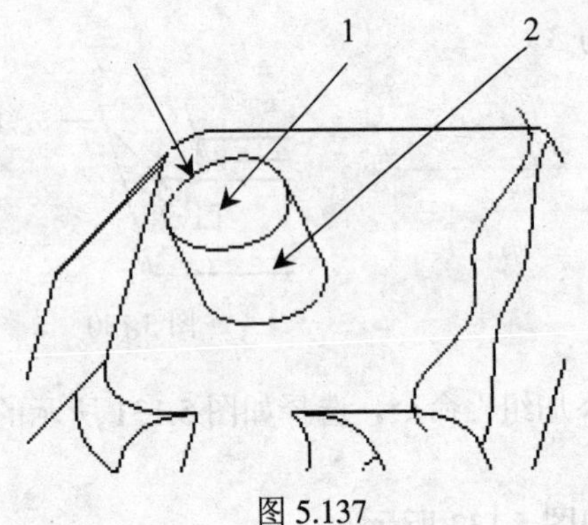

图 5.137

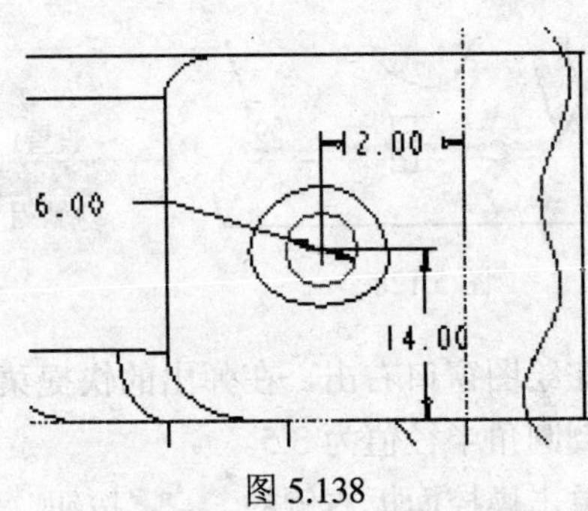

图 5.138

（22）创建垂直于骨架的倒圆角特征。在特征工具栏上单击按钮（倒圆角工具），打开其操控面板，保持操控面板中的缺省设置模式，选择如图 5.137 中箭头所指的边，更改半径值为 3，单击操控面板右侧的☑ 6ơ按钮（特征预览），特征失败。单击操控面板右侧的▶按钮，退出特征预览。在操控面板中选择“设置”命令，在其上滑面板中的参照收集器中右击，在弹出的命令窗口中选择“移除”命令，被选择的边线被清除。

按住键盘上 Ctrl 键，选择如图 5.137 中箭头 1 和箭头 2 所指的 2 个曲面，在操控面板中选择“设置”命令，在其上滑面板中更改创建特征的方法为“垂直于骨架”，选择上一步骤中所建立的曲线作为骨架，保持圆角数值为 3，此时上滑面板如图 5.139 所示。

单击操控面板右侧的✔按钮，完成该倒圆角特征的建立。结果如图 5.140 所示。

提示：该命令对于在非规则的边上倒圆角有很大帮助。

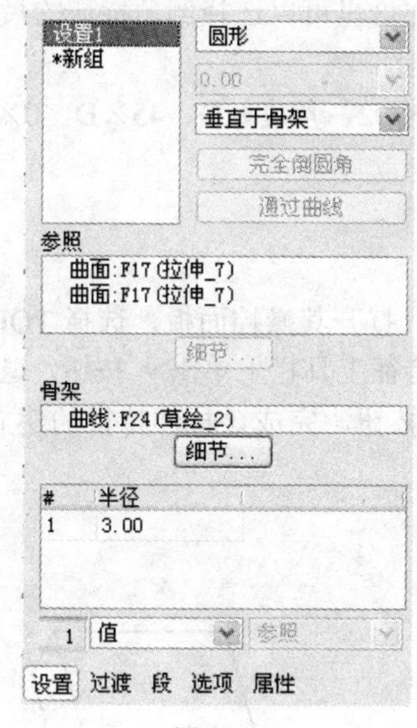

图 5.139

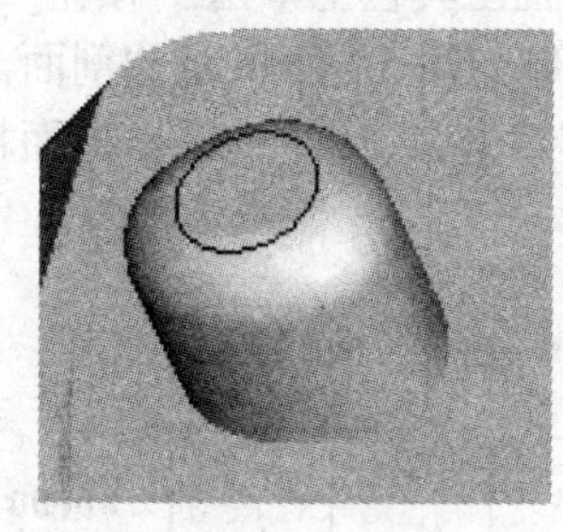

图 5.140

（23）保存并拭除文件。

5.6 倒角特征

倒角特征是通过对边或拐角进行斜切削而得到的。在创建倒角特征时，需要指定的特征参数包括：倒角所在的边、倒角尺寸规格和倒角尺寸。

倒角包括边倒角和拐角倒角。

在 Wildfire 版本中，所有与边倒角相关的菜单选项都集成在新的倒角工具操控面板中。单击绘图窗口右侧特征工具栏中的按钮（倒角工具），或者在主菜单中选择“插入”→“倒角”→“边倒角”命令，打开倒角工具操控面板，如图 5.141 所示。

操控面板分为上下两排。上面一排包含集、过渡、段、选项和属性 5 个命令选项，选择后会弹出相应的上滑面板，可以定义相应的参数。

图 5.141

倒角集是一种结构化单位，包含一个或多个倒角段（倒角几何）。在指定倒角放置参照后，系统将使用缺省属性、距离值以及最适于被参照几何的缺省过渡来创建倒角。在图形窗口中显示倒角的预览几何，允许用户在创建特征前创建和修改倒角段和过渡。

下排最左边同倒圆角工具操控面板相同，包含“设置模式”和“过渡模式”两个命令按钮。接着是倒角特征的尺寸控制方式下拉列表框，在这里可以选择倒角特征的尺寸控制方式，选择其中一种后，操控面板的内容会出现相应的变化。

倒角的尺寸控制方式有以下 4 种：D×D、D1×D2、角度×D、45×D、0×0、01×02。

下面通过实例介绍倒角特征的创建方法。

例：创建倒角特征

（1）新建文件 5-6。

（2）在特征工具栏上单击按钮（拉伸工具），打开其操控面板，选择 TOP 基准平面为草绘平面，绘制如图 5.142 所示的剖面。完成后在特征工具栏上单击按钮，退出草绘模式。

更改深度数值为 30，单击操控面板右侧的按钮，完成该拉伸特征的建立，结果如图 5.143 所示。

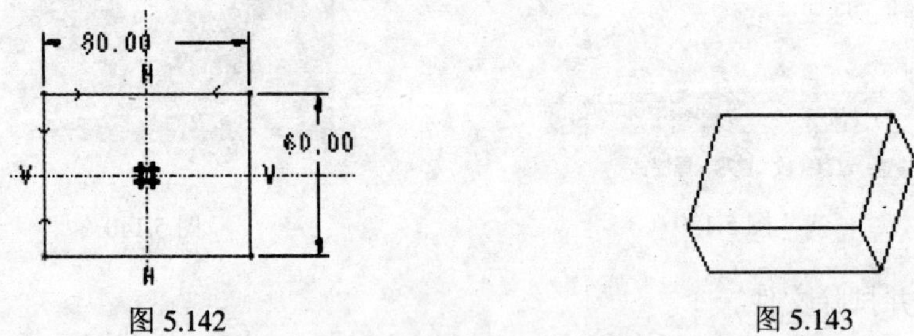

图 5.142　　　　图 5.143

（3）在特征工具栏上单击按钮（拉伸工具），打开其操控面板，在操控面板上单击按钮，选择零件上表面为草绘平面，绘制图 5.144 所示的剖面。完成后在特征工具栏上单击按钮，退出草绘模式。

更改特征深度为 15，单击操控面板右侧的按钮，完成拉伸切剪特征的建立，结果如图 5.145 所示。

图 5.144　　　　图 5.145

（4）单击特征工具栏的按钮（基准点工具），打开“基准点”对话框，单击如图 5.146 中箭头 1 所指的实体边，更改比例值为 0.5。完成基准点 PNT0 的创建。

在“基准点”对话框中选择“新点”命令，单击如图 5.146 中箭头 2 所指的实体边，更改比例值为 0.5。完成基准点 PNT1 的创建。单击“基准点”对话框中的“确定”按钮，退出基准点创建对话框。结果如图 5.147 所示。

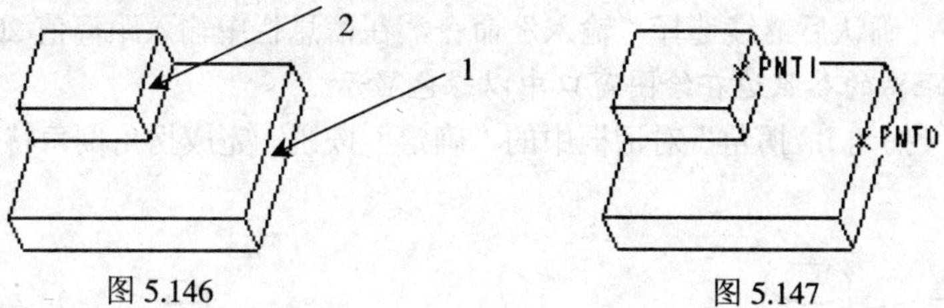

图 5.146　　图 5.147

（5）在特征工具栏上单击按钮（拉伸工具），打开其操控面板，选择零件上表面为草绘平面，绘制如图 5.148 所示的剖面。完成后在特征工具栏上单击✔按钮，退出草绘模式。

更改深度数值为 20，单击操控面板右侧的✔按钮，完成该拉伸特征的建立，结果如图 5.149 所示。

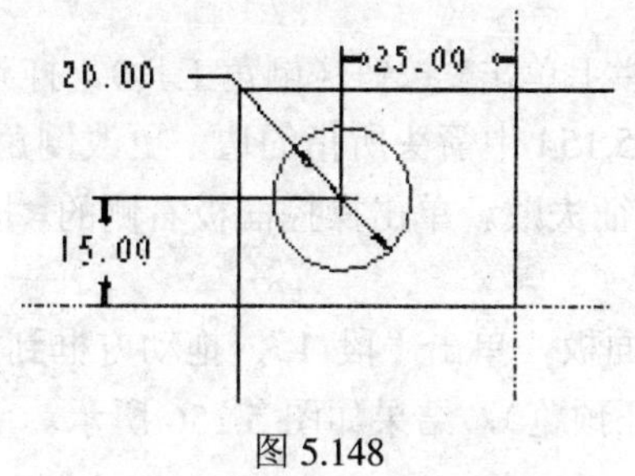

图 5.148

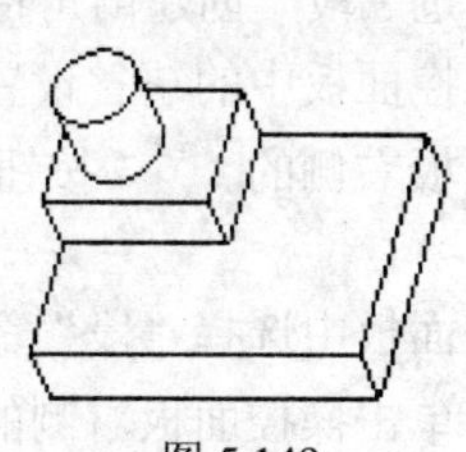

图 5.149

（6）创建一般倒角特征。在特征工具栏上单击按钮（倒角工具），打开其操控面板，保持操控面板中的缺省设置模式。选择如图 5.150 中箭头所指的边，更改倒角数值为 6（缺省倒角尺寸标注方式为 D×D）。单击操控面板右侧的✔按钮，完成倒角特征的创建。结果如图 5.151 所示。

提示：读者可以自行更改倒角特征尺寸标注方式。体会其中的变化。

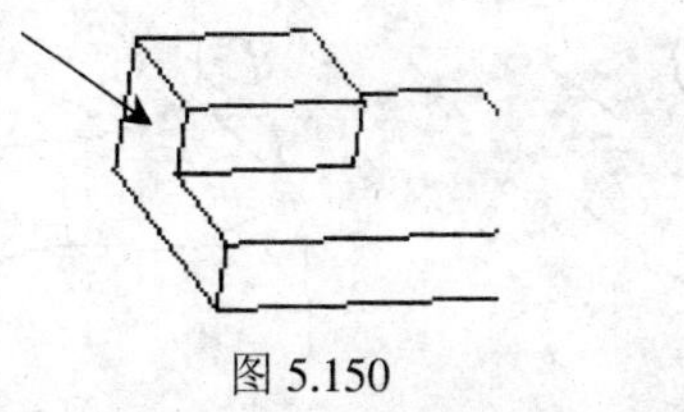

图 5.150

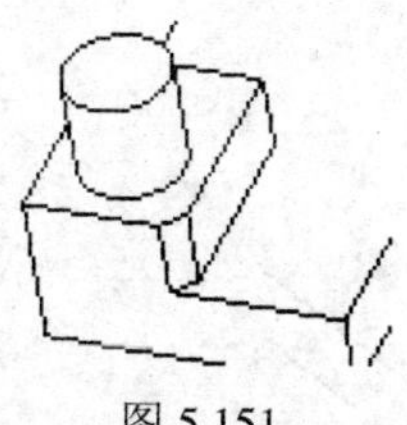

图 5.151

（7）创建拐角倒角特征。拐角倒角没有集成到倒角工具中，需要通过在主菜单中选择“插入”→“倒角”→“拐角倒角”命令，以使用该功能。

执行“拐角倒角”命令，选择图 5.152 中箭头所指的拐角，在菜单管理器中选择“输入”命令，在信息栏输入距离值为 10，确认后继续在菜单管理器中选择“输入”命令，在信息栏中输入距离值 25，确认后继续选择“输入”命令，在信息栏中输入距离值 20。

提示：输入距离的参照边在绘图窗口中以绿色显示。

单击“倒角（拐角）：拐角”对话框中的“确定”按钮，完成拐角倒角特征的建立，结果如图 5.153 所示。

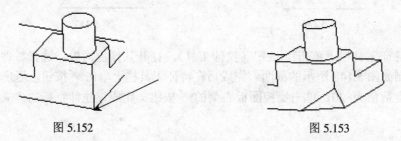

图 5.152　　图 5.153

（8）通过“段”创建倒角特征。在特征工具栏上单击按钮（倒角工具），打开其操控面板，保持操控面板中的缺省设置模式。选择如图 5.154 中箭头所指的边，更改倒角数值为 6，单击操控面板右侧的按钮（特征预览），特征失败。单击操控面板右侧的按钮，退出特征预览。

在操控面板中选择“段”命令，打开其上滑面板，单击“段 1”，拖动方框到如图 5.155 所示位置，单击操控面板右侧的按钮（特征预览），结果如图 5.156 所示。单击操控面板右侧的按钮，退出特征预览。

单击操控面板中的按钮，设置倒角的过渡方式。在绘图区单击倒角的过渡区域，激活倒角过渡方式。在倒角过渡方式下拉列表中分别选择各种过渡方式，并通过特征预览观察倒角的变化情况。

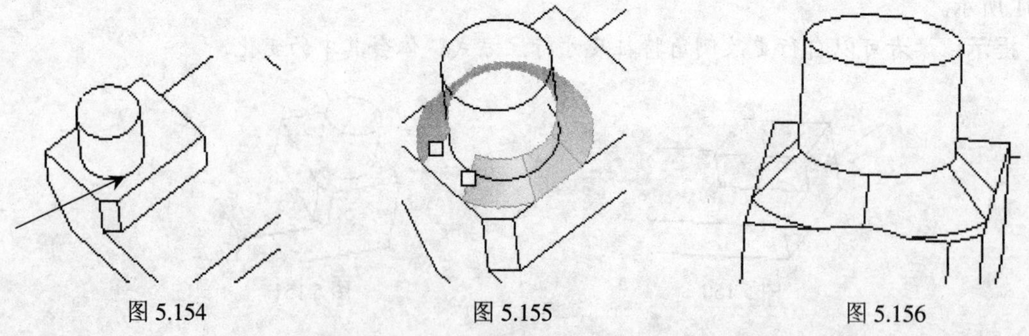

图 5.154　　图 5.155　　图 5.156

保持缺省过渡方式，单击操控面板右侧的按钮，完成倒角特征的建立。

（9）通过“参照”创建倒角特征。在特征工具栏上单击按钮（倒角工具），打开其操控面板，更改倒角尺寸标注方式为 D1×D2。选择如图 5.157 中箭头所指的边，在操控面板中选择“集”命令，更改标注参照为“参照”，如图 5.158 所示。

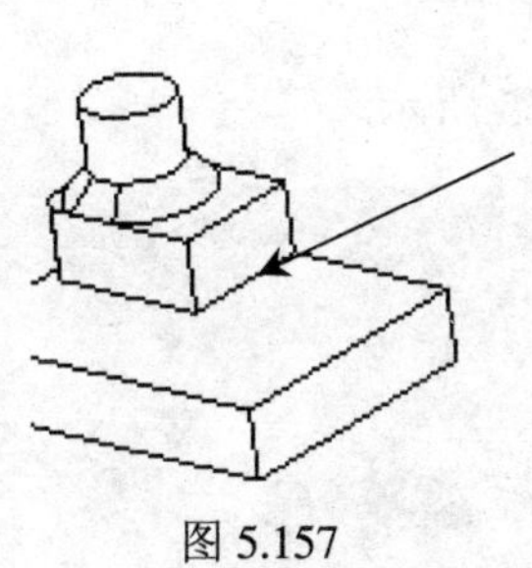

图 5.157

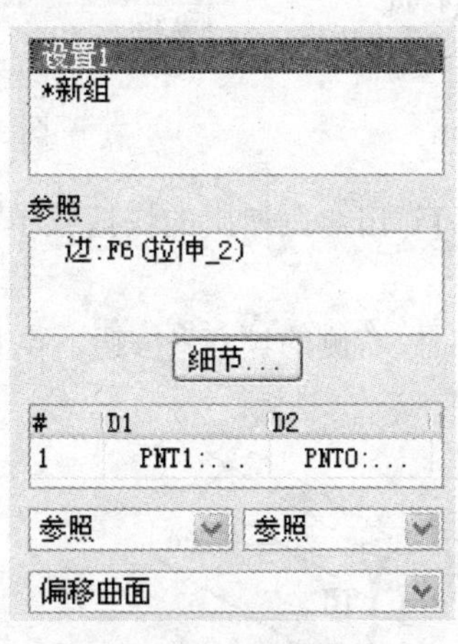

图 5.158

分别选择 PNT0、PNT1 基准点作为倒角的尺寸参照，如图 5.159 所示。单击操控面板右侧的按钮，完成倒角特征的建立。结果如图 5.160 所示。

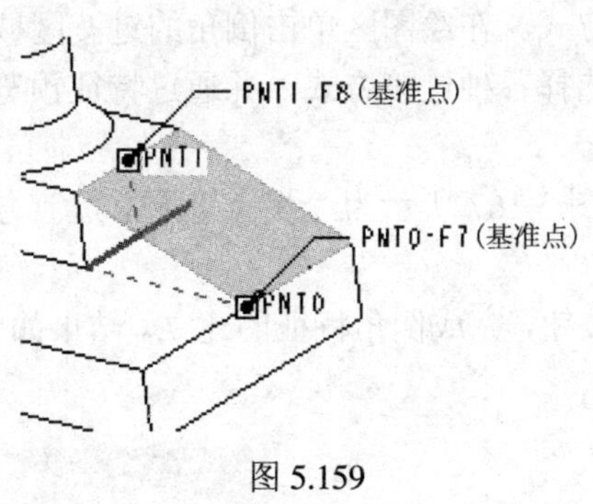

图 5.159

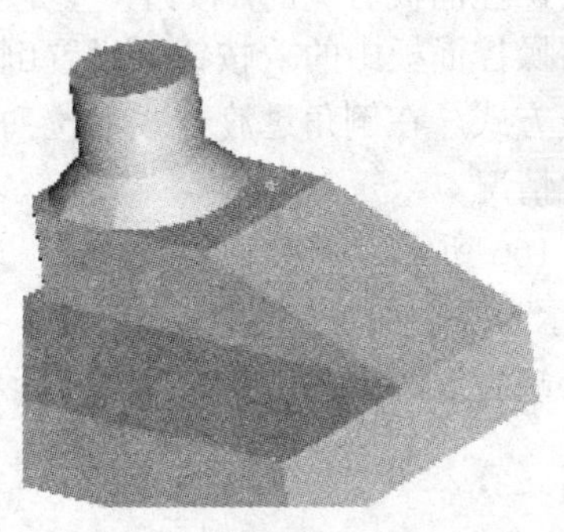

图 5.160

（10）创建倒角集并创建倒角的过渡方式。在特征工具栏上单击按钮（倒角工具），打开其操控面板，选取如图 5.161 所示的边，输入倒角值为 4。

在操控面板中选择“集”命令，弹出其上滑面板，选择“新组”命令，添加一个新的倒角组，如图 5.162 所示。

提示：添加新设置更为快捷的方法是：在绘图窗口右击，在弹出的快捷菜单中选择“添加组”命令。

选择如图 5.163 所示的边，更改倒角值为 5。

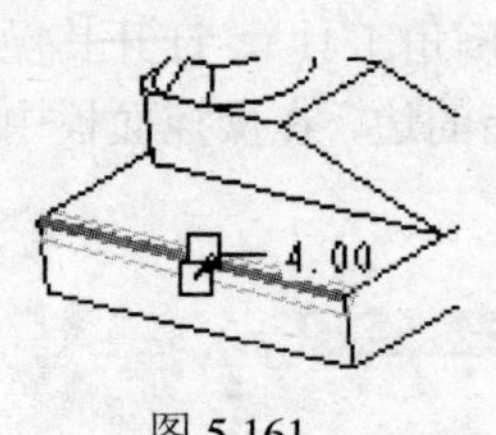

图 5.161

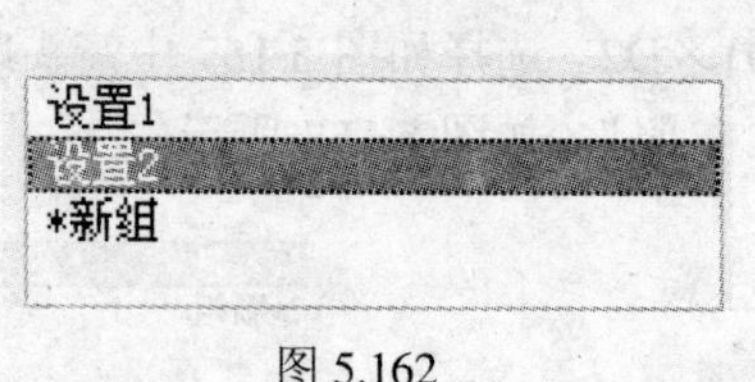

图 5.162

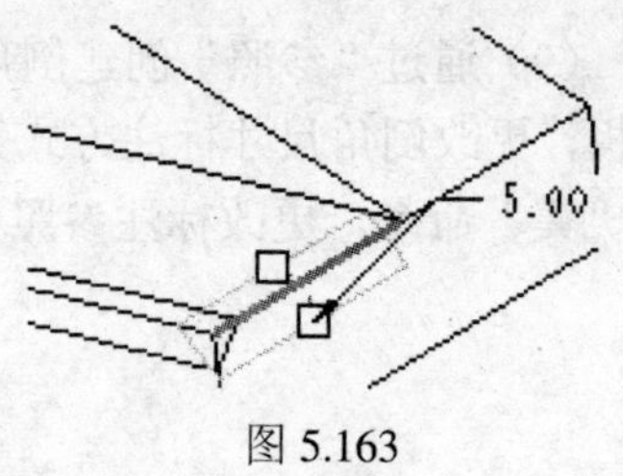

图 5.163

在绘图窗口右击，在弹出的快捷菜单中选择“添加组”命令，选择如图 5.164 所示的边，更改倒角值为 6。

单击操控面板右侧的 按钮，倒角结果如图 5.165 所示。

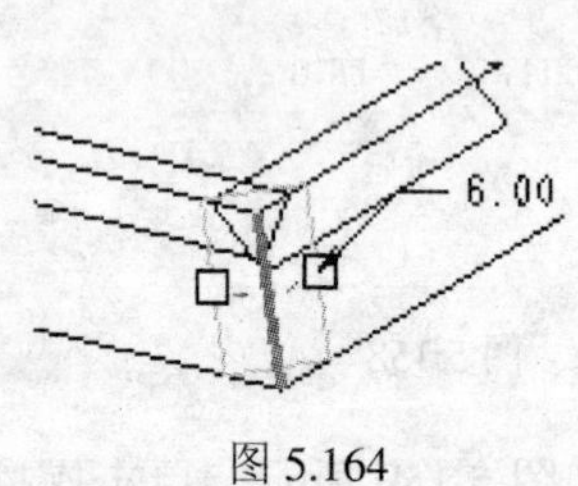

图 5.164

图 5.165

单击操控面板右侧的 按钮，重定义倒角特征。

单击操控面板中的 按钮，设置倒角的过渡方式。在绘图区单击倒角的过渡区域，激活倒角过渡方式。在倒角过渡方式下拉列表中分别选择各种过渡方式，并通过特征预览观察倒角的变化情况。

图 5.166 所示为“相交”（缺省）过渡方式，图 5.167 所示为“拐角平面”过渡方式，图 5.168 所示为“曲面片”过渡方式。

保持缺省过渡方式，单击操控面板右侧的 按钮，完成倒角特征的建立。结果如图 5.169 所示。

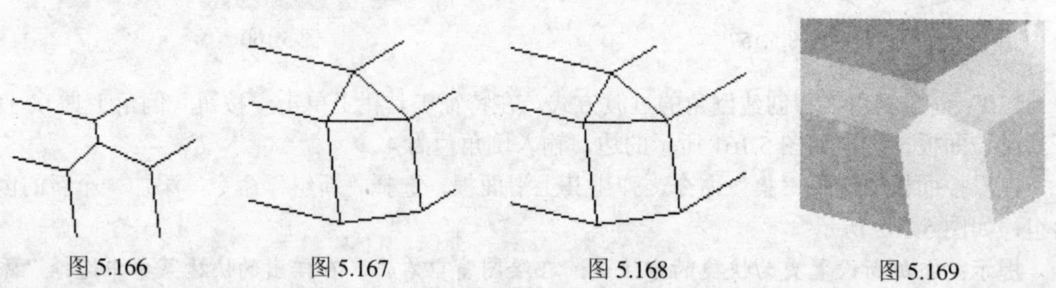
图 5.166　图 5.167　图 5.168　图 5.169

（11）保存并拭除文件。

5.7　自动倒圆角特征

自动倒圆角特征是 Wildfire 4.0 新增的功能，与倒圆角和倒角特征一样，也是对实体或面组边实施过渡处理的特征。应用自动倒圆角特征时，通常不需要选取倒圆角参照。如果实体或面组的所有边或大部分边倒圆角数值相等，则非常适合使用自动倒圆角特征。

在 Wildfire 版本中，所有自动倒圆角相关的菜单选项都集成在新的自动倒圆角工具操控面板中。在主菜单中选择"插入"→"自动倒圆角"命令，打开自动倒圆角工具操控面板，如图 5.170 所示。

图 5.170

操控面板分为上下两排。上面一排包含范围、排除、选项和属性 4 个命令选项，选择后会弹出相应的上滑面板，可以定义相应的参数。

选择"范围"命令，打开其上滑面板，如图 5.171 所示。在该上滑面板中可以定义自动倒圆角的范围。

选择"排除"命令，打开其上滑面板，如图 5.172 所示。用于定义排除不需要倒圆角的边。

选择"选项"命令，打开其上滑面板，如图 5.173 所示。在该上滑面板中选中"创建常规倒圆角组"选项，执行自动倒圆角时将自动创建常规倒圆角组。

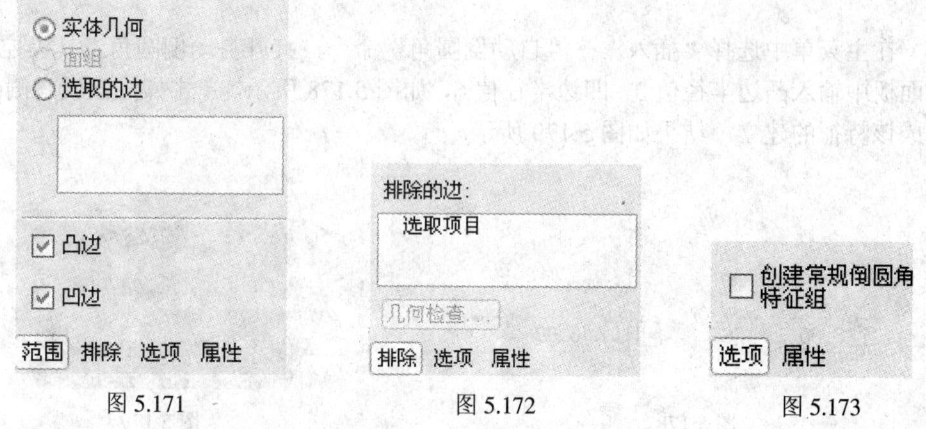

图 5.171　图 5.172　图 5.173

下面通过实例介绍自动倒圆角特征的操作方法。

例：创建自动倒圆角特征

（1）新建文件 5-7。

（2）在特征工具栏上单击按钮（拉伸工具），打开其操控面板，选择 FRONT 基准平面为草绘平面，绘制如图 5.174 所示的剖面。完成后在特征工具栏上单击按钮，退出草绘模式。

深度方式选择（对称），更改深度数值为 60，单击操控面板右侧的按钮，完成该拉伸特征的建立，结果如图 5.175 所示。

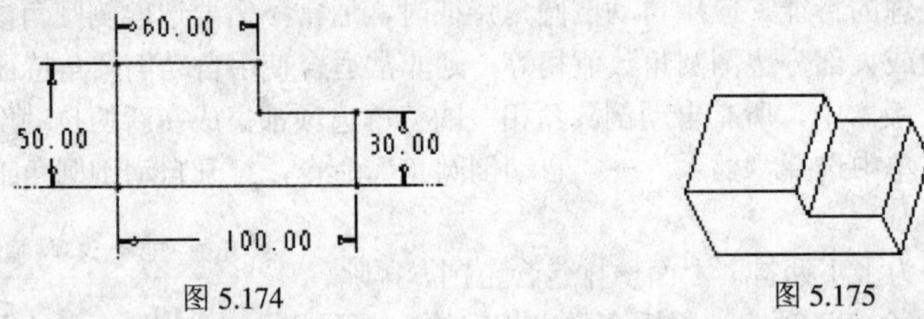

图 5.174　　图 5.175

（3）在特征工具栏上单击按钮（壳工具），打开其操控面板。选择操控面板中的“参照”命令，弹出其上滑面板，按住 Ctrl 键，选择如图 5.176 中箭头所指的曲面为移除曲面（共 4 个）。在操控面板中更改厚度数值为 6 并按 Enter 键确定，完成壳特征的创建，结果如图 5.177 所示。

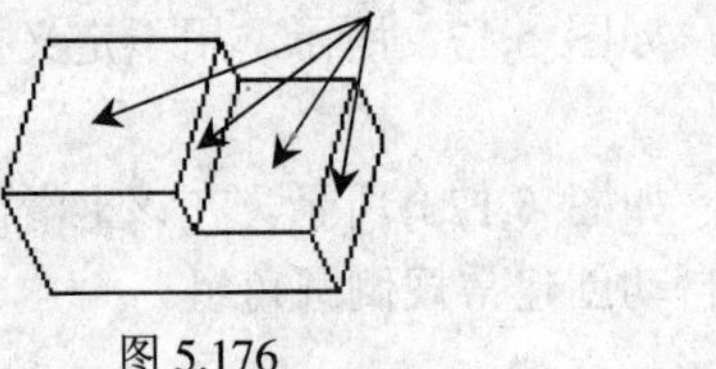

图 5.176

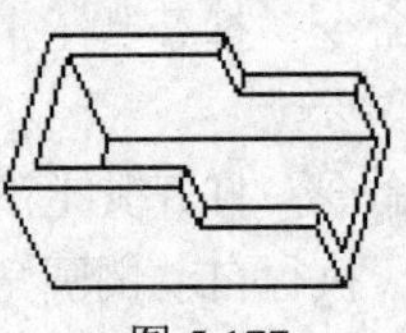

图 5.177

（4）在主菜单中选择“插入”→“自动倒圆角”命令，打开自动倒圆角工具操控面板。在操控面板中输入凸边半径值 3，凹边半径值 6，如图 5.178 所示。单击操控面板右侧的按钮，完成该特征的建立，结果如图 5.179 所示。

图 5.178　　图 5.179

从图 5.179 中可以看出，零件的边都按设置添加了自动倒圆角特征。该特征在模型树中的显示如图 5.180 所示。

在模型树中选取特征“Auto Round 1”，右击鼠标，在快捷菜单中选择“编辑定义”命令，系统重新打开自动倒圆角操控面板。选择“范围”命令，打开其上滑面板，在该上滑面板中去掉“凸边”前面的小勾或去掉操控面板中凸边半径输入框前面的小勾，单击操控面板右侧的✔按钮，完成该特征的重定义，结果如图 5.181 所示。

在模型树中选取特征“Auto Round 1”，右击鼠标，在快捷菜单中选择“编辑定义”命令，系统重新打开自动倒圆角操控面板。在“范围”上滑面板中去掉“凹边”前面的小勾，并勾选“凸边”，在操控面板中更改“凸边”半径值为 3。单击操控面板右侧的✔按钮，完成该特征的重定义，结果如图 5.182 所示。

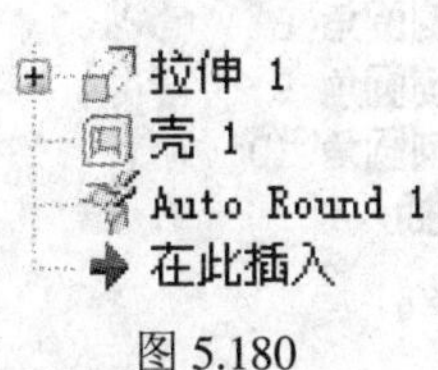

图 5.180

图 5.181

图 5.182

在模型树中选取特征“Auto Round 1”，右击鼠标，在快捷菜单中选择“编辑定义”命令，系统重新打开自动倒圆角操控面板。在“范围”上滑面板中选择“选取的边”选项，并同时勾选“凸边”和“凹边”，在操控面板中更改“凸边”半径值为 3，“凹边”半径值为 6。选取如图 5.183 中箭头所指的两条边，单击操控面板右侧的✔按钮，完成该特征的重定义，结果如图 5.184 所示。

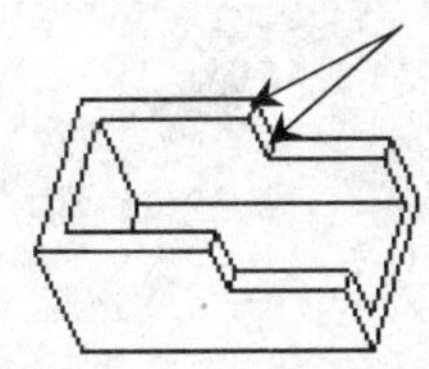
图 5.183

图 5.184

在模型树中选取特征“Auto Round 1”，右击鼠标，在快捷菜单中选择“编辑定义”命令，系统重新打开自动倒圆角操控面板。在“范围”上滑面板中选择“实体几何”选项。选择“排除”命令，打开其上滑面板，按住 Ctrl 键，在绘图区选择如图 5.185 中箭头所指的零件下表面的 4 条边，单击操控面板右侧的✔按钮，完成该特征的重定义，结果如图 5.186 所示。

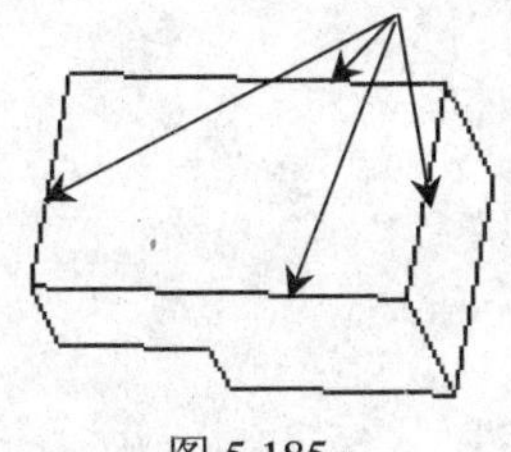
图 5.185

图 5.186

在模型树中选取特征“Auto Round 1”，右击鼠标，在快捷菜单中选择“编辑定义”命令，系统重新打开自动倒圆角操控面板。选择“选项”命令，打开其上滑面板，勾选“创建常规倒圆角组”选项，单击操控面板右侧的✔按钮，完成该特征的重定义，结果如图 5.187 所示。此时特征在模型树中的显示如图 5.188 所示。

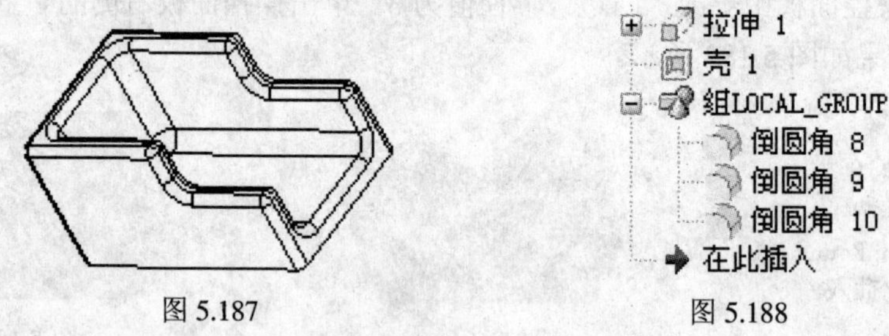

图 5.187　　图 5.188

（5）保存并拭除文件。

第 6 章　其他特征

6.1　特征的镜像和复制

6.1.1　特征的镜像

使用镜像工具，可以将模型中选定的特征或几何对象相对于镜像平面参照创建相应的特征副本。

镜像的步骤是：选择要镜像的原始特征或其他几何对象，此时，工具栏中的（镜像工具）按钮被激活。用户可以在工具栏中单击（镜像工具）按钮，或者在主菜单中选择“编辑”→“镜像”命令，打开如图 6.1 所示的镜像工具操控板。

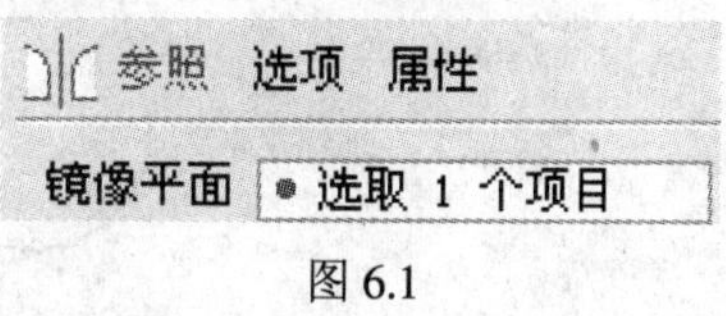

图 6.1

当镜像一个特征或一组特征时，镜像工具操控板的“选项”上滑面板如图 6.2 所示，用户可以通过取消“复制为从属项”复选框来使镜像特征的尺寸与原始项目无关。

当镜像某几何对象时，镜像工具操控板的“选项”上滑面板如图 6.3 所示，用户可以根据实际情况决定是否选择“选项”上滑面板，如果选中此复选框，则在完成镜像特征时，系统只显示新镜像几何而隐藏原始几何。

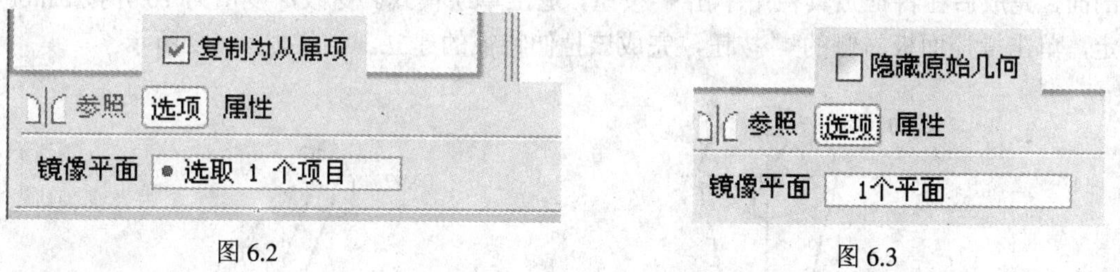

图 6.2　　　　图 6.3

例：镜像特征、几何

（1）新建文件 6-1-1。

（2）在特征工具栏单击按钮（拉伸工具），选择 FRONT 基准平面为草绘平面，绘制如图 6.4 所示的剖面，完成后在特征工具栏中单击按钮，退出草绘模式。更改深度值为 10 并按 Enter 键确定，单击操控面板右侧的按钮，完成该拉伸特征的建立。结果如图 6.5 所示。

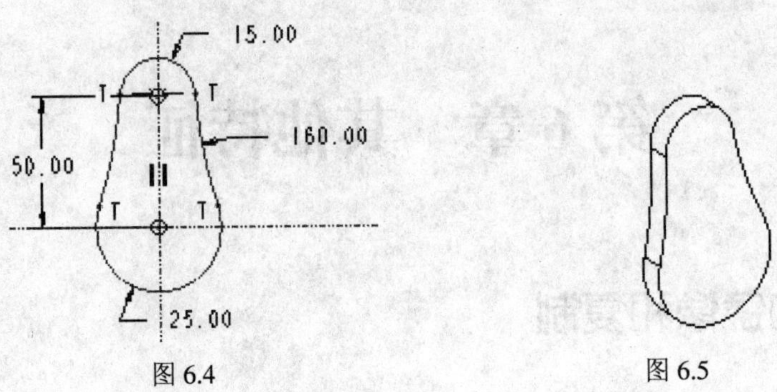

图 6.4　　图 6.5

（3）在特征工具栏单击按钮，选择实体表面为草绘平面，绘制如图 6.6 所示的剖面，（注意选择小端外圆边缘线作为附加参照）完成后在特征工具栏中单击按钮，退出草绘模式。更改深度值为 10 并按 Enter 键确定，单击操控面板右侧的按钮，完成该拉伸特征的建立。结果如图 6.7 所示。

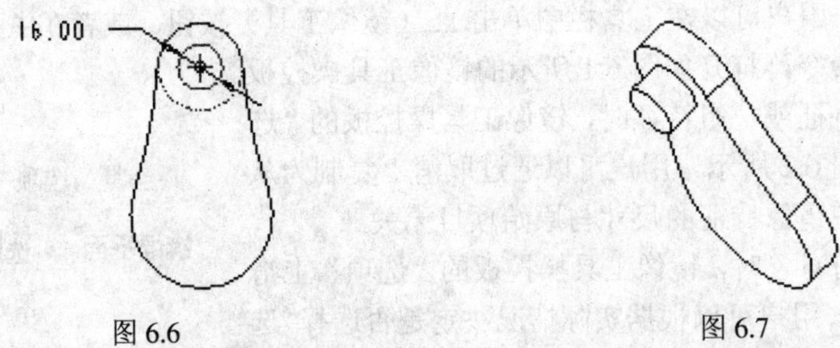

图 6.6　　图 6.7

（4）在特征工具栏上单击按钮，选择实体的另一表面为草绘平面，绘制如图 6.8 所示的剖面，完成后在特征工具栏中单击按钮，退出草绘模式。更改深度值为 10 并按 Enter 键确定，单击操控面板右侧的按钮，完成该拉伸特征的建立。结果如图 6.9 所示。

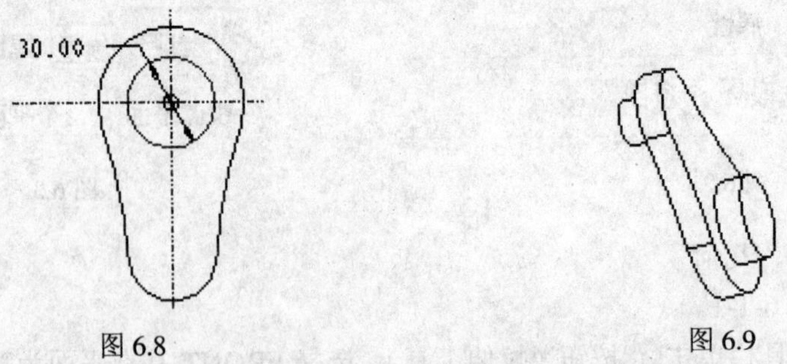

图 6.8　　图 6.9

（5）镜像所选特征。按住 Ctrl 键，在绘图区或模型树中同时选取 3 个拉伸特征，在特征工具栏上单击（镜像工具）按钮，打开其操控板，选择如图 6.10 中箭头所指的实体表面作为镜像参照，单击操控面板右侧的✔按钮，完成镜像特征的建立。结果如图 6.11 所示。

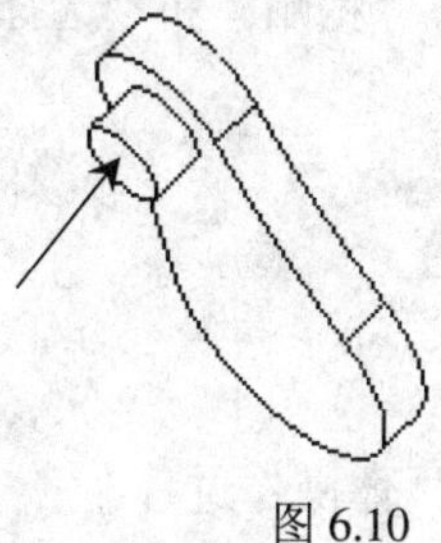

图 6.10

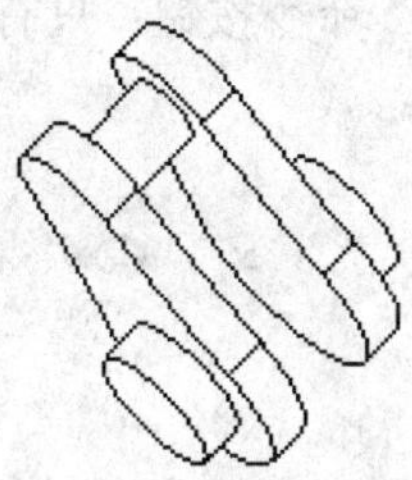

图 6.11

（6）撤消上一步镜像操作。

（7）镜像全部特征。在模型树中选取模型名称（6-1-1），在特征工具栏上单击（镜像工具）按钮，打开其操控板，选择如图 6.10 中箭头所指的实体表面作为镜像参照，单击操控面板右侧的✔按钮，完成镜像特征的建立。结果如图 6.12 所示。可以看出所有的基准特征也被镜像。

（8）撤消上一步镜像操作。在绘图区右下角的拾取管理器中选择“几何”。

（9）镜像几何。选择 FRONT 基准平面，在特征工具栏上单击（镜像工具）按钮，打开其操控板，选择如图 6.10 中箭头所指的实体表面作为镜像参照，单击操控面板右侧的✔按钮，完成镜像几何的建立。结果如图 6.13 所示。

提示：镜像几何仅能应用于基准平面、基准点和基准轴。

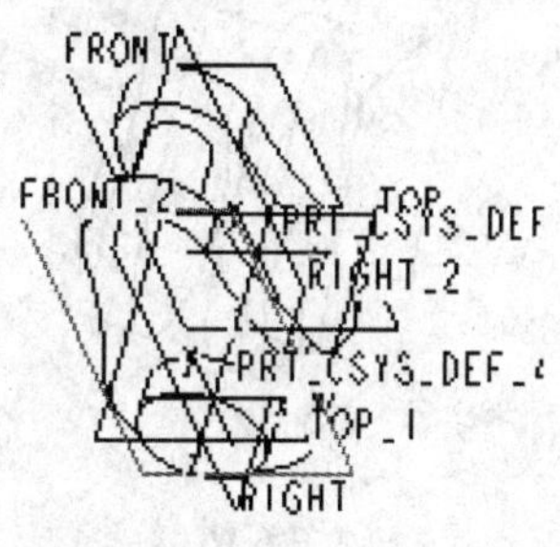

图 6.12

图 6.13

（10）保存并拭除文件。

6.1.2　特征的复制

“复制”、“粘贴”和“选择性粘贴”是非常实用的编辑命令。利用它们，可以很方便地复制和放置同一零件中的特征、几何等对象。此外，利用它们还可以复制和粘贴两个不同模型之间的特征，以及复制和粘贴相同零件在两个不同版本之间的特征。

“复制”、“粘贴”和“选择性粘贴”工具按钮如图 6.14 所示。只有选择要复制的对象之后，才可以激活“复制”命令按钮；只有选择“复制”命令之后，“粘贴”和“选择性粘贴”命令才被激活。

图 6.14

下面以实例说明“复制”、“粘贴”和“选择性粘贴”的具体操作过程。

例 1：复制特征、几何

（1）打开文件 6-1-1。

（2）按住 Ctrl 键，在模型树中同时选取 3 个拉伸特征，在右键快捷菜单中选择“组”命令，创建名为 LOCAL_GROUP 组。

（3）选取上一步创建的组，在特征工具栏上单击（镜像工具）按钮，打开其操控板，选择如图 6.10 中箭头所指的实体表面作为镜像参照，单击操控面板右侧的按钮，完成镜像特征的建立。结果如图 6.11 所示。

（4）单击特征工具栏的按钮（基准平面工具），打开“基准平面”对话框，选择如图 6.15 中箭头所指的表面为偏移参照，偏距值输入 10。单击该对话框的“确定”按钮，完成基准平面 DTM1 的创建。结果如图 6.16 所示。

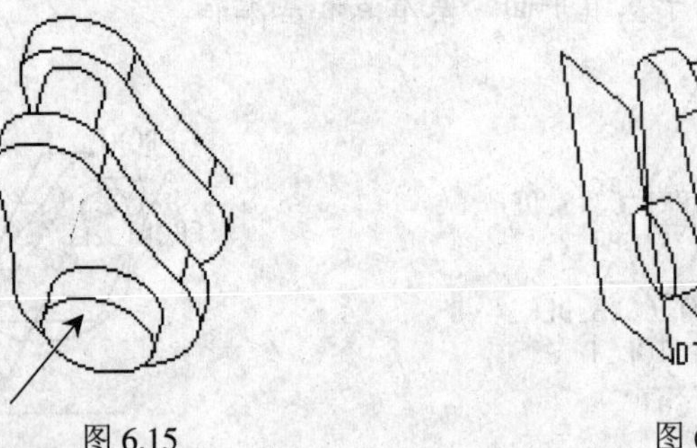

图 6.15 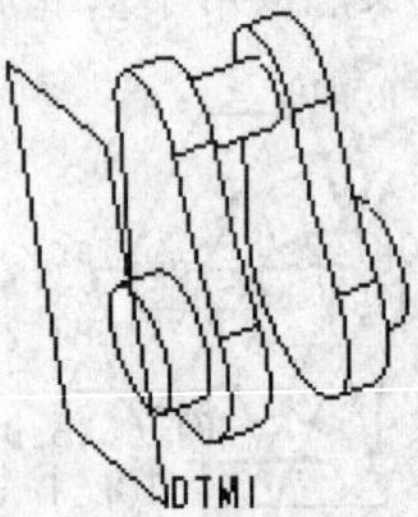　　图 6.16

单击特征工具栏的按钮（基准平面工具），打开“基准平面”对话框，选择如图 6.17 中箭头所指的表面为偏移参照，偏距值输入 10。单击该对话框的“确定”按钮，完成基准平面 DTM2 的创建。结果如图 6.18 所示。

（5）特征复制与粘贴。在模型树中选取 LOCAL_GROUP 组，单击系统工具栏上的按钮（复制），继续单击系统工具栏上的按钮（粘贴）。系统打开“拉伸 1”操控面板。

在操控面板中选择“放置”→“编辑”命令，打开“草绘”对话框。选取 DTM1 基准平面作为草绘平面，单击该对话框的“草绘”按钮，进入草绘模式。

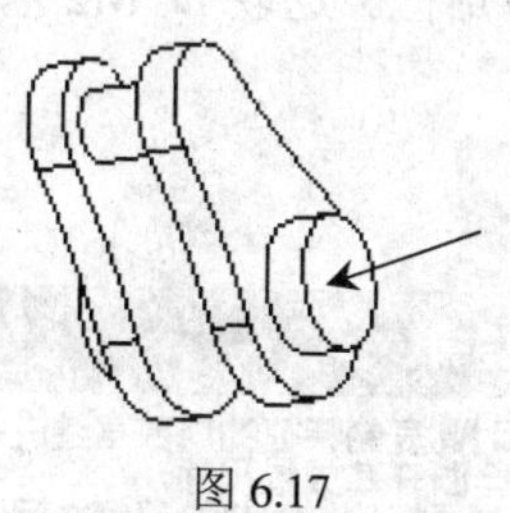

图 6.17

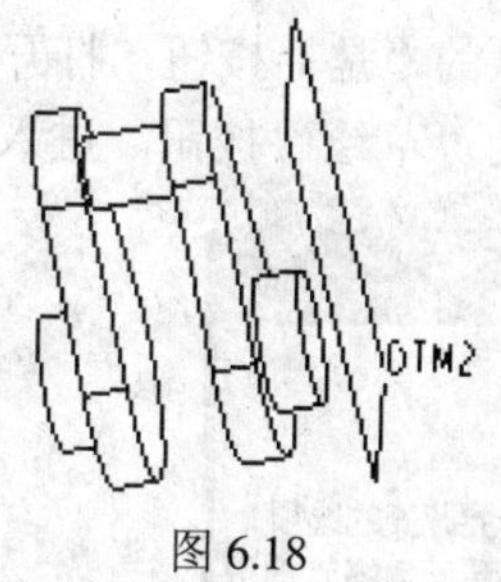

图 6.18

在绘图区的空白区域单击鼠标，放置“拉伸 1”的草绘剖面（剖面名称为 S2D0001）。经过约束并修改尺寸得到如图 6.19 所示的剖面。

框选该草绘剖面，单击草绘特征工具栏的按钮（缩放并旋转选定图元），在“缩放旋转”对话框的“旋转”输入框中输入旋转角度值 30，单击该对话框的按钮。经约束并编辑尺寸得到如图 6.20 所示的剖面。单击草绘特征工具栏的按钮，单击操控面板右侧的按钮，完成特征的复制与粘贴操作。结果如图 6.21 所示。

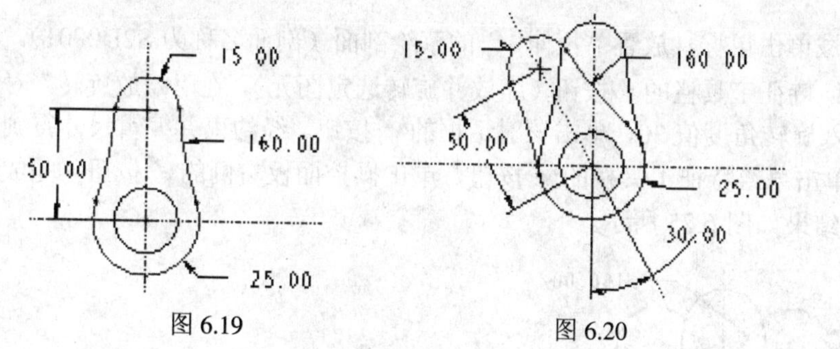

图 6.19 图 6.20

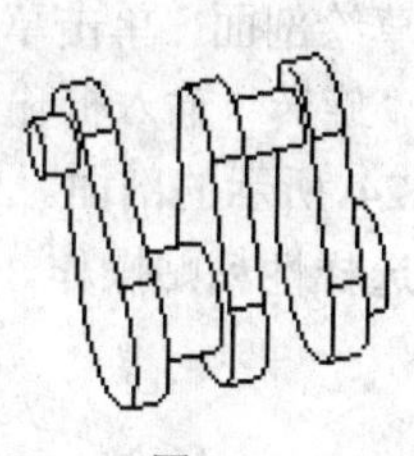

图 6.21

（6）特征复制与选择性粘贴。单击系统工具栏的按钮（选择性粘贴）。系统打开“选择性粘贴”对话框，如图 6.22 所示。

“从属副本”复选框为系统默认选项。创建原始特征的从属副本，使创建的特征从属于原始特征的尺寸或草绘，或完全从属于原始特征的所有属性、元素和参数。该复选框下面有两个选项，其含义如下。

①“完全从属于要改变的选项”：创建完全从属于原始特征的所有属性、元素和参数的原始特征副本，但允许改变尺寸、注释、参数、草绘和参照的从属关系。

②“仅尺寸和注释元素细节”：创建原始特征的副本，但仅在原始特征的尺寸或草绘（或两者）、或者注释元素上设置从属关系。

此处保持系统提供的缺省选项，单击该对话框的“确定”按钮，打开“拉伸 1”操控面板。

在操控面板中选择“放置”→“编辑”命令，系统打开“草绘编辑”对话框，如图 6.23

所示。单击该对话框的“是”按钮，打开“草绘”对话框。选取 DTM2 基准平面作为草绘平面，单击该对话框的“草绘”按钮，进入草绘模式。

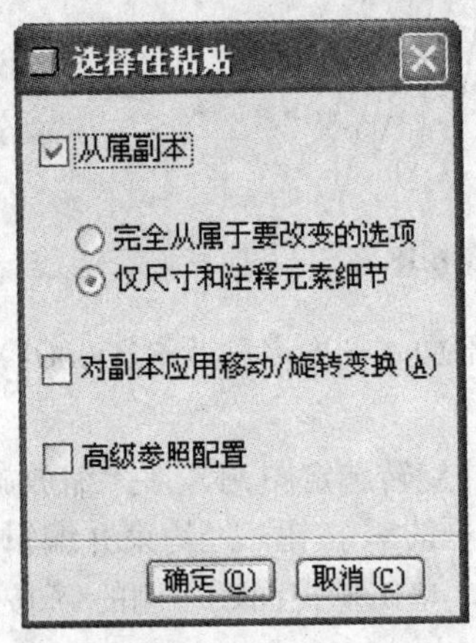

图 6.22

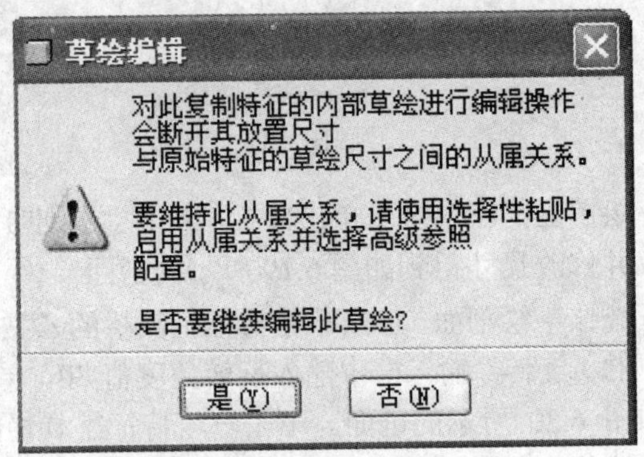

图 6.23

在绘图区的空白区域单击鼠标，放置“拉伸 1”的草绘剖面（剖面名称为 S2D0001）。框选该草绘剖面，单击草绘特征工具栏的按钮（缩放并旋转选定图元），在“缩放旋转”对话框的“旋转”输入框输入旋转角度值 30，单击该对话框的按钮。经约束并编辑尺寸得到如图 6.24 所示的剖面。单击草绘特征工具栏的按钮，单击操控面板右侧的按钮，完成特征的选择性粘贴操作。结果如图 6.25 所示。

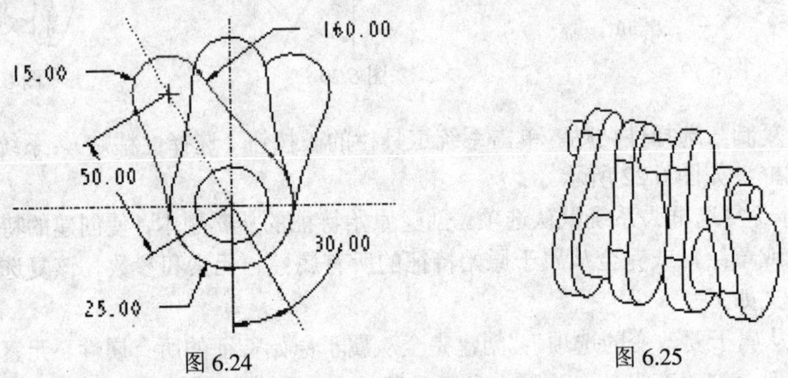

图 6.24

图 6.25

（7）在模型树中选择“镜像 1”特征，单击系统工具栏的按钮（复制），继续单击系统工具栏的按钮（选择性粘贴）。系统打开“选择性粘贴”对话框，如图 6.26 所示。注意与图 6.22 的区别。

保持系统的缺省选项，单击该对话框的“确定”按钮。系统打开“镜像”操控面板。选取如图 6.27 中箭头所指的表面为镜像参照面，单击操控面板右侧的按钮。系统打开“拉伸

1”操控面板。

在操控面板中选择“放置”→“编辑”命令，系统打开“草绘编辑”对话框，如图 6.23 所示。单击该对话框的“是”按钮，打开“草绘”对话框，选取 DTM1 基准平面作为草绘平面，单击该对话框的“草绘”按钮，进入草绘模式。

在绘图区的空白区域单击鼠标，放置“拉伸 1”的草绘剖面（剖面名称为 S2D0001）。经草绘约束得到如图 6.28 所示的剖面。单击草绘特征工具栏的✔按钮。通过按钮切换拉伸方向，使镜像的特征符合设计意图。单击操控面板右侧的✔按钮，系统打开“拉伸 2”特征操控面板。

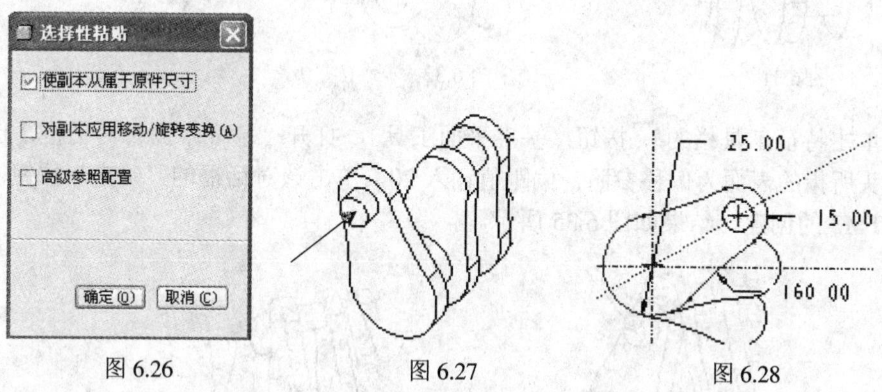

图 6.26　图 6.27　图 6.28

在操控面板中选择“放置”→“编辑”命令，系统打开“草绘编辑”对话框，如图 6.23 所示。单击该对话框的“是”按钮，打开“草绘”对话框，选取如图 6.29 中箭头所指的表面作为草绘平面，单击该对话框的“草绘”按钮，进入草绘模式。

在绘图区的空白区域单击鼠标，放置“拉伸 2”的草绘剖面（剖面名称为 S2D0002）。经约束得到如图 6.30 所示的剖面。单击草绘特征工具栏的✔按钮，单击操控面板右侧的✔按钮，系统打开“拉伸 3”特征操控面板。

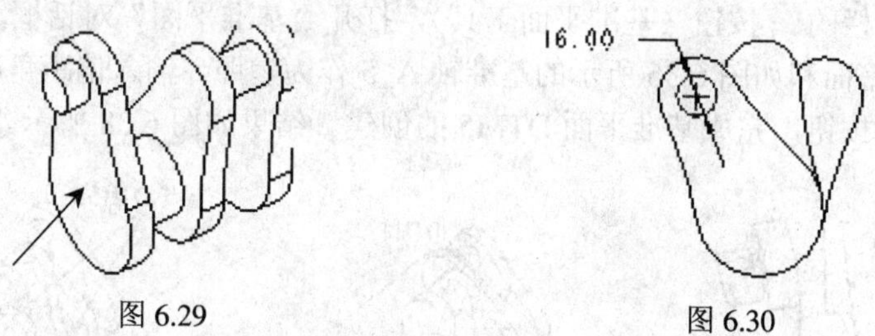

图 6.29　图 6.30

在操控面板中选择“放置”→“编辑”命令，系统打开“草绘编辑”对话框，如图 6.23 所示。单击该对话框的“是”按钮，打开“草绘”对话框，选取如图 6.31 中箭头所指的表面作为草绘平面，单击该对话框的“草绘”按钮，进入草绘模式。

在绘图区的空白区域单击鼠标，放置“拉伸 3”的草绘剖面（剖面名称为 S2D0003）。经约束得到如图 6.32 所示的剖面。单击草绘特征工具栏的✔按钮，单击操控面板右侧的✔按钮，完成特征的复制和选择性粘贴操作。结果如图 6.33 所示。

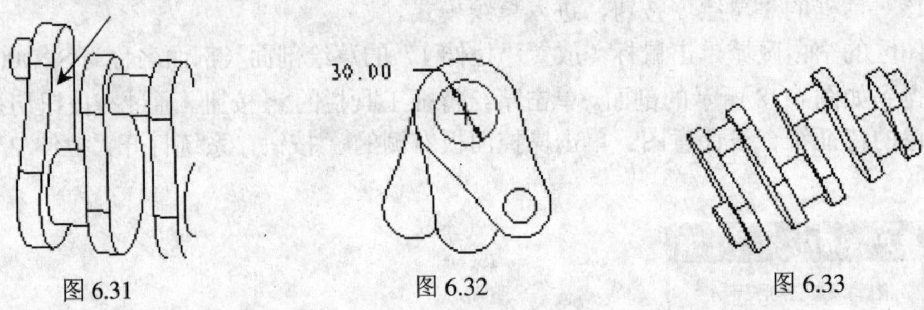

图 6.31　　图 6.32　　图 6.33

（8）单击特征工具栏的▱按钮（基准平面工具），打开“基准平面”对话框，选择如图 6.34 中箭头所指的表面为偏移参照，偏距值输入 20。单击该对话框的“确定”按钮，完成基准平面 DTM3 的创建。结果如图 6.35 所示。

图 6.34　　图 6.35

单击特征工具栏的▱按钮（基准平面工具），打开“基准平面”对话框，按住 Ctrl 键，选择 TOP 基准平面和如图 6.36 所示的基准轴 A_5 作为参照，输入偏距角度值 30。单击该对话框的“确定”按钮，完成基准平面 DTM4 的创建。结果如图 6.37 所示。

单击特征工具栏的▱按钮（基准平面工具），打开“基准平面”对话框，按住 Ctrl 键，选择 RIGHT 基准平面和如图 6.36 所示的基准轴 A_5 作为参照，输入偏距角度值 30。单击该对话框的“确定”按钮，完成基准平面 DTM5 的创建。结果如图 6.38 所示。

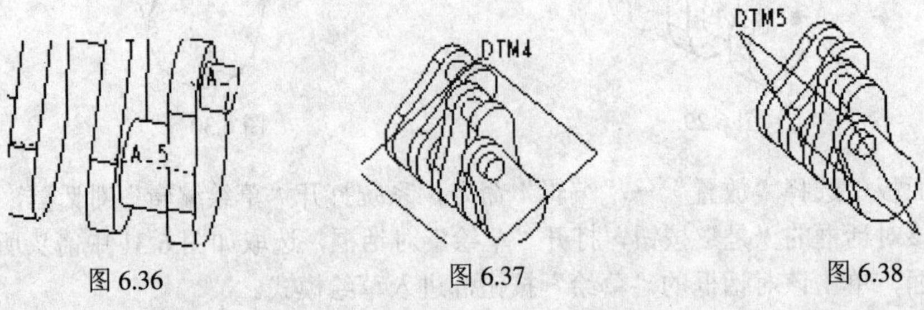

图 6.36　　图 6.37　　图 6.38

（9）在模型树中选择 LOCAL_GROUP 组，单击系统工具栏的按钮（复制），继续单击系统工具栏的按钮（选择性粘贴）。系统打开“选择性粘贴”对话框，如图 6.22 所示。选择“高级参照配置”选项，单击该对话框的“确定”按钮，系统打开“高级参照配置”对话框，如图 6.39 所示。

在“高级参照配置”对话框的左边列出了创建“拉伸 1”特征的所有参照。

在该对话框中单击第一个参照：FRONT：F3（基准平面），在模型树中选择基准平面 DTM3。

在该对话框中单击第二个参照：RIGHT：F1（基准平面），在模型树中选择基准平面 DTM5。

在该对话框中单击第三个参照：TOP：F2（基准平面），在模型树中选择基准平面 DTM4。单击该对话框的✔按钮，完成特征的复制和选择性粘贴操作。结果如图 6.40 所示。

提示：操作中通过菜单管理器的“方向”菜单控制复制特征的方向，按加亮显示的方向箭头使原始参照与替换参照的方向一致。

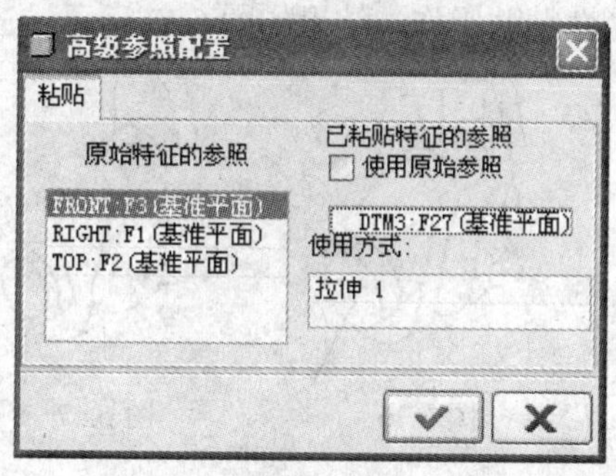

图 6.39

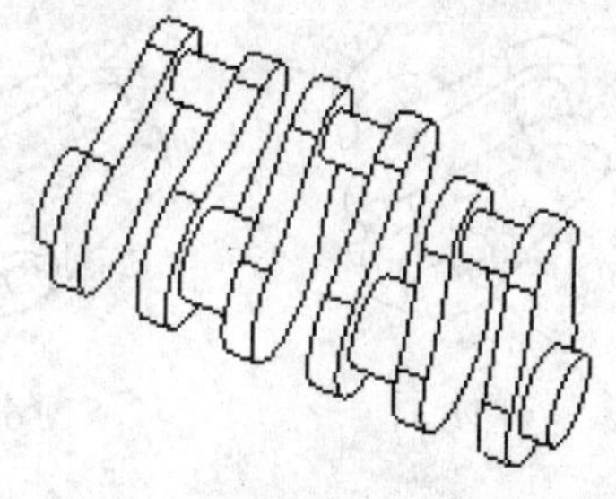

图 6.40

（10）按住 Ctrl 键，在模型树中选择 LOCAL_GROUP 组和“镜像 1”特征，单击系统工具栏的按钮（复制），继续单击系统工具栏的按钮（选择性粘贴）。系统打开“选择性粘贴”对话框，如图 6.26 所示。选择“对副本应用移动/旋转变换”选项，单击该对话框的“确定”按钮，系统打开“移动/旋转变换”操控面板，如图 6.41 所示。

接受系统缺省选项↔（沿选定参照平移特征），选择如图 6.42 中箭头所指的实体表面作为平移参照，输入平移距离值 120。

图 6.41

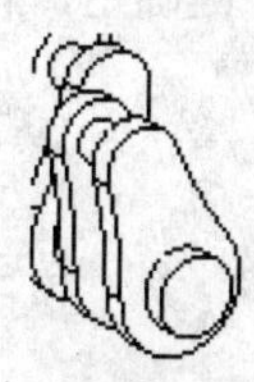

图 6.42

在绘图区右击鼠标，选择快捷命令“New Move”，单击操控面板的按钮（相对选定参照旋转特征），选择 A_5 基准轴为旋转参照，输入旋转角度值 30，单击操控面板右侧的按钮，完成特征的复制和选择性粘贴操作。结果如图 6.43 所示。

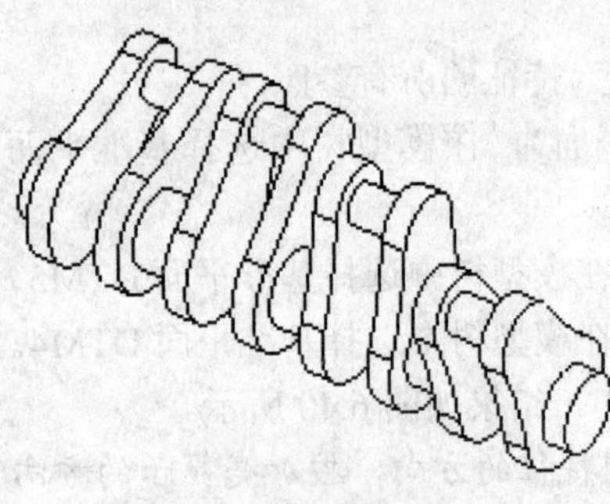

图 6.43

（11）单击特征工具栏的按钮（倒角工具），打开其操控面板。接受系统的缺省选项，选择如图 6.44 中箭头所指的边，更改倒角尺寸值为 3，单击操控面板右侧的按钮，完成倒角特征的创建。结果如图 6.45 所示。

（12）选择上一步创建的倒角特征，单击系统工具栏的按钮（复制），继续单击系统工具栏的按钮（选择性粘贴）。系统打开“选择性粘贴”对话框，如图 6.22 所示。接受系统提供的缺省设置，单击该对话框的“确定”按钮，系统打开“倒角工具”操控面板。选择如图 6.46 中箭头所指的边，单击操控面板右侧的按钮，完成倒角特征的选择性粘贴操作。结果如图 6.47 所示。

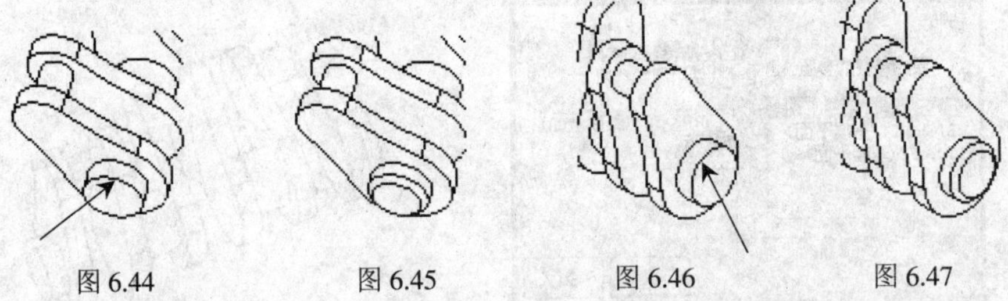

图 6.44　　图 6.45　　图 6.46　　图 6.47

提示： 由于倒角、倒圆角等工程特征需要依附于其他特征，因此在进行粘贴、选择性粘贴操作时必须指定其依附参照。

（13）保存并拭除文件。

例 2：从其他零件复制特征

（1）新建文件 6-1-2a。

（2）在特征工具栏单击按钮（拉伸工具），选择 TOP 基准平面为草绘平面，绘制如图 6.48 所示的剖面，完成后在特征工具栏中单击按钮，退出草绘模式。更改深度值为 20 并按 Enter 键确定，单击操控面板右侧的按钮，完成该拉伸特征的建立。结果如图 6.49 所示。

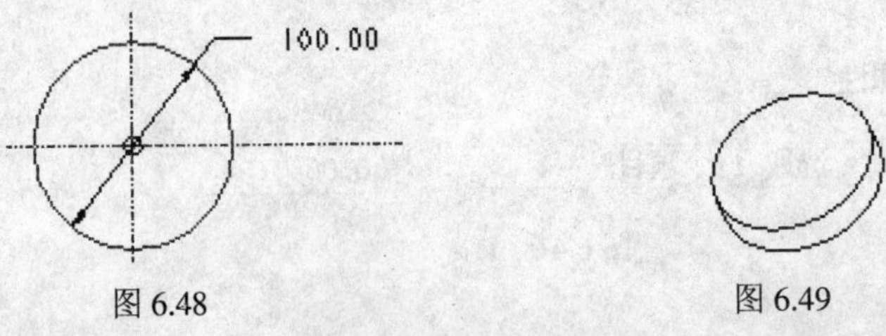

图 6.48　　图 6.49

（3）在特征工具栏单击按钮（拉伸工具），单击操控面板上的按钮（去除材料），选择实体上表面为草绘平面，选择外圆柱表面为附加参照，绘制如图 6.50 所示的剖面，完成后在特征工具栏中单击按钮，退出草绘模式。更改深度值为 10 并按 Enter 键确定，单击操控面板右侧的按钮，完成该拉伸特征的建立。结果如图 6.51 所示。

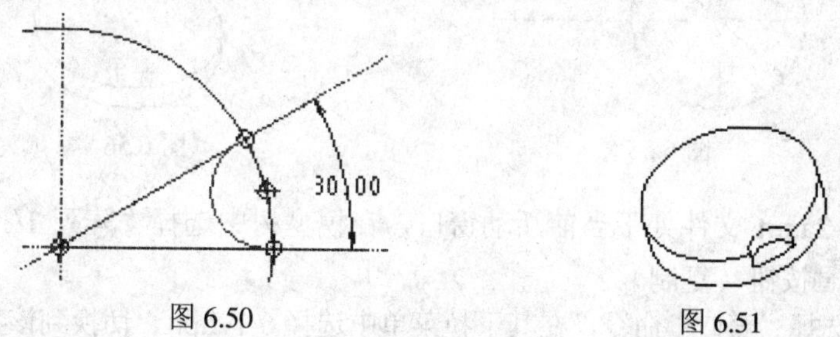

图 6.50　　图 6.51

（4）选择上一步创建的切剪特征，单击特征工具栏的按钮（阵列工具），打开其操控面板。在阵列类型下拉列表中选择“轴”，阵列的实例总数输入 6，阵列增量输入 60，单击操控面板右侧的按钮，完成阵列特征的建立。结果如图 6.52 所示。

（5）在特征工具栏上单击按钮（拉伸工具），单击操控面板上的按钮（去除材料），选择实体上表面为草绘平面，绘制如图 6.53 所示的剖面，完成后在特征工具栏中单击按钮，退出草绘模式。深度方式选择（穿透），单击操控面板右侧的按钮，完成该拉伸特征的建立。结果如图 6.54 所示。

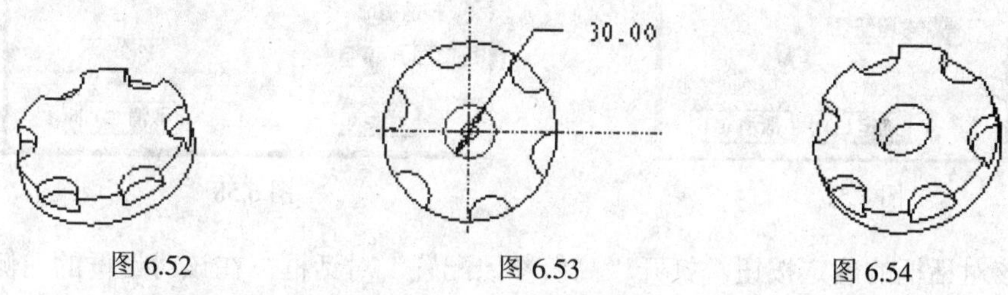

图 6.52　　图 6.53　　图 6.54

（6）在主菜单中选择“文件”→“保存副本”命令，打开“保存副本”对话框，在该对话框的“类型”下拉列表中选择文件格式“中性（*.neu）”，单击该对话框的“确定”按钮，弹出“输出 NEUTRAL”对话框，保持缺省设置，单击“确定”按钮，完成文件的保存副本（6-1-2a.neu）操作。

（7）保存 6-1-2a.prt 文件。

（8）新建文件 6-1-2。

（9）在特征工具栏上单击按钮（拉伸工具），选择 TOP 基准平面为草绘平面，绘制如图 6.55 所示的剖面，完成后在特征工具栏中单击按钮，退出草绘模式。更改深度值为 20

并按 Enter 键确定，单击操控面板右侧的✔按钮，完成该拉伸特征的建立。结果如图 6.56 所示。

图 6.55　　图 6.56

（10）使 6-1-2a.prt 文件处于当前活动窗口，在模型树中选择“阵列 1/拉伸 2”特征，单击系统工具栏的按钮（复制）。

在主菜单中选择“窗口”命令，在其下拉菜单中选择 6-1-2.prt，切换到该零件窗口。单击系统工具栏的按钮（选择性粘贴）。系统打开“选择性粘贴”对话框，如图 6.57 所示。选择“高级参照配置”选项，单击该对话框的“确定”按钮，系统打开“比例”对话框，如图 6.58 所示。在该对话框中选择“按值缩放”单选按钮，在“缩放因子”输入框中输入缩放比例 1.5。

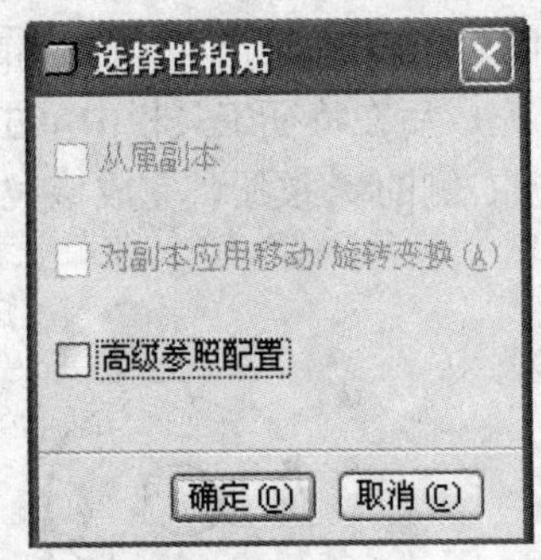

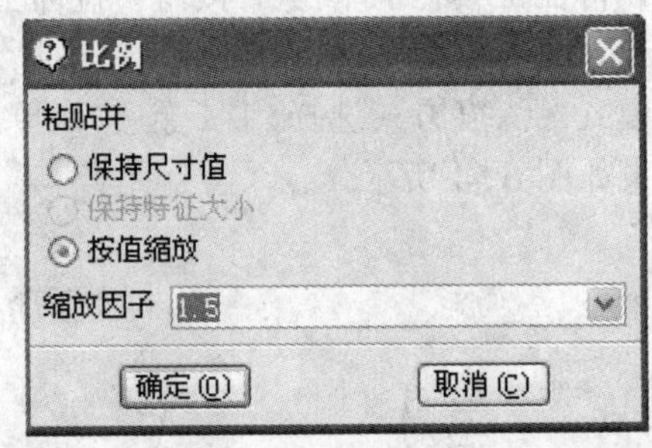

图 6.57　　图 6.58

单击该对话框的确定按钮。打开“高级参照配置”对话框。在该对话框的左侧列出了创建“阵列 1/拉伸 2”特征的所有参照，如图 6.59 所示。

单击“高级参照配置”对话框左侧的相应参照，在零件 6-1-2a 的窗口中会高亮显示该参照，然后在零件 6-1-2 窗口中选择对应的参照。

提示：可以将两个零件窗口缩放到合适的大小，以方便操作。

待所有 5 个参照全部选择完成后，单击“高级参照配置”对话框的✔按钮，在菜单管理器中选择“正向”命令，完成特征的复制和选择性粘贴操作。结果如图 6.60 所示。

（11）保存并拭除文件。

例 3：共享数据的应用

（1）新建文件 6-1-3a。

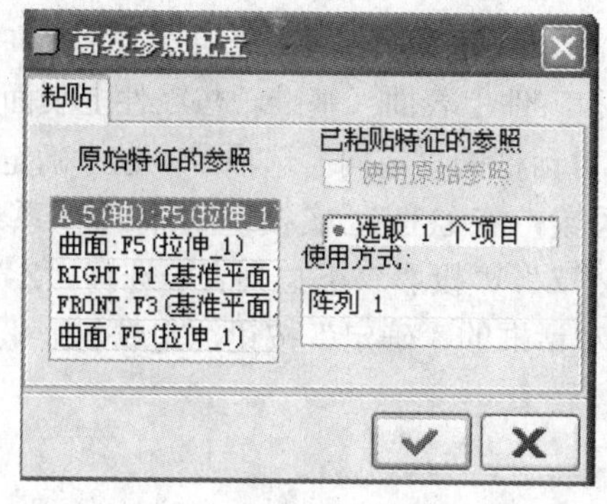

图 6.59

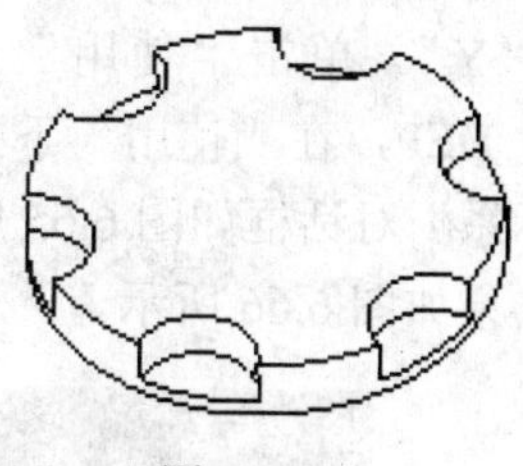

图 6.60

（2）在特征工具栏上单击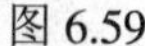按钮（拉伸工具），选择 TOP 基准平面为草绘平面，绘制如图 6.61 所示的剖面（注意，直径 100 的圆为结构圆），完成后在特征工具栏中单击✔按钮，退出草绘模式。更改深度值为 40 并按 Enter 键确定，单击操控面板右侧的✔按钮，完成该拉伸特征的建立。结果如图 6.62 所示。

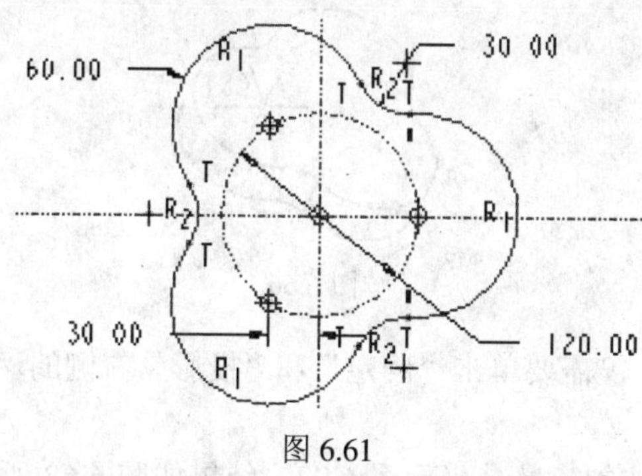

图 6.61

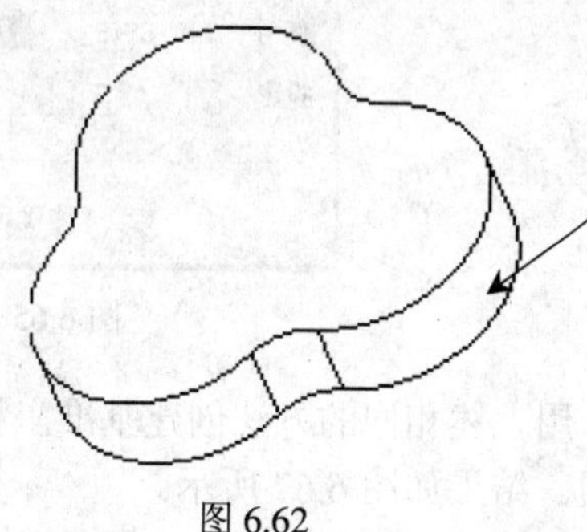

图 6.62

（3）创建基准轴。在特征工具栏单击/按钮（基准轴工具），打开基准轴创建对话框。选择如图 6.62 中箭头所指的外圆柱表面，单击基准轴对话框的“确定”按钮，完成基准轴 A_1 的创建。结果如图 6.63 所示。

用相同方法创建基准轴 A_2 和 A_3。结果如图 6.64 所示。

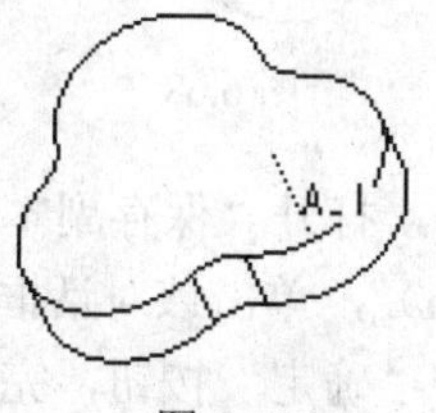

图 6.63

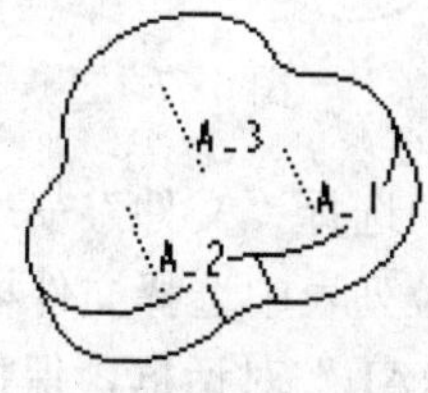

图 6.64

（4）创建基准坐标系。在特征工具栏上单击 按钮（基准坐标系工具），打开基准坐标系创建对话框。按住 Ctrl 键，选择基准轴 A_1 和零件上表面（基准轴与零件上表面形成一个交点即为新建坐标系的原点），单击“坐标系”对话框的“定向”选项卡，在“确定”下拉列表中选择“Y”。单击“使用”右侧的空白区域，在绘图区或模型树中选择系统坐标系 PRT_CSYS_DEF，在“使用”下拉列表中选择“Z”，“投影”下拉列表中选择“Z”。设置完成的“坐标系”对话框如图 6.65 所示。单击该对话框的“确定”按钮，完成基准坐标系 CS1 的创建。结果如图 6.66 所示。

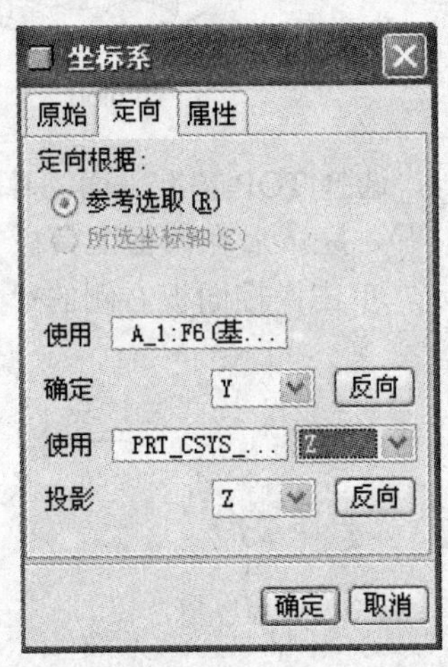

图 6.65

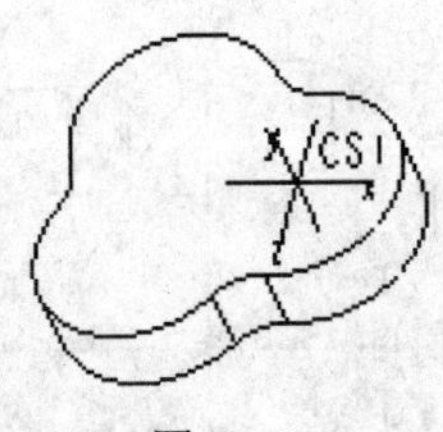

图 6.66

用上述相同的方法创建基准坐标系 CS2，仅需要单击“确定”和“投影”右侧的“反向”按钮。结果如图 6.67 所示。

用与创建基准坐标系 CS1 完全相同的方法创建基准坐标系 CS3。结果如图 6.68 所示。

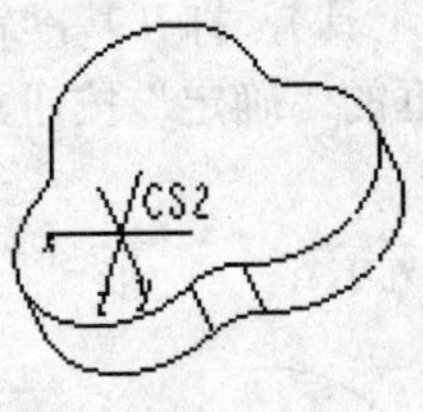

图 6.67

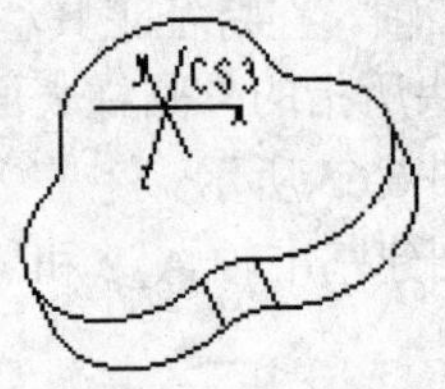

图 6.68

（5）在主菜单中选择“文件”→“保存副本”命令，打开“保存副本”对话框，在该对话框的“类型”下拉列表中选择文件格式“中性（*.neu）”，单击该对话框的“确定”按钮，弹出“输出 NEUTRAL”对话框，保持缺省设置，单击“确定”按钮，完成文件的保存副本（6-1-3a.neu）操作。

（6）保存 6-1-3a.prt 文件。

（7）新建文件 6-1-3。

（8）在主菜单中选择“插入”→“共享数据”→“自文件”命令，在打开的对话框中选择 6-1-3a.neu 文件，单击“打开”按钮，出现如图 6.69 所示的“选择实体选项和放置”对话框，保持缺省设置，单击“确定”按钮。结果如图 6.70 所示。

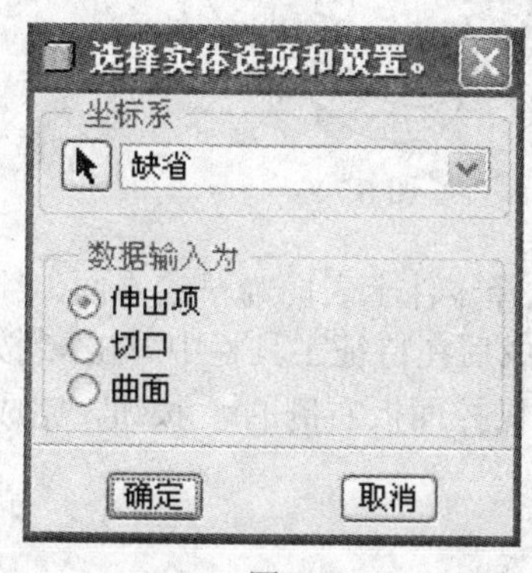

选择实体选项和放置。
坐标系
缺省
数据输入为
伸出项
切口
曲面
确定
取消

图 6.69

CS3
CS1
CS2
CS0/CSYS_DEF

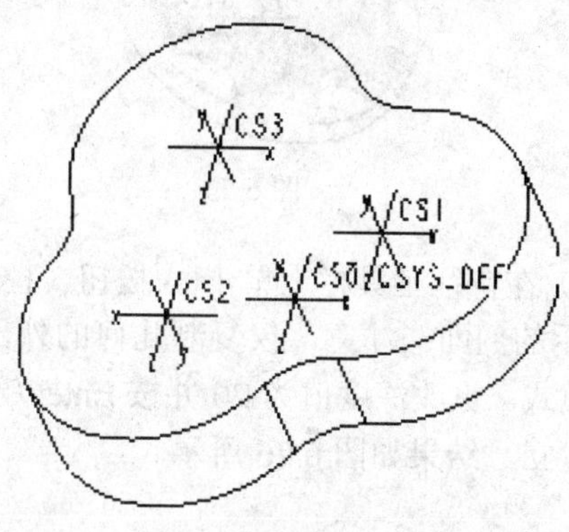

图 6.70

（9）在主菜单中选择“插入”→“共享数据”→“复制几何”命令，打开其操控面板，如图 6.71 所示，单击操控面板中的按钮（打开几何形状将被复制的模型），在“打开”对话框中选择 6-1-2a 零件，单击“打开”按钮，弹出“放置”对话框，选择该对话框的“坐标系”单选按钮，6-1-2a 零件出现在小窗口中。在零件 6-1-2a 中选择其系统坐标系，在零件 6-1-3 中选择 CS1 坐标系，此时“放置”对话框如图 6.72 所示。单击该对话框的“确定”按钮。

参照
选项
属性

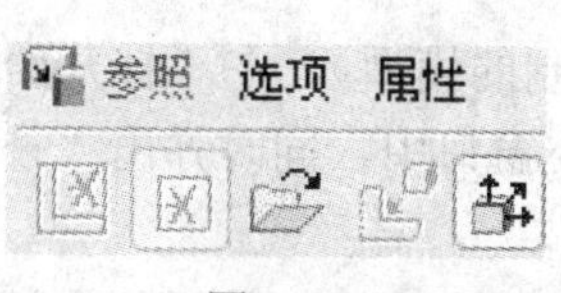

图 6.71

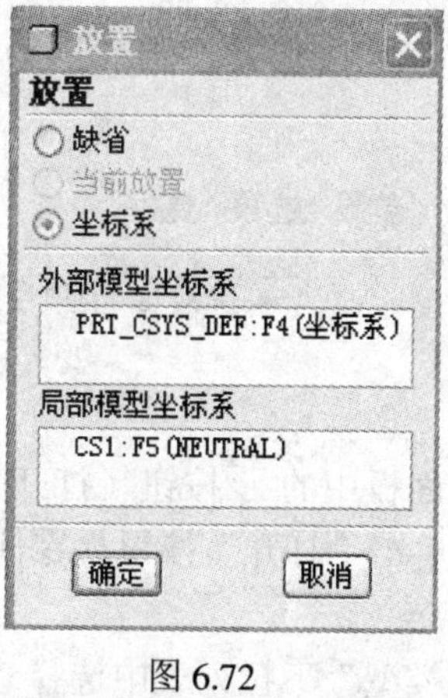

放置
放置
缺省
当前放置
坐标系
外部模型坐标系
PRT_CSYS_DEF:F4(坐标系)
局部模型坐标系
CS1:F5(NEUTRAL)
确定
取消

图 6.72

单击操控面板中的按钮（仅限发布几何），取消该命令选项。6-1-2a 零件出现在小窗口中。选择如图 6.73 所示的实体表面，单击操控面板右侧的✔按钮，完成该特征的建立，如图 6.74 所示。

图 6.73　　图 6.74

（10）在特征工具栏上单击按钮（拉伸工具），选择零件上表面为草绘平面，绘制如图 6.75 所示的剖面（注意，仅复制几何的外部边界），完成后在特征工具栏中单击✔按钮，退出草绘模式。更改深度值为 20 并按 Enter 键确定，单击操控面板右侧的✔按钮，完成该拉伸特征的建立。结果如图 6.76 所示。

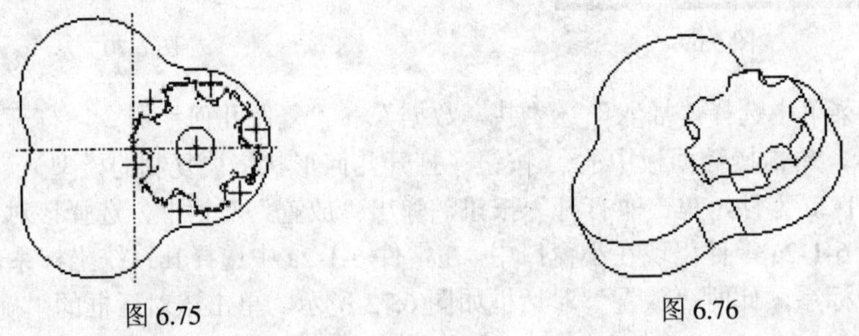

图 6.75　　图 6.76

（11）在主菜单中选择“插入”→“共享数据”→“合并/继承”命令，打开其操控面板，如图 6.77 所示。

图 6.77

单击操控面板中的按钮（打开几何形状将被复制的模型），在“打开”对话框中选择 6-1-2a 零件，单击“打开”按钮，零件 6-1-2a 出现在小窗口中，同时弹出“外部合并”对话框。

在“约束类型”下拉列表中选择“坐标系”，选择零件 6-1-2a 的系统坐标系，选择零件 6-1-3 的 CS3 坐标系，此时“外部合并”对话框如图 6.78 所示。

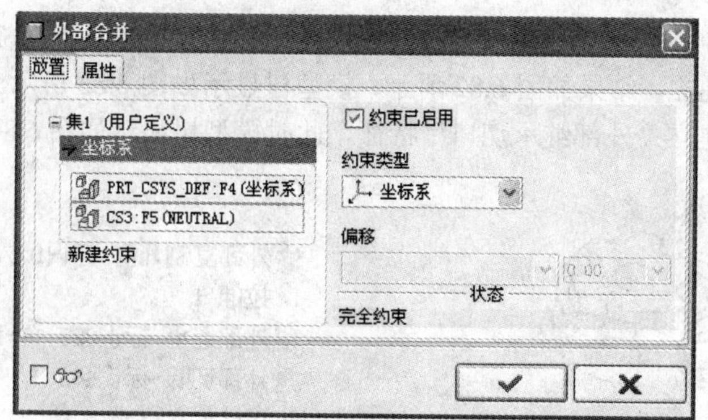

图 6.78

单击该对话框中的✔按钮，单击操控面板右侧的✔按钮，完成该特征的建立，结果如图 6.79 所示。此时模型树显示如图 6.80 所示。

在操控面板中单击“选项”按钮，在其上滑面板中是否勾选“从属”选项，决定于外部合并特征是否从属于原参照零件。如果单击操控面板中的按钮（切换继承），则建立的特征为“外部继承”特征，原参照零件的全部特征均被复制进当前零件中，其模型树显示如图 6.81 所示。

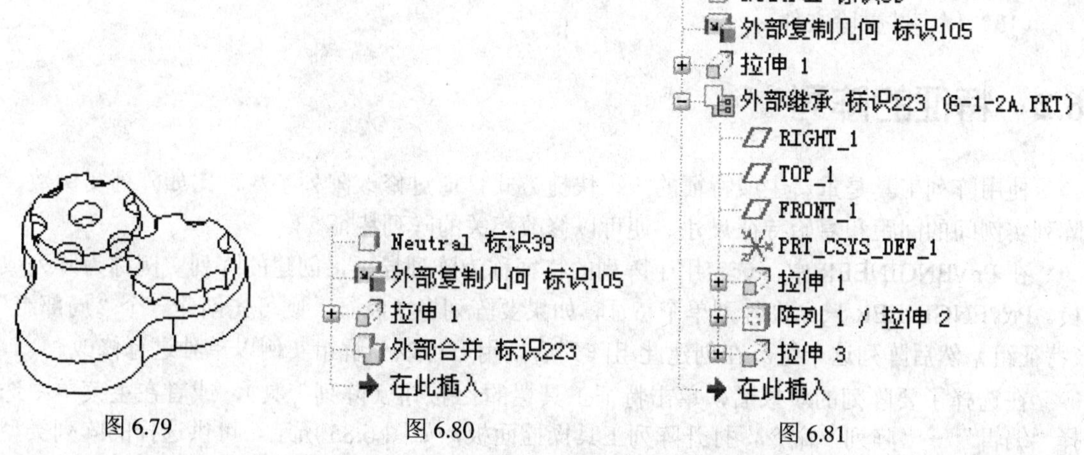

图 6.79 图 6.80 图 6.81

（12）在主菜单中选择“插入”→“共享数据”→“合并/继承”命令，打开其操控面板。单击操控面板中的按钮（打开几何形状将被复制的模型），在“打开”对话框中选择 6-1-2a 零件，单击“打开”按钮，零件 6-1-2a 出现在小窗口中，同时弹出“外部合并”对话框。

在“约束类型”下拉列表中选择“坐标系”，选择零件 6-1-2a 的系统坐标系，选择零件 6-1-3 的 CS2 坐标系。

单击该对话框中的按钮，单击操控面板中的按钮，单击操控面板右侧的按钮，完成外部切除特征的建立。结果如图 6.82 所示，模型树显示如图 6.83 所示。如果同时选择“切换继承”选项，则建立“外部继承切口”特征，此时模型树显示如图 6.84 所示。

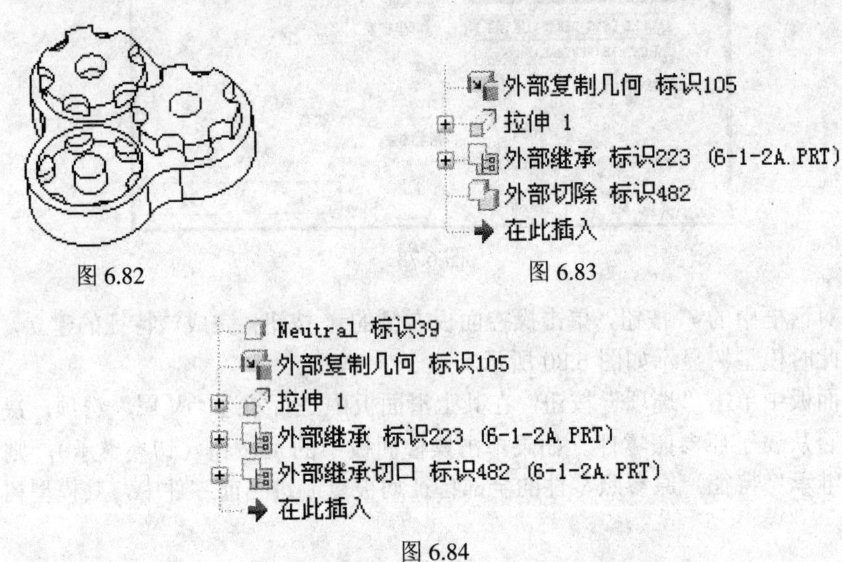

图 6.82

图 6.83

图 6.84

（13）保存并拭除文件。

6.2 特征的阵列

使用阵列工具是重新生成特征的一种快捷方式，通过修改阵列参数，比如阵列实例数、阵列实例间的间距和原始特征尺寸，便可以修改相关的阵列特征。

在 Pro/ENGINEER 中，选定用于阵列的特征称为阵列导引，创建的阵列实例称为阵列成员。Pro/ENGINEER 只允许阵列单个特征，如果要阵列多个特征，则可先创建一个“局部组”（特征组）然后阵列这个组。在创建此组阵列后，用户可以分解组实例以单独进行修改。

在选择了要阵列的对象后，单击特征工具栏的按钮（阵列工具），或者在主菜单中选择“编辑”→“阵列”命令，打开阵列工具操控面板，如图 6.85 所示。可供选择的阵列类型主要包括尺寸、方向、轴、填充、表、参照和曲线。

图 6.85

尺寸：通过使用驱动尺寸并指定阵列的增量变化来控制阵列。尺寸阵列可以为单向或双向。

方向：使用方向定义阵列。方向阵列可以为单向或双向。

轴：选择一个基准轴作为轴心，进行圆周类型的阵列。

表：通过使用阵列表并为每一阵列实例指定尺寸来控制阵列。

参照：通过参照另一阵列来控制阵列。

填充：根据选定栅格用实例填充区域的方式来控制阵列。

曲线：通过一条曲线作为参照进行阵列。

例：特征的阵列

（1）新建文件 6-2。

（2）在特征工具栏上单击按钮（拉伸工具），选择 TOP 基准平面为草绘平面，绘制如图 6.86 所示的剖面，完成后在特征工具栏中单击按钮，退出草绘模式。更改深度值为 150 并按 Enter 键确定，单击操控面板右侧的按钮，完成该拉伸特征的建立。结果如图 6.87 所示。

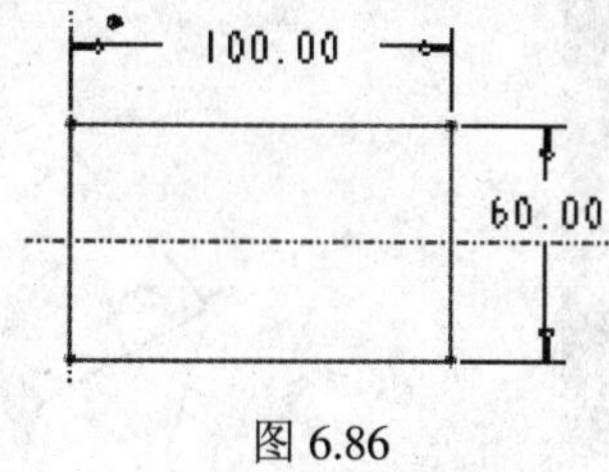

图 6.86

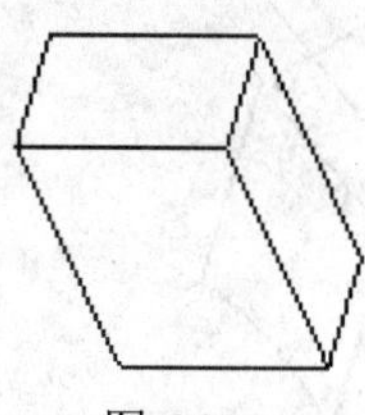

图 6.87

（3）在特征工具栏上单击按钮（拉伸工具），单击操控面板中的按钮，选择如图 6.88 中箭头所指的平面为草绘平面，绘制如图 6.89 所示的剖面，完成后在特征工具栏中单击按钮，退出草绘模式。更改深度值为 50 并按 Enter 键确定，单击操控面板右侧的按钮，完成该拉伸切剪特征的建立。结果如图 6.90 所示。

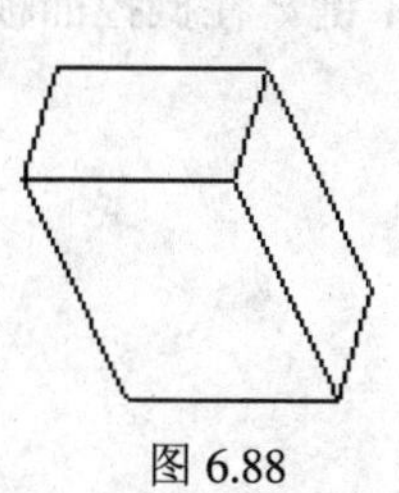

图 6.88

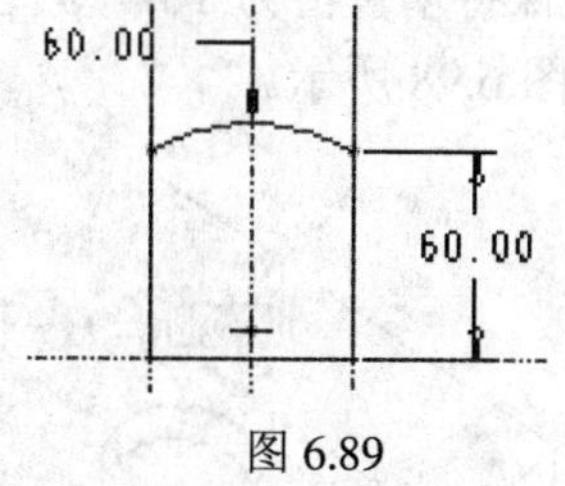

图 6.89

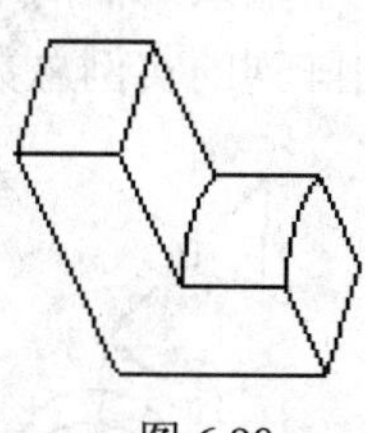

图 6.90

（4）单击特征工具栏的按钮（壳工具），打开其操控面板，选择如图 6.91 中箭头所指的表面为删除曲面，输入壳的厚度值为 2，单击操控面板右侧的按钮，完成壳特征的建立。

结果如图 6.92 所示。

图 6.91　　图 6.92

（5）在特征工具栏上单击按钮（孔工具），打开其操控面板，在操控面板上选择“设置”命令，弹出其上滑面板。

主参照选择如图 6.93 中箭头所指的表面，孔的放置类型选择“线性”，单击“次参照”下方的空白区域，按住 Ctrl 键，选取如图 6.93 中箭头所指的两条边，更改偏移量分别为 10、10，如图 6.94 所示。设置孔径为 6，孔的深度方式选择（钻孔至下一曲面），单击操控面板右侧的按钮，完成孔特征的建立。结果如图 6.95 所示。

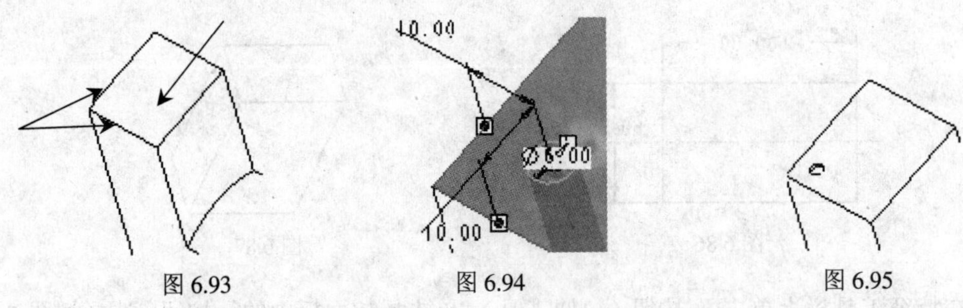

图 6.93　　图 6.94　　图 6.95

（6）选择上一步创建的孔特征，在特征工具栏上单击按钮（阵列工具），打开其操控面板，同时孔特征的所有特征尺寸均显示在绘图窗口，如图 6.96 所示。

在绘图窗口单击第一个阵列尺寸，在尺寸附近出现一个阵列增量输入框，如图 6.97 所示。在输入框中输入所需的增量，此处保持增量值为 10，即直接按 Enter 键。在操控面板中输入第一方向阵列的实例总数为 4，如图 6.98 所示。

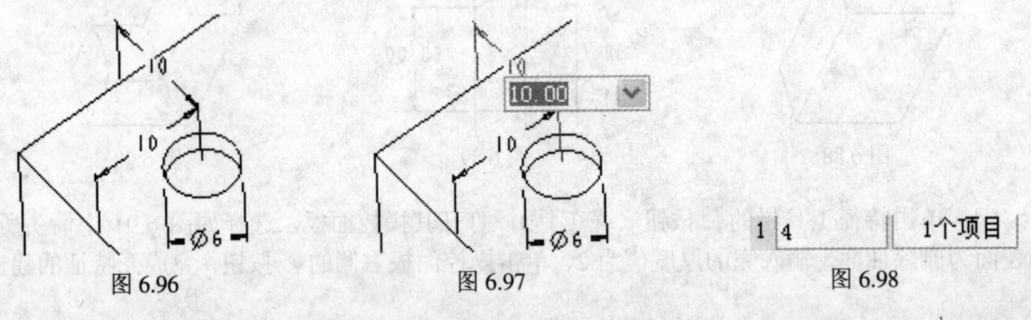

图 6.96　　图 6.97　　图 6.98

单击操控面板中第二方向的阵列尺寸，使其变为淡黄色，在绘图窗口单击第二个阵列驱动尺寸，在驱动尺寸附近出现一个阵列增量输入框，如图6.99所示。直接按Enter键，在操控面板中输入第二方向阵列的实例总数为5，如图6.100所示。

单击操控面板右侧的✔按钮，完成阵列特征的建立。结果如图6.101所示。

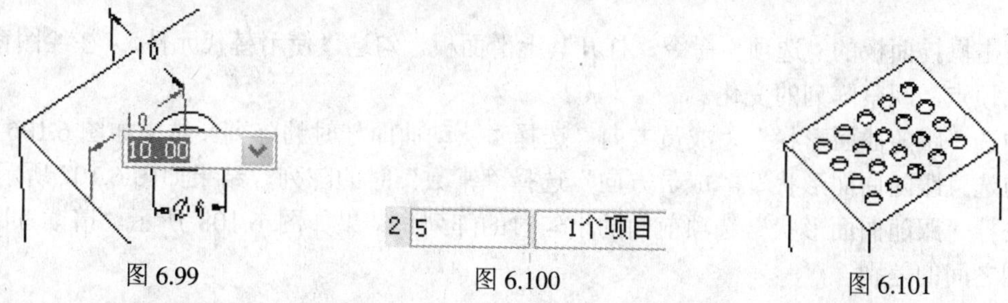

图6.99　图6.100　图6.101

（7）在特征工具栏单击按钮（孔工具），打开其操控面板，在操控面板上选择“设置”命令，弹出其上滑面板。

主参照选择如图6.93中箭头所指的表面，孔的放置类型选择“线性”，单击“次参照”下方的空白区域，按住Ctrl键，选取如图6.102中箭头所指的两条边，更改偏移量分别为30、25。在操控面板中设置孔径为6，孔的深度方式选择（钻孔至下一曲面），单击操控面板右侧的✔按钮，完成孔特征的建立。结果如图6.103所示。

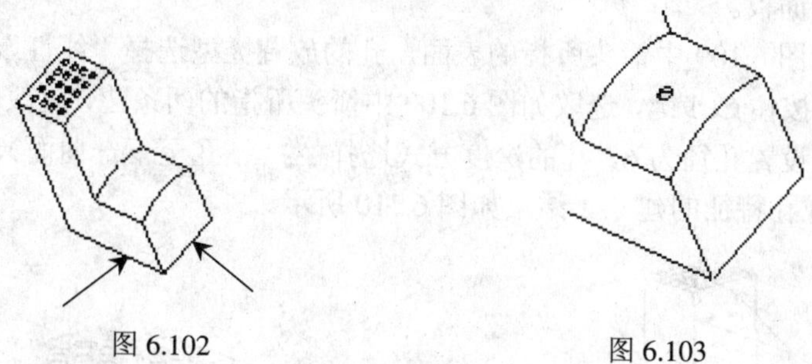

图6.102　图6.103

（8）选择上一步创建的孔特征，在特征工具栏单击按钮（阵列工具），打开其操控面板。

阵列类型选择“填充”。单击操控面板上的“参照”命令，打开其上滑面板。单击上滑面板的“定义”按钮，打开“草绘”对话框。

选择如图6.93中箭头所指的表面作为草绘平面，绘制如图6.104所示的剖面，完成后单击特征工具栏的✔按钮，退出草绘。

在操控面板中进行适当的设置并输入相应的数值。结果如图6.105所示。读者可通过更改设置以观察结果的变化。

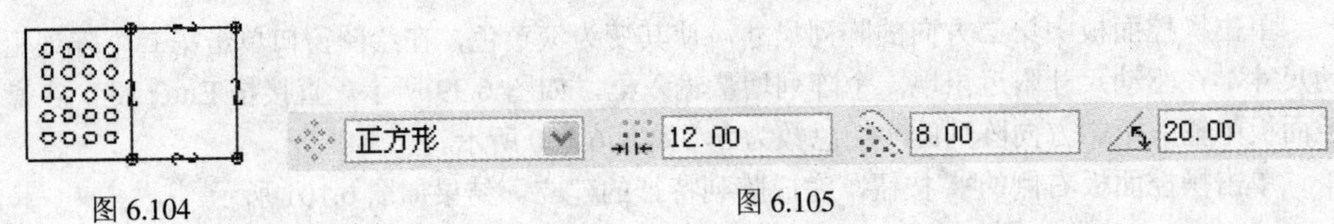

图 6.104 图 6.105

单击操控面板的“选项”命令，打开其上滑面板。勾选“使用替代元件”，在绘图窗口选择任意顶点，观察阵列的变化。

勾选“跟随曲面形状”，“成员方向”选择“从动曲面”时的阵列。结果如图 6.106 所示。

勾选“跟随曲面形状”，“成员方向”选择“常数”时的阵列。结果如图 6.107 所示。

去掉“跟随曲面形状”选项前面的小勾时的阵列。结果如图 6.108 所示。请读者比较各种阵列之间的差别。

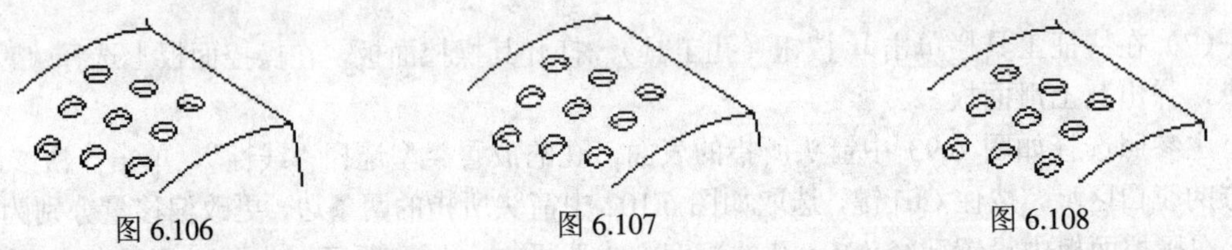

图 6.106 图 6.107 图 6.108

（9）在特征工具栏单击按钮（孔工具），打开其操控面板，在操控面板上选择“设置”命令，弹出其上滑面板。

主参照选择如图 6.109 中箭头所指的表面，孔的放置类型选择“线性”，单击“次参照”下方的空白区域，按住 Ctrl 键，选取如图 6.109 中箭头所指的两条边，更改偏移量分别为 10、10。在操控面板中设置孔径为 6，孔的深度方式选择（钻孔至下一曲面），单击操控面板右侧的按钮，完成孔特征的建立。结果如图 6.110 所示。

图 6.109 图 6.110

（10）选择上一步创建的孔特征，在特征工具栏单击按钮（阵列工具），打开其操控面板。

阵列类型选择“方向”。在绘图区选择如图 6.111 中箭头所指的“表面 1”作为方向参照，在操控面板的阵列方向 1 输入阵列实例总数为 14，阵列增量为 10，单击按钮切换阵列方向。

在绘图区右击鼠标，在快捷菜单中选择“方向 2 参照”命令，选择如图 6.111 中箭头所指的“表面 2”作为方向参照，在操控面板的阵列方向 2 输入阵列实例总数为 5，阵列增量为 10，单击按钮切换阵列方向。完成后单击操控面板右侧的按钮。结果如图 6.112 所示。

图 6.111　　图 6.112

（11）在特征工具栏单击按钮（孔工具），打开其操控面板，在操控面板上选择“设置”命令，弹出其上滑面板。

主参照选择如图 6.113 中箭头所指的表面，孔的放置类型选择“线性”，单击“次参照”下方的空白区域，按住 Ctrl 键，选取如图 6.113 中箭头所指的两条边，更改偏移量分别为 45、30。在操控面板中设置孔径为 6，孔的深度方式选择（钻孔至下一曲面），单击操控面板右侧的按钮，完成孔特征的建立。结果如图 6.114 所示。

（12）在特征工具栏单击按钮（孔工具），打开其操控面板板，在操控面板上选择“设置”命令，弹出其上滑面板。

主参照选择如图 6.113 中箭头所指的表面，孔的放置类型选择“直径”，单击“次参照”下方的空白区域，按住 Ctrl 键，在绘图区选取上一步创建的孔的轴线，在模型树中选取 FRONT 基准平面，更改直径值为 20，更改角度值为 30。在操控面板中设置孔径为 6，孔的深度方式选择（钻孔至下一曲面），单击操控面板右侧的按钮，完成孔特征的建立。结果如图 6.115 所示。

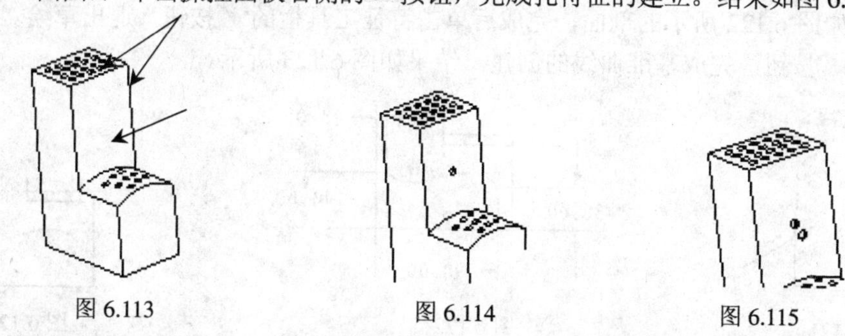

图 6.113　　图 6.114　　图 6.115

（13）选择上一步创建的孔特征，在特征工具栏单击按钮（阵列工具），打开其操控面板。阵列类型保持为“尺寸”。单击操控面板中的“尺寸”命令，打开其上滑面板。

在绘图区单击阵列方向 1 尺寸为角度值 30，将其更改为 60，阵列实例总数更改为 6。

在绘图区右击鼠标，在快捷菜单中选择“方向 2 尺寸”命令。按住 Ctrl 键，将 3 个尺寸全部选中，分别更改 3 个尺寸为 10、–1、12，如图 6.116 所示。阵列实例总数更改为 4，完成后单击操控面板右侧的✔按钮，完成阵列特征的创建。结果如图 6.117 所示。

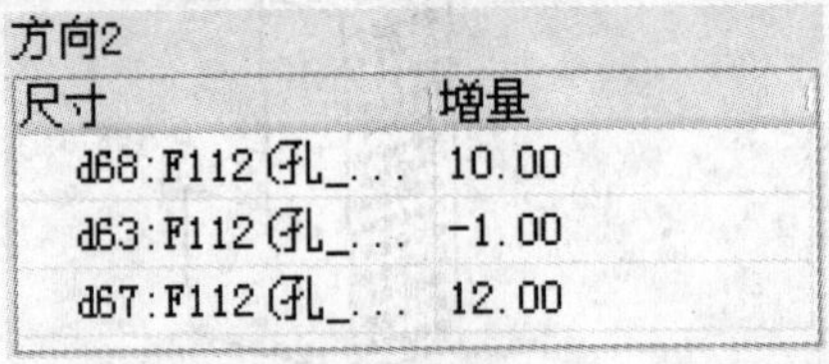

方向2

尺寸	增量
d68:F112(孔_...	10.00
d63:F112(孔_...	-1.00
d67:F112(孔_...	12.00

图 6.116

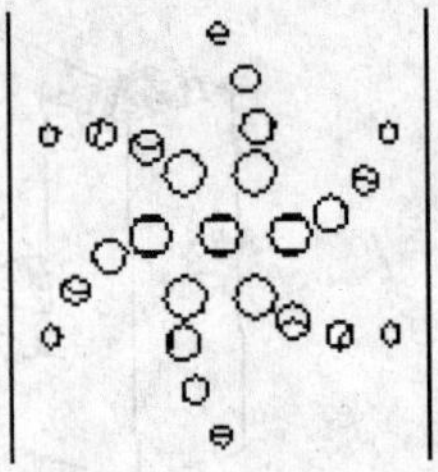

图 6.117

（14）单击特征工具栏的按钮（草绘工具），选择如图 6.118 中箭头所指的平面为草绘平面，绘制如图 6.119 所示的剖面，完成后单击特征工具栏的✔按钮，退出草绘。单击操控面板右侧的✔按钮，完成基准曲线的创建。结果如图 6.120 所示。

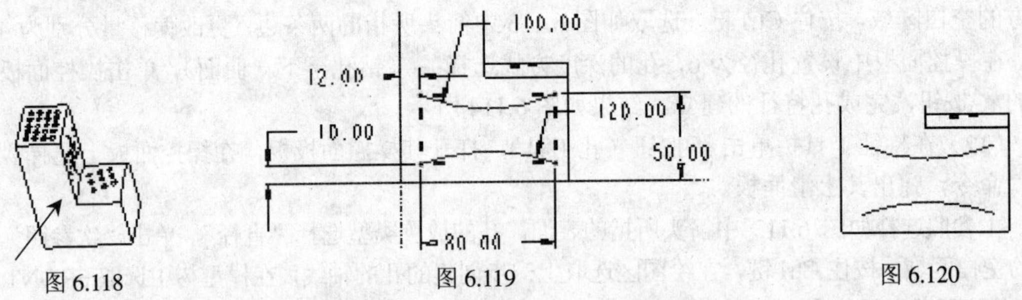

图 6.118 图 6.119 图 6.120

（15）单击特征工具栏的按钮（草绘工具），选择如图 6.121 中箭头所指的平面为草绘平面，绘制如图 6.122 所示的剖面，完成后单击特征工具栏的✔按钮，退出草绘。单击操控面板右侧的✔按钮，完成基准曲线的创建。结果如图 6.123 所示。

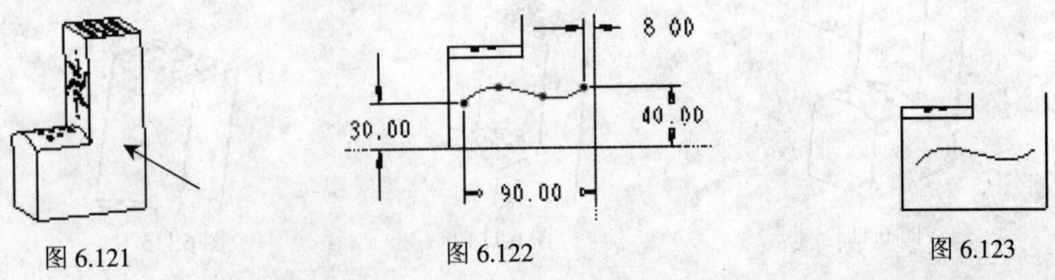

图 6.121 图 6.122 图 6.123

（16）在特征工具栏上单击按钮（拉伸工具），单击操控面板中的按钮，选择如图

6.118 中箭头所指的平面为草绘平面，绘制如图 6.124 所示的剖面（注意，将两根曲线全部加选为附加参照），完成后在特征工具栏中单击✔按钮，退出草绘模式。深度方式选择▤（钻孔至下一曲面），单击操控面板右侧的✔按钮，完成该拉伸特征的建立。结果如图 6.125 所示。

（17）选择上一步创建的孔特征，在特征工具栏中单击▦按钮（阵列工具），打开其操控面板。阵列类型保持为“尺寸”。单击操控面板中的“尺寸”命令，打开其上滑面板。

在绘图区单击阵列方向 1 尺寸 10，将其更改为 12，阵列实例总数更改为 7。完成后单击操控面板右侧的✔按钮，完成阵列特征的创建。结果如图 6.126 所示。

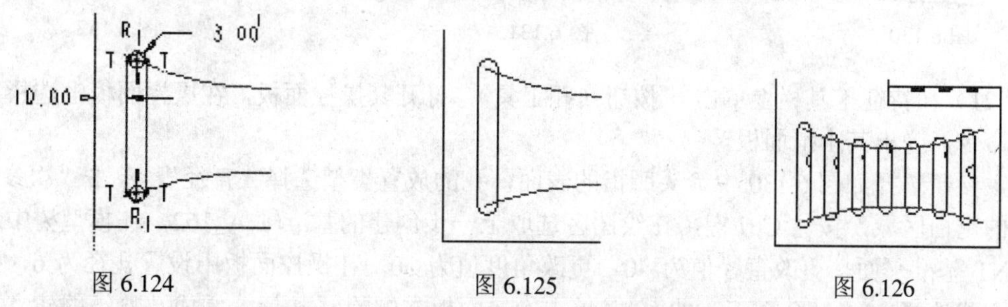

图 6.124　　图 6.125　　图 6.126

（18）在特征工具栏上单击▱按钮（拉伸工具），单击操控面板中的▱按钮，选择如图 6.121 中箭头所指的平面为草绘平面，绘制如图 6.127 所示的剖面（注意，将曲线加选为附加参照），完成后在特征工具栏中单击✔按钮，退出草绘模式。深度方式选择▤（钻孔至下一曲面），单击操控面板右侧的✔按钮，完成该拉伸特征的建立。结果如图 6.128 所示。

（19）选择上一步创建的孔特征，在特征工具栏上单击▦按钮（阵列工具），打开其操控面板。阵列类型选择“曲线”。此时，操控面板上的曲线收集器被激活，选择步骤（15）所创建的曲线，单击操控面板的⁂按钮，输入阵列实例总数 8。完成后单击操控面板右侧的✔按钮，完成阵列特征的创建。结果如图 6.129 所示。

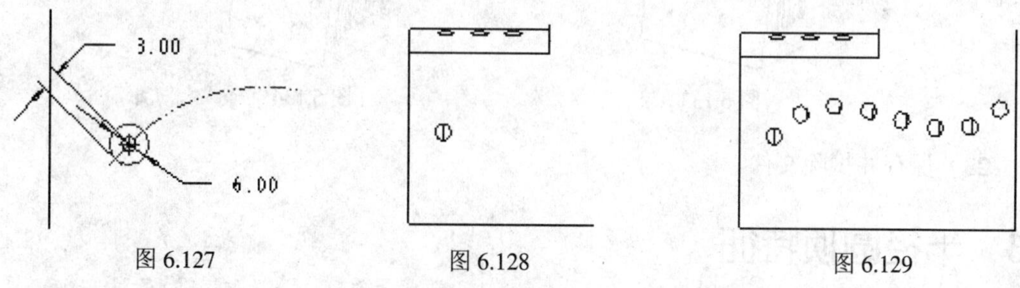

图 6.127　　图 6.128　　图 6.129

（20）单击特征工具栏上的╱按钮（基准轴工具），打开“基准轴”对话框。选择如图 6.130 中箭头所指的平面。单击“基准轴”对话框中的“偏移参照”收集器使其激活。按住 Ctrl 键，选取如图 6.130 中箭头所指的两条边作为偏移参照，输入偏移数值分别为 30、35，如图 6.131

所示。单击该对话框的“确定”按钮，完成基准轴 A_162 的创建。结果如图 6.132 所示。

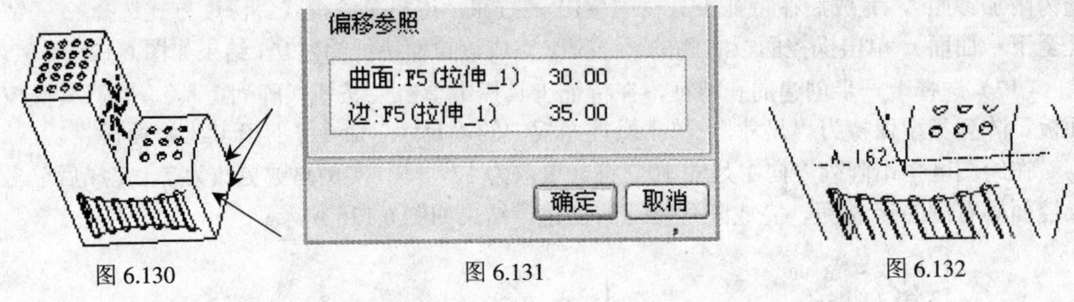

图 6.130 图 6.131 图 6.132

（21）在特征工具栏上单击按钮（孔工具），打开其操控面板，在操控面板上选择“设置”命令，弹出其上滑面板。

主参照选择如图 6.130 中箭头所指的表面，孔的放置类型选择“直径”，单击“次参照”下方的空白区域，按住 Ctrl 键，在绘图区选取上一步创建的基准轴 A_162，在模型树中选取 FRONT 基准平面，更改直径值为 40，更改角度值为 30。在操控面板中设置孔径为 6，孔的深度方式选择（钻孔至下一曲面），单击操控面板右侧的按钮，完成孔特征的建立。结果如图 6.133 所示。

（22）选择上一步创建的孔特征，在特征工具栏上单击按钮（阵列工具），打开其操控面板，阵列类型选择“轴”。此时，操控面板上的轴收集器被激活，选择步骤（20）所创建的基准轴 A_162，阵列方向 1 尺寸增量输入 60，输入阵列实例总数 6。完成后单击操控面板右侧的按钮，完成阵列特征的创建。结果如图 6.134 所示。

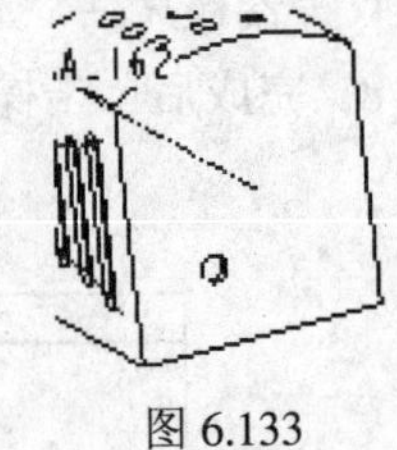

图 6.133

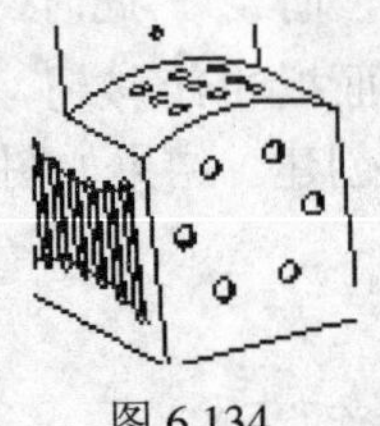

图 6.134

（23）保存并拭除文件。

6.3 半径圆顶特征

半径圆顶特征能够对实体特征的表面用一个指定半径值和偏距距离的曲面替代，利用该特征可以快速对零件表面作出隆起和凹陷的处理。建立半径圆顶特征需要指定一个需要处理的曲面，该曲面必须是平面、圆环面、圆锥或圆柱面，再指定一个基准面、平面曲面作为参照，参照必须与需要处理的平面垂直。圆顶特征将被延伸到被处理曲面的边界。

建立半径圆顶特征的途径是：在主菜单中选择“插入”→“高级”→“半径圆顶”命令。要使用半径圆顶特征，需要在主菜单中选择“工具”→“选项”命令，在“选项”对话框中增加参数“allow_anatomic_features”，参数值为“yes”，应用后才会出现该项功能。

例：创建半径圆顶特征

（1）新建文件 6-3。

（2）在特征工具栏上单击按钮（拉伸工具），选择 TOP 基准平面作为草绘平面，绘制如图 6.135 所示的剖面，完成后在特征工具栏中单击按钮，退出草绘模式。输入深度 30，单击操控面板右侧的按钮，完成该拉伸特征的建立。结果如图 6.136 所示。

（3）在主菜单中选择“插入”→“高级”→“半径圆顶”命令，弹出一个对话框，选择上一步骤建立的拉伸特征的上表面作为需要操作的平面，选择如图 6.136 箭头所指的边，单击“确定”，在信息栏输入圆盖半径 60，按 Enter 键确定，完成该特征的建立，如图 6.137 所示。

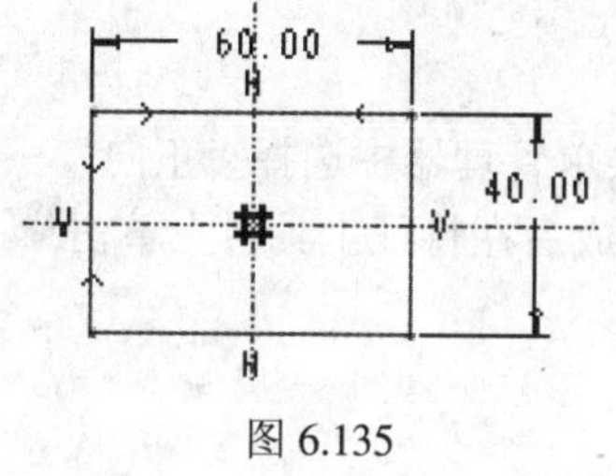

图 6.135

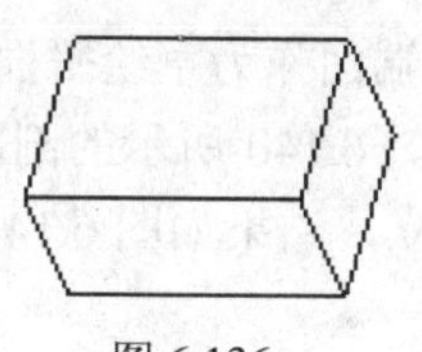
图 6.136

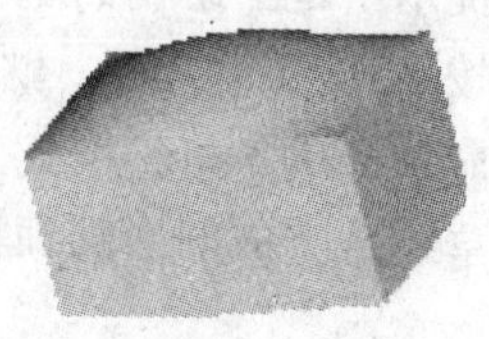
图 6.137

（4）保存并拭除文件。

6.4 剖面圆顶特征

建立剖面圆顶特征的途径是：“插入”→“高级”→“剖面圆顶”命令，出现如图 6.138 所示的菜单管理器，然后进行后续操作。

剖面圆顶特征是用一个曲面替代指定的平面，这个用来替代的曲面可以用扫描和混合两种方式来进行定义。

扫描是用两个垂直的横截面来创建替代曲面；混合则是用几个平行截面来创建新的替代曲面。

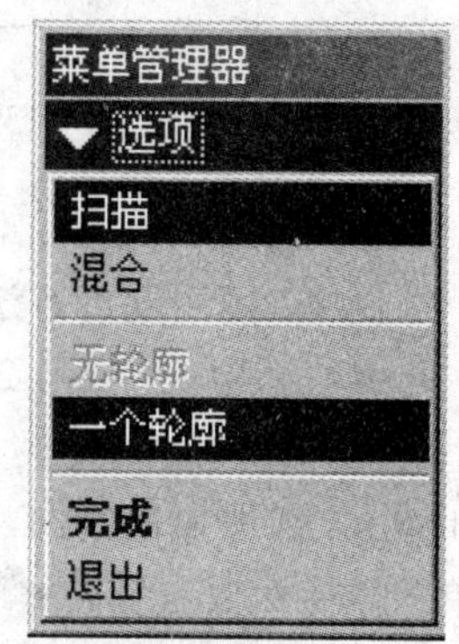

图 6.138

要创建剖面圆顶特征，必须遵守下列条件：

（1）当草绘截面时被替代的曲面必须是水平的。

（2）剖面不能与零件的边相切。

（3）不能将剖面特征增加到沿着任何边有倒圆角特征的曲面上。如果需要建立倒圆角特征，应先建立剖面圆顶特征再建立倒圆角特征。

（4）利用混合创建替代曲面时，每个剖面的线段数量不必相同。

（5）草绘剖面不能封闭且长度不能短于被替代曲面。

要使用剖面圆顶特征，需要在主菜单中选择“工具”→“选项”命令，在“选项”对话框中增加参数“allow_ anatomic_features”，参数值为“yes”，应用后才会出现该命令。

例 1：使用扫描方法建立剖面圆顶特征

（1）新建文件 6-4-1。

（2）在特征工具栏上单击按钮（拉伸工具），选择 TOP 基准平面作为草绘平面，绘制如图 6.135 所示的剖面，完成后在特征工具栏中单击按钮，退出草绘模式。输入深度 30，单击操控面板右侧的按钮，完成该拉伸特征的建立。结果如图 6.136 所示。

（3）在主菜单中选择“插入”→“高级”→“剖面圆顶”命令，在菜单管理器中选择“扫描”→“一个轮廓”→“完成”命令，选择上一步建立的特征顶面为替代曲面，继续选择前端面为草绘平面，在菜单管理器中选择“正向”→“缺省”命令，进入草绘模式。绘制如图 6.139 所示的剖面，完成后在特征工具栏上单击按钮退出草绘。

提示：这里绘制的剖面作为轮廓线使用。

按 Ctrl+D 组合键，继续选择右端面作为草绘平面，在菜单管理器中选择“正向”→“缺省”命令，进入草绘模式，绘制如图 6.140 所示的剖面。完成后在特征工具栏上单击按钮退出草绘，完成剖面圆顶特征的建立，结果如图 6.141 所示。

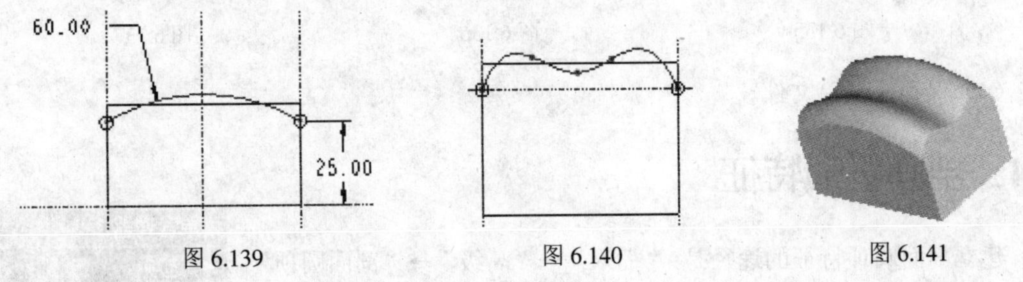

图 6.139　　图 6.140　　图 6.141

（4）保存并拭除文件。

例 2：使用混合方法创建剖面圆顶特征

（1）新建文件 6-4-2。

（2）在特征工具栏上单击按钮（拉伸工具），选择 TOP 基准平面作为草绘平面，绘制如图 6.135 所示的剖面，完成后在特征工具栏中单击按钮，退出草绘模式。输入深度 30，单击操控面板右侧的按钮，完成该拉伸特征的建立。结果如图 6.136 所示。

（3）按 Ctrl+D 组合键，使零件处于标准显示状态。

（4）在主菜单中选择“插入”→“高级”→“剖面圆顶”命令，在菜单管理器中选择“混合”→“一个轮廓”→“完成”命令，选择步骤（2）所建立的特征顶面为替代曲面，继续选择零件的前端面为草绘平面，在菜单管理器中选择“正向”→“缺省”命令，进入草绘模式，绘制如图 6.142 所示的剖面，完成后在特征工具栏上单击✔按钮退出草绘。

按 Ctrl+D 组合键，使零件处于标准显示状态。

选择零件的右端面作为草绘平面，在菜单管理器中选择“正向”→“缺省”命令，进入草绘模式，绘制如图 6.143 所示的剖面，完成后在特征工具栏上单击✔按钮退出草绘。

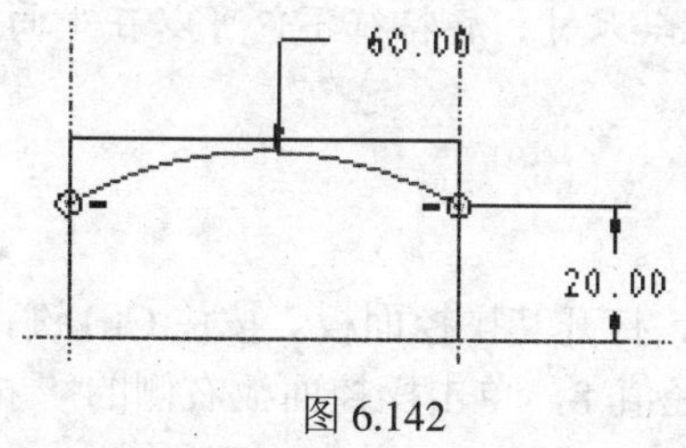

图 6.142

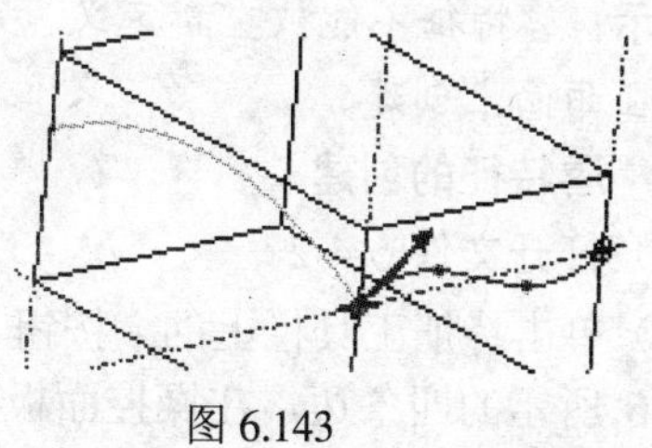
图 6.143

提示： 如图 6.143 所示，两个剖面的起点必须重合，否则特征不能生成。

在菜单管理器中选择“输入值”命令，在信息栏输入对下一截面的距离为 60，按 Enter 键确定，进入草绘模式，绘制如图 6.144 所示的剖面，注意两个剖面的起始点的位置必须位于同一侧。完成后在特征工具栏上单击✔按钮退出草绘。

系统询问“继续下一截面吗？”，选择“否”，完成剖面圆顶特征的创建。结果如图 6.145 所示。

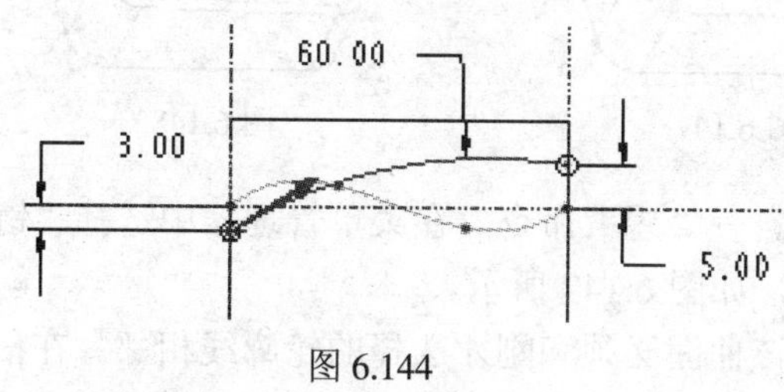

图 6.144

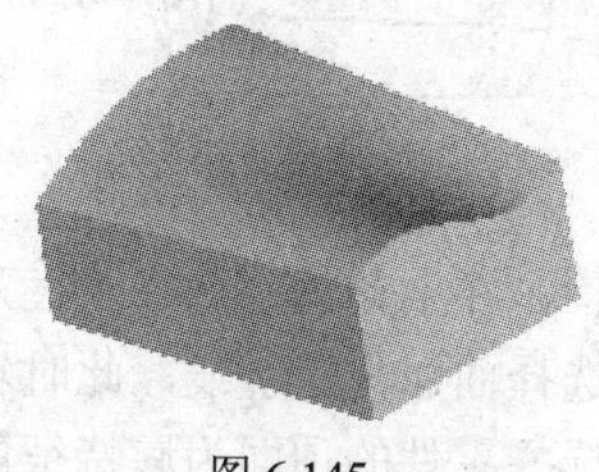
图 6.145

提示： 剖面圆顶特征还有一种形式，即“混合”→“无轮廓”。该特征与上述步骤（4）的创建过程类似，在此不再赘述，请读者自行尝试。

（5）保存并拭除文件。

6.5　唇特征

唇特征是通过沿着所选边偏移匹配曲面来构建的，唇特征可以很方便地用来建立零件之间相接触的部分，通常设计中所说的“美观线”就是唇特征的典型应用。

唇特征需要指定一个完全封闭的扫描轮廓线，特征将沿着此轮廓线在指定的生成曲面上成长，唇特征的外表和参照曲面的形状相同。唇特征的控制参数包括：特征的高度、宽度和拔模角度，这些将结合范例进行介绍。建立唇特征的途径是：在主菜单中选择“插入”→“高级”→“唇”命令。

要使用唇特征，需要在主菜单中选择“工具”→“选项”命令，在“选项”对框中增加参数“allow_anatomic_features”，参数值为“yes”，应用后才会出现该命令。

提示：唇特征不能被重新定义，完成后只能修改其尺寸；唇特征不仅可以在平面上创建，也可以在曲面上创建。

例：唇特征的创建

（1）打开文件 6-4-2。

（2）单击特征工具栏上的按钮（倒圆角工具），打开其操控面板。按住 Ctrl 键，选择如图 6.146 所示的四条边，在操控面板中输入圆角半径值 8，单击操控面板右侧的按钮，完成倒圆角特征的建立。结果如图 6.147 所示。

（3）单击特征工具栏的按钮（壳工具），打开其操控面板。在绘图区选取模型的上表面，在操控面板中输入壳的厚度 2，单击操控面板右侧的按钮，完成壳特征的建立，结果如图 6.148 所示。

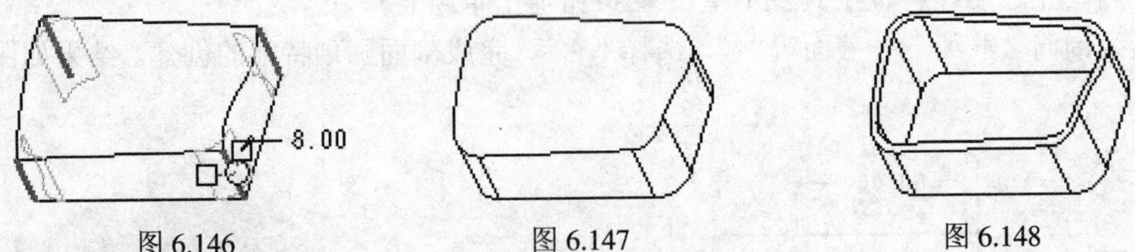

图 6.146　　图 6.147　　图 6.148

（4）在主菜单中选择“插入”→“高级”→“唇”命令，在菜单管理器中选择“链”命令，选择曲面内轮廓线，此时轮廓线被加亮，如图 6.149 所示。

选择零件的顶面为唇特征的成长曲面，该曲面必须和刚才选择的轮廓线相邻。在信息栏中“输入偏距值”为 1，这是唇特征的高度数值，输入后按 Enter 键确定。继续在信息栏中“输入从边到拔模曲面的距离”为 1，这可以理解成唇特征的宽度数值，输入后按 Enter 键确定，选择 TOP 基准平面作为拔模参照曲面。在信息栏中输入拔模角度为 3，输入后按 Enter 键确定，建立唇特征。结果如图 6.150 所示。

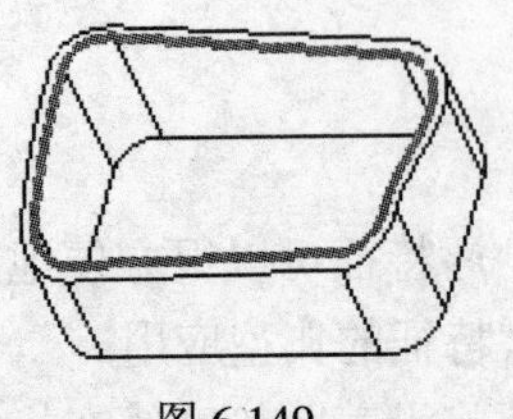

图 6.149

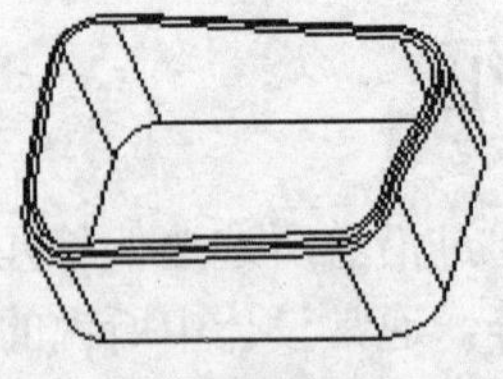

图 6.150

（5）在主菜单中选择“文件”→“保存副本”命令，打开“保存副本”对话框，在“新建名称”栏输入文件名称为“6-5”，单击该对话框的“确定”按钮，完成文件的保存。

（6）在主菜单中选择“文件”→“拭除”→“当前”命令，清除内存中的全部文件。

6.6　骨架折弯特征

骨架折弯特征是一条连续的空间轨迹曲线，让实体模型或曲面沿该曲线做弯曲，且所有的压缩或变形都是沿轨迹纵向进行的。对于实体，折弯后原来的实体会自动被隐藏；对于曲面，折弯后原来的曲面仍然会显示。骨架折弯特征对实体和曲面的操作方法完全相同，本文只对实体进行介绍。

建立骨架折弯特征的途径是：先建立进行折弯的特征，在主菜单中选择“插入”→“高级”→“骨架折弯”命令，在图 6.151 所示的菜单管理器中选择命令进行下一步操作。

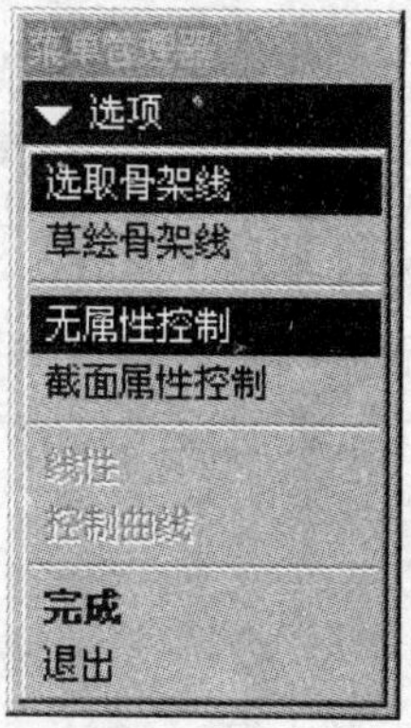

菜单管理器
▼ 选项
选取骨架线
草绘骨架线
无属性控制
截面属性控制
线性
控制曲线
完成
退出

图 6.151

例：骨架折弯的应用——内六角扳手

（1）新建文件 6-6。

（2）单击特征工具栏上的按钮（草绘工具），选择 FRONT 基准平面为草绘平面，绘制如图 6.152 所示的剖面，完成后单击特征工具栏的按钮，退出草绘。单击操控面板右侧的按钮，完成基准曲线的创建。结果如图 6.153 所示。

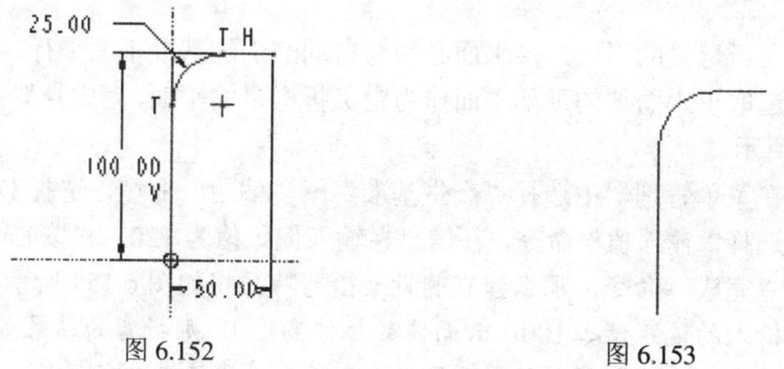

图 6.152　　图 6.153

（3）在特征工具栏上单击按钮（拉伸工具），选择 TOP 基准平面作为草绘平面，绘制如图 6.154 所示的剖面，完成后在特征工具栏中单击按钮，退出草绘模式。输入深度 80，单击操控面板右侧的按钮，完成该拉伸特征的建立。结果如图 6.155 所示。

（4）在主菜单中选择“插入”→“高级”→“骨架折弯”命令，在菜单管理器中选择“选取骨架线”→“无属性控制”→“完成”命令。在绘图窗口选择拉伸特征作为需要进行折弯的实体。

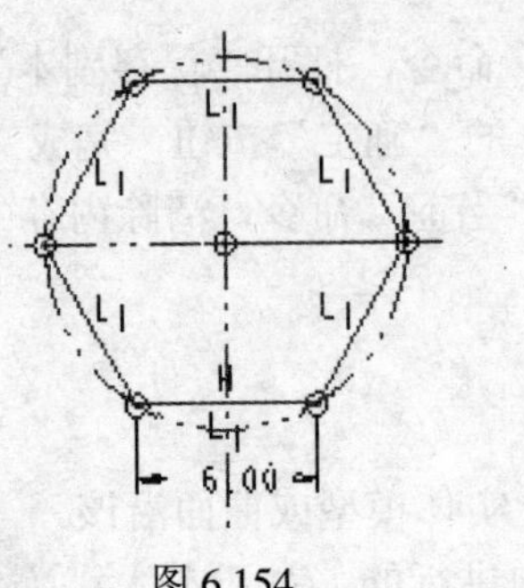

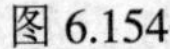

图 6.154

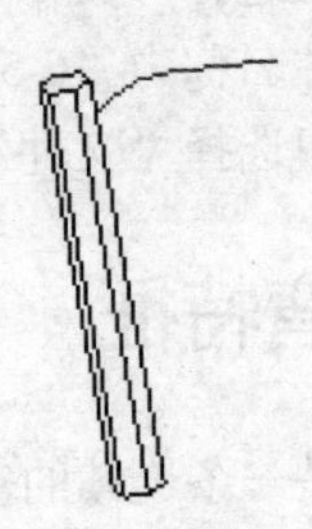

图 6.155

在菜单管理器中选择“曲线链”，在绘图窗口选择步骤（2）所建立的曲线作为骨架线，继续选择“选取全部”命令，选择“起始点”→“下一个”→“接受”命令，将起始点的位置更改到下方，如图 6.156 所示。

此时系统自动产生 DTM1 基准平面，如图 6.157 所示。该基准平面与骨架曲线起点垂直。

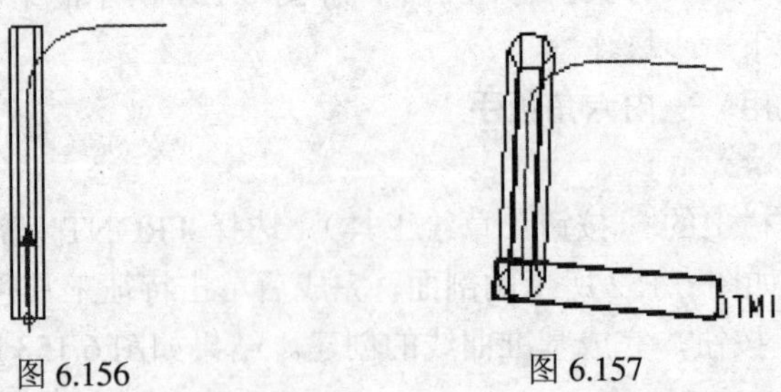

图 6.156　　图 6.157

现在需要定义折弯量的平面，该平面必须与自动产生的基准平面平行。

在绘图窗口选取正六面体的顶部平面作为定义折弯量的平面，完成骨架折弯特征的创建。结果如图 6.158 所示。

另外，如果在菜单管理器中选择“产生基准”→“偏距”命令，选择 DTM1 基准平面，在菜单管理器中选择“输入值”命令，在信息栏输入偏距值为 120，并按 Enter 键确定，在菜单管理器中选择“完成”命令，那么建立的骨架折弯特征将如图 6.159 所示。

提示：如果输入的偏距值<=100（六面体的拉伸高度），则折弯的结果如图 6.158 所示；如果输入的偏距值>100，则折弯的结果如图 6.159 所示。请读者自行尝试。

图 6.158　　图 6.159

（5）保存并拭除文件。

6.7　环形折弯特征

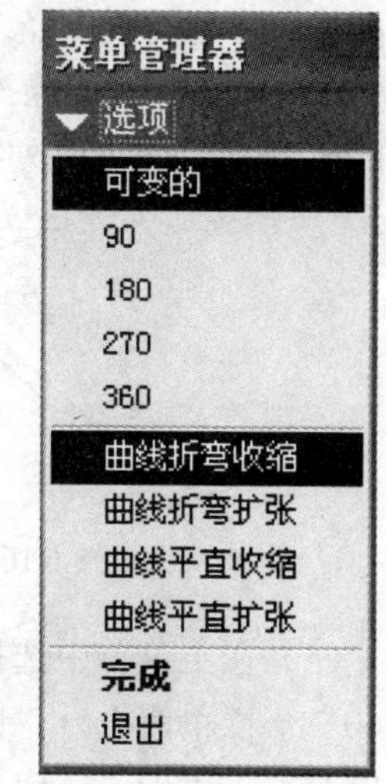

图 6.160

环形折弯特征可将实体、曲面或基准曲线折弯成环（旋转）形。利用该特征可以很方便地创建轮胎等零件。

建立环形折弯特征的途径是：先建立进行折弯的特征，在主菜单中选择“插入”→“高级”→“环形折弯”命令，在如图 6.160 所示的菜单管理器中选择命令进行下一步操作。

例：环形折弯特征的创建

（1）新建文件 6-7。

（2）在特征工具栏上单击按钮（拉伸工具），选择 FRONT 基准平面作为草绘平面，绘制如图 6.161 所示的剖面，完成后在特征工具栏中单击按钮，退出草绘模式。输入深度 300，单击操控面板右侧的按钮，完成该拉伸特征的建立。结果如图 6.162 所示。

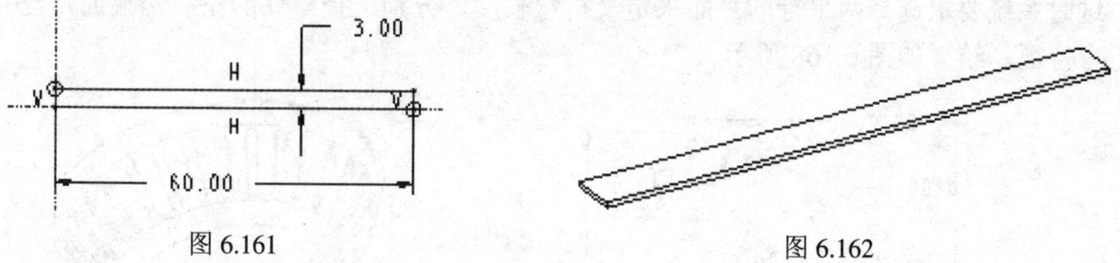

图 6.161　　图 6.162

（3）在特征工具栏上单击按钮（拉伸工具），单击操控面板中的按钮，选择零件上表面作为草绘平面，绘制如图 6.163 所示的剖面，完成后在特征工具栏中单击按钮，退出草绘模式。深度方式选择（钻孔至下一曲面），单击操控面板右侧的按钮，完成该拉伸特征的建立。结果如图 6.164 所示。

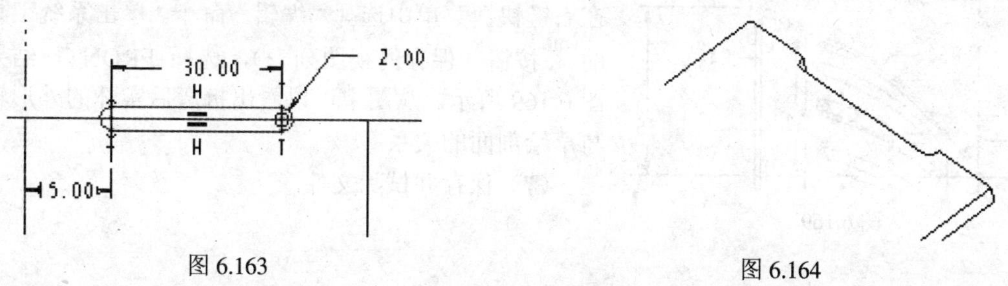

图 6.163　　图 6.164

（4）选择上一步创建的拉伸特征，在特征工具栏上单击按钮（阵列工具），打开其操控面板。阵列类型选择“方向”。选取如图 6.165 中箭头所指的平面作为方向参照，单击按钮更改阵列方向，在操控面板中输入阵列增量 10，阵列实例总数 31，完成后单击操控面板右侧的✔按钮，完成阵列特征的创建。结果如图 6.166 所示。

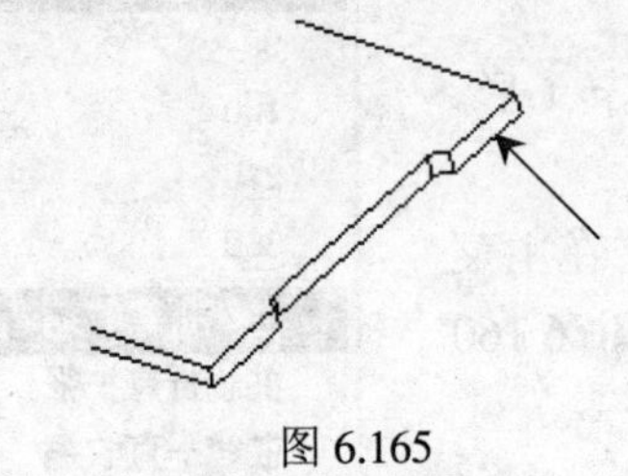
图 6.165

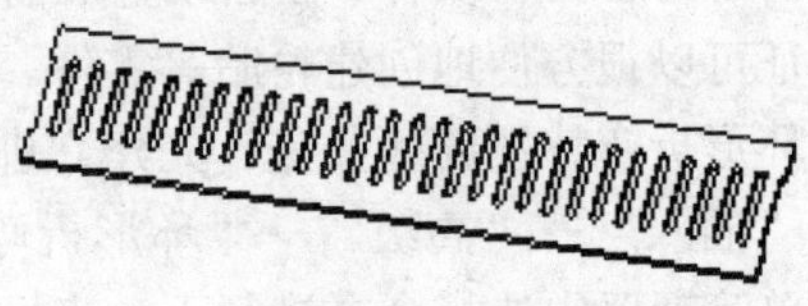
图 6.166

（5）在主菜单中选择“插入”→“高级”→“环形折弯”命令，在菜单管理器中选择：“360”→“单侧”→“曲线折弯收缩”→“完成”命令。出现“定义折弯”菜单，选择要折弯的对象，单击“完成”命令。选择如图 6.165 中箭头所指的表面作为草绘平面，选择“正向” →“缺省”命令，进入草绘模式，绘制图 6.167 所示的剖面，要注意参照坐标系的建立。完成后在特征工具栏单击✔按钮，退出草绘模式。

这时系统要求选择两平行的平面来定义折弯长度，分别选择零件的左右两端面，建立环形折弯特征。结果如图 6.168 所示。

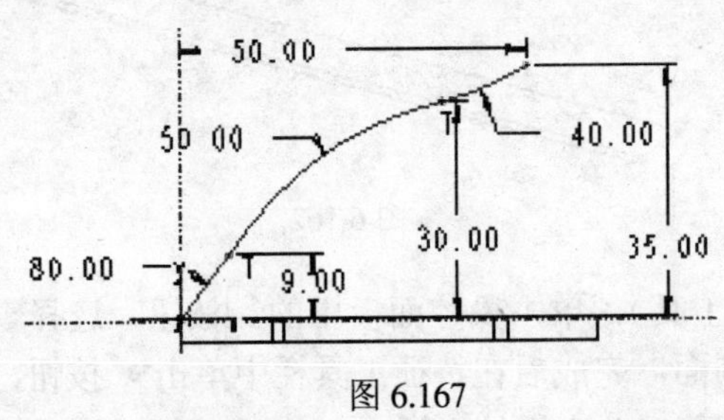

图 6.167

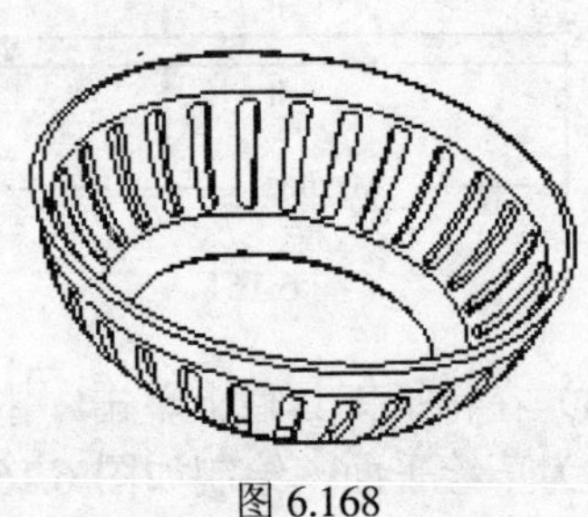
图 6.168

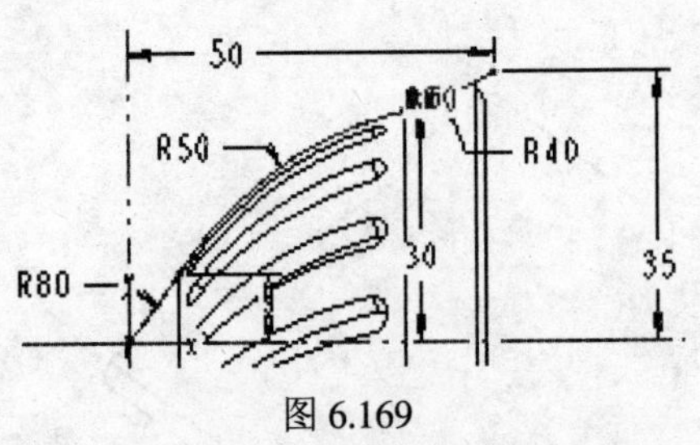

图 6.169

（6）在模型树中选取上一步创建的环形折弯特征，在右键快捷菜单中选择“编辑”命令。单击系统工具栏的按钮（保存的视图列表），选择 FRONT，结果如图 6.169 所示。从图中可以看出折弯后实体的外形轮廓与草绘剖面的关系。

（7）保存并拭除文件。

第 7 章　高级造型特征

本章主要介绍可变剖面扫描特征、扫描混合特征和螺旋扫描特征等高级扫描特征，使用这些工具可以帮助我们完成更加复杂的零件设计。

7.1　可变剖面扫描特征

可变剖面扫描工具的主元素是截面轨迹，草绘剖面被附加到原始轨迹上，并沿其长度移动来创建几何。原始轨迹以及其他轨迹和其他参照（如平面、轴、边或坐标系）定义剖面沿扫描的方向。在一般扫描特征中，草绘剖面只能是恒定不变的，而可变剖面扫描特征的草绘剖面既是可变的也可以是恒定不变的。可变剖面扫描特征的剖面可以利用各种关系式或基准图形来驱动，能够完成更加复杂的造型。

基本扫描特征只能指定一条轨迹线，而可变剖面扫描特征的轨迹可以是多条，也可以是一条。

创建可变剖面扫描特征的方法是：在主菜单中选择“插入”→“可变剖面扫描”命令，或者在特征工具栏上单击按钮（可变剖面扫描工具），打开如图 7.1 所示的可变剖面扫描工具操控面板，进行下一步操作。

在操控面板上方包括“参照”、“选项”、“相切”和“属性”4 个命令选项，选择各命令可以打开其相应的上滑面板。

“参照”：选择“参照”命令，打开如图 7.2 所示的上滑面板。

图 7.1

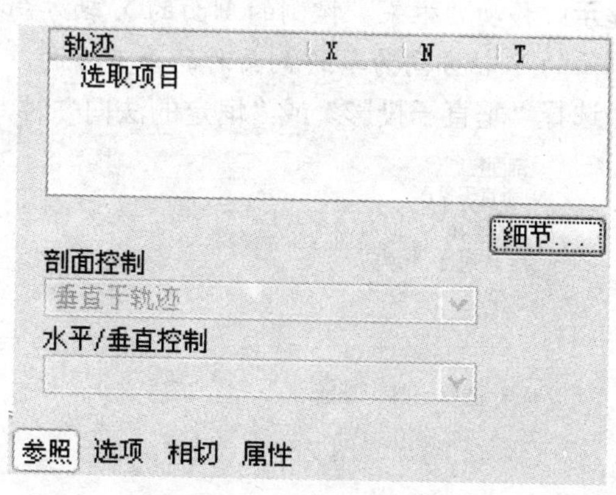

图 7.2

在“参照”上滑面板的最上方是轨迹收集器，其中有 3 种类型的轨迹。

①“X 轨迹”：表示特征剖面的 X 轴将通过指定的 X 轨迹和沿着扫描方向的交点。在可变剖面扫描特征中，X 轨迹只能有一条。

②“原始轨迹”：通常为最先指定的一条轨迹。在可变剖面扫描特征中，原始轨迹只能有一条。

可变剖面扫描特征的原始轨迹的起始点如图 7.3 所示。通过单击起始点的黄色箭头，或者将鼠标移动到起始点的黄色箭头后单击右键，在快捷命令中选择“反向链方向”命令，可以更改起始点的位置，如图 7.4 所示。

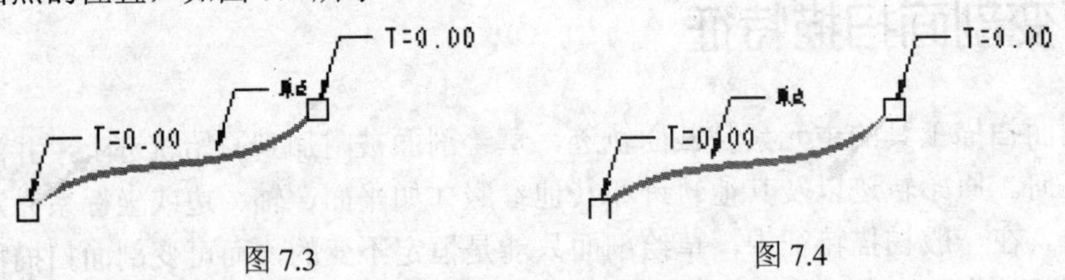

图 7.3　　图 7.4

③“附加轨迹”：除原始轨迹和 X 轨迹以外的所有轨迹。附加轨迹可以有多条。

原始轨迹和附加轨迹、X 轨迹共同构成一个“框架”，这个“框架”是建立特征的骨架。

在轨迹收集器中有 3 个字母，其中 **X** 代表 X 轨迹，**N** 代表原始轨迹，**T** 代表相切轨迹（只有特征与某曲面相切时可选择）。

轨迹收集器下方是“剖面控制”下拉列表，共有 3 个选项，含义分别如下：

①“垂直于轨迹”：移动“框架”控制的剖面总是垂直于指定的轨迹。

②“垂直于投影”：移动“框架”控制的剖面 Y 轴平行于指定方向，Z 轴沿指定方向与原始轨迹的投影相切。

③“恒定的法向”：移动“框架”控制的剖面的 Z 轴平行于指定方向。

提示：移动“框架”控制的剖面的 X 轴方向为草绘剖面时的水平方向；移动“框架”控制的剖面的 Y 轴方向为草绘剖面时的垂直方向。

当选择“垂直于投影”或“恒定的法向”时，“参照”上滑面板分别如图 7.5 和 7.6 所示。

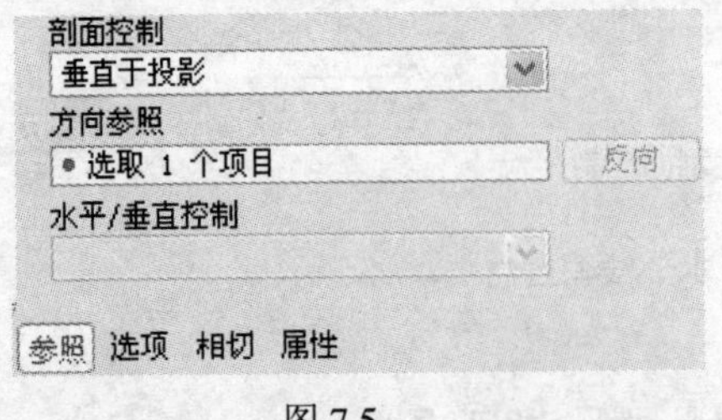

图 7.5

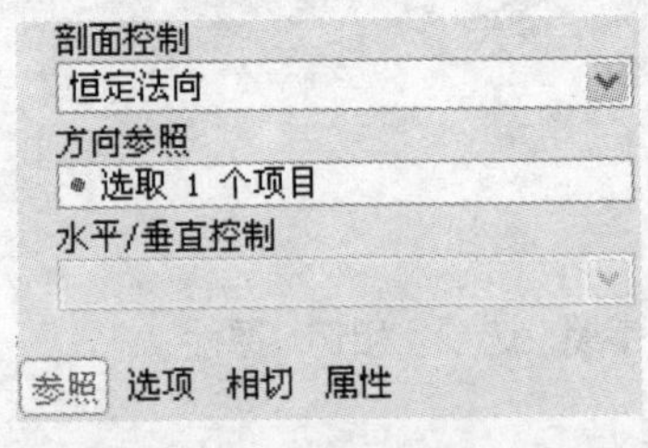

图 7.6

“参照”上滑面板最下方是“水平/垂直控制”下拉列表，其中有“自动”和“X 轨迹”

两个选项。系统缺省选项是“自动”，即让系统自动计算 X 向量的方向，最大程度地降低扫描几何的扭曲。在有多条附加轨迹时，可以选择“X 轨迹”来指定究竟哪一条轨迹是 X 轨迹。

“选项”：选择“选项”命令，打开其上滑面板。如图 7.7 所示。

在该上滑面板中有两个选项，含义分别如下：

①“可变剖面”：移动“框架”控制的剖面可以由“trajpar”参数或关系式控制而产生变化。

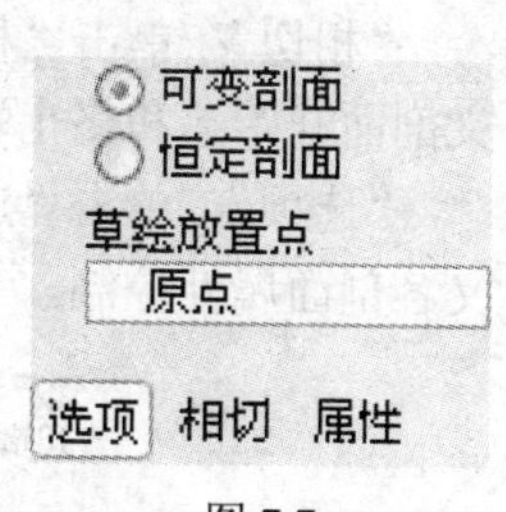

图 7.7

②“恒定剖面”：移动“框架”控制的剖面永远是恒定不变的。当仅有一条扫描轨迹时，可变剖面扫描特征的结果与基本扫描特征的结果完全相同。

7.2　扫描混合特征

扫描混合特征可以理解为是一种既包含扫描特征特点又包含混合特征特点的一种“综合”特征，它既克服了扫描特征只能有一个剖面的缺点，又克服了混合特征没有任何轨迹可以依托的劣势，因此扫描混合特征是融合了二者各自的优点的一种更富有弹性的工具，为我们提供了更好的特征创建选择。

建立扫描混合特征的方法是：在主菜单中选择“插入”→“扫描混合”命令，打开其操控面板，再进行下一步操作，如图 7.8 所示。

操控面板分上下两排，上面包含“参照”、“剖面”、“相切”、“选项”和“属性”5 个命令选项，下面一排用于定义扫描混合特征的类型，包括实体、曲面、切剪、薄板。

“参照”：“参照”上滑面板与可变剖面扫描特征的上滑面板相同，因此不再赘述。

“剖面”：单击“剖面”命令，打开其上滑面板，如图 7.9 所示。在该上滑面板中可以定义特征的剖面和相对于初始截面 X 轴的旋转角度（剖面旋转角度可以在−120°～+120°之间）。

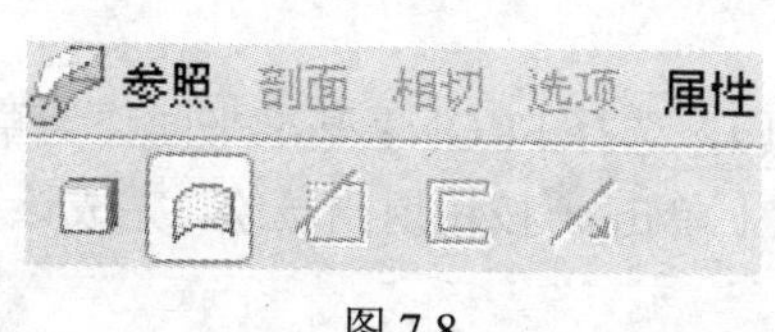

图 7.8

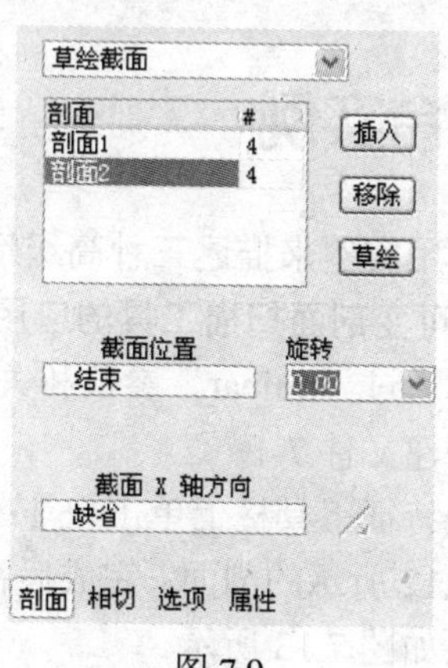

图 7.9

“相切”：单击“相切”命令，打开其上滑面板，如图 7.10 所示。在该上滑面板中可以定义剖面开始端和终止端的边界属性。

“选项”：单击“选项”命令，打开其上滑面板。如图 7.11 所示。在该上滑面板中可以定义各剖面属性控制。

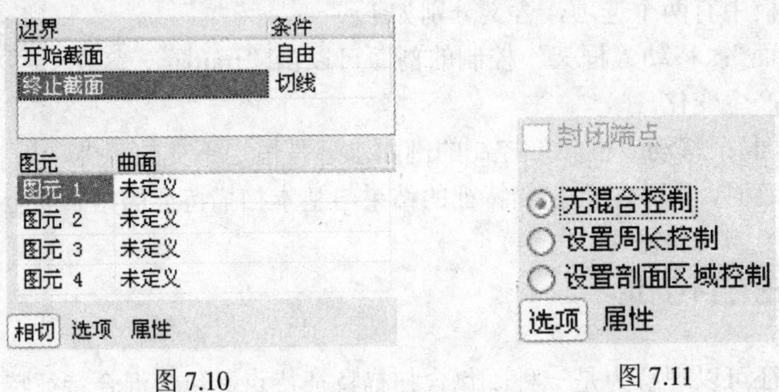

图 7.10　　　　图 7.11

提示：以上操作也可以在绘图区右击鼠标，在弹出的快捷菜单中选择相关的命令，进行快速定义。

7.3 螺旋扫描特征

螺旋扫描特征是通过沿着螺旋轨迹扫描截面来创建的。螺距可以是恒定的，也可以是变化的，截面所在平面既可以穿过旋转轴，也可以指向扫描轨迹的法线方向，可以生成左螺旋或者右螺旋。该特征更好地解决了在工作中遇到的螺钉、螺母、弹簧之类的零件设计问题。

建立螺旋扫描特征的方法是：在主菜单中选择“插入”→“螺旋扫描”命令，再进行下一步操作。

7.4 综合实例

本节利用实例来描述三种高级造型特征的具体应用。

例 1：可变剖面扫描工具的应用——变径管

本实例通过“trajpar”参数和关系控制可变剖面扫描特征剖面的变化。

（1）新建文件 7-1。

（2）在特征工具栏上单击按钮（草绘工具），选择 FRONT 基准平面作为草绘平面，绘制如图 7.12 所示的剖面。完成后在特征工具栏上单击按钮退出草绘，完成该草绘曲线的建立。结果如图 7.13 所示。

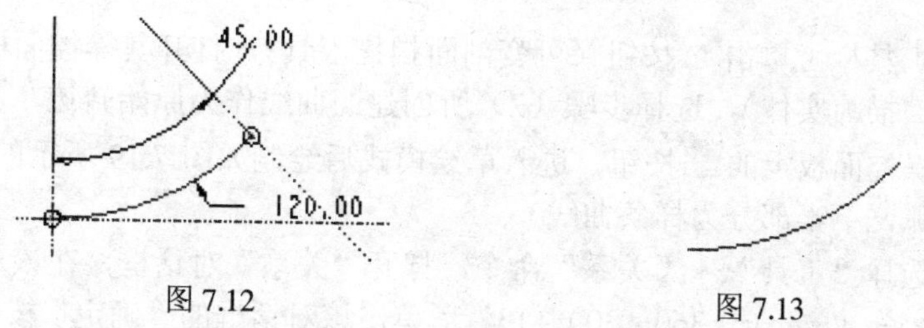

图 7.12　　　　图 7.13

（3）在特征工具栏上单击按钮（可变剖面扫描工具），打开其操控面板。在操控面板中单击按钮（扫描为实体），选择步骤（2）所创建的曲线作为原始轨迹，并单击起始点处的箭头以更改起始点的位置，其余接受系统的缺省设置。单击操控面板上的按钮，进入草绘模式后绘制如图 7.14 所示的剖面。

在主菜单中选择“工具”→“关系”命令，打开“关系”对话框，在该对话框的输入栏中输入：“sd3=trajpar *5+6”后单击该对话框的“确定”按钮。完成后在特征工具栏上单击按钮，退出草绘模式。

在操控面板中单击按钮（创建薄板特征），在该按钮右侧的输入框中输入薄板的厚度值 1，如图 7.15 所示。

单击操控面板右侧的按钮，完成可变剖面扫描特征的创建。结果如图 7.16 所示。

图 7.14　　　　图 7.15　　　　图 7.16

（4）保存并拭除文件。

例 2：可变剖面扫描工具的应用——方向盘

本实例通过“trajpar”参数和关系控制可变剖面扫描特征剖面的变化。

（1）新建文件 7-2。

（2）在特征工具栏上单击按钮（草绘工具），选择 TOP 基准平面作为草绘平面，绘制如图 7.17 所示的剖面。完成后在特征工具栏上单击按钮退出草绘，完成该草绘曲线的建立。结果如图 7.18 所示。

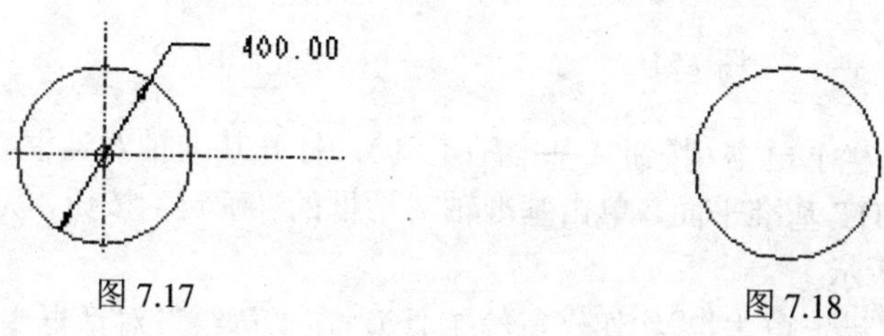

图 7.17　　　　图 7.18

（3）在特征工具栏上单击按钮（可变剖面扫描工具），打开其操控面板。在操控面板中单击按钮（扫描为实体），选择步骤（2）所创建的曲线作为原始轨迹，其余接受系统的缺省设置。单击操控面板上的按钮，进入草绘模式后绘制如图 7.19 所示的剖面。（该剖面的上半部分为圆弧，下半部分为样条曲线）

在主菜单中选择“工具”→“关系”命令，打开“关系”对话框，在该对话框的输入栏中输入：“sd4=2＊sin（trajpar＊360＊30）+13”后单击该对话框的“确定”按钮。完成后在特征工具栏上单击✔按钮，退出草绘模式。

单击操控面板右侧的✔按钮，完成可变剖面扫描特征的创建，结果如图 7.20 所示。

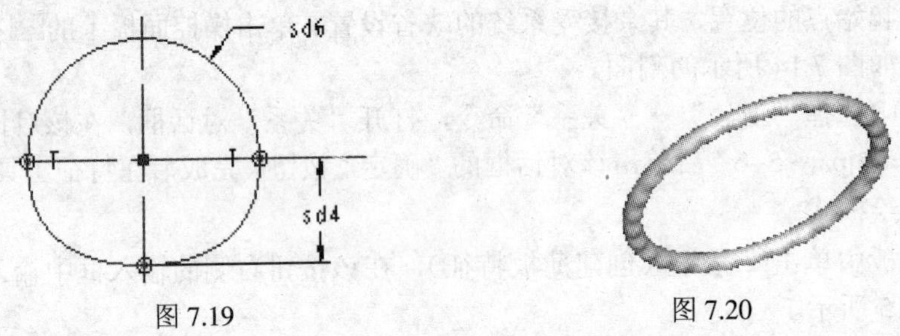

图 7.19　　图 7.20

（4）保存并拭除文件。

例 3：可变剖面扫描工具的应用——酒瓶

本实例通过“trajpar”参数、关系和图形控制可变剖面扫描特征剖面的变化。

（1）新建文件 7-3。

（2）在特征工具栏上单击按钮（草绘工具），选择 TOP 基准平面作为草绘平面，绘制如图 7.21 所示的剖面。完成后在特征工具栏上单击✔按钮退出草绘，完成该草绘曲线的建立。结果如图 7.22 所示。

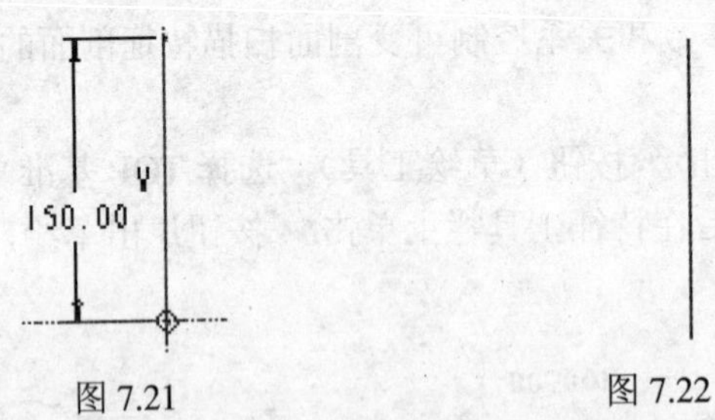

图 7.21　　图 7.22

（3）在特征工具栏上单击按钮（基准轴工具），打开基准轴对话框。按住 Ctrl 键，分别选择 FRONT 和 RIGHT 基准平面，单击基准轴对话框的“确定”按钮，完成基准轴 A_1 的创建，结果如图 7.23 所示。

（4）在特征工具栏上单击按钮（草绘工具），在“草绘”对话框中选择“使用先前的”

命令，绘制图 7.24 所示的剖面。完成后在特征工具栏上单击按钮退出草绘，完成该草绘曲线的建立。结果如图 7.25 所示。

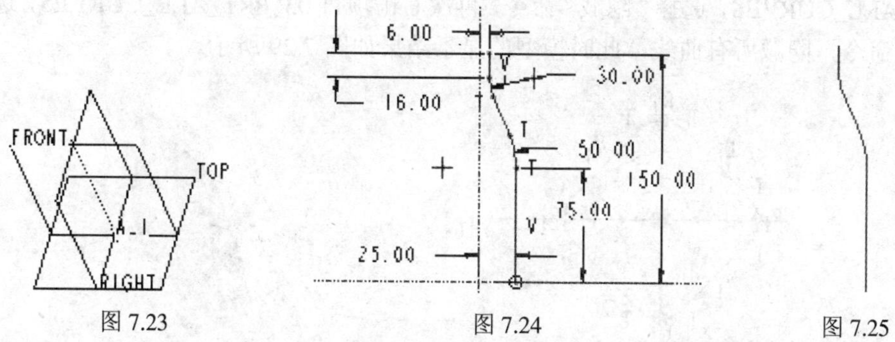

图 7.23　　图 7.24　　图 7.25

（5）选择上一步创建的草绘曲线特征，在特征工具栏上单击按钮（阵列工具），打开其操控面板，阵列类型选择“轴”。此时，操控面板上的轴收集器被激活，在模型树中选择基准轴 A_1，阵列方向 1 尺寸增量输入 90，输入阵列实例总数 4。完成后单击操控面板右侧的按钮，完成阵列特征的创建。结果如图 7.26 所示。

（6）在主菜单中选择“插入”→“模型基准”→“图形”命令，输入图形特征的名称“bottle”，按 Enter 键，进入草绘模式。绘制如图 7.27 所示剖面（注意：该剖面中的草绘型坐标系是必须的），单击按钮退出草绘，完成图形特征的创建。

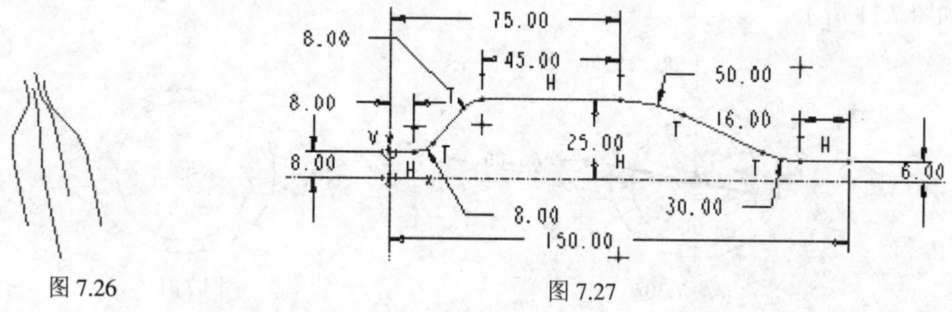

图 7.26　　图 7.27

（7）在特征工具栏上单击按钮（可变剖面扫描工具），打开其操控面板。在操控面板中单击按钮（扫描为实体），选择步骤（2）所创建的曲线作为原始轨迹，按住 Ctrl 键，依次选取其余 4 条轨迹曲线，其余接受系统的缺省设置。单击操控面板上的按钮，进入草绘模式后绘制如图 7.28 所示的剖面。

在主菜单中选择“工具”→“关系”命令，打开“关系”对话框，在该对话框的输入栏中输入：“sd7=evalgraph（"bottle",trajpar * 150）/1.001”后单击该对话框的“确定”按钮。完成后在特征工具栏上单击按钮，退出草绘模式。

单击操控面板右侧的按钮，完成可变剖面扫描特征的创建。

单击系统工具栏的按钮（设置层、层项目和显示状态），打开层管理器，右击项目 03_PRT_ALL_CURVES，选择“隐藏”命令，再次右击项目 03_PRT_ALL_CURVES，选择“保存状态”命令，隐藏所有曲线，此时模型的显示结果如图 7.29 所示。

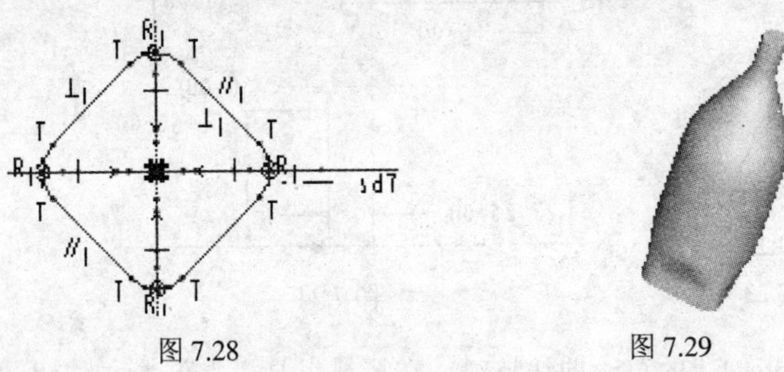

图 7.28　　图 7.29

（8）保存并拭除文件。

例 4：扫描混合工具的应用之双轨迹——饰环

本实例利用双轨迹创建扫描混合特征，并注意各扫描混合剖面之间段数应相等。

（1）新建文件 7-4。

（2）在特征工具栏上单击按钮（草绘工具），选择 TOP 基准平面作为草绘平面，绘制如图 7.30 所示的剖面。完成后在特征工具栏上单击按钮退出草绘，完成该草绘曲线的建立。结果如图 7.31 所示。

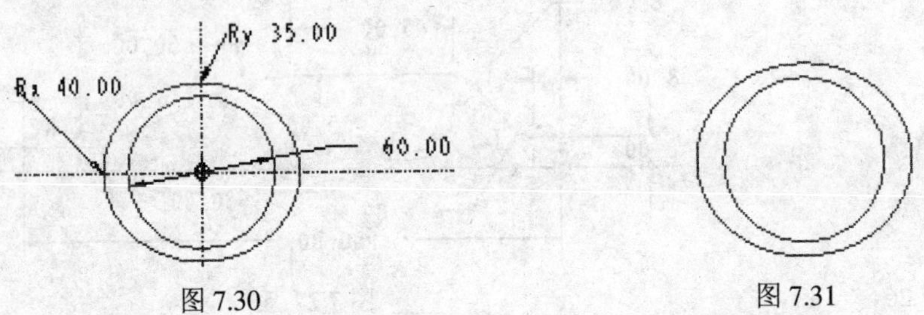

图 7.30　　图 7.31

（3）在特征工具栏上单击按钮（基准点工具），打开“基准点”对话框。在图 7.32 中箭头所指的位置选择椭圆曲线，保持偏移的类型为“比率”，修改偏移比例为 0.5，完成基准点 PNT0 的建立，此时模型的显示如图 7.33 所示。

在左侧的点列表框内选择“新点”命令，选择椭圆曲线的另一侧，建立新的基准点 PNTl，保持偏移的类型为“比率”，修改偏移比例为 0.5，单击“基准点”对话框中的“确定”按钮，完成该基准点特征的建立。结果如图 7.34 所示。

（4）在主菜单中选择“插入”→“扫描混合”命令，打开其操控面板。在绘图区选择椭圆曲线为原始轨迹，按住 Ctrl 键，选择圆曲线为次要轨迹。

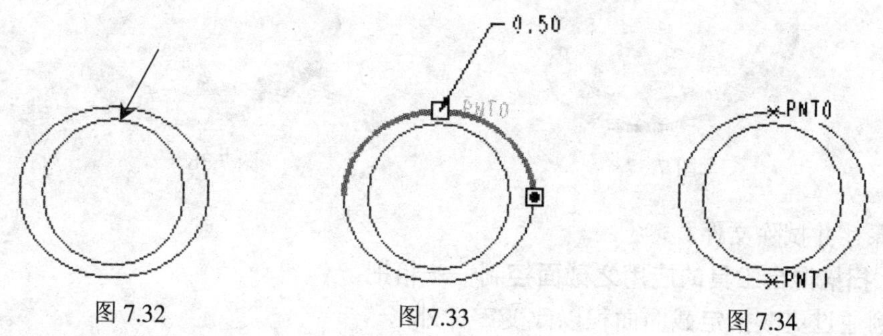

图 7.32　　图 7.33　　图 7.34

单击操控面板上的“剖面”命令，打开其上滑面板。剖面类型选择“草绘截面”，按系统提示在绘图区选择作为起始点的椭圆曲线端点，单击“草绘”按钮，进入草绘设计环境，绘制如图 7.35 所示的剖面（注意：剖面必须位于两条轨迹曲线上；将圆分割为 4 段并注意起始点的位置），完成后在特征工具栏上单击✔按钮，退出草绘模式。

在“剖面”上滑面板中单击“插入”按钮，在绘图区选取 PNT0 基准点，单击该上滑面板中的“草绘”按钮，进入草绘设计环境，绘制如图 7.36 所示的剖面（注意：剖面必须位于两条轨迹曲线上），完成后在特征工具栏上单击✔按钮，退出草绘模式。

在“剖面”上滑面板中单击“插入”按钮，在绘图区选取椭圆曲线的另外一个端点，单击该上滑面板中的“草绘”按钮，进入草绘设计环境，绘制如图 7.35 所示的剖面（注意：剖面必须位于两条轨迹曲线上；将圆分割为 4 段并注意起始点的位置），完成后在特征工具栏上单击✔按钮，退出草绘模式。

在“剖面”上滑面板中单击“插入”按钮，在绘图区选取 PNT1 基准点，单击该上滑面板中的“草绘”按钮，进入草绘设计环境，绘制如图 7.36 所示的剖面（注意：剖面必须位于两条轨迹曲线上），完成后在特征工具栏上单击✔按钮，退出草绘模式。

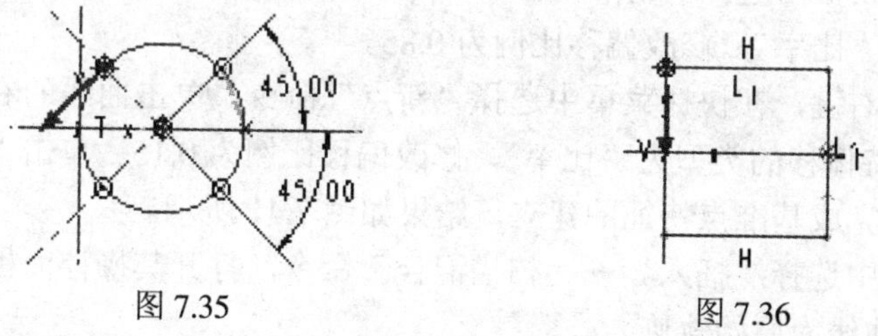

图 7.35　　图 7.36

单击操控面板右侧的✔按钮，完成扫描混合特征的创建，结果如图 7.37 所示。

单击系统工具栏的☰按钮（设置层、层项目和显示状态），打开层管理器，右击项目 03_PRT_ALL_CURVES，选择“隐藏”命令，再次右击项目 03_PRT_ALL_CURVES，选择“保存状态”命令，隐藏所有曲线，此时模型的显示结果如图 7.38 所示。

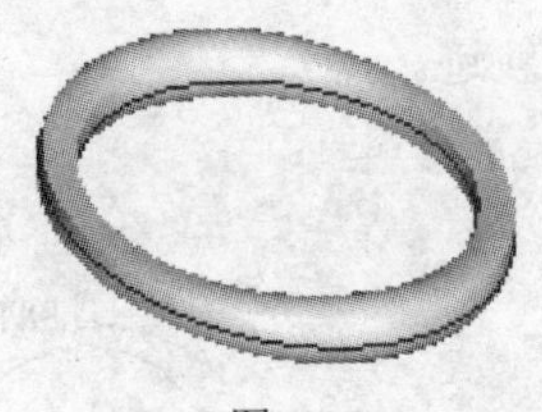
图 7.37

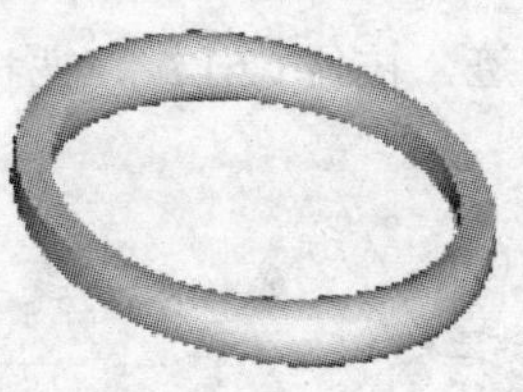
图 7.38

（5）保存并拭除文件。

例 5：扫描混合工具的应用之截面控制——箱把

本实例通过更改指定截面面积以改变零件外形。

（1）新建文件 7-5。

（2）在特征工具栏上单击按钮（草绘工具），选择 FRONT 基准平面作为草绘平面，绘制如图 7.39 所示的剖面。完成后在特征工具栏上单击按钮退出草绘，完成该草绘曲线的建立。结果如图 7.40 所示。

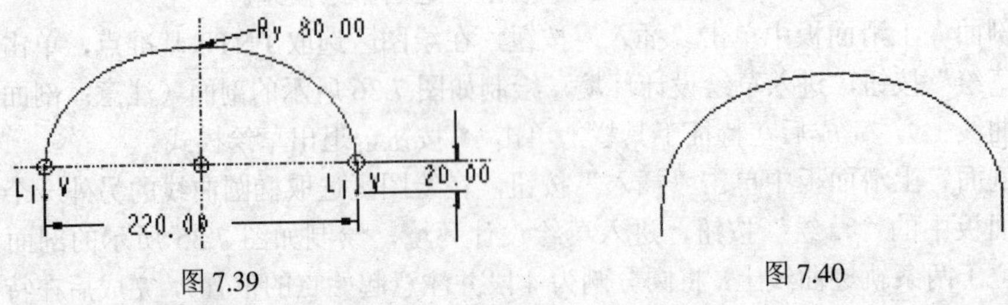

图 7.39 图 7.40

（3）在特征工具栏上单击按钮（基准点工具），打开“基准点”对话框。在绘图区单击上一步创建的曲线，保持偏移的类型为“比率”，修改偏移比例为 0.5，完成基准点 PNT0 的建立。

在左侧的点列表框内选择“新点”命令，单击曲线的左边一侧，建立新的基准点 PNTl，保持偏移的类型为“比率”，修改偏移比例为 0.85。

在绘图区单击右键，在快捷菜单中选择“新点”命令，单击曲线的右边一侧，建立新的基准点 PNT2，保持偏移的类型为“比率”，修改偏移比例为 0.15。单击“基准点”对话框中的“确定”按钮，完成基准点特征的建立，结果如图 7.41 所示。

（4）在主菜单中选择“插入”→“扫描混合”命令，打开其操控面板。在绘图区选择步骤（2）所创建的曲线为原始轨迹。

单击操控面板上的“剖面”命令，打开其上滑面板。剖面类型选择“草绘截面”，按系统提示在绘图区选择作为起始点的曲线端点，单击“草绘”按钮，进入草绘设计环境，绘制如图 7.42 所示的剖面，完成后在特征工具栏上单击按钮，退出草绘模式。

在“剖面”上滑面板中单击“插入”按钮，在绘图区选取如图 7.43 中箭头所指的点 1，单击该上滑面板中的“草绘”按钮，进入草绘设计环境，绘制如图 7.42 所示的剖面，完成后在特征工具栏上单击✔按钮，退出草绘模式。

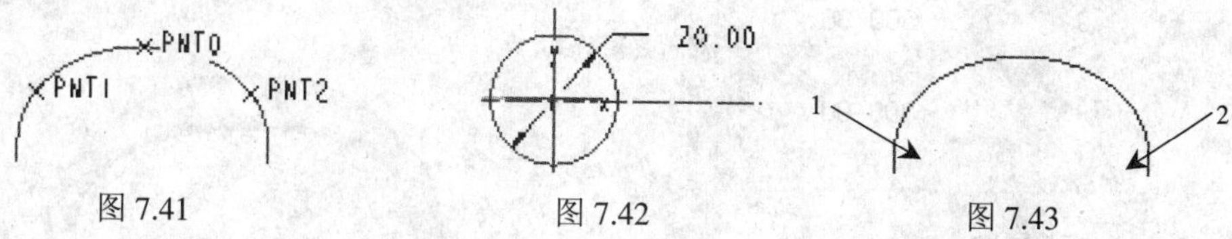

图 7.41　图 7.42　图 7.43

在“剖面”上滑面板中单击“插入”按钮，在绘图区选取 PNT0 基准点，单击该上滑面板中的“草绘”按钮，进入草绘设计环境，绘制如图 7.44 所示的剖面，完成后在特征工具栏上单击✔按钮，退出草绘模式。

在“剖面”上滑面板中单击“插入”按钮，在绘图区选取如图 7.43 中箭头所指的点 2，单击该上滑面板中的“草绘”按钮，进入草绘设计环境，绘制如图 7.42 所示的剖面，完成后在特征工具栏上单击✔按钮，退出草绘模式。

在“剖面”上滑面板中单击“插入”按钮，在绘图区选取曲线的末点，单击该上滑面板中的“草绘”按钮，进入草绘设计环境，绘制如图 7.42 所示的剖面，完成后在特征工具栏上单击✔按钮，退出草绘模式。

单击操控面板中的☑ 60按钮（特征预览），模型显示结果如图 7.45 所示。单击▶按钮，退出暂停模式回到特征创建环境。

选择操控面板中的“选项”命令，打开其上滑面板。点选其中的“设置剖面区域控制”选项，按住 Ctrl 键，分别选取基准点 PNT1、PNT2，此时“选项”上滑面板如图 7.46 所示。

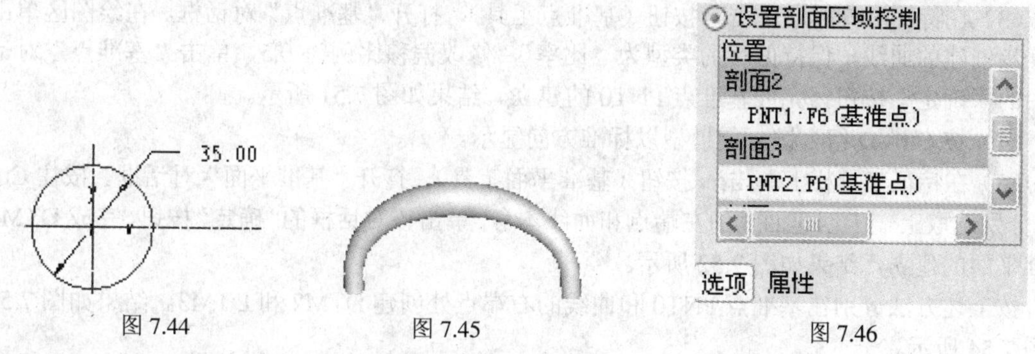

图 7.44　图 7.45　图 7.46

单击基准点 PNT1 和基准点 PNT2 后面的面积数值，将其更改为 300，如图 7.47 所示。单击操控面板右侧的✔按钮，完成扫描混合特征的创建，结果如图 7.48 所示。请读者比较图 7.45 和图 7.48 的差别。

（5）保存并拭除文件。

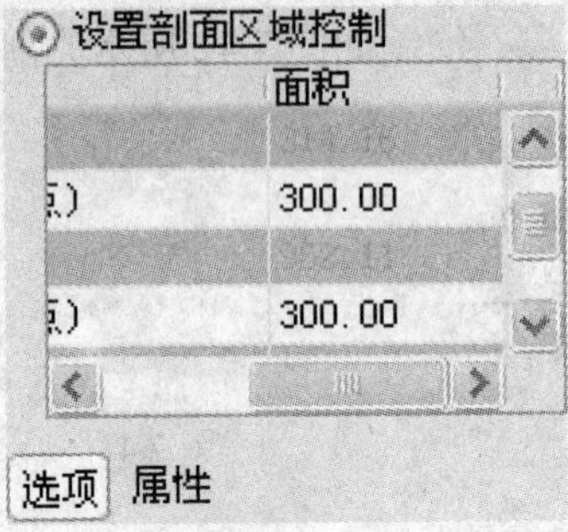

图 7.47

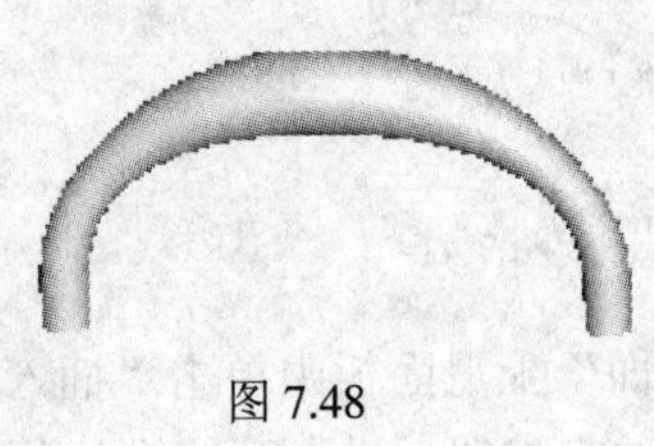

图 7.48

例 6：扫描混合工具的应用之选定截面——水龙头

本实例通过“所选截面”创建扫描混合特征。

（1）新建文件 7-6。

（2）在特征工具栏上单击按钮（草绘工具），选择 FRONT 基准平面作为草绘平面，绘制如图 7.49 所示的剖面。完成后在特征工具栏上单击✔按钮退出草绘，完成该草绘曲线的建立。结果如图 7.50 所示。

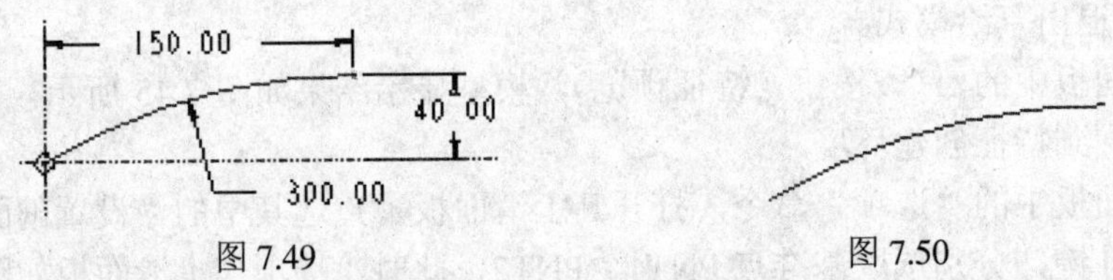

图 7.49　　图 7.50

（3）在特征工具栏上单击按钮（基准点工具），打开“基准点”对话框。在绘图区单击上一步创建的曲线，保持偏移的类型为“比率”，修改偏移比例为 0.5，单击“基准点”对话框中的“确定”按钮，完成基准点 PNT0 的建立。结果如图 7.51 所示。

（4）按 Ctrl+D 组合键，使模型以标准方向显示。

（5）在特征工具栏上单击按钮（基准平面工具），打开“基准平面”对话框。按住 Ctrl 键，分别选取上一步创建曲线的左端点和曲线本身，单击该对话框的“确定”按钮，完成 DTM1 基准平面的建立，结果如图 7.52 所示。

按上述方法分别在基准点 PNT0 和曲线的右端点处创建 DTM2 和 DTM3。结果如图 7.53 和图 7.54 所示。

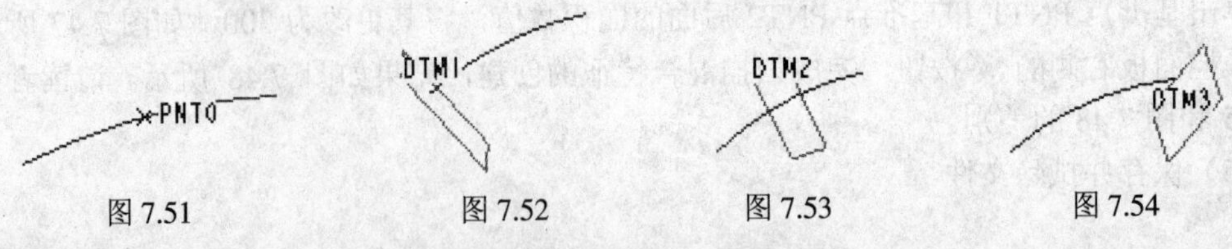

图 7.51　　图 7.52　　图 7.53　　图 7.54

（6）在特征工具栏上单击按钮（草绘工具），选择 DTM1 基准平面作为草绘平面，选取曲线的左端点作为草绘参照，绘制如图 7.55 所示的剖面。完成后在特征工具栏上单击✔按钮退出草绘，完成该草绘曲线的建立。结果如图 7.56 所示。

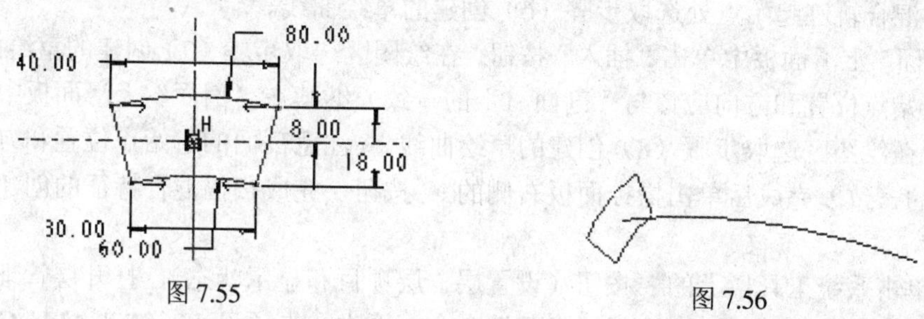

图 7.55　　　　　　图 7.56

（7）在特征工具栏上单击按钮（草绘工具），选择 DTM2 基准平面作为草绘平面，选取基准点 PNT0 作为草绘参照，绘制如图 7.57 所示的剖面。完成后在特征工具栏上单击✔按钮退出草绘，完成该草绘曲线的建立。结果如图 7.58 所示。

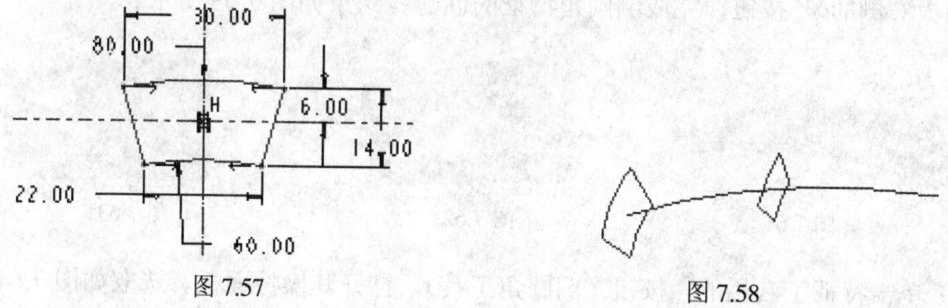

图 7.57　　　　　　图 7.58

（8）在特征工具栏上单击按钮（草绘工具），选择 DTM3 基准平面作为草绘平面，选取曲线的右端点作为草绘参照，绘制如图 7.59 所示的剖面。完成后在特征工具栏上单击✔按钮退出草绘，完成该草绘曲线的建立。结果如图 7.60 所示。

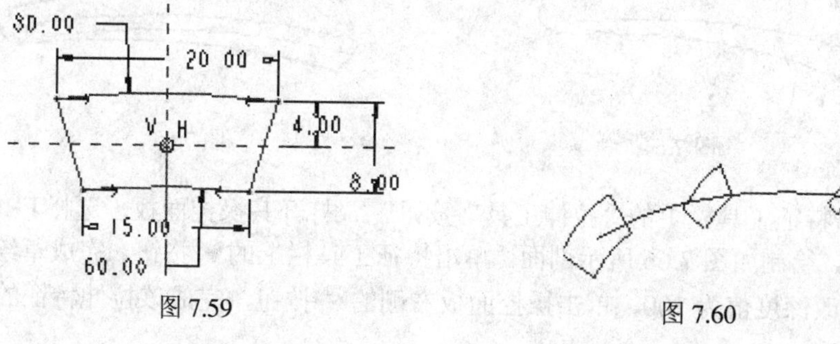

图 7.59　　　　　　图 7.60

（9）在主菜单中选择“插入”→“扫描混合”命令，打开其操控面板。在绘图区选择步骤（2）所创建的曲线作为原始轨迹。

单击操控面板上的“剖面”命令，打开其上滑面板。剖面类型选择“所选截面”，按系统提示在扫描混合轨迹起始点处选取步骤（6）创建的草绘曲线。

在“剖面”上滑面板中单击“插入”按钮，在绘图区选取步骤（7）创建的草绘曲线。（注意剖面的起始点位置和方向应该与“剖面 1”的一致）继续在“剖面”上滑面板中单击“插入”按钮，在绘图区选取步骤（8）创建的草绘曲线。（注意剖面的起始点位置和方向应该与“剖面 1”的一致）完成后单击操控面板右侧的✔按钮，完成扫描混合特征的创建。结果如图 7.61 所示。

（10）单击系统工具栏上的按钮（设置层、层项目和显示状态），打开层管理器，右击项目 03_PRT_ALL_CURVES，选择“隐藏”命令，再次右击项目 03_PRT_ALL_CURVES，选择“保存状态”命令，隐藏所有曲线。

（11）单击特征工具栏的按钮（倒圆角工具），打开其操控面板。按住 Ctrl 键，分别选取如图 7.62 中箭头所指的两条边线，在设置上滑面板中单击“完全倒圆角”按钮。完成后单击操控面板右侧的✔按钮，完成倒圆角特征的创建。结果如图 7.63 所示。

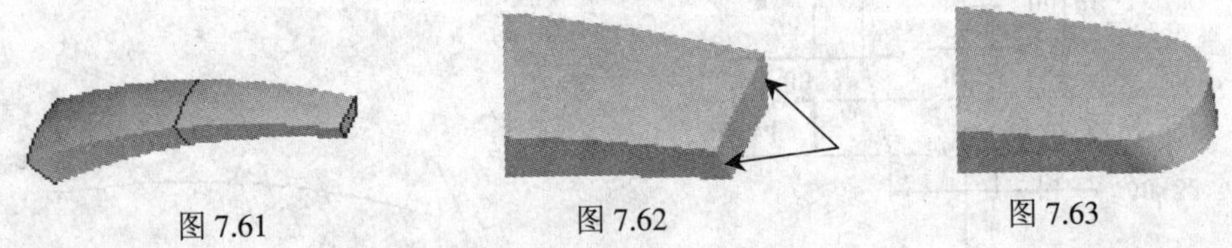

图 7.61　　图 7.62　　图 7.63

（12）单击特征工具栏的按钮（倒圆角工具），打开其操控面板。选取如图 7.64 中箭头 1 所指的边，更改圆角半径值为 4；在绘图区右击鼠标，在快捷菜单中选择“添加组”命令，选取如图 7.64 中箭头 2 所指的边，更改圆角半径值为 2。完成后单击操控面板右侧的✔按钮，完成倒圆角特征的创建。结果如图 7.65 所示。

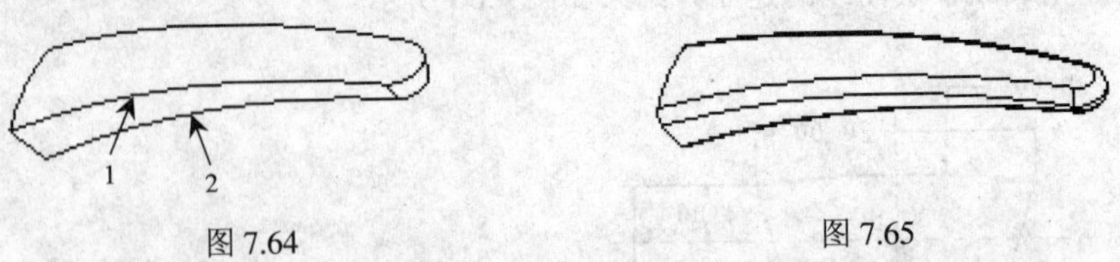

图 7.64　　图 7.65

（13）单击特征工具栏上的“拉伸工具”按钮，打开其操控面板，选择 FRONT 基准平面为草绘平面，绘制如图 7.66 所示剖面。单击特征工具栏上的✔按钮，完成草绘。更改深度方式为，更改深度值为 100，单击操控面板右侧的✔按钮，完成该拉伸特征的建立。结果如图 7.67 所示。

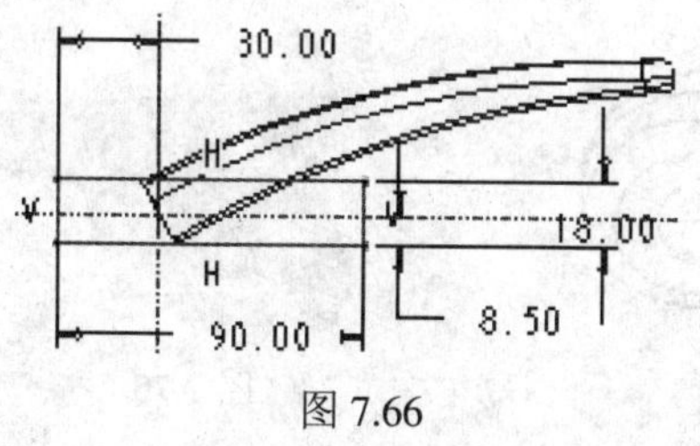

图 7.66

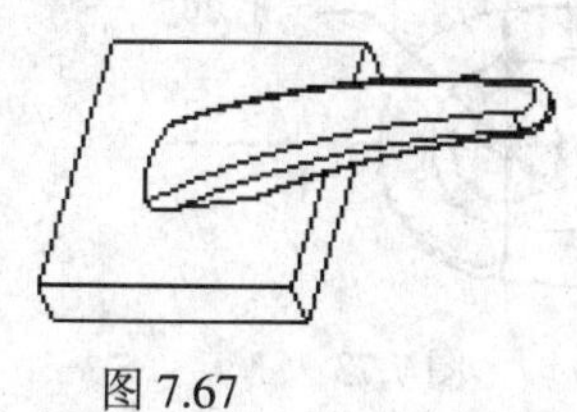
图 7.67

（14）在特征工具栏上单击按钮（拔模工具），打开其操控面板。按住 Ctrl 键，选择如图 7.68 中箭头所指的表面 1 作为拔模曲面，在绘图窗口右击，在弹出的快捷菜单中选择“拔模枢轴”命令，选择如图 7.68 中箭头所指的表面 2 为“拔模枢轴”面，更改拔模角度值为 5 并按下 Enter 键确定。单击操控面板右侧的按钮，完成拔模特征的建立。结果如图 7.69 所示。

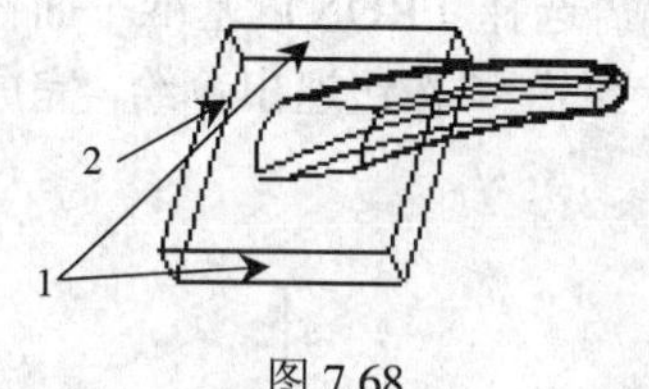

图 7.68

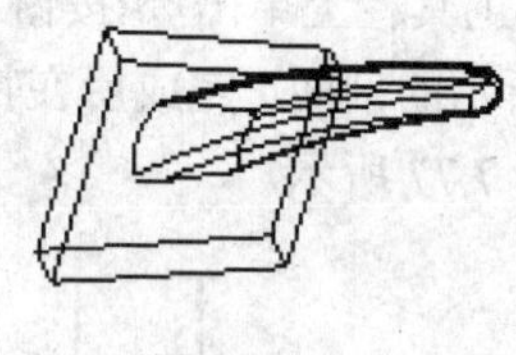
图 7.69

（15）按 Ctrl+D 组合键，使模型以标准方向显示。

（16）单击特征工具栏的按钮（倒圆角工具），打开其操控面板。按住 Ctrl 键，分别选取“拉伸 1”特征的右侧两条棱边，输入圆角半径值为 10；在绘图区右击鼠标，在快捷菜单中选择“添加组”命令，按住 Ctrl 键，选取“拉伸 1”特征的左侧两条棱边，更改圆角半径值为 15，完成后单击操控面板右侧的按钮，完成倒圆角特征的创建。结果如图 7.70 所示。

（17）单击特征工具栏上的按钮（壳工具），打开其操控面板，在绘图区选取图 7.71 中箭头所指的实体表面，输入壳厚度为 1，单击操控面板右侧的按钮，完成壳特征的建立。结果如图 7.72 所示。

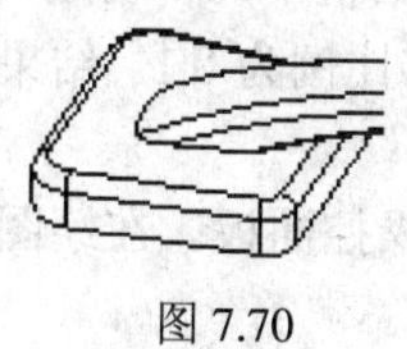
图 7.70

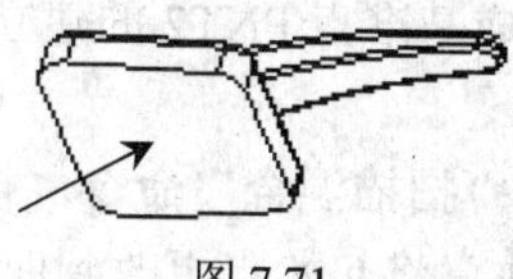
图 7.71

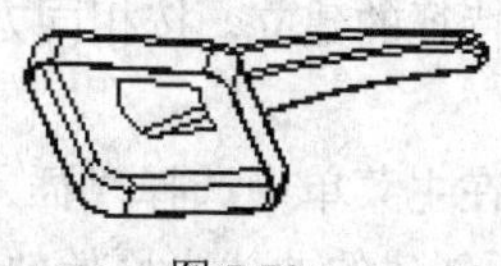
图 7.72

（18）单击特征工具栏上的“拉伸工具”按钮，打开其操控面板，选择 TOP 基准平面为草绘平面，绘制如图 7.73 所示剖面（注意参照的选取）。单击特征工具栏上的按钮，完成草绘。更改深度方式为（拉伸至下一曲面），单击操控面板右侧的按钮，完成该拉伸特征的建立。结果如图 7.74 所示。最后完成水龙头造型的结果，如图 7.75 所示。

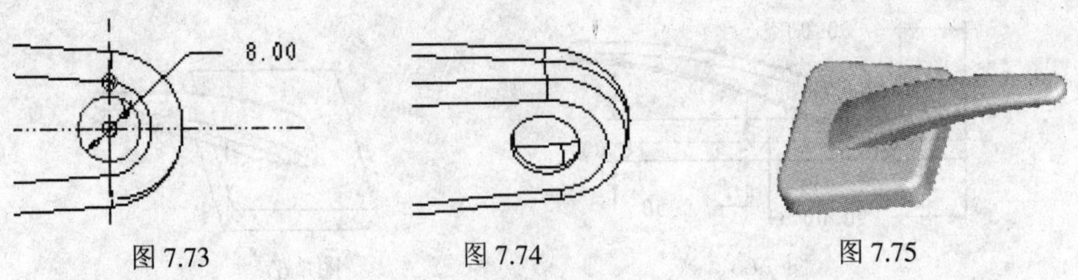

图 7.73　　图 7.74　　图 7.75

（19）保存并拭除文件。

例 7：扫描混合工具的应用之混合顶点——火炬

本实例利用一个点作为一个剖面完成扫描混合造型，并且利用“混合顶点”功能完成不同段数剖面之间的混合。

（1）新建文件 7-7。

（2）在特征工具栏上单击按钮（草绘工具），选择 FRONT 基准平面作为草绘平面，绘制如图 7.76 所示的剖面。完成后在特征工具栏上单击✔按钮退出草绘，完成该草绘曲线的建立。结果如图 7.77 所示。

图 7.76　　图 7.77

（3）在特征工具栏上单击按钮（基准点工具），打开“基准点”对话框。在绘图区单击上一步创建的曲线下部，保持偏移的类型为“比率”，修改偏移比例为 0.25，完成基准点 PNT0 的建立。

在左侧的点列表框内选择“新点”命令，单击曲线的上部，建立新的基准点 PNT1，保持偏移的类型为“比率”，修改偏移比例为 0.75。单击“基准点”对话框中的“确定”按钮，完成基准点特征的建立。按相同方法完成基准点 PNT2 的建立，偏移比例为 0.1。结果如图 7.78 所示。

（4）在主菜单中选择“插入”→“扫描混合”命令，打开其操控面板。在绘图区选择步骤（2）所创建的曲线为原始轨迹，注意将起始点更改到曲线上方。

单击操控面板上的“剖面”命令，打开其上滑面板。剖面类型选择“草绘截面”，按系统提示在绘图区选择作为起始点的曲线端点，单击“草绘”按钮，进入草绘设计环境，该剖面仅绘制一个草绘型的点，完成后在特征工具栏上单击✔按钮，退出草绘模式。

在“剖面”上滑面板中单击“插入”按钮，在绘图区选取基准点 PNT1，单击该上滑面板中的“草绘”按钮，进入草绘设计环境，单击特征工具栏的按钮（将调色板中的外部数据插入到活动对象），从调色板中调入如图 7.79 所示的三角星，完成后在特征工具栏上单击✔按钮，退出草绘模式。

在“剖面”上滑面板中单击“插入”按钮，在绘图区选取 PNT0 基准点，单击该上滑面板中的“草绘”按钮，进入草绘设计环境。首先将圆分割为 4 段，由于三角星由 6 段组成，所以在圆形剖面中需要增加 2 个混合顶点，如图 7.80 所示。完成后在特征工具栏上单击✔按钮，退出草绘模式。

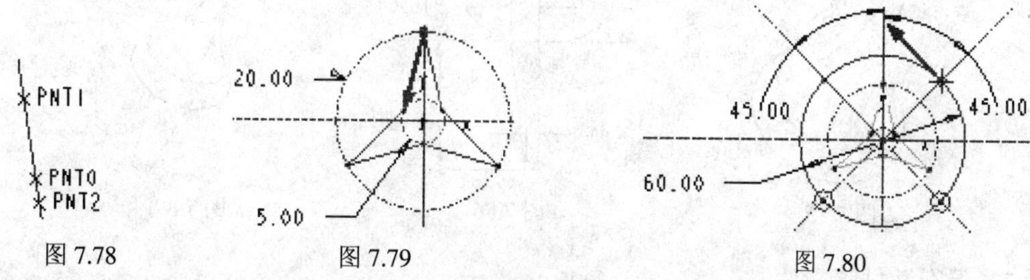

图 7.78　图 7.79　图 7.80

在“剖面”上滑面板的“旋转”输入框中输入旋转角度值 30（剖面绕 Z 轴的旋转角度），单击操控面板右侧的✔按钮，完成扫描混合特征的创建。结果如图 7.81 所示。

（5）在主菜单中选择“插入”→“扫描混合”命令，打开其操控面板。在绘图区选择步骤（2）创建的曲线为原始轨迹，注意将起始点更改到曲线下方。

单击操控面板上的“剖面”命令，打开其上滑面板。剖面类型选择“草绘截面”，按系统提示在绘图区选择作为起始点的曲线端点，单击“草绘”按钮，进入草绘设计环境，绘制如图 7.82 所示的剖面，完成后在特征工具栏上单击✔按钮，退出草绘模式。

单击操控面板上的“剖面”命令，打开其上滑面板。剖面类型选择“草绘截面”，选择基准点 PNT2，单击“草绘”按钮，进入草绘设计环境，绘制如图 7.83 所示的剖面，完成后在特征工具栏上单击✔按钮，退出草绘模式。

单击操控面板上的“剖面”命令，打开其上滑面板。剖面类型选择“草绘截面”，选择基准点 PNT0，单击“草绘”按钮，进入草绘设计环境，绘制如图 7.84 所示的剖面，完成后在特征工具栏上单击✔按钮，退出草绘模式。

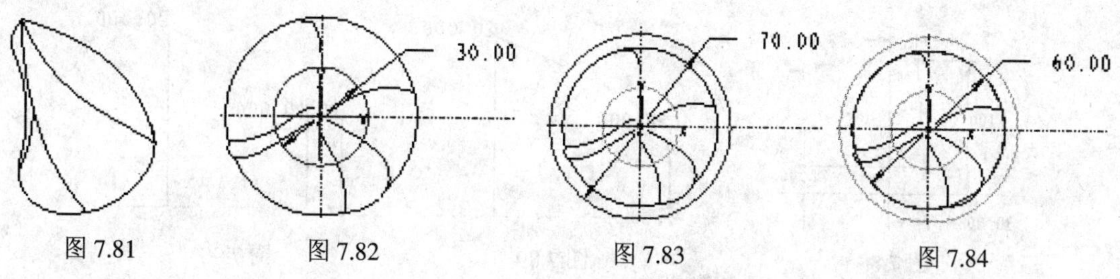

图 7.81　图 7.82　图 7.83　图 7.84

单击操控面板右侧的✔按钮，完成扫描混合特征的创建。结果如图 7.85 所示。

（6）单击特征工具栏上的“旋转工具”按钮，打开其操控面板，在操控面板上选择“位置”命令，弹出其上滑面板，单击该面板中的“定义”按钮，弹出“草绘”对话框，选择 FRONT 基准平面为草绘平面，其余接受系统缺省设置，单击“草绘”按钮，进入草绘模式。绘制如图 7.86 所示剖面后单击特征工具栏上的✔按钮，完成草绘。单击操控面板右侧的✔按钮，完成旋转特征的创建。结果如图 7.87 所示。

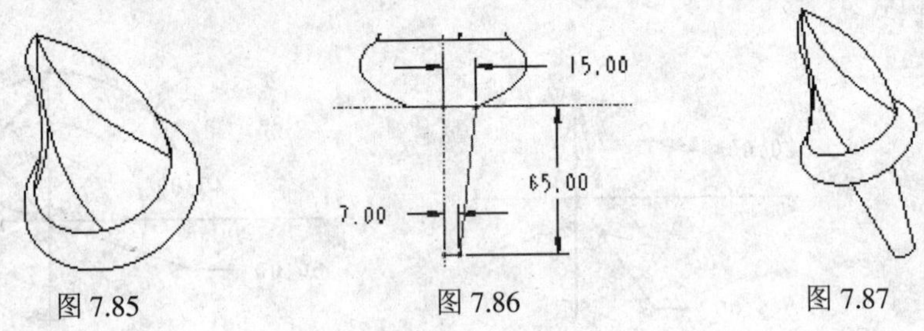

图 7.85　　图 7.86　　图 7.87

（7）保存并拭除文件。

例 8：螺旋扫描工具的应用之可变螺距——弹簧

本实例利用螺旋扫描工具中的可变螺距创建并圈弹簧。

（1）新建文件 7-8。

（2）在主菜单中选择“插入”→“螺旋扫描”→“伸出项”命令。在弹出的菜单管理器中选择“可变的”→“穿过轴”→“右手定则”→“完成”命令，选取 FRONT 基准平面作为草绘平面，在菜单管理器中选择“正向”→“缺省”命令，系统进入草绘设计模式。首先绘制垂直中心线，然后草绘如图 7.88 所示的螺旋扫描轨迹（注意在剖面中绘制一个草绘型的点），完成后在特征工具栏上单击✔按钮。

系统信息提示栏提示：“在轨迹起始输入节距值”，输入 10，按 Enter 键。

系统信息提示栏提示：“在轨迹末端输入节距值”，输入 20，按 Enter 键。

在绘图区的右上角弹出螺距变化曲线图，如图 7.89 所示。在菜单管理器中选择“添加点”命令，在绘图区选取螺旋扫描轨迹上的草绘点，在信息提示栏中输入节距值 10。此时螺距变化曲线图如图 7.90 所示。

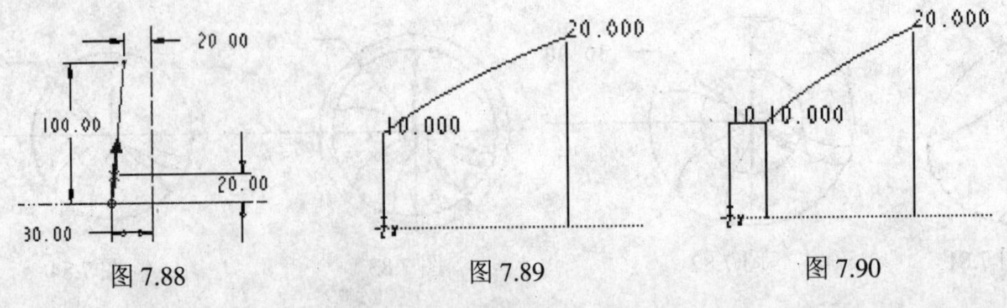

图 7.88　　图 7.89　　图 7.90

选择菜单管理器中的“完成”命令，系统进入草绘螺旋扫描剖面设计模式。绘制如图 7.91 所示的剖面后在特征工具栏上单击✔按钮，退出草绘。单击“伸出项：螺旋扫描”对话框中的“确定”按钮，完成可变螺距螺旋扫描特征的创建。结果如图 7.92 所示。

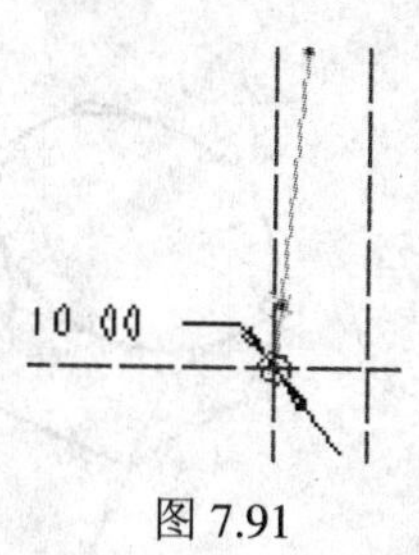

图 7.91

图 7.92

（3）保存并拭除文件。

例 9：螺旋扫描工具的应用——六角头螺栓

（1）新建文件 7-9。

（2）单击特征工具栏上的“拉伸工具”按钮，打开其操控面板，选择 TOP 基准平面为草绘平面，绘制如图 7.93 所示剖面。单击特征工具栏上的✔按钮，完成草绘。更改深度值为 100，单击操控面板右侧的✔按钮，完成该拉伸特征的建立。结果如图 7.94 所示。

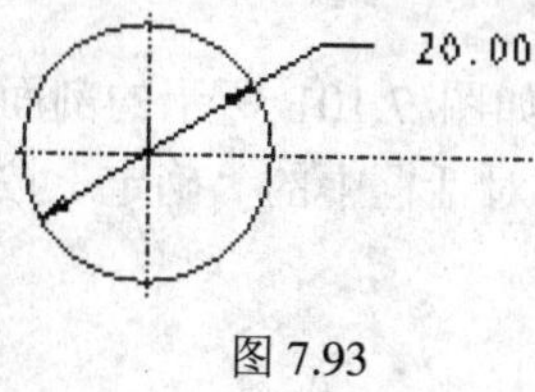

图 7.93

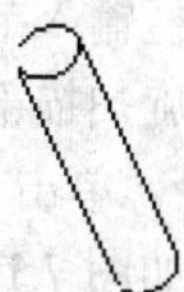
图 7.94

（3）单击特征工具栏的按钮（倒角工具），打开其操控面板，输入倒角值 1.5，选取边线，单击操控面板右侧的✔按钮，完成倒角特征的建立。结果如图 7.95 所示。

（4）单击特征工具栏上的“拉伸工具”按钮，打开其操控面板，选择圆柱体上表面为草绘平面，绘制如图 7.96 所示剖面。单击特征工具栏上的✔按钮，完成草绘。更改深度值为 15，单击操控面板右侧的✔按钮，完成该拉伸特征的建立。结果如图 7.97 所示。

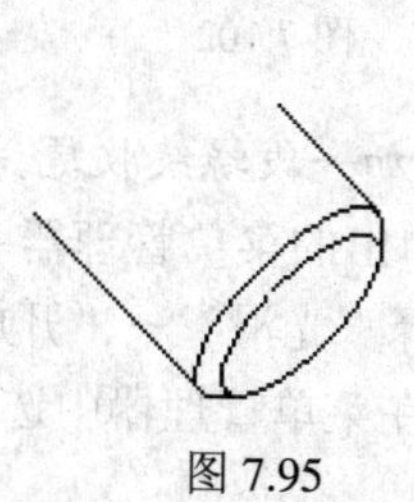
图 7.95

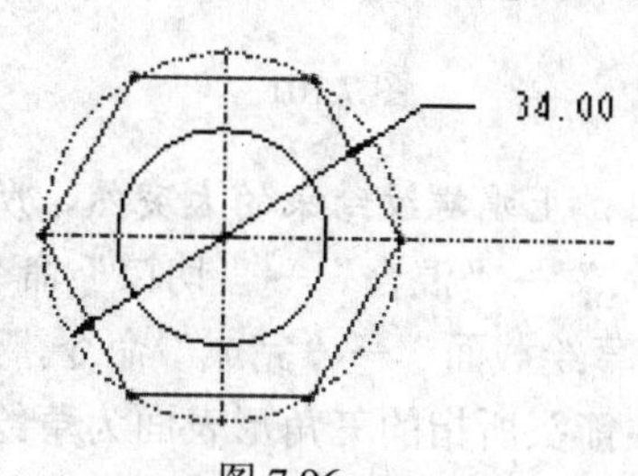

图 7.96

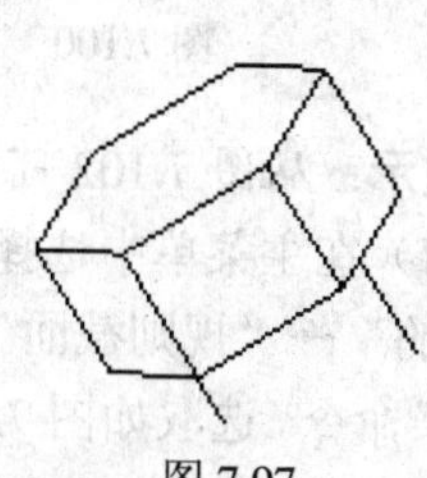
图 7.97

（5）单击特征工具栏上的“旋转工具”按钮，打开其操控面板，在操控面板上选择（去除材料），选择 FRONT 基准平面为草绘平面，绘制如图 7.98 所示剖面后单击特征工具栏上的按钮（选取右上角点作为附加参照），完成草绘。单击操控面板右侧的按钮，完成旋转切剪特征的创建。结果如图 7.99 所示。

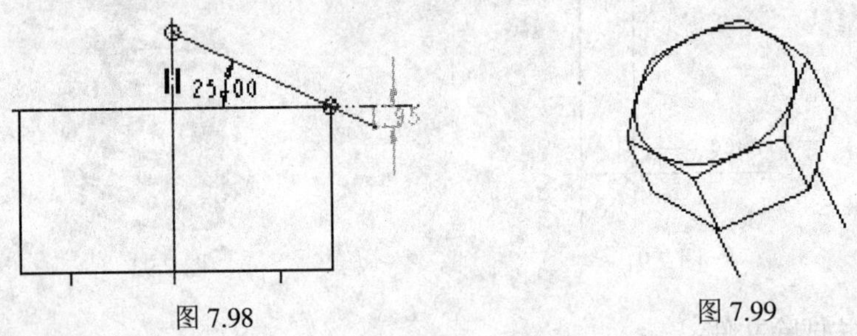

图 7.98 图 7.99

（6）在主菜单中选择“插入”→“螺旋扫描”→“切口”命令。在弹出的菜单管理器中选择“常数”→“穿过轴”→“右手定则”→“完成”命令，选取 FRONT 基准平面作为草绘平面，在菜单管理器中选择“正向”→“缺省”命令，系统进入草绘设计模式。选取圆柱体的母线作为附加参照，绘制垂直中心线，然后草绘如图 7.100 所示的螺旋扫描轨迹，完成后在特征工具栏上单击按钮。

在系统信息提示栏输入节距值 2，按 Enter 键。

系统进入草绘螺旋扫描剖面设计模式。绘制如图 7.101 所示的剖面后在特征工具栏上单击按钮，退出草绘。单击“切剪：螺旋扫描”对话框中的“确定”按钮，完成螺旋扫描切剪特征的创建。结果如图 7.102 所示。

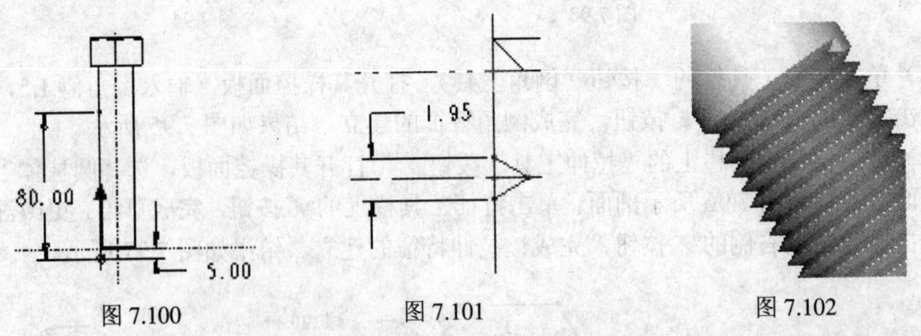

图 7.100 图 7.101 图 7.102

提示：从图 7.102 可以看出，上端螺纹结束的太突然，所以必须加一段螺纹收尾。

（7）在主菜单中选择“插入”→“混合”→“切口”命令，在弹出的菜单管理器中选择“旋转的”→“规则截面”→“草绘截面”→“完成”命令，继续选择“光滑”→“开放”→“完成”命令。选取如图 7.103 中箭头所指的三角形表面为草绘平面，在菜单管理器中选择“正向”→“缺省”命令，进入草绘模式。选取螺栓头部上表面作为水平参照，选取中心基准轴作为垂直参照，绘制如图 7.104 所示剖面（注意：剖面中必须加入草绘型坐标系）。在特征工具栏上单击✔按钮退出草绘，在信息栏输入绕 Y 坐标轴的旋转角度，此处接受系统提供的缺省值。按 Enter 键，草绘如图 7.105 所示的第二个剖面。

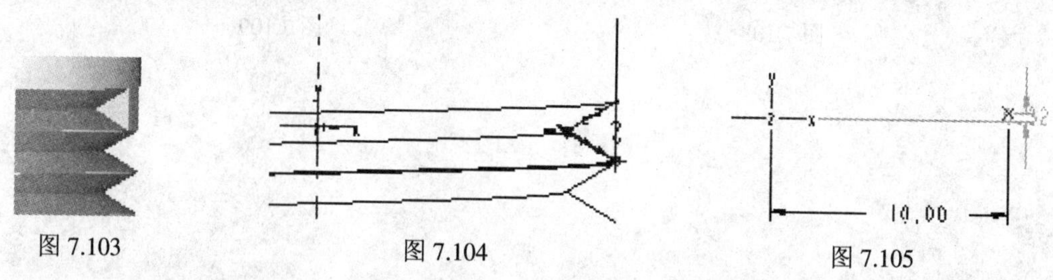

图 7.103　　图 7.104　　图 7.105

完成后单击✔按钮，选择“尖点”命令，在菜单管理器中选择“正向”命令，单击“切剪：混合，旋转的，规则截面”对话框中的“预览”按钮，此时模型显示如图 7.106 所示。从图中可以看出，该混合切剪特征存在两个问题：① 尖点位置不正确；② 与螺旋扫描切剪的衔接不好。

通过以下操作可以改善上述两个问题。

在“曲面：混合，旋转的，规则截面”对话框中双击“相切”选项，信息栏提示：“是否混合与任意曲面在第一端相切”，选择“是”命令，分别选取与加亮边相邻的表面。信息栏进一步提示：“是否混合与曲面在其他端相切”，选择“否”命令。此时模型的显示结果如图 7.107 所示。

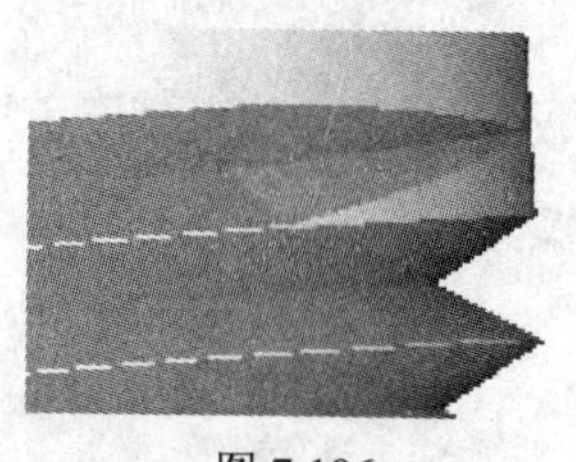

图 7.106

图 7.107

在主菜单中选择“工具”→“关系”命令，打开关系编辑器。在绘图区选取旋转混合切剪特征，在菜单管理器中勾选“截面 2”，单击“完成”命令后，将显示旋转混合切剪特征“截面 2”各个关系尺寸的 ID 号，如图 7.108 所示。在关系编辑器中输入“d20=d17*2/360”，其中 2 为螺纹的螺距。单击该对话框的“确定”按钮。完成尺寸关系的建立。结果如图 7.109 所示。

（8）保存并拭除文件。

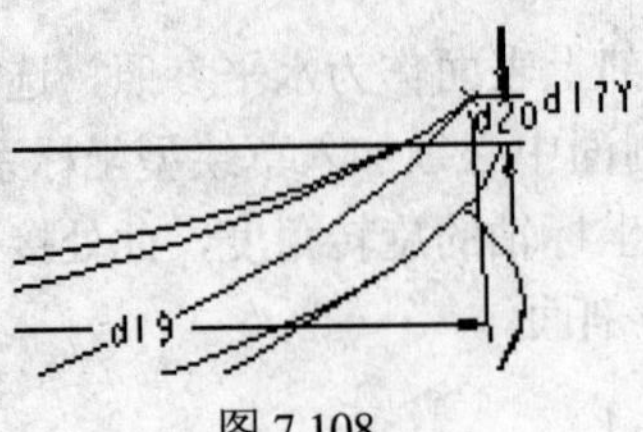

图 7.108

图 7.109

第8章　扭曲特征

扭曲特征是 Wildfire 新增加的造型工具。使用扭曲特征，可改变实体、面组、曲线等特征的形式和形状。该特征为参数化特征，可以轻松地应用于下列情况。

（1）在概念性设计阶段研究模型的设计变化。在产品没有最终定形的设计初始阶段，存在着大量不确定的因素，利用扭曲特征可以非常高效地尝试各种设计变化。

（2）使从其他造型应用程序导入的数据适合特定工程需要。

（3）创建用于捕获设计意图的“模型模板”。在设计过程中更改模型时，此模板提供更大的灵活性。

（4）使用扭曲操作可对 Pro/ENGINEER 中的几何进行变换、缩放、旋转、拉伸、扭曲、折弯或扭转等操作，不需与其他应用程序进行数据交换就能使用其扭曲工具。

建立扭曲特征的途径是：在主菜单中选择“插入”→“扭曲”命令，选择需要执行操作的特征和变形的参照，打开如图 8.1 所示的扭曲工具操控面板，进行进一步的操作（扭曲特征不能作为第一个特征出现）。

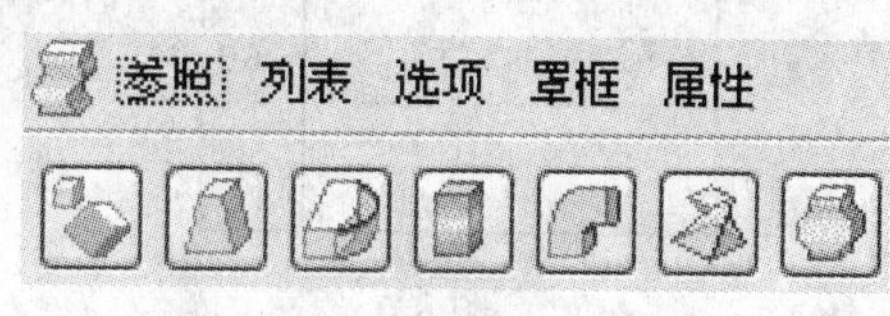

图 8.1

操控面板上方有“参照”、“列表”、“选项”、“罩框”和“属性”5 个选项，选择后弹出各自对应的上滑面板，其内容随着选取的变形工具而变化。

操作面板下方是 7 个以图标按钮形式出现的变化工具，这也是扭曲特征所能应用的全部工具，从左到右分别为：变换工具、扭曲工具、骨架工具、拉伸工具、折弯工具、扭转工具及雕刻工具。其含义如下：

变换工具：可以对特征执行平移、旋转、比例操作。

扭曲工具：可以进行多种形状改变操作，包括使对象的底部或顶部为锥形、移动对象的重心、将对象的拐角或边背向中心或朝向中心拖动。

骨架工具：选择曲线作为骨架线，通过调整骨架线上的点（可以拖动、增加和删除），来使对象做相应变动。

拉伸工具：可以对特征进行拉伸操作。

折弯工具：可以对特征进行折弯操作。

扭转工具：可以对特征进行扭转操作。

雕刻工具：通过调整网格的点来对对象进行调整。

在操作中，一次只能选择一个工具，选择后操控面板下方会出现与该变形工具相对应的控制选项。对于同一个特征，可使用多种变形工具进行操作。

8.1 变换工具

本小结将用实例介绍扭曲特征变换工具的应用。

例：变换工具的应用

（1）新建文件 8-1。

（2）在特征工具栏上单击按钮（拉伸工具），选择 TOP 基准平面为草绘平面，绘制如图 8.2 所示的剖面，完成后在特征工具栏中单击✔按钮，退出草绘模式。更改深度值为 20 并按 Enter 键确定，单击操控面板右侧的✔按钮，完成该拉伸特征的建立。结果如图 8.3 所示。

（3）单击特征工具栏的按钮（壳工具），打开其操控面板，选择零件上表面为删除曲面，输入壳的厚度值为 5，单击操控面板右侧的✔按钮，完成壳特征的建立。结果如图 8.4 所示。

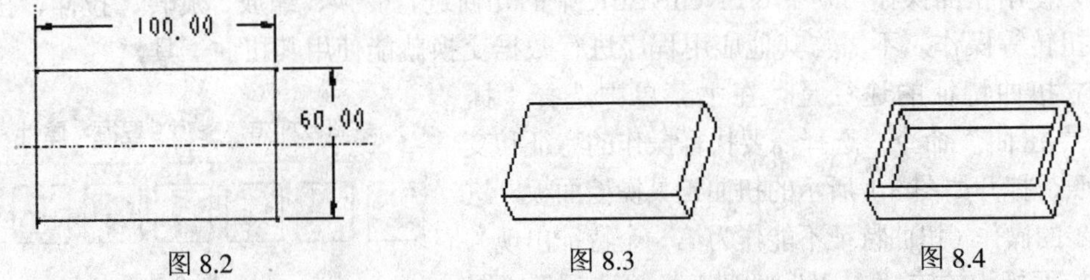

图 8.2 图 8.3 图 8.4

（4）在主菜单中选择“插入”→“扭曲”命令，打开其操作面板；在操作面板上选择“参照”命令，弹出其上滑面板，此时几何收集器为缺省激活状态，选择零件的任意部分，以选择整个零件作为操作对象。在上滑面板中激活方向收集器，选择 TOP 基准平面，各命令选项被激活，此时参照上滑面板如图 8.5 所示。其中“隐藏原件”选项意味着扭曲特征建立后，原来的实体特征将被隐藏。

在操作面板中单击按钮（启动变换工具），零件出现如图 8.6 所示的控制框。

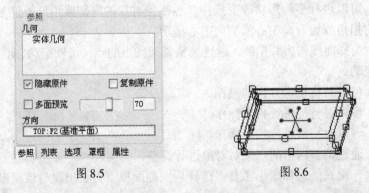

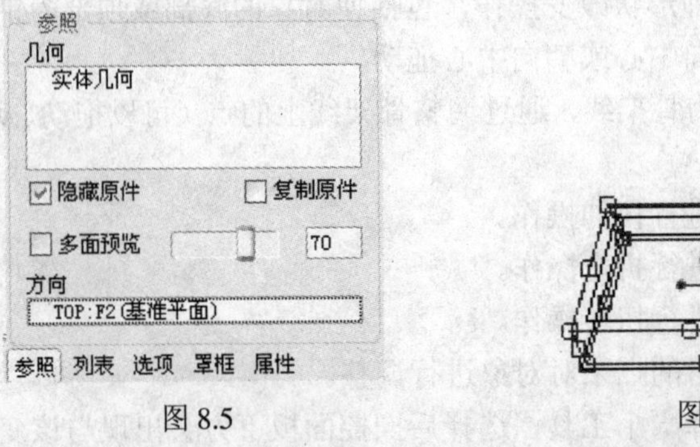

图 8.5 图 8.6

（5）移动鼠标到每条边线中间的方框标记处，该方框以高亮显示，同时会出现两个方向的箭头，这里移动到右侧上方线条的方框标记出处，如图 8.7 所示。从图中的说明可以知道：拖动方框，零件以 2D 进行缩放，选择一个箭头则以该箭头方向进行 1D 缩放。

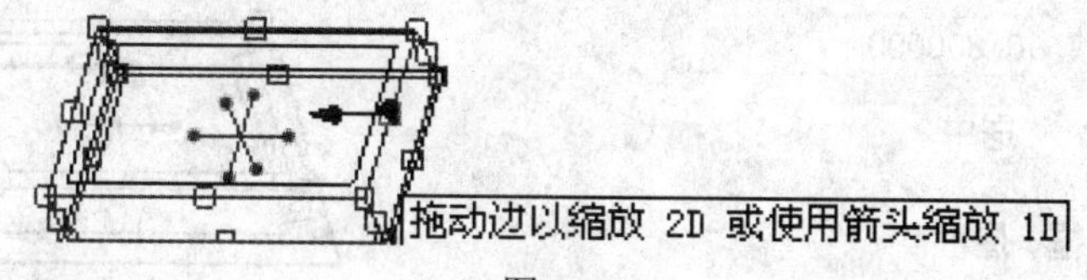

图 8.7

（6）选择不同的标记，其在“选项”命令上滑面板中显示的图元也不同，如图 8.8 所示是选择右侧上方线条的方框状态。可以在这里输入精确的缩放比例。这里保持朝向为“反向”，输入缩放值为 0.7 并按 Enter 键确定，此时零件如图 8.9 所示。

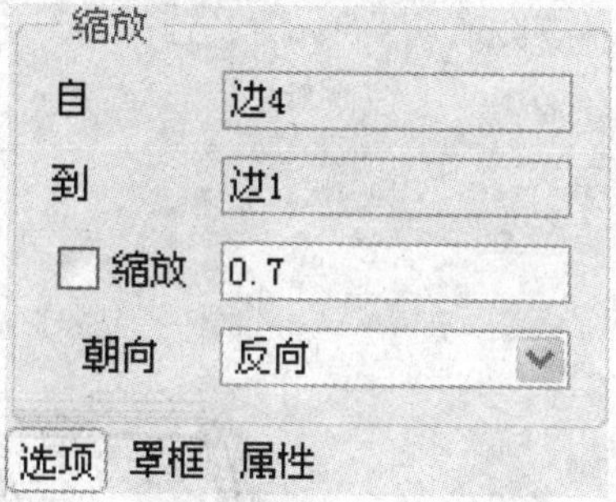

缩放
自 边4
到 边1
缩放 0.7
朝向 反向
选项 罩框 属性

图 8.8

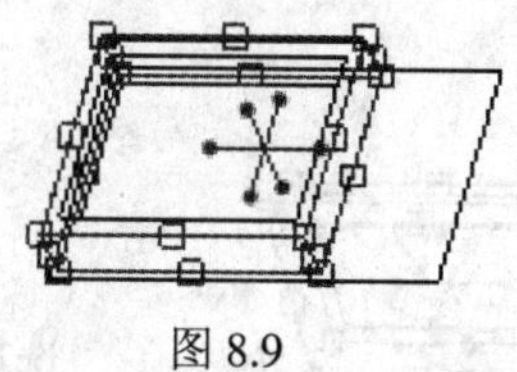

图 8.9

（7）移动鼠标到控制框的拐角顶点的方框处，该方框会以高亮显示，选择后会出现一个朝向中心的箭头，如图 8.10 所示。选择后移动鼠标，可以使零件朝中心或外侧进行动态缩放。

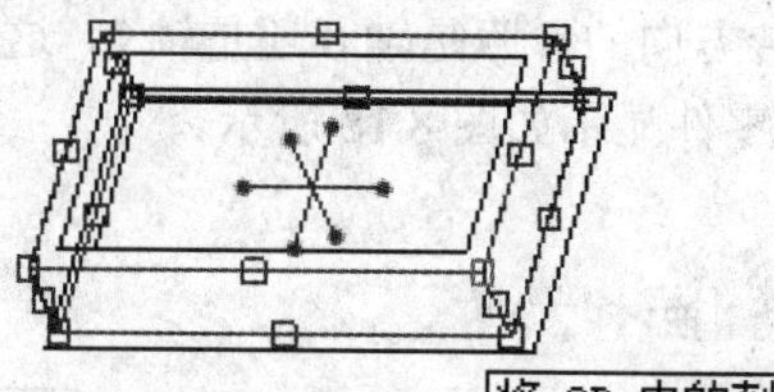

图 8.10

此时“选项”命令上滑面板如图 8.11 所示，更改朝向为“居中”，输入缩放值为 0.8 并按 Enter 键确定，此时零件显示如图 8.12 所示。

缩放
自 拐角4
到 拐角2
缩放 0.800000
朝向 居中
选项 罩框 属性

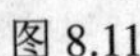

图 8.11

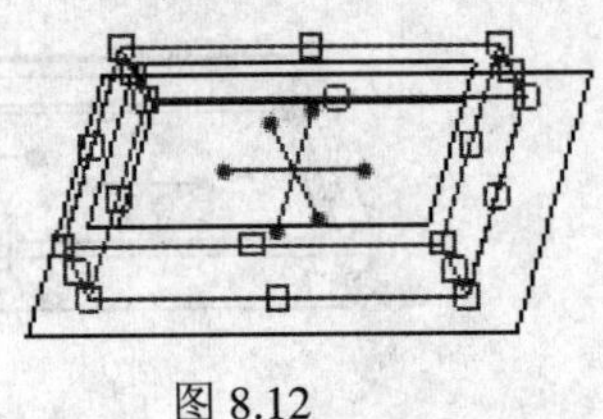

图 8.12

（8）选择 3 条浅蓝色控制杆中的线段，可以进行移动操作，这里选择如图 8.13 中箭头所指的控制杆线段，此时“选项”命令上滑面板如图 8.14 所示。可以对控制杆的移动做精确控制，这里输入 Y 值为“50”并按 Enter 键确定，控制杆移动的结果如图 8.15 所示。

如果勾选“相关”复选框，则控制杆按相对坐标移动。

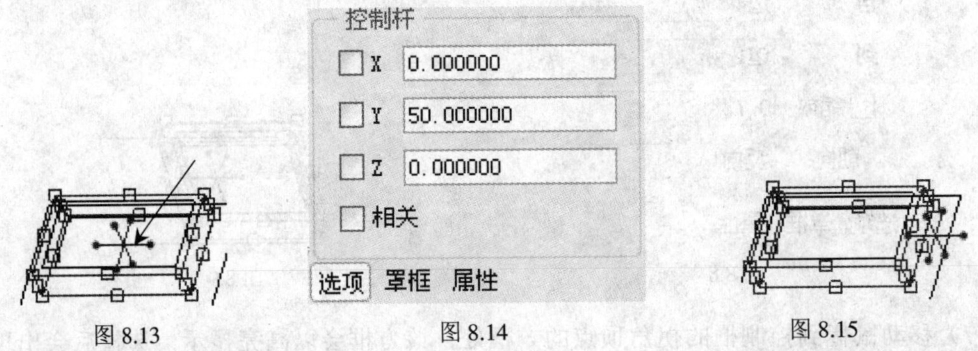

图 8.13　　图 8.14　　图 8.15

选择 3 条控制杆顶端的任意一个圆点，会出现一个旋转控制框，拖动鼠标可以进行两个方向的旋转。这里选择图 8.16 中箭头所指的点，此时“选项”命令上滑面板如图 8.17 所示，在“旋转轴”下拉列表框中，可以选择旋转方向的参照是轴 0 还是轴 2，这里选择轴 0，输入旋转角度值为 30 并按 Enter 键确定，此时零件显示如图 8.18 所示。

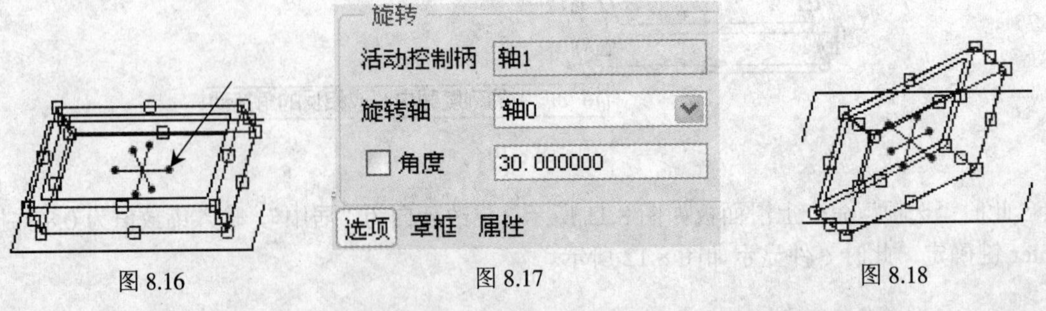

图 8.16　　图 8.17　　图 8.18

在系统工具栏上单击按钮（撤消），撤消刚才的操作。在“选项”命令上画面板中更改旋转轴为“轴 2”，此时零件显示如图 8.19 所示。

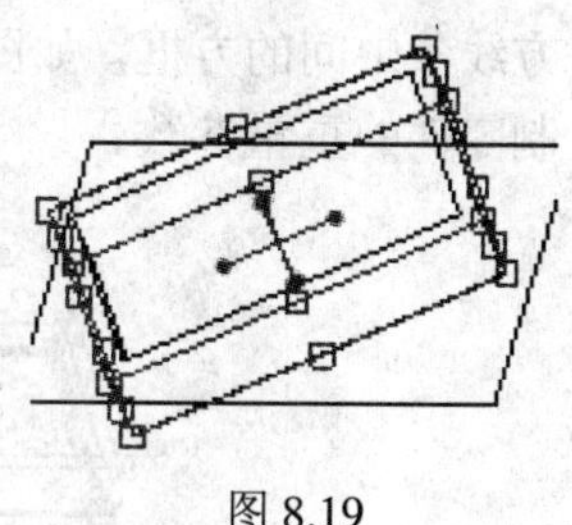

图 8.19

（9）在操作面板中选择“列表”命令，其上滑面板中列出了操作的全部内容，如图 8.20 所示。可以进行操作步骤及结果的部分显示，也可以选择删除其中的操作步骤，但注意第 1 步删除将删除全部的操作结果。

单击操作面板右侧的按钮，完成扭曲特征的建立，扭曲特征在模型树中的显示如图 8.21 所示。

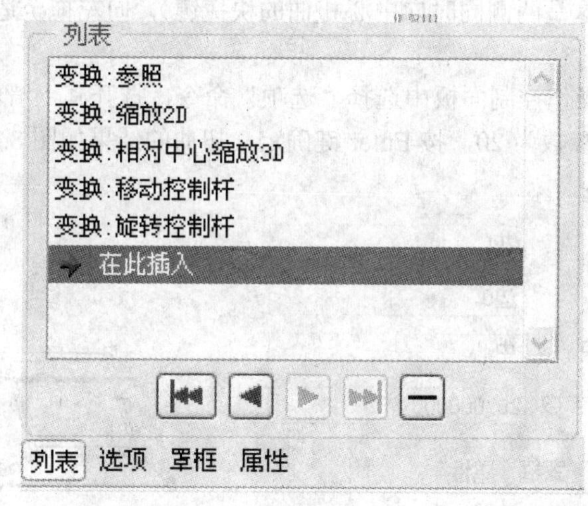

图 8.20

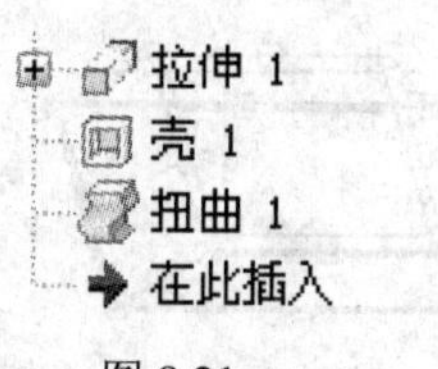

图 8.21

（10）保存并拭除文件。

8.2　扭曲工具

例：扭曲工具的应用

（1）打开文件 8-1。

（2）在主菜单中选择“插入”→“扭曲”命令，打开其操作面板。选择零件的任意部分，在绘图窗口右击，在弹出的快捷菜单中选择“方向收集器”命令，选择 TOP 基准平面，激活各项命令选项。

（3）单击操作控制面板的按钮（启动扭曲工具），出现如图 8.22 所示的控制框。

移动鼠标到任意控制框边线中间的方框处，会出现 4 个箭头，这里移动到控制框右侧上方线条中间的方框，如图 8.23 所示，其中 2 根紫色的箭头控制零件的扭曲操作，黄色箭头控制零件的重量参数。

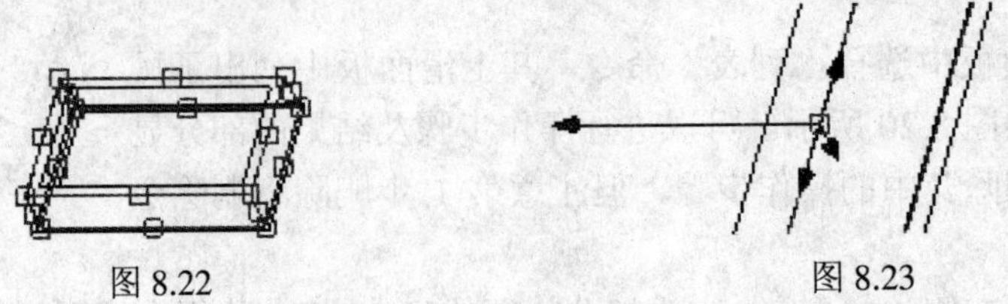

图 8.22　　图 8.23

在图 8.23 的基础上继续移动鼠标至朝向左侧的紫色箭头，该箭头会以高亮显示，选择该箭头，同时按住 Alt+Shift 组合键（这是两侧同时向中心扭曲的快捷键），向左拖至适当位置，此时零件显示如图 8.24 所示。

如果要做精确的调整，可以在操作控制面板中选择“选项”命令，打开其上滑面板，如图 8.25 所示。在其上滑面板中更改参数为 20，按 Enter 键确定，扭曲的结果如图 8.26 所示。

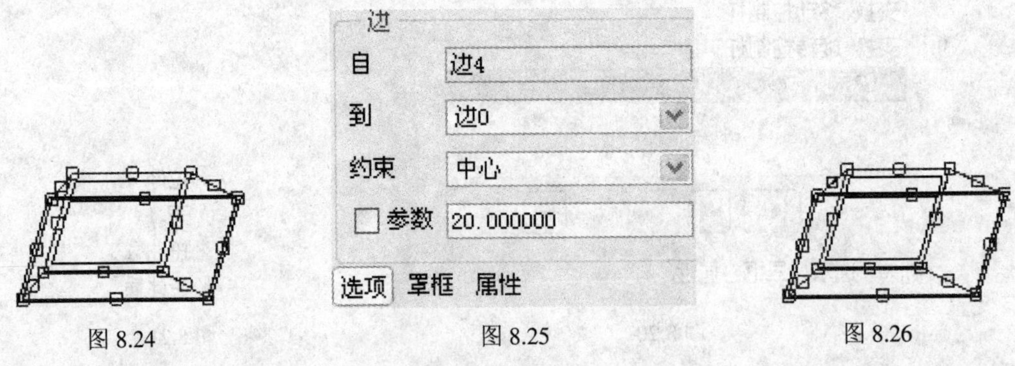

图 8.24　　图 8.25　　图 8.26

移动鼠标至控制框前侧上方中间的方框处，选择黄色箭头向左拖至适当的位置，如图 8.27 所示。如果做精确的调整，可以在“选项”命令上滑面板中更改参数值为 0.25 并按 Enter 键确定。结果如图 8.28 所示，扭曲的结果如图 8.29 所示。

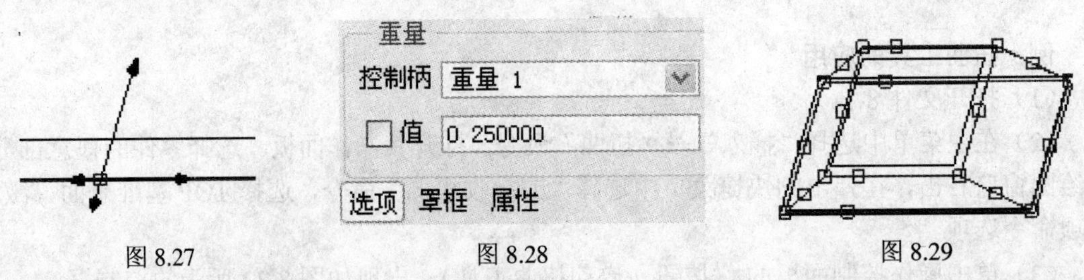

图 8.27　　图 8.28　　图 8.29

（4）移动鼠标至控制框任意一个拐角的方框上，会出现 3 个紫色箭头和 3 个黄色箭头。

这里移动到控制框右上角方框处。拖动黄色箭头会使零件在该方向扭曲，而拖动紫色箭头会使零件在 3 个方向上同时扭曲。

如果要做精确的调整，在控制面板中选择“选项”命令，将鼠标移动到控制框右上角方框处，单击如图 8.30 中的箭头，此时“选项”命令上滑面板如图 8.31 所示。更改 U 字形参数值为 6 并按 Enter 键确定，扭曲的结果如图 8.32 所示。

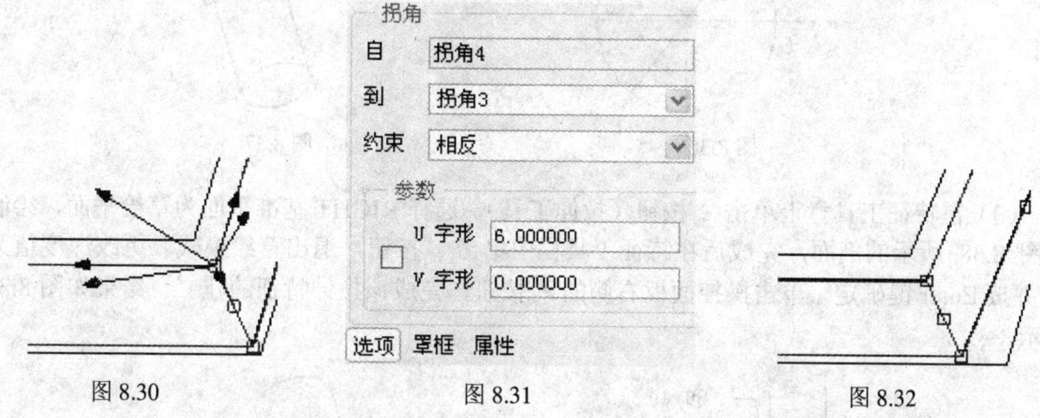

图 8.30　　图 8.31　　图 8.32

在“选项”上滑面板的“约束”下拉列表中分别选择“中心”和“自由”命令，可以得到不同的扭曲结果，如图 8.33 和 8.34 所示。

选择“约束”类型为“中心”，单击操作面板右侧的✔按钮，完成扭曲特征的建立。结果如图 8.35 所示。

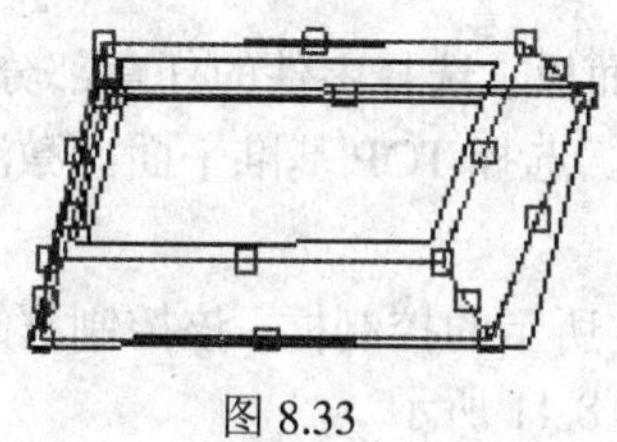

图 8.33

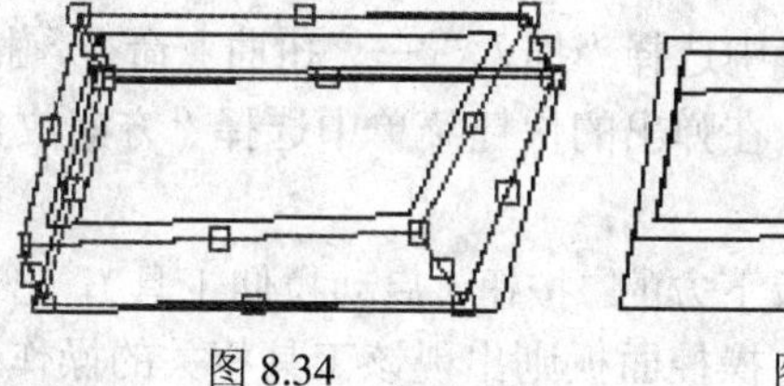

图 8.34

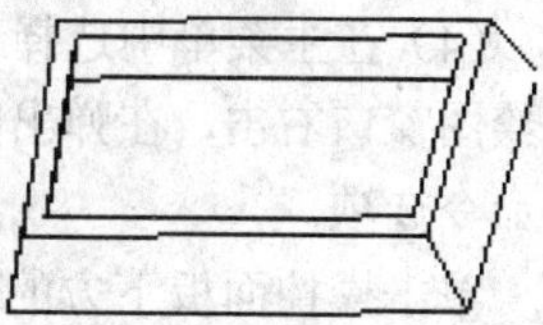

图 8.35

（5）保存并拭除文件。

8.3　拉伸工具

例：拉伸工具的应用

（1）新建文件 8-3。

（2）在特征工具栏单击按钮（拉伸工具），选择 FRONT 基准平面为草绘平面，绘制如

图 8.36 所示的剖面，完成后在特征工具栏中单击按钮，退出草绘模式。深度方式选择，更改深度值为 60 并按 Enter 键确定，单击操控面板右侧的按钮，完成该拉伸特征的建立。结果如图 8.37 所示。

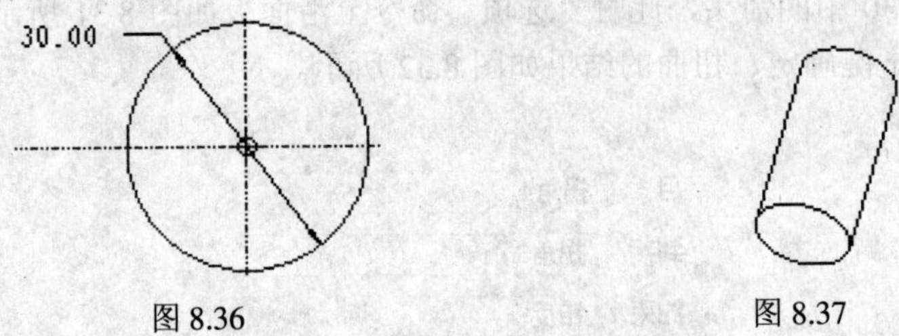

图 8.36　　图 8.37

（3）在特征工具栏上单击按钮（拉伸工具），选择 RIGHT 基准平面为草绘平面，绘制如图 8.38 所示的剖面，完成后在特征工具栏中单击按钮，退出草绘模式。更改深度值为 30 并按 Enter 键确定，单击操控面板右侧的按钮，完成该拉伸特征的建立。结果如图 8.39 所示。

图 8.38　　图 8.39

（4）在主菜单中选择“插入”→“扭曲”命令，打开其操控面板。选择零件的任意部分，在绘图窗口右击，在弹出的快捷菜单中选择“方向收集器”命令，选择 TOP 基准平面，激活各命令选项。

单击操控面板下方的按钮（启动拉伸工具），出现如图 8.40 所示的控制框，该控制框缺省完全包络零件。操控面板则出现该工具相关的操作选项，如图 8.41 所示。

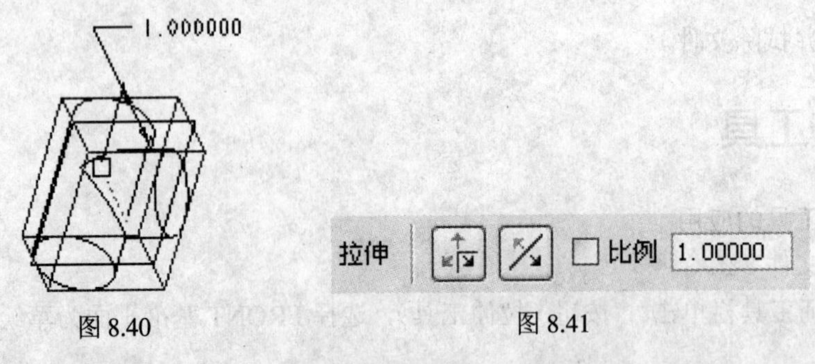

图 8.40　　图 8.41

选择图中的方框标记拖动，可以沿该轴方向拉伸零件，也可以在操作面板输入精确的比例值进行控制（必须为正值）。

单击操控面板上方的按钮，可以切换轴的拉伸方向；单击操控面板中的按钮，可以改变拉伸的方向。

在操控面板中选择“选项”命令，可以在上滑面板中对控制的起始位置和高度作出调整，这里更改“起始”数值为 10，此时该上滑面板如图 8.42 所示；而零件控制框如图 8.43 所示。

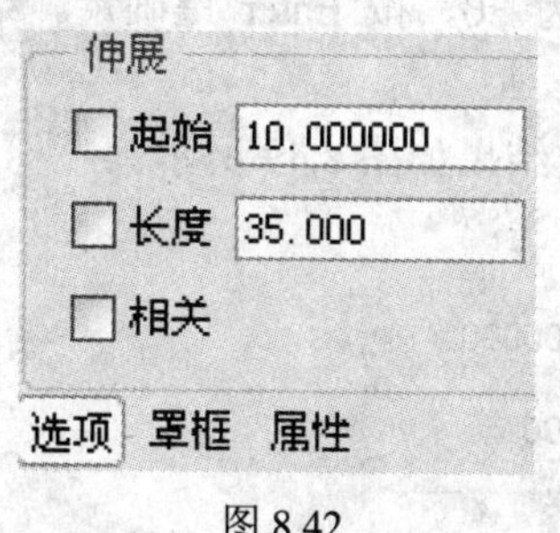

图 8.42

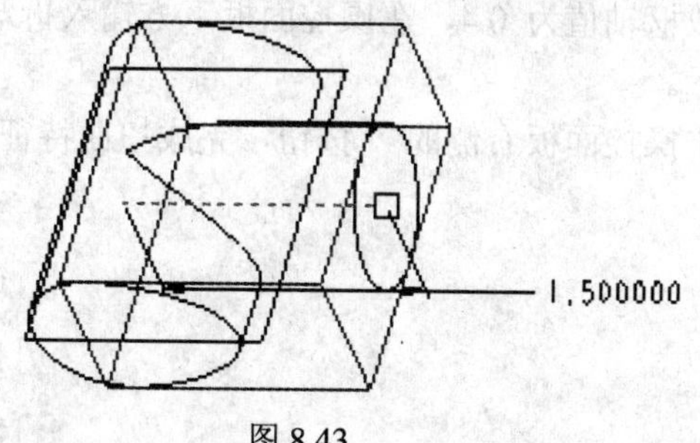

图 8.43

在操控面板中更改比例值为 1.5 并按 Enter 键确定，单击操作面板右侧的按钮，完成拉伸特征的建立。结果如图 8.44 所示。

（5）保存并拭除文件。

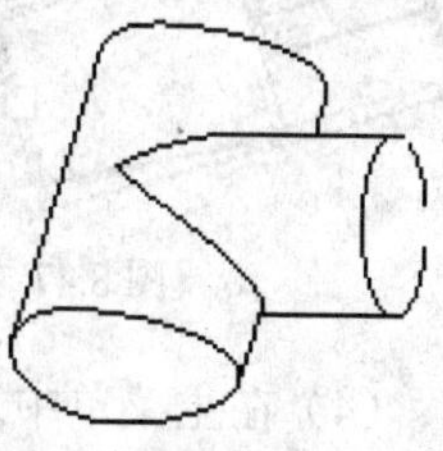
图 8.44

8.4 折弯工具

例：折弯工具的应用

（1）新建文件 8-4。

（2）在特征工具栏上单击按钮（拉伸工具），选择 TOP 基准平面为草绘平面，绘制如图 8.45 所示的剖面，完成后在特征工具栏中单击按钮，退出草绘模式。更改深度值为 1 并按 Enter 键确定，单击操控面板右侧的按钮，完成该拉伸特征的建立。结果如图 8.46 所示。

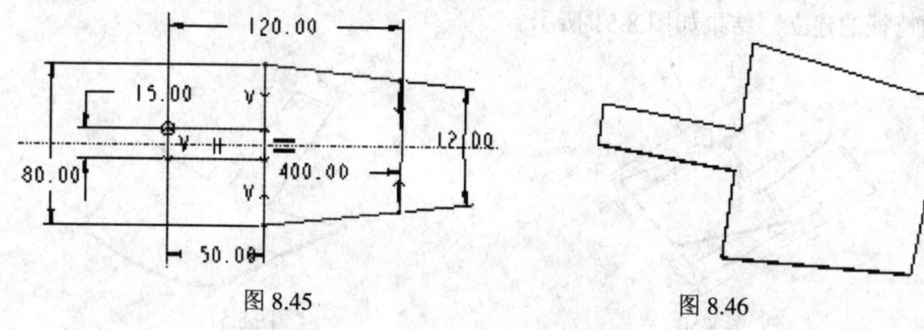

图 8.45

图 8.46

（3）在主菜单中选择“插入”→“扭曲”命令，打开其操控面板。选择零件的任意部分，在绘图窗口右击，在弹出的快捷菜单中选择“方向收集器”命令，选择 TOP 基准平面作为扭曲操作的参照平面，激活各项命令选项。

单击操控面板中的按钮（启动折弯工具），单击操控面板中的按钮（切换到下一个轴），直到折弯轴方向如图 8.47 所示。

在操控面板中选择“选项”命令，在弹出的上滑面板中更改起始值为 40，更改长度值为 10，更改枢轴值为 0.4，在操控面板下方输入折弯角度值为 30，按 Enter 键确定。结果如图 8.48 所示。

单击操控面板右侧的按钮，完成扭曲特征的建立。结果如图 8.49 所示。

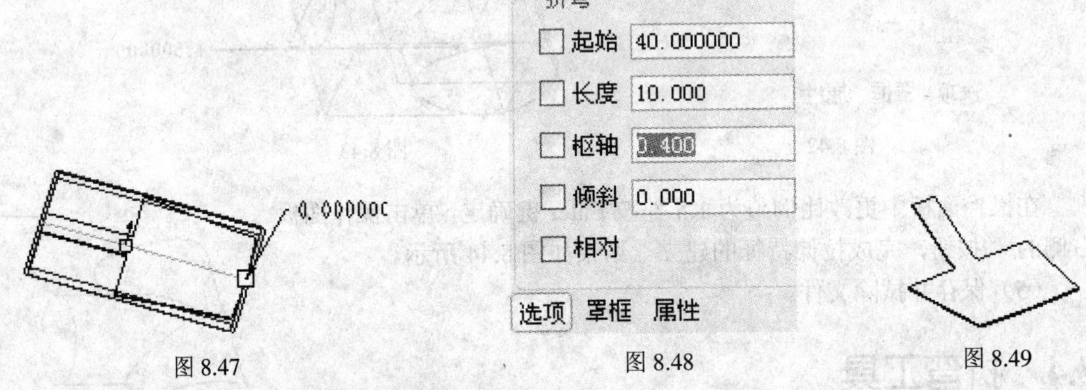

图 8.47　　图 8.48　　图 8.49

（4）在主菜单中选择“插入”→“扭曲”命令，打开其操控面板。选择零件的任意部分，在绘图窗口右击，在弹出的快捷菜单中选择“方向收集器”命令，选择 TOP 基准平面作为扭曲操作的参照平面，激活各项命令选项。

单击操控面板中的按钮（启动折弯工具），单击操控面板中的按钮（切换到下一个轴），直到折弯轴方向如图 8.50 所示。

在操控面板下方输入折弯角度值为 60，按 Enter 键确定。单击操控面板右侧的按钮，完成扭曲特征的建立。结果如图 8.51 所示。

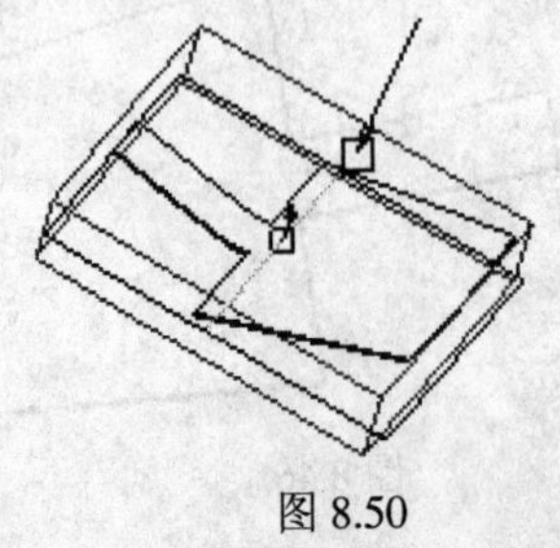

图 8.50

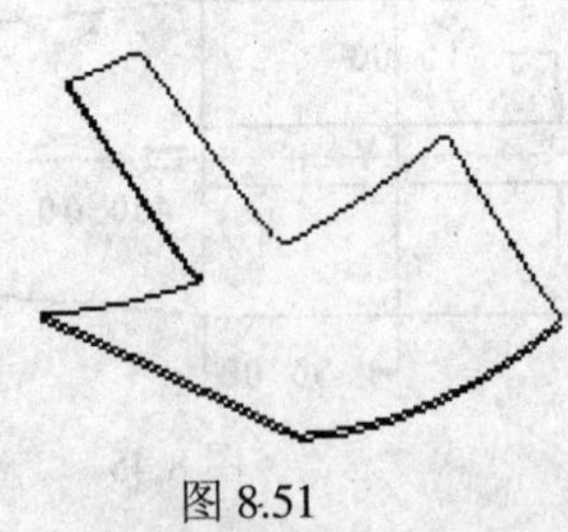

图 8.51

（5）保存并拭除文件。

8.5 扭转工具

例：扭转工具的应用

（1）新建文件 8-5。

（2）在特征工具栏上单击按钮（拉伸工具），选择 TOP 基准平面为草绘平面，绘制如图 8.52 所示的剖面，完成后在特征工具栏中单击按钮，退出草绘模式。更改深度值为 100 并按 Enter 键确定，单击操控面板右侧的按钮，完成该拉伸特征的建立。结果如图 8.53 所示。

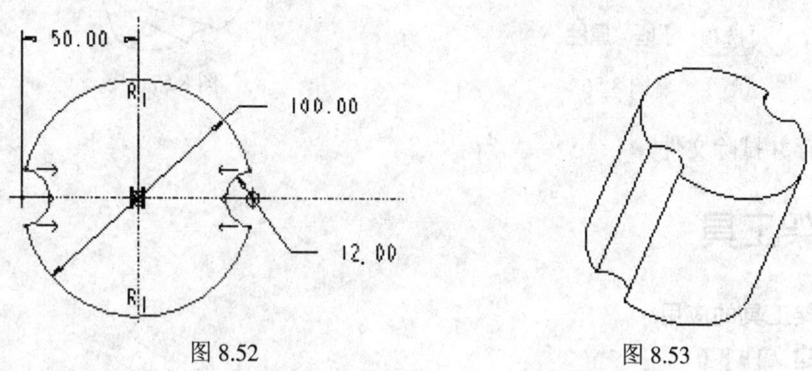

图 8.52　　图 8.53

（3）在主菜单中选择“插入”→“扭曲”命令，打开其操控面板。选择零件的任意部分，在绘图窗口右击，在弹出的快捷菜单中选择“方向收集器”命令，选择 TOP 基准平面，激活各命令选项。

单击操控面板下方的按钮（启动扭转工具），零件出现如图 8.54 所示的控制框，该控制框缺省完全包络零件，选择图中的方框编辑拖动，可以对零件进行动态扭曲操作，也可以在操控面板输入准确的旋转角度控制。

在操控面板中同时出现该工具相关的操作选项，如图 8.55 所示。单击操控面板的按钮，可以切换旋转参照轴；单击操控面板的按钮，可以改变轴的方向。

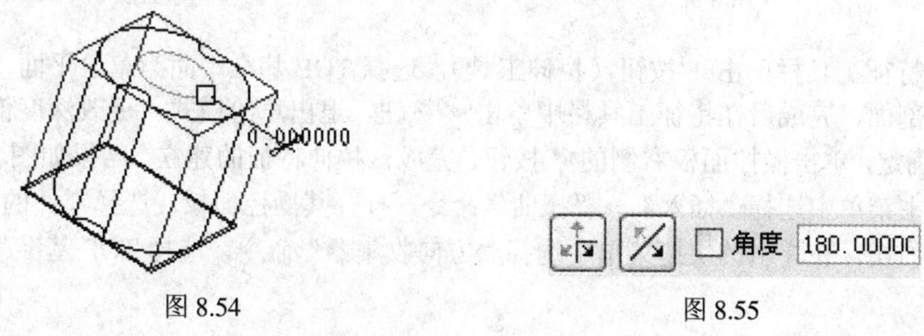

图 8.54　　图 8.55

这里只更改旋转角度值为 180 并按 Enter 键确定。

单击操控面板中的“选项”命令，打开其上滑面板。输入起始值为–40 并按 Enter 键确定，输入“长度”值为 180 并按 Enter 键确定，如图 8.56 所示。

单击操作面板右侧的✔按钮，完成扭曲特征的建立。结果如图 8.57 所示。

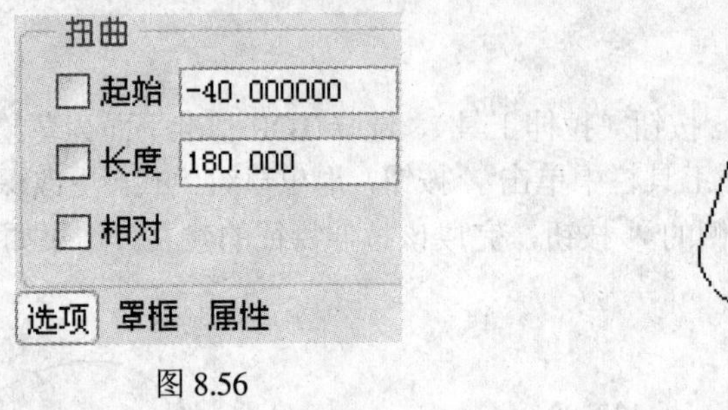

图 8.56　　图 8.57

（4）保存并拭除文件。

8.6 骨架工具

例：骨架工具的应用

（1）新建文件 8-6。

（2）单击特征工具栏的按钮（草绘工具），打开“草绘”对话框，选择 FRONT 基准平面为草绘平面，绘制如图 8.58 所示的剖面，完成后在特征工具栏中单击✔按钮，退出草绘模式。完成草绘曲线特征的创建。结果如图 8.59 所示。

图 8.58　　图 8.59

（3）在特征工具栏单击按钮（拉伸工具），选择 TOP 基准平面为草绘平面，绘制如图 8.60 所示的剖面，完成后在特征工具栏中单击✔按钮，退出草绘模式。更改深度值为 120 并按 Enter 键确定，单击操控面板右侧的✔按钮，完成该拉伸特征的建立。结果如图 8.61 所示。

（4）在主菜单中选择“插入”→“扭曲”命令，打开其操控面板。选择零件的任意部分，在绘图窗口右击，在弹出的快捷菜单中选择“方向收集器”命令，选择 TOP 基准平面，激活各命令选项。

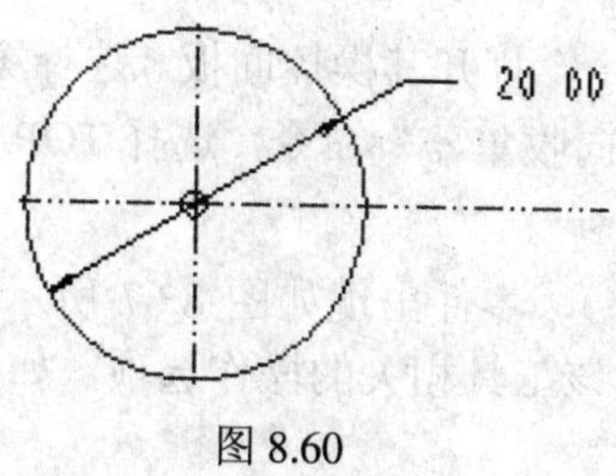

图 8.60

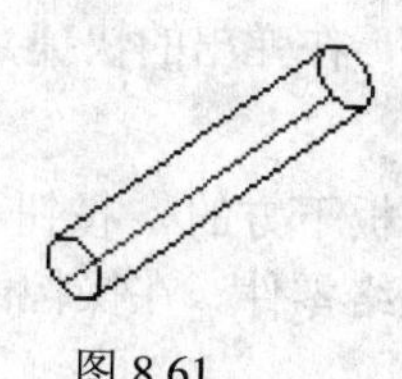
图 8.61

单击操控面板下方的按钮（启动骨架工具），零件出现如图 8.62 所示的控制框，该控制框缺省完全包络零件。从图中可以看到控制骨架中的控制点，如图 8.62 中箭头所指。在操控面板中同时出现该工具相关的操作选项，如图 8.63 所示。

单击操控面板的按钮（沿轴快速扭曲），拖动各控制点以改变零件的形状。单击操控面板右侧的✔按钮，完成扭曲特征的建立。结果如图 8.64 所示。

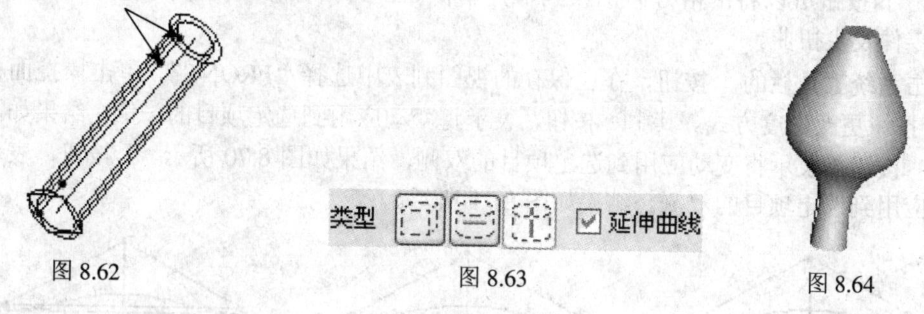

图 8.62 图 8.63 图 8.64

（5）保存并拭除文件。

8.7 雕刻工具

例：雕刻工具的应用

（1）新建文件 8-7。

（2）在特征工具栏上单击按钮（拉伸工具），选择 TOP 基准平面为草绘平面，绘制如图 8.65 所示的剖面，完成后在特征工具栏中单击✔按钮，退出草绘模式。更改深度值为 20 并按 Enter 键确定，单击操控面板右侧的✔按钮，完成该拉伸特征的建立。结果如图 8.66 所示。

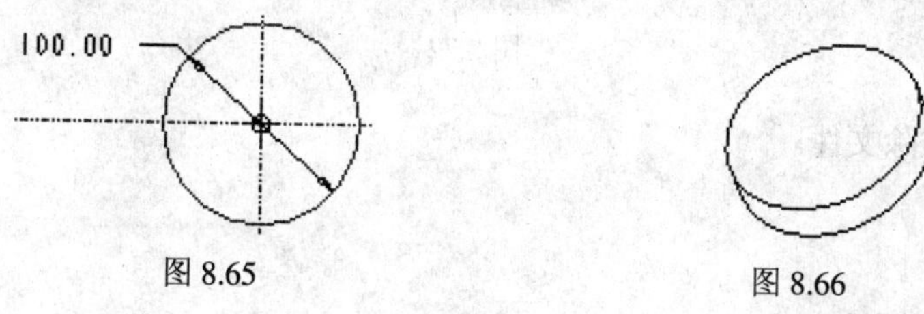

图 8.65 图 8.66

（3）在主菜单中选择“插入”→“扭曲”命令，打开其操控面板。选择零件的任意部分，在绘图窗口右击，在弹出的快捷菜单中选择“方向收集器”命令，选择TOP基准平面，激活各命令选项。

单击操控面板下方的按钮（启动雕刻工具），零件出现如图8.67所示的控制框，该控制框缺省完全包络零件。在操控面板中同时出现该工具相关的操作选项，如图8.68所示。

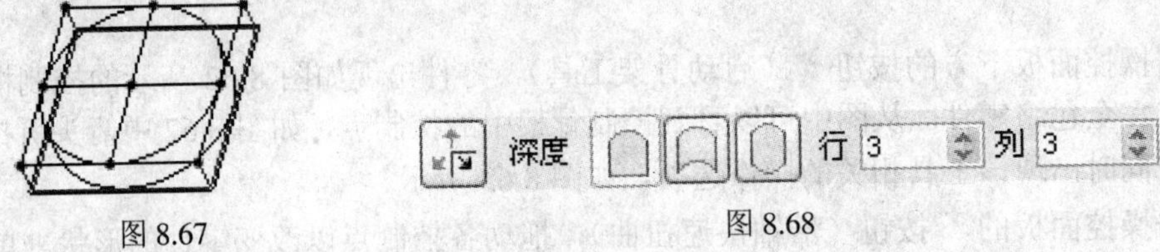

图 8.67　　图 8.68

单击按钮可以将网格方向切换到下一罩框面。将鼠标移动到中间的控制点并向上拖动，使零件发生扭曲。

单击系统工具栏的按钮，在已保存的视图列表中选择“FRONT”。单击操控面板中的“深度”按钮更改深度方式。其中按钮，表示将变动应用到选定项目的一侧，结果如图8.69所示。按钮，表示将变动应用到选定项目的双侧，结果如图8.70所示。按钮，表示将变动对称应用到选定项目的双侧。结果如图8.71所示。

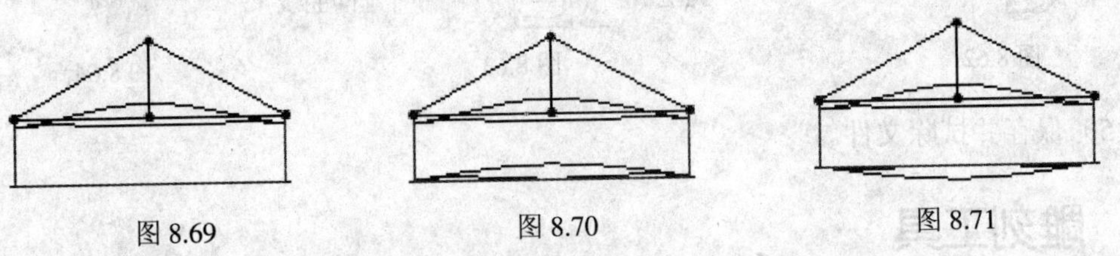

图 8.69　　图 8.70　　图 8.71

最后选择按钮，单击操作面板右侧的按钮，完成扭曲特征的建立。结果如图8.72所示。

图 8.72

（4）保存并拭除文件。

第 9 章　零件的修改及解决特征再生失败

修改零件的意义在于更改已经完成的零件，使之符合最终的设计要求，修改零件正是参数化设计的一个体现，进行修改而不是完全推倒重来，不但可以最大程度地保存已经完成的成果，也使新的设计变更更加迅速、方便。

9.1　编辑特征

“编辑”特征的目的是为了更改模型尺寸。

“编辑”的操作步骤：选择需要修改的特征，右击，在弹出的快捷菜单中选择“编辑”命令；或在绘图窗口中双击需要修改的特征，将显示该特征的全部控制尺寸，在绘图窗口双击需要更改的尺寸，在弹出的数值输入框中输入新的数值并按 Enter 键确定（或者按鼠标中键确定），在系统工具栏上单击按钮（再生模型），系统再生模型后完成尺寸的修改。

9.2　删除特征

“删除”特征的操作步骤：在绘图窗口或者模型树中，选择需要删除的特征，在主菜单中选择“编辑”→“删除”→“删除”命令（或者右击，在弹出的快捷命令菜单中选择“删除”命令），在出现的“删除”对话框中单击“确定”按钮，确认删除特征。

“删除”命令还有“删除直到模型的终点”和“删除不相关的项目”两个选项，其中“删除直到模型的终点”命令可以删除被选择的特征及其以后的特征；“删除不相关的项目”命令可以删除所选特征及其参照特征以外的全部特征。

选择特征后，按 Delete 键，这是执行“删除”命令的快捷方法。

9.3　编辑定义特征

“编辑定义”特征，可以更改特征的几何控制及类型。更改类型取决于所选的特征。例如，一个特征是用截面创建的，则可以重定义该截面、特征参照等。

“编辑定义”特征的步骤：选择需要重新定义的特征，在主菜单中选择“编辑”→“定义”命令（或者右击，在弹出的快捷菜单中选择“编辑定义”命令），进入特征的重新定义操作。

9.4 插入特征

在 Pro/ENGINEER 中建立的新特征会自动添加到零件中上一个现有特征（也包括隐含特征）之后。插入模式可以使用户在特征序列的任意点添加新特征，而不是在最后特征之后添加特征。

进行插入操作的方法为：选择该特征，在主菜单中选择“编辑”→“特征操作”命令，在弹出的菜单管理器中选择“插入模式”→“激活”命令。

9.5 特征重新排序

重新排序特征可以改变特征的再生次序，反映在模型树中会清楚地看到特征之间前后顺序的改变。只要这些特征以连续顺序出现，就可以在一次操作中对多个特征重新排序。

如果特征之间存在“父子”关系，则不能进行特征重新排序操作，即子项不能移动到父项之前。因为 Pro/ENGINEER 特征再生的顺序严格按模型树中的特征排序进行，而父项的再生一定是发生在它们的子项之后的。

进行重新排序特征的操作方法为：在主菜单中选择“编辑”→“特征操作”命令，在弹出的菜单管理器中选择“重新排序”命令，进行相关操作。

9.6 隐含和恢复特征

隐含特征类似于将其从模型中暂时删除，不过，可以随时解除被隐含的特征。隐含特征的意义在于：隐含其他区域后可以更专注于当前工作区；由于更新较少而加速了修改过程；由于显示内容较少而加速了显示过程；暂时删除特征可尝试不同的设计变化。

提示：隐含一个特征后，和该特征有关联的特征均被隐含。

隐含特征的操作方法：选择需要隐含的特征，在主菜单中选择“编辑”→“隐含”命令，出现 3 个命令选项：“隐含”、“隐含直到模型的终点”和“隐含不相关的项目”。

其中“隐含”命令为隐含所选择的特征；“隐含直到模型的终点”命令为隐含所选择的特征及其后面的特征；“隐含不相关的项目”命令为隐含所选择参照特征外的所有特征。

恢复特征即恢复被隐含的特征。在主菜单中选择“编辑”→“恢复”命令执行恢复特征的操作。

9.7　重定义特征参照

重定义特征参照可以对特征建立过程中的各种参照进行重新定义，这在解决特征再生失败时，显得极为重要。

重定义特征参照的方法为：选择需要重新定义的特征，在主菜单中选择“编辑”→“参照”命令（或者右击，在弹出的快捷菜单中选择“编辑参照”命令），执行相关操作。

9.8　设置

如果有必要，在 Pro/ENGINEER 中可以对零件的材料、精度、单位等属性进行设置。

在主菜单中选择“编辑”→“设置”命令，在弹出的菜单管理器中选择相应命令后进行相关操作。

9.9　设置零件的只读属性

零件设置为只读属性以后，就不能对零件进行尺寸修改和其他编辑操作，除非解除零件的只读属性设置。

设置只读属性的方法是：在主菜单中选择“编辑”→“只读”命令，出现如图 9.1 所示的命令菜单，可以根据需要进行选择。

这些命令选项的含义如下：

“选取”：选取某个特征，设置该特征为只读属性，只读属性仅对该特征有效。

“特征号”：选择特征的号数进行设置，这种设置需要知道特征号的排列。

“所有特征”：设置全部特征为只读属性。

“清除”：清除设置的只读属性。

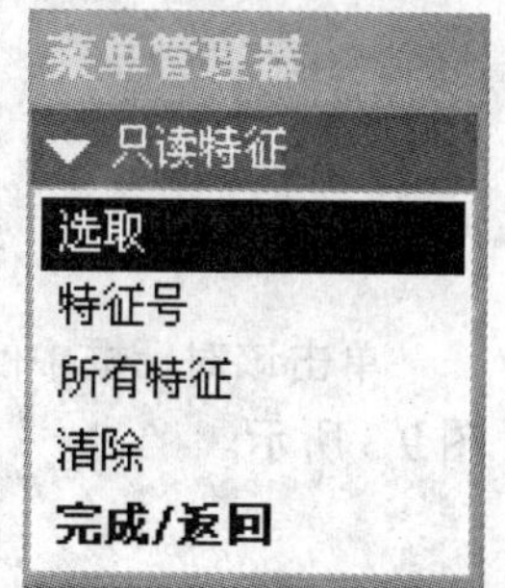

图 9.1

9.10　简化表示

零件的简化表示，允许对零件的特征显示进行选择，这个功能对于大型复杂零件非常有帮助。通过对不同特征进行分类建立的简化表示，对提高性能、使绘图窗口变地简洁非常有帮助。

提示：建立简化表示时，与排除特征有关联的特征均将被排除。在简化表示中建立的特征，在主表示中缺省为隐含状态。

9.11 解决特征再生失败

在 Pro/E 零件设计过程中或进行零件设计变更时，经常会遇到零件特征再生失败。特征再生失败的原因多种多样，而最常遇到的是：

- 零件设计的几何条件不满足系统要求（例如，圆角尺寸过大、草绘的剖面不封闭等）。
- 父特征的修改导致子特征失去参考。

在零件设计过程中，单击特征操控面板右侧的☑ 👓按钮（特征预览），如果出现特征再生失败，系统会自动打开“故障排除器”对话框，如图 9.2 所示。

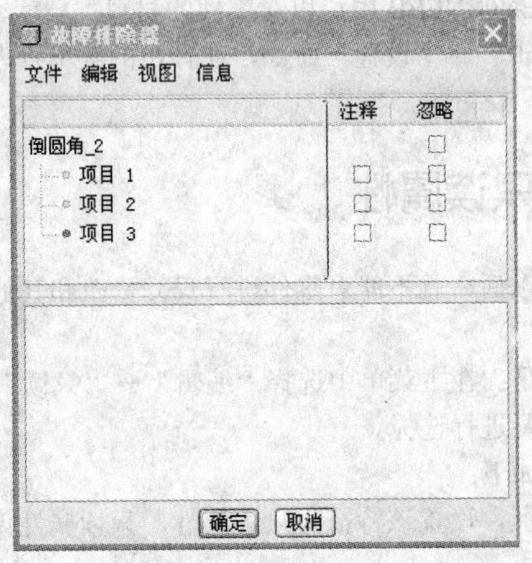

图 9.2

单击该对话框中的“项目 1”，系统会显示该特征失败的相关信息及推荐的解决方法，如图 9.3 所示。

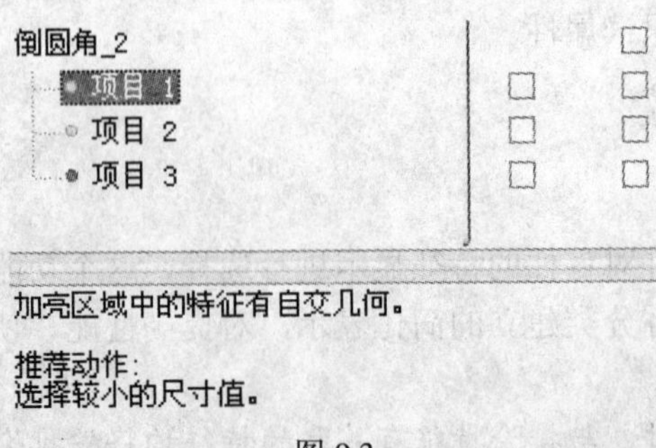

图 9.3

单击特征操控面板右侧的按钮（进入环境来解决失败特征），系统会弹出“失败诊断”信息窗口，如图 9.4 所示。指示当前特征的失败情况。同时系统自动打开“求解特征”菜单，如图 9.5 所示。通过“求解特征”菜单的相关操作可以解决失败特征。

图 9.4

另外，在进行设计变更时也往往出现特征再生失败。此时系统会弹出“失败诊断”信息窗口，如图 9.4 所示。指示当前特征的失败情况。同时系统自动打开“求解特征”菜单，如图 9.5 所示。通过“求解特征”菜单的相关操作可以解决失败特征。

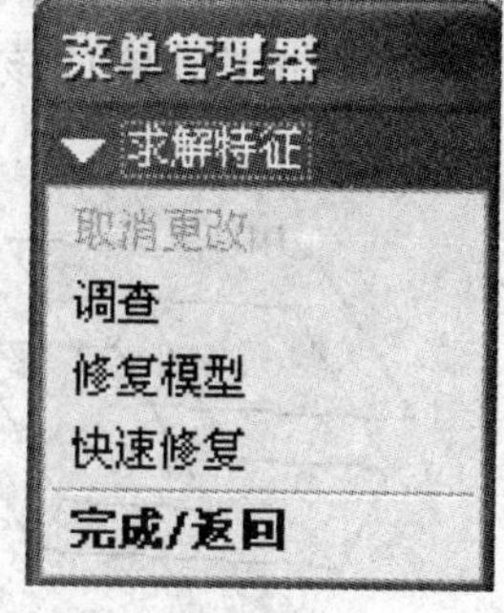

图 9.5

9.12 综合实例

下面以一个实例进一步说明上述零件修改的具体操作过程。

（1）新建文件 9-1。

（2）单击特征工具栏上的“拉伸工具”按钮，打开其操控面板，选择 TOP 基准平面为草绘平面，绘制如图 9.6 所示剖面。单击特征工具栏上的按钮，完成草绘。单击操控面板右侧的按钮，完成该拉伸特征的建立。结果如图 9.7 所示。

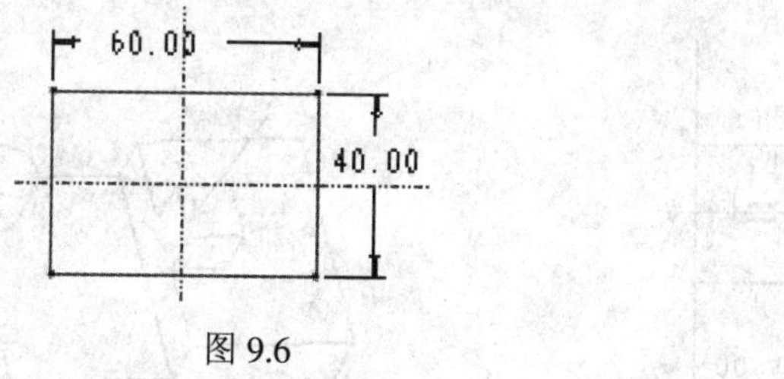

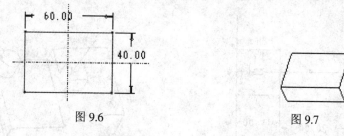

图 9.6　　图 9.7

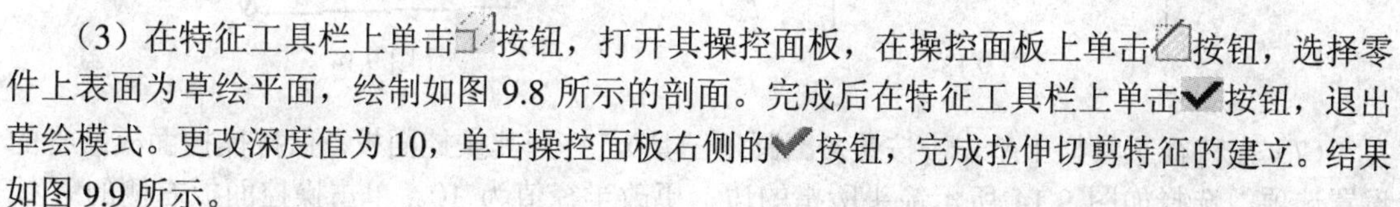

（3）在特征工具栏上单击按钮，打开其操控面板，在操控面板上单击按钮，选择零件上表面为草绘平面，绘制如图 9.8 所示的剖面。完成后在特征工具栏上单击按钮，退出草绘模式。更改深度值为 10，单击操控面板右侧的按钮，完成拉伸切剪特征的建立。结果如图 9.9 所示。

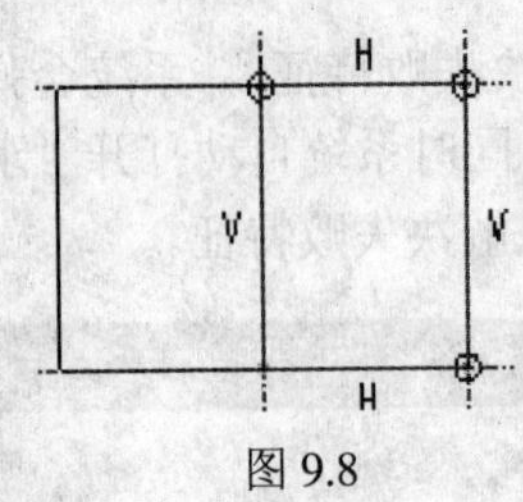

图 9.8

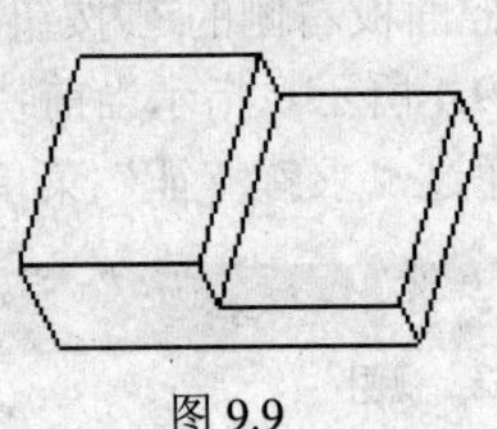

图 9.9

（4）在特征工具栏上单击按钮（基准平面工具），打开“基准平面”对话框。选择零件的上表面作为参照，输入偏距值为 10，单击该对话框中的“确定”按钮，完成 DTM1 基准平面的建立，如图 9.10 所示。

（5）单击特征工具栏上的按钮，打开其操控面板，选择如图 9.10 中箭头所指的平面为草绘平面，绘制如图 9.11 所示剖面。单击特征工具栏上的按钮，完成草绘。单击操控面板右侧的按钮，完成该拉伸特征的建立。结果如图 9.12 所示。

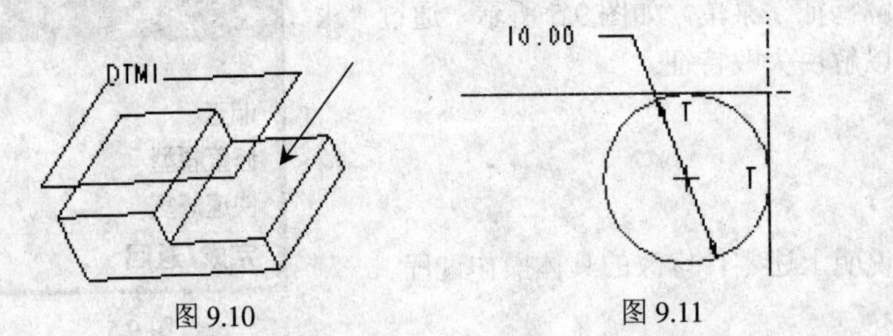

图 9.10　　图 9.11

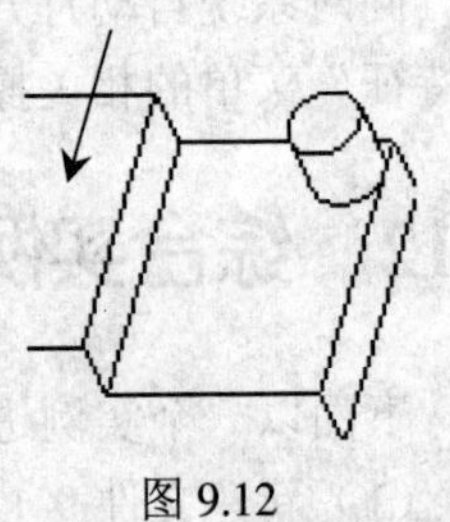

图 9.12

（6）单击特征工具栏上的按钮，打开其操控面板，选择如图 9.12 中箭头所指的平面为草绘平面，绘制如图 9.13 所示剖面。单击特征工具栏上的按钮，完成草绘。单击操控面板右侧的按钮，完成该拉伸特征的建立。结果如图 9.14 所示。

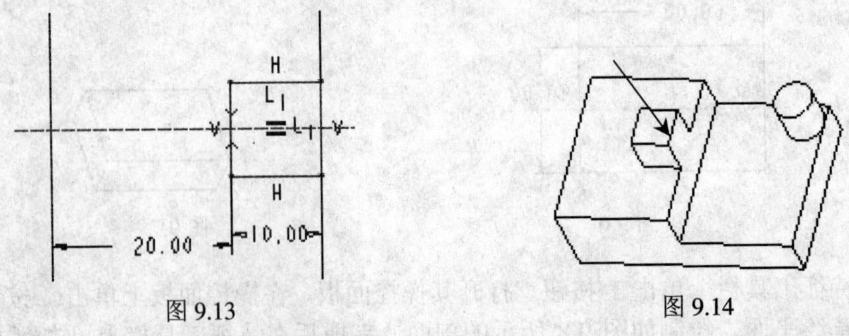

图 9.13　　图 9.14

（7）在特征工具栏上单击按钮（倒圆角工具），打开其操控面板。保持操控面板缺省的设置选项，选择如图 9.14 所示箭头所指的边，更改半径值为 10。单击操控面板右侧的按钮，完成倒圆角特征的建立。结果如图 9.15 所示。

（8）在特征工具栏上单击按钮，打开其操控面板，在操控面板上单击按钮，选择如图 9.12 中箭头所指的平面为草绘平面，绘制如图 9.16 所示的剖面（注意绘制该剖面时参照的选择）。完成后在特征工具栏上单击✔按钮，退出草绘模式。更改深度方式为（穿透），单击操控面板右侧的✔按钮，完成拉伸切剪特征的建立。结果如图 9.17 所示。

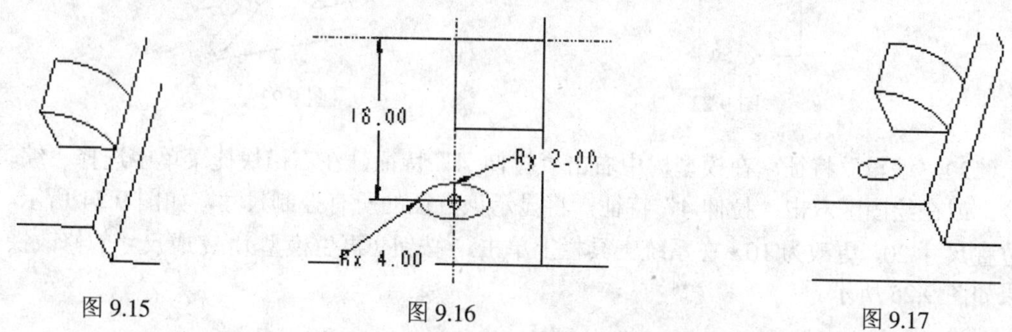

图 9.15　　图 9.16　　图 9.17

（9）在特征工具栏上单击按钮（倒圆角工具），打开其操控面板。保持操控面板缺省的设置选项，选择圆柱体的上边缘，更改半径值为 5。单击操控面板右侧的✔按钮，完成倒圆角特征的建立。结果如图 9.18 所示。

图 9.18

（10）单击特征工具栏上的按钮，打开其操控面板，选择如图 9.10 中箭头所指的平面为草绘平面，绘制如图 9.20 所示剖面。单击特征工具栏上的✔按钮，完成草绘。单击操控面板右侧的✔按钮，完成该拉伸特征的建立。结果如图 9.21 所示。

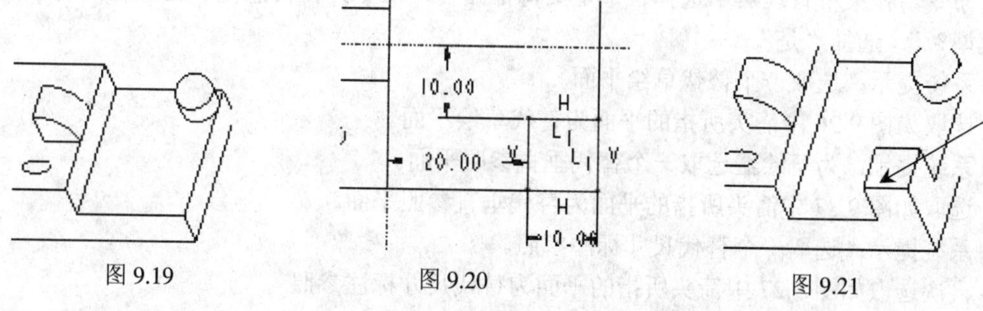

图 9.19　　图 9.20　　图 9.21

（11）在特征工具栏上单击按钮，打开其操控面板，在操控面板上单击按钮，选择如图 9.21 中箭头所指的平面为草绘平面，绘制如图 9.22 所示的剖面。完成后在特征工具栏上单击✔按钮，退出草绘模式。更改深度方式为（穿透），单击操控面板右侧的✔按钮，完成拉伸切剪特征的建立。结果如图 9.23 所示。

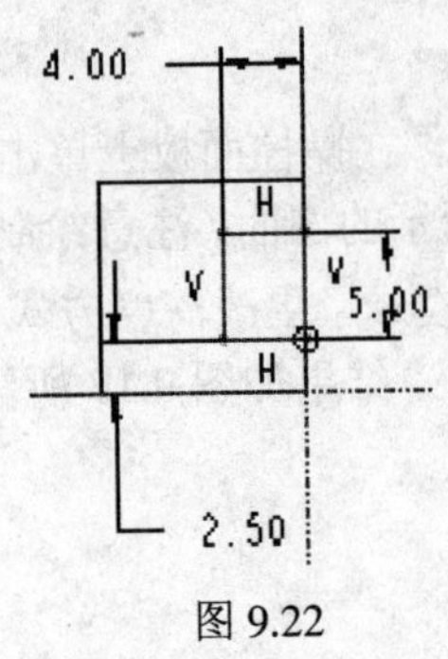

图 9.22

图 9.23

（12）“编辑”特征。在模型树中右击“拉伸 4”特征，在右键快捷菜单中选择“编辑”命令，或在绘图区双击“拉伸 4”特征，将显示该特征的所有控制尺寸，如图 9.24 所示。双击位置尺寸 20，更改为 10。在系统工具栏上单击按钮（再生模型），完成尺寸的修改操作。结果如图 9.25 所示。

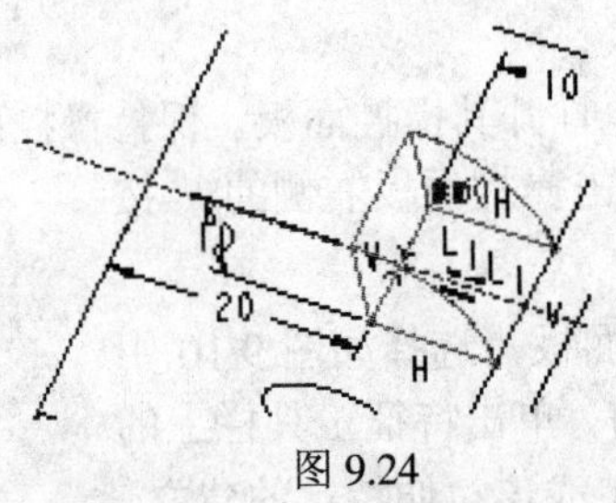

图 9.24

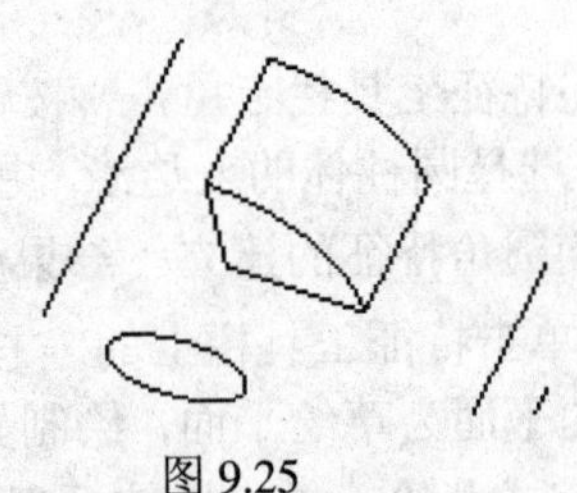

图 9.25

（13）“编辑参照”操作。在模型树中右击“拉伸 4”特征，在快捷菜单中选择“编辑参照”命令。在菜单管理器中选择“重定义特征路径”命令，在信息提示区系统询问“是否恢复模型？”，选择“是”。

系统提示：选取一个替代草绘平面。

选取如图 9.26 中箭头所指的平面为替代草绘平面。

系统提示：为草绘器选取一个替代垂直参照平面。

选取如图 9.27 中箭头所指的平面为替代垂直参照平面。

系统提示：选取一个替代尺寸标注参照。

再次选取如图 9.27 中箭头所指的平面为替代尺寸标注参照。

系统提示：选取一个替代尺寸标注参照。

在菜单管理器的“重定参照”菜单中选择“相同参照”命令。完成“重定义特征路径”操作。结果如图 9.28 所示。

（14）“删除”操作。现在欲删除“拉伸 6”特征，但是要保留槽特征（“拉伸 7”切剪特征）。在绘图区选取“拉伸 6”特征或在模型树中选择“拉伸 6”特征，在右键快捷菜单中选取“删除”命令。

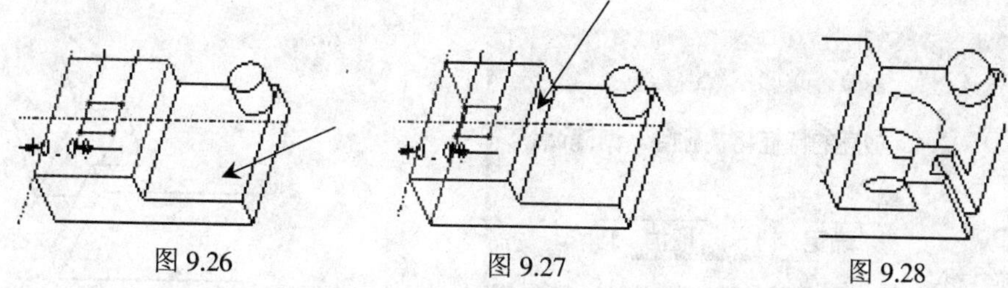

图 9.26　　图 9.27　　图 9.28

在绘图区弹出“删除”对话框，提示“加亮的特征将被删除”，如图 9.29 所示。从模型树中可以看出，在删除“拉伸 6”特征时，“拉伸 7”切剪特征也将被删除。如图 9.30 所示。

提示：执行“删除”操作时，要删除父特征，其后的所有子特征也将同时被删除。

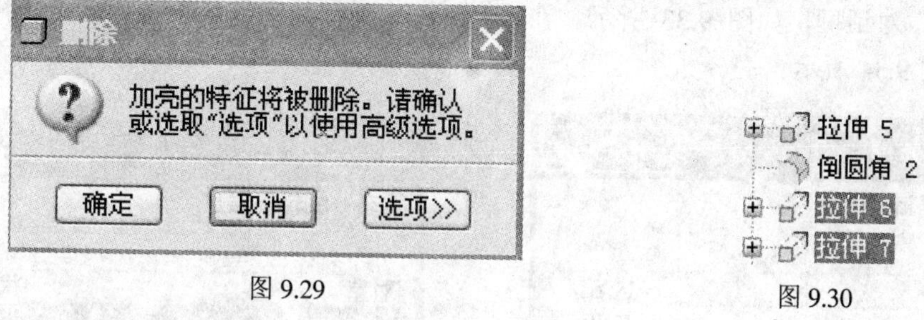

图 9.29　　图 9.30

要单独删除“拉伸 6”特征，保留“拉伸 7”切剪特征，就必须解除它们之间的“父子”关系。

在这里介绍两种解决该问题的方法。

① 在模型树中右击“拉伸 7”特征，在快捷菜单中选择“编辑参照”命令。在菜单管理器中选择“重定义特征路径”命令，在信息提示区系统询问“是否恢复模型？”，选择“是”。

系统提示：选取一个替代草绘平面。

选取 DTM1 基准平面为替代草绘平面。

系统提示：为草绘器选取一个替代垂直参照平面。

在菜单管理器的“重定参照”菜单中选择“相同参照”命令。

系统提示：选取一个替代尺寸标注参照。

在菜单管理器的“重定参照”菜单中选择“相同参照”命令。

系统提示：选取一个替代尺寸标注参照。

在菜单管理器的“重定参照”菜单中选择“相同参照”命令。完成“重定义特征路径”操作。

选取“拉伸 6”特征，在快捷菜单中选择“删除”命令，单击“删除”对话框的“确定”

按钮，如图 9.31 所示。完成删除操作。结果如图 9.32 所示。

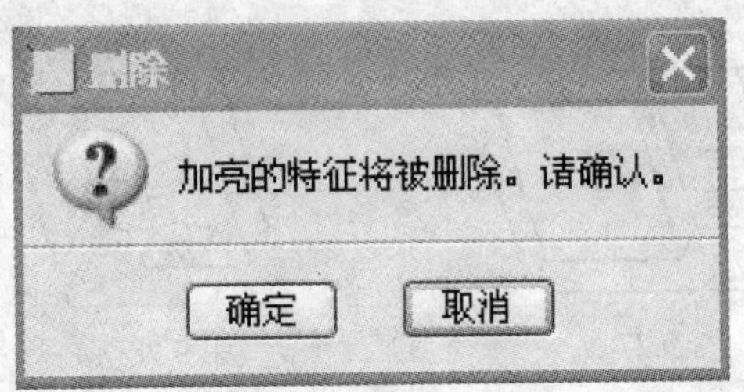

图 9.31

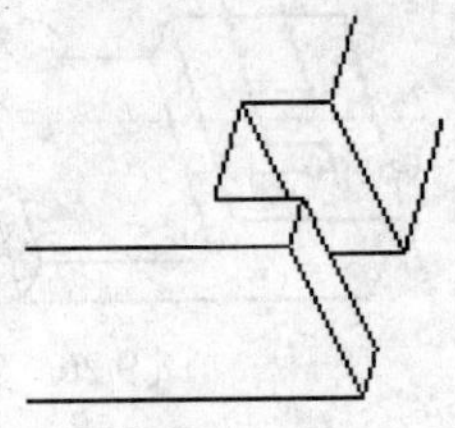

图 9.32

② 在绘图区选取“拉伸 6”特征或在模型树中选择“拉伸 6”特征，在右键快捷菜单中选取“删除”命令。在弹出的“删除”对话框（如图 9.29 所示）中单击“选项”按钮，打开“子项处理”对话框，如图 9.33 所示。在该对话框中的“状态”栏下拉列表中选择“挂起”命令。如图 9.34 所示。

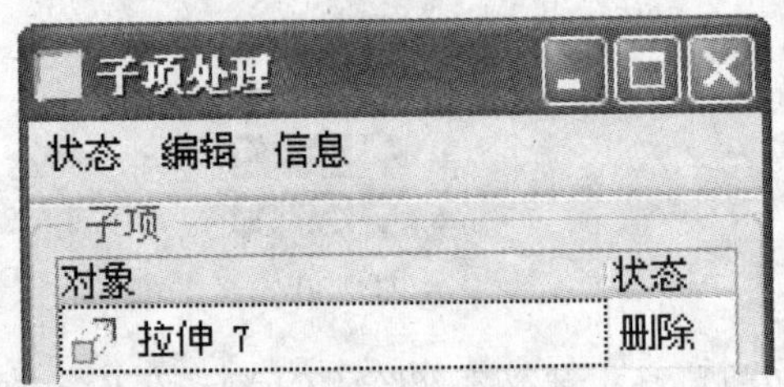

图 9.33

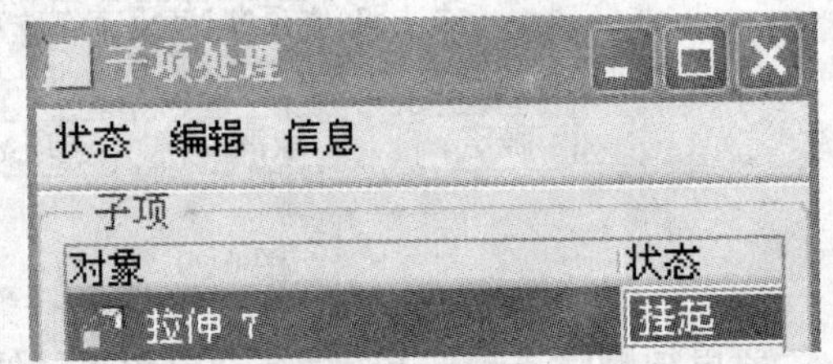

图 9.34

单击该对话框下方的“确定”按钮。弹出“诊断失败”对话框和“求解特征”菜单。在“求解特征”菜单中选择“快速修复”→“重定义”→“确认”命令。

打开“拉伸 6”特征创建操控面板。在操控面板中选择“放置”→“编辑”命令。

打开“草绘”对话框。按系统提示选择 DTM1 基准平面为新的草绘平面，单击“草绘”对话框中的“草绘”按钮，进入草绘环境。

在特征工具栏上单击✔按钮，退出草绘模式。单击操控面板右侧的✔按钮，选择“Yes/No”菜单中的“Yes”命令，如图 9.35 所示，完成特征的删除操作。结果如图 9.32 所示。

图 9.35

（15）“编辑定义”与解决特征再生失败。在模型树中选择“拉伸 3”特征，在右键快捷菜单中选择“编辑定义”命令，打开其操控面板。在操控面板中选择“放置”→“编辑”命令，进入草绘模式，如图 9.36 所示。

删除草绘剖面中的圆，此时系统提示：“此图元由其他特征所参照。是否继续？”，如图

9.37 所示，选择“是”。

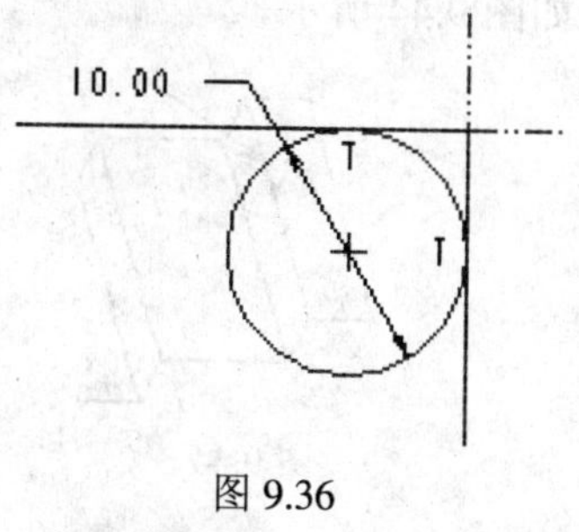

图 9.36

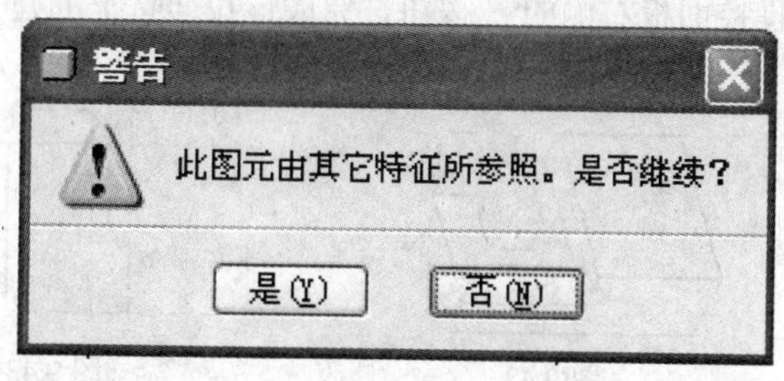

图 9.37

重新绘制如图 9.38 所示的剖面。在特征工具栏上单击✔按钮，退出草绘模式。单击操控面板右侧的✔按钮，弹出“诊断失败”对话框和“求解特征”菜单。

再生失败的特征为“倒圆角 2”，其在模型树中的显示如图 9.39 所示。特征再生失败的原因是“倒圆角 2”特征的参照丢失。

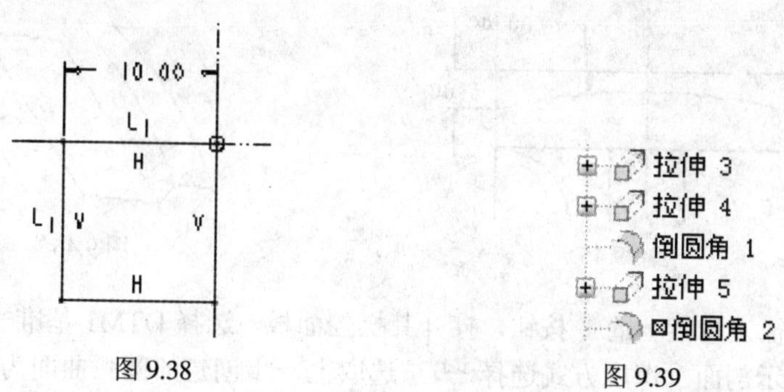

图 9.38　　图 9.39

在“求解特征”菜单中选择“快速修复”→“重定义”→“确认”命令。打开“倒圆角 2”特征创建操控面板。选取如图 9.40 所示的加亮边，更改圆角半径值为 10。单击操控面板右侧的✔按钮。

选择“Yes/No”菜单中的“Yes”命令，完成失败特征解决操作。结果如图 9.41 所示。

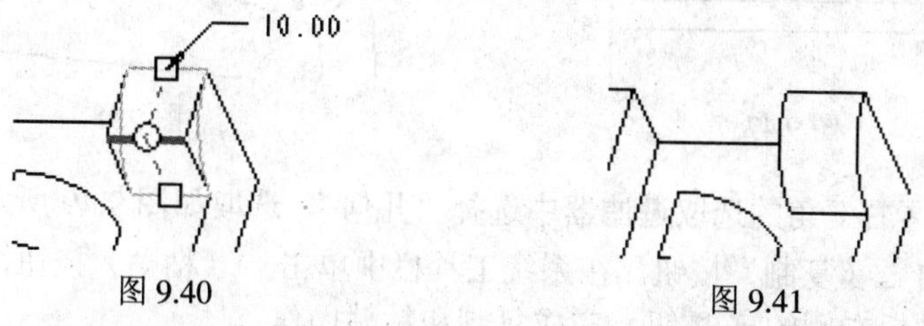

图 9.40　　图 9.41

（16）单击特征工具栏上的“拉伸工具”按钮，打开其操控面板，选择如图 9.42 中箭头所指的平面为草绘平面，绘制如图 9.43 所示剖面。单击特征工具栏上的✔按钮，完成草绘。单击操控面板右侧的✔按钮，完成该拉伸特征的建立。结果如图 9.44 所示。

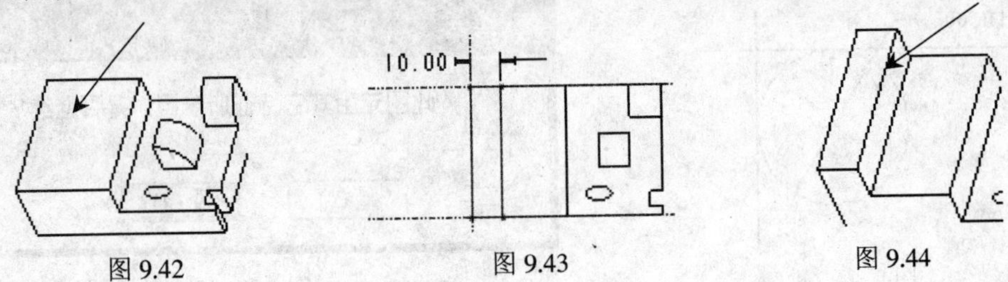

图 9.42 图 9.43 图 9.44

（17）在特征工具栏上单击按钮，打开其操控面板，在操控面板上单击按钮，选择如图 9.44 中箭头所指的平面为草绘平面，绘制如图 9.45 所示的剖面。完成后在特征工具栏上单击✔按钮，退出草绘模式。更改深度方式为（穿透），单击操控面板右侧的✔按钮，完成拉伸切剪特征的建立。结果如图 9.46 所示。

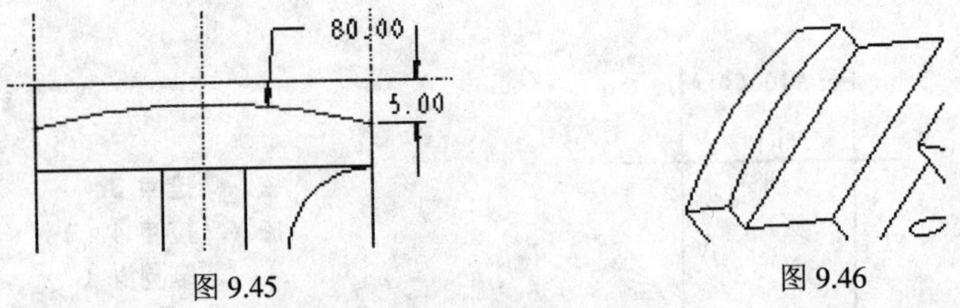

图 9.45 图 9.46

（18）单击特征工具栏上的按钮，打开其操控面板，选择 DTM1 基准平面为草绘平面，绘制如图 9.47 所示剖面。深度方式选择，选取上一步创建的圆弧曲面为深度参照，单击特征工具栏上的✔按钮，完成草绘。单击操控面板右侧的✔按钮，完成该拉伸特征的建立。结果如图 9.48 所示。

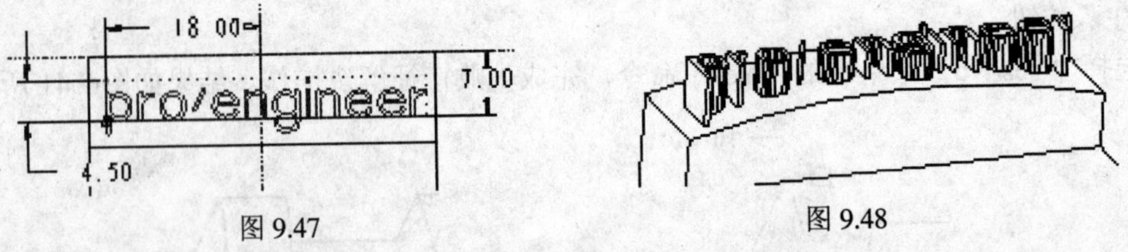

图 9.47 图 9.48

（19）在绘图区右下角的选取过滤器中选择“几何”，选取如图 9.49 所示的实体表面，在系统工具栏中单击（复制）按钮。在系统工具栏中单击（粘贴）按钮，打开复制操控面板，单击该操控面板右侧的✔按钮，完成复制和粘贴操作。

（20）选取上一步创建的“复制 1”曲面特征，在系统工具栏中单击（复制）按钮。在

系统工具栏中单击 (选择性粘贴) 按钮，打开“选择性粘贴”对话框，勾选“对副本应用移动/旋转变换”选项，单击该对话框的“确定”按钮。打开“移动/旋转变换”操控面板。

选择↔(沿选定参照平移特征)，选取 TOP 基准平面为平移参照，平移距离输入 2，单击该操控面板右侧的✔按钮，完成特征的平移操作。结果如图 9.50 所示。

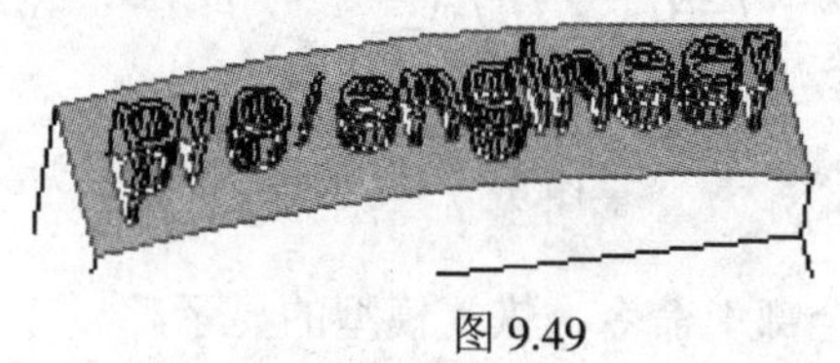

图 9.49

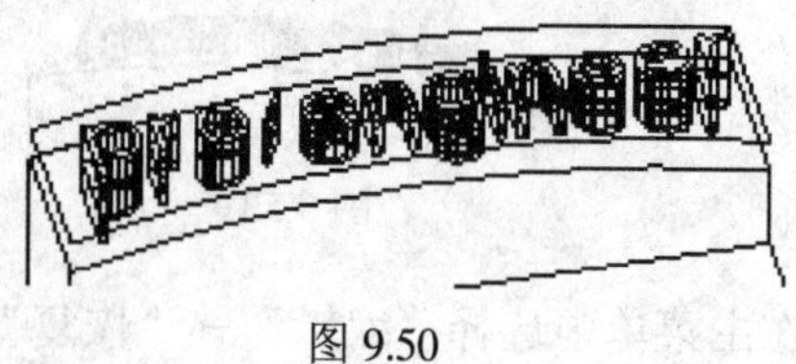

图 9.50

(21) 在绘图区选取上一步创建的复制曲面特征，在主菜单中选取“编辑”→“实体化”命令，打开“实体化”操控面板，单击按钮，通过按钮切换切剪方向。单击操控面板右侧的☑ ⚭(预览特征) 按钮，弹出“故障排除器”对话框。

单击该对话框中的“项目 1”，在其下方出现失败特征的相关信息。

单击特征操控面板右侧的按钮 (进入环境来解决失败特征)，系统自动打开“求解特征”菜单，选取“取消更改”→“确认”命令。

特征失败的原因是：步骤 (20) 复制的曲面不完整，有破孔，如图 9.49 所示。解决的方案是：使曲面的复制和移动操作在“拉伸 10”文字特征之前。

(22) 在模型树中选取“复制 1”特征，按住鼠标将其拖动到“拉伸 10”之前。在模型树中选取“Moved Copy 1”特征，按住鼠标将其拖动到“拉伸 10”之前。

操作前后特征在模型树中的显示如图 9.51 和图 9.52 所示。

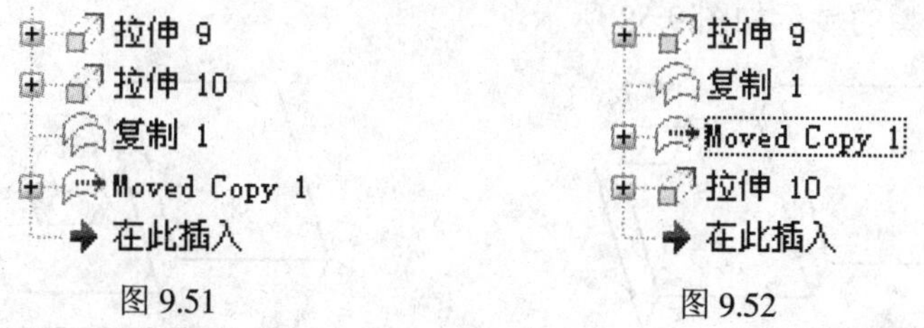

图 9.51　　图 9.52

(23) 在绘图区选取复制曲面特征，在主菜单中选取“编辑”→“实体化”命令，打开“实体化”操控面板，单击按钮，通过按钮切换切剪方向。单击该操控面板右侧的✔按钮，完成特征实体化操作。结果如图 9.53 所示。此时的模型如图 9.54 所示。

(24) 隐含及恢复。

在模型树中选取“拉伸 4”特征，或在绘图区选取“拉伸 4”特征，在主菜单中选择“编辑”→“隐含”→“隐含”命令，或在右键快捷菜单中选择“隐含”命令，弹出“隐含”对话框，提示“加亮的特征将被隐含”，如图 9.55 所示。单击该对话框的“确定”按钮，隐含

“拉伸 4”特征及其子特征。此时模型的显示如图 9.56 所示。

图 9.53　　　　图 9.54

在主菜单中选择“编辑”→“恢复”→“恢复全部”命令，恢复模型的显示。

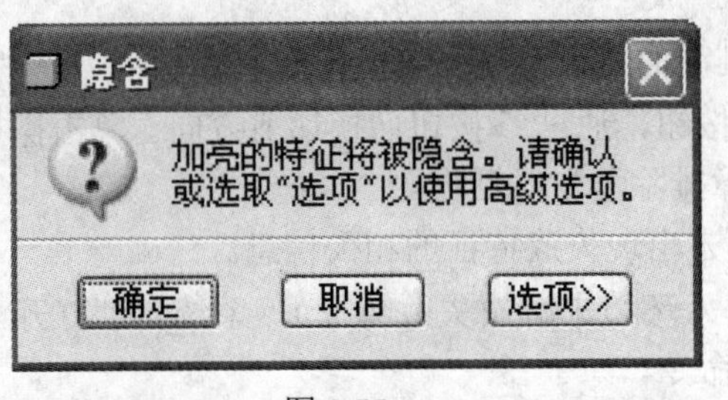

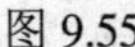

图 9.55

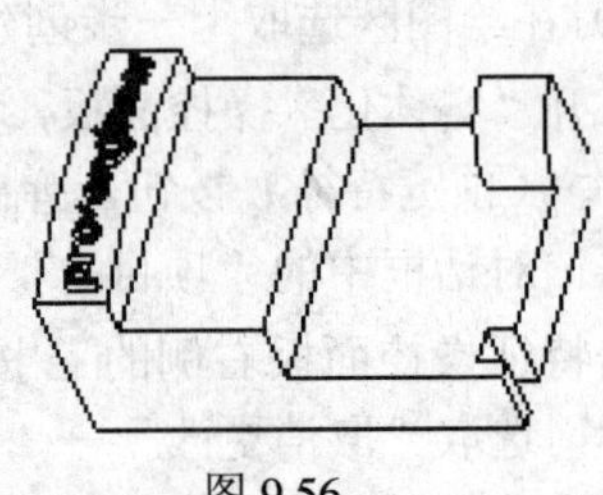

图 9.56

在模型树中选取“拉伸 4”特征，在主菜单中选择“编辑”→“隐含”→“隐含直到模型的终点”命令，模型的显示如图 9.57 所示。

在主菜单中选择“编辑”→“恢复”→“恢复全部”命令，恢复模型的显示。

在模型树中选取“拉伸 4”特征，在主菜单中选择“编辑”→“隐含”→“隐含不相关的项目”命令，模型的显示如图 9.58 所示。

图 9.57　　　　图 9.58

（25）简化表示。

单击系统工具栏的按钮（启动视图管理器），打开“视图管理器”对话框，如图 9.59 所示。选择各种表示，在右键快捷菜单中选择“设置为活动”命令，观察模型显示的变化。

单击“视图管理器”对话框的“新建”按钮，可以创建一个简化表示，如图 9.60 所示。

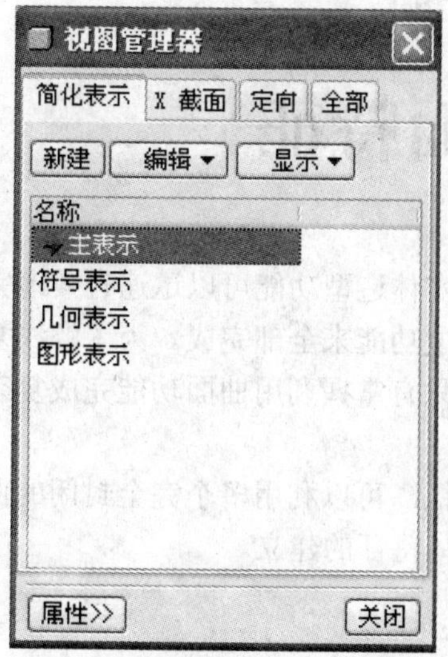

图 9.59

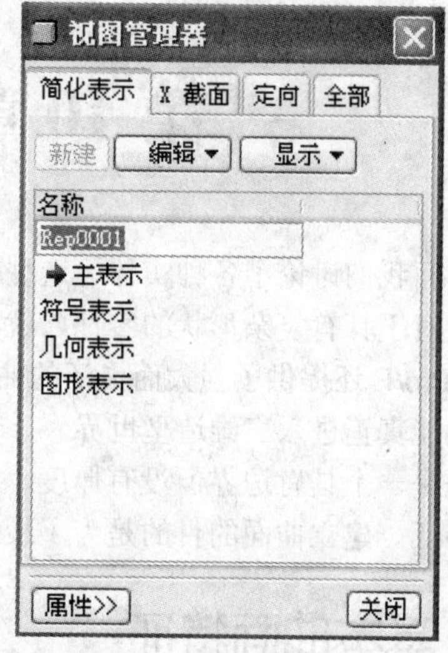

图 9.60

单击鼠标中键，或按 Enter 键，弹出“编辑方法”菜单。选择“特征”→“排除”命令，在模型树或绘图区选择欲隐含的特征，如图 9.61 所示。单击菜单管理器中的“完成”→“完成/返回”命令，完成简化表示（Rep0001）的创建。结果如图 9.62 所示。

图 9.61

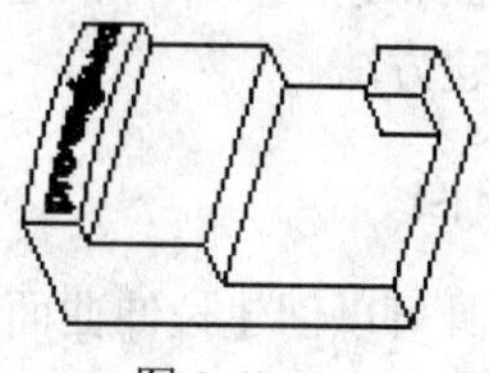

图 9.62

（26）保存并拭除文件。

第10章　曲面特征

在前面我们讨论了各种实体、造型的方法，知道实体造型功能可以迅速有效地完成很多工作，但对于具有复杂形状的零件，就很难用实体造型功能来全部完成。为了解决复杂零件的造型，Pro/E 还提供了强大而灵活的曲面造型功能。只有掌握利用曲面功能完成复杂的零件造型，才能真正进入三维造型世界。

曲面是一个具有边界但没有厚度、没有质量的特征，可以利用多个完全封闭的曲面来生成实体特征。建立曲面的目的是为了最终帮助完成实体特征的建立。

10.1　基本曲面特征

基本曲面特征的创建方法和前面介绍的同类型的实体特征的建立方法基本相同。在拉伸工具、旋转工具、可变剖面扫描工具、扫描混合工具中只需要在各自的操控面板上单击按钮，那么建立的特征就是曲面特征，而对于扫描、混合、螺旋扫描等特征，同样只需要选择“曲面”命令即可，例如建立扫描曲面特征的途径是：在主菜单中选择“插入”→“扫描”→“曲面”命令，然后在弹出的菜单管理器中继续下一步的操作。对于这些基本曲面特征，重点在于了解建立曲面和建立实体特征之间的一些不同选项。下面通过一些简单的实例来说明基本曲面特征的创建方法。

10.1.1　拉伸曲面

利用拉伸工具可以创建拉伸曲面。

例1：创建拉伸曲面

（1）新建文件 10-1-1。

（2）在特征工具栏上单击按钮，打开其操控面板。在操控面板中单击按钮（拉伸为曲面）。

选择 TOP 基准平面为草绘平面，其余接受系统缺省的设置，绘制如图 10.1 所示截面。输入深度值为 100，完成的拉伸曲面如图 10.2 所示。

提示：在线条显示状态下，曲面非封闭端的边线呈现为洋红色，封闭端的边线呈现为紫色，而实体在线框显示状态下为白色。

（3）在模型树上选择上一步建立的拉伸曲面特征，右击，在弹出的快捷菜单中选择“编辑定义”命令，重新打开其操控面板。在操控面板中选择“放置”→“编辑”命令，重新进入草绘设计环境，删除原来的截面，绘制如图 10.3 所示的截面。

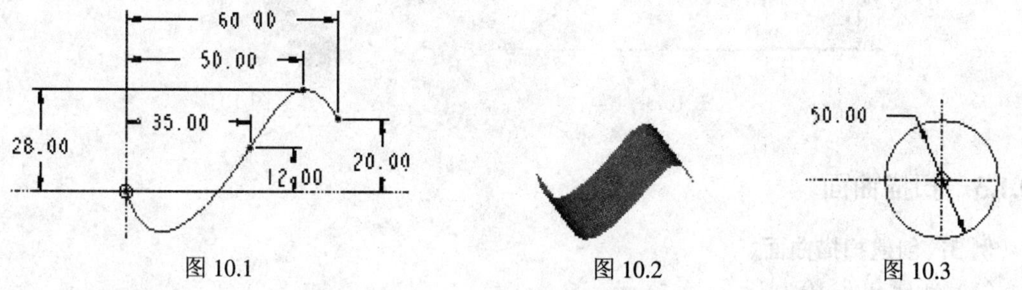

图 10.1　　图 10.2　　图 10.3

（4）在操控面板中选择“选项”命令，在其上滑面板中选中“封闭端”复选框，如图 10.4 所示。单击操控面板右侧的✔按钮，完成拉伸曲面的重新定义。结果如图 10.5 所示。

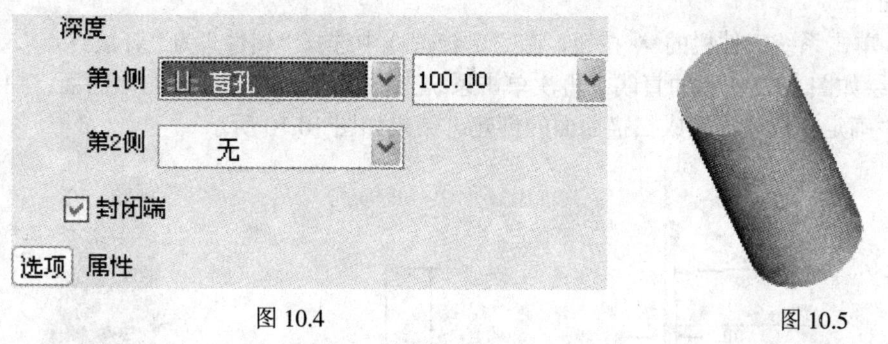

图 10.4　　图 10.5

（5）保存并拭除文件。

10.1.2　旋转曲面

本小节介绍旋转曲面的建立过程，需要指出的是，旋转曲面同样是利用旋转工具来完成的。

例 2：创建旋转曲面

（1）新建文件 10-1-2。

（2）在特征工具栏上单击按钮（旋转工具），打开其操控面板。在操控面板中单击按钮（旋转为曲面）。

选择 FRONT 基准平面为草绘平面，其余接受系统缺省的设置，绘制如图 10.6 所示截面。（注意：在垂直参照上绘制一条中心线作为旋转轴）在操控面板中输入旋转角度值 360，单击操控面板右侧的✔按钮，完成的旋转曲面如图 10.7 所示。

（3）保存并拭除文件。

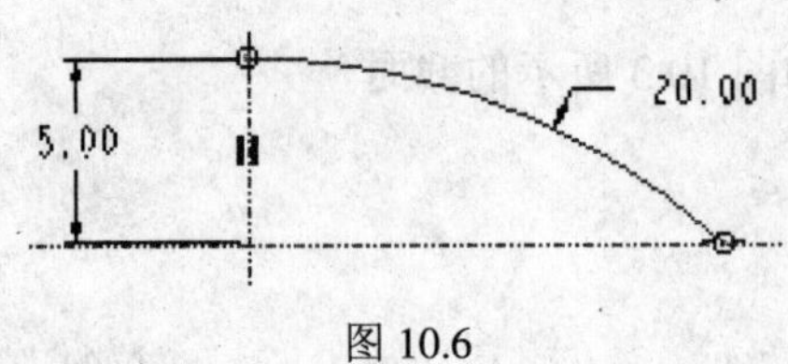

图 10.6

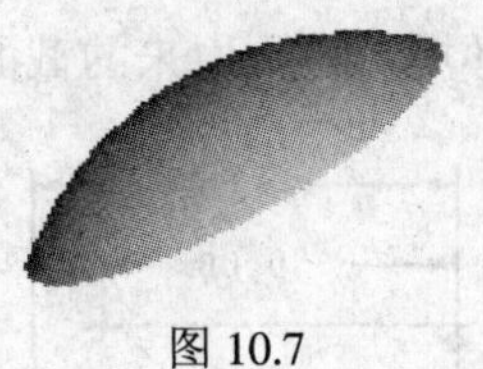

图 10.7

10.1.3 扫描曲面

例 3：创建扫描曲面

（1）新建文件 10-1-3。

（2）在主菜单中选择“插入”→“扫描”→“曲面”命令，在弹出的菜单管理器中选择“草绘轨迹”。选取 TOP 基准平面作为草绘平面，选择“正向”→“缺省”后绘制如图 10.8 所示截面。

（3）单击系统工件栏的✔按钮，在菜单管理器中选择“属性”为“开放终点”，单击“完成”。草绘如图 10.9 所示的直线。再次单击系统工件栏的✔按钮，单击“曲面：扫描”对话框中的“确定”按钮，完成扫描曲面的创建。结果如图 10.10 所示。

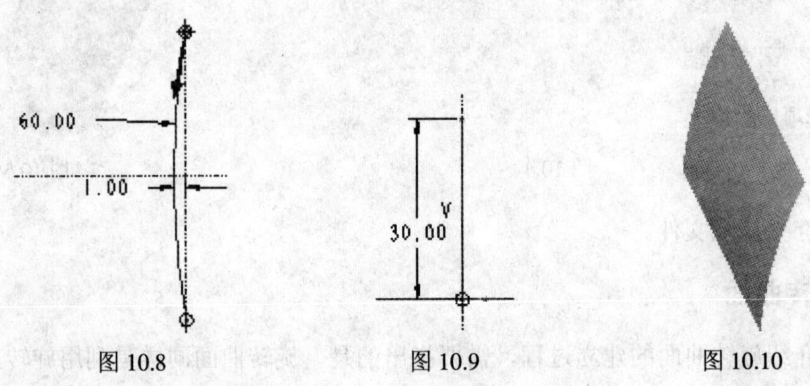

图 10.8 图 10.9 图 10.10

提示：扫描曲面的属性有两个选项：“开放终点”和“封闭端”。其中“开放终点”的含义是曲面在轨迹的两端不封闭；而“封闭端”的含义是曲面完全封闭，但绘制的截面必须完全闭合。

（4）在主菜单中选择“插入”→“扫描”→“曲面”命令，在弹出的菜单管理器中选择“选取轨迹”→“依次”命令，选择如图 10.10 中箭头所指的曲面边线，在菜单管理器中选择“完成”→“正向”→“连接”→“完成”命令，进入草绘模式后绘制如图 10.11 所示的截面。单击系统工件栏的✔按钮，单击“曲面：扫描”对话框中的“确定”按钮，完成扫描曲面的创建。结果如图 10.12 所示。

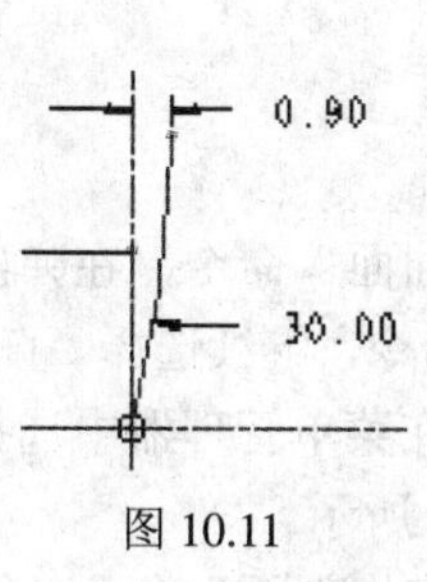

图 10.11

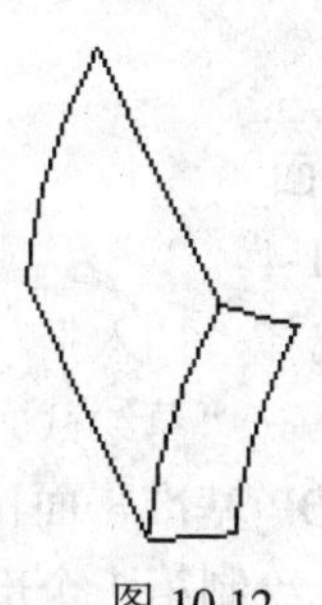

图 10.12

提示：当使用曲面边界作为轨迹创建扫描曲面时，存在一个连接问题。如果选择“连接”选项，则新创建的曲面与原曲面将合并为一个整体；如果选择“不合并”选项，则新创建的曲面与原曲面处于分离状态。

（5）保存并拭除文件。

对于扫描曲面还有一个问题，当扫描轨迹为封闭时，扫描曲面的属性也有两个选项：“增加内部因素”和“无内部因素”，如图 10.13 所示。

草绘如图 10.14 所示的轨迹和图 10.15 所示的截面。

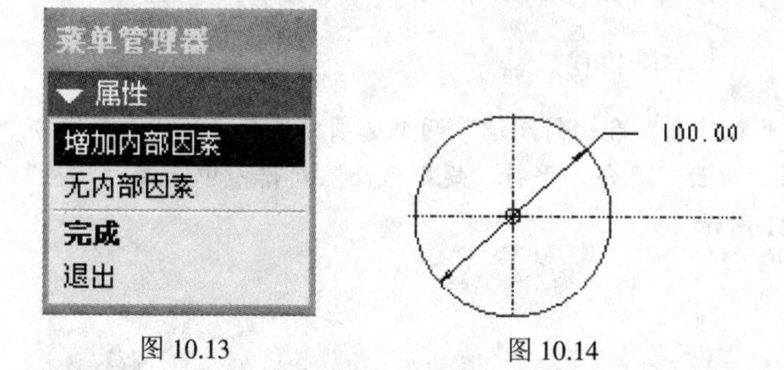

图 10.13　　图 10.14

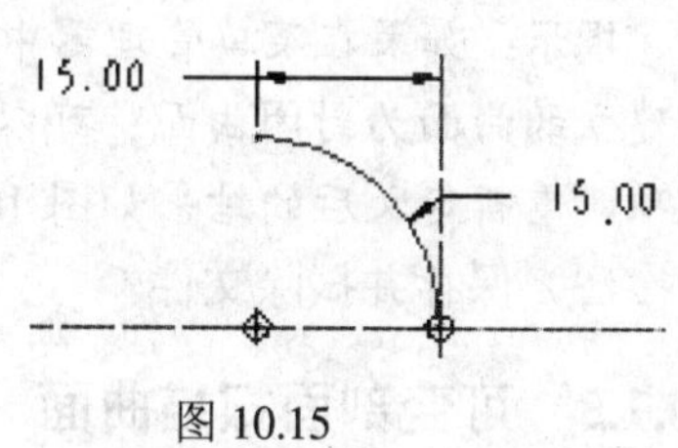

图 10.15

选择“增加内部因素”或“无内部因素”选项创建的扫描曲面分别如图 10.16 和图 10.17 所示。

图 10.16　　图 10.17

10.1.4　混合曲面

混合曲面的建立方法和混合实体特征的创建方法是相同的，也需要考虑曲面是否封闭的问题。

例 4：创建混合曲面

（1）新建文件 10-1-4。

（2）在主菜单中选择“插入”→“混合”→“曲面”命令，在弹出的菜单管理器中选择“平行”→“规则截面”→“草绘截面”→“完成”命令，继续选择“直的”→“开放终点”→“完成”命令，选择 TOP 基准平面作为草绘平面，在菜单管理器中选择“正向”→“缺省”命令，进入草绘模式，绘制第 1 个剖面，如图 10.18 所示。

在绘图窗口右击，在弹出的快捷菜单中选择“切换剖面”命令，绘制如图 10.19 所示的第 2 个剖面。完成后在特征工具栏上单击按钮，退出草绘模式。在菜单管理器中选择“盲孔”→“完成”命令，在信息栏输入特征深度数值为 60 并按 Enter 键确定。单击“曲面：混合，平行，规则截面”对话框中的“确定”按钮，完成混合曲面特征。结果如图 10.20 所示。

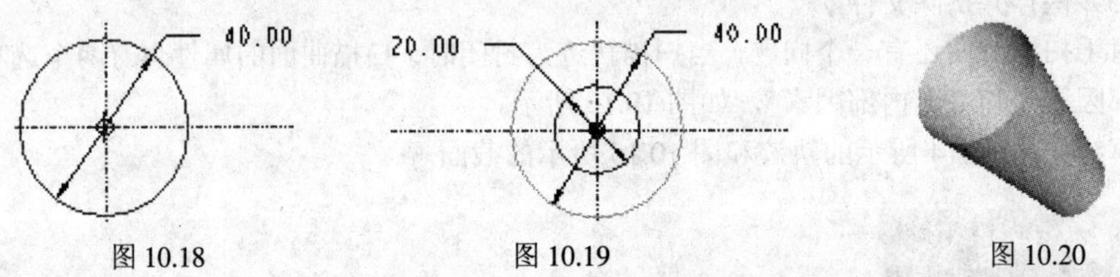

图 10.18　　图 10.19　　图 10.20

提示：如果在菜单管理器中“开放终点”和“封闭端”两个选项中选择“封闭端”命令，则建立的曲面为封闭曲面。可以在“曲面：混合，平行，规则截面”对话框中选择“属性”选项，重新定义后的结果如图 10.21 所示。

（3）保存并拭除文件。

图 10.21

10.1.5　可变剖面扫描曲面

可变剖面扫描曲面和可变剖面扫描实体特征一样，需要在可变剖面扫描工具中完成，其建立方法和实体特征相同，和建立其他曲面一样，曲面有开放和封闭的差别。

例 5：创建可变剖面扫描曲面

（1）新建文件 10-1-5。

（2）在特征工具栏上单击按钮（草绘工具），打开“草绘”对话框，选择 FRONT 基准平面为草绘平面，其余接受系统缺省设置，单击该对话框中的“草绘”按钮，进入草绘模式。绘制如图 10.22 所示的剖面，完成后在特征工具栏上单击按钮，退出草绘模式，完成原始轨迹的创建。

（3）在特征工具栏上单击按钮（基准平面工具），用偏距的方式创建新的基准平面

DTM1，偏距参照选取 FRONT 基准平面，偏距值为 5。结果如图 10.23 所示。

（4）在特征工具栏上单击按钮（草绘工具），选择 DTM1 基准平面为草绘平面，绘制如图 10.24 所示剖面。结果如图 10.24 所示。单击✔按钮，完成附加轨迹的创建。

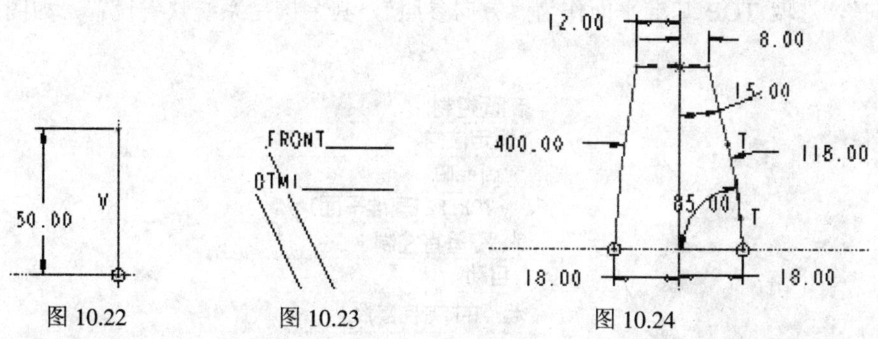

图 10.22　　图 10.23　　图 10.24

（5）在特征工具栏上单击按钮（可变剖面扫描工具），打开其操控面板。保持操控面板中缺省的选项（扫描为曲面），选择步骤（2）所创建的曲线作为原始轨迹，按住 Ctrl 键，选择步骤（4）所创建的曲线作为附加轨迹，单击操控面板上的按钮，进入草绘模式后绘制图 10.25 所示的剖面，完成后在特征工具栏上单击✔按钮，退出草绘模式。完成的可变剖面扫描曲面如图 10.26 所示。

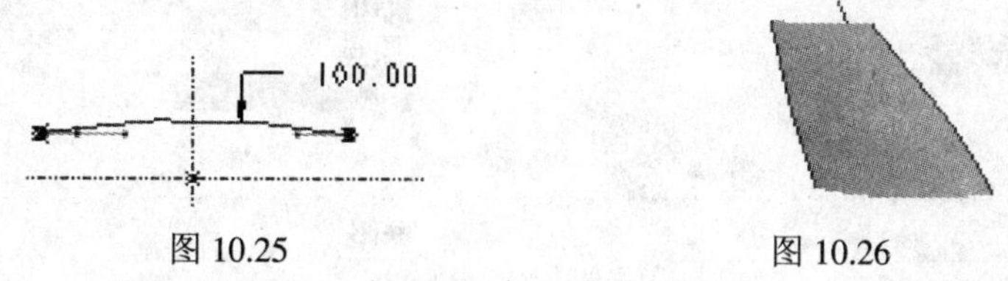

图 10.25　　图 10.26

（6）在系统工具栏上单击按钮，选取 03_PRT_ALL_CURVES 选项，如图 10.27 所示。单击鼠标右键，选择“隐藏”命令，再次单击右键，选择“保存状态”命令，隐藏所有轨迹曲线。

（7）选取上一步创建的曲面，在特征工具栏上单击按钮（镜像工具），选取 FRONT 基准平面，单击镜像操控面板右侧的✔按钮，完成曲面的镜像操作。结果如图 10.28 所示。

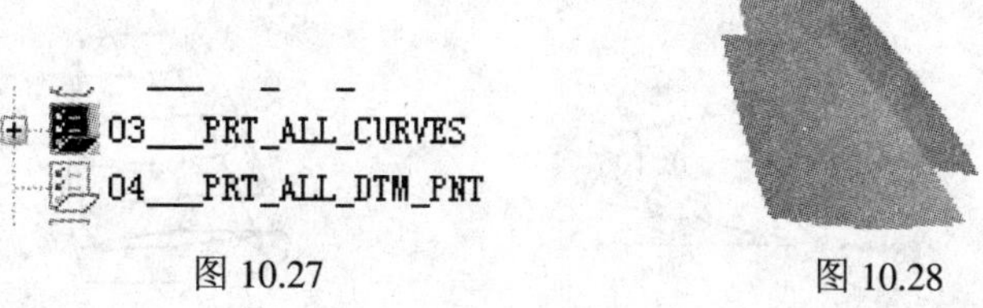

图 10.27　　图 10.28

（8）在特征工具栏上单击按钮（可变剖面扫描工具），选择如图 10.29 中箭头所指的曲面边界 1 作为原始轨迹，按住 Ctrl 键，选择如图 10.29 中箭头所指的曲面边界 2 作为附加轨迹。在其操控面板上选择“参照”选项，打开其上滑面板。在“剖面控制”下拉列表中选择“恒定法向”，选取 TOP 基准平面作为“方向参照”，其余接受系统缺省设置，如图 10.30 所示。

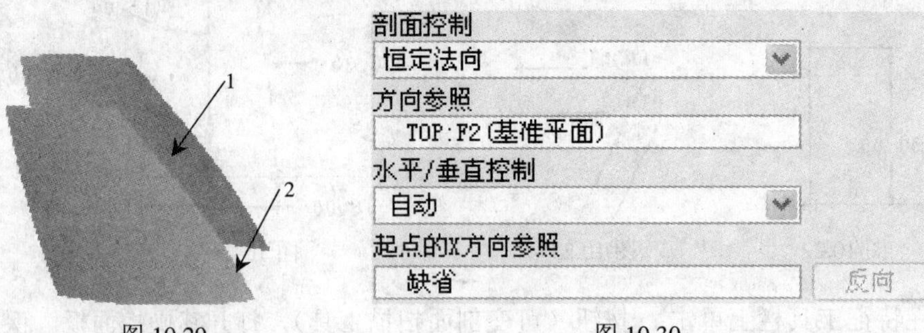

图 10.29　　图 10.30

（9）在其操控面板上选择“相切”选项，打开其上滑面板。单击“轨迹”栏中“原点”，在“参照”下拉列表中选择“侧 1”命令，如图 10.31 所示；单击“轨迹”栏中“链 1”，在“参照”下拉列表中选择“侧 1”命令，结果如图 10.32 所示。

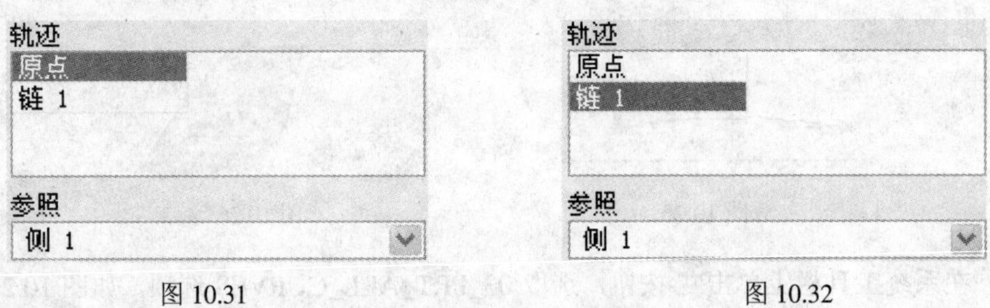

图 10.31　　图 10.32

（10）单击操控面板上的按钮，进入草绘模式，绘制如图 10.33 所示的剖面（注意：图中的曲线为圆锥曲线，圆锥系数为 0.1。草绘圆锥曲线时需要利用 Pro/E 草绘中“目的管理”功能，完成相切曲线的绘制）。完成后在特征工具栏上单击✔按钮，退出草绘模式。完成的可变剖面扫描曲面如图 10.34 所示。

图 10.33　　图 10.34

提示： 选取可变剖面扫描轨迹时，先用右键单击目标，直到加亮的目标为要求的目标时再单击左键选取目标。

（11）保存并拭除文件。

对于闭合截面，创建的可变剖面扫描曲面可以是开放的也可以封闭的。通过可变剖面扫描操控面板中“选项”上滑面板中的“封闭端点”复选命令可以完成上述操作，如图 10.35 所示。

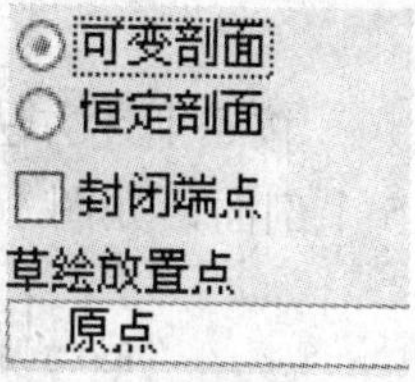

可变剖面
恒定剖面
封闭端点
草绘放置点
原点

图 10.35

10.1.6 扫描混合曲面

扫描混合曲面特征的建立和扫描混合实体特征的建立方法相同，全部操作同样在扫描混合工具中完成。

例 6：扫描混合应用之烟斗外形

（1）新建文件 10-1-6。

（2）在特征工具栏上单击按钮（草绘工具），选择 FRONT 基准平面为草绘平面，绘制如图 10.36 所示的剖面。完成后在特征工具栏上单击✔按钮，完成草绘曲线特征的创建。结果如图 10.37 所示。

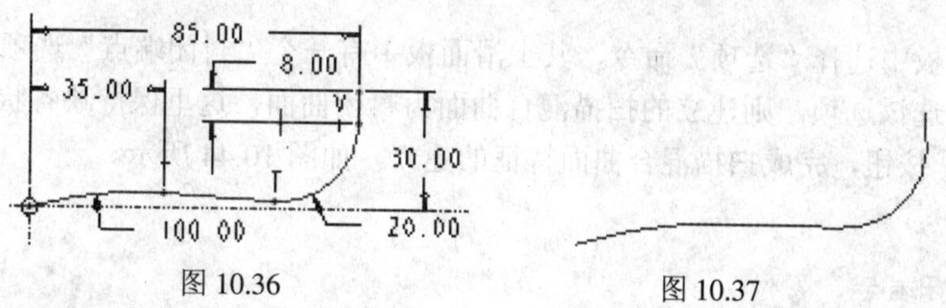

图 10.36　　图 10.37

（3）在主菜单中选择“插入”→“扫描混合”命令，打开其操控面板，保持操控面板中缺省的选项（创建曲面）。选择前面建立的曲线作为原点轨迹，保持系统缺省的“垂直于轨迹”选项，在操控面板中选择“剖面”命令，在其上滑面板中保持“草绘截面”选项，在剖面收集器中缺省存在一个未定义的“剖面 1”，按系统提示单击扫描混合轨迹的起始点，选择后在“剖面”选项上滑面板中单击“草绘”按钮进入草绘模式。以缺省中心为圆心绘制如图 10.38 所示剖面，完成后在特征工具栏上单击✔按钮退出草绘，完成第 1 个剖面的绘制。

单击“剖面”选项上滑面板中的剖面收集器右侧的“插入”按钮，选择如图 10.36 所示 R100 圆弧的另一个端点，选择后在“剖面”选项上滑面板中单击“草绘”按钮进入草绘模式，绘制如图 10.39 所示的剖面，完成后在特征工具栏上单击✔按钮退出草绘，完成第 2 个剖面的绘制。

提示： 由图 10.36 可以看出，本例采用的扫描混合轨迹由两段圆弧和两段直线组成，因此有 3 个连接点。选择时，将鼠标指针移动到连接点附近会使该连接点加亮。

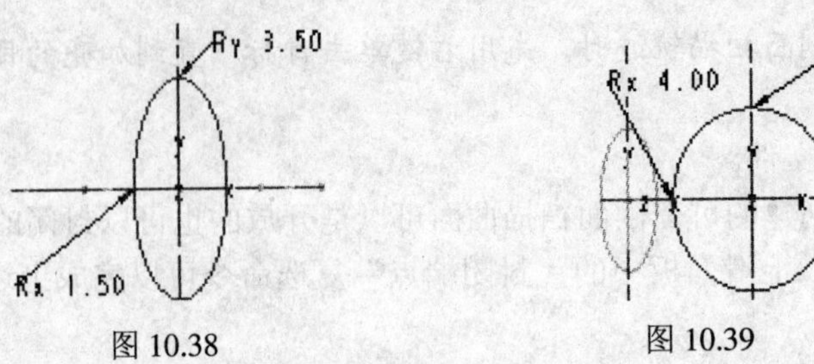

图 10.38　　图 10.39

按照上述方法分别绘制第 3 个剖面，如图 10.40 所示；第 4 个剖面，如图 10.41 所示；第 5 个剖面，如图 10.42 所示。

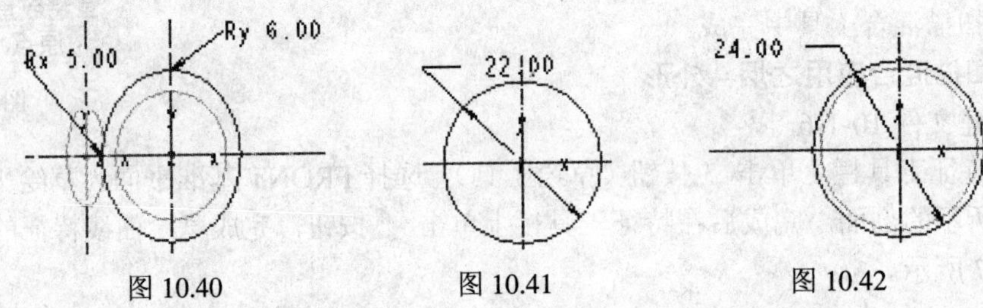

图 10.40　　图 10.41　　图 10.42

在操控面板中选择“选项”命令，其上滑面板中有一个“封闭端点”选项，如图 10.43 所示，如果勾选该选项，则建立的扫描混合曲面为封闭曲面，这里保持缺省状态。单击操控面板右侧的✔按钮，完成扫描混合曲面特征的建立，如图 10.44 所示。

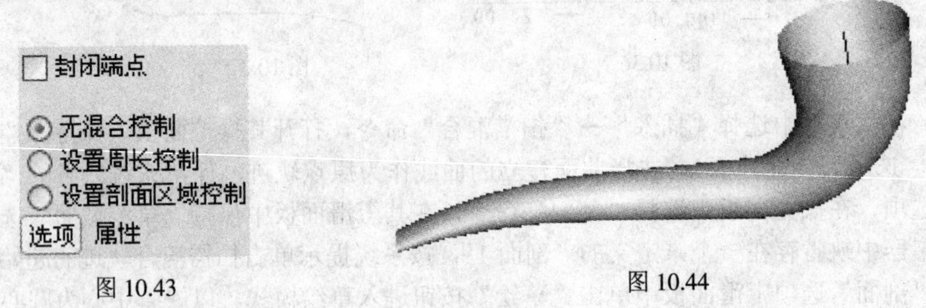

图 10.43　　图 10.44

（4）保存并拭除文件。

10.1.7 螺旋扫描曲面

螺旋扫描曲面与螺旋扫描实体一样，分为等螺距螺旋扫描曲面和不等螺距螺旋扫描曲面。

一、等螺距螺旋扫描曲面

例 7：等螺距螺旋扫描曲面应用之瓶口螺纹

（1）新建文件 10-1-7-1。

（2）在特征工具栏上单击按钮（旋转工具），打开其操控面板。在操控面板中单击按钮（旋转为曲面）。选择 FRONT 基准平面作为草绘平面，绘制如图 10.45 所示的剖面，完成的旋转曲面如图 10.46 所示。

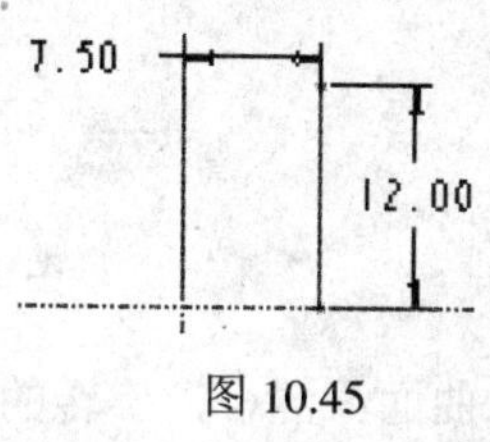

图 10.45

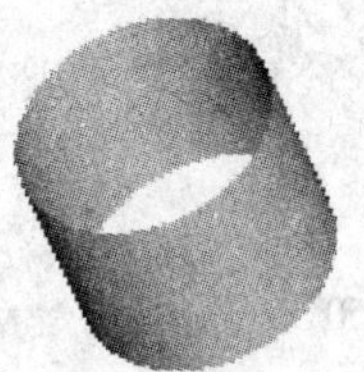

图 10.46

（3）在主菜单中选择“插入”→“螺旋扫描”→“曲面”命令，在弹出的菜单管理器中选择“常数”→“穿过轴”→“右手定则”→“完成”命令，选择 FRONT 基准平面为草绘平面，继续在菜单管理器中选择“正向”→“缺省”命令，进入草绘模式，绘制如图 10.47 所示的剖面（注意中心线的绘制），该剖面为螺旋扫描曲面的轨迹线。完成后在特征工具栏上单击✔按钮，完成轨迹线的绘制。在信息栏输入节距值为 15，并按 Enter 键确定。绘制如图 10.48 所示的剖面。完成后在特征工具栏上单击✔按钮退出草绘。单击“曲面：螺旋扫描”对话框中的“确定”按钮，完成该螺旋扫描曲面的建立。结果如图 10.49 所示。

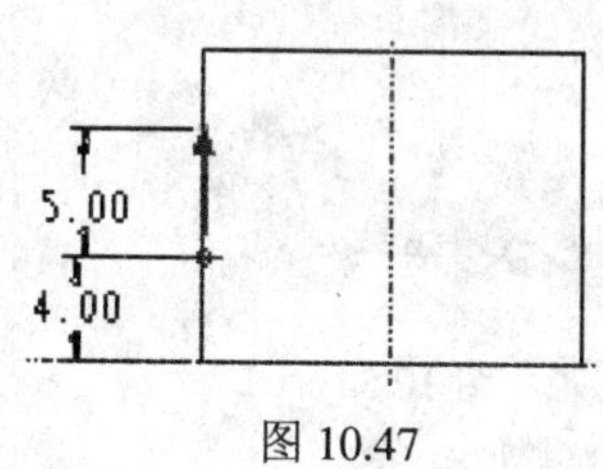

图 10.47

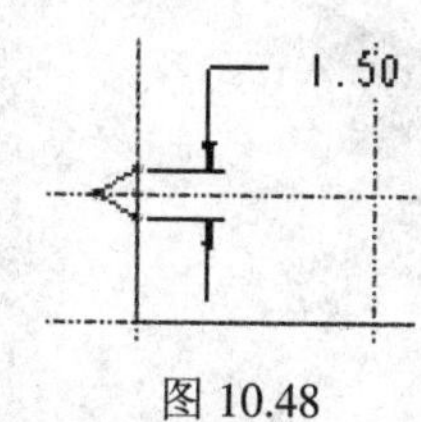

图 10.48

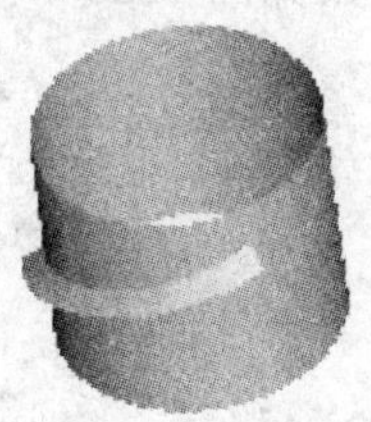

图 10.49

提示：如果在“曲面：螺旋扫描”对话框中选择“属性”选项，在弹出的菜单管理器中会增加“开放终点”和“封闭端”两个命令选项，选择“封闭端”选项，则建立的曲面为封闭曲面。

（4）对螺纹的下端收尾。按 Ctrl+D 组合键。在主菜单中选择“插入”→“混合”→“曲面”命令，在弹出的菜单管理器中选择“旋转的”→“规则截面”→“草绘截面”→“完成”命令，继续选择“光滑”→“开放终点”→“完成”命令。在菜单管理器中选择“产生基准”命令，选择“穿过”命令，在绘图区选取如图 10.50 所示的一条曲面边界，继续选择“穿过”命令，选取如图 10.50 所示的另一条曲面边界。单击“完成”命令，继续选择“正向”→“底部”命令，在模型树中选取 TOP 基准平面，进入草绘模式。

选取中心基准轴作为垂直参照，绘制如图 10.51 所示剖面（注意：剖面中必须加入草绘型坐标系）。在特征工具栏上单击✔按钮退出草绘，在信息栏输入绕 Y 坐标轴的旋转角度，此处接受系统提供的缺省值。按 Enter 键，草绘如图 10.52 所示的第二个剖面。

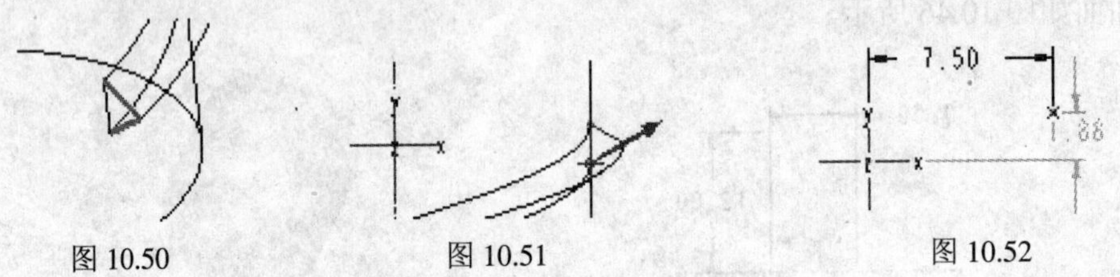

图 10.50　图 10.51　图 10.52

完成后单击✔按钮，选择“尖点”命令，单击“曲面：混合，旋转的，规则截面”对话框中的“确定”按钮，完成旋转混合曲面的创建，如图 10.53 所示。从图中看出，该曲面存在两个问题：① 尖点位置不正确；② 与螺旋扫描曲面的衔接不好。

（5）在模型树中选取上一步创建的旋转混合曲面，单击右键，在右键快捷菜单中选择“编辑定义”命令，在“曲面：混合，旋转的，规则截面”对话框中双击“相切”选项。

信息栏提示：“是否混合与任何曲面在第一端相切”，选择“是”命令。按系统提示分别选取与加亮边相邻的曲面。

信息栏提示：“是否混合与曲面在其他相切”，选择“否”命令。完成旋转混合曲面的重定义。结果如图 10.54 所示。

图 10.53　图 10.54

（6）在主菜单中选择“工具”→“关系”命令，打开关系编辑器。在绘图区选取旋转混合曲面，在菜单管理器中勾选“截面 2”，单击“完成”命令后，将显示旋转混合曲面各个关系尺寸的 ID 号，如图 10.55 所示。在关系编辑器中输入“d14=d11*15/360”，其中 15 为螺纹的螺距。单击“确定”按钮。在系统工具栏中单击（再生模型）按钮，完成尺寸关系的建立。结果如图 10.56 所示。

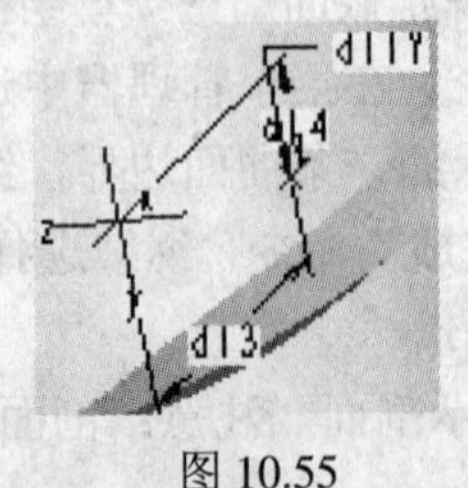

图 10.55

图 10.56

（7）螺纹上端收尾。由于其创建过程与螺纹下端收尾相同，在此不再赘述。结果如图 10.57 所示。

（8）合并曲面。在绘图区选取如图 10.58 所示的两个曲面，单击特征工具栏的（合并工具）按钮，单击合并操控面板右侧的✔按钮，完成曲面的合并。按住 Ctrl 键，选择下方的旋转混合曲面，单击特征工具栏的按钮，单击✔按钮，完成曲面的合并。

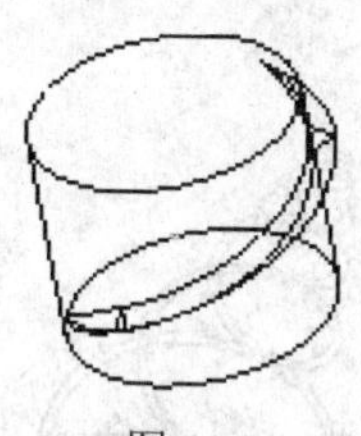

图 10.57

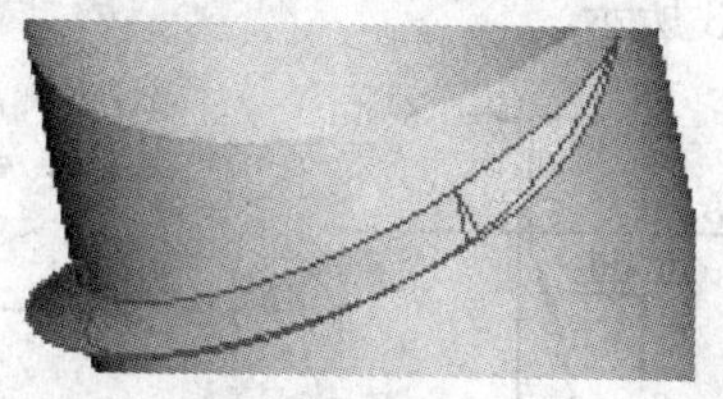

图 10.58

（9）复制。在绘图窗口右下角的选取过滤器下拉列表中选择“面组”，然后在绘图窗口中选择合并曲面，如图 10.59 所示。

单击系统工具栏的（复制）按钮，单击（选择性粘贴）按钮，打开其操控面板，单击（相对选定参照旋转特征）按钮，在绘图区选取基准轴 A_2，旋转角度值输入 120，单击操控面板右侧的✔按钮，完成曲面的复制操作。

再次单击（选择性粘贴）按钮，打开其操控面板，单击（相对选定参照旋转特征）按钮，在绘图区选取基准轴 A_2，旋转角度值输入 240，单击操控面板右侧的✔按钮，完成曲面的复制操作。结果如图 10.60 所示。

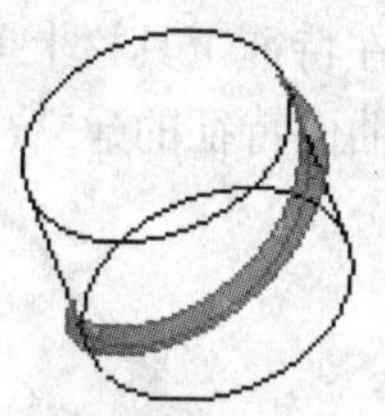

图 10.59

图 10.60

（10）保存并拭除文件。

二、不等螺距螺旋扫描曲面

例 8：不等螺距螺旋扫描曲面应用之海螺外形

（1）新建文件 10-1-7-2。

（2）在主菜单中选择“插入”→“螺旋扫描”→“曲面”命令，在弹出的菜单管理器中选择“可变的”→“穿过轴”→“右手定则”→“完成”命令，选择 FRONT 基准平面为草绘平面，草绘如图 10.61 所示的剖面。

完成后在特征工具栏上单击✔按钮退出草绘。在信息栏输入起点节距值为 5 并按 Enter 键确定，继续输入终点节距值为 80 并按 Enter 键确定。出现一个显示节距图的小窗口，在大绘图窗口从上往下选择轨迹上的两个草绘点，分别输入 18 和 45 作为节距值，在菜单管理器中选择“完成”命令，继续绘制如图 10.62 所示的剖面。完成后在特征工具栏上单击✔按钮退出草绘；单击“曲面：螺旋扫描”对话框中的“确定”按钮，完成该螺旋扫描曲面的建立，结果如图 10.63 所示。

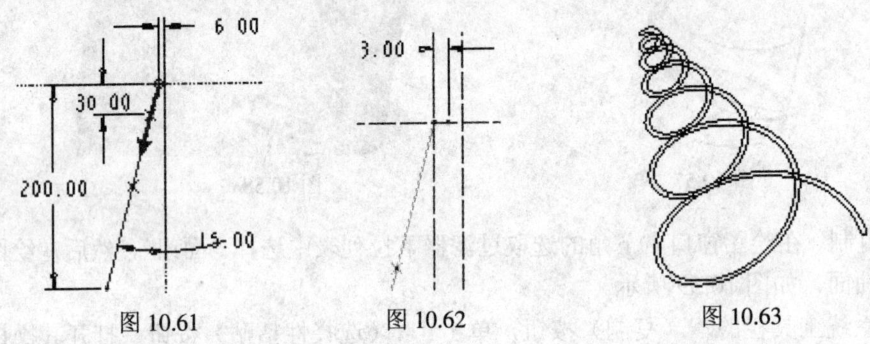

图 10.61　　图 10.62　　图 10.63

（3）在特征工具栏上单击按钮（可变剖面扫描工具），选择上一步建立的螺旋扫描曲面的外侧边线作为轨迹，在选择时鼠标移动到该边上，右击直到整条边呈现高亮时，再进行选择。单击操控面板上的按钮，进入草绘模式，绘制如图 10.64 所示的剖面。

（4）在主菜单中选择“工具”→“关系”命令，打开“关系”对话框，输入关系式“sd3=8+80*trajpar”，其中 sd3 是图 10.64 中尺寸 20 的 ID 号，完成后单击该对话框“确定”按钮，结束关系式的建立。剖面再生后尺寸 20 变更为 8。在特征工具栏上单击✔按钮，退出草绘模式。单击操控面板右侧的✔按钮，完成该可变剖面曲面特征的建立，如图 10.65 所示。

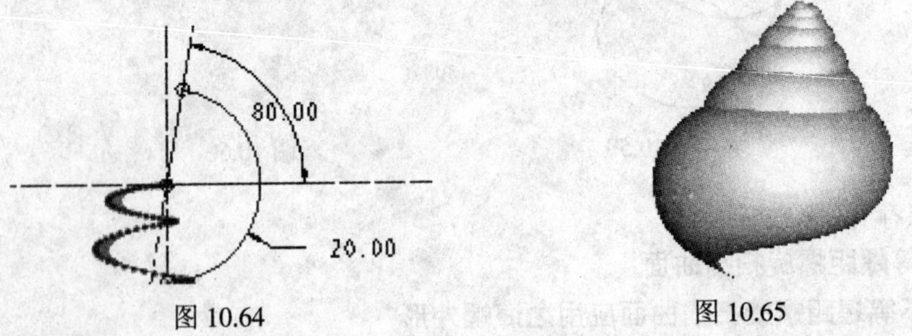

图 10.64　　图 10.65

（5）保存并拭除文件。

10.1.8 填充曲面特征

填充曲面是利用填充工具建立的，是在给定的边界内部添加材料，以构成曲面。使用填充方法只能建立平面型曲面，相当于 Pro/E 2001 中的“平整”曲面。

例 9：创建填充曲面

（1）新建文件 10-1-8。

（2）在主菜单中选择“编辑”→“填充”命令，打开填充工具操控面板，如图 10.66 所示。在操控面板中选择“参照”命令，在其上滑面板中单击“定义”按钮，打开“草绘”对话框。选择 TOP 基准平面为草绘平面，绘制如图 10.67 所示的剖面，完成后在特征工具栏上单击✔按钮，退出草绘模式。单击操控板右侧的✔按钮，完成填充曲面特征的创建，如图 10.68 所示。

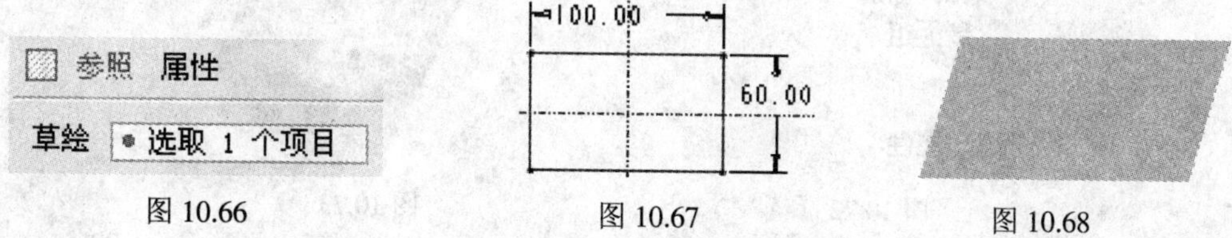

图 10.66　　图 10.67　　图 10.68

（3）保存并拭除文件。

10.1.9　曲面倒圆角特征

在曲面上建立倒圆角特征和在实体上建立倒圆角特征的方法是完全相同的，两者都是通过倒圆角工具来实现的。

例 10：创建曲面倒圆角特征

（1）新建文件 10-1-9。

（2）创建如图 10.69 所示拉伸曲面。

（3）创建如图 10.70 所示填充曲面。

（4）合并两曲面。结果如图 10.71 所示。

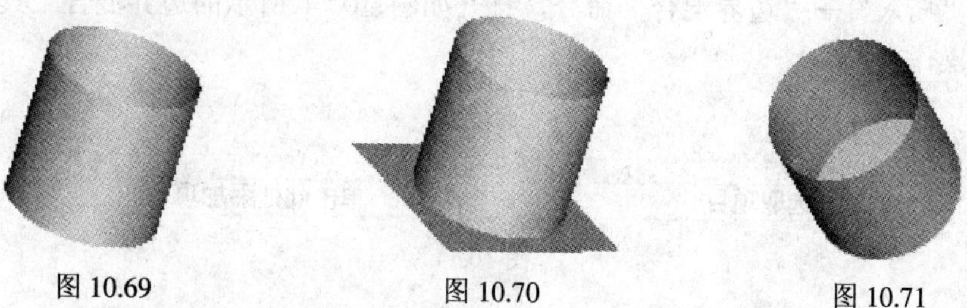

图 10.69　　图 10.70　　图 10.71

（5）在特征工具栏上单击按钮（倒圆角工具），打开其操控面板，保持操控面板中的缺省设置模式，选取圆柱体下边缘作为倒圆角参照，在操控面板更改倒圆角半径值为 5 并按 Enter 键确定。

在操控面板中选择“选项”命令，在其上滑面板中缺省为“相同面组”选项，如图 10.72 所示，这样可以使曲面倒圆角后建立的圆角曲面和原参照曲面成为同一个曲面。如果选择“新面组”选项，则倒圆角后的曲面和原曲面分开，在线条显示状态下，倒圆角曲面和原曲面相接处为洋红色。

单击操控面板右侧✔按钮，建立倒圆角曲面特征，如图 10.73 所示。曲面倒圆角在模型树中的标识和实体倒圆角特征的标识完全相同。

图 10.72　　图 10.73

（6）保存并拭除文件。

10.2 边界混合曲面特征

边界混合曲面是比较灵活的一种曲面特征，在建立没有明显剖面和轨迹的零件（比如鼠标、手柄等）时，边界混合曲面将发挥独特的作用。在 Wildfire 中，建立边界混合曲面的全部选项都集中在边界混合工具中。

建立边界混合曲面的基础是建立（或选择已有的）边界，然后再根据需要利用边界混合曲面工具做进一步进行设置，以更加准确地反映用户的设计意图。

建立边界混合曲面的途径是：在特征工具栏上单击按钮（边界混合工具），或者在主菜单中选择“插入”→“边界混合”命令，打开如图 10.74 所示的边界混合工具操控面板，进行进一步操作。

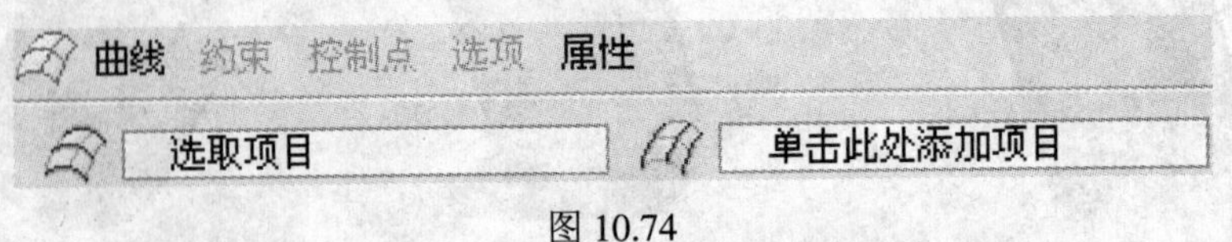

图 10.74

该操控面板上方包含 5 个命令选项，选择后会弹出相应的上滑面板。各命令选项含义如下：

“曲线”：在曲线上滑面板中，可以选择在一个方向上混合时所使用的曲线，而且可以控制选取顺序，如图 10.75 所示。

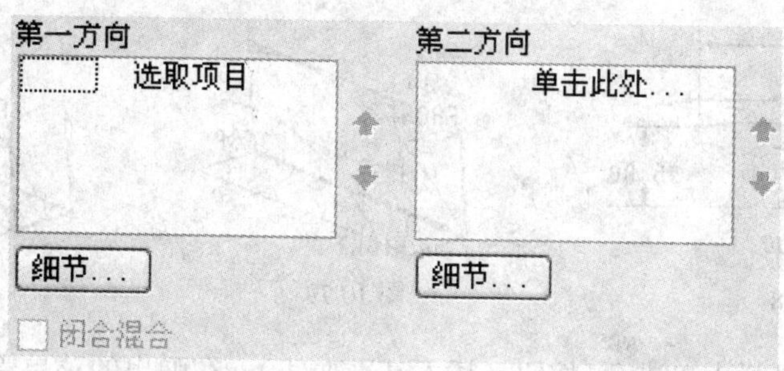

图 10.75

“约束”：控制边界曲线的约束条件，包括自由、切线、曲率和垂直 4 种方式。

“控制点”：可以在输入曲线上添加控制点，从而精确地控制曲线形状。

“选项”：选取曲线来控制混合曲面的形状或者逼近方向。

“属性”：对边界混合曲面重新命名，浏览特征信息。

下面通过实例进一步介绍各选项的具体用法。

例 1：利用两个方向的边界建立曲面

（1）新建文件 10-2-1。

（2）在特征工具栏上单击按钮（草绘工具），打开“草绘”对话框，选择 FRONT 基准平面为草绘平面，绘制如图 10.76 所示的剖面，完成后在特征工具栏上单击✔按钮，退出草绘模式，完成曲线的创建。结果如图 10.77 所示。

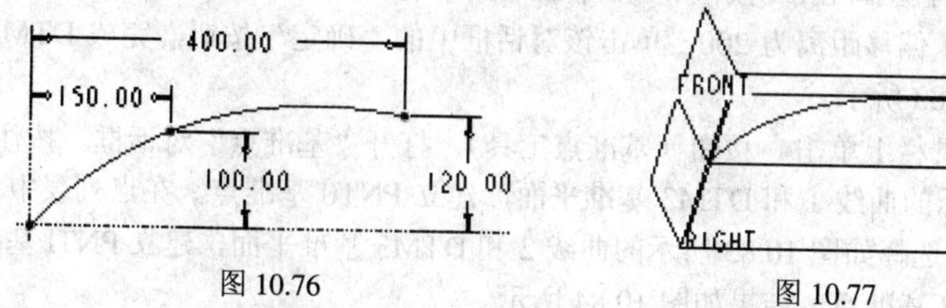

图 10.76　　图 10.77

（3）在特征工具栏上单击按钮（草绘工具），打开“草绘”对话框。在特征工具栏上单击按钮（基准平面工具），打开“基准平面”对话框，选择 FRONT 作为参照平面，输入偏移距离为 80，单击该对话框中的“确定”按钮，完成 DTM1 基准平面的创建。

在“草绘”对话框中，系统自动选择 DTIM1 基准平面为草绘平面，绘制如图 10.78 所示的剖面，完成后在特征工具栏上单击✔按钮，退出草绘模式，完成曲线的建立。结果如图 10.79 所示。

（4）选择上一步建立的曲线，在特征工具栏上单击按钮（镜像工具），选择 FRONT

基准平面作为参照，单击操控面板右侧的✔按钮，完成镜像操作。结果如图 10.80 所示。

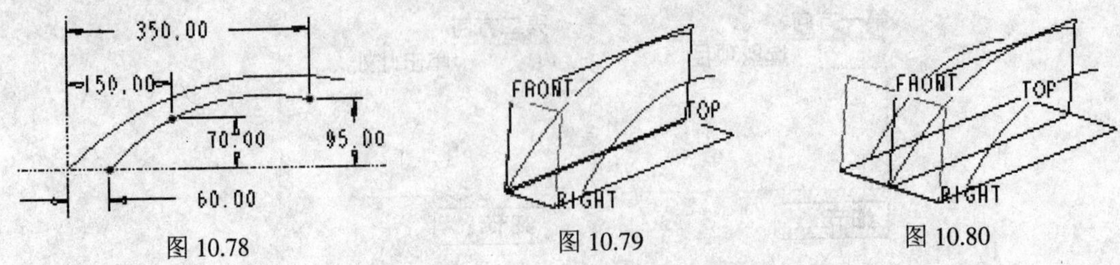

图 10.78　　图 10.79　　图 10.80

（5）在特征工具栏上单击～按钮（插入基准曲线），在弹出的菜单管理器中选择“经过点”→“完成”命令，依次选取三条曲线的左端点，完成后在菜单管理器中选择“完成”命令，单击“曲线：通过点”对话框中的“确定”按钮，完成该曲线的建立。结果如图 10.81 所示。

按上述相同方法完成右侧曲线的创建。结果如图 10.82 所示。

图 10.81　　图 10.82

至此，已经建立了边界曲面两个方向的边界曲线，下面继续建立辅助曲线，在建立曲线之前，需要先建立基准平面和基准点，作为基准曲线的参照。

（6）在特征工具栏上单击▱按钮（基准平面工具），打开“基准平面”对话框，选择 RIGHT 作为参照平面，输入偏移距离为 200，单击该对话框中的“确定”按钮，完成 DTM3 基准平面的创建，如图 10.83 所示。

（7）在特征工具栏上单击××按钮（基准点工具），打开“基准点”对话框。按住 Ctrl 键，选择如图 10.83 所示的曲线 1 和 DTM3 基准平面，建立 PNT0 基准点。在点列表中单击“新点”，按住 Ctrl 键，选择如图 10.83 所示的曲线 2 和 DTM3 基准平面，建立 PNTl 基准点。按上述方法建立 PNT2 基准点。结果如图 10.84 所示。

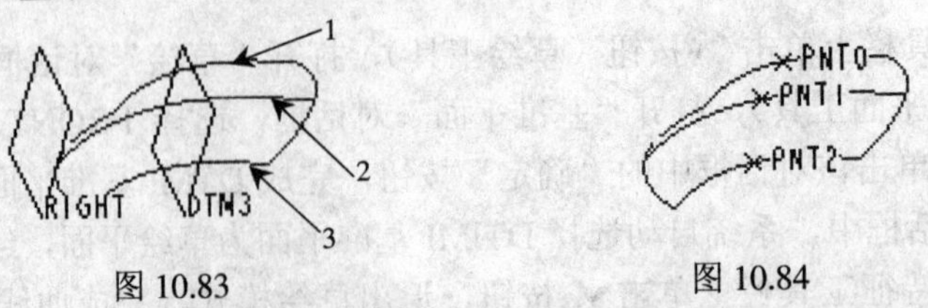

图 10.83　　图 10.84

（8）在特征工具栏上单击～按钮（草绘工具），选择 DTM3 基准平面为草绘平面，TOP 基准平面作为“顶”，绘制如图 10.85 所示的剖面。在此需选择 PNT0、PNTl、PNT2 三个点

作为附加参照。完成的曲线如图 10.86 所示。（注意：样条曲线在其左右两个端点与水平中心线相切）

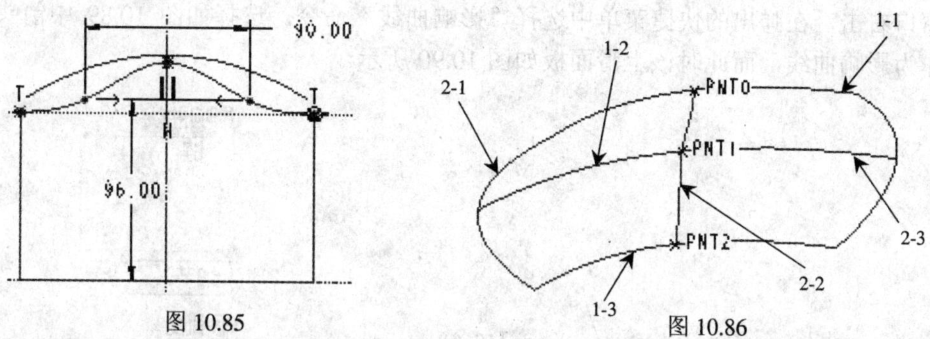

图 10.85　　图 10.86

（9）在特征工具栏上单击按钮（边界混合工具），打开其操控面。此时第一方向曲线收集器自动被激活。按住 Ctrl 键，选择如图 10.86 中箭头所指的 1-1、1-2、1-3 共 3 条曲线作为第一方向曲线。

在绘图窗口右击，在弹出的快捷菜单中选择“第二方向曲线”命令（或者直接单击操控面板下方的第二方向链收集器），按住 Ctrl 键，选择如图 10.86 中箭头所指的 2-1、2-2、2-3 共三条曲线作为第二方向曲线。单击操控面板右侧的✔按钮，完成边界混合曲面特征的建立，结果如图 10.87 所示。

（10）保存并拭除文件。

例 2：影响曲线的应用

在边界混合曲面中可以选择影响曲线来控制混合曲面的形状或者逼近方向，本例将对这种应用做介绍。

（1）打开文件 10-2-1。

（2）在模型树中右击边界混合曲面特征，在右键快捷菜单中选择“删除”命令。结果如图 10.88 所示。

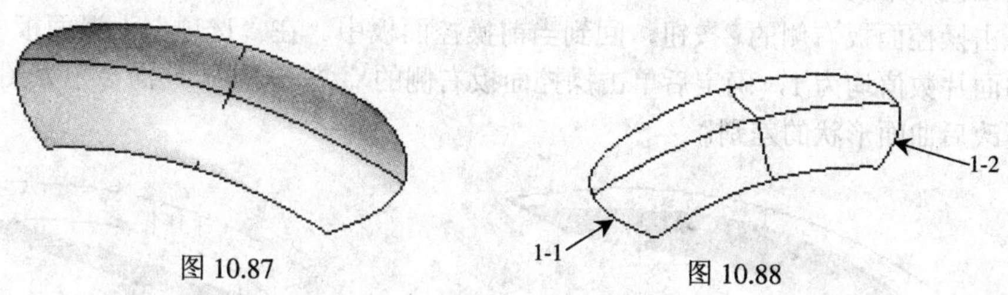

图 10.87　　图 10.88

（3）在特征工具栏上单击按钮（边界混合工具），打开其操控面板，按住 Ctrl 键，选择如图 10.88 中箭头所指的 1-1、1-2 两条曲线作为第一方向曲线。此时曲面在绘图窗口的显示如图 10.89 所示。

在操控面板中选择“选项”命令，弹出其上滑面板，激活“影响曲线”收集器，或者在绘图窗口右击，在弹出的快捷菜单中选择“影响曲线”命令。选择如图 10.89 中箭头所指的曲线作为影响曲线，而此时该上滑面板如图 10.90 所示。

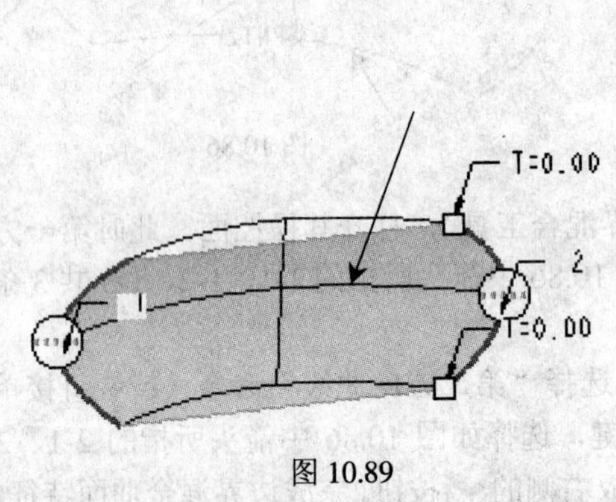

图 10.89

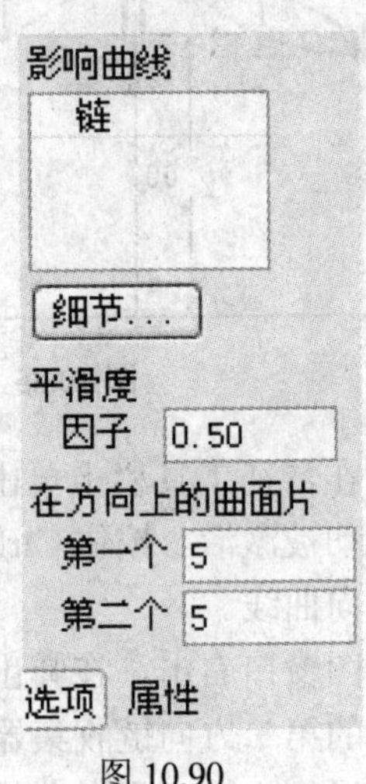

图 10.90

在该上滑面板中，“平滑度”选项的缺省值是 0.5，其参数的数值范围定义如下：

0<参数<0.5——椭圆

参数=0.5——抛物线

0.5<参数<0.95——双曲线

而“曲面片”选项的两个方向的取值范围在 1~29 之间。数值越大，越接近拟合曲线。这里修改“平滑度”数值为 0.9，两个方向的曲面片数值均为 20，确定后单击操控面板右侧的☑ 𝟔𝟔按钮，在系统工具栏上单击按钮（保存的视图列表），在其下拉列表中选择 FRONT，切换到该视图角度，此时曲面显示如图 10.91 所示。

单击操控面板右侧的▶按钮，回到当前操控面板中。在“选项”上滑面板中更改两个方向的曲面片数值均为 1，确定后单击操控面板右侧的☑ 𝟔𝟔按钮，曲面显示如图 10.92 所示。观察更改后曲面形状的差别。

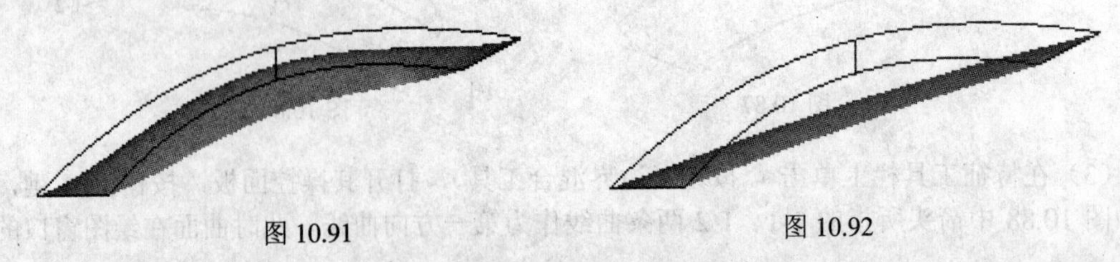
图 10.91　　图 10.92

单击操控面板右侧的▶按钮，回到当前操控面板中。在“选项”上滑面板中更改“平滑度”数值为0.1，更改两个方向的曲面片数值均为20，确定后单击操控面板右侧的✔按钮。完成边界混合曲面的建立，结果如图10.93所示。

（4）保存并拭除文件。

例3：控制点的调整

有的曲面初步完成时，在曲面上可能会有一些多余的棱线，这会使曲面产生多余的褶皱，造成曲面不平滑。这时可以通过重新定义控制点来去掉多余的棱线，从而使曲面质量得到提高。

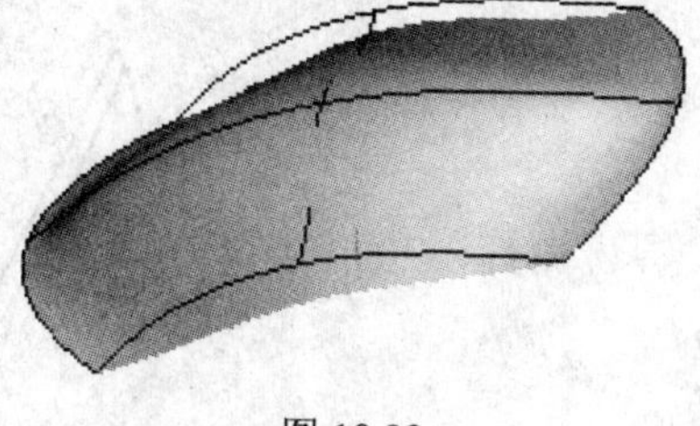
图10.93

（1）新建文件10-2-2。

（2）创建基准平面DTM1，偏距参照为TOP基准平面，偏距值为100。如图10.94所示。

（3）单击按钮（草绘工具），选择DTM1基准平面为草绘平面，绘制如图10.95所示的剖面，完成基准曲线的创建。

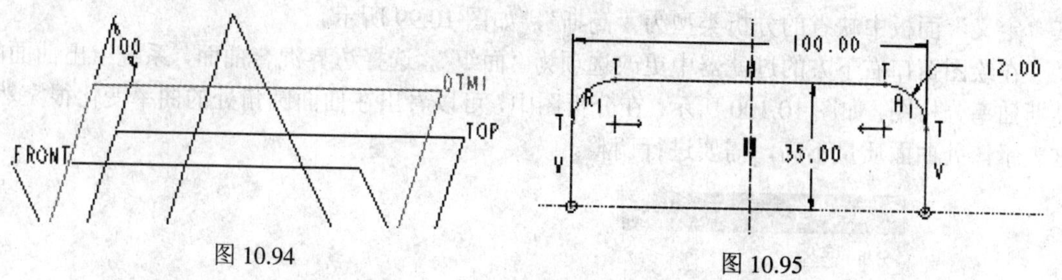

图10.94　图10.95

（4）单击按钮（草绘工具），选择TOP基准平面为草绘平面，绘制如图10.96所示的剖面，完成基准曲线的创建。

（5）选取步骤（3）创建的基准曲线，单击系统工具栏的按钮（复制），单击按钮，在打开的“选择性粘贴”对话框中勾选“对副本应用移动/旋转变换”选项，单击该对话框的“确定”按钮，打开其操控面板。在模型树中选取TOP基准平面作为移动参照，在偏移值输入框输入–50，单击操控面板右侧的✔按钮，完成曲线的移动操作。结果如图10.97所示。

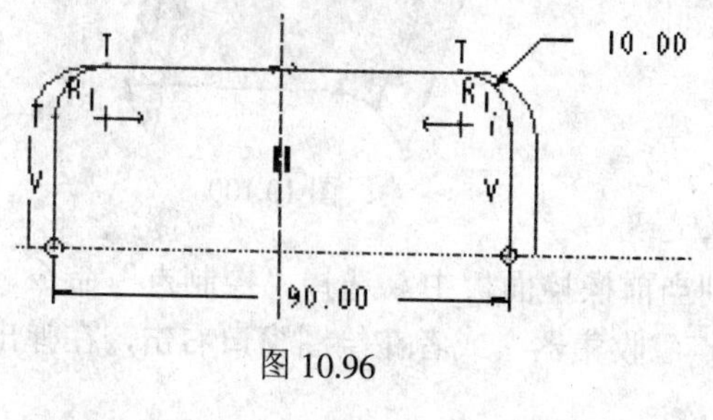

图10.96

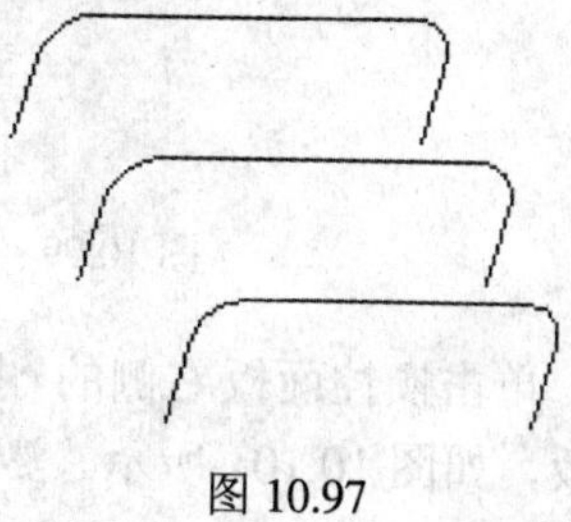
图10.97

（6）在特征工具栏上单击按钮（边界混合工具），按住 Ctrl 键，依次选取 3 条曲线，此时曲面在绘图窗口的线条显示状态如图 10.98 所示，可以非常清楚地看到曲面中的棱线，而且在曲面圆角处较琐碎。

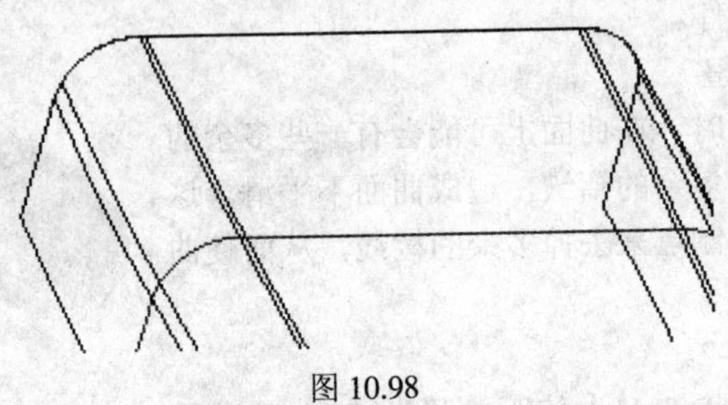

图 10.98

（7）对于曲面的质量可以进一步用曲面分析进行检测。单击操控面板右侧的按钮，使曲面显示在着色状态下。

在主菜单中选择“分析”→“几何”→“着色曲率”命令，打开“着色曲率”对话框。其“定义”面板中缺省的分析类型为“高斯”，如图 10.99 所示。

在绘图窗口右下方的过滤器中更改选项为“面组”，选择边界混合曲面，系统给出曲面的高斯曲率分析图，如图 10.100 所示。在分析图中，可以看出在曲面圆角处的曲率变化很突然，这表示该处曲面质量不高，需要进行调整。

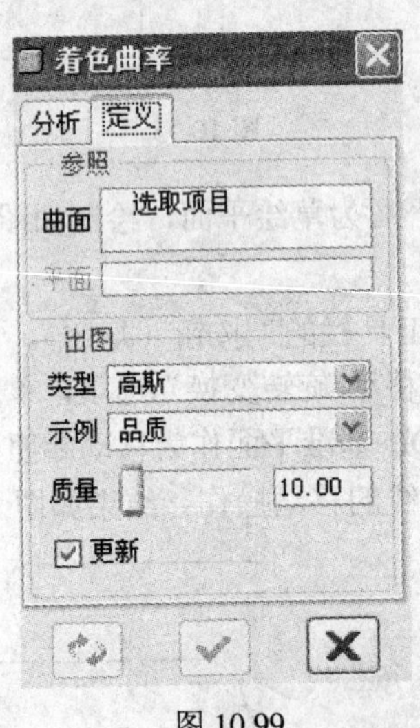

图 10.99

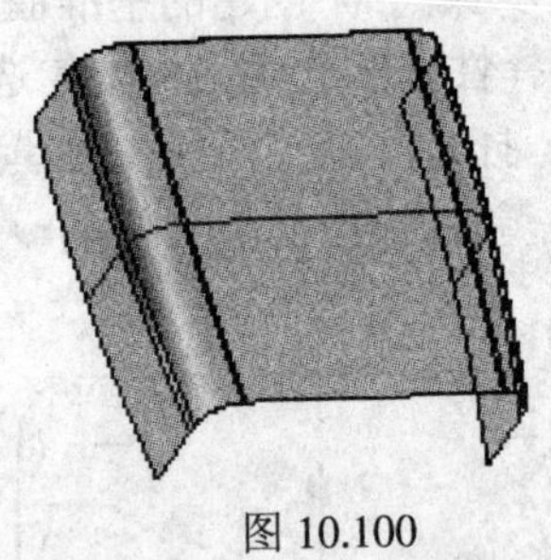

图 10.100

（8）单击操控面板右侧的按钮，回到当前操控面板中。选择“控制点”命令，弹出其上滑面板，如图 10.101 所示。激活“控制点”收集器（或者在绘图窗口右击，在弹出的快捷菜单中选择“控制点”命令），单击“控制点”收集器中链 1 后的“未定义”，如图 10.101 所示，此时第一方向上第一曲线的控制点（一共 6 个）全部加亮显示出来，如图 10.102 所示。

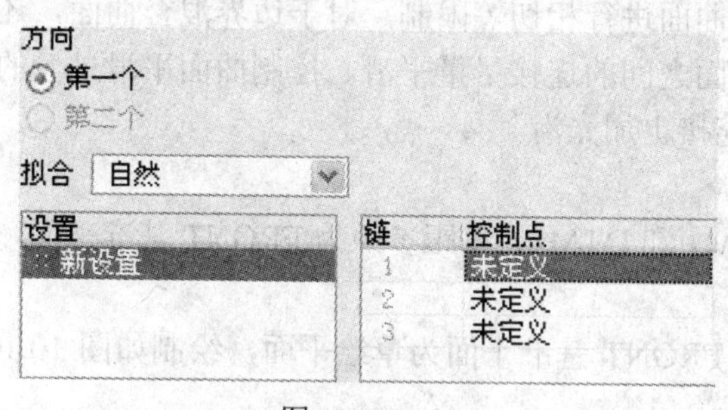

图 10.101

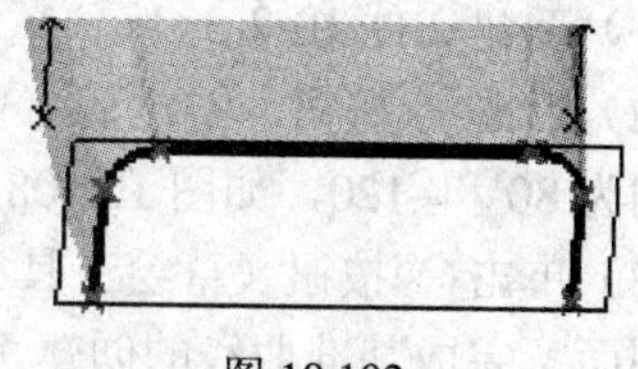

图 10.102

下面对碎曲面进行整合。首先单击第一曲线的加亮控制点，如图 10.103 箭头所指。第二曲线随后被加亮，再单击第二曲线的加亮控制点，如图 10.104 箭头所指。第三曲线随后被加亮，再单击第三曲线的加亮控制点，如图 10.105 所示。

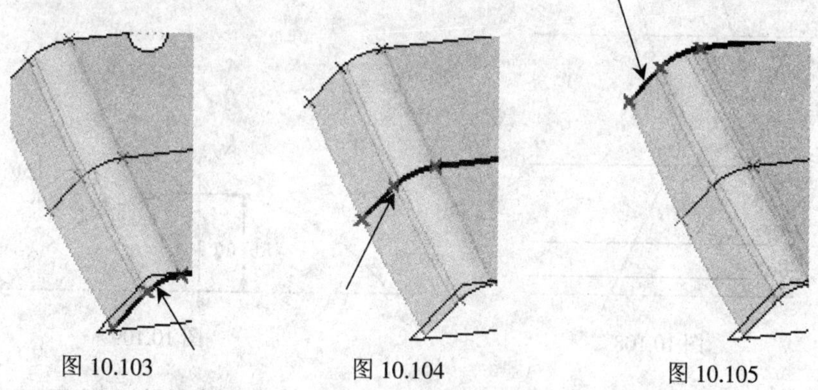

图 10.103　　图 10.104　　图 10.105

此时局部曲面整合完成，结果如图 10.106 所示。

按上述方法逐一整合另外 3 块碎面，整合的结果如图 10.107 所示。

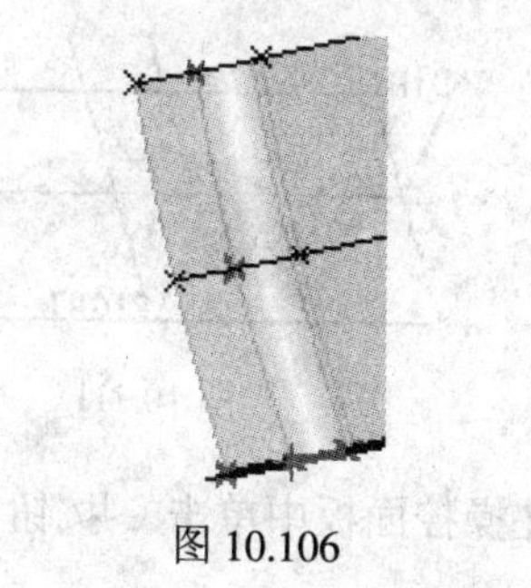

图 10.106

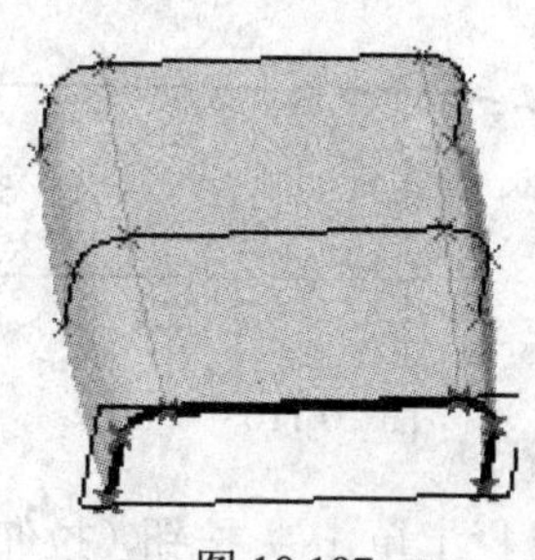

图 10.107

（9）保存并拭除文件。

例 4：曲面边界属性的控制

相邻曲面之间的平滑过渡，需要设置曲面进行相切等限制，对于边界混合曲面，还可以用曲面本身的边界属性来加以控制，使曲面之间的连接尽量平滑。控制曲面平滑过渡的选项包括“相切”、“曲率”，曲率连接比相切连接更加光滑。

（1）新建文件 10-2-3。

（2）单击按钮，创建基准平面 DTM1 和 DTM2，偏距参照为 FRONT 基准平面，偏距值分别为 80 和−120，如图 10.108 所示。

（3）单击按钮（草绘工具），选择 FRONT 基准平面为草绘平面，绘制如图 10.109 所示的剖面，完成基准曲线的创建。

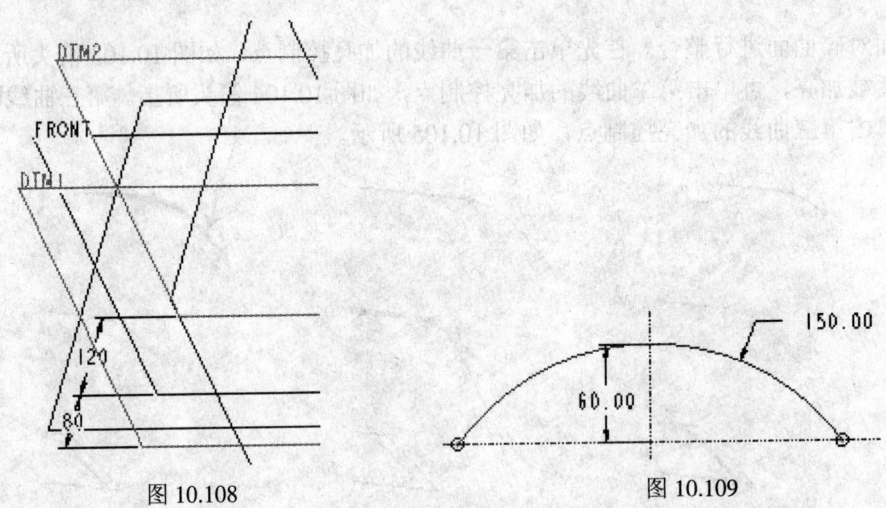

图 10.108

图 10.109

（4）在特征工具栏上单击按钮（拉伸工具），在操控面板中单击按钮（拉伸为曲面），选择 DTM1 基准平面为草绘平面，绘制如图 10.110 所示的剖面，更改深度数值为 60，单击操控面板右侧的✔按钮，完成拉伸曲面特征的建立，如图 10.111 所示。

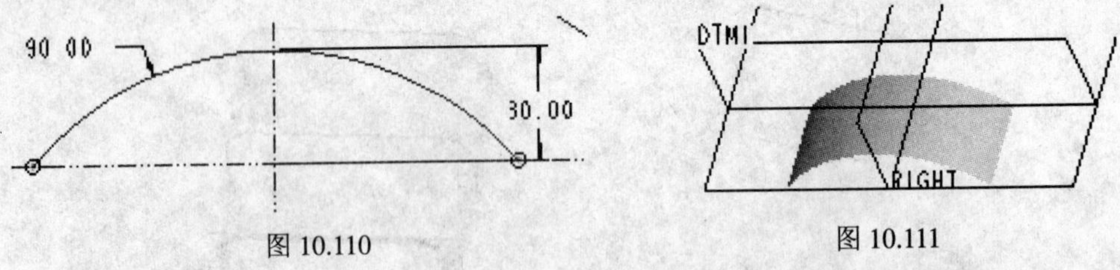

图 10.110

图 10.111

（5）在特征工具栏上单击按钮（拉伸工具），在操控面板中单击按钮（拉伸为曲面），选择 DTM2 基准平面为草绘平面，绘制如图 10.112 所示的剖面，切换拉伸方向，更改深度数值为 60，单击操控面板右侧的✔按钮，完成拉伸曲面特征的建立，如图 10.113 所示。

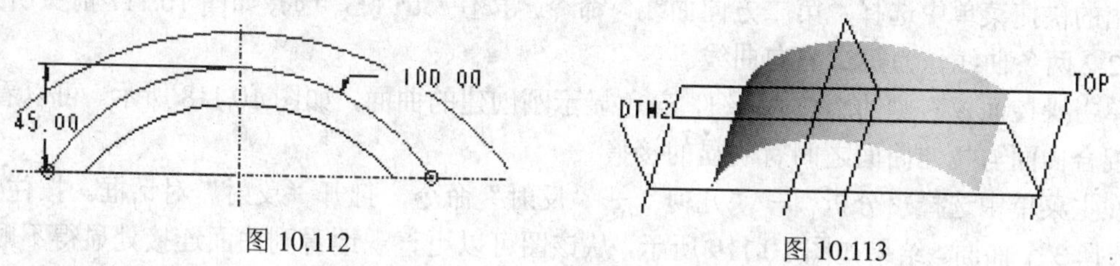

图 10.112　　图 10.113

（6）在特征工具栏上单击〜按钮（插入基准曲线），在弹出的菜单管理器中选择“经过点”→“完成”命令，依次选取如图 10.114 中箭头所指的各点，完成后在菜单管理器中选择“完成”命令，单击“曲线：通过点”对话框中的“确定”按钮，完成该曲线的建立。结果如图 10.115 所示。

定义曲线相切。在模型树中选取刚创建的曲线，右击鼠标，在右键快捷菜单中选择“编辑定义”命令，在“曲线：通过点”对话框中选择“相切”选项，单击该对话框中的“定义”按钮。

起始点以高亮显示，保持菜单管理器的“曲线/边/轴”和“相切”命令，选择与起始点相邻的曲面边，出现箭头指示，在菜单管理器上选择“反向”命令。接着终点以高亮显示，保持菜单管理器的“曲线/边/轴”和“相切”命令，选择与终点相邻的曲面边，出现箭头指示，在菜单管理器上选择“正向”命令，接受箭头的方向。

此时又回到起始点处，选择“曲率”命令，使起始点与所选择的边曲率相接。在菜单管理器上选择“终止”命令，同样选择“曲率”选项，使终点与所选择的边曲率相接。在菜单管理器上选择“完成/返回”命令，结束相切定义。单击“曲线：通过点”对话框中的“确定”按钮，完成曲线的建立。结果如图 10.116 所示。

采用相同的方法创建左侧的曲线。结果如图 10.117 所示。

提示：*必须先定义相切才能激活曲率选项。*

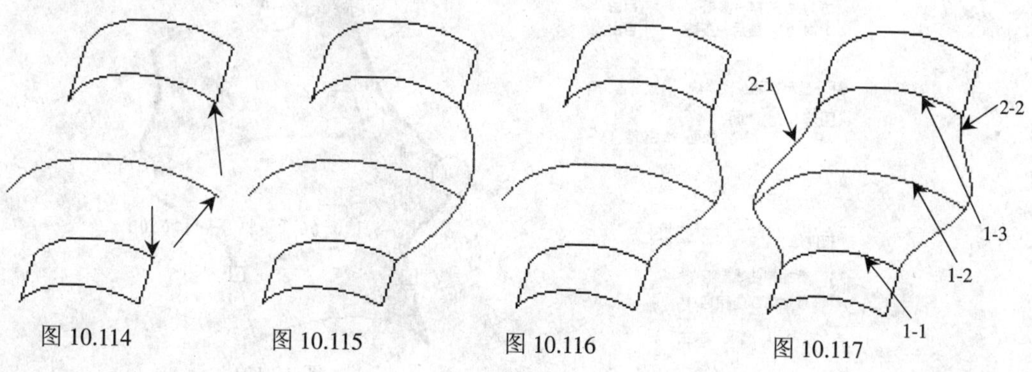

图 10.114　　图 10.115　　图 10.116　　图 10.117

（7）在特征工具栏上单击按钮（边界混合工具），打开其操控面板，按住 Ctrl 键，选择如图 10.117 中箭头所指的 1-1、1-2、1-3 三条曲线作为第一方向曲线。在绘图窗口右击，在弹出的快捷菜单中选择“第二方向曲线”命令，按住 Ctrl 键，选择如图 10.117 箭头所指的 2-1、2-2 两条曲线作为第二方向曲线。

单击操控面板右侧的按钮，着色显示刚创建的曲面，如图 10.118 所示。可以看出，边界混合曲面与拉伸曲面之间有明显的接痕。

在主菜单中选择“分析”→“几何”→“反射”命令，打开“反射”对话框。按住 Ctrl 键，选择 3 个曲面。结果如图 10.119 所示，从该图可以更直观地看到曲面连接处显得不顺滑。

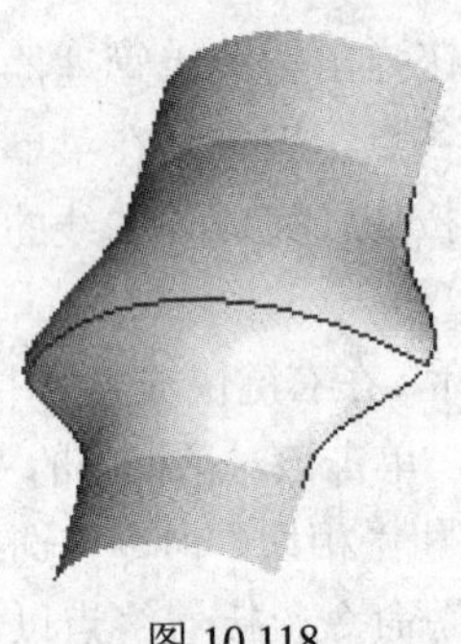

图 10.118

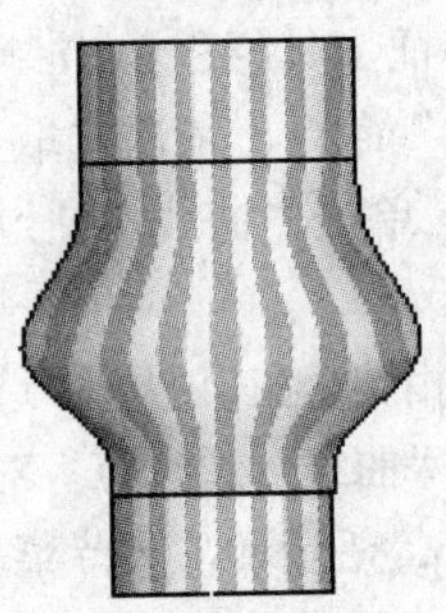

图 10.119

单击操控面板右侧的按钮，回到当前操控面板中。在操控面板中选择“约束”命令，更改“方向 1 - 第一条链”的条件为“切线”，保持缺省的参照曲面，更改“方向 1 - 最后一条链”的条件为“曲率”，保持缺省的参照曲面。定义完毕后的“选项”上滑面板如图 10.120 所示，而曲面显示如图 10.121 所示，定义为曲率连接后会出现相关符号。

提示：鼠标移动到该符号处，右击，在弹出的快捷菜单中可以进行快速设置。

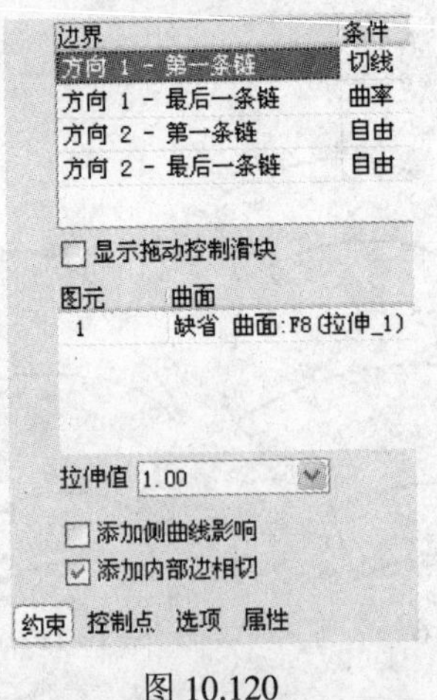

图 10.120

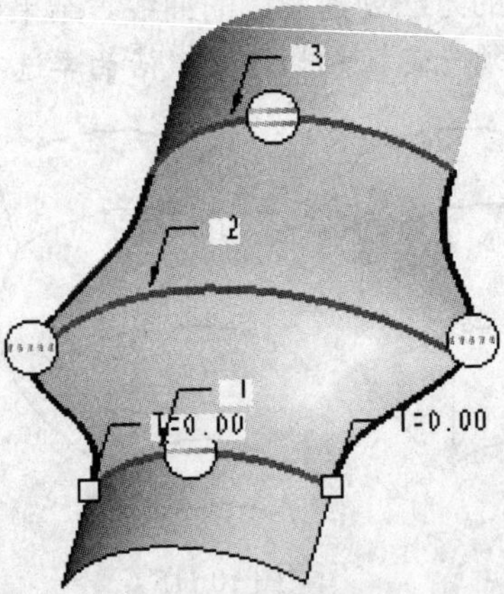

图 10.121

单击操控面板右侧的☑ 👓按钮，着色显示刚创建的曲面。

在主菜单中选择“分析”→“几何”→“着色曲率”命令，打开“着色曲率”对话框。选取边界混合曲面，从图 10.122 可以看出，“曲率”连接的效果比“切线”连接的效果更好。

在主菜单中选择“分析”→“几何”→“反射”命令，打开“反射”对话框。选取边界混合曲面，结果如图 10.123 所示。观察其与图 10.119 的差别可以发现，经过渡处理后曲面连接更加平顺。

单击操控面板右侧的▶按钮，单击✔按钮，完成边界混合曲面特征的建立。隐藏所有基准曲线后的结果如图 10.124 所示。

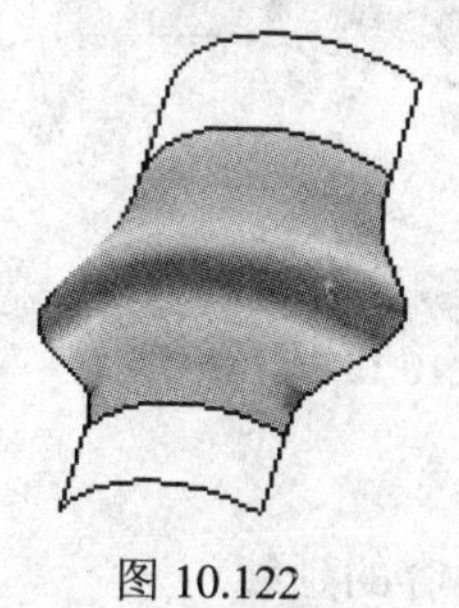

图 10.122

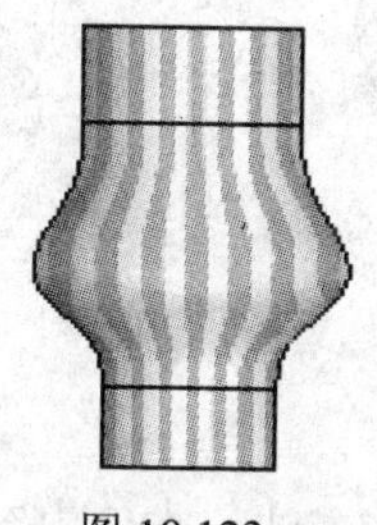

图 10.123

图 10.124

（8）保存并拭除文件。

10.3　圆锥曲面和 N 侧曲面片

圆锥曲面和 N 侧曲面片是曲面的高级用法，要建立圆锥曲面或 N 侧曲面片，在主菜单中选择“插入”→“高级”→“圆锥曲面和 N 侧曲面片”命令，弹出如图 10.125 所示的菜单管理器。然后通过菜单管理器进行下一步的操作。

下面通过例子介绍圆锥曲面和 N 侧曲面片的建立方法。

例 1：建立肩曲线圆锥曲面

圆锥曲面有“肩曲线”和“相切曲线”两个选项，其中“肩曲线”是圆锥曲面近似用肩曲线过渡，曲面经过肩曲线；“相切曲线”是圆锥曲面近似用相切曲线过渡，曲面一般不经过曲线，每个截面的渐近线交点经过曲线。

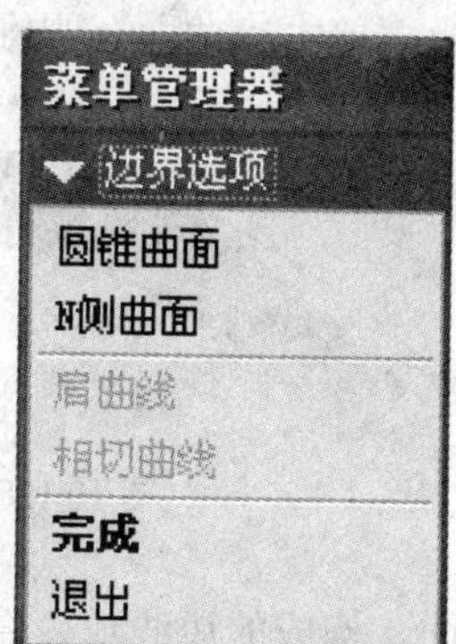

图 10.125

（1）打开文件 10-2-1。

（2）在模型树中选择边界混合曲面，右击鼠标，在右键快捷菜单中选择“删除”命令，删除该特征。

（3）在主菜单中选择“插入”→“高级”→“圆锥曲面和 N 侧曲

面片”命令，在弹出的菜单管理器中选择“圆锥曲面”→“肩曲线”→“完成”命令，按住 Ctrl 键，选择如图 10.126 中所示箭头 1 和箭头 2 所指的两条曲线为边界曲线。在菜单管理器中选择“肩曲线”命令，选择如图 10.126 中所示箭头 3 所指的曲线为肩曲线，在菜单管理器中选择“确认曲线”命令，在信息栏输入圆锥曲线参数（其中 0.5 表示抛物线，0.05<参数<0.5 表示椭圆，0.5<参数<0.95 表示双曲线），保持参数为 0.5，按下 Enter 键确定。

单击“曲面：圆锥，肩曲线”对话框中的“确定”按钮，完成该曲面的建立。结果如图 10.127 所示。

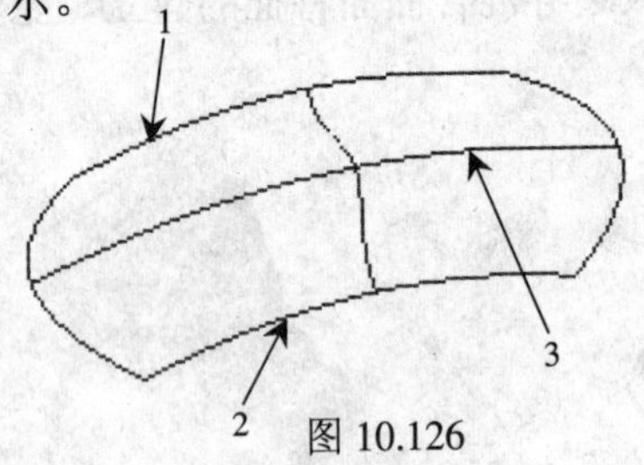

图 10.126

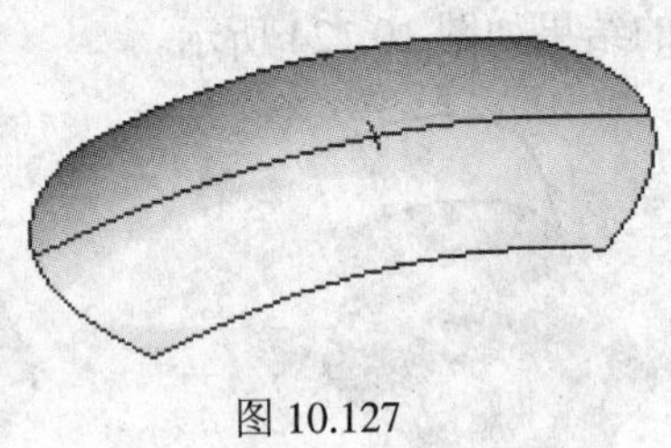
图 10.127

例 2：建立相切曲线圆锥曲面

本例介绍相切曲线圆锥曲面的建立方法。本例内容为上例内容的延续。

（1）选择建立的圆锥曲面，按下 Delete 键，在“删除”对话框中单击“确定”按钮，删除该特征。

（2）在主菜单中选择“插入”→“高级”→“圆锥曲面和 N 侧曲面片”命令，在弹出的菜单管理器中选择“圆锥曲面”→“相切曲线”→“完成”命令，按住 Ctrl 键，选择如图 10.126 中箭头 1 和箭头 2 的两条曲线为边界曲线；在菜单管理器中选择“相切曲线”命令，选择如图 10.126 中箭头 3 所指的曲线为相切曲线，在菜单管理器中选择“确认曲线”命令，在信息栏输入圆锥曲线参数，保持参数为 0.5 并按 Enter 键确定。

单击“曲面：圆锥，相切曲线”对话框中的“确定”按钮，完成该曲面的建立。结果如图 10.128 所示。

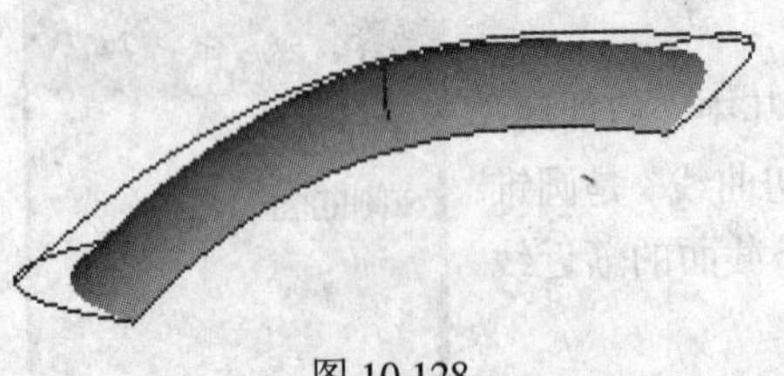
图 10.128

（3）在主菜单中选择“文件”→“保存副本”命令，输入文件名称为 10-3-1，单击“保存副本”对话框中的“确定”按钮，完成文件的保存。

（4）保存并拭除文件。

例 3：建立 N 侧曲面片

N 侧曲面片是用一些首尾相连的曲线建立的曲面，构成的边线最少需要 5 条曲线。N 边曲面片的形状由修补到一起的边界几何来决定，对于某些边界，N 边曲面片可能会生成具有不合乎要求的形状和特性的几何，例如边界有拐角，边界间的角度非常大（大于 160° ）或非常小（小于 20° ）或者边界由很长和很短的段组成。

在这些情况下，可用较少的边界创建一系列N边曲面片，或者使用边界混合曲面来建立。

（1）新建文件10-3-2。

（2）单击按钮，创建基准平面DTM1，偏距参照为FRONT基准平面，偏距值为50。

（3）单击按钮（基准轴工具），按住Ctrl键，在模型树中分别选取FRONT和RIGHT基准平面，完成基准轴A_1的创建。

（4）单击按钮（草绘工具），选择DTM1基准平面为草绘平面，绘制如图10.129所示的剖面，完成基准曲线的创建。

（5）选择上一步建立的曲线，在系统工具栏上单击按钮（阵列工具），阵列方式选择“轴”，在绘图区选取基准轴A_1，阵列个数输入5，阵列角度输入72，单击操控面板右侧的按钮，完成曲线的阵列。结果如图10.130所示。

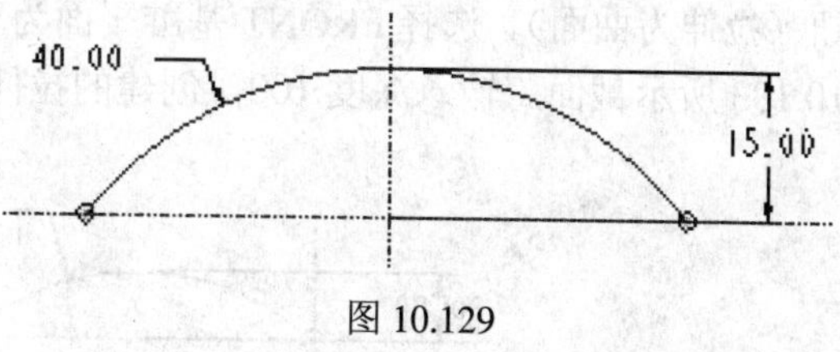

图 10.129

（6）单击按钮（插入基准曲线），选择“经过点”→“完成”命令，依次选取如图10.130中箭头所指的两个点，完成该曲线的建立。

按上述方法完成其余曲线的创建。结果如图10.131所示。

（7）在主菜单中选择“插入”→“高级”→“圆锥曲面和N侧曲面片”命令，在弹出的菜单管理器中选择“N侧曲面”→“完成”命令，按住Ctrl键，依次选择建立的10条曲线，选择完成后在菜单管理器中选择“完成”命令结束曲线的选择。单击“曲面：N侧”对话框中的“确定”按钮，完成该曲面的建立。结果如图10.132所示。

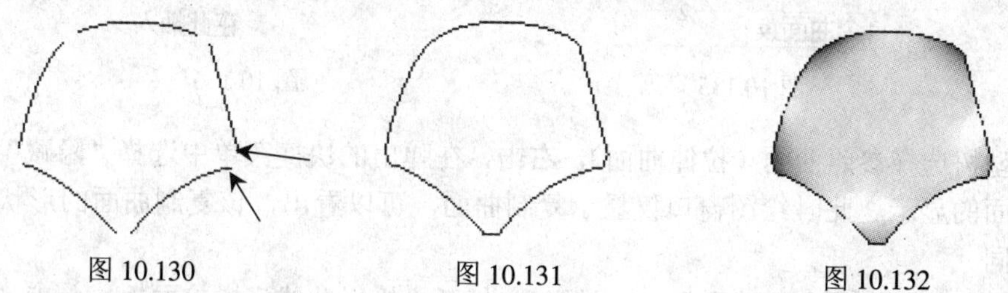

图 10.130　　图 10.131　　图 10.132

（8）保存并拭除文件。

10.4 曲面特征的操作

曲面特征的操作是对已经建立的曲面特征根据需要进行进一步的操作。这些操作包括：曲面的复制与粘贴、镜像、偏移、延伸、修剪和合并等操作。这些操作极大地丰富和拓展了曲面的建模能力。

10.4.1 曲面特征的复制、粘贴与镜像

曲面特征的复制、粘贴与镜像操作比较简单，本小节通过两个简单的范例来介绍这两种曲面特征的编辑方法。

例 1：对单纯曲面的复制、粘贴与镜像操作

（1）新建文件 10-4-1-1。

（2）在特征工具栏上单击按钮（拉伸工具），打开其操控面板。在操控面板中单击按钮（拉伸为曲面）。选择 FRONT 基准平面为草绘平面，其余接受系统缺省的设置，绘制如图 10.133 所示截面。输入深度 100，创建的拉伸曲面如图 10.134 所示。

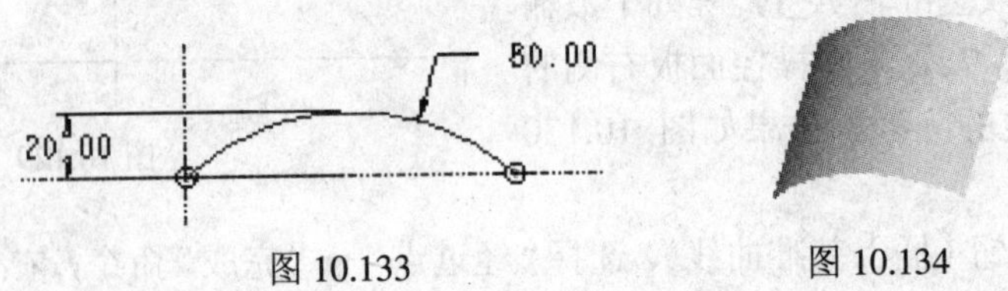

图 10.133　　　图 10.134

（3）在绘图窗口选择曲面（选择的曲面呈现浅红色），在系统工具栏上单击按钮（复制），继续在系统工具栏上单击按钮（粘贴），打开如图 10.135 所示的操控面板，单击操控面板右侧的✔按钮，完成复制曲面的建立，其在模型树上的标识如图 10.136 所示。

图 10.135　　　图 10.136

在模型树选择参照曲面（拉伸曲面），右击，在弹出的快捷菜单中选择“隐藏”命令，隐藏参照曲面的显示。此时绘图窗口仅显示复制曲面，可以看出，该复制曲面的形状和参照曲面完全相同。

（4）在主菜单中单击“编辑”→“投影”，打开“投影曲线”操控面板。单击“参照”命令，打开其上滑面板，在上滑面板上方的下拉列表中选择“投影草绘”选项，单击右侧的“定义”按钮，选择 TOP 基准平面为草绘平面，绘制如图 10.137 所示的剖面，单击特征工具栏上的✔按钮，退出草绘模式。

单击上滑面板中“曲面”选项的空白区域，在绘图区选取上一步创建的复制曲面。单击“方向参照”选项的空白区域，在模型树中选取 TOP 基准平面，单击操控面板右侧的✔按钮，完成投影曲线的建立。结果如图 10.138 所示。

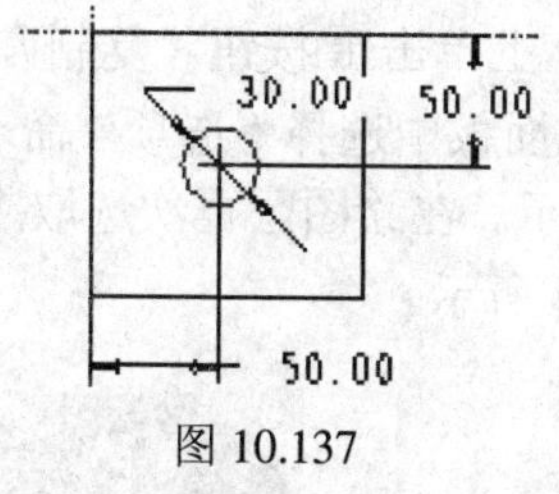

图 10.137

图 10.138

（5）在绘图区选取步骤（3）建立的复制曲面，在系统工具栏上单击按钮（复制），继续在系统工具栏上单击按钮（粘贴），打开其操控面板；在操控面板中选择“选项”命令，在其上滑面板中缺省选项为“按原样复制所有曲面”，这里选择为“复制内部边界”选项或者在绘图窗口右击，在弹出的快捷菜单中选择“复制内部边界”命令，如图 10.139 所示。

按住 Ctrl 键，选取上一步创建的投影曲线，单击操控面板右侧的按钮，完成复制曲面的建立。

在模型树中选择“复制 1”特征，右击，在弹出的快捷菜单中选择“隐藏”命令，隐藏该特征的显示，此时零件如图 10.140 所示。

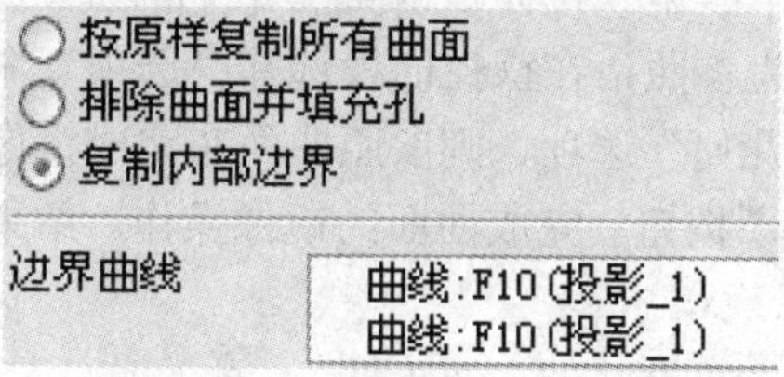

○ 按原样复制所有曲面
○ 排除曲面并填充孔
◉ 复制内部边界

边界曲线　曲线:F10(投影_1)
曲线:F10(投影_1)

图 10.139

图 10.140

（6）在模型树中选择“复制 2”特征，右击，在弹出的快捷菜单中选择“隐藏”命令，隐藏该特征的显示。在模型树选择“复制 1”特征，右击，在弹出的快捷菜单中选择“取消隐藏”命令，重新显示“复制 1”特征。

在特征工具栏上单击按钮（拉伸工具），打开其操控面板。在操控面板中单击和按钮（拉伸切剪曲面）。在绘图区选取“复制 1”特征作为切剪参照。选择 TOP 基准平面为草绘平面，其余接受系统缺省的设置，绘制如图 10.141 所示剖面（通过工具拷贝投影曲线获得剖面）。深度方式选择“贯穿”，注意切剪的方向，完成的结果如图 10.142 所示。

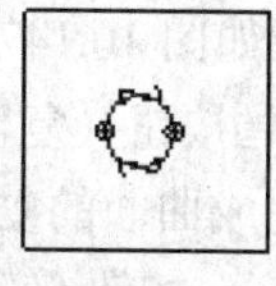

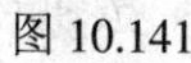

图 10.141

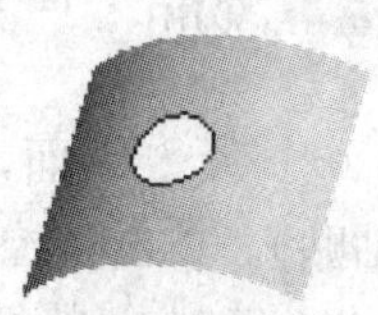

图 10.142

（7）在绘图区选取“复制 1”曲面，在系统工具栏上单击按钮（复制），继续在系统工具栏上单击按钮（粘贴），打开其操控面板，在操控面板中选择“选项”命令，在其上滑面板中选择“排除曲面并填充孔”选项，如图 10.143 所示。在绘图区再次选取“复制 1”曲面，单击操控面板右侧的✔按钮，完成的结果如图 10.144 所示。

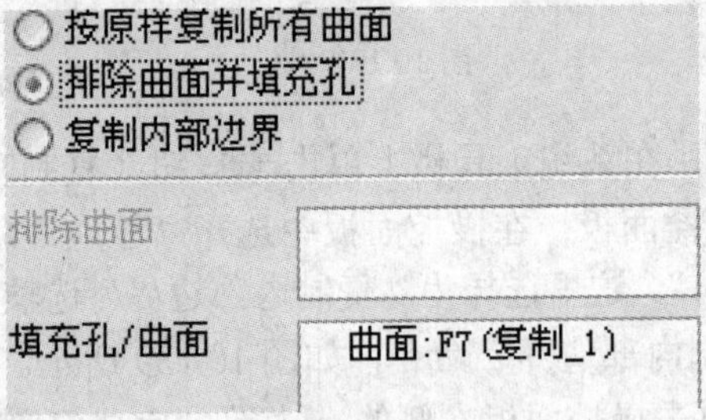

○ 按原样复制所有曲面
◉ 排除曲面并填充孔
○ 复制内部边界

排除曲面

填充孔/曲面　曲面:F7(复制_1)

图 10.143

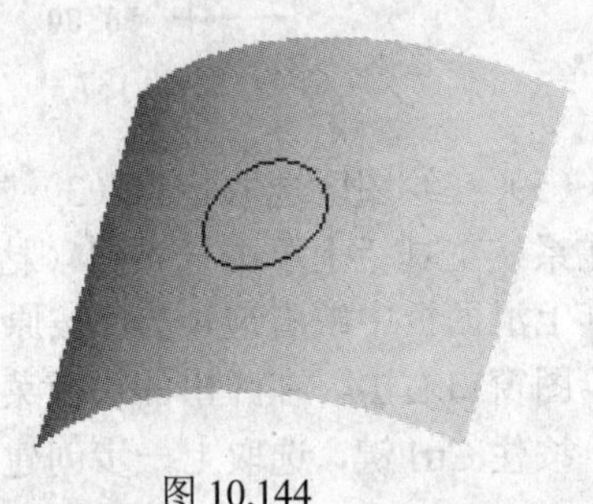

图 10.144

（8）在模型树中选择“复制 3”特征，右击，在弹出的快捷菜单中选择“隐藏”命令，隐藏该特征的显示。

按住 Ctrl 键，在模型树中分别选取“复制 1”和“拉伸 2”特征。在特征工具栏上单击按钮（镜像工具），选择 RIGHT 基准平面作为参照，在操控面板选择“选项”命令，其上滑面板如图 10.145 所示，如果选择“隐藏原始几何”选项，则参照曲面在完成镜像操作后被隐藏，这里保持缺省状态；单击操控面板右侧✔按钮，完成曲面的镜像操作。结果如图 10.146 所示。

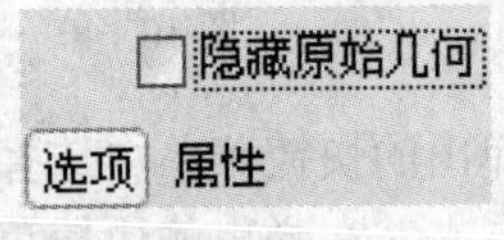

图 10.145

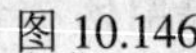

图 10.146

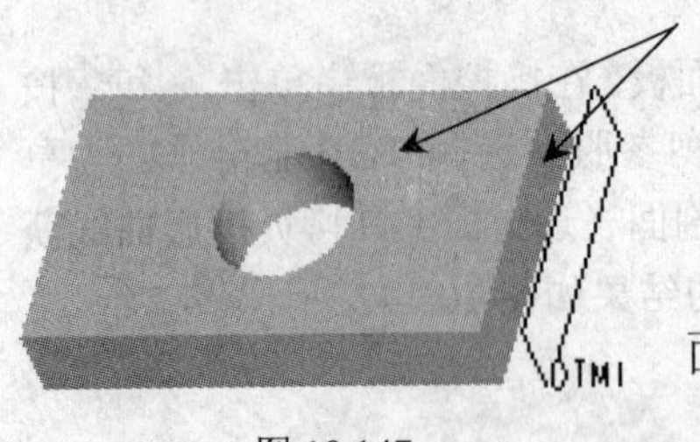

图 10.147

（9）保存并拭除文件。

例 2：在实体特征上对曲面的复制、粘贴与镜像

（1）新建文件 10-4-1-2。

（2）拉伸一个如图 10.147 所示的实体零件并创建基准平面 DTM1。

（3）按住 Ctrl 键，选择如图 10.147 中箭头所指的两个曲面，在系统工具栏上单击按钮（复制），继续在系统工具栏上单击按钮（粘贴）。单击操控面板右侧的✔按钮，完成曲面的复制与粘贴操作。

（4）在模型树选择“复制 1”特征，在特征工具栏上单击按钮（镜像工具），选择 DTM1

基准平面作为参照，在操控面板中选择“选项”命令，其上滑面板如图 10.148 所示，注意和图 10.145 的区别。单击操控面板右侧的✔按钮，完成曲面的镜像操作。结果如图 10.149 所示。

提示：两者的不同在于镜像的参照在图 10.148 中是曲面特征，而在图 10.145 中是曲面几何。注意这两者的区别。

图 10.148　　图 10.149

（5）在操控面板上选择“复制 1”特征，右击，在弹出的快捷菜单中选择“编辑定义”命令，重新打开其操控面板。在绘图窗口右击，在弹出的快捷菜单中选择“排除曲面并填充孔”命令，按住 Ctrl 键，选择孔边缘线，单击操控面板右侧的✔按钮，完成该特征的重定义。结果如图 10.150 所示。

从结果可以知道，被选择边线的孔被自动填充，而对复制曲面的编辑，其镜像所得的曲面并不跟随改变。

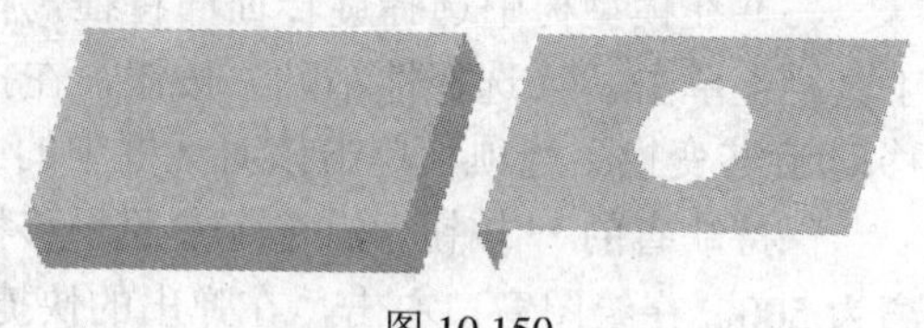

图 10.150

提示：如果参照是曲面几何而不是特征，则步骤（4）对参照曲面的编辑会引起镜像曲面的同样变化。

（6）选择镜像所得曲面，右击，在弹出的快捷菜单中选择“编辑定义”命令，重新打开其操控面板。在绘图窗口右击，在弹出的快捷菜单中选择“清除”命令，原来的参照曲面被取消，选择如图 10.151 所示的曲面，在绘图窗口右击，在弹出的快捷菜单中选择“实体曲面”命令，单击操控面板右侧的✔按钮，完成特征的重定义。结果如图 10.152 所示。

图 10.151　　图 10.152

（7）保存并拭除文件。

10.4.2　曲面特征的移动

曲面特征的移动操作和前面介绍的曲线移动操作一样，分为平移和旋转操作，同样也是通过复制与选择性粘贴操作来完成的。

例 3：曲面特征的移动

（1）新建文件 10-4-2。

（2）在特征工具栏上单击按钮（旋转工具），打开其操控面板。在操控面板中单击按钮（旋转为曲面）。选择 FRONT 基准平面为草绘平面，绘制如图 10.153 所示剖面。完成的旋转曲面特征如图 10.154 所示。

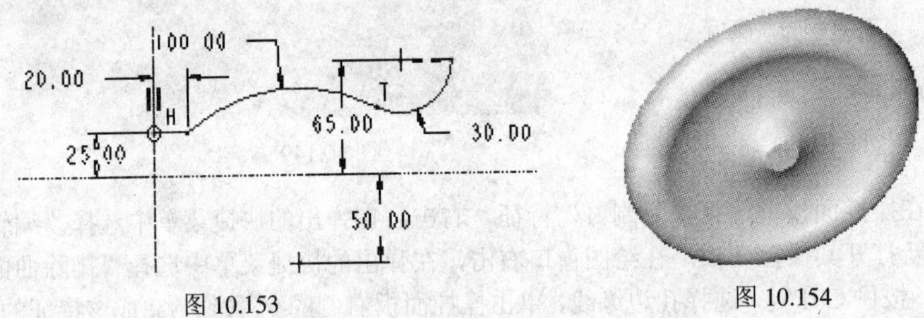

图 10.153

图 10.154

（3）在模型树中选择旋转曲面特征，在系统工具栏上单击按钮（复制），继续在系统工具栏上单击（选择性粘贴）按钮，在打开的“选择性粘贴”对话框中增加“对副本应用移动/旋转变换”选项，单击该对话框中的“确定”按钮，打开其操控面板。

保持缺省的↔按钮（沿选定参照平移特征），选择 RIGHT 基准平面为参照，输入移动距离为 500。在绘图窗口右击，在弹出的快捷菜单中选择 New Move 命令，再次在绘图窗口右击，在弹出的快捷菜单中选择“旋转”命令，选择 PRT_CSYS_DEF 坐标系的 Y 轴作为参照，输入旋转角度为 60，单击操控面板右侧的✔按钮，完成曲面的移动操作。结果如图 10.155 所示。其在模型树上的标识如图 10.156 所示。

（4）在模型树中选择“Moved Copy 1”特征，在特征工具栏上单击按钮（阵列工具），打开其操控面板。保持阵列类型为“尺寸”，在绘图窗口选择尺寸 60，在弹出的数值输入框中输入增量尺寸为 120 并按 Enter 键确定，在操控面板更改阵列数量为 3，单击操控面板右侧的✔按钮，完成阵列。结果如图 10.157 所示。

图 10.155

图 10.156

图 10.157

（5）在模型树中选择“阵列 1/Moved Copy 1”特征，按 Delete 键，删除该特征。在绘图窗口右下方更改过滤器为“面组”，选择面组 F5（旋转曲面），在系统工具栏上单击按钮（复制），继续在系统工具栏上单击（选择性粘贴）按钮，打开其操控面板；保持缺省的↔按钮（沿选定参照平移特征），选择 RIGHT 基准平面为参照，输入移动距离为 500，在绘图窗口右击，在弹出的快捷菜单中选择“新移动”命令；再次在绘图窗口右击，在弹出的快捷菜单中选择“旋转”命令，选择 PRT_CSYS_DEF 坐标系的 Y 轴作为参照，输入旋转角度为 60。

在操控面板上选择“选项”命令，其上滑面板中有一个“隐藏原始几何”选项，如图 10.158 所示，该选项缺省为被选择状态，这里保持不变，单击操控面板右侧的✔按钮，完成曲面的移动操作，结果原始参照曲面消失。其在模型树上的标识如图 10.159 所示，注意和图 10.156 做对比。

图 10.158　　　图 10.159

提示：由于选择曲面特征和曲面几何不同，因此其复制与选择性粘贴的过程也不同，操控面板的选项也不相同，模型树的标识也不相同，这一点在练习时要特别注意。同时要善于利用“过滤器”来快速选择所需要的元素。

（6）保存并拭除文件。

10.4.3　曲面特征的偏移

曲面的偏移操作是对实体表面、曲面或面组进行偏移得到新曲面的操作。曲面的偏移操作途径是：选择参照曲面，在主菜单中选择“编辑”→“偏移”命令，打开偏移工具操控面板作进一步的操作。本节通过实例介绍曲面特征偏移操作的几种使用方法。

例 4：曲面特征的偏移

（1）新建文件 10-4-3。

（2）在特征工具栏上单击按钮（旋转工具），打开其操控面板。在操控面板中单击按钮（旋转为曲面）。选择 FRONT 基准平面为草绘平面，绘制如图 10.160 所示剖面。完成的旋转曲面特征如图 10.161 所示。

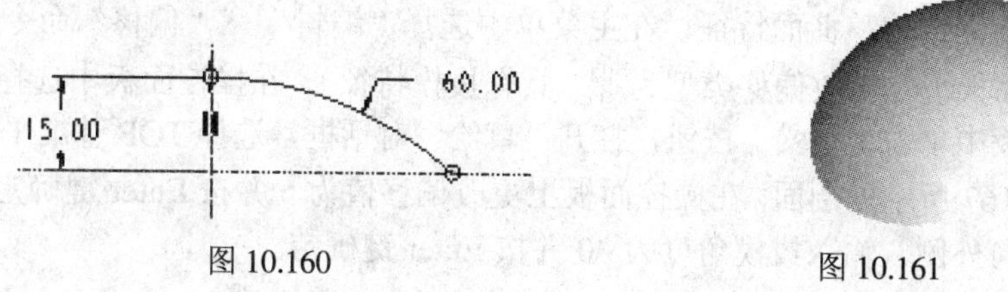

图 10.160　　　图 10.161

（3）选择曲面特征，在主菜单中选择“编辑”→“偏移”命令，打开其操控面板，如图 10.162 所示。保持操控面板下方曲面的偏移类型为（标准偏移特征），更改偏移距离为 15 并按 Enter 键确定，此时可以在绘图窗口观察曲面偏移后的结果，如图 10.163 所示。单击操控面板中的按钮可以改变偏移曲面的方向，如图 10.164 是向内侧偏移的图形显示。

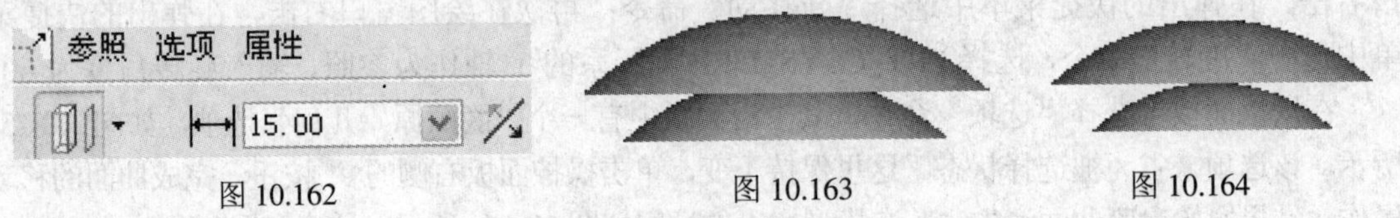

图 10.162 图 10.163 图 10.164

（4）在模型树中选取“偏距 1”特征，在右键快捷菜单中选择“编辑定义”命令，单击操控面板中的按钮改变偏移曲面的方向，将曲面偏距的结果改回如图 10.163 所示。

（5）在操控面板中选择“选项”命令，弹出其上滑面板，如图 10.165 所示。偏移方式缺省为“垂直于曲面”，另外还有“自动拟合”和“控制拟合”两个选项，请读者自行体会其中的差异。

如果选中该上滑面板中的“创建侧曲面”复选框，则建立的偏移曲面和参照曲面之间自动封闭。

单击操控面板右侧的✔按钮，完成曲面的偏移操作。其在模型树中的标识如图 10.166 所示。

图 10.165 图 10.166

（6）按 Ctrl+D 组合键，恢复零件的标准显示状态。

选择上一步建立的偏移曲面特征，在主菜单中选择“编辑”→“偏移”命令，打开其操控面板。在操控面板下方更改偏移类型为（具有拔模特征），在操控面板中选择“参照”命令，在其上滑面板中单击“定义”按钮，打开“草绘”对话框，选择 TOP 基准平面为草绘平面，绘制如图 10.167 所示的剖面，在操控面板上更改偏移值为 5 并按 Enter 键确定，单击按钮使偏移方向朝向外侧，输入拔模角度为 30 并按 Enter 键确定。

在操控面板中选择“选项”命令，在其上滑面板中更改侧面轮廓选项为“相切”，单击操控面板右侧的✔按钮，完成曲面的偏移操作，结果如图 10.168 所示。该类型偏距特征在模型树中的标识如图 10.169 所示。

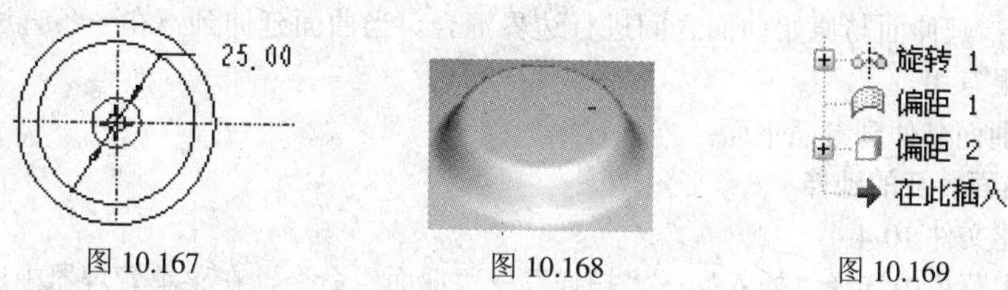

图 10.167　　图 10.168　　图 10.169

（7）在模型树中选择“偏距 1”特征，在主菜单中选择“编辑”→“偏移”命令，打开其操控面板。在操控面板下方更改偏移类型为（展开特征），在操控面板中选择“选项”命令，在其上滑面板中单击“定义”按钮，打开“草绘”对话框，单击该对话框中的“使用先前的”按钮，绘制如图 10.170 所示的剖面。更改偏移距离为 6 并按 Enter 键确定，在操控面板单击按钮使偏移方向朝向外侧。单击操控面板右侧的✔按钮，完成曲面的偏移操作，结果如图 10.171 所示。

从图中可以看出，这种类型的偏移曲面的顶部轮廓和参照曲面的轮廓是相同的。该类型偏距特征在模型树中的标识和图 10.166 相同。

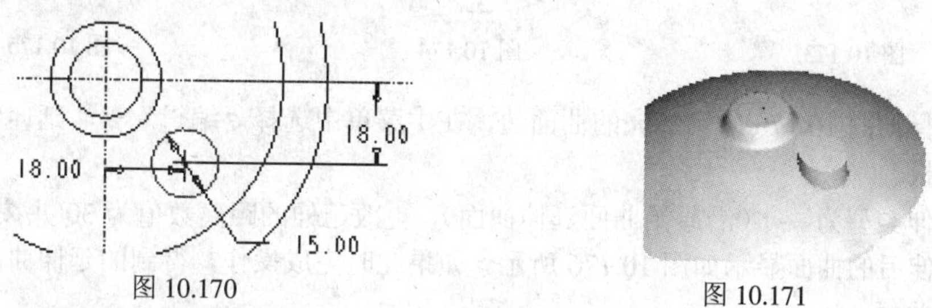

图 10.170　　图 10.171

（8）保存并拭除文件。

10.4.4 曲面特征的延伸

曲面特征的延伸操作，使现有的曲面按照指定的条件加以延长，用以满足零件设计中的需要。曲面延伸操作的途径是：选取曲面的边，在主菜单中选择“编辑”→“延伸”命令，打开延伸工具操控面板，如图 10.172 所示。

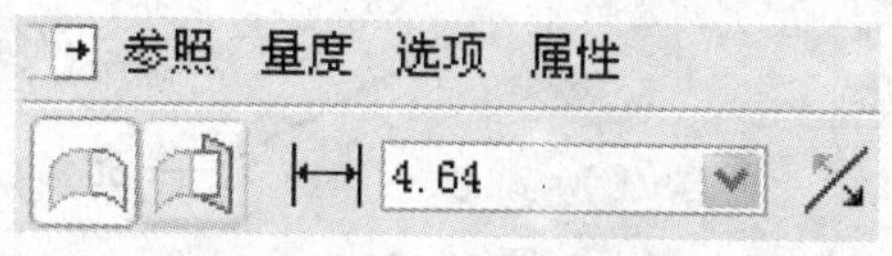

图 10.172

操控面板下方有两种延伸曲面的方法

：沿原始曲面延伸曲面。这种方法的延伸方式有相同、切线和逼近 3 种。

① 相同：延伸面与原始曲面的类型相同。

② 切线：延伸面与原始曲面相切。

③ 逼近：延伸面与原始曲面之间进行边界混合。当曲面延伸到不在一条直边上的顶点时，该方法很有用。

：将曲面延伸到参照平面。

例 5：曲面特征的延伸

（1）新建文件 10-4-4。

（2）在主菜单中选择“插入”→“扫描”→“曲面”命令，在菜单管理器中选择“草绘轨迹”命令，选取 TOP 基准平面为草绘平面，选择“正向”→“缺省”命令，绘制如图 10.173 所示的扫描轨迹。

单击特征工具栏上的✔按钮。选择“开放终点”→“完成”命令，继续绘制如图 10.174 所示的剖面，单击特征工具栏上的✔按钮，完成扫描曲面的创建。结果如图 10.175 所示。

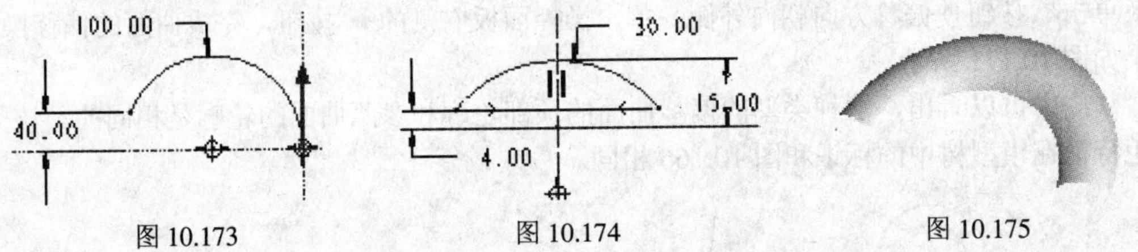

图 10.173　　图 10.174　　图 10.175

（3）选择如图 10.176 所示加亮的曲面边，在主菜单中选择“编辑”→“延伸”命令，打开其操控面板。

保持延伸类型为（沿原始曲面延伸曲面），更改延伸的距离数值为 30 并按 Enter 键确定，此时延伸后的曲面显示如图 10.176 所示。如果此时完成操作，得到的延伸曲面是只有一个测量值的曲面。

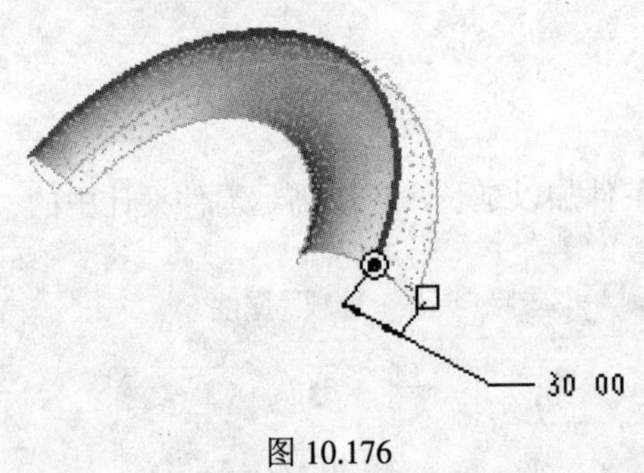

图 10.176

现在更改延伸曲面为多个延伸距离控制的可变曲面，这样做的结果会使延伸曲面的可操作性更强，功能更加强大。

在操控面板选择“量度”命令，打开其上滑面板，如图 10.177 所示。在这里可以选择延伸距离的测量参照，有（测量参照曲面中的延伸距离）选项和（测量选定平面中的延伸距离）选项。而延伸距离测量的具体方法有：垂直于边、沿边、至顶点平行和至顶点相切 4 种，如图 10.178 所示。

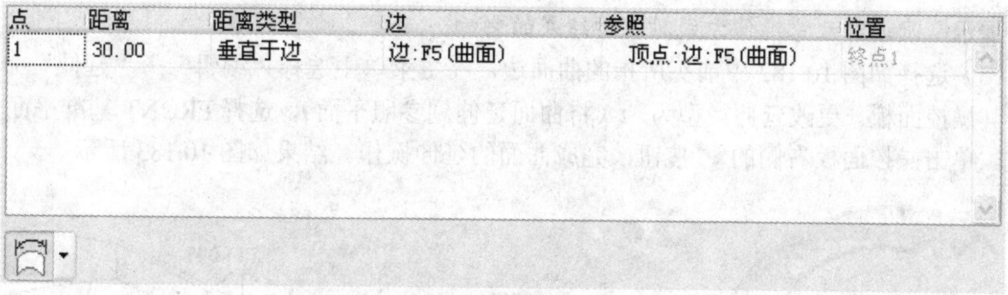

点	距离	距离类型	边	参照	位置
1	30.00	垂直于边	边:F5(曲面)	顶点:边:F5(曲面)	终点1

图 10.177

这里保持测量参照选项为 (测量参照曲面中的延伸距离)。在点收集器内右击，在弹出的命令窗口中选择“添加”命令，出现第 2 个点，保持该点的位置比例值为 0.5，更改该点的距离值为 45 并按 Enter 键确定。在点收集器内右击，在弹出的命令窗口中选择“添加”命令，出现第 3 个点，更改该点的位置比例值为 1，更改该点的距离值为 30 并按 Enter 键确定。

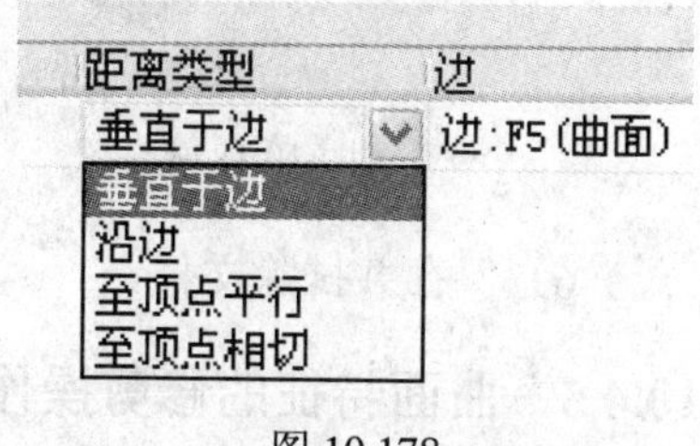

图 10.178

单击操控面板右侧的按钮，完成曲面的延伸操作，结果如图 10.179 所示，延伸曲面在模型树中的标识如图 10.180 所示。

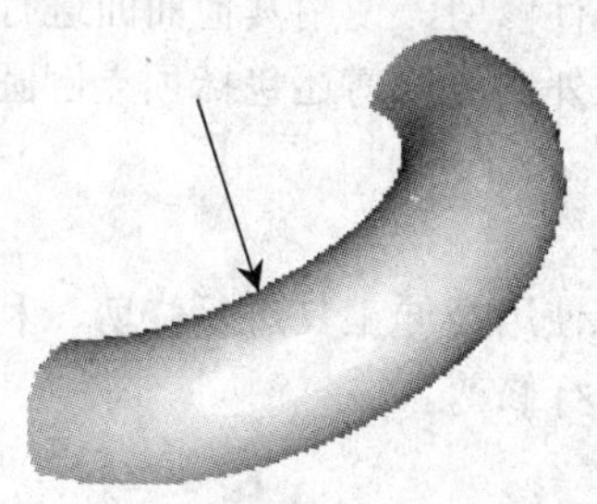

图 10.179

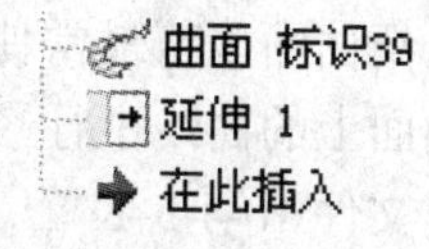

图 10.180

（4）按 Ctrl+D 组合键，切换零件到标准显示状态。

选择如图 10.179 中箭头所指的曲面边，在主菜单中选择“编辑”→“延伸”命令，打开其操控面板。保持延伸类型为 (沿原始曲面延伸曲面)，更改延伸的距离数值为 20 并按 Enter 键确定。

在操控面板选择“量度”命令，保持测量参照选项为 (测量参照曲面中的延伸距离)，更改距离类型为“沿边”，此时延伸曲面显示如图 10.181 所示。

在操控面板中选择“选项”命令，在其上滑面板中更改方式为“切线”，单击操控面板右侧的按钮，完成曲面的延伸操作。结果如图 10.182 所示。

提示： 请读者注意延伸方式对延伸结果的影响。

（5）选择如图 10.182 中箭头所指的曲面边，在主菜单中选择“编辑”→“延伸”命令，打开其操控面板。更改延伸类型为 （将曲面延伸到参照平面），选择 FRONT 基准平面作为参照。单击操控面板右侧的✔按钮，完成曲面的延伸操作。结果如图 10.183 所示。

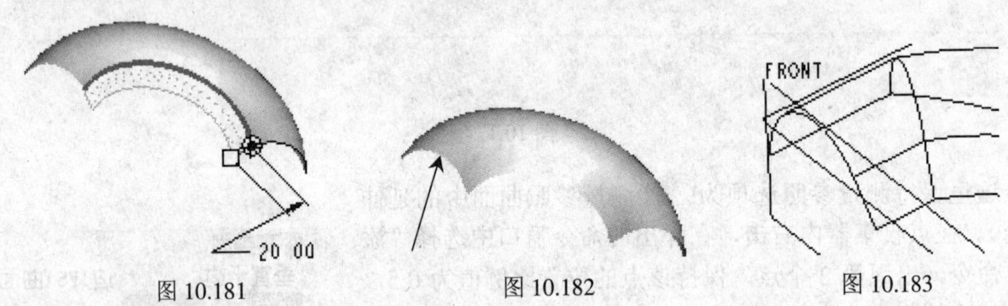

图 10.181　　图 10.182　　图 10.183

（6）保存并拭除文件。

10.4.5 曲面特征的修剪操作

曲面特征的修剪操作可以对曲面进行切剪或者分割，使用修剪操作可以从曲面中移除材料，以创建特定的形状。

曲面的基本修剪操作方式包括：使用拉伸工具进行修剪、使用其他曲面进行修剪、使用基准平面进行修剪、使用曲面上的曲线进行修剪，此外曲面修剪还包括顶点倒圆角和侧面影像裁剪等高级应用。

例 6：曲面特征的修剪

本例将介绍曲面修剪最常使用的一些方法，包括使用拉伸工具进行修剪、利用其他曲面修剪、利用曲面上的曲线进行修剪和使用基准平面进行修剪。

（1）新建文件 10-4-5-1。

（2）创建拉伸曲面。在特征工具栏上单击 按钮（拉伸工具），打开其操控面板。在操控面板中单击 按钮（拉伸为曲面）。选择 FRONT 基准平面为草绘平面，绘制如图 10.184 所示截面。深度方式选择 （双向拉伸），输入深度值为 300，完成的拉伸曲面如图 10.185 所示。

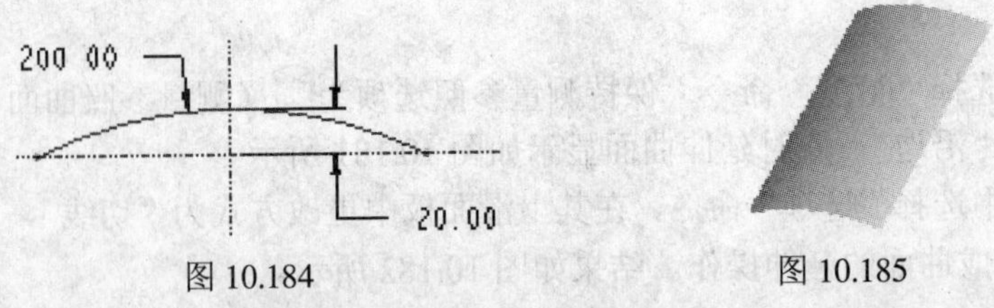

图 10.184　　图 10.185

在特征工具栏上单击按钮（拉伸工具），打开其操控面板。在操控面板中单击按钮（拉伸为曲面）。选择 RIGHT 基准平面为草绘平面，绘制如图 10.186 所示截面。深度方式选择（双向拉伸），输入深度值为 200，完成的拉伸曲面如图 10.187 所示。

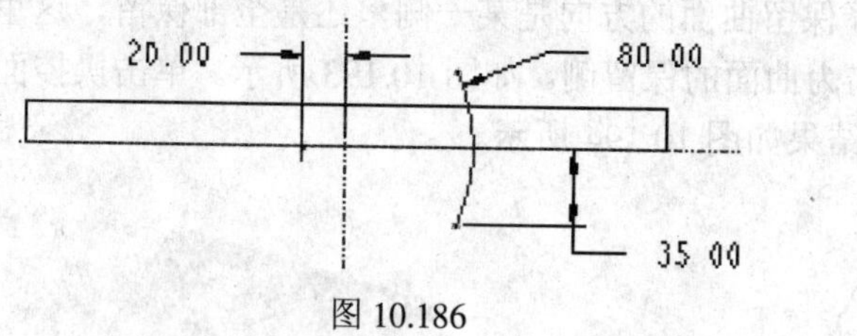

图 10.186

图 10.187

（3）创建投影曲线。在主菜单中单击“编辑”→“投影”，打开“投影曲线”操控面板。单击“参照”命令，打开其上滑面板，在上滑面板上方的下拉列表中选择“投影草绘”选项，单击右侧的“定义”按钮，选择 TOP 基准平面为草绘平面，绘制如图 10.188 所示的剖面，单击特征工具栏上的✔按钮，退出草绘模式。

单击上滑面板中“曲面”选项的空白区域，在绘图区选取如图 10.187 中箭头所指拉伸曲面。单击“方向参照”选项的空白区域，在模型树中选取 TOP 基准平面，单击操控面板右侧的✔按钮，完成投影曲线的建立。结果如图 10.189 所示。

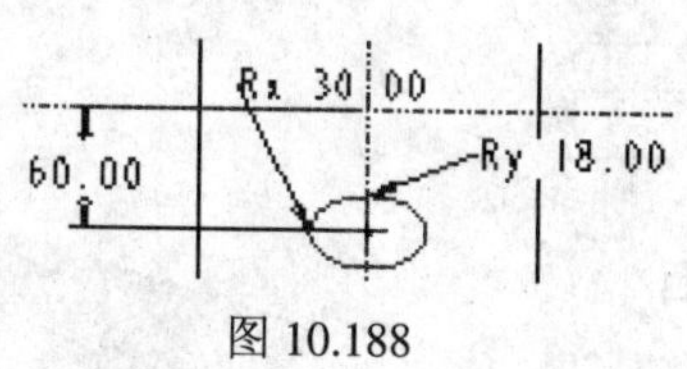

图 10.188

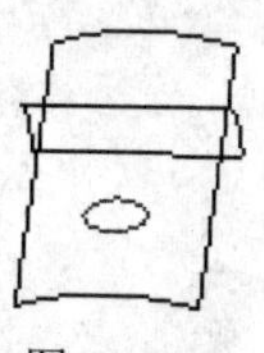
图 10.189

（4）在特征工具栏上单击按钮（拉伸工具），打开其操控面板。在操控面板中单击按钮（拉伸为曲面），单击按钮（去除材料）。选择“拉伸 1”曲面作为要修剪的面组，在操控面板上选择“放置”命令，单击其上滑面板中的“定义”按钮，选择 TOP 基准平面为草绘平面，绘制如图 10.190 所示的剖面。

在操控面板中更改深度选项为（穿透），更改切剪方向，如图 10.191 所示。单击操控面板右侧的✔按钮，完成曲面的切剪操作。结果如图 10.192 所示。

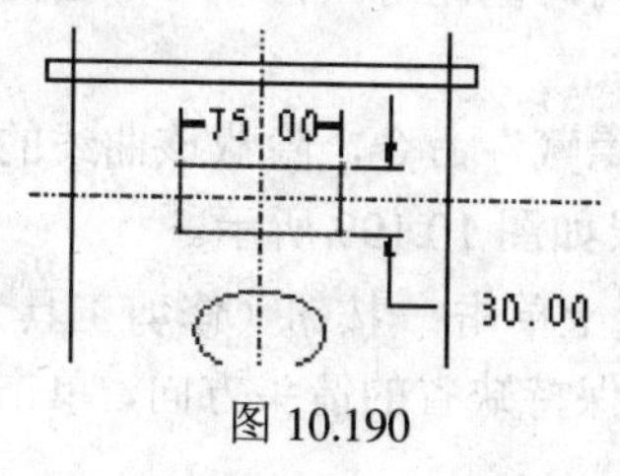

图 10.190

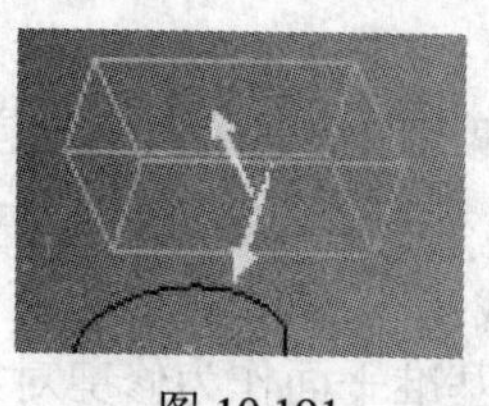
图 10.191

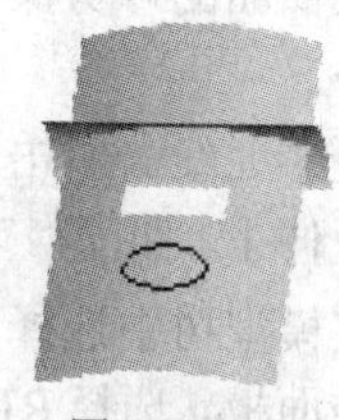
图 10.192

（5）选择“拉伸 1”曲面，在特征工具栏上单击按钮（修剪工具），打开修剪工具操控面板。选择“拉伸 2”曲面作为修剪对象，在操控面板中选择“参照”命令，在其上滑面板中可以看到“修剪的面组”收集器中和“修剪对象”收集器中正是已经选择的曲面。如果在操控面板上单击按钮，可以选择保留曲面的方向是某一侧，还是全部保留，这里单击按钮，使箭头方向向内，箭头的指向为曲面的保留侧。如图 10.193 所示。单击操控面板右侧的按钮，完成曲面的修剪操作。结果如图 10.194 所示。

图 10.193　　图 10.194

提示： 在操控面板中选择“选项”命令，在其上滑面板中如果取消“保留修剪曲面”选项，则原参照曲面不被保留，如图 10.195 所示。在今后的特征中将不再有参照作用。如果选择“薄修剪”选项，如图 10.196 所示，则曲面被裁剪的结果将如图 10.197 所示。

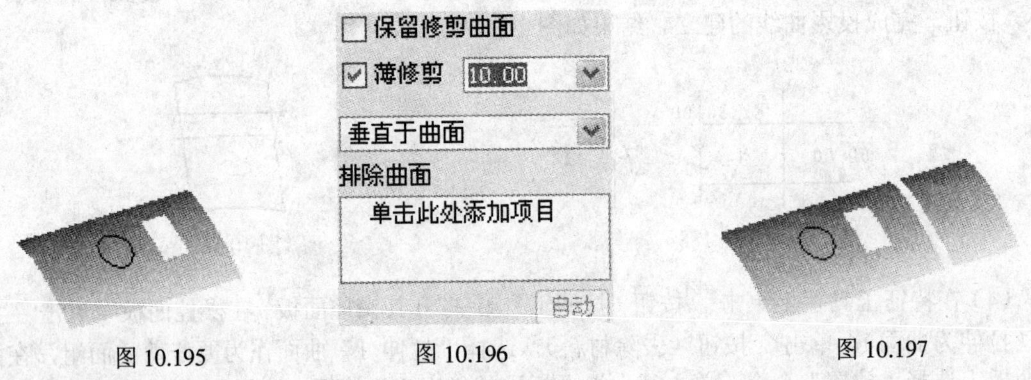

图 10.195　　图 10.196　　图 10.197

（6）选择“拉伸 1”曲面，在特征工具栏上单击按钮（修剪工具），打开修剪工具操控面板，选择步骤（3）创建的投影曲线作为修剪对象，单击操控面板中的按钮调整需要保留的曲面，直到箭头如图 10.198 所示，这样做是同时保留两侧的曲面。单击操控面板右侧的按钮，完成曲面的修剪操作，结果看上去和修剪之前相同，但此时“拉伸 1”曲面已经被投影曲线裁开。

选择投影曲线，右击，在弹出的快捷菜单中选择“隐藏”命令，隐藏该曲线的显示。再次选择“拉伸 1”曲面，可明显看到修剪边界。显示结果如图 10.199 所示。

（7）在模型树中选择“剪裁 2”曲面，在特征工具栏上单击按钮（修剪工具），打开修剪工具操控面板，选择 RIGHT 基准平面作为修剪对象，保持缺省的箭头方向，单击操控面板右侧的按钮，完成曲面的修剪操作，结果如图 10.200 所示，从这个结果上可以更加清楚地看到上一步中曲面裁剪的结果。

图 10.198 图 10.199 图 10.200

例 7：顶点倒圆角

顶点倒圆角特征和前面介绍的倒圆角特征不同，该特征只能针对曲面的顶点，使用顶点倒圆角特征可以非常方便地在曲面的顶点建立指定数值的圆角，从而进行曲面的裁剪。

接上例，在主菜单中选择“插入”→“高级”→“顶点倒圆角”命令，选择“拉伸 1”曲面作为求交的基准面组，再按住 Ctrl 键，选择如图 10.200 所示左侧的 2 个曲面顶点，单击“确定”按钮完成点的选择。在信息栏输入修整半径为 30 并按 Enter 键确定，单击“曲面裁剪：顶点倒圆角”对话框中的“确定”按钮，完成顶点倒圆角的建立。结果如图 10.201 所示。

保存并拭除文件。

例 8：使用侧面投影方法修剪曲面

使用“侧面投影方法修剪”可修剪其轮廓线在特定视图方向上可见的面组，其视图方向必须垂直于参照平面。

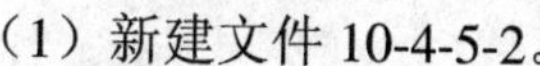

图 10.201

（1）新建文件 10-4-5-2。

（2）创建拉伸曲面。在特征工具栏上单击按钮（拉伸工具），打开其操控面板。在操控面板中单击按钮（拉伸为曲面），选择 FRONT 基准平面为草绘平面，绘制如图 10.202 所示截面。深度方式选择（双向拉伸），输入深度值为 100，完成的拉伸曲面如图 10.203 所示。

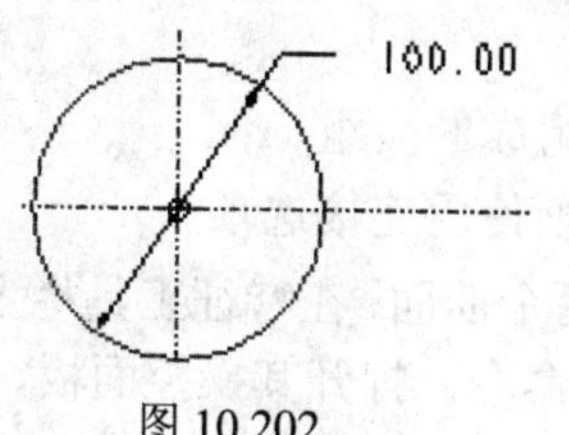

图 10.202

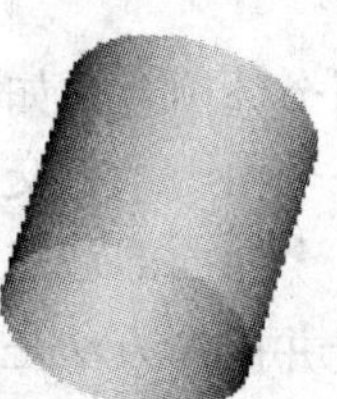

图 10.203

（3）创建基准平面。在特征工具栏单击（基准平面工具）按钮，在模型树中选取 TOP 基准平面作为参照，输入偏移距离 80，完成基准平面 DTM1 的创建。

在特征工具栏单击 （基准平面工具）按钮，在模型树中选取 RIGHT 基准平面作为参照，输入偏移距离 80，完成基准平面 DTM2 的创建。结果如图 10.204 所示。

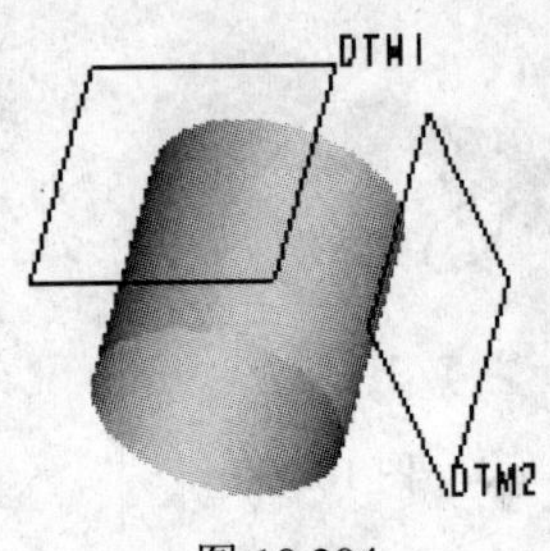

图 10.204

（4）选择拉伸曲面作为被修剪的曲面，在特征工具栏上单击 按钮修剪工具），打开修剪工具操控面板。选择 DTM1 基准平面作为修剪对象，在操控面板中单击 按钮（使用侧面投影方法修剪面组，视图方向垂直于参照平面），单击 按钮改变保留的修剪曲面，单击操控面板右侧的 按钮，完成曲面的修剪操作。结果如图 10.205 所示。

继续选取拉伸曲面，在特征工具栏上单击 按钮（修剪工具），打开修剪工具操控面板。选择 DTM2 基准平面作为修剪对象，在操控面板中单击 按钮，单击 按钮改变保留的修剪曲面，单击操控面板右侧的 按钮，完成曲面的修剪操作。结果如图 10.206 所示。

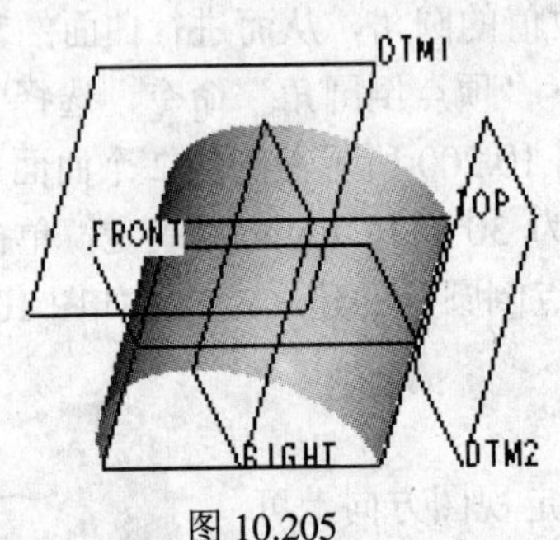

图 10.205

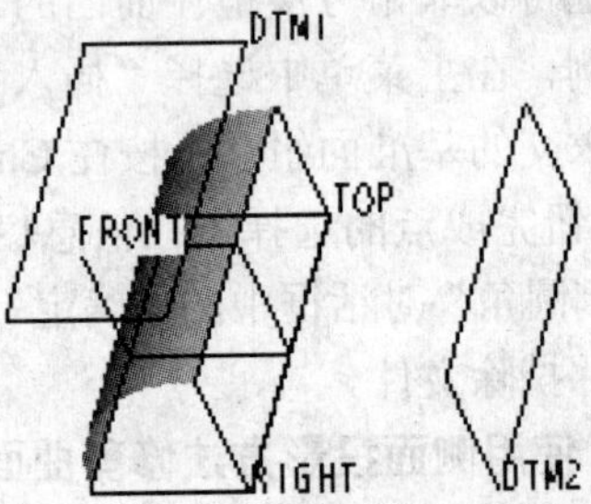

图 10.206

（5）保存并拭除文件。

10.4.6 曲面特征的合并

曲面特征的合并操作包括“求交”和“连接”两个选项，通过“求交”或“连接”操作，使两个独立的曲面合并为一个新的曲面面组。新面组是一个独立的特征，删除该面组不会影响原始参照曲面。

曲面合并的两个选项含义如下：

求交：创建一个由两个相交曲面的修剪部分所组成的面组。

连接：如果一个曲面的边位于另一个曲面上，则使用连接选项。

曲面特征的合并操作方法是：选择需要合并的两个曲面，在特征工具栏上单击 按钮（合并工具），或者在主菜单中选择“编辑”→“合并”命令，打开其操控面板，进行下一步的操作。

例 9：曲面合并

（1）新建文件 10-4-6。

（2）创建拉伸曲面。在特征工具栏上单击按钮（拉伸工具），打开其操控面板。在操控面板中单击按钮（拉伸为曲面）。选择 FRONT 基准平面为草绘平面，绘制如图 10.207 所示截面。深度方式选择（双向拉伸），输入深度值为 200，完成的拉伸曲面如图 10.208 所示。

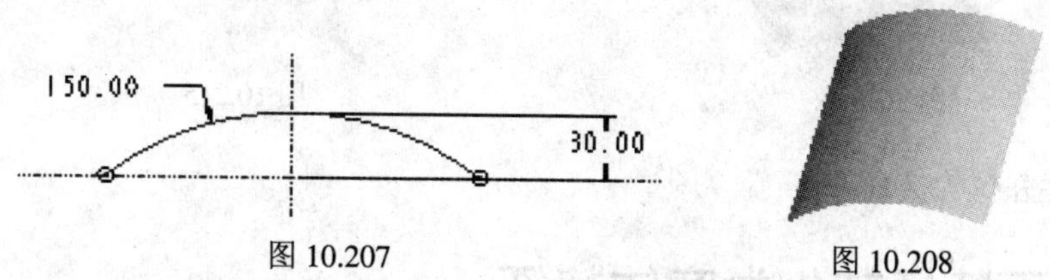

图 10.207　　图 10.208

在特征工具栏上单击按钮（拉伸工具），打开其操控面板。在操控面板中单击按钮（拉伸为曲面）。选择 TOP 基准平面为草绘平面，绘制如图 10.209 所示截面。输入深度值为 50，完成的拉伸曲面如图 10.210 所示。

图 10.209　　图 10.210

（3）选择“拉伸 1”曲面，按住 Ctrl 键，选择“拉伸 2”曲面，在特征工具栏上单击按钮（合并工具），打开其操控面板，如图 10.211 所示。在操控面板中选择“选项”命令，其上滑面板如图 10.212 所示，缺省合并方式为“求交”。

这里保持合并类型为“求交”，此时在绘图窗口的曲面箭头如图 10.213 所示，图中显示阴影的部分即为合并后的面组。

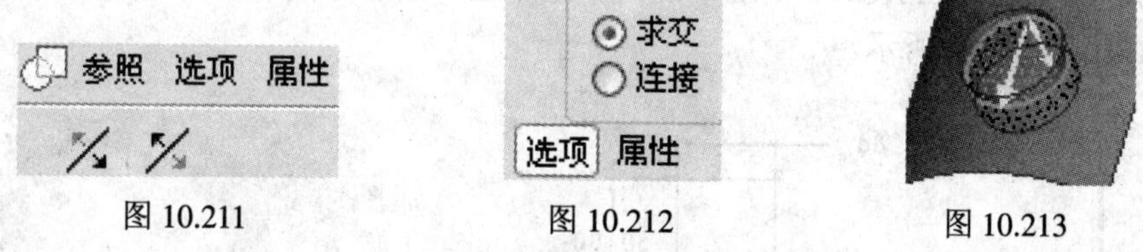

图 10.211　　图 10.212　　图 10.213

在操控面板单击按钮（改变要保留的第一面组的侧）和按钮（改变要保留的第二面组的侧），会有不同的合并结果，调整箭头如图 10.214 所示，单击操控面板右侧的按钮，完成曲面合并操作，结果如图 10.215 所示。

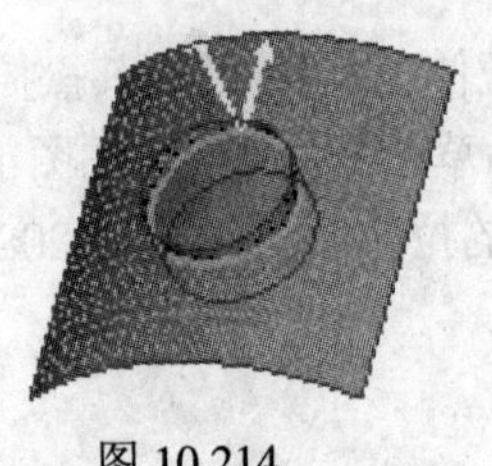

图 10.214

图 10.215

（4）保存并拭除文件。

10.5 曲面特征转化为实体特征

本节将介绍曲面特征如何转成实体特征的操作，因为建立曲面及编辑曲面的目的，是为了帮助我们最终建立实体特征。

曲面特征转成实体特征的操作方法包括：实体化操作、曲面的加厚操作、利用曲面实现对实体特征的替换操作等。

10.5.1 实体化

实体化操作是利用曲面转成实体特征最常用的方法，包括加材料、移除材料和替换材料 3 种用法。

例 1：加材料和移除材料

加材料的操作其参照曲面如果是封闭曲面，则没有任何限制，如果是非封闭曲面，则曲面在一个实体特征中的部分必须能够封闭；而移除材料的曲面如果是封闭曲面，也没有任何限制，如果是开放曲面，则开放曲面必须要完全穿过被移除材料的实体特征，否则失败。

（1）新建文件 10-5-1。

（2）在特征工具栏上单击按钮（旋转工具），打开其操控面板。在操控面板中单击按钮（旋转为曲面）。选择 FRONT 基准平面为草绘平面，绘制如图 10.216 所示剖面。完成的旋转曲面特征如图 10.217 所示。

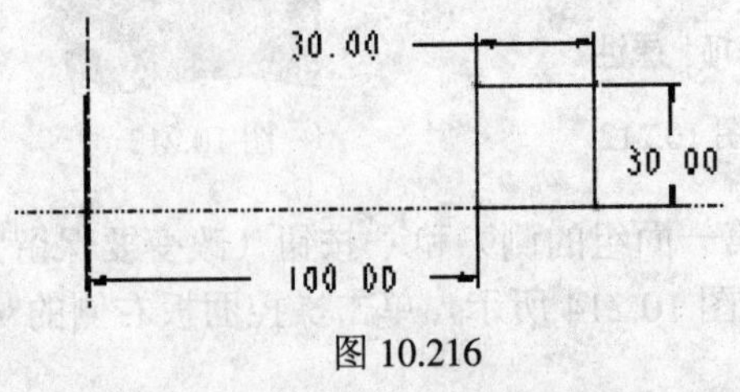

图 10.216

图 10.217

（3）在线条显示状态下，零件全部呈现为紫色，说明该曲面是完全封闭的。选择该曲面，在主菜单中选择“编辑”→“实体化”命令，打开其操控面板，如图 10.218 所示。这时在操控面板下方只有一个□选项，表示“用实体材料填充由面组界定的体积块”。单击操控面板右侧的✔按钮，完成封闭曲面的实体化操作。

在线条显示状态下，零件显示为白色，证明曲面特征已经转换成了实体特征，该特征在模型树中的标识如图 10.219 所示。

图 10.218　　　图 10.219

（4）在操控面板中单击按钮（可变剖面扫描工具），打开其操控面板。保持操控面板中缺省的选项（扫描为曲面），选择上方边缘，再按住 Shift 键，选择另外半个圆，使整个边线被选中，如图 10.220 所示。单击操控面板中的按钮，进入草绘模式，绘制如图 10.221 所示的剖面。

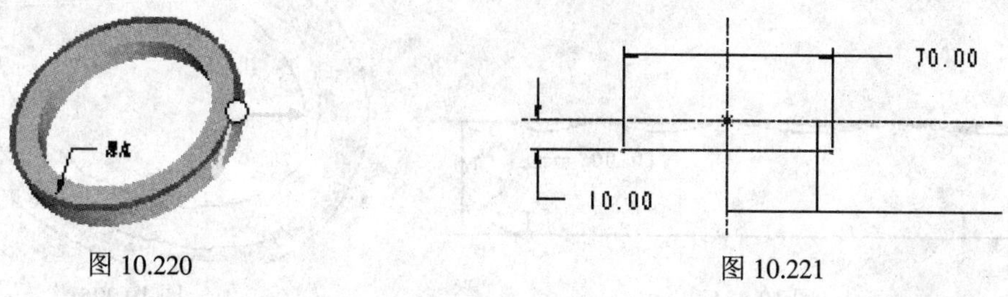

图 10.220　　　图 10.221

在主菜单中选择“工具”→“关系”命令，打开“关系”对话框，输入下列关系式：sd4=sin（20*trajpar*360）+6，其中 sd4 是尺寸 10 的 ID 号，单击该对话框中的“确定”按钮，结束关系式的输入。系统自动再生剖面后，尺寸 10 变更为 6。完成的可变剖面扫描曲面如图 10.222 所示。

（5）选择上一步建立的可变剖面扫描曲面，在主菜单中选择“编辑”→“实体化”命令，打开其操控面板。单击操控面板中的按钮，这个选项意味着使用面组来移除实体特征的材料，旁边的按钮可以改变移除材料的方向，这里保持缺省的方向，单击操控面板右侧的✔按钮，完成利用曲面移除材料的操作，结果如图 10.223 所示。

例 2：替换材料

本例介绍实体化工具的替换材料的操作，需要指出的是：用于替换的参照曲面的所有边界必须落在实体特征的表面上。

（1）打开文件 10-5-1。

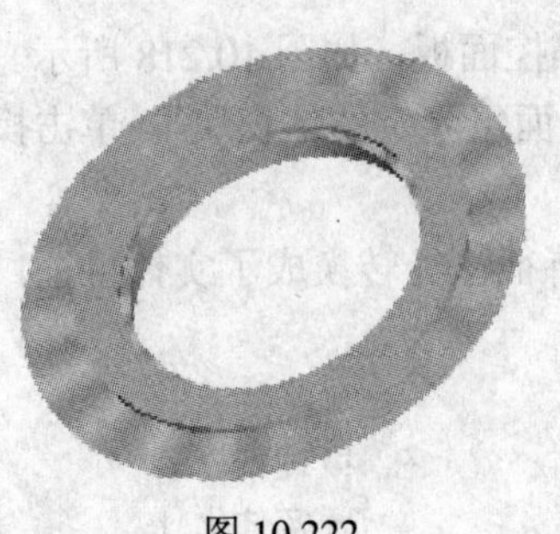

图 10.222

图 10.223

（2）在特征工具栏上单击按钮（旋转工具），打开其操控面板。在操控面板中单击按钮（旋转为曲面）。选择 FRONT 基准平面为草绘平面，绘制如图 10.224 所示剖面（注意参照的选取）。完成的旋转曲面特征如图 10.225 所示。

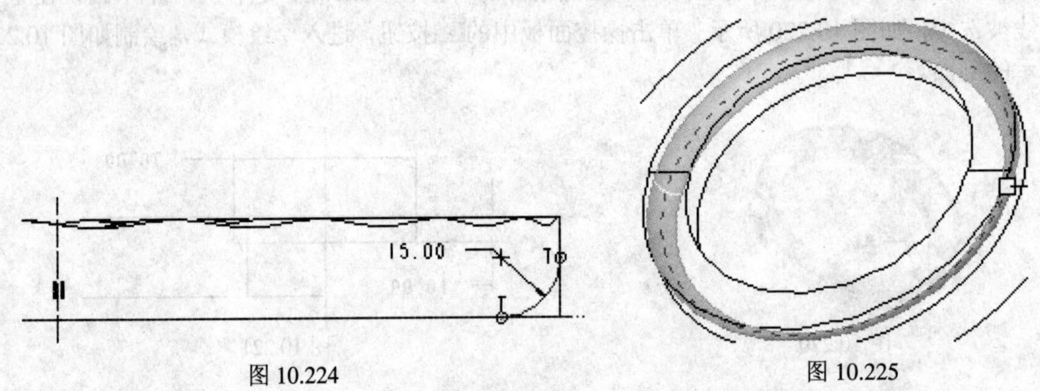

图 10.224

图 10.225

（3）选择上一步建立的旋转曲面，在主菜单中选择“编辑”→“实体化”命令，打开其操控面板，此时的操控板如图 10.226 所示。在操控面板中系统自动选择了选项（用面组替换材料），单击按钮可以改变替换材料的方向，这里保持缺省的方向，单击操控面板右侧的✔按钮，完成替换操作，结果如图 10.227 所示。

图 10.226

图 10.227

（4）保存并拭除文件。

10.5.2 曲面加厚

例 3：曲面的加厚

曲面的加厚操作可以用曲面特征建立薄壳类型的实体特征，曲面的加厚操作可以针对封闭曲面，也可适用于开放曲面。

曲面的加厚操作方法是：选择需要加厚操作的曲面，在主菜单中选择“编辑”→“加厚”命令，打开“加厚工具”操控面板，进行下一步的操作。

（1）新建文件 10-5-2。

（2）在特征工具栏上单击按钮（拉伸工具），打开其操控面板。在操控面板中单击按钮（拉伸为曲面）。选择 FRONT 基准平面为草绘平面，绘制如图 10.228 所示截面。深度方式选择（双向拉伸），输入深度值为 200，完成的拉伸曲面如图 10.229 所示。

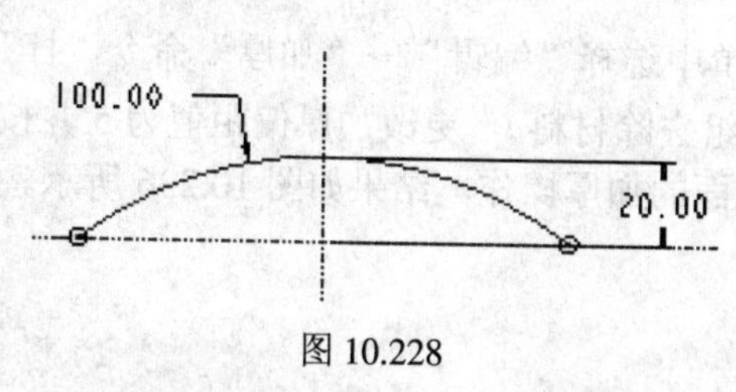

图 10.228

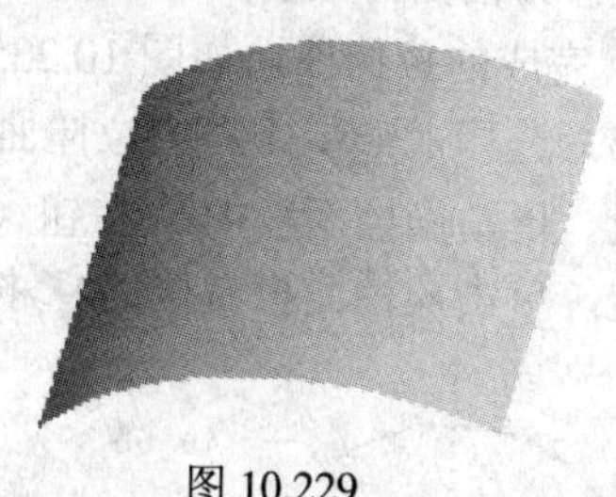

图 10.229

（3）在模型树中选择上一步建立的拉伸曲面，在主菜单中选择“编辑”→“加厚”命令，打开其操控面板，如图 10.230 所示。在操控面板中选择“选项”命令，其上滑面板如图 10.231 所示，在该上滑面板中有“垂直于曲面”、“自动拟合”和“控制拟合”3 个加厚选项，这一点和曲面偏距相同，这里保持缺省的“垂直于曲面”选项，在“排除曲面”中可以选择不需要加厚的曲面。在操控面板中更改加厚偏距值为 5。

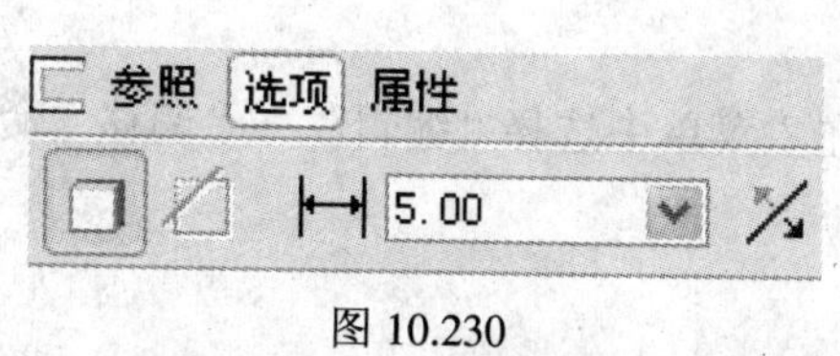

图 10.230

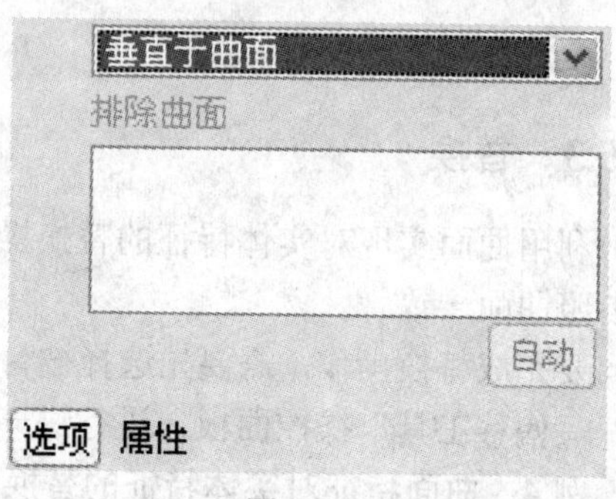

图 10.231

单击按钮可以调整加厚方向是朝向某一侧或两侧，这里不做调整。单击操控面板右侧的✔按钮，完成曲面的加厚操作，结果如图 10.232 所示。特征在模型树中的标识如图 10.233 所示。

图 10.232 图 10.233

（4）在特征工具栏上单击按钮（拉伸工具），打开其操控面板。在操控面板中单击按钮（拉伸为曲面）。选择 TOP 基准平面为草绘平面，绘制如图 10.234 所示截面。输入深度值为 50，完成的拉伸曲面如图 10.235 所示。

（5）选择上一步建立的拉伸曲面，在主菜单中选择“编辑”→“加厚”命令，打开其操控面板。单击操控面板中按钮（以加厚的面组去除材料），更改加厚偏距值为 5 并按 Enter 键确定，单击操控面板右侧的✔按钮，完成曲面的加厚操作。结果如图 10.236 所示。

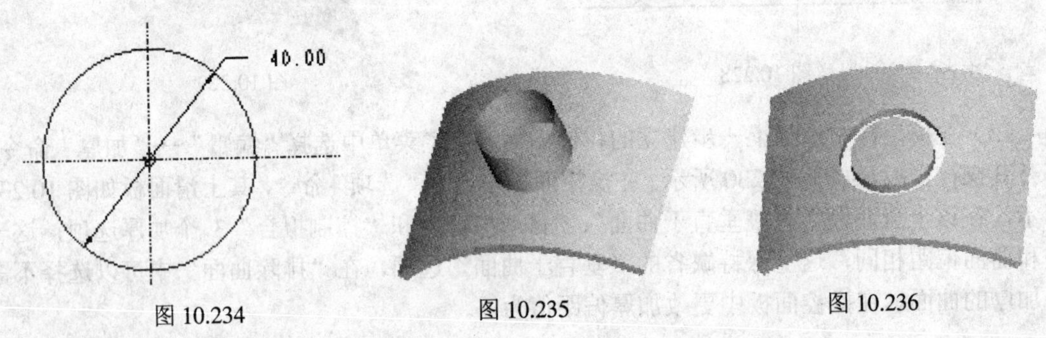

图 10.234 图 10.235 图 10.236

（6）保存并拭除文件。

10.5.3 替换

利用曲面实现对实体特征的替换操作，可以使被替换的实体特征延伸到曲面，并且形状和参照曲面一致。

要完成替换操作，需要先选择被替换的曲面，在主菜单中选择“编辑”→“偏移”命令，打开“偏移工具”操控面板，进行进一步的操作。

例 4：曲面特征对实体特征的替换

（1）新建文件 10-5-3。

（2）在特征工具栏上单击按钮（拉伸工具），打开其操控面板。选择 TOP 基准平面为草绘平面，绘制如图 10.237 所示截面。输入深度值为 50，完成的拉伸特征如图 10.238 所示。

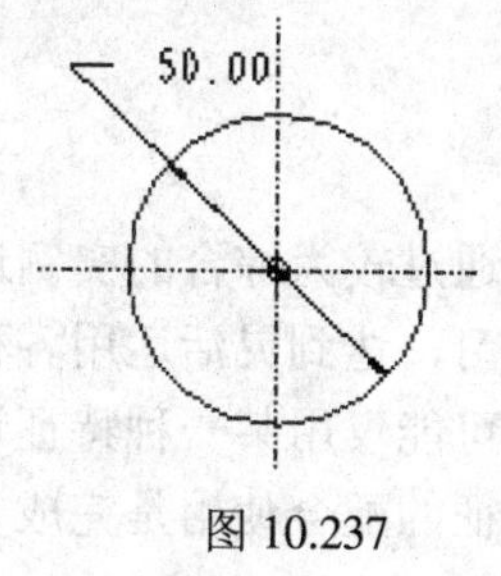

图 10.237

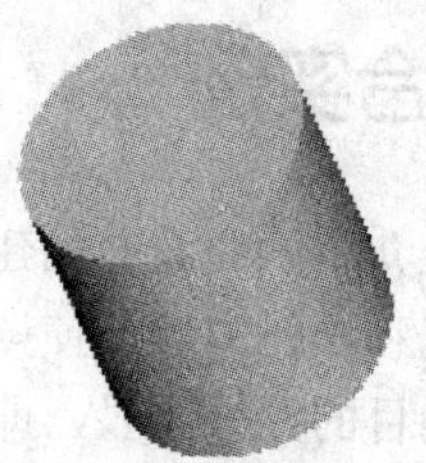

图 10.238

（3）在特征工具栏上单击按钮（拉伸工具），打开其操控面板。在操控面板中单击按钮（拉伸为曲面）。选择 FRONT 基准平面为草绘平面，绘制如图 10.239 所示截面。深度方式选择（双向拉伸），输入深度值为 60，完成的拉伸曲面如图 10.240 所示。

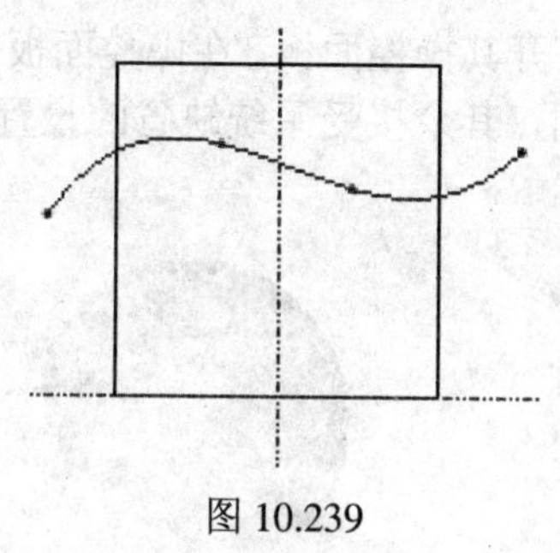

图 10.239

图 10.240

（4）选择“拉伸 1”特征的顶部平面，在主菜单中选择“编辑”→“偏移”命令，打开其操控面板。在操控面板中更改选择偏移类型为（替换曲面特征），此时操控面板如图 10.241 所示。选择拉伸曲面作为替换面组，在操控面板选择“选项”命令，其上滑面板中有一个“保持替换面组”选项，如果选择该选项，则替换操作后该替换面组仍然存在，这里不选择该选项。单击操控面板右侧的✔按钮，完成替换操作，结果如图 10.242 所示。

替换特征在模型树中的标识如图 10.243 所示。

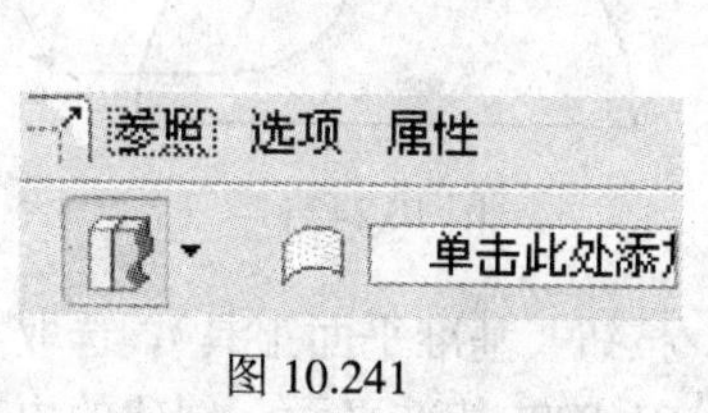

图 10.241

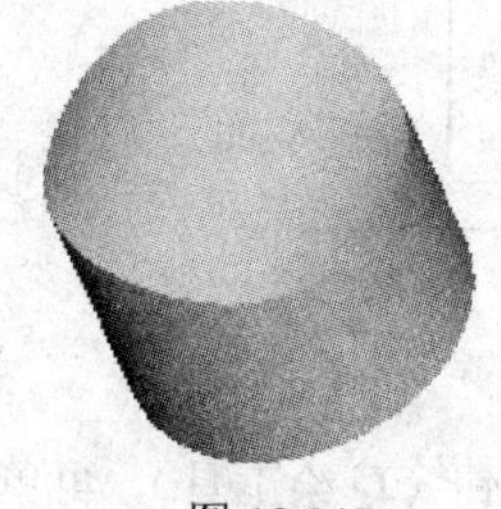

图 10.242

图 10.243

（5）保存并拭除文件。

10.6 综合实例

前面已经介绍了曲面的创建和各种操作方法。本节将通过较为综合的实例进一步介绍曲面特征的创建和操作方法，使读者通过下面综合实例的练习，达到灵活运用各种曲面工具进行零件设计的目的。很明显，即使是最简单的零件，也不可能仅用某一种特征设计完成。因此，实体特征、曲面特征、基准特征及前面介绍的其他特征的配合使用是完成复杂零造型的关键。

实例 1：煤气灶旋钮造型

本实例主要使用基本曲面工具进行造型。

（1）新建文件 10-6-1。

（2）在特征工具栏上单击按钮（旋转工具），打开其操控面板。在操控面板中单击按钮（旋转为曲面）。选择 FRONT 基准平面为草绘平面，其余接受系统缺省的设置，绘制如图 10.244 所示截面。完成的旋转曲面如图 10.245 所示。

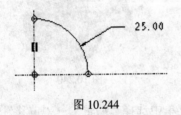

图 10.244　　图 10.245

（3）在特征工具栏上单击按钮（草绘工具），在“草绘”对话框中选择“使用先前的”命令，绘制如图 10.246 所示剖面。结果如图 10.247 所示。单击✔按钮，完成扫描轨迹曲线的创建。

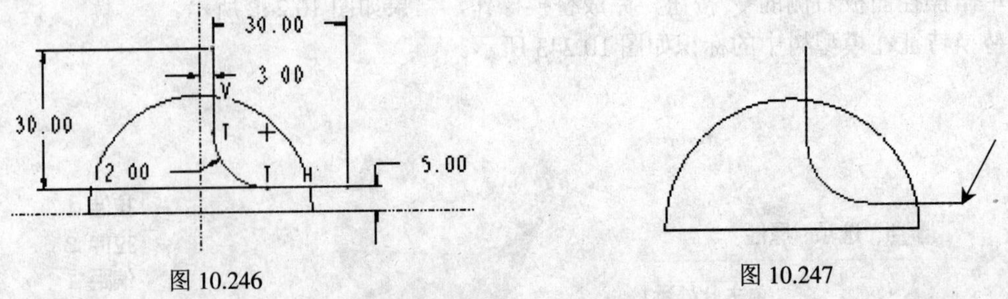

图 10.246　　图 10.247

在特征工具栏上单击按钮（草绘工具），再单击按钮（基准平面工具），选取如图中 10.247 中箭头所指的点，按住 Ctrl 键，在模型树中选取 RIGHT 基准平面，创建的内部基准平面 DTM1 如图 10.248 所示。接受系统提高的缺省设置，单击“草绘”对话框的“草绘”按钮，进入草绘模式。

在主菜单中单击“草绘”→“参照”，选取如图 10.247 中箭头所指的点作为参照，绘制如图 10.249 所示剖面。单击✔按钮，完成扫描剖面曲线的创建。结果如图 10.250 所示。

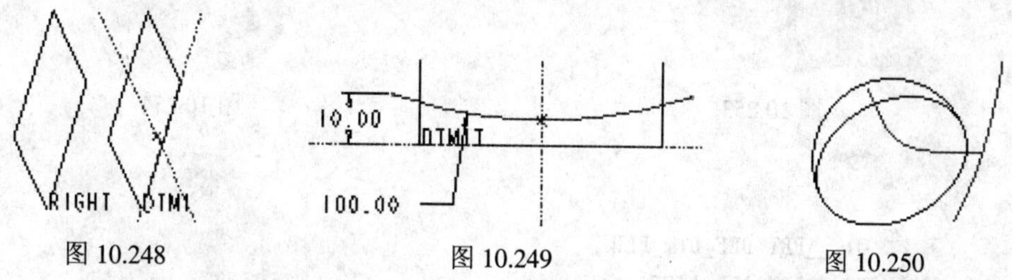

图 10.248　　图 10.249　　图 10.250

（4）在主菜单中选择“插入”→“扫描”→“曲面”命令，在弹出的菜单管理器中选择“选取轨迹”→“依次”命令，选择如图 10.247 所示曲线，在菜单管理器中选择“起始点”→“下一个”→“完成”，继续选择“正向”→“开放终点”→“完成”命令，单击系统工具栏的□按钮（通过边创建图元），选取如图 10.249 所示的曲线。单击系统工件栏的✔按钮，单击“曲面：扫描”对话框中的“确定”按钮，完成扫描曲面的创建。结果如图 10.251 所示。

（5）选取上一步创建的曲面，在特征工具栏上单击按钮（镜像工具），选取 RIGHT 基准平面，单击镜像操控面板右侧的✔按钮，完成曲面的镜像操作。结果如图 10.252 所示。

图 10.251　　图 10.252

（6）选择旋转曲面，按住 Ctrl 键，选择扫描曲面，在特征工具栏上单击按钮（合并工具），在操控面板中通过按钮（改变要保留的第一面组的侧）和按钮（改变要保留的第二面组的侧）调整合并结果。单击操控面板右侧的✔按钮，完成曲面合并操作，结果如图 10.253 所示。

按上述方法合并旋转曲面和镜像曲面。结果如图 10.254 所示。

（7）单击系统工具栏的按钮，选取如图 10.255 所示的项目，在右键快捷菜单中选择“隐藏”命令。模型的显示结果如图 10.256 所示。

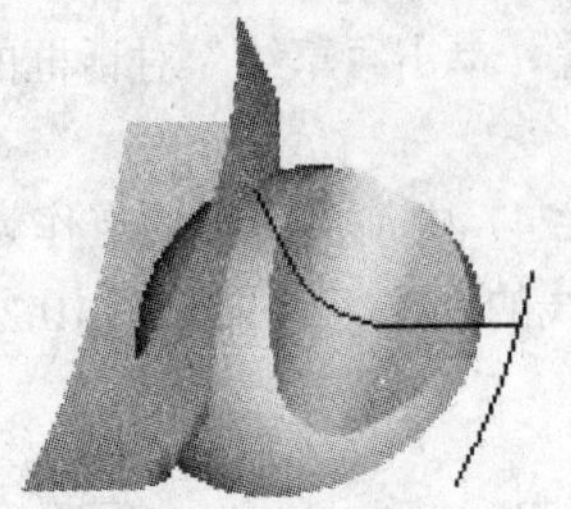

图 10.253

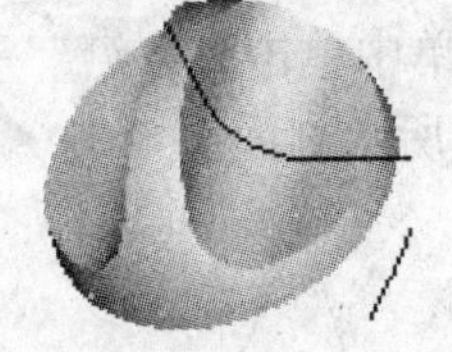

图 10.254

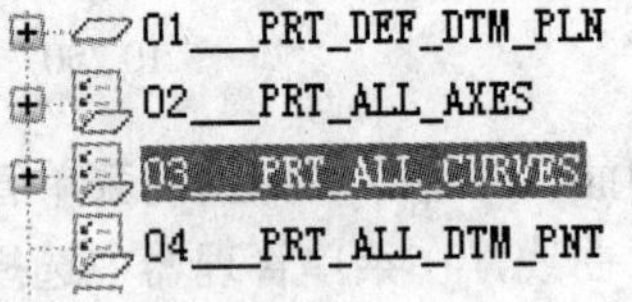

01___PRT_DEF_DTM_PLN
02___PRT_ALL_AXES
03___PRT_ALL_CURVES
04___PRT_ALL_DTM_PNT

图 10.255

图 10.256

（8）单击特征工具栏的（倒圆角工具），选取相应的曲面边界，输入圆角半径 2，倒圆角的结果如图 10.257 所示。

（9）选择整个曲面（曲面显示为红色），在主菜单中选择“编辑”→“加厚”命令，在操控面板中更改加厚偏距值为 1.5，加厚的方向向内。单击操控面板右侧的✔按钮，完成曲面的加厚操作，结果如图 10.258 所示。

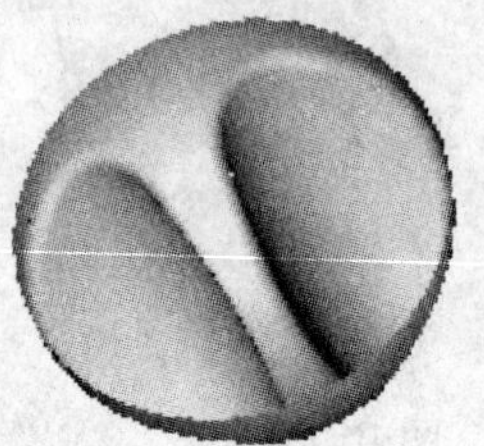

图 10.257

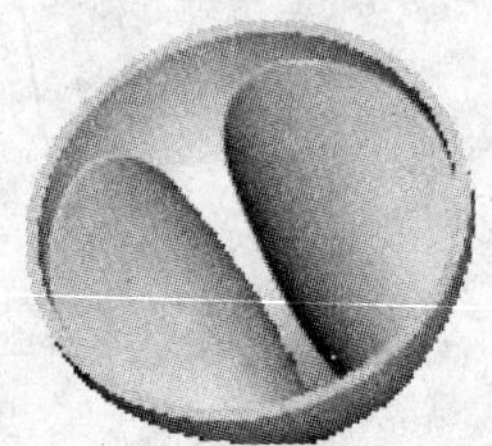

图 10.258

（10）保存并拭除文件。

实例 2：篮球造型

本实例主要使用基本曲面工具进行造型。

（1）新建文件 10-6-2。

（2）在特征工具栏上单击按钮（旋转工具），打开其操控面板。在操控面板中单击按钮（旋转为曲面）。选择 FRONT 基准平面为草绘平面，绘制如图 10.259 所示截面。完成的旋转曲面如图 10.260 所示。

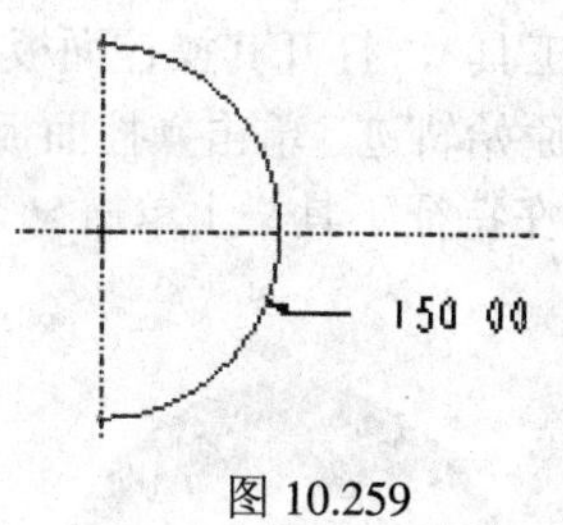

图 10.259

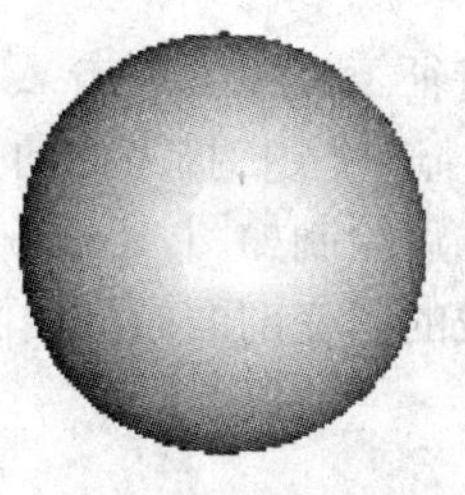

图 10.260

(3) 选择上一步创建的旋转曲面，按住 Ctrl 键，选取 TOP 基准平面。在主菜单中选取“编辑”→“相交”命令，创建的基准曲线如图 10.261 所示。

(4) 单击特征工具栏的 (基准点工具)，打开“基准点”对话框。单击上一步创建的相交曲线，更改比率值为 0.06，如图 10.262 所示。单击“基准点”对话框中的“新点”命令，选取曲线的另外一端，更改比率值为 0.94，单击该对话框的“确定”按钮，完成基准点的创建。结果如图 10.263 所示。

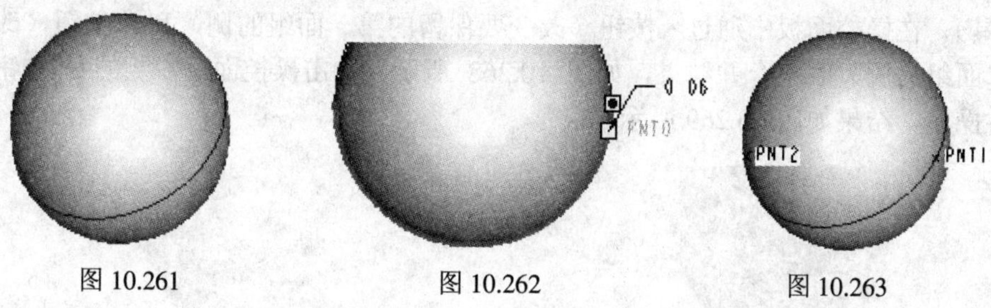

图 10.261　　图 10.262　　图 10.263

(5) 在主菜单中单击“编辑”→“投影”，打开“投影曲线”操控面板。单击“参照”命令，打开其上滑面板，在上滑面板上方的下拉列表中选择“投影草绘”选项，单击右侧的“定义”按钮，选择 TOP 基准平面为草绘平面，绘制如图 10.264 所示的剖面，单击特征工具栏上的✔按钮，退出草绘模式。

单击上滑面板中“曲面”选项的空白区域，选取球面。单击“方向参照”选项的空白区域，在模型树中选取 TOP 基准平面，单击操控面板右侧的✔按钮，完成投影曲线的建立。结果如图 10.265 所示。

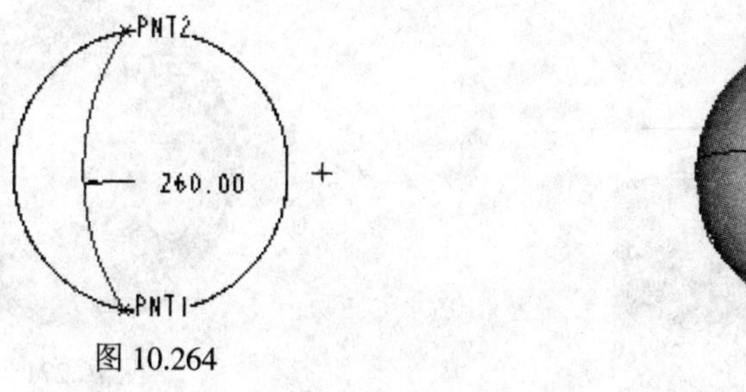

图 10.264

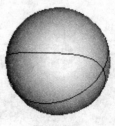

图 10.265

（6）在特征工具栏上单击按钮（可变剖面扫描工具），打开其操控面板。保持操控面板中缺省的选项（扫描为曲面），选择相交曲线作为原始轨迹，单击操控面板上的按钮，进入草绘模式后绘制如图 10.266 所示的剖面，完成后在特征工具栏上单击✔按钮，退出草绘模式。完成的可变剖面扫描曲面如图 10.267 所示。

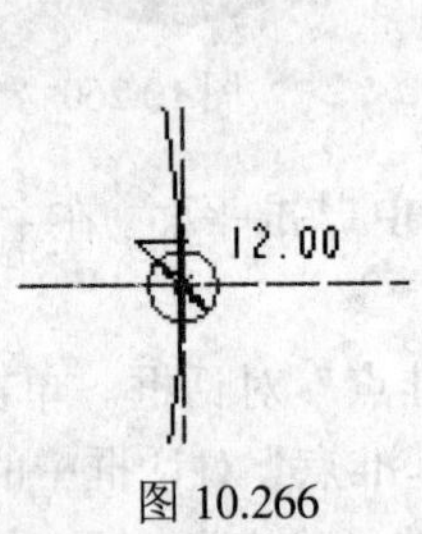

图 10.266

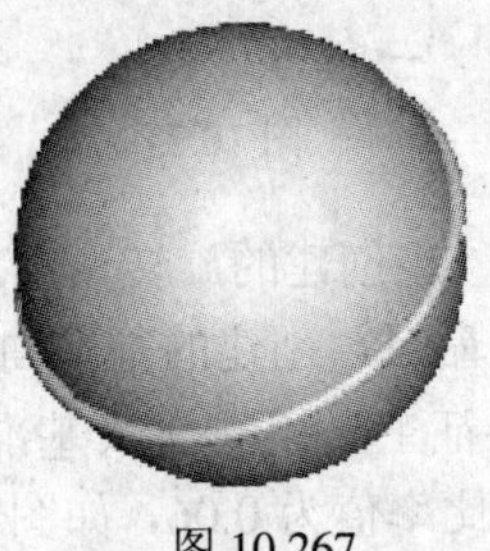
图 10.267

（7）选择旋转曲面，按住 Ctrl 键，选择可变剖面扫描曲面，在特征工具栏上单击按钮（合并工具），在操控面板中通过按钮（改变要保留的第一面组的侧）和按钮（改变要保留的第二面组的侧）调整合并结果，如图 10.268 所示。单击操控面板右侧的✔按钮，完成曲面合并操作，结果如图 10.269 所示。

图 10.268

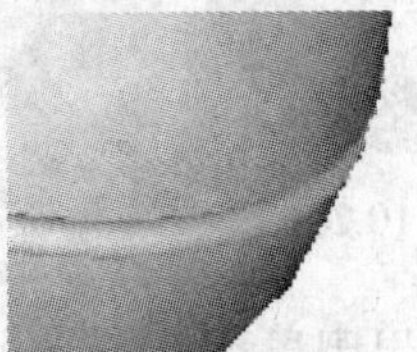
图 10.269

（8）在特征工具栏上单击按钮（可变剖面扫描工具），打开其操控面板。保持操控面板中缺省的选项（扫描为曲面），选择投影曲线作为原始轨迹，单击操控面板上的按钮，进入草绘模式后绘制如图 10.270 所示的剖面，完成后在特征工具栏上单击✔按钮，退出草绘模式。完成的可变剖面扫描曲面如图 10.271 所示。

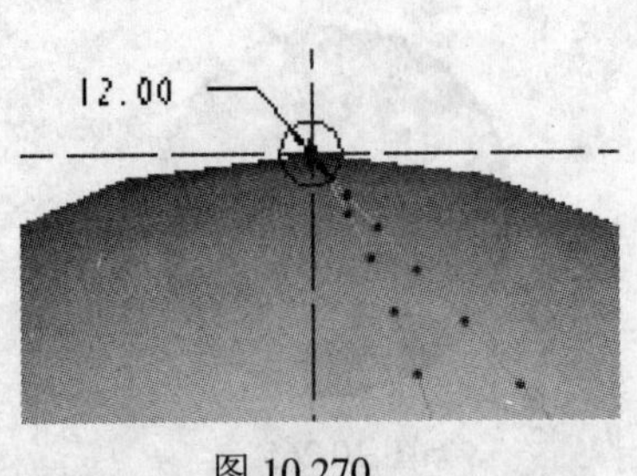

图 10.270

图 10.271

(9) 选取上一步创建的曲面，在特征工具栏上单击按钮（镜像工具），选取 FRONT 基准平面，单击镜像操控面板右侧的按钮，完成曲面的镜像操作。结果如图 10.272 所示。

(10) 选择旋转曲面，按住 Ctrl 键，选择步骤（8）所创建的可变剖面扫描曲面，在特征工具栏上单击按钮（合并工具），在操控面板中通过按钮（改变要保留的第一面组的侧）和按钮（改变要保留的第二面组的侧）调整合并结果，单击操控面板右侧的按钮，完成曲面合并操作。

按上述步骤继续合并旋转曲面和镜像的可变剖面扫描曲面。最终合并的结果如图 10.273 所示。

图 10.272

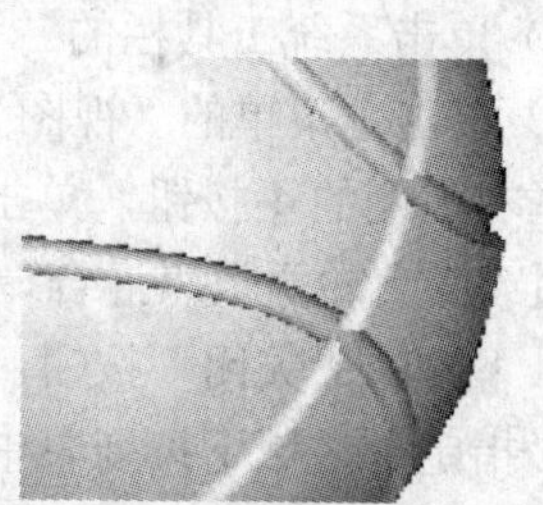

图 10.273

(11) 在特征工具栏上单击按钮（可变剖面扫描工具），打开其操控面板。保持操控面板中缺省的选项（扫描为曲面），选择投影曲线作为原始轨迹，单击操控面板上的按钮，进入草绘模式后绘制如图 10.274 所示的剖面，（绘制该剖面时，选择图 10.274 箭头所指的两个点作为参照）完成后在特征工具栏上单击按钮，退出草绘模式。完成的可变剖面扫描曲面如图 10.275 所示。

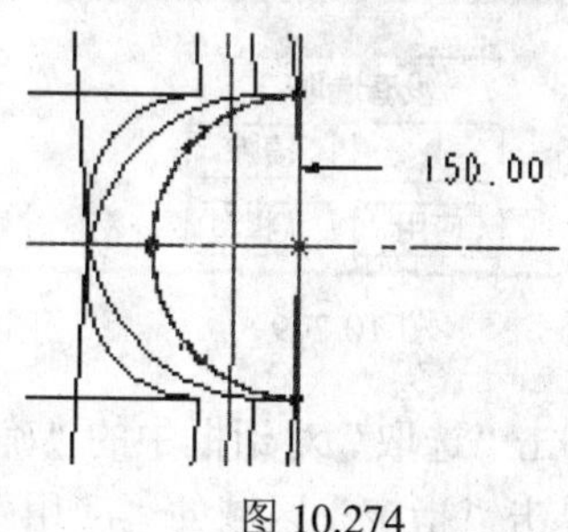

图 10.274

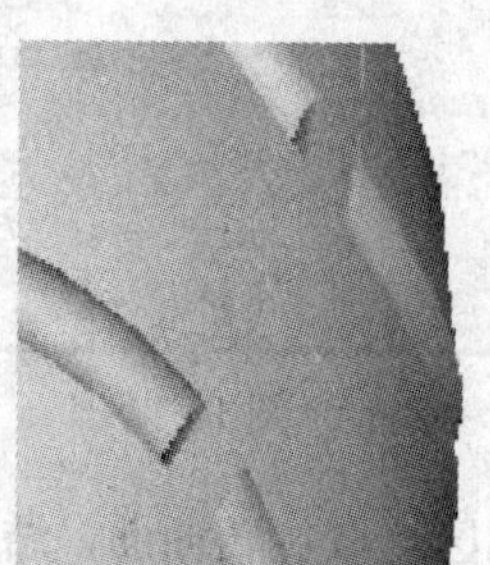

图 10.275

按相同方法完成另一可变剖面扫描曲面的创建。结果如图 10.276 所示。

选取上一步创建的曲面，在特征工具栏上单击按钮（镜像工具），选取 FRONT 基准平面为镜像参照，完成曲面的镜像操作。结果如图 10.277 所示。

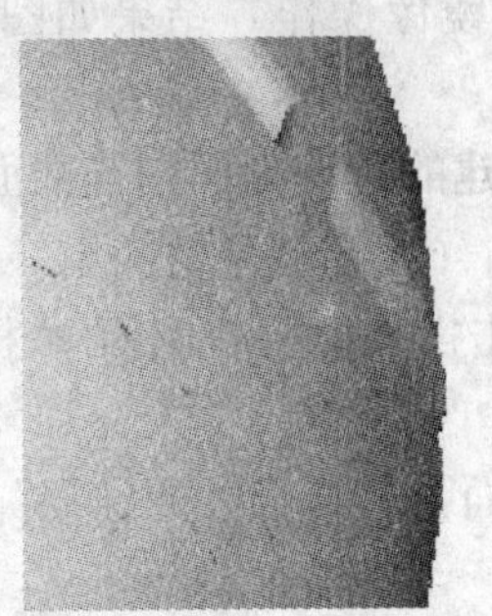

图 10.276

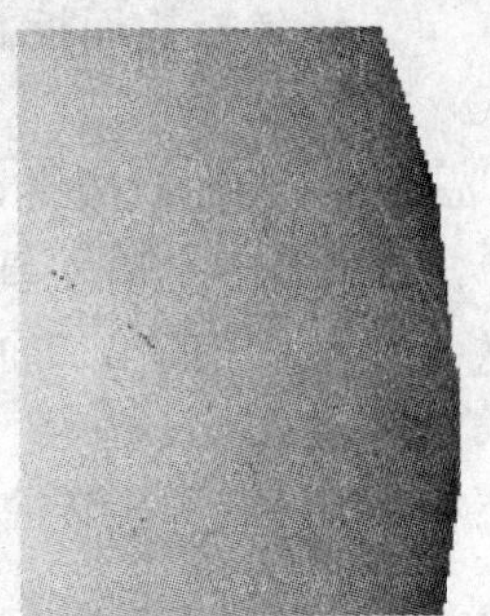

图 10.277

（12）单击系统工具栏的按钮，隐藏所有曲线。

（13）单击主菜单的“视图”→“颜色和外观”命令，打开“外观编辑器”对话框。单击该对话框右上侧的**+**按钮，单击**颜色**按钮，打开“颜色编辑器”，如图 10.278 所示。

通过“颜色轮盘”、“混合调色板”和“RGB/HSV 滑块”选取所需要的颜色，单击“颜色编辑器”下方的“关闭”按钮，回到“外观编辑器”。

在“指定”区域下拉列表中选择“面组”选项，如图 10.279 所示。

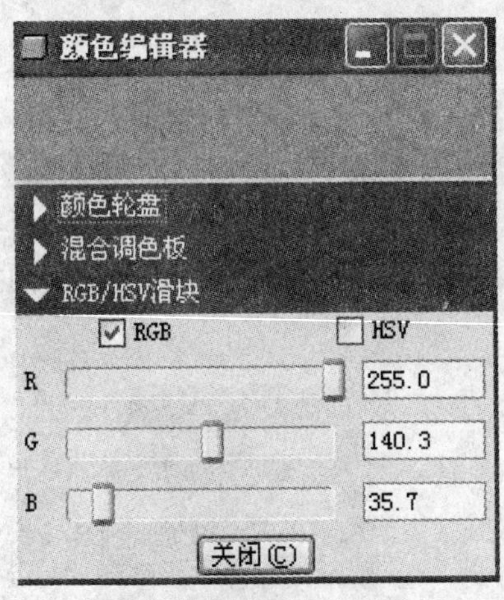

图 10.278

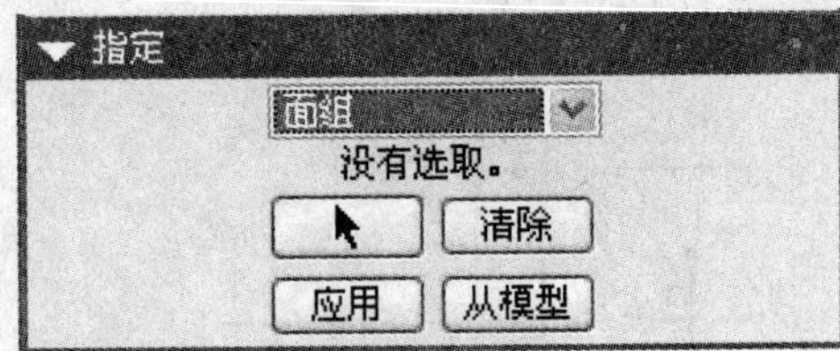

图 10.279

在绘图区选取旋转曲面，结果如图 10.280 所示。单击“选取”对话框中的“确定”按钮。在方向菜单中选择“两者”命令，如图 10.281 所示。单击“指定”区域的“应用”按钮，单击“外观编辑器”对话框中的“关闭”按钮，完成旋转曲面颜色的设置。结果如图 10.282 所示。

图 10.280

图 10.281

图 10.282

（14）按上述方法设置可变剖面扫描曲面的颜色。结果如图 10.283 所示。

保存并拭除文件。

图 10.283

实例 3：灯罩造型

本实例主要使用边界混合曲面工具进行造型。

（1）新建文件 10-6-3。

（2）单击特征工具栏的（插入基准曲线）按钮，选择“从方程”→“完成”命令。在模型树中选取系统坐标系，选择“圆柱”命令，打开“记事本”程序。在“记事本”中输入：

R=100

Theta=t*360

Z=9*sin（10*theta）

保存并关闭“记事本”程序。单击“曲线：从方程”对话框中的“确定”按钮，完成曲线的创建。结果如图 10.284 所示。

（3）在特征工具栏上单击按钮（基准平面工具），打开“基准平面”对话框，选择 FRONT 作为参照平面，输入偏移距离为 120，单击该对话框中的“确定”按钮，完成 DTM1 基准平面的创建。如图 10.285 所示。

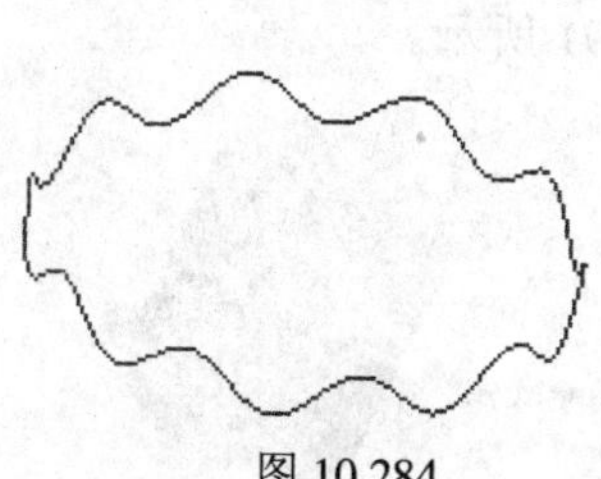

图 10.284

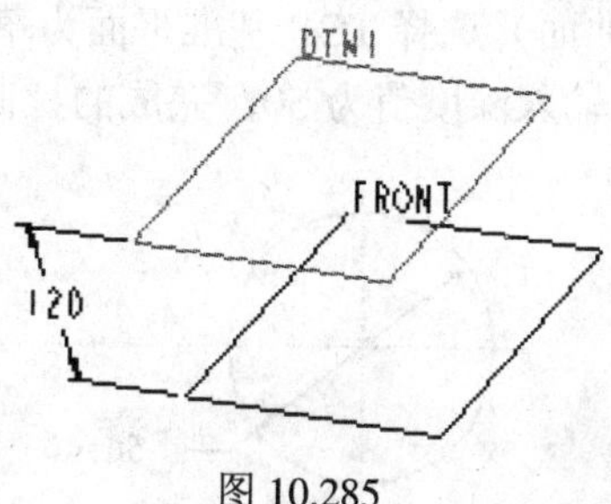

图 10.285

（4）在特征工具栏上单击按钮（草绘工具），选择 DTM1 基准平面为草绘平面，绘制如图 10.286 所示的剖面，单击✔按钮，完成曲线的创建。结果如图 10.287 所示。

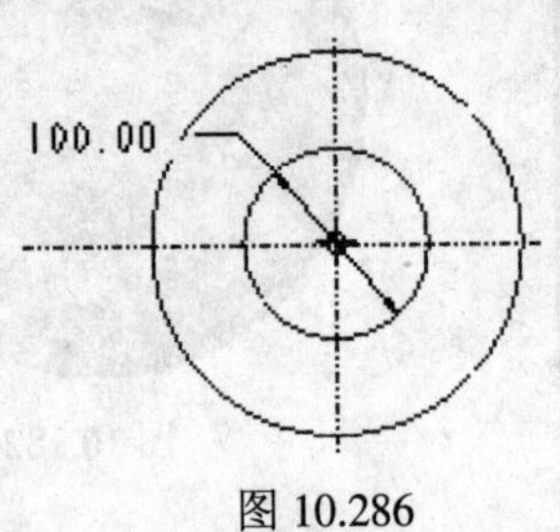

图 10.286

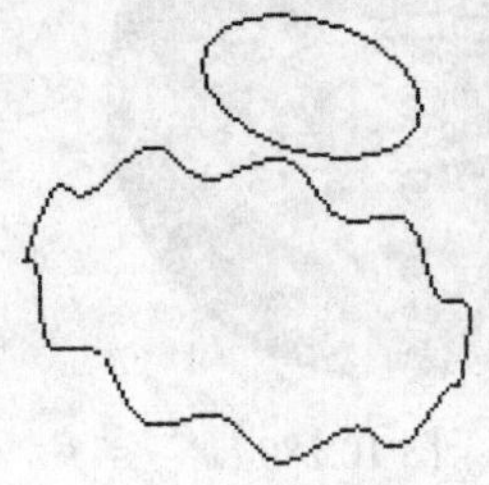
图 10.287

（5）在特征工具栏上单击按钮（边界混合工具），按住 Ctrl 键，依次选取两条曲线，单击操控面板右侧的✔按钮，完成边界混合曲面的创建。结果如图 10.288 所示。

单击系统工具栏的按钮，隐藏所有曲线。结果如图 10.289 所示。

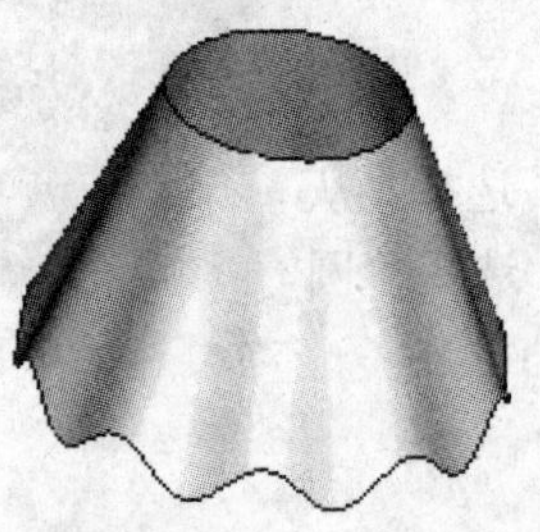
图 10.288

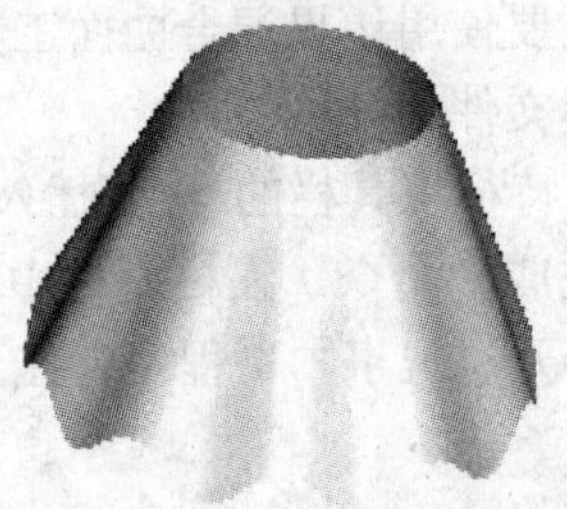
图 10.289

（6）保存并拭除文件。

实例 4：风扇叶造型

本实例主要使用边界混合曲面工具进行造型。

（1）新建文件 10-6-4。

（2）在特征工具栏上单击按钮（拉伸工具），打开其操控面板。在操控面板中单击按钮（拉伸为曲面）。选择 TOP 基准平面为草绘平面，其余接受系统缺省的设置，绘制如图 10.290 所示截面。输入深度值为 50，完成的拉伸曲面如图 10.291 所示。

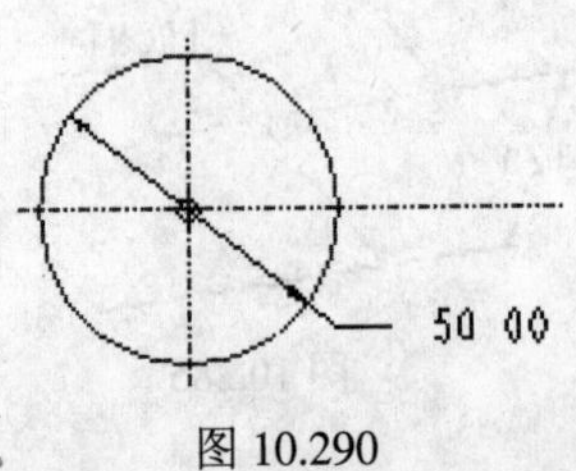

图 10.290

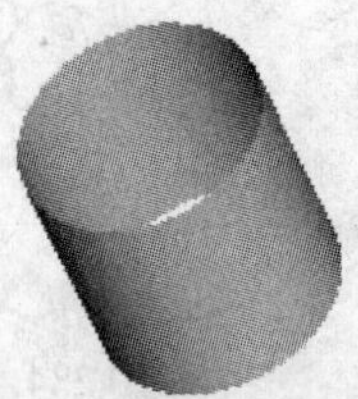
图 10.291

（3）选择拉伸曲面特征，在主菜单中选择“编辑”→“偏移”命令，保持操控面板下方曲面的偏移类型为▯（标准偏移特征），更改偏移距离为 150 并按 Enter 键确定，单击操控面板右侧的✔按钮，完成曲面的偏移操作。结果如图 10.292 所示。

（4）在特征工具栏上单击▱按钮（基准平面工具），打开“基准平面”对话框，按住 Ctrl 键，选择如图 10.292 所示的 A_2 基准轴和 FRONT 基准平面，输入偏移角度为 30，单击该对话框中的“确定”按钮，完成 DTM1 基准平面的创建。

在特征工具栏上单击▱按钮（基准平面工具），打开“基准平面”对话框，按住 Ctrl 键，选择如图 10.292 所示的 A_2 基准轴和 FRONT 基准平面，输入偏移角度值为 150，单击该对话框中的“确定”按钮，完成 DTM2 基准平面的创建。

在特征工具栏上单击▱按钮（基准平面工具），打开“基准平面”对话框，选择 FRONT 基准平面，输入偏移距离为 200，单击该对话框中的“确定”按钮，完成 DTM3 基准平面的创建。结果如图 10.293 所示。

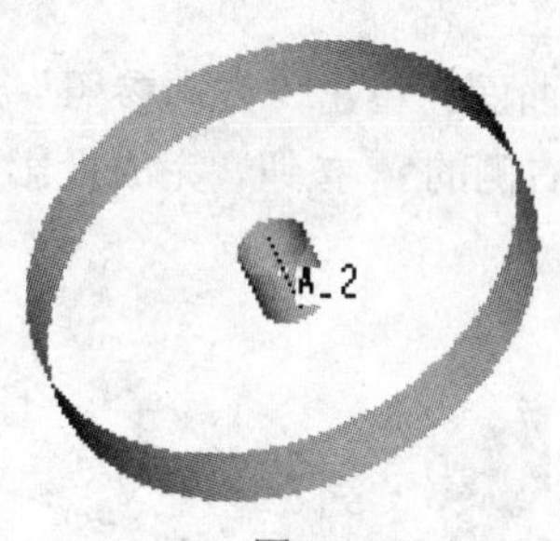

图 10.292

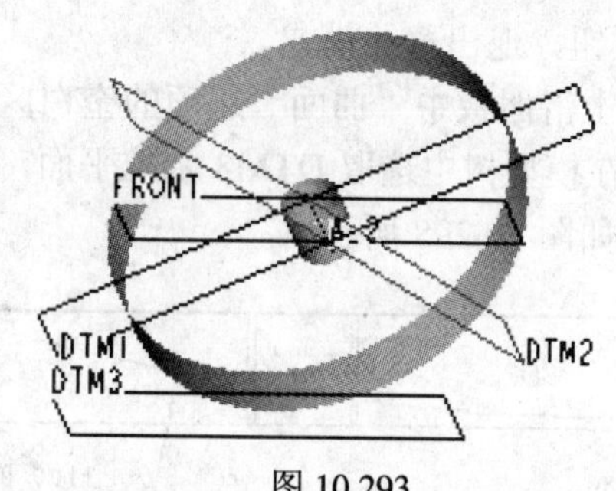

图 10.293

（5）按住 Ctrl 键，在绘图区选取拉伸曲面和基准平面 DTM1。单击主菜单中的“编辑”→“相交”命令，完成相交曲线的创建。

按住 Ctrl 键，在绘图区选取偏移曲面和基准平面 DTM1。单击主菜单中的“编辑”→“相交”命令，完成相交曲线的创建。

按上述相同步骤完成拉伸曲面和偏移曲面与基准平面 DTM2 相交曲线的创建。最终结果如图 10.294 所示。

（6）在主菜单中单击“编辑”→“投影”，打开“投影曲线”操控面板。单击“参照”命令，打开其上滑面板，在上滑面板上方的下拉列表中选择“投影草绘”选项，单击右侧的“定义”按钮，选择 DTM3 基准平面为草绘平面，绘制如图 10.295 所示的剖面，单击特征工具栏上的✔按钮，退出草绘模式。

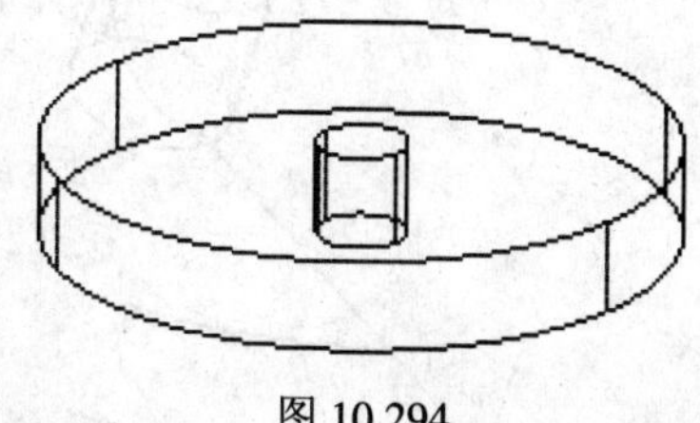

图 10.294

单击上滑面板中“曲面”选项的空白区域，选取拉伸曲面。单击“方向参照”选项的空白区域，在模型树中选取 DTM3 基准平面，单击操控面板右侧的✔按钮，完成投影曲线的建立。结果如图 10.296 所示。

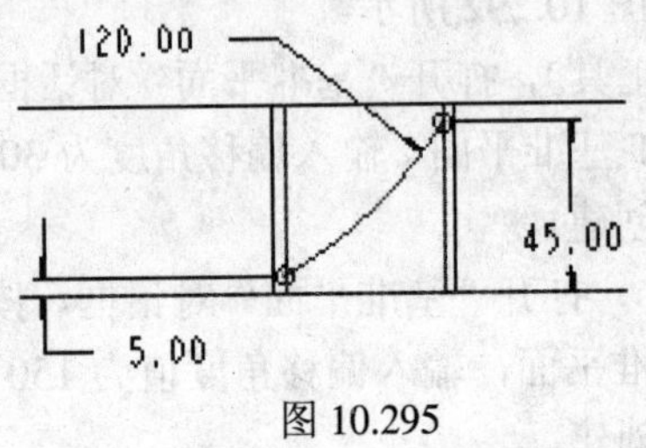

图 10.295

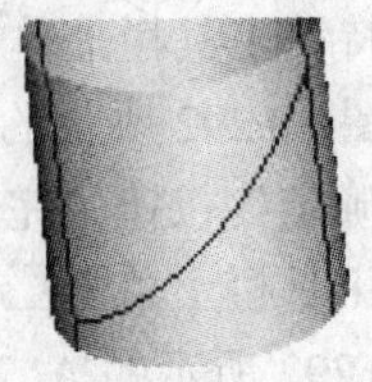
图 10.296

（7）在主菜单中单击“编辑”→“投影”，打开“投影曲线”操控面板。单击“参照”命令，打开其上滑面板，在上滑面板上方的下拉列表中选择“投影草绘”选项，单击右侧的“定义”按钮，选择 DTM3 基准平面为草绘平面，绘制如图 10.297 所示的剖面，单击特征工具栏上的✔按钮，退出草绘模式。

单击上滑面板中“曲面”选项的空白区域，选取偏移曲面。单击“方向参照”选项的空白区域，在模型树中选取 DTM3 基准平面，单击操控面板右侧的✔按钮，完成投影曲线的建立。结果如图 10.298 所示。

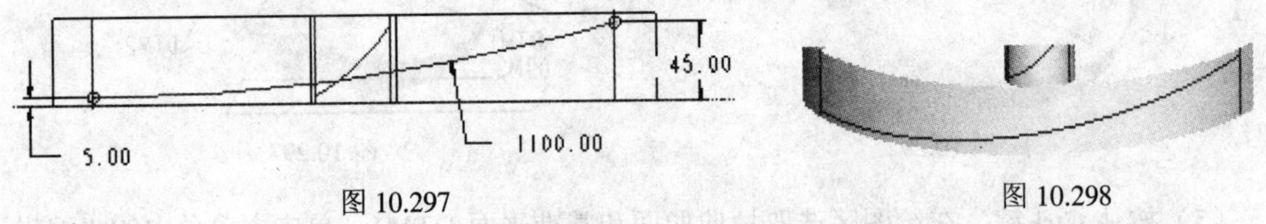

图 10.297

图 10.298

（8）单击特征工具栏上的〜（插入基准曲线）按钮，在菜单管理器中选择“经过点”→“完成”命令。在绘图窗口分别选取两投影曲线的相应端点，单击“曲线：通过点”对话框的“确定”按钮，完成曲线的创建。结果如图 10.299 所示。

用相同方法完成另一条曲线的创建。结果如图 10.300 所示。

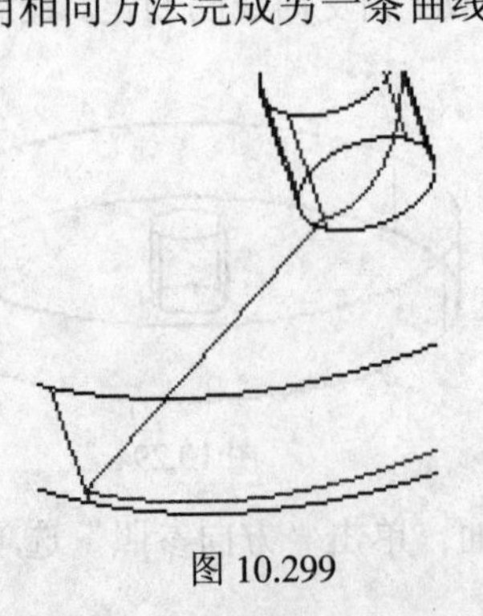
图 10.299

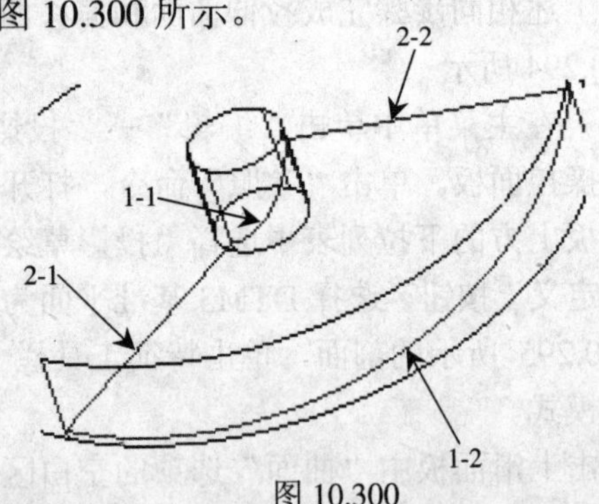

图 10.300

（9）在特征工具栏上单击按钮（边界混合工具），打开其操控面。此时第一方向曲线收集器自动被激活。按住 Ctrl 键，选择如图 10.300 中箭头所指的 1-1、1-2 共两条曲线作为第一方向曲线。

在绘图窗口右击，在弹出的快捷菜单中选择“第二方向曲线”命令（或者直接单击操控面板下方的第二方向链收集器），按住 Ctrl 键，选择如图 10.300 中箭头所指的 2-1、2-2 共两条曲线作为第二方向曲线。单击操控面板右侧的✔按钮，完成边界混合曲面特征的建立，结果如图 10.301 所示。

（10）选择边界混合曲面特征，在主菜单中选择“编辑”→“偏移”命令，保持操控面板下方曲面的偏移类型为（标准偏移特征）。单击操控面板中的“选项”命令，打开其上滑面板，更改偏移方式为“控制拟合”，在“允许平移”选项中去掉 X、Z 前的小勾，仅保留 Y 前的小勾。更改偏移距离为 2 并按 Enter 键确定，单击操控面板右侧的✔按钮，完成曲面的偏移操作。结果如图 10.302 所示。

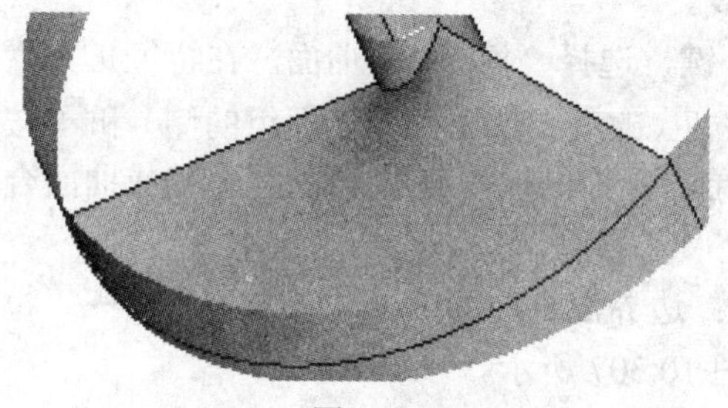

图 10.301

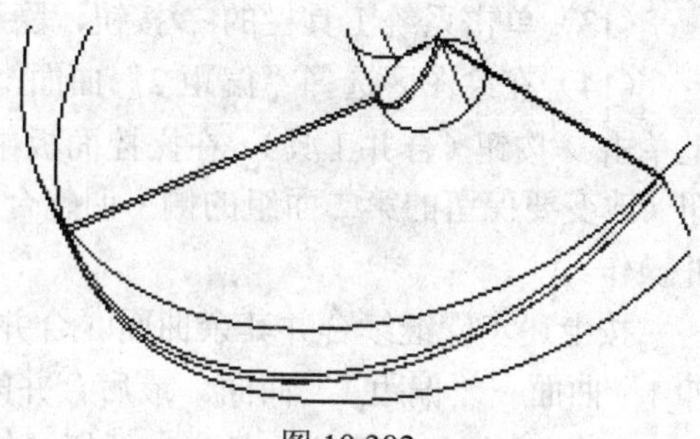

图 10.302

（11）在主菜单中选择“编辑”→“填充”命令，单击操控面板中的“参照”命令，打开其上滑面板。单击该上滑面板右侧的“定义”按钮，选取 DTM1 基准平面为草绘平面，“顶”选择 TOP 基准平面，绘制如图 10.303 所示的剖面。

单击特征工具栏上的✔按钮，单击操控面板右侧的✔按钮，完成填充曲面的创建。结果如图 10.304 所示。

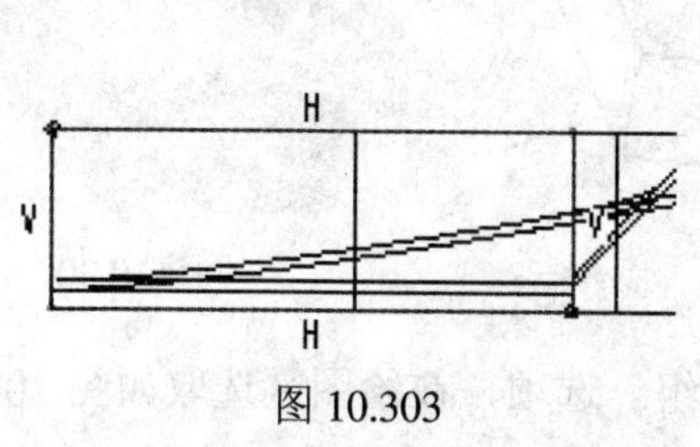

图 10.303

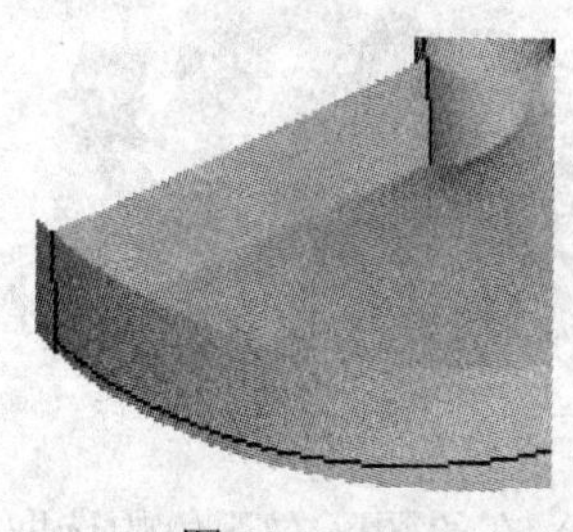

图 10.304

（12）在主菜单中选择“编辑”→“填充”命令，单击操控面板中的“参照”命令，打开其上滑面板。单击该上滑面板右侧的“定义”按钮，选取 DTM2 基准平面为草绘平面，“顶”选择 TOP 基准平面，绘制如图 10.305 所示的剖面。

单击特征工具栏上的✔按钮，单击操控面板右侧的✔按钮，完成填充曲面的创建。结果如图 10.306 所示。

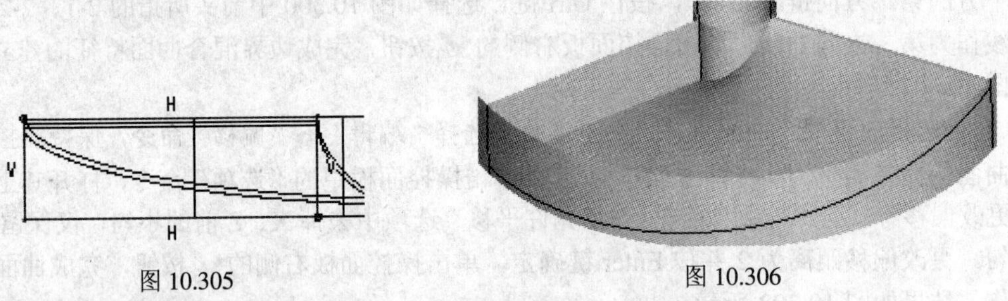

图 10.305　　图 10.306

（13）单击系统工具栏的按钮，隐藏所有曲线。

（14）在绘图区选择“偏距 2”曲面，按住 Ctrl 键，选择“填充 1”曲面，在特征工具栏上单击按钮（合并工具），在操控面板中通过按钮（改变要保留的第一面组的侧）和按钮（改变要保留的第二面组的侧）调整合并结果，单击操控面板右侧的✔按钮，完成曲面合并操作。

按上述步骤继续合并其余曲面。合并的顺序是：边界混合曲面→“填充 2”曲面→“拉伸 1”曲面→“偏距 1”曲面。最后合并的结果如图 10.307 所示。

（15）在特征工具栏上单击按钮（倒圆角工具），选取如图 10.308 中箭头所指的曲面边缘，在操控面板更改倒圆角半径值为 50 并按 Enter 键确定。单击操控面板右侧✔按钮，建立倒圆角曲面特征。

按相同步骤完成另一个曲面边缘的倒圆角，圆角半径值为 80。最后结果如图 10.309 所示。

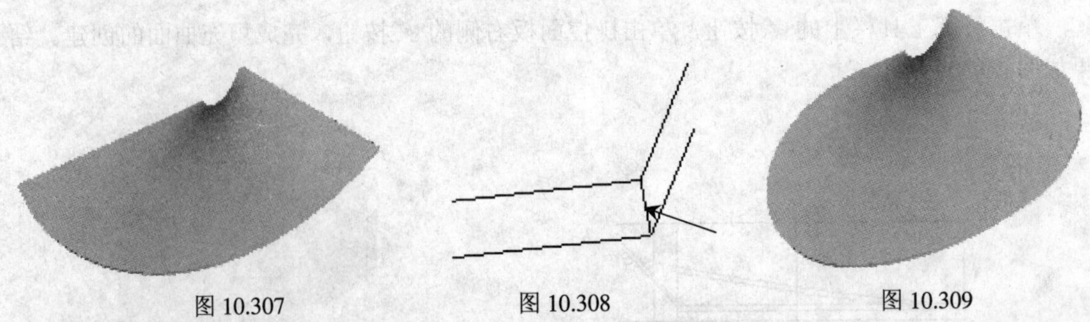

图 10.307　　图 10.308　　图 10.309

（16）在绘图区右下角的选取过滤器中选取“面组”选项，在绘图区选取如图 10.309 所示的面组，在系统工具栏上单击按钮（复制），继续在系统工具栏上单击按钮（选择性粘贴），打开其操控面板，在操控面板中单击（相对选定参照旋转特征）按钮，在绘图区选取 A_2 基准轴，输入旋转角度值 120，单击操控面板右侧的按钮。完成的结果如图 10.310 所示。

继续选取如图 10.309 所示的面组，在系统工具栏上单击按钮（复制），继续在系统工具栏上单击按钮（选择性粘贴），在操控面板中单击（相对选定参照旋转特征）按钮，在绘图区选取 A_2 基准轴，输入旋转角度值 240，单击操控面板右侧的按钮。完成的结果如图 10.311 所示。

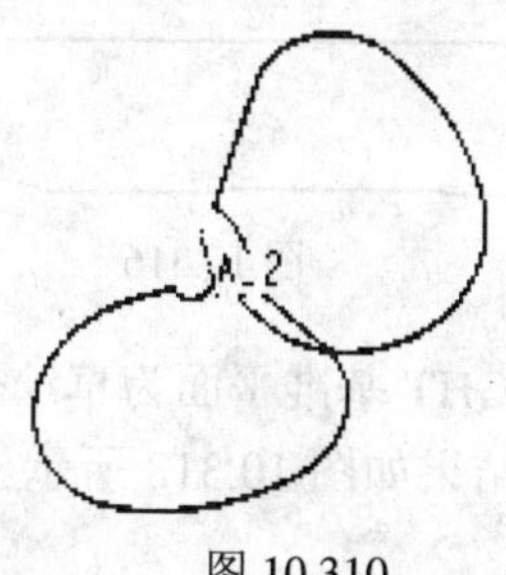

图 10.310

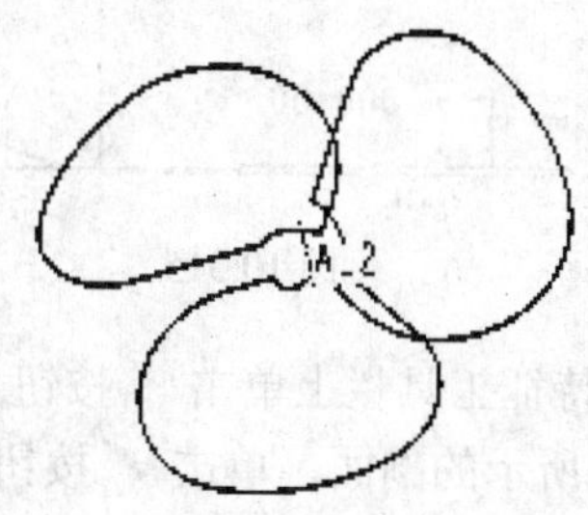

图 10.311

（17）在特征工具栏上单击按钮（倒圆角工具），按住 Ctrl 键，选取如图 10.312 所示的曲面边缘，在操控面板“设置”命令上滑面板中单击“完全倒圆角”按钮。单击操控面板右侧按钮，建立完全倒圆角曲面特征。结果如图 10.313 所示。

按相同步骤完成另两个面组完全倒圆角操作。

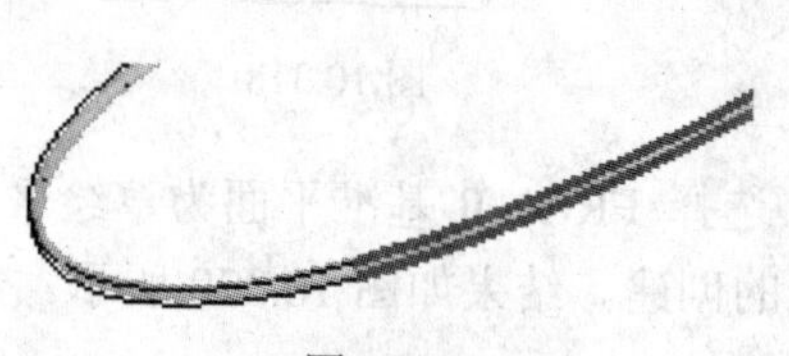
图 10.312

图 10.313

（18）在特征工具栏上单击按钮（拉伸工具），选择 TOP 基准平面为草绘平面，绘制如图 10.290 所示截面，输入深度值为 50，完成的拉伸特征如图 10.314 所示。

（19）保存并拭除文件。

实例 5：鼠标造型

本实例主要使用边界混合曲面工具和组件工具进行造型。

（1）新建文件 10-6-5。

（2）在特征工具栏上单击按钮（草绘工具），选择 TOP 基准平面为草绘平面，绘制如图 10.315 所示的剖面，单击

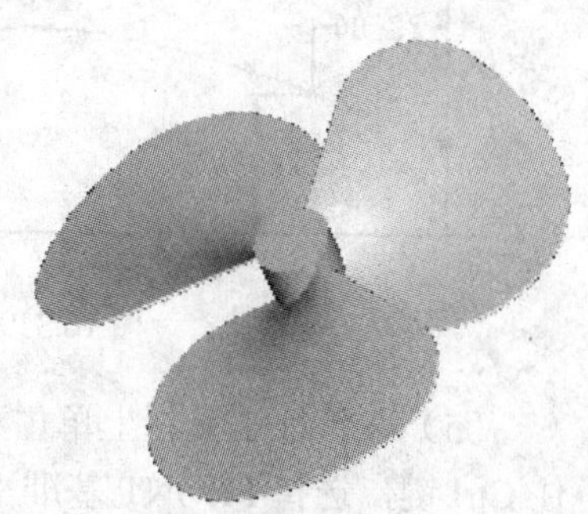
图 10.314

按钮，完成曲线的创建。结果如图 10.316 所示。

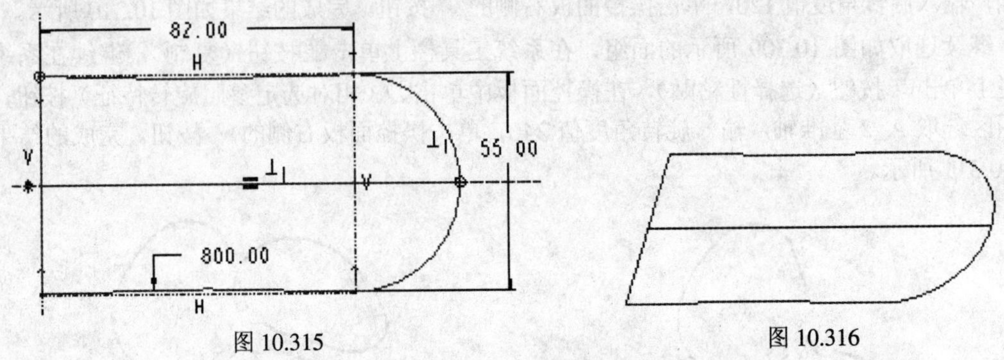

图 10.315 图 10.316

（3）在特征工具栏上单击按钮（草绘工具），选择 RIGHT 基准平面为草绘平面，绘制如图 10.317 所示的剖面，单击✔按钮，完成曲线的创建。结果如图 10.318 所示。

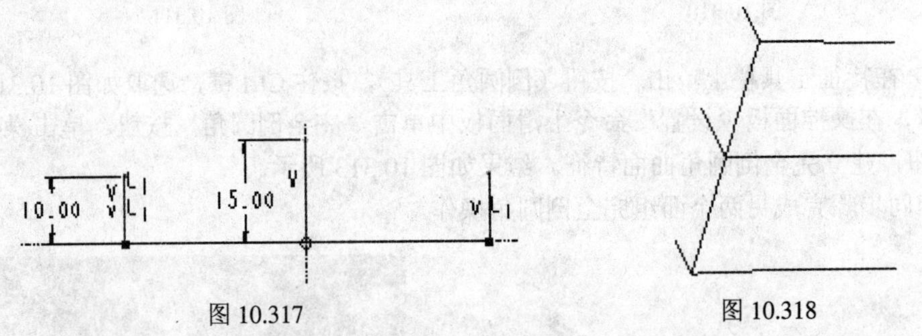

图 10.317 图 10.318

（4）在特征工具栏上单击按钮（草绘工具），选择 FRONT 基准平面为草绘平面，绘制如图 10.319 所示的剖面，单击✔按钮，完成曲线的创建。结果如图 10.320 所示。

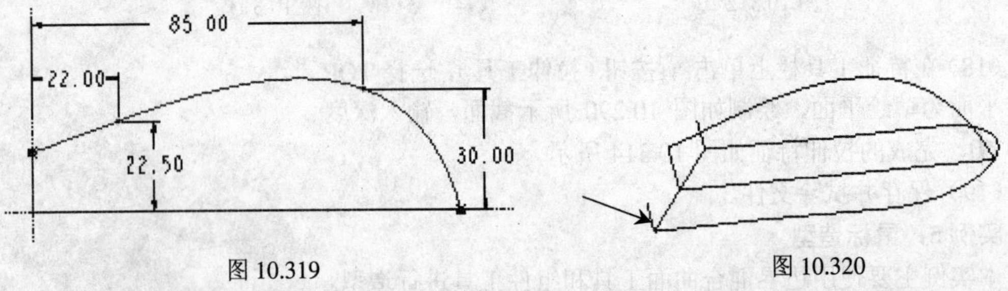

图 10.319 图 10.320

（5）在特征工具栏上单击按钮（草绘工具），继续单击按钮（基准平面工具），按住 Ctrl 键，选择 FRONT 基准平面和如图 10.320 中箭头所指的直线，单击“基准平面”话框中的“确定”按钮，完成内部基准平面 DTM1 的创建。

绘制如图 10.321 所示的剖面，单击✔按钮，完成曲线的创建。结果如图 10.322 所示。

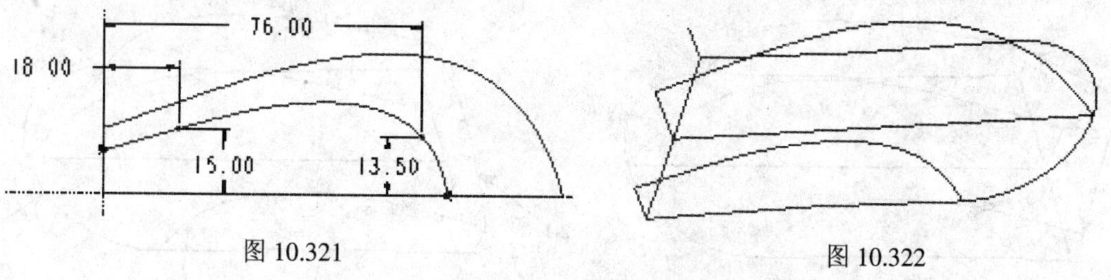

图 10.321　　　　图 10.322

（6）在特征工具栏上单击按钮（草绘工具），选择 TOP 基准平面为草绘平面，绘制如图 10.323 所示的剖面，（该剖面是用工具复制 R800 圆弧所得）单击✔按钮，完成曲线的创建。结果如图 10.324 所示。

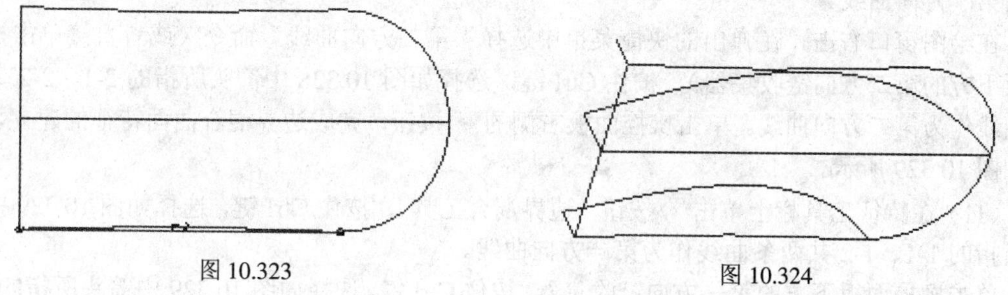

图 10.323　　　　图 10.324

（7）按住 Ctrl 键，在模型树中选取“草绘 4”特征和“草绘 5”特征。单击主菜单中的“编辑”→“相交”命令，完成相交曲线（二次投影曲线）的创建。如图 10.325 所示。而模型树上“草绘 4”特征和“草绘 5”特征被自动隐藏。如图 10.326 所示。

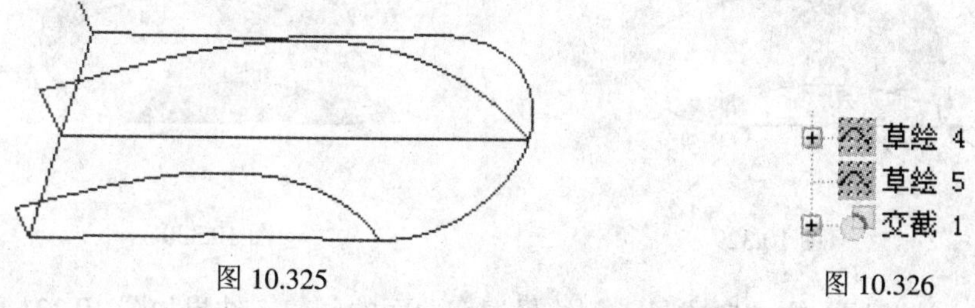

图 10.325　　　　图 10.326

（8）选取上一步创建的曲线，在特征工具栏上单击按钮（镜像工具），选取 FRONT 基准平面为镜像参照，单击镜像操控面板右侧的✔按钮，完成曲面的镜像操作。结果如图 10.327 所示。

（9）单击特征工具栏的（插入基准曲线）按钮，在菜单管理器中选择“经过点”→“完成”命令。在绘图窗口依次选取如图 10.327 中箭头所指的直线端点，单击“曲线：通过点”

对话框的“确定”按钮，完成曲线的创建。结果如图 10.328 所示。

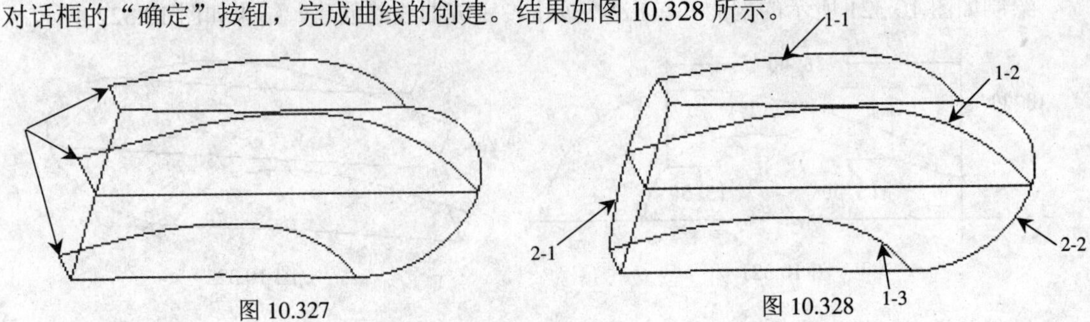

图 10.327　　图 10.328

（10）在特征工具栏上单击按钮（边界混合工具），打开其操控面。此时第一方向曲线收集器自动被激活。按住 Ctrl 键，选择如图 10.328 中箭头所指的 1-1、1-2、1-3 共 3 条曲线作为第一方向曲线。

在绘图窗口右击，在弹出的快捷菜单中选择“第二方向曲线”命令（或者直接单击操控面板下方的第二方向链收集器），按住 Ctrl 键，选择如图 10.328 中箭头所指的 2-1、2-2 共两条曲线作为第二方向曲线。单击操控面板右侧的✔按钮，完成边界混合曲面特征的建立，结果如图 10.329 所示。

（11）在特征工具栏上单击按钮（边界混合工具），按住 Ctrl 键，选择如图 10.329 中箭头所指的 1-1、1-2 共两条曲线作为第一方向曲线。

单击操控面板下方的第二方向链收集器，按住 Ctrl 键，选择如图 10.329 中箭头所指的 2-1 曲线作为第二方向曲线。单击操控面板右侧的✔按钮，完成边界混合曲面特征的建立，结果如图 10.330 所示。

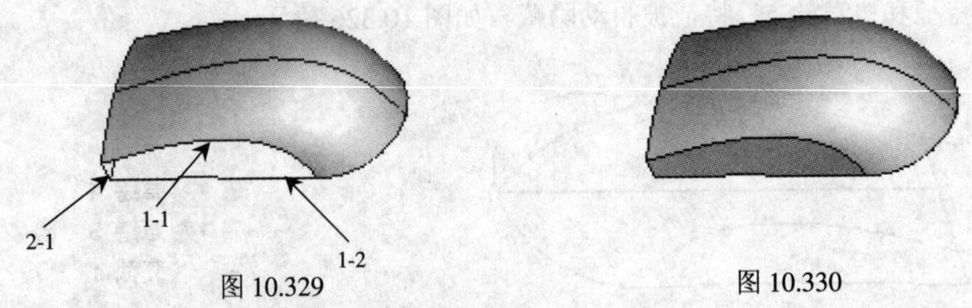

图 10.329　　图 10.330

（12）按上述相同的方法完成另一侧边界混合曲面的创建。结果如图 10.331 所示。

（13）在特征工具栏上单击按钮（边界混合工具），按住 Ctrl 键，选择如图 10.331 中箭头所指的 1-1、1-2 共两条曲线作为第一方向曲线。

单击操控面板下方的第二方向链收集器，按住 Ctrl 键，选择如图 10.331 中箭头所指的 2-1、2-2、2-3 共 3 条曲线作为第二方向曲线。单击操控面板右侧的✔按钮，完成边界混合曲面特征的建立，结果如图 10.332 所示。

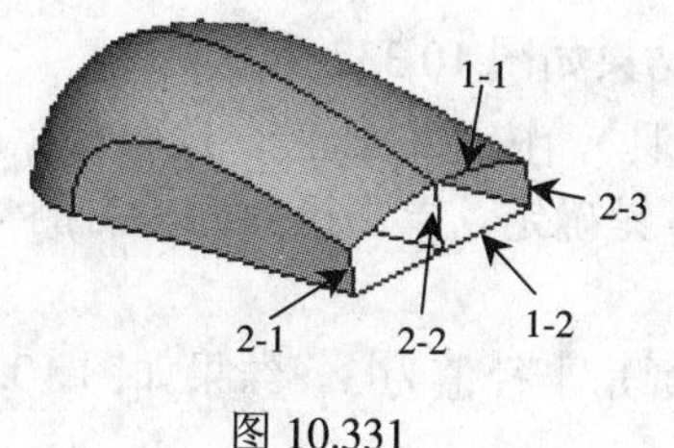

1-1
2-3
2-1
2-2
1-2
图 10.331

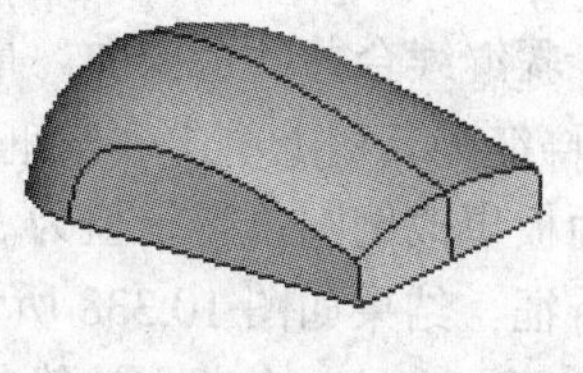

图 10.332

（14）在主菜单中选择“编辑”→“填充”命令，单击操控面板中的“参照”命令，打开其上滑面板。单击该上滑面板右侧的“定义”按钮，选取 TOP 基准平面为草绘平面，绘制如图 10.333 所示的剖面。

单击特征工具栏上的✔按钮，单击操控面板右侧的✔按钮，完成填充曲面的创建。结果如图 10.334 所示。

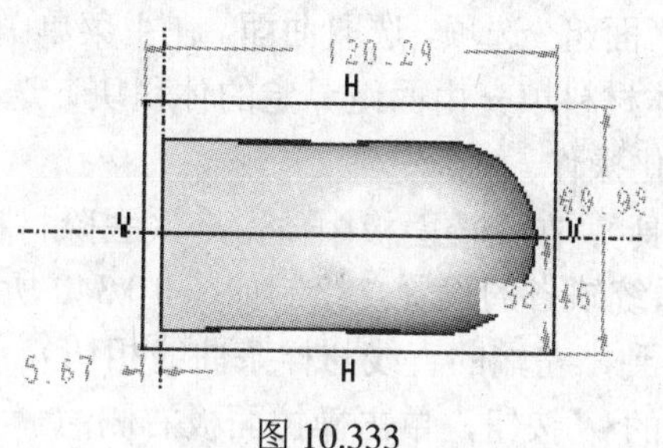

120.29
H
89.98
32.46
5.67
H
图 10.333

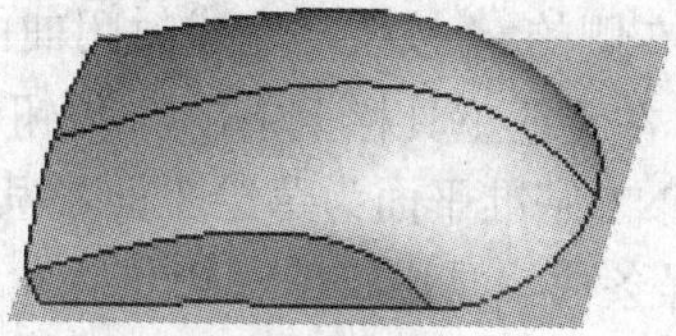

图 10.334

（15）单击系统工具栏的按钮，在层选项区右击鼠标，在右键快捷菜单中选择“新建层”命令，打开“层属性”对话框，输入层的名称 CURVES-1。

在绘图区右下角的选取过滤器中选取“曲线”选项，按住鼠标左键，从整个图形的左上角向右下角拖出一个包容所有曲线的拾取框，松开鼠标左键后，绘图区内的所有曲线被选中。单击“层属性”对话框中的确定按钮。此时模型树中的标识如图 10.335 所示。

在层选项区选取 CURVES-1，右击鼠标，在右键快捷菜单中选择“隐藏”命令。再次右击鼠标，在右键快捷菜单中选择“保存状态”命令，隐藏所有曲线。此时模型的显示如图 10.336 所示。

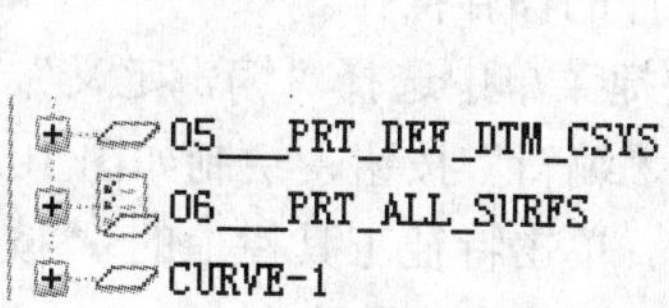

05___PRT_DEF_DTM_CSYS
06___PRT_ALL_SURFS
CURVE-1
图 10.335

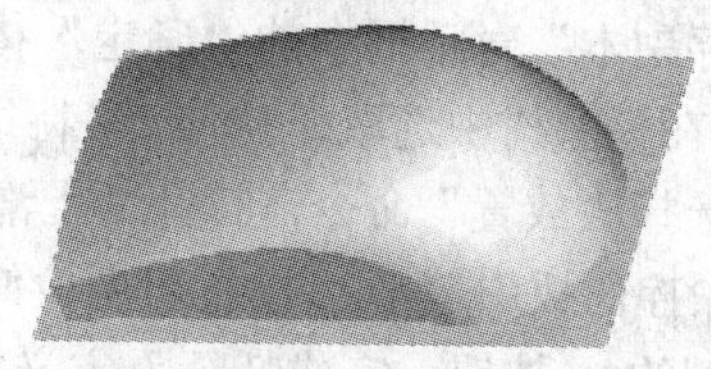

图 10.336

（16）按住 Ctrl 键，在绘图区任意选择两个相邻曲面，在特征工具栏上单击按钮（合并工具），单击操控面板右侧的✔按钮，完成曲面合并操作。

按上述步骤继续合并其余曲面。最后合并的结果如图 10.337 所示。

（17）在特征工具栏上单击按钮（倒圆角工具），按住 Ctrl 键，选取鼠标的两个侧面边缘，在操控面板更改倒圆角半径值为 5 并按 Enter 键确定。单击操控面板右侧✔按钮，建立倒圆角曲面特征。结果如图 10.338 所示。

按相同步骤完成另一个曲面边缘的倒圆角，圆角半径值为 3。结果如图 10.339 所示。

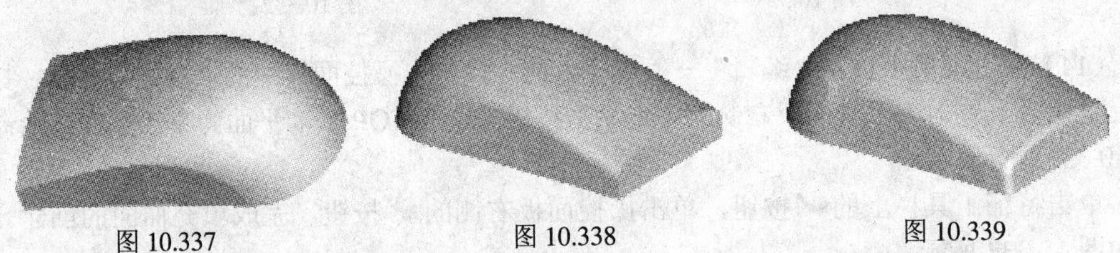

图 10.337　　图 10.338　　图 10.339

（18）在绘图区右下角的选取过滤器中选取“面组”选项，选取曲面。在主菜单中选择“编辑”→“实体化”命令，接受缺省的（用实体材料填充由面组界定的体积块）选项，单击操控面板右侧的✔按钮，完成封闭曲面的实体化操作。

（19）在特征工具栏上单击按钮（拉伸工具），在操控面板中单击（去除材料）按钮，选择 FRONT 基准平面为草绘平面，其余接受系统缺省的设置，绘制如图 10.340 所示截面。（其中，样条曲线是用工具拷贝圆角边缘线得到，左端的直线与样条曲线相切）。深度方式选择，输入深度值为 70，单击特征工具栏上的✔按钮，单击操控面板右侧的✔按钮，结果如图 10.341 所示。

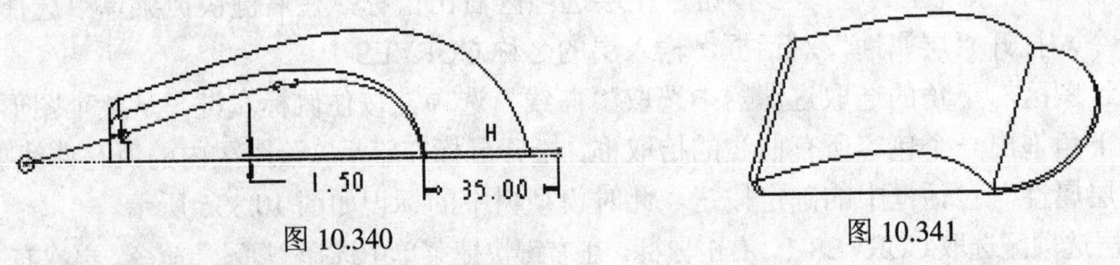

图 10.340　　图 10.341

（20）在主菜单中选择“文件”→“保存副本”命令，输入“新建名称”：10-6-5-down，单击“保存副本”对话框中的“确定”按钮，完成文件的保存操作。

（21）在模型树中选取“拉伸 1”特征，在右键快捷菜单中选择“编辑定义”命令。在操控面板中选择“放置”命令，打开其上滑面板，单击“编辑”按钮，绘制如图 10.342 所示的剖面，在操控面板中单击按钮切换拉伸切剪的方向，单击特征工具栏上的✔按钮，单击操控面板右侧的✔按钮，完成特征重定义操作。结果如图 10.343 所示。

（22）在主菜单中选择“文件”→“保存副本”命令，输入“新建名称”：10-6-5-up，单击“保存副本”对话框中的“确定”按钮，完成文件的保存操作。

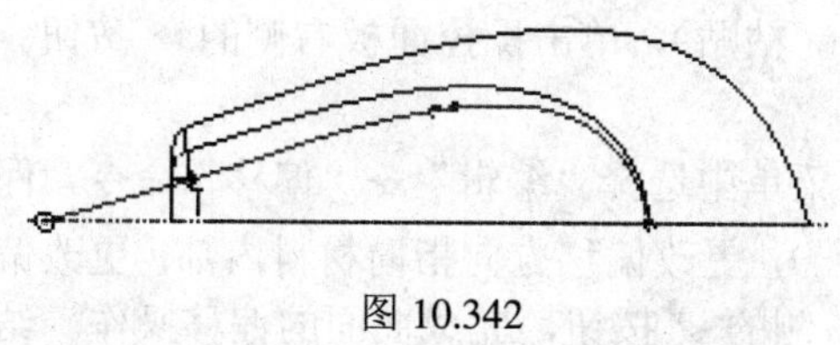

图 10.342

图 10.343

（23）在主菜单中选择“窗口”→“关闭”命令，关闭文件 10-6-5。

（24）在主菜单中选择“文件”→“拭除”→“不显示”命令，从内存中清除文件。

（25）在系统工具栏单击（打开现有对象）按钮，打开文件 10-6-5-down。

（26）选取如图 10.344 中箭头所指的表面，在系统工具栏上单击按钮（复制），继续在系统工具栏上单击按钮（粘贴），单击操控面板右侧的按钮。完成复制曲面的创建。

（27）选取上一步创建的复制曲面，在主菜单中选择“编辑”→“偏移”命令，保持操控面板下方曲面的偏移类型为（标准偏移特征），更改偏移距离为 0.75 并按 Enter 键确定，单击操控面板右侧的按钮，完成曲面的偏移操作。结果如图 10.345 所示。

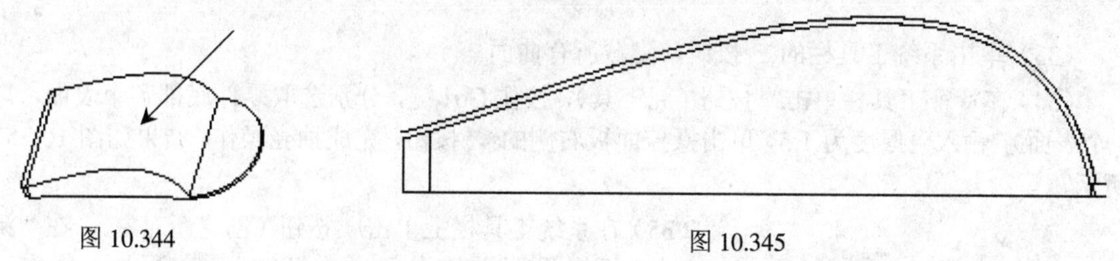

图 10.344　　图 10.345

（28）单击系统工具栏的按钮，选取如图 10.346 所示的选项，在右键快捷菜单中选择“隐藏”命令，隐藏所有曲面。

（29）在特征工具栏单击按钮（壳工具），按住 Ctrl 键，分别选取如图 10.347 所示的各个表面（共 3 个表面），输入壳厚度为 1.5，单击操控面板右侧的按钮，完成抽壳操作。结果如图 10.348 所示。

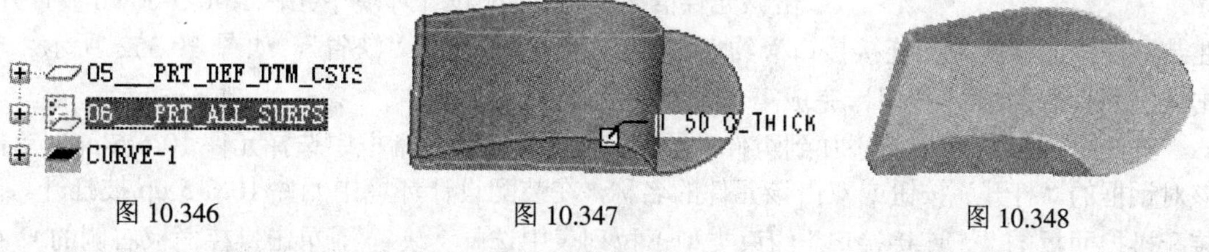

图 10.346　　图 10.347　　图 10.348

（30）在系统工具栏中单击（打开现有对象）按钮，打开文件 10-6-5-up。

（31）按住 Ctrl 键，选取如图 10.349 所示表面（共两个表面），在系统工具栏上单击按钮（复制），继续在系统工具栏上单击按钮（粘贴），单击操控面板右侧的按钮。完成复制曲面的创建。

（32）选取上一步创建的复制曲面，在主菜单中选择“编辑”→“偏移”命令，保持操控面板下方曲面的偏移类型为（标准偏移特征），更改偏移方向指向材料内部，更改偏移距离为 0.75 并按 Enter 键确定，单击操控面板右侧的按钮，完成曲面的偏移操作。结果如图 10.350 所示。

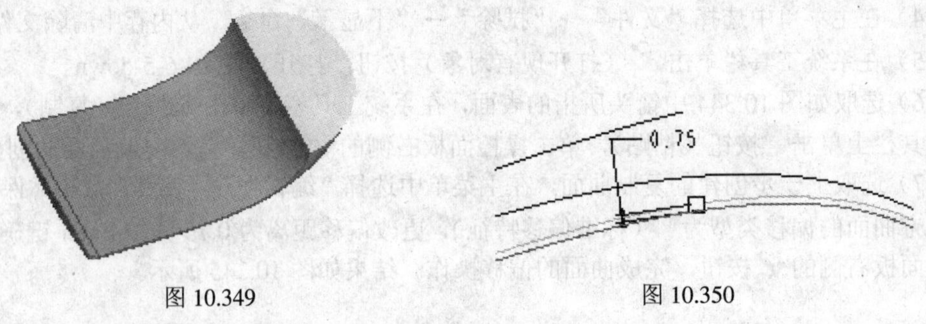

图 10.349　　图 10.350

（33）单击系统工具栏的按钮，隐藏所有曲面。

（34）在特征工具栏单击按钮（壳工具），按住 Ctrl 键，分别选取零件底部各个表面（共 3 个表面），输入壳厚度为 1.5，单击操控面板右侧的按钮，完成抽壳操作。结果如图 10.351 所示。

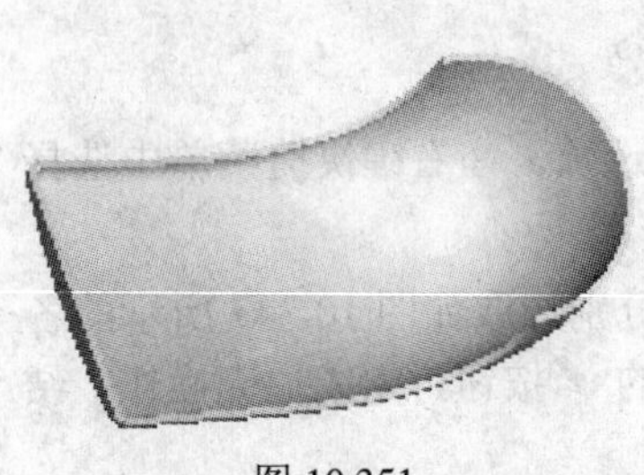
图 10.351

（35）在系统工具栏上单击按钮（创建新对象），在“新建”对话框中设置文件类型为“组件”，输入文件名称为 mouse-000，取消“使用缺省模板”，单击“确定”按钮，打开“新文件选项”对话框，选择公制模板“mmns_asm_design”后，单击“确定”按钮进入装配设计环境。

单击（将元件添加到组件）按钮，在“打开”对话框中选择元件 10-6-5-down，单击该对话框的“打开”按钮或双击该元件的名称，在装配设计环境中元件 10-6-5-down 被打开。在装配操控面板的“无连接接口”约束类型下拉列表中选择“缺省”，如图 10.352 所示。单击操控面板右侧的按钮，完成第一个元件的装配。

继续单击（将元件添加到组件）按钮，在“打开”对话框中选择元件 10-6-5-up，单击该对话框的“打开”按钮或双击该元件的名称，在装配设计环境中元件 10-6-5-up 被打开。在装配操控面板的“无连接接口”约束类型下拉列表中选择“缺省”，单击操控面板右侧的按钮，完成第二个元件的装配。结果如图 10.353 所示。

图 10.352　　图 10.353

单击主菜单中的“编辑”→“元件操作”，在菜单管理器的“元件”菜单中单击“切除”命令。按系统提示首先选取元件 10-6-5-down，单击“选取”菜单的“确定”按钮。再选取元件 10-6-5-up，单击“选取”菜单的“确定”按钮，接受“元件”菜单的缺省选项，单击该菜单上的“完成”按钮。“切除”完成的元件如图 10.354 所示。

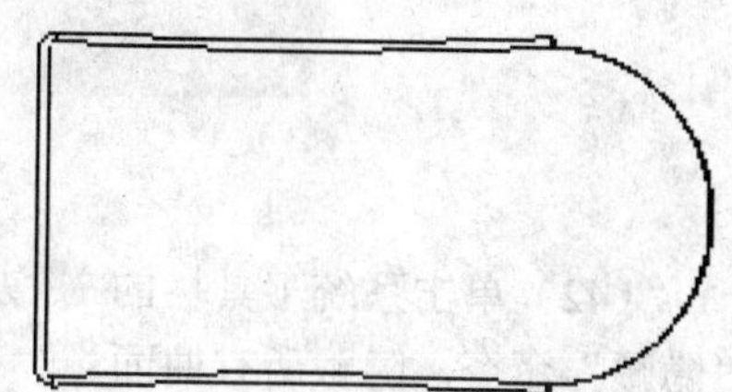

图 10.354

在主菜单中选择“窗口”→“关闭”命令，关闭文件 mouse-000。

在主菜单中选择“文件”→“拭除”→“不显示”命令，从内存中清除文件。

（36）在主菜单中选择“窗口”命令，在其下拉菜单中选择文件 10-6-5-down，激活文件 10-6-5-down。

（37）在此无法利用 Pro/E 系统提供的工具创建“唇”特征，因此采用曲面移除材料的方法创建“唇”特征。

（38）在特征工具栏上单击▱按钮（基准平面工具），选择 TOP 基准平面，输入偏移距离为 40，单击该对话框中的“确定”按钮，完成 DTM2 基准平面的创建。结果如图 10.355 所示。

（39）在特征工具栏上单击□按钮（拉伸工具），选择 DTM2 基准平面为草绘平面，其余接受系统缺省的设置，绘制如图 10.356 所示截面。其中，外轮廓曲线是用□工具拷贝外轮廓边缘线并偏移 0.75 所得，内轮廓线是用□工具拷贝内轮廓边缘线所得。深度方式选择⊥，选择侧壁上表面作为深度参照，单击特征工具栏上的✔按钮，单击操控面板右侧的✔按钮，结果如图 10.357 所示。

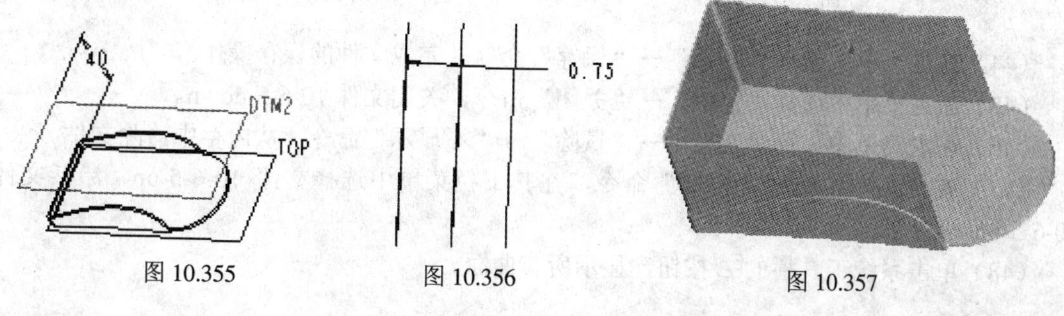

图 10.355　　图 10.356　　图 10.357

（40）单击系统工具栏的按钮，选取如图 10.346 所示的选项，在右键快捷菜单中选择“取消隐藏”命令，显示所有曲面。

（41）在绘图区右下角的选取过滤器中选取“面组”选项，在绘图区选取“偏距 1”曲面。

在主菜单中选择“编辑”→“实体化”命令，打开其操控面板。单击操控面板中的按钮，通过按钮使移除材料的方向符合要求，单击操控面板右侧的✔按钮，完成利用曲面移除材料的操作，结果如图 10.358 所示。

图 10.358

（42）单击系统工具栏的按钮，选取如图 10.346 所示的选项，在右键快捷菜单中选择“隐藏”命令，隐藏所有曲面。

（43）在特征工具栏上单击按钮（拉伸工具），在操控面板中单击（去除材料）按钮，选择 RIGHT 基准平面为草绘平面，绘制如图 10.359 所示截面，深度方式选择（拉伸至下一曲面），单击特征工具栏上的✔按钮，单击操控面板右侧的✔按钮，结果如图 10.360 所示。

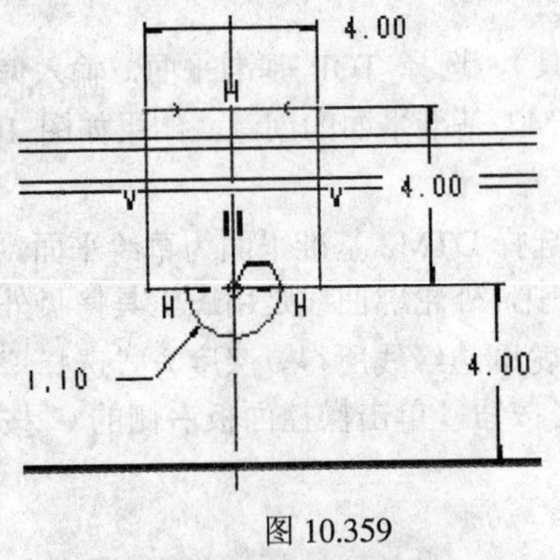

图 10.359

图 10.360

（44）在主菜单中选择“文件”→“保存”命令，完成文件的保存操作。

（45）在主菜单中选择“窗口”→“关闭”命令，关闭文件 10-6-5-down。

（46）在主菜单中选择“文件”→“拭除”→“不显示”命令，从内存中清除文件。

（47）在主菜单中选择“窗口”命令，在其下拉菜单中选择文件 10-6-5-up，激活文件 10-6-5-up。

（48）单击系统工具栏的按钮，显示所有曲面。

（49）在模型树中选取“偏距 1”曲面特征，在右键快捷菜单中选择“隐藏”命令，隐藏“偏距 1”曲面特征。

（50）在特征工具栏上单击按钮（拉伸工具），打开其操控面板。在操控面板中单击按钮（拉伸为曲面），单击按钮（去除材料）。选择“偏距 1”曲面作为被修剪的面组，在操控面板上选择“放置”命令，单击其上滑面板中的“定义”按钮，选择 TOP 基准平面为草绘平面，绘制如图 10.361 所示的剖面。

在操控面板中更改深度选项为（穿透），更改切剪方向，如图 10.362 所示。单击操控面板右侧的按钮，完成曲面的切剪操作。结果如图 10.363 所示。

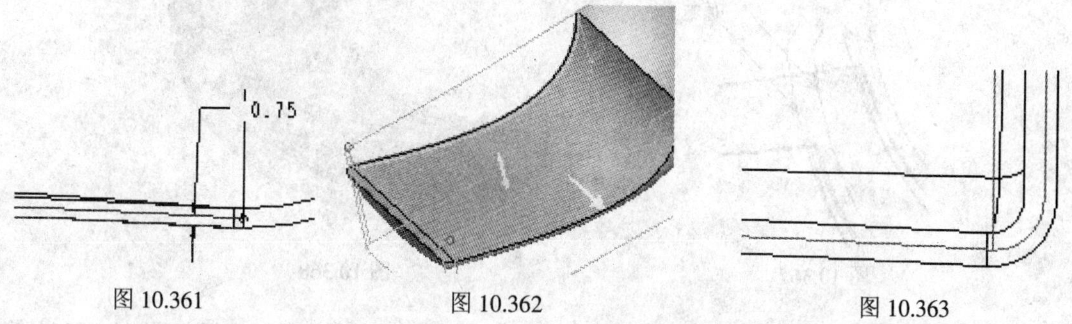

图 10.361　图 10.362　图 10.363

提示：该步骤的目的是将“偏距 1”曲面的外围裁去 0.75。

（51）选择如图 10.364 所示的曲面边，在主菜单中选择“编辑”→“延伸”命令，打开其操控面板。

保持延伸类型为（沿原始曲面延伸曲面），更改延伸的距离数值为 8 并按 Enter 键确定，此时延伸后的曲面显示如图 10.365 所示。

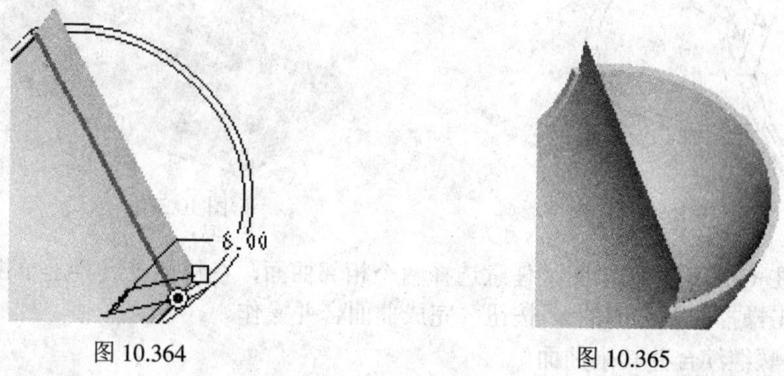

图 10.364　图 10.365

（52）在绘图区选取“偏距 1”曲面特征，在主菜单中选择“编辑”→“偏移”命令，保持操控面板下方曲面的偏移类型为（标准偏移特征），单击按钮更改偏移方向，更改偏

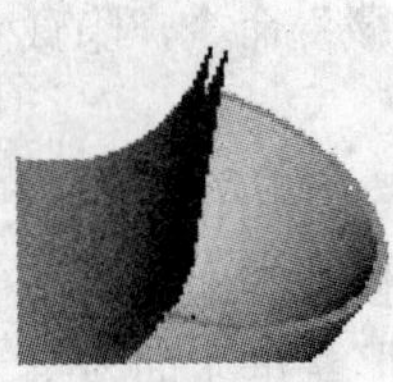
图 10.366

移距离为 2 并按 Enter 键确定，单击操控面板右侧的✔按钮，完成曲面的偏移操作。结果如图 10.366 所示。

（53）在特征工具栏上单击按钮（边界混合工具），选择如图 10.367 中箭头所指的“偏距 1”曲面边缘线，按住 Shift 键，选择相邻圆角处的边缘线。按住 Ctrl 键，选择如图 10.367 中箭头所指的“偏距 2”曲面边缘线，按住 Shift 键，选择相邻圆角处的边缘线。单击操控面板右侧的✔按钮，完成边界混合曲面特征的建立，结果如图 10.368 所示。

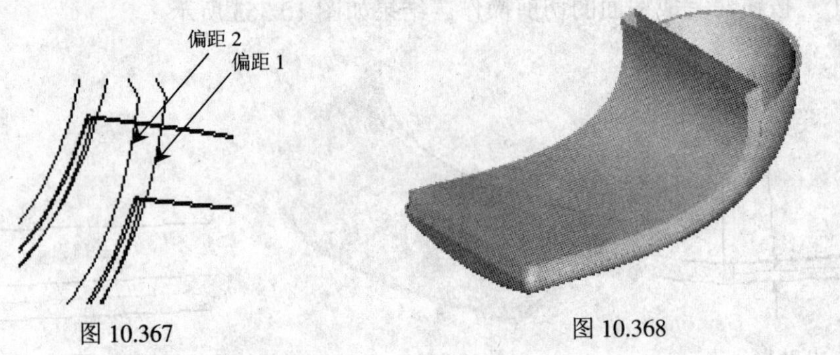

图 10.367　　图 10.368

在特征工具栏上单击按钮（边界混合工具），按住 Ctrl 键，分别选择如图 10.369 中箭头所指“偏距 1”和“偏距 2”的边缘线，作为第一方向曲线。单击操控面板右侧的✔按钮，完成边界混合曲面特征的建立，结果如图 10.370 所示。

图 10.369　　图 10.370

（54）按住 Ctrl 键，在绘图区任意选择两个相邻曲面，在特征工具栏上单击按钮（合并工具），单击操控面板右侧的✔按钮，完成曲面合并操作。

按上述步骤继续合并其余曲面。

（55）在绘图区右下角的选取过滤器中选取“面组”选项，在绘图区选取合并曲面。

在主菜单中选择“编辑”→“实体化”命令，打开其操控面板。单击操控面板中的按钮，通过按钮使移除材料的方向符合要求，单击操控面板右侧的✔按钮，完成利用曲面移除材料的操作，结果如图 10.371 所示。

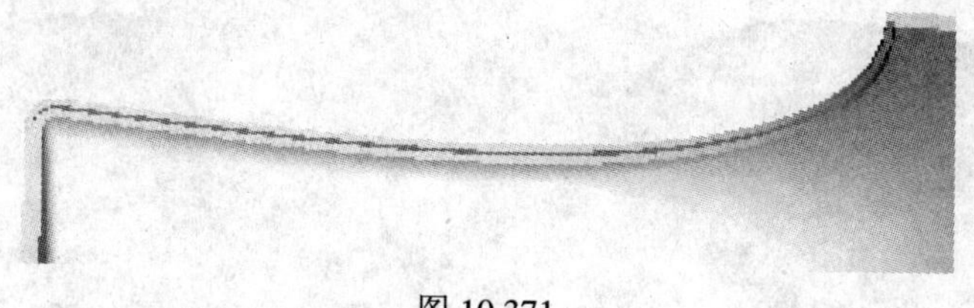

图 10.371

（56）在绘图区右下角的选取过滤器中选取“几何”选项。在绘图区选取如图 10.372 所示表面，在主菜单中选择“编辑”→“偏移”命令，偏移类型为 （展开特征），更改偏移距离为 0.25 并按 Enter 键确定，单击操控面板右侧的 按钮，完成实体表面的偏移操作。

提示：该项操作为今后装配元件时创建“美工线”之用。

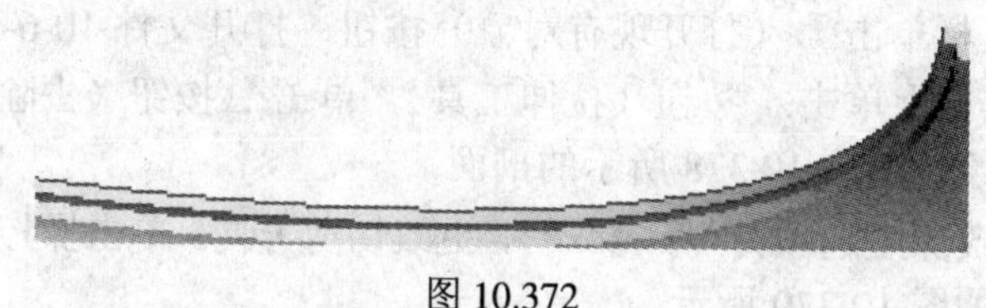

图 10.372

（57）在特征工具栏上单击 按钮（拉伸工具），单击 按钮（去除材料）。选择 TOP 基准平面为草绘平面，绘制如图 10.373 所示的剖面。

在操控面板中更改深度选项为 （穿透），更改切剪方向，如图 10.374 所示。单击操控面板右侧的 按钮，完成切剪操作。结果如图 10.375 所示。

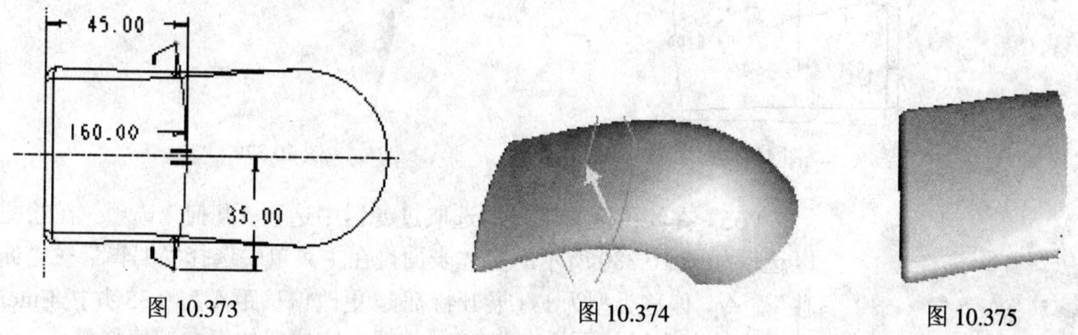

图 10.373　图 10.374　图 10.375

（58）在主菜单中选择“文件”→“保存副本”命令，输入“新建名称”：10-6-5-up-front，单击“保存副本”对话框中的“确定”按钮，完成文件的保存操作。

（59）在模型树中选择“拉伸 4”特征，在右键快捷菜单中选择“编辑定义”命令，单击操控面板中的 按钮，更改拉伸切剪的方向，如图 10.376 所示。单击操控面板右侧的 按钮，完成切剪操作的重定义。结果如图 10.377 所示。

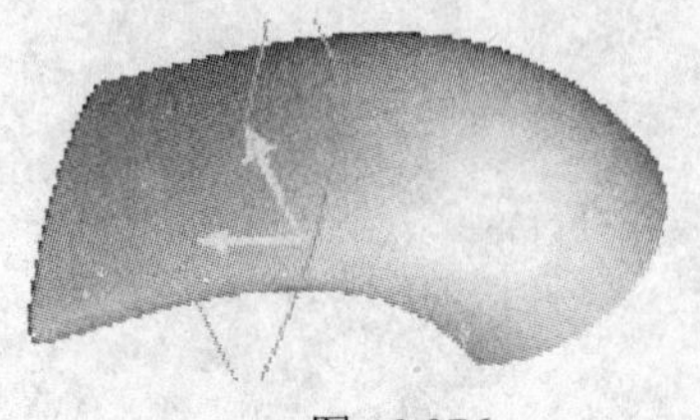

图 10.376

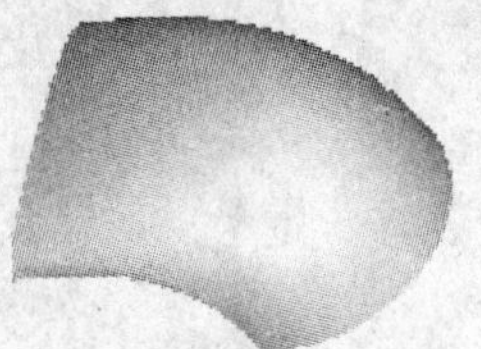

图 10.377

（60）在主菜单中选择“文件”→“保存副本”命令，输入“新建名称”：10-6-5-up-back，单击“保存副本”对话框中的“确定”按钮，完成文件的保存操作。

（61）在主菜单中选择“窗口”→“关闭”命令，关闭文件 10-6-5-up。

（62）在主菜单中选择“文件”→“拭除”→“不显示”命令，从内存中清除文件。

（63）在系统工具栏单击（打开现有对象）按钮，打开文件 10-6-5-up-front。

（64）在特征工具栏上单击按钮（拉伸工具），单击按钮（去除材料）。选择 TOP 基准平面为草绘平面，绘制如图 10.378 所示的剖面。

在操控面板中更改深度选项为（穿透），更改切剪方向，单击操控面板右侧的按钮，完成切剪操作。结果如图 10.379 所示。

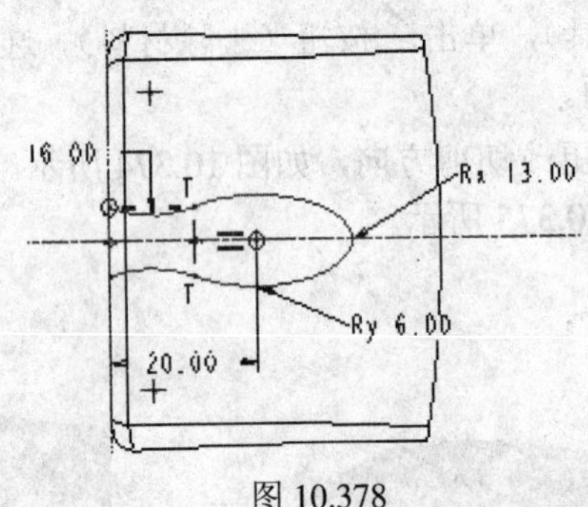

图 10.378

图 10.379

（65）在绘图区右下角的选取过滤器中选取“几何”选项。在绘图区选取如图 10.380 所示的实体表面，在主菜单中选择“编辑”→“偏移”命令，偏移类型为（展开特征），更改偏移距离为 0.35 并按 Enter 键确定，单击操控面板右侧的按钮，完成实体表面的偏移操作。

（66）在主菜单中选择“文件”→“保存副本”命令，输入“新建名称”：10-6-5-up-front-s，单击“保存副本”对话框中的“确定”按钮，完成文件的保存操作。

图 10.380

（67）在模型树中选择“偏距 4”特征，在右键快捷菜单中选择“删除”命令，删除上一步创建的偏距特征。

（68）在模型树中选择“拉伸 5”特征，在右键快捷菜单中选择“编辑定义”命令，单击操控面板中的按钮，更改拉伸切剪的方向，如图 10.381 所示。单击操控面板右侧的按钮，完成切剪操作的重定义。结果如图 10.382 所示。

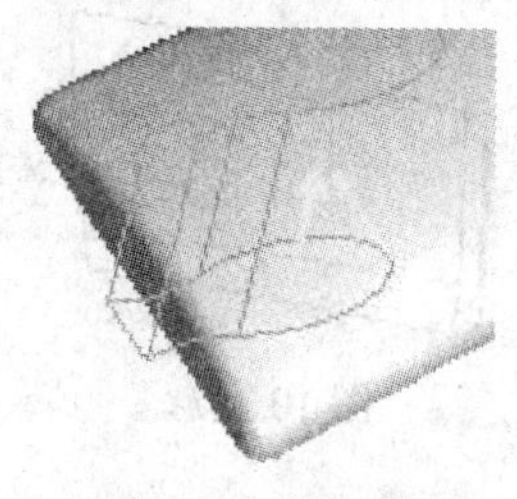

图 10.381

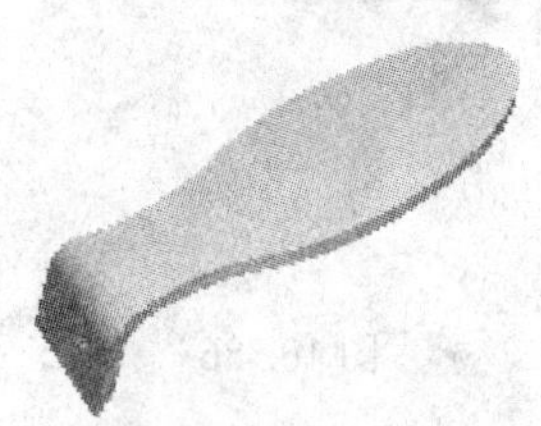

图 10.382

（69）在主菜单中选择“文件”→“保存副本”命令，输入“新建名称”：10-6-5-up-front-m，单击“保存副本”对话框中的“确定”按钮，完成文件的保存操作。

（70）在主菜单中选择“窗口”→“关闭”命令，关闭文件 10-6-5-up-front。

（71）在主菜单中选择“文件”→“拭除”→“不显示”命令，从内存中清除文件。

（72）在系统工具栏单击（打开现有对象）按钮，打开文件 10-6-5-up-front-s。

（73）在特征工具栏上单击按钮（拉伸工具），单击按钮（去除材料）。选择 TOP 基准平面为草绘平面，绘制如图 10.383 所示的剖面。

在操控面板中更改深度选项为（穿透），单击操控面板右侧的按钮，完成切剪操作。结果如图 10.384 所示。

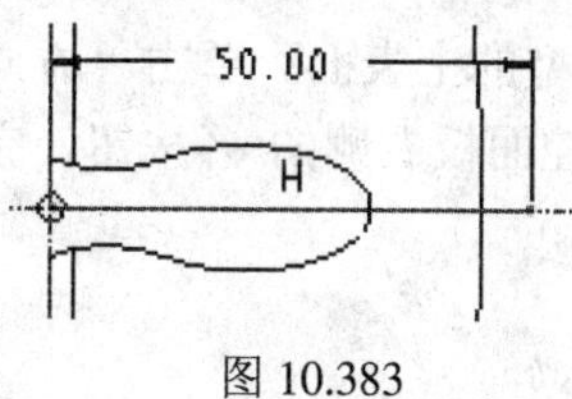

图 10.383

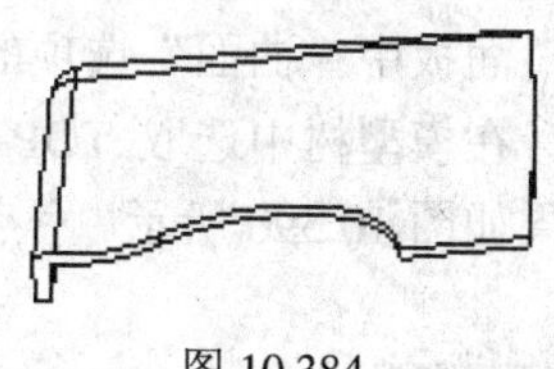

图 10.384

（74）在绘图区右下角的选取过滤器中选取“几何”选项。在绘图区选取如图 10.385 所示的实体表面，在主菜单中选择“编辑”→“偏移”命令，偏移类型为（展开特征），更改偏移距离为 0.35 并按 Enter 键确定，单击操控面板右侧的按钮，完成实体表面的偏移操作。

图 10.385

（75）在主菜单中选择“文件”→“保存副本”命令，输入“新建名称”：10-6-5-up-front-sl，单击“保存副本”对话框中的“确定”按钮，完成文件的保存操作。

（76）在模型树中选择“拉伸 6”特征，在右键快捷菜单中选择“编辑定义”命令，单击操控面板中的按钮，更改拉伸切剪的方向，如图 10.386 所示。单击操控面板右侧的✔按钮，完成切剪操作的重定义。结果如图 10.387 所示。

图 10.386

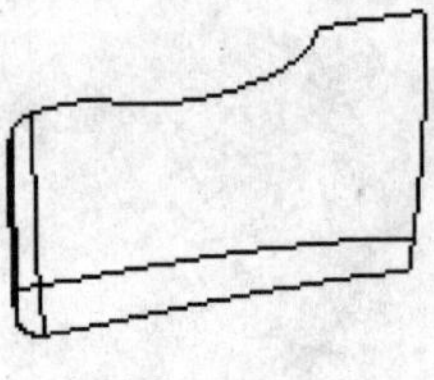

图 10.387

（77）在主菜单中选择“文件”→“保存副本”命令，输入“新建名称”：10-6-5-up-front-sr，单击“保存副本”对话框中的“确定”按钮，完成文件的保存操作。

（78）在主菜单中选择“窗口”→“关闭”命令，关闭文件 10-6-5-up-front-s。

（79）在主菜单中选择“文件”→“拭除”→“不显示”命令，从内存中清除文件。

（80）在系统工具栏单击（打开现有对象）按钮，打开文件 10-6-5-up-front-m。

（81）按住鼠标左键，在模型树中拖动“在此插入”箭头到壳特征之前。如图 10.388 所示。

（82）在主菜单中单击“编辑”→“投影”，打开“投影曲线”操控面板。单击“参照”命令，打开其上滑面板，在上滑面板上方的下拉列表中选择“投影草绘”选项，单击右侧的“定义”按钮，选择 TOP 基准平面为草绘平面，绘制如图 10.389 所示的剖面，单击特征工具栏上的✔按钮，退出草绘模式。

单击上滑面板中“曲面”选项的空白区域，选取模型的上表面。单击“方向参照”选项的空白区域，在模型树中选取 TOP 基准平面，单击操控面板右侧的✔按钮，完成投影曲线的建立。结果如图 10.390 所示。

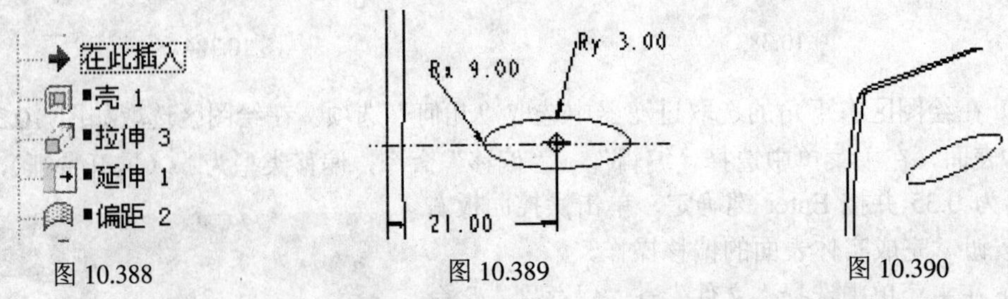

图 10.388　图 10.389　图 10.390

（83）在特征工具栏上单击按钮（草绘工具），选择 FRONT 基准平面为草绘平面，绘制如图 10.391 所示的剖面，单击✔按钮，完成曲线的创建。结果如图 10.392 所示。

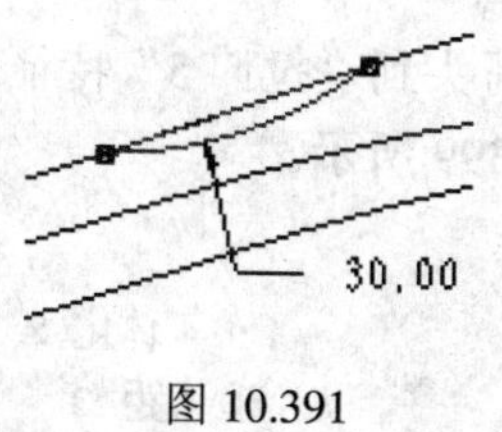

图 10.391

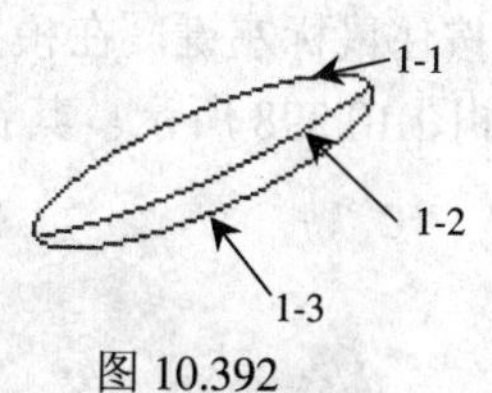

图 10.392

（84）在特征工具栏上单击按钮（边界混合工具），按住 Ctrl 键，选择如图 10.392 中箭头所指的 1-1、1-2、1-3 共三条曲线作为第一方向曲线。单击操控面板右侧的✔按钮，完成边界混合曲面特征的建立，如图 10.393 所示。

（85）单击系统工具栏的按钮，选取 CURVES-1 层，在右键快捷菜单中选择“层属性”命令，打开“层属性”对话框。按住 Ctrl 键，在绘图区选取“投影 1”和“草绘 6”曲线，单击“层属性”的“确定”按钮，隐藏这两条曲线。

（86）选择步骤（84）建立的边界混合曲面，在主菜单中选择“编辑”→“实体化”命令，在操控面板中系统自动选择了选项（用面组替换材料），单击按钮更改替换材料的方向使之符合要求，单击操控面板右侧的✔按钮，完成替换操作，结果如图 10.394 所示。

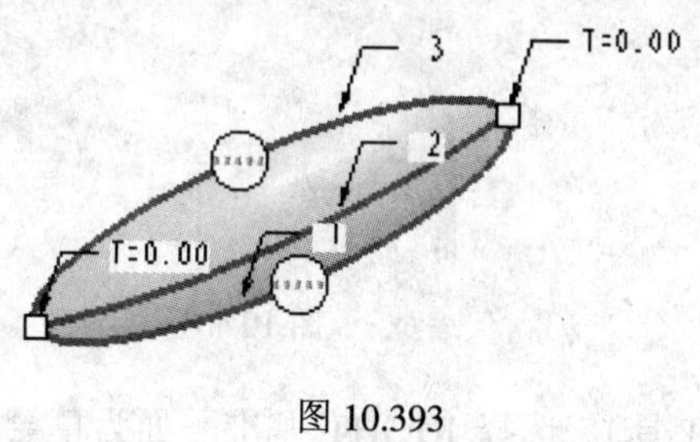

图 10.393

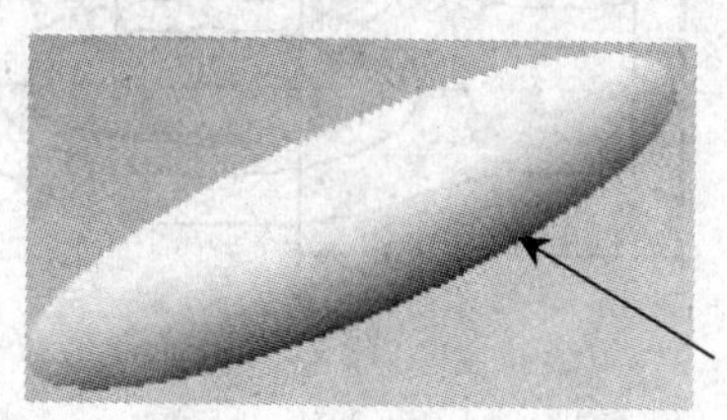

图 10.394

（87）在特征工具栏上单击按钮（倒圆角工具），选取如图 10.394 中箭头所指的边缘，输入圆角半径值为 2，单击操控面板右侧的✔按钮，完成倒圆角操作，结果如图 10.395 所示。

（88）按住鼠标左键，在模型树中拖动“在此插入”箭头到壳特征之后。模型的显示结果如图 10.396 所示。其在模型树中的显示如图 10.397 所示。

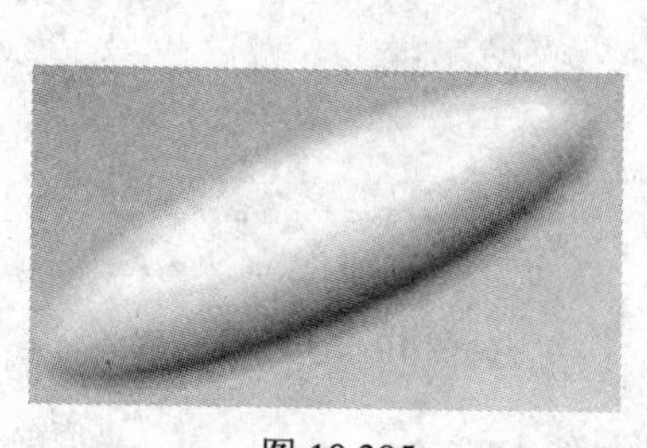

图 10.395

图 10.396

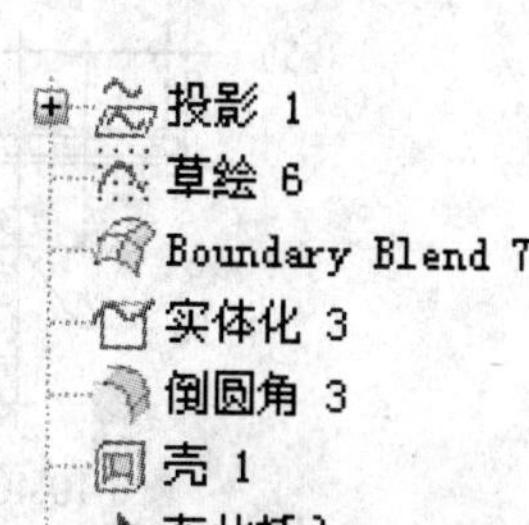

图 10.397

（89）按住鼠标左键，在模型树中拖动“在此插入”箭头到“拉伸 5”特征之后。模型的显示结果如图 10.398 所示。其在模型树中的显示如图 10.399 所示。

图 10.398 图 10.399

（90）在特征工具栏上单击按钮（拉伸工具），单击按钮（去除材料）。选择 TOP 基准平面为草绘平面，绘制如图 10.400 所示的剖面。

在操控面板中更改深度选项为（穿透），单击操控面板右侧的按钮，完成切剪操作。结果如图 10.401 所示。

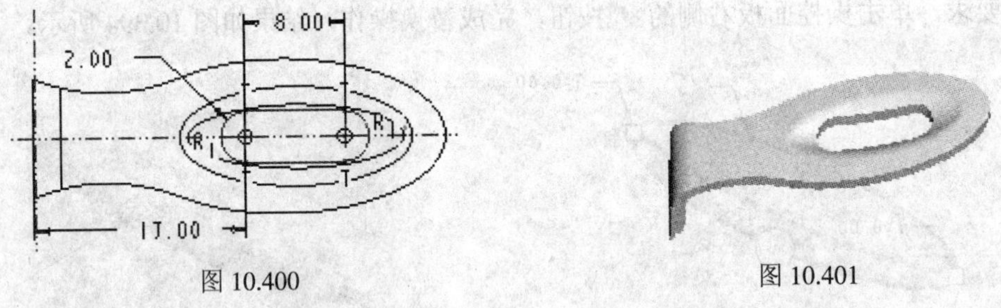

图 10.400 图 10.401

（91）在特征工具栏上单击按钮（拉伸工具），选择 RIGHT 基准平面为草绘平面，绘制如图 10.402 所示的剖面。输入深度值为 1.5，单击操控面板右侧的按钮，完成拉伸特征的创建。结果如图 10.403 所示。

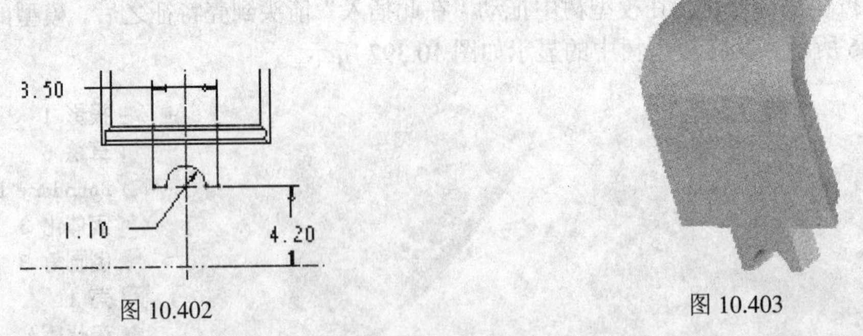

图 10.402 图 10.403

（92）在主菜单中选择“文件”→“保存”命令，保存文件 10-6-5-up-front-m。

（93）在主菜单中选择“窗口”→“关闭”命令，关闭文件 10-6-5-up-front-m。

（94）在主菜单中选择“文件”→“拭除”→“不显示”命令，从内存中清除文件。

（95）在系统工具栏上单击□按钮（创建新对象），在“新建”对话框中设置文件类型为“组件”，输入文件名称为 mouse，取消“使用缺省模板”，单击“确定”按钮，打开“新文件选项”对话框，选择公制模板“mmns_asm_design”后，单击“确定”按钮进入装配设计环境。

单击（将元件添加到组件）按钮，在“打开”对话框中选择元件 10-6-5-down，单击该对话框的“打开”按钮或双击该元件的名称，在装配设计环境中元件 10-6-5-down 被打开。在装配操控面板的“无连接接口”约束类型下拉列表中选择“缺省”，单击操控面板右侧的✔按钮，完成第一个元件的装配。

按上述方法分别完成元件 10-6-5-up-back、10-6-5-up-front-sl、10-6-5-up-front-sr 和 10-6-5-up-front-m 的装配。结果如图 10.404 所示。

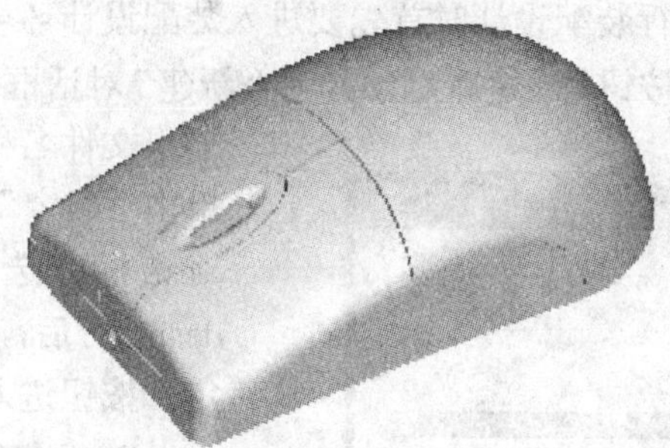

图 10.404

第 11 章　装配设计

Pro/E 的装配设计模块是虚拟产品设计环节中的一个重要工具，通过零、组件的虚拟装配，不仅能够看到产品的整体组合效果，分析其设计是否合理，而且还能完成产品的运动仿真。在装配设计环境下还可以完成零件的设计，使零件设计与组件设计齐头并进，达到最完美的设计效果。

11.1　装配设计环境

与零件设计相似，在进行装配设计时首先要进入装配设计环境。其操作步骤如下：

在系统工具栏上单击按钮（创建新对象），在“新建”对话框中设置文件类型为“组件”，输入文件名称，取消“使用缺省模板”，单击“确定”按钮，打开“新文件选项”对话框，选择公制模板“mmns_asm_design”后，如图 11.1 所示。单击“确定”按钮进入装配设计环境。

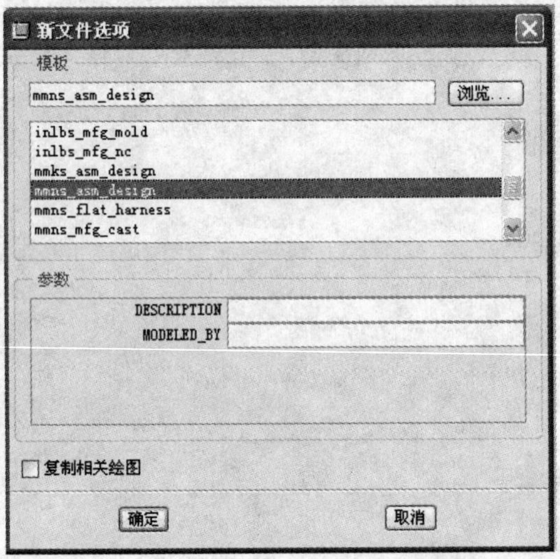

图 11.1

Pro/E 的装配设计环境和零件设计环境很相似，都是标准的 Windows 窗口，只是在工程特征工具栏中多出了（将元件添加到组件）和（在组件模式下创建元件）工具按钮。

零件设计环境和装配设计环境都有模型树，但模型树中显示的内容却不同。在零件设计环境中模型树显示的是设计该零件用到的所有特征，而组件设计环境中模型树显示的是该组件所包含的元件。在装配设计环境中，用户可以通过右键快捷菜单对模型树中的各个元件进行操作，如图 11.2 所示。

当使用（将元件添加到组件）按钮，向组件中添加新零件时，系统打开装配设计的操控面板。如图 11.3 所示。

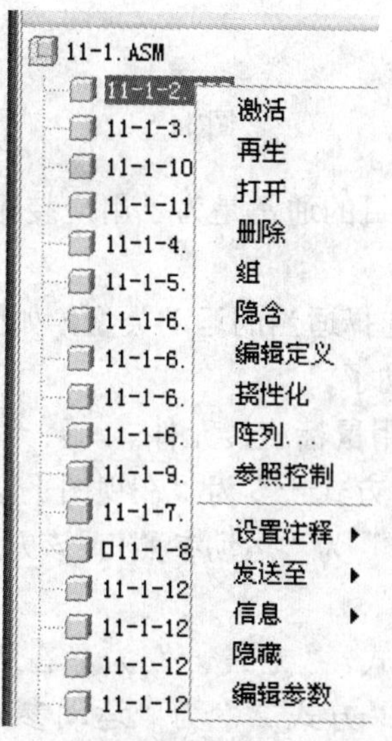

图 11.2

图 11.3

操控面板上面一排有 4 个命令选项，选择后会弹出相应的上滑面板，在面板中进行相应的操作以完成元件的装配。

（1）“放置”：单击“放置”命令，打开其上滑面板，如图 11.4 所示。在该面板中通过相应的操作完成元件的装配。

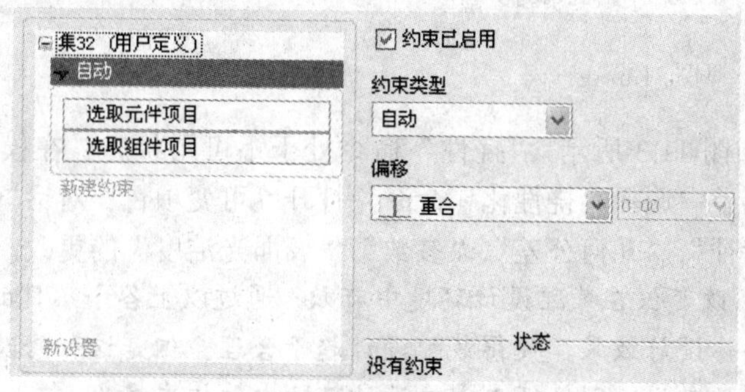

图 11.4

另外，还可以通过如图 11.5 所示区域的操作完成元件的装配。

关于“放置”命令的使用方法将在下一节中详细讲述。

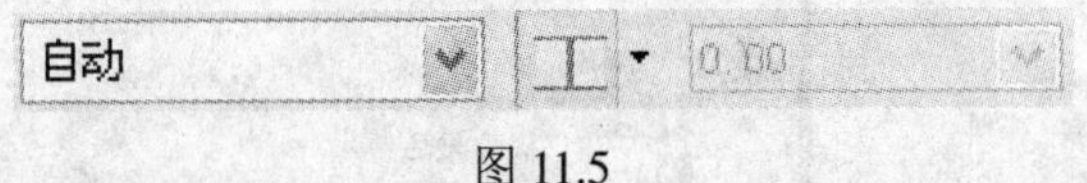

图 11.5

（2）“移动”：“移动”元件的目的通常是为了用户装配设计的方便。单击“移动”命令，打开其上滑面板，如图 11.6 所示。

在“运动类型”下拉列表中选择适当的运动类型，如图 11.7 所示。单击欲移动的元件并拖动鼠标，就可以完成所需的移动了。

- 定向模式：该模式下可以用鼠标旋转元件。
- 平移：分两种平移方式。“方式一”为“在视图平面中相对”，该方式下可在视图平面内任意移动元件；“方式二”为“运动参照”，该方式下可以沿选定的运动参照移动元件。
- “旋转”：分两种旋转方式。“方式一”为“在视图平面中相对”，该方式下可在视图面内任意旋转元件；“方式二”为“运动参照”，该方式下可以绕选定的运动参照旋转元件。
- “调整”：该方式下单击元件上的平面，可以使选定的平面平行于视图平面。

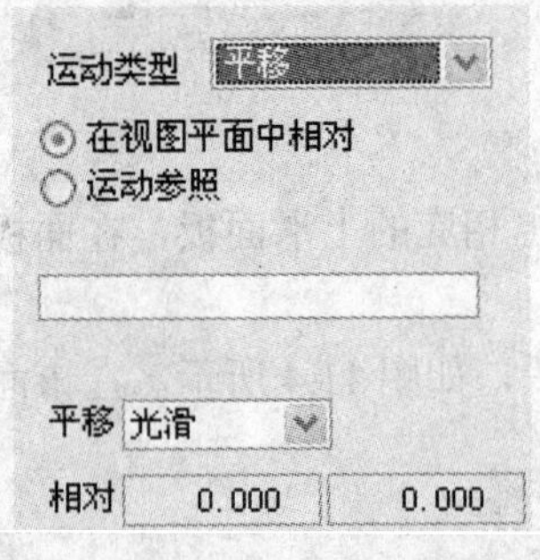

图 11.6

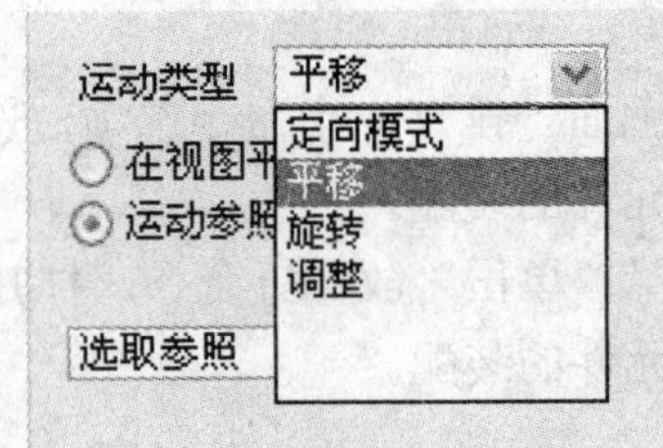

图 11.7

（3）“挠性”：如图 11.3 所示，“挠性”命令处于不可用状态。在模型树中选择元件后右击，在右键快捷菜单中选择“挠性化”命令，打开“可变项目”对话框，如图 11.8 所示。通过对“尺寸”、“特征”、“几何公差”、“参数”、“表面光洁度”的更改，以满足设计要求。

提示：“挠性化”改变仅在装配设计环境中有效。通过以上各个项目的修改，可以使设计者方便地观察产品整体设计效果，使得装配设计趋于合理。但是这种修改不会影响到零件，要想使零件发生相同的变化，则必须在零件设计环境中作相应修改。

在装配设计环境中还可以完成运动零部件的运动仿真。首先去掉如图 11.4 所示“放置”命令上滑面板中“约束已启用”前面的勾，然后在“放置”上滑面板中或“用户定义”上滑列表中完成有特定运动关系的零部件之间运动约束的设置。如图 11.9 所示。

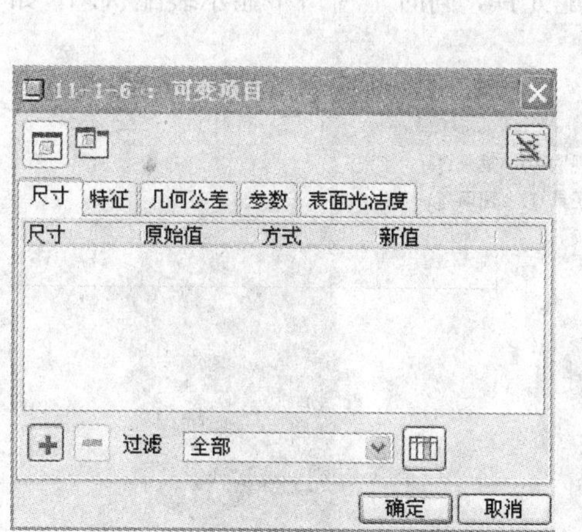

图 11.8

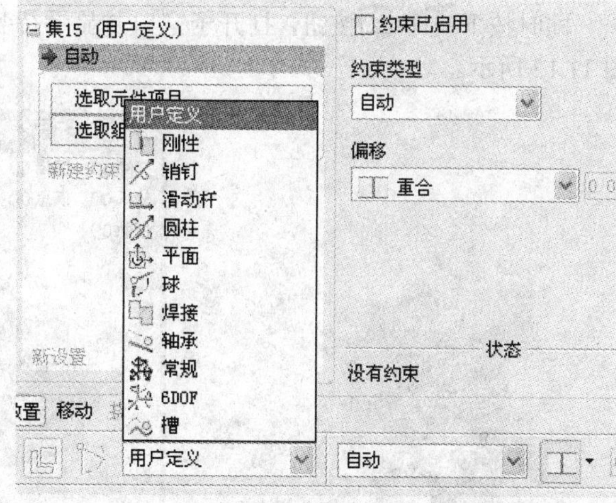

图 11.9

(指定约束时在单独的窗口中显示元件)按钮，使待装配的元件显示在屏幕左方的子窗口中，而主窗口只显示已经装配的组件，如图 11.10 所示。此时待装配元件和已装配组件位于不同的设计窗口中，故主窗口中无法显示组件的装配结果。此方法适用于两个装配对象的尺寸差别较大或装配时由于相互之间位置重叠给选取约束参照带来不便的场合。

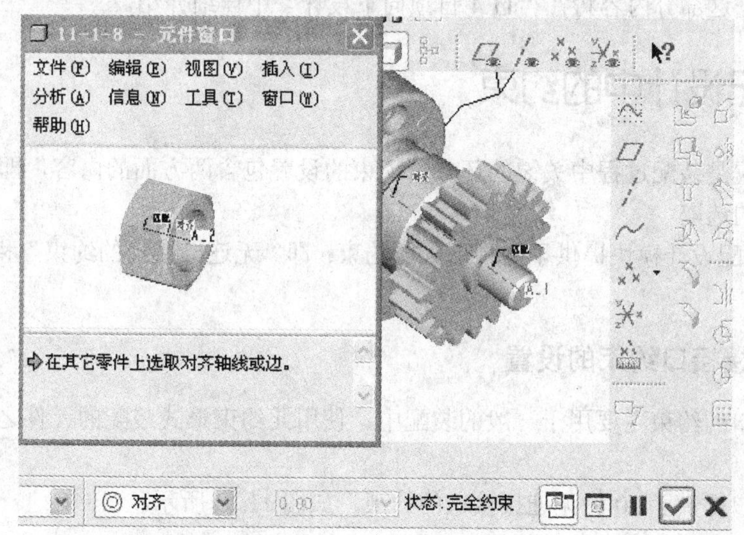

图 11.10

(指定约束时在组件窗口中显示元件)按钮，使待装配的元件与已装配组件都显示在主窗口，是系统缺省的元组件显示方式。如图 11.11 所示。

同时按下和按钮，打开子窗口并显示待装配元件，同时主窗口中显示装配状态，如图 11.12 所示。

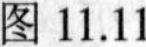
图 11.11

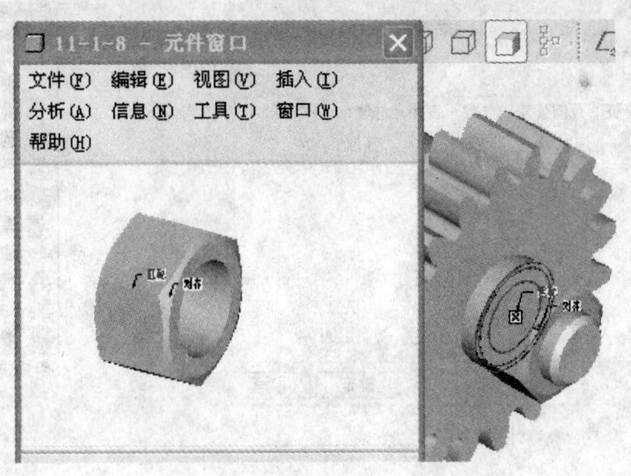

图 11.12

当使用（在组件模式下创建元件）按钮在装配设计环境下创建新的元件时，特征工具栏中的零件设计模块中常用的特征工具就可以大显身手，用户可以直接使用这些工具为组件创建新的元件。这部分内容将在“11.4 自顶向下设计”中详细介绍。

11.2 装配设计中的约束

约束的设置是装配过程中关键的环节，约束的设置包含两方面的内容，即约束类型的选择和约束参照的选取。

Pro/E 的装配设计模块提供了两种形式的约束：即“无连接接口的约束”和“有连接接口的约束”。

11.2.1 无连接接口约束的设置

无连接接口的约束主要用于一般的装配中，使用此约束形式装配的元件之间不能做任何相对运动。

系统为用户提供了 10 种无连接接口的约束，如图 11.13 所示。

1. 匹配

匹配就是两个平面或两个基准平面相对，即法线方向相反。另外还可以对匹配的两个平面之间添加偏距，如图 11.14 所示，其选项有 3 种类型，分别是“偏距”、“定向”和“重合”。在实际设计过程种，匹配往往和“偏距”、“定向”和“重合”配合使用，其意义如下。

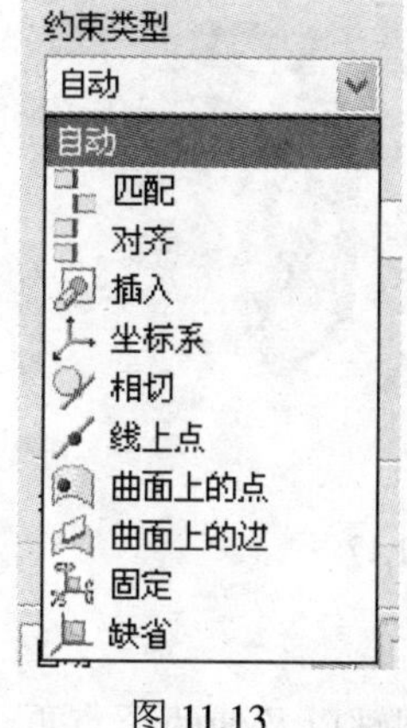

图 11.13

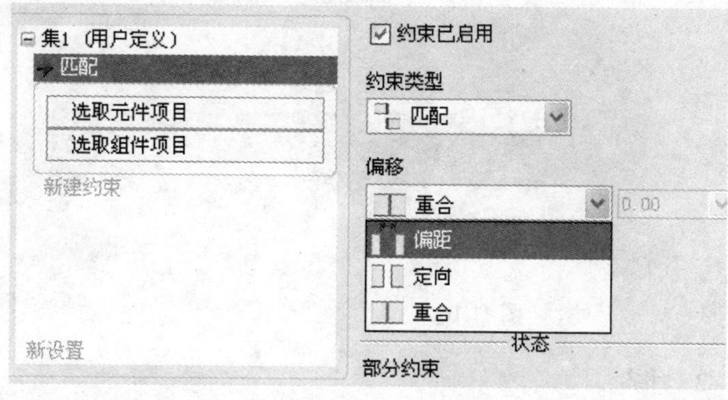

图 11.14

- “匹配”+“偏距”：该约束为两平面相对，中间有一定的距离，当通过该种方式定义元件之间的位置关系时，可以在“偏移”栏右侧出现的偏移距离栏中输入偏移距离。
- “匹配”+“定向”：为两平面相对，但并不设置两个元件之间的距离。
- “匹配”+“重合”：为匹配的缺省装配方式，即两平面相对，且平面间紧密结合。

例 1：

（1）将工作目录设置为“11-1”。

（2）新建组件文件，接受系统提供的缺省名称。

（3）单击系统工具栏的按钮，在“打开”对话框中选择元件“11-1-2”，单击“打开”按钮，打开元件并打开装配设计操控面板。在“放置”对话框的“约束类型”中选择“缺省”，完成元件“11-1-2”的装配。此时在“放置”对话框中的“状态”栏显示的装配状态为“完全约束”，如图 11.15 所示。

图 11.15

提示：“完全约束”表示元件的六个自由度全部被限制。

（4）单击系统工具栏的按钮，选择元件“11-1-3”，打开装配设计操控面板。在“放置”对话框的“约束类型”中选择“匹配”，在“偏移”下拉列表中选择“重合”，在绘图区分别选取如图 11.16 中箭头所指的两个平面作为“匹配”参照，完成“匹配”约束的设置。此时在“放置”对话框中的“状态”栏显示的装配状态为“部分约束”。结果如图 11.17 所示。

提示：“部分约束”表示元件的六个自由度没有全部被限制。要想完成元件的装配，必须继续进行约束设置。

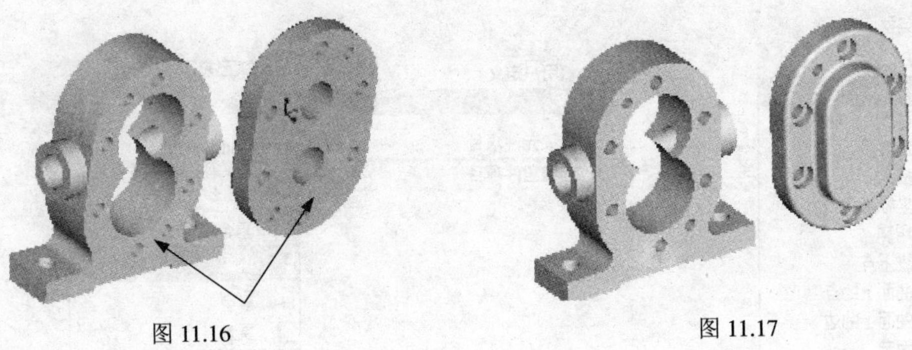

图 11.16　　　　　　　　　　　　　　图 11.17

2. 对齐

“对齐”约束是使两平面同向，即两平面的法向相向，两条轴线同轴以及使两个点重合。对齐也可以使两平面对齐后隔开一段距离，间距的设置与匹配约束间距的设置方法相同。

例 2：

（1）接上例，单击操控面板右侧的✖按钮，退出元件“11-1-3”的装配。

（2）单击系统工具栏的按钮，选择元件“11-1-10”，打开装配设计操控面板。在“放置”对话框的“约束类型”中选择“对齐”，分别选取如图 11.18 所示的元件的基准轴 A_1 和组件的基准轴 A_18 作为“对齐”参照，完成轴“对齐”约束的设置，结果如图 11.19 所示。

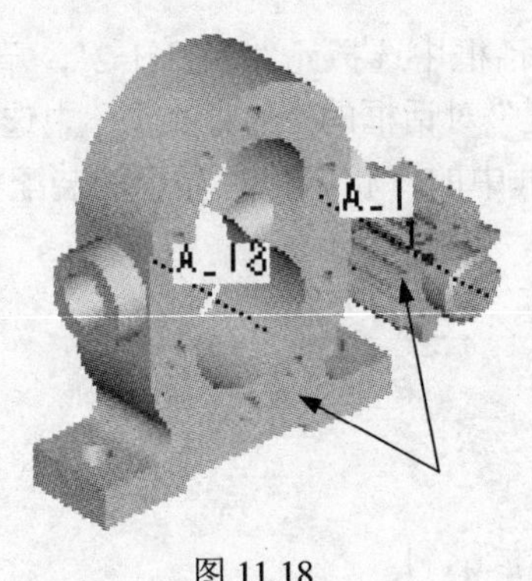

图 11.18

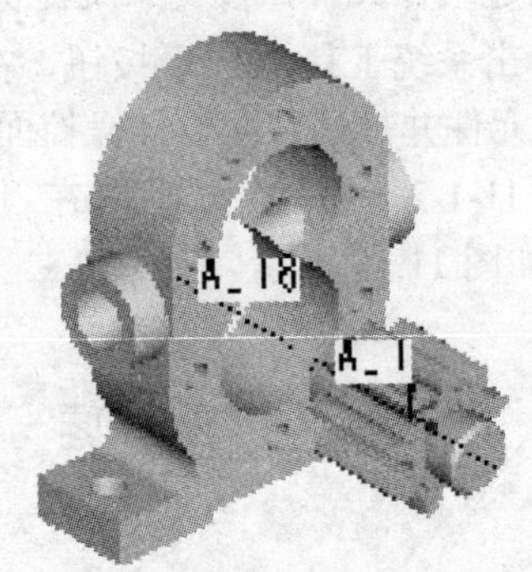

图 11.19

提示：轴和点的“对齐约束”只能是“重合”方式。如图 11.20 所示，“偏移”列表为不可用状态。

（3）在“放置”对话框中单击“新建约束”按钮，如图 11.20 所示。在“约束类型”中选择“对齐”，在“偏移”下拉列表中选择“重合”，在绘图区分别选取如图 11.18 中箭头所指的两个平面作为“对齐”参照，完成“对齐”约束的设置。结果如图 11.21 所示。此时在“放置”对话框中的“状态”栏显示的装配状态为“允许假设”→“完全约束”。

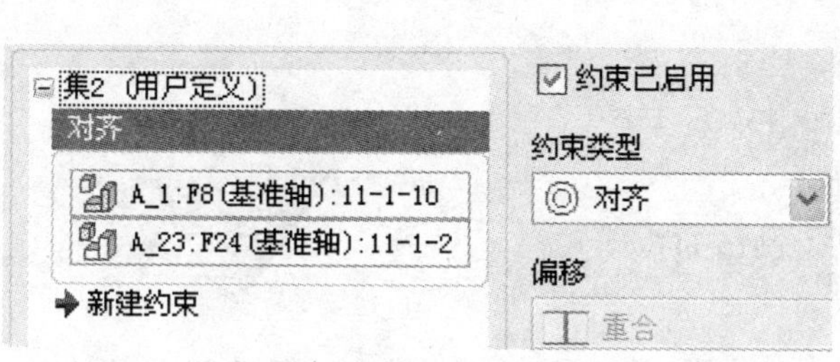

图 11.20

图 11.21

提示：如图 11.22 所示。"允许假设" → "完全约束" 表示元件的六个自由度没有全部被限制，但是与"部分约束"不同，它是一种在实际应用中允许的装配状态。

3. 插入

"插入"约束就是将一个旋转曲面插入到另一个旋转曲面中，两个元件的中心轴重合。

如图 11.23 所示圆柱销的装配，"插入"约束参照为图中所示销的外圆柱面和孔的内圆柱面。

图 11.22

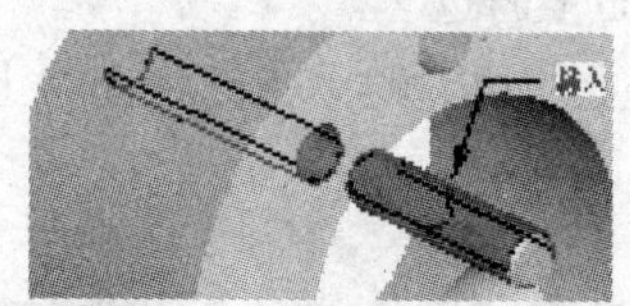

图 11.23

4. 坐标系

"坐标系"约束就是将元件坐标系和组件坐标系对齐。如图 11.24 所示元件，用于装配的坐标系是用户坐标系（CSO）。如图 11.25 所示元件，用于装配的坐标系是系统缺省坐标系（PRT_CSYS_DEF）。

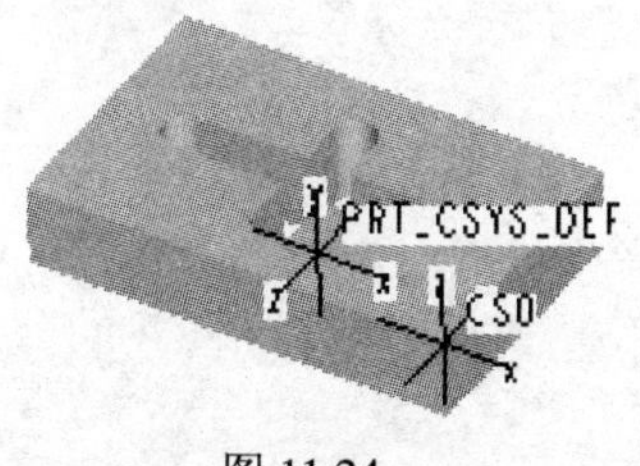

图 11.24

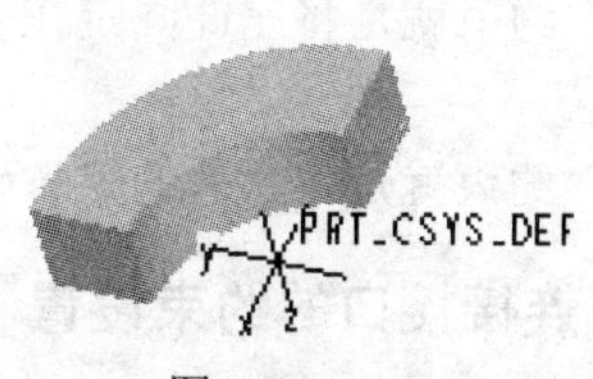

图 11.25

通过"坐标系"约束设置装配的结果如图 11.26 所示。

5. 相切

“相切”约束就是零件上的指定曲面以相切的方式进行装配，如图 11.27 所示。约束参照分别选取两圆柱表面。

图 11.26　　图 11.27

6. 线上点

“线上点”约束就是将元件上选定的点与组件的边、基准曲线或其延长线对齐。如图 11.28 所示，约束参照为基准点 PNT0 和基准曲线。

7. 曲面上的点

“曲面上的点”约束就是将元件上选定的点放置在组件的曲面上。如图 11.29 所示，约束参照为基准点 PNT0 和组件中的零件表面。

8. 曲面上的边

“曲面上的边”约束就是将元件上选定的边放置在组件的曲面上。如图 11.30 所示。

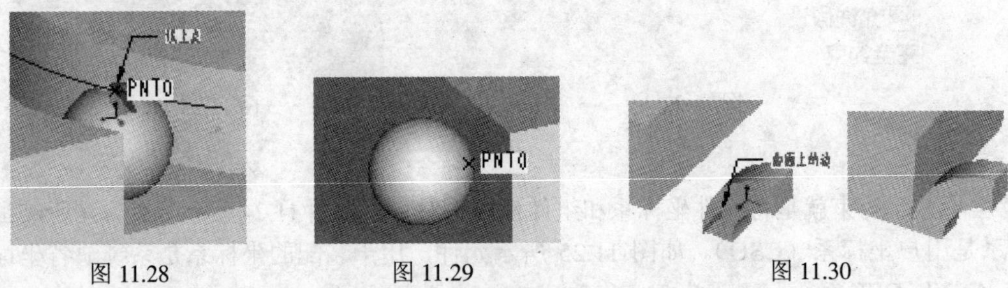

图 11.28　　图 11.29　　图 11.30

9. 固定

“固定”约束就是将元件固定在当前位置。

10. 缺省

“缺省”约束就是将元件的缺省坐标系与组件的缺省坐标系对齐。

11.2.2 有连接接口的约束设置

有连接接口的约束主要用来解决机构的相对运动问题。在实际产品开发中，各个运动元件之间具有特定的运动关系，为正确表达运动元件之间的运动特性和今后能够进行运动仿真，此时在装配这些运动元件时，就要使用有连接接口的约束。

系统为用户提供了 11 种有连接接口的约束类型，如图 11.9 所示。通过这些约束用户可以方便地定义机构的运动规律。

1. 刚性

刚性连接的两个元件之间自由度为 0，一般定义机架时使用此连接。实际上，刚性连接就是无连接接口的约束的装配方式。

2. 销钉

销钉连接的两个元件之间只有 1 个旋转自由度，允许沿指定轴旋转。这种连接需要定义“轴对齐”和“平移”约束。如图 11.31 所示。选择如图 11.32 所示齿轮的 A_1 轴和泵体的 A_18 轴作为“轴对齐”参照，选择如图 11.32 中箭头所指的平面作为平移参照。

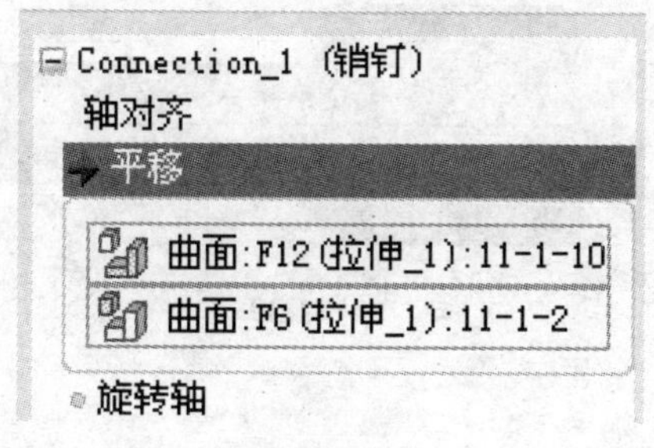

图 11.31

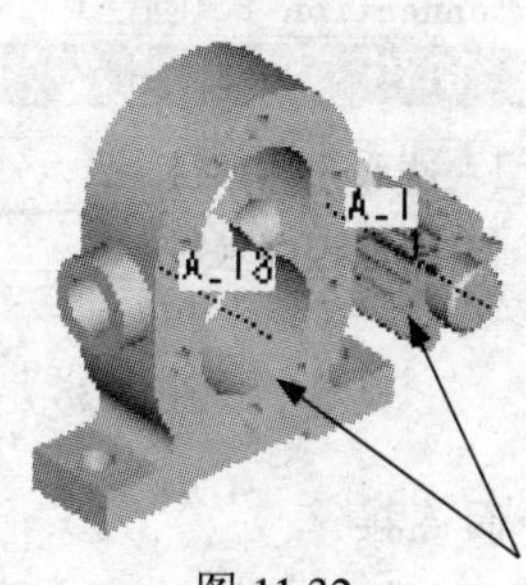

图 11.32

连接轴显示结果如图 11.33 所示。如果以上约束的设置正确无误，在“状态”栏内将显示“完成连接定义”。如图 11.34 所示。

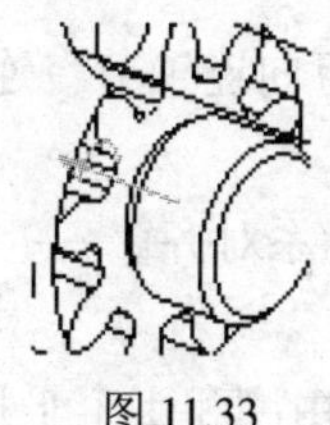

图 11.33

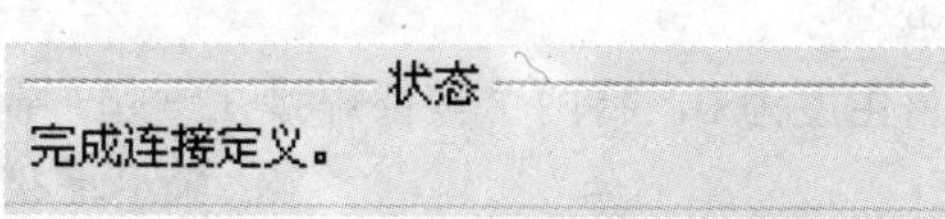

图 11.34

3. 滑动杆

滑动杆连接只有 1 个平移自由度，允许沿轴平移。需要定义“轴对齐”和“旋转”约束，以限制构件沿轴线旋转，如图 11.35 所示。选择滚轮的 A_5 轴和本体的 A_3 轴作为“轴对齐”参照，选择如图 11.36 所示箭头所指的两个平面作为旋转参照。

连接轴显示结果如图 11.37 所示。

4. 圆柱连接

圆柱连接有 1 个旋转自由度和 1 个平移自由度，允许沿指定的轴平移并相对于该轴旋转。

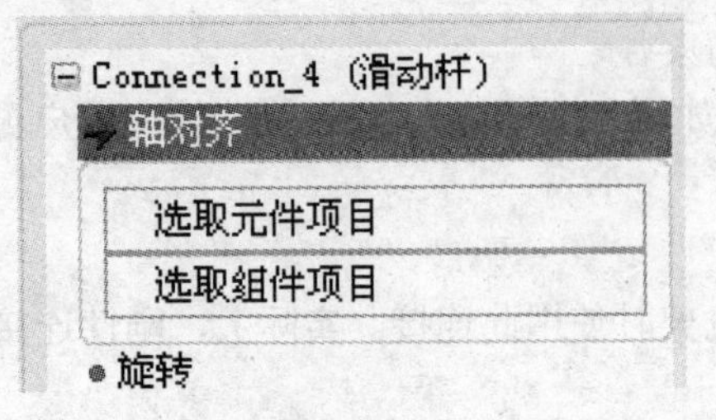

图 11.35

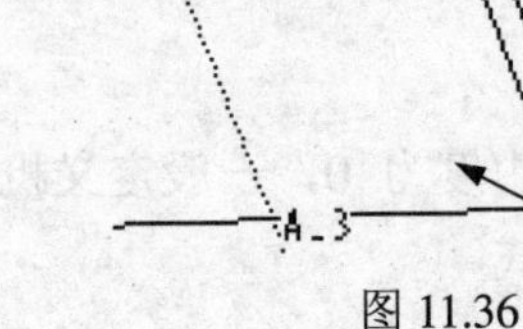

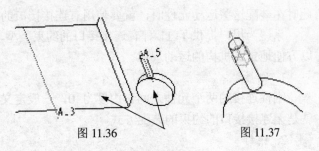

图 11.36

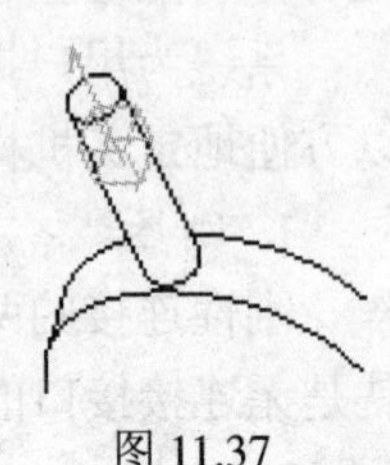

图 11.37

需要定义一个“轴对齐”约束，如图 11.38 所示。选择轴的 A_2 轴和轴套的 A_3 轴作为“轴对齐”参照。连接轴显示结果如图 11.39 所示。

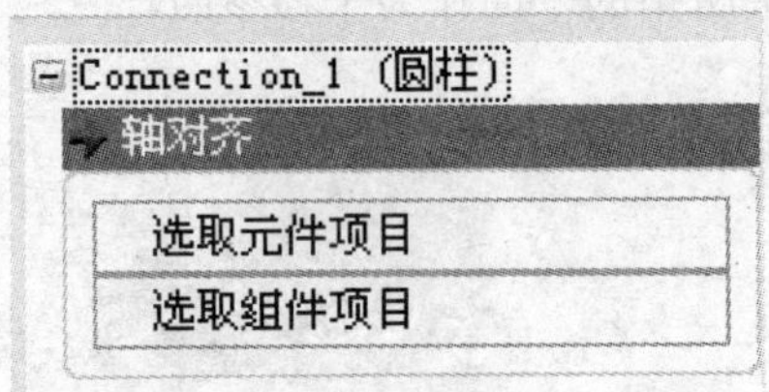

图 11.38

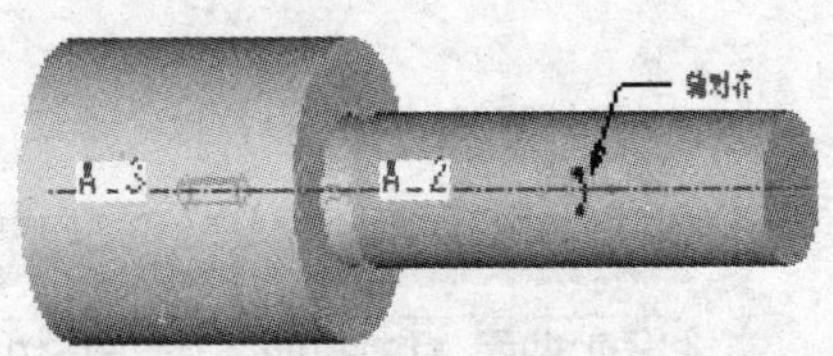

图 11.39

5. 平面连接

平面连接有 1 个旋转自由度和 2 个平移自由度，允许通过平面接头连接的主体在一个平面内相对运动，或者相对于垂直该平面的轴旋转。需要定义“平面对齐”或“平面偏距”约束。

6. 球连接

球连接有 3 个旋转自由度，但是没有平移自由度。相当于“万向连轴节”连接。

7. 焊接连接

焊接连接自由度为 0，将两个零件焊接在一起。需要定义坐标系对齐。

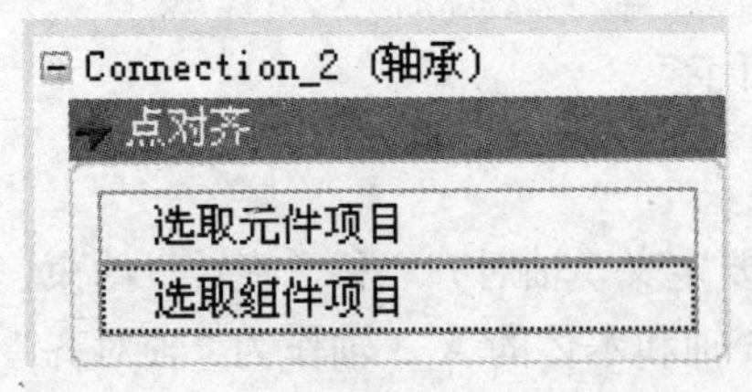

图 11.40

8. 轴承连接

轴承连接有 3 个旋转自由度和 1 个平移自由度，轴承连接是球接头和滑块接头的组合，允许接头在连接点沿任意方向旋转，沿指定轴平移，如图 11.40 所示。

9. 常规连接

常规连接以上 8 种基本约束方式配合使用，可以得到前面已经讲过的 8 种连接类型。如可以把“常规”约束类型和平面“对齐”配合使用，可以得到“平面”连接类型所具有的连接效果。

10. 6DOF 连接

6DOF 连接具有 6 个自由度，连接的零件可以自由移动，不受到约束限制，其运动具有不确定性。

11. 槽连接

槽连接有 1 个平移自由度和一个旋转自由度，允许沿指定方向平移或绕指定的旋转轴旋转。需要定义“直线上的点”约束，以限制元件沿指定曲线平移。通过“槽轴”选项可定义元件的原始位置和运动参数。如图 11.41 所示。选择小球上的基准点 PNT0 和基准曲线作为运动参照，完成连接轴的设置，结果如图 11.42 所示。

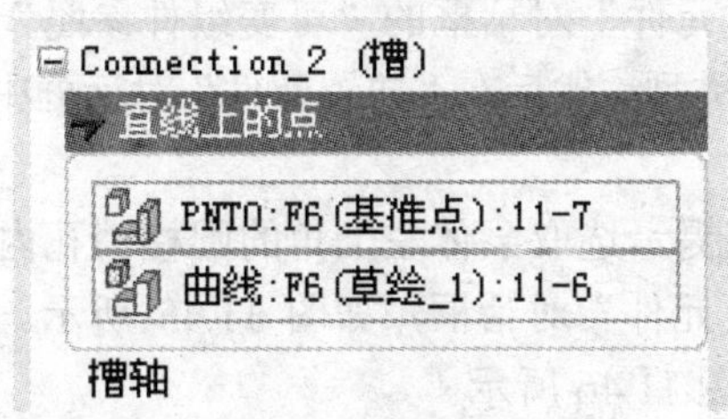

图 11.41

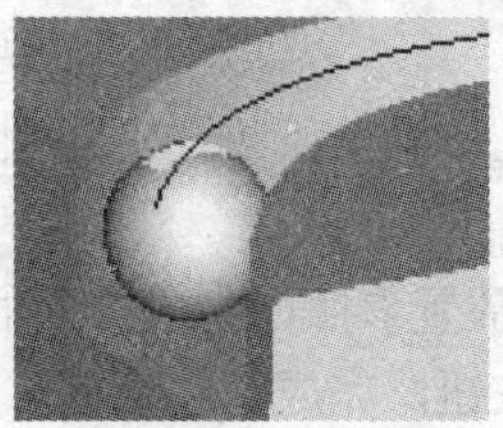

图 11.42

11.3　重复装配

有些元件需要多次重复装配，如螺栓、螺母等，而且每次装配使用的约束的类型和数量都相同，仅仅参照不同。为了方便这类元件的装配，系统为用户设计了重复装配功能。

在绘图区或模型树上选中需要重复装配元件，然后在“编辑”主菜单中选取“重复”选项，系统打开“重复元件”对话框，如图 11.43 所示。

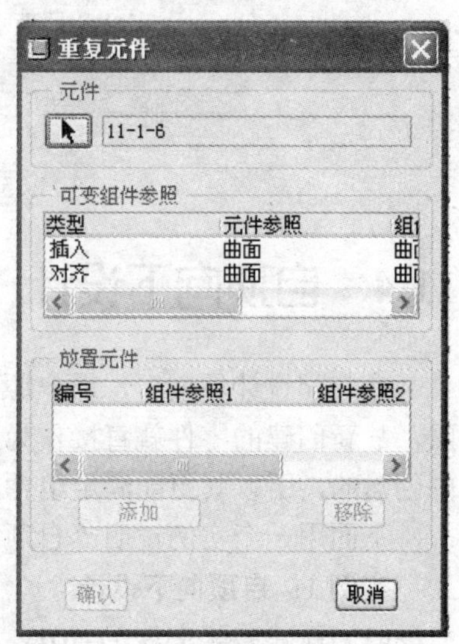

图 11.43

“重复装配”对话框中有 3 个选项组，各个选项组的具体含义介绍如下。

①“元件”：主要用来显示需要重复装配的元件的名称，如图 11.43 所示重复装配的元件的名称为 11-1-6。同时单击该选项组中的按钮，可以重新定义需要重复装配的元件。

②“可变组件参照”：主要用来显示需要重复装配的元件的约束类型及使用的参照。

③“放置元件”：主要用来显示重复装配的元件的编号和参照，并可以移除多余的参照。在“可变组件参照”分组中可选中在重复装配过程中需要重复使用的约束类型，然后单击“放置元件”选项组上的“添加”按钮即可指定重复装配过程中需要重新定义的约束的参照。如果要删除某一元件

的装配，只需在“放置元件”选项组中选中该元件的约束参照，然后单击“移除”按钮即可删除该元件的装配。

图 11.44

例 3：

（1）选中如图 11.44 所示的圆柱销作为重复装配的元件，在“编辑”主菜单中选取“重复”选项，打开“重复元件”设计对话框，如图 11.43 所示。

（2）在“重复元件”对话框的“可变组件参照”选项组中选中“插入”约束类型，然后在“放置元件”对话框中单击“添加”按钮。

（3）根据系统提示选取泵体左上角的圆柱销孔内表面作为新元件的放置参照，完成参照的选取后的“重复元件”对话框，如图 11.45 所示。最后单击“确认”按钮，完成圆柱销的重复装配。结果如图 11.46 所示。

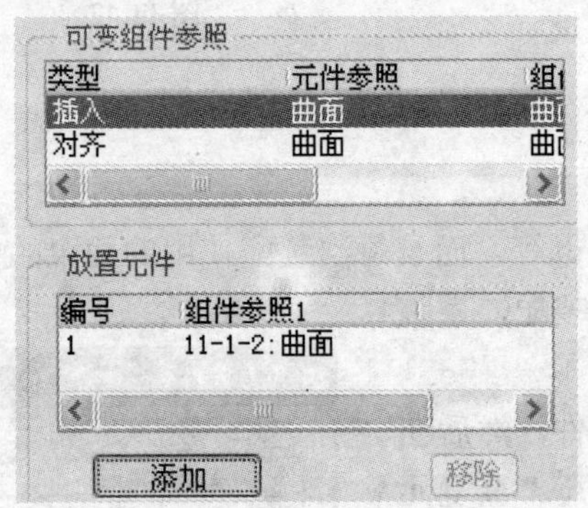

图 11.45

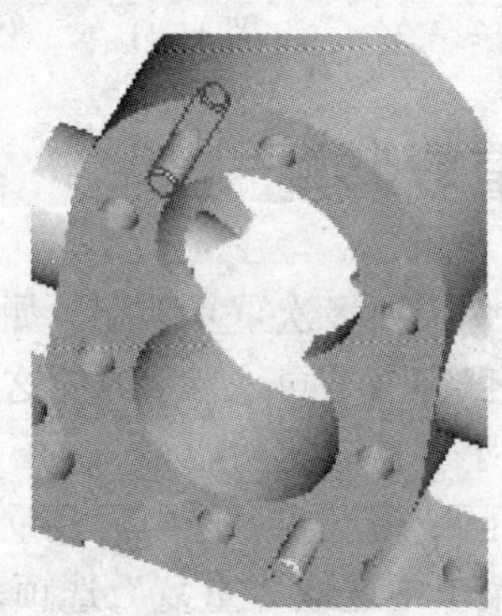

图 11.46

11.4 自顶向下设计

在装配设计环境中，用户还可以创建新的元件，装配过程中创建的新零件以组件作为参照，故新创建的零件就直接作为组件的一个元件，无需再次装配。由于新元件是在装配环境中创建的，所以其更能满足组件的设计要求。

下面用一个实例说明“自顶向下设计”的设计过程。

实例 1：自顶向下设计

（1）新建装配文件 11-101，以缺省方式装配零件 11-10-1。

提示：下面要设计的是与 11-10-1 相配合的零件。在这里称零件 11-10-1 为基础零件。由于在步骤（1）中已经将基础零件 11-10-1 装配到组件 11-101 中，所以零件 11-10-1 是组件 11-101 的一部分，也就是所谓的“顶”。

（2）单击特征工具栏的（在组件模式下创建元件）按钮，打开“元件创建”对话框。“类型”选择“零件”，“子类型”选择“实体”，输入元件名称 11-10-2。结果如图 11.47 所示。

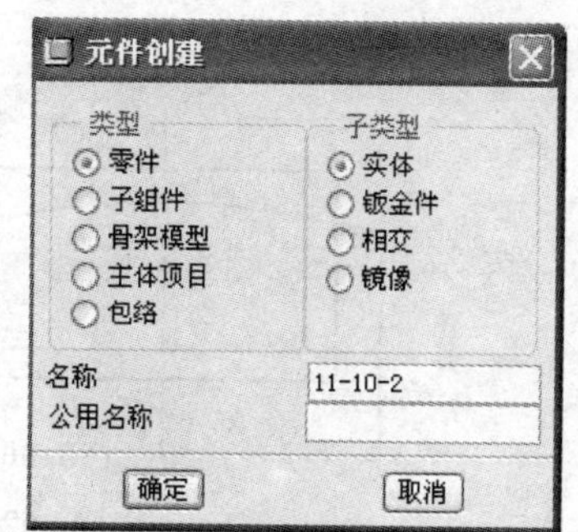

图 11.47

（3）单击“元件创建”对话框中的“确定”按钮，打开“创建选项”对话框。如图 11.48 所示。

（4）在“创建方法”中选择“创建特征”后单击该对话框的“确定”按钮，进入零件设计环境。此时模型树上将显示新创建的零件名称，如图 11.49 所示。

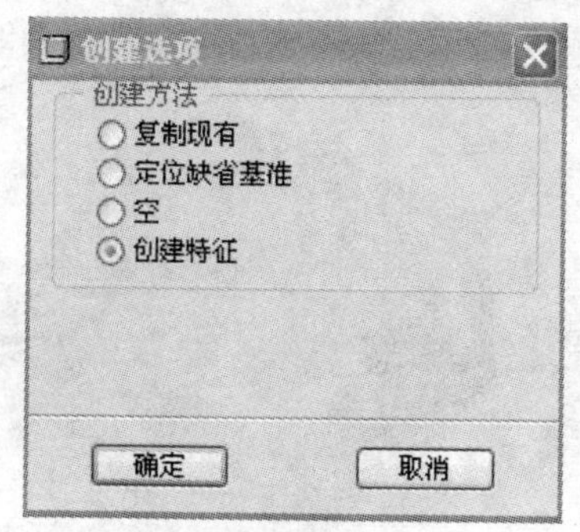

图 11.48

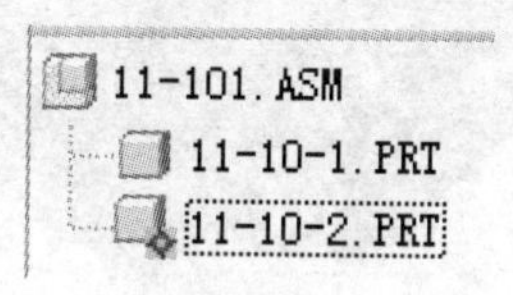

图 11.49

提示：由于元件 11-10-2 为激活状态（注意模型树中的标记），因此以下的设计工作全部是针对元件 11-10-2 的。

（5）拉伸。草绘面选择 ASM_FRONT。参照选择 ASM_RIGHT、ASM_TOP，如图 11.50 所示。绘制如图 11.51 所示的截面。选择“双向拉伸”，深度为 120。

图 11.50

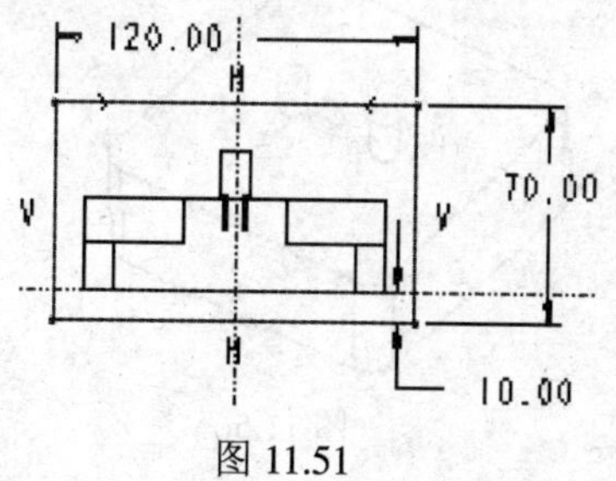

图 11.51

（6）增加“剖面圆顶”特征。在主菜单上单击“插入”→“高级”→“剖面圆顶”。接受系统提供的缺省选项。按提示选择第一个草绘平面，绘制如图 11.52 所示的截面。选择第二个草绘平面，绘制如图 11.53 所示的截面。

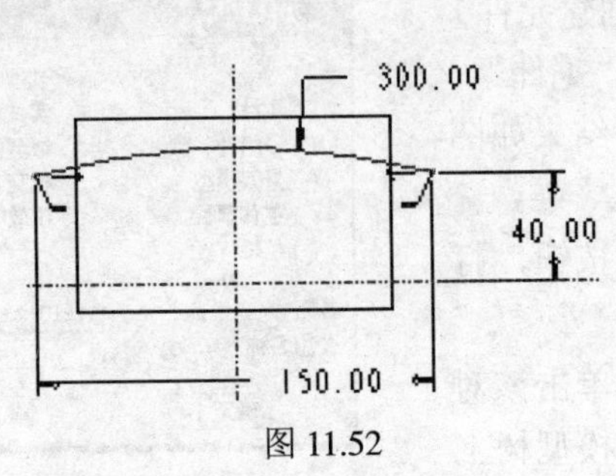

图 11.52

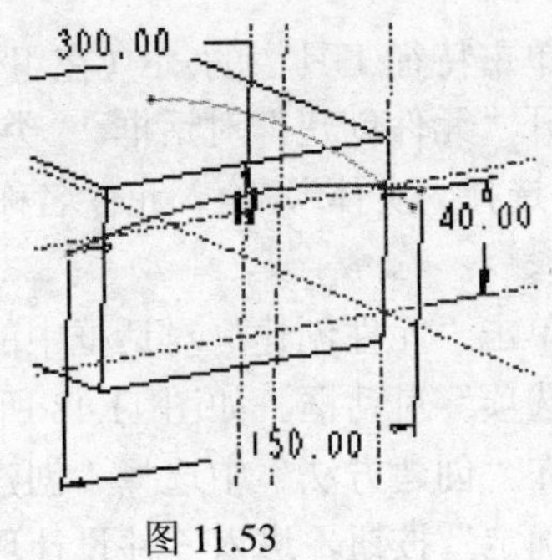

图 11.53

（7）完成的结果如图 11.54 所示。锐边倒圆后的结果如图 11.55 所示。其中，侧面圆角半径为 R10，顶面圆角半径为 R6。

图 11.54

图 11.55

（8）将元件 11-10-2 用拉伸的方法切成两半，并保留下面一部分，如图 11.56 所示。在模型树中选择元件 11-10-2，右击鼠标，在右键快捷菜单中选择“打开”命令，打开元件 11-10-2。结果如图 11.57 所示。

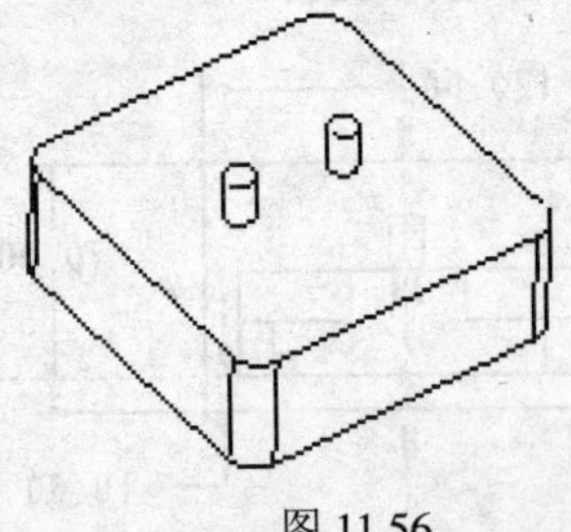
图 11.56

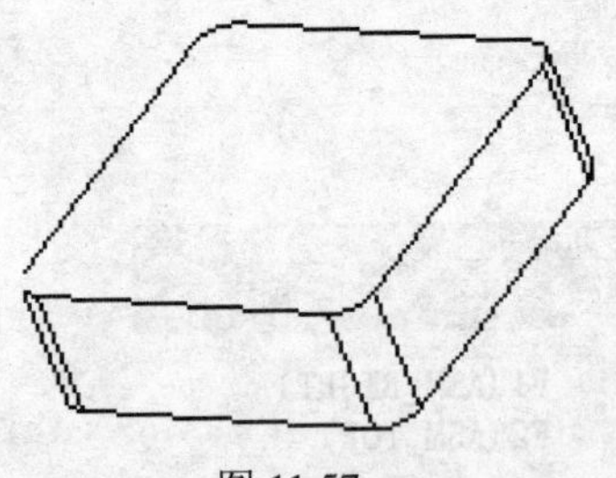
图 11.57

（9）在主菜单中单击“文件”→“保存副本”，打开“保存副本”对话框，在“新建名称”中输入文件名称 11-10-2-down，单击该对话框中的“确定”按钮。

（10）在模型树中选择特征“拉伸 2”，如图 11.58 所示。右击鼠标，在右键快捷菜单中选择“编辑定义”命令，在操控面板中更改拉伸切剪的方向，得到如图 11.59 所示结果。

（11）在主菜单中单击“文件”→“保存副本”，打开“保存副本”对话框，在“新建名称”中输入文件名称 11-10-2-up，单击该对话框中的“确定”按钮。

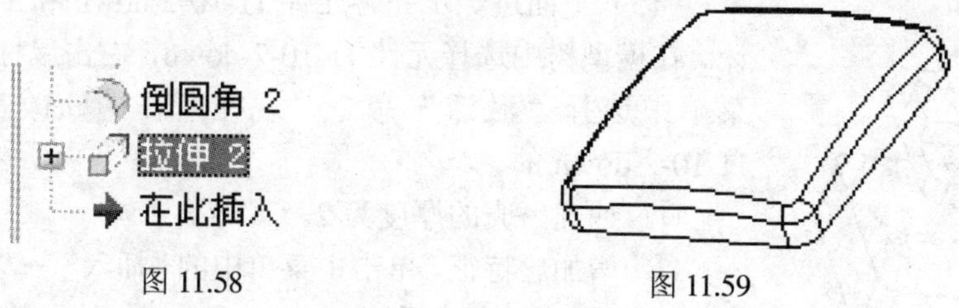

图 11.58　　　图 11.59

（12）关闭并拭除上述文件。

（13）新建装配文件 11-10，以缺省方式装配零件 11-10-1、11-10-2-down 和 11-10-2-up。结果如图 11.60 所示。

（14）在主菜单上单击“视图”→“分解”→“编辑位置”，打开“分解位置”对话框。如图 11.61 所示。“运动类型”选择“平移”，“运动参照”选择“平面法向”，选择 ASM_TOP 作为元件分解的参照，按系统提示在绘图区分别单击元件 11-10-2-up 和 11-10-2-down，将两个元件平移到合适位置。单击“选取”菜单中的“确定”，单击“选取移动”菜单中的“使用先前”，单击“分解位置”对话框中的“确定”按钮，完成元件的分解操作。结果如图 11.62 所示。

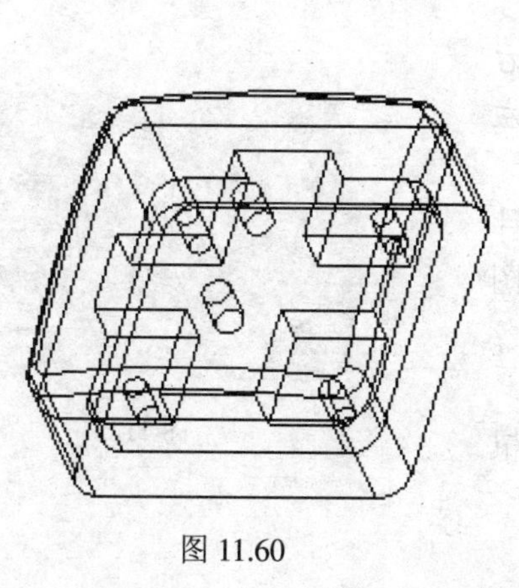

图 11.60

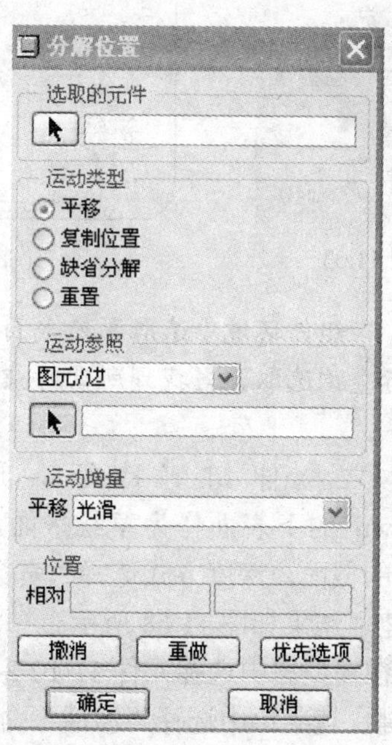

图 11.61

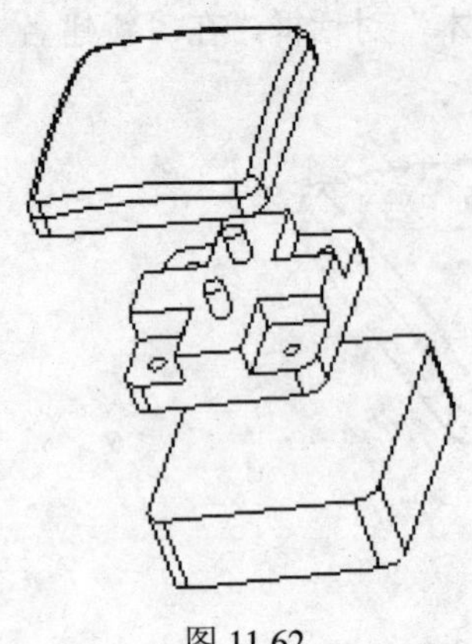

图 11.62

提示：可以通过单击主菜单中的“视图”→“分解”→“取消分解视图”或“分解视图”，使组件闭合或分解。

（15）下面进一步完善元件 11-10-2-down 和 11-10-2-up 的设计。在模型树中选择元件 11-10-2-down，右击鼠标，在右键快捷菜单中选择“激活”命令，现在所作的修改都是针对元件 11-10-2-down 的。

① 抽壳。壳的厚度为 2。

② 增加唇特征。单击主菜单中的“插入”→“高级”→“唇”命令，“唇”的参数分别为：1、1 和 2°。结果如图 11.63 所示。

③ 建立拉伸特征。选择元件 11-10-1 的下表面作为草绘平面，选取 4 个小圆为草绘参照，绘制如图 11.64 所示截面。拉伸深度方式为“拉伸到面”，选择元件 11-10-2-down 的底面作为深度参照，如图 11.65 所示。完成的结果如图 11.66 所示。

图 11.63

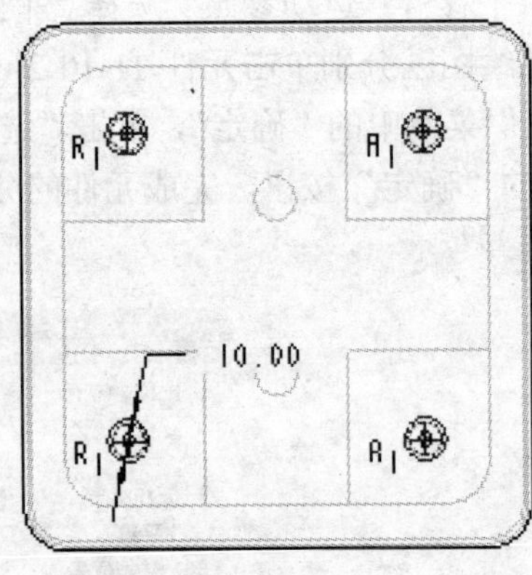

图 11.64

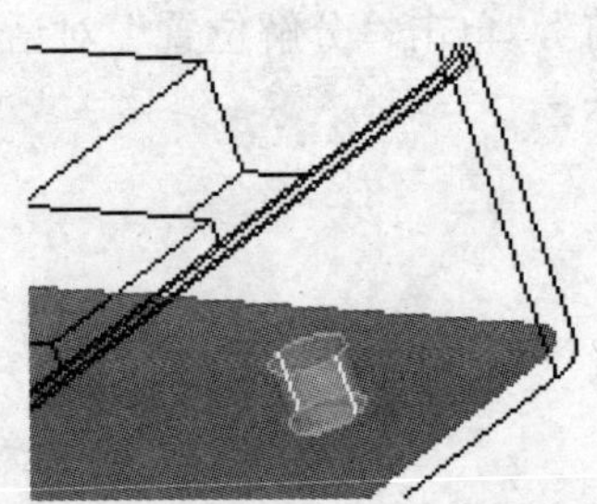

图 11.65

提示：在组件环境中选取草绘平面时，先用右键单击目标查询选取，当找到所需对象时，再用左键单击确认。

④ 建立拉伸切剪特征。选择元件 11-10-2-down 的下表面作为草绘平面，绘制如图 11.67 所示的截面，深度方式选择“贯穿”。完成各个孔的创建。结果如图 11.68 所示。

图 11.66

（16）在模型树中选择元件 11-10-2-up，右击鼠标，在右键快捷菜单中选择“激活”命令。

① 抽壳。壳的厚度为 2。

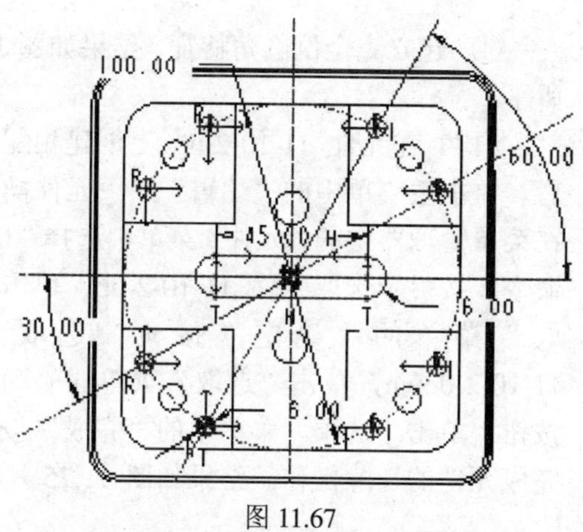

图 11.67

图 11.68

② 创建插头孔。使用拉伸特征，选择元件 11-10-1 上的两个圆柱体上表面作为草绘平面，绘制如图 11.69 所示的截面。深度方式选择“贯穿”。完成的结果如图 11.70 所示。

图 11.69　　图 11.70

③ 创建草绘偏移特征。选择元件 11-10-2-up 的上表面，单击主菜单上的“编辑”→“偏移”，打开“偏移”操作操控面板。“偏移”方式选择“展开特征”，单击“选项”按钮，在其上滑面板中的“展开区域”选择“草绘区域”选项。单击右侧的“定义”按钮定义一个草绘。如图 11.71 所示。在“草绘”对话框中选择“使用先前”按钮，参照选择两个小圆，绘制如图 11.72 所示的截面，偏移距离输入 2，最后完成的结果如图 11.73 所示。

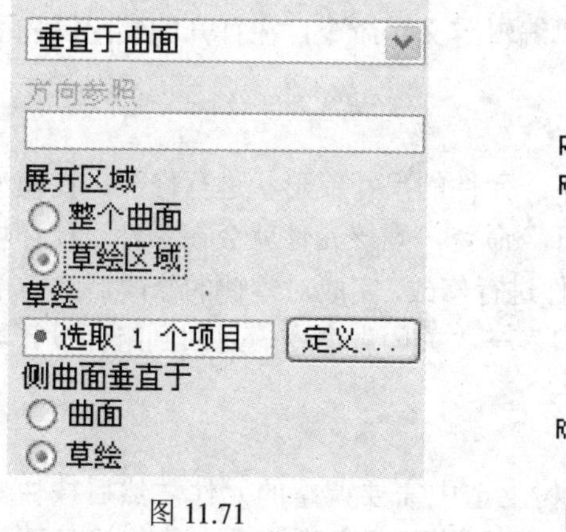

图 11.71

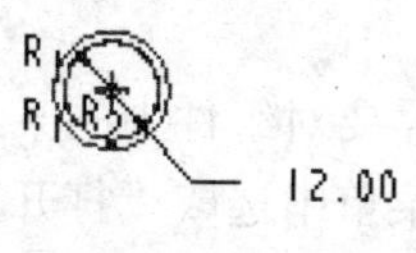

图 11.72

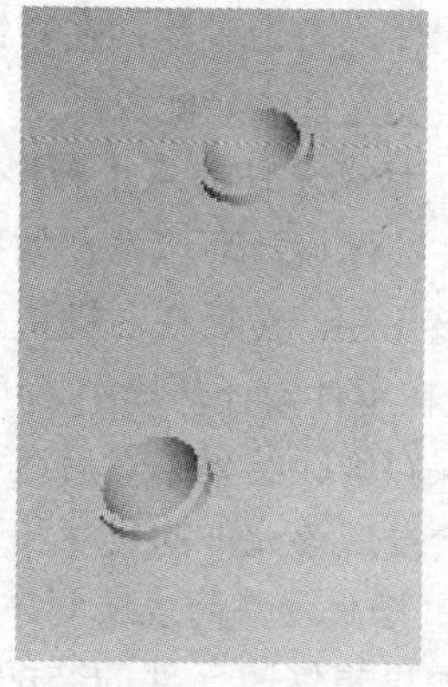

图 11.73

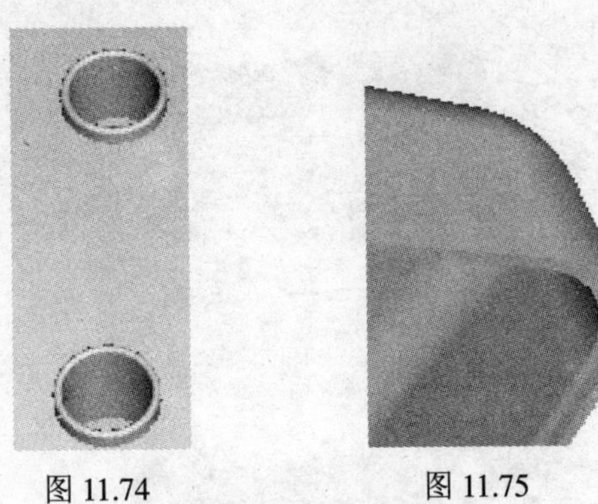

图 11.74 图 11.75

④ 建立完全倒圆角特征。结果如图 11.74 所示。

（17）在元件 11-10-2-up 上创建相配合的唇。单击主菜单中的“编辑”→“元件操作”，在菜单管理器中的“元件”菜单中选择“切除”命令，按提示选取元件 11-10-2-up，单击“选取”菜单的“确定”按钮，选取元件 11-10-2-down，单击“选取”菜单的“确定”按钮，单击“选项”菜单中的“完成”按钮。完成元件的切除操作。结果如图 11.75 所示。至此已经完成了在组件环境中设计元件的工作。

（18）保存并拭除文件。

11.5 元件的操作

在组件环境中，很容易发现产品存在的问题，并且系统提供了许多在组件环境中进行修改的方法。

11.5.1 元件的常用编辑方法

本节主要从修改元件的装配关系、自身尺寸和形状及元件的装配顺序等方面介绍元件的常用编辑方法。

1. 修改元件的装配关系

在组件设计环境下，如果需要对某一元件的装配关系进行修改，用户可以在模型树上选中该元件，右击鼠标，在右键快捷菜单中选取“编辑定义”命令，在打开的装配操控面板中重新定义元件的装配关系。

2. 修改元件的尺寸和形状

在装配设计环境下，如果需要对组件中的某一元件的尺寸或形状进行修改，在模型树上选中该元件，然后在右键快捷菜单中选取“打开”命令，则该元件就会在零件设计环境中被打开。在零件设计环境中，可以根据需要对该零件进行修改，完成对零件的修改后只需单击按钮保存修改结果。然后在主菜单中单击“窗口”→“关闭”命令，返回到组件设计环境，此时会发现该元件的尺寸和形状已经被修改。

3. 修改元件的装配顺序

如果想修改元件的装配顺序，只需在模型树上选中需要调整的元件，然后按住鼠标左键把其拖动到合适的位置即可。值得注意的是，元件装配顺序修改成功的前提是不违反元件的装配原理，同时组件中的基础部件不能被移动，其他元件也不能被移动到基础部件的前面。

4. 删除元件

如果要从组件中删除某一元件，用户首先在模型树上选中该元件，然后在右键快捷菜单中选取“删除”命令，该元件即被从组件中删除。基础部件不能被删除。

5. 元件的隐藏与显示

在组件设计环境中，如果要让某一元件暂时从画面中消失，用户可以在模型树上选中该元件，然后在右键快捷菜单中选取“隐藏”选项，该元件即被隐藏。元件被隐藏只是元件暂时从画面中消失，被隐藏的元件仍然是组件中的一部分，并没有和组件脱离关系。如果要取消对某一元件的隐藏，用户可以先在模型树上选中该元件，然后在右键快捷菜单中选取“取消隐藏”命令即可。

11.5.2 元件的移动

在元件的装配过程中或编辑过程中，往往需要对元件的位置进行适当的移动。在装配操控面板上单击“移动”选项，打开其上滑面板。如图 11.76 所示。

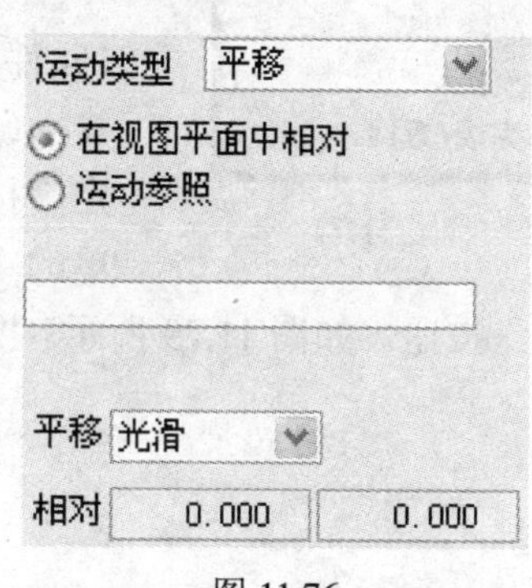

图 11.76

“移动”上滑面板有以下 4 个方面的内容，其各自的功能和具体含义如下。

（1）“运动类型”：用于定义调整元件位置的方式，其中包括以下 4 种移动元件的方式。

①“定向模式”：是装配时系统默认的元件移动方式，选择该选项时，可以使用鼠标中键调节元件的放置。

②“平移”：以平移的方式调整元件的放置位置，选择该选项时，可以使用鼠标左键调节元件的放置。

③“旋转”：以旋转的方式调整元件的放置位置，选择该选项时，也是使用鼠标左键调节元件的放置。

④“调整”：通过捕捉方式寻找满足约束条件的元件放置位置。

（2）“运动参照”：用来设定调整元件位置时使用的参照。用户可以选择视图平面、边、两点和坐标系等作为元件的移动参照。

（3）“运动增量”：用来设定移动鼠标时平移和旋转运动增量的大小，可以使用的选项有“光滑”和一系列数值。选用“光滑”选项可以连续移动或旋转元件；选用数值可以以该数值为尺寸或转角增量移动或旋转元件。

（4）“相对”：用来显示元件当前位置相对参照的位置坐标。

11.5.3 元件的合并和切除

元件的合并与切除操作是 Pro/E 组件设计过程中常用的两个功能。

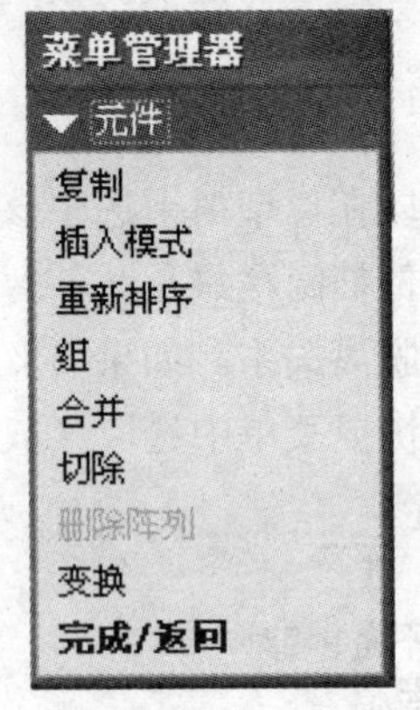

图 11.77

在组件设计环境中，单击主菜单中的“编辑”→“元件操作”，在菜单管理器的“元件”菜单中可以调用“合并”和“切除”命令。如图 11.77 所示。

下面通过一个简单的实例，说明“合并”和“切除”命令的用法。

实例 2：“合并”和“切除”命令的用法

（1）将工作目录设置到“11-11”。打开装配文件 11-11（此时，在模型树中有 3 个元件分别为元件 11-11-1 和两个 11-11-2）。

（2）单击主菜单中的“编辑”→“元件操作”，在菜单管理器的“元件”菜单中单击“合并”命令。

（3）按系统提示首先选取元件 11-11-1，单击“选取”菜单的“确定”按钮。如图 11.78 所示。再选取元件 11-11-2，单击“选取”菜单的“确定”按钮，接受“元件”的缺省选项，单击该菜单上的“完成”按钮。如图 11.79 所示。“合并”完成的元件如图 11.80 所示。

图 11.78

图 11.79

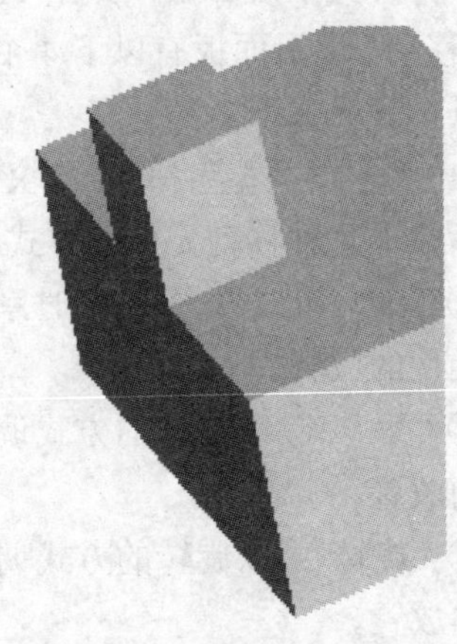

图 11.80

（4）单击主菜单中的“编辑”→“元件操作”，在菜单管理器的“元件”菜单中单击“切除”命令。

（5）按系统提示首先选取元件 11-11-1，单击“选取”菜单的“确定”按钮。如图 11.78 所示。再选取元件 11-11-2，单击“选取”菜单的“确定”按钮，接受“元件”的缺省选项，单击该菜单上的“完成”按钮。如图 11.81 所示。“切除”完成的元件如图 11.82 所示。

图 11.81

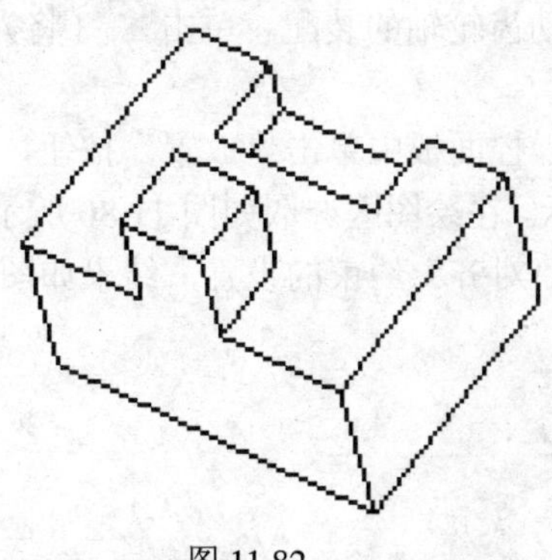

图 11.82

11.6　综合实例

实例 3：齿轮油泵的装配与运动仿真

通过本实例的学习，读者可以掌握 Pro/E 普通装配的方法和技巧。齿轮油泵装配完成后的结果如图 11.83 所示。

图 11.83

（1）将工作目录设置为“11-1”。

（2）新建装配文件 11-1，选择公制模板“mmns_asm_design”，单击“新文件选项”对话框中的“确定”按钮进入装配设计环境。

（3）泵体的装配。单击 （将元件添加到组件）按钮，在“打开”对话框中选择元件 11-1-2，单击该对话框的“打开”按钮或双击该元件的名称，在装配设计环境中元件 11-1-2 被打开。如图 11.84 所示。在装配操控面板的“无连接接口”约束类型下拉列表中选择“缺省”，如图 11.85 所示。单击操控面板右侧的 按钮，完成第一个元件的装配。

图 11.84

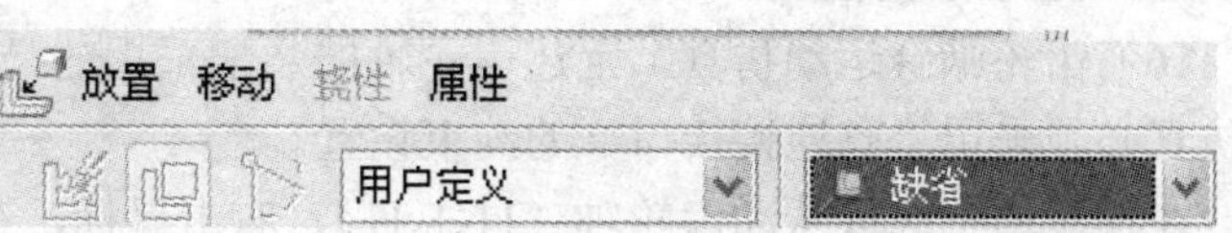

图 11.85

（4）从动齿轮轴的装配。单击（将元件添加到组件）按钮，打开元件 11-1-11。如图 11.86 所示。

在装配操控面板中单击“放置”按钮，打开其上滑面板，“约束类型”选择“对齐”。如图 11.87 所示。在绘图区选取如图 11.86 所示的 A_1 轴作为元件参照，选取 A_18 轴作为组件参照。完成“对齐”约束的设置，结果如图 11.88 所示。

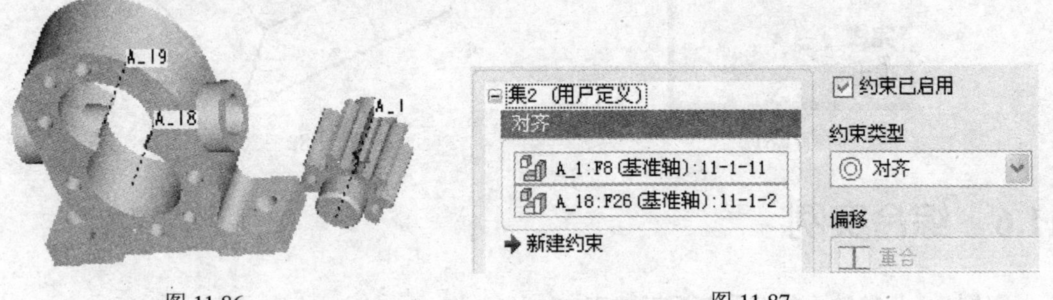

图 11.86　　图 11.87

单击“放置”上滑面板中的“新建约束”，继续为从动齿轮轴增加约束。如图 11.87 所示。“约束类型”选择“对齐”，“偏移”类型选择“重合”。选取如图 11.88 中箭头所指的两个平面作为“对齐”参照。此时装配状态栏显示为“完全约束”（允许假设）。完成的结果如图 11.89 所示。

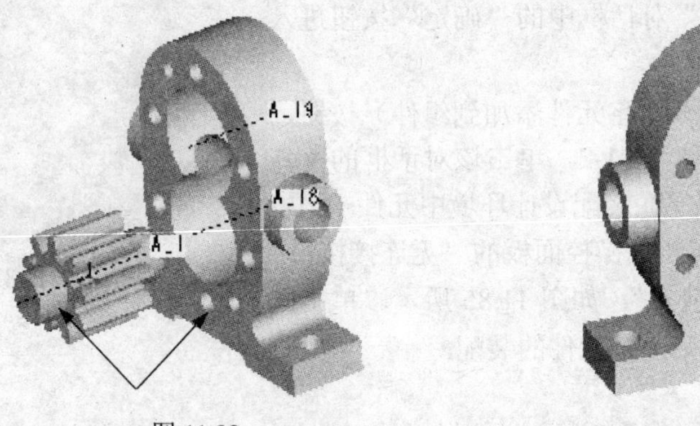

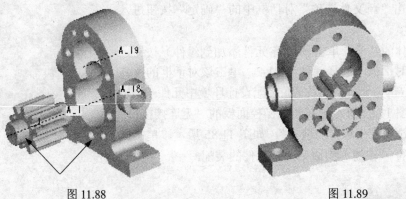

图 11.88　　图 11.89

（5）主动齿轮轴的装配。主动齿轮轴的装配方法与从动齿轮轴的装配方法相同，在此不再赘述。装配的结果如图 11.90 所示。

（6）齿轮啮合运动仿真。上述齿轮轴的装配采用的是“无连接接口”的约束设置。而运动仿真必须采用“有连接接口”的约束设置。

在模型树中选取从动齿轮轴（11-1-11），右击鼠标，在右键快捷菜单中选择“编辑定义”命令，系统重新打开装配操控面板。在“放置”上滑面板中去掉“约束已启用”复选框左侧

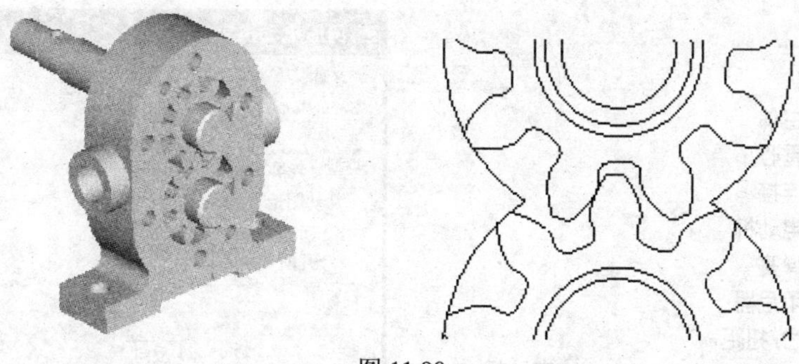

图 11.90

的小勾，如图 11.91 所示。在装配操控面板上“有连接接口”约束类型中选择“销钉”，如图 11.92 所示。此时状态栏显示“完成连接定义”，如图 11.93 所示。单击操控面板右侧的✔按钮，完成连接设置。可以看到在模型树元件名称的左侧出现了“有连接接口”连接的标示。如图 11.94 所示。

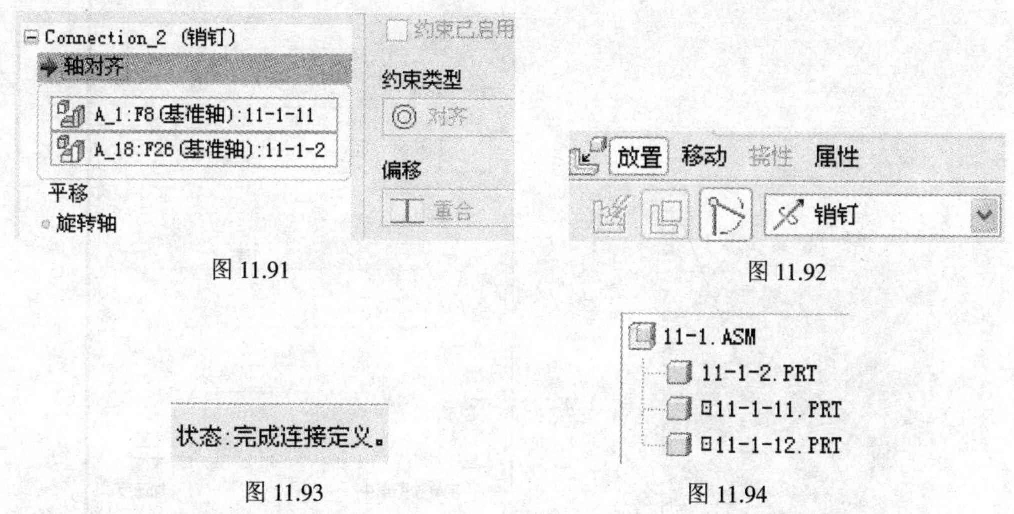

图 11.91　图 11.92

图 11.93　图 11.94

按上述步骤完成主动齿轮轴（11-1-12）的重定义。

单击主菜单中的“应用程序”→“机构”，进入机构仿真设计环境。此时模型树显示如图 11.95 所示。

单击模型树中“电动机”左侧的“+”号，如图 11.96 所示。右击“伺服”选项，选择“新建”命令，打开“伺服电动机定义”对话框，如图 11.97 所示。

按系统提示选取运动轴，如图 11.98 中箭头所指。单击“伺服电动机定义”对话框中的“轮廓”按钮。在“规范”中选择“速度”，在“模”中选择“常数”，在速度值输入框中输入 40，如图 11.99 所示。单击该对话框中的“应用”→“确定”按钮，完成伺服电动机的设置。

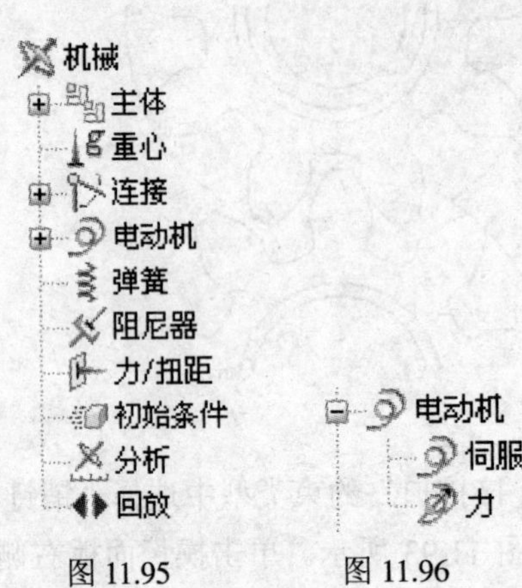

图 11.95　　图 11.96

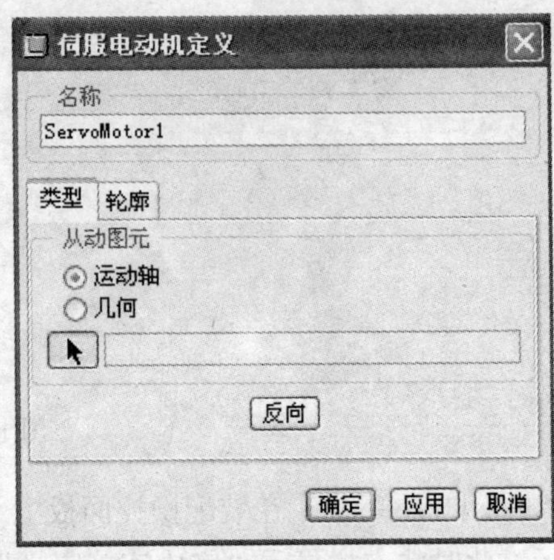

图 11.97

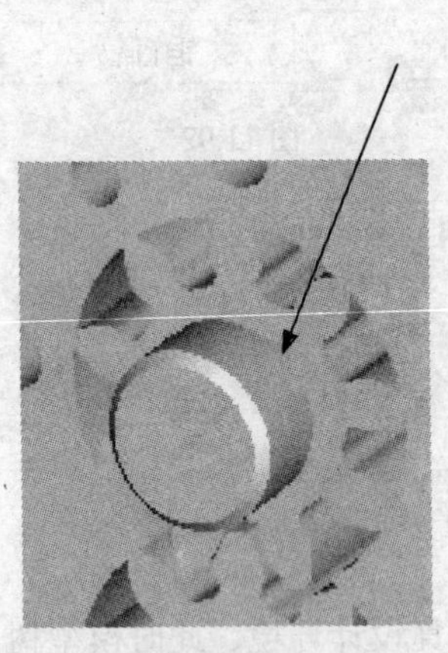

图 11.98

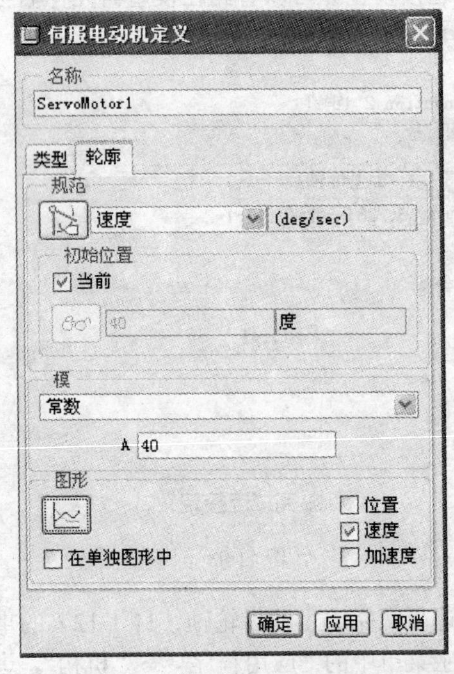

图 11.99

齿轮连接设计。单击模型树中“连接”左侧的“+”号，如图 11.100 所示。右击“齿轮”选项，选择“新建”命令，打开“齿轮副定义”对话框。按系统提示选取主动齿轮轴，在“节圆直径”输入框中输入 27，如图 11.101 所示，完成“齿轮 1”的设置。

单击“齿轮副定义”对话框中的“齿轮 2”选项，对从动齿轮进行设置。按系统提示选取从动齿轮轴，在“节圆/直径”输入框中输入 27。单击该对话框中的“应用”→“确定”按钮，完成齿轮连接的设计。结果如图 11.102 所示。

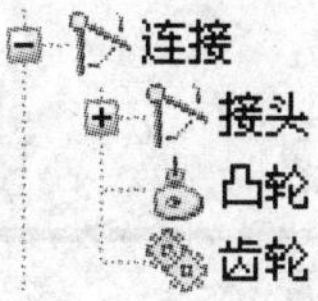

连接
接头
凸轮
齿轮

图 11.100

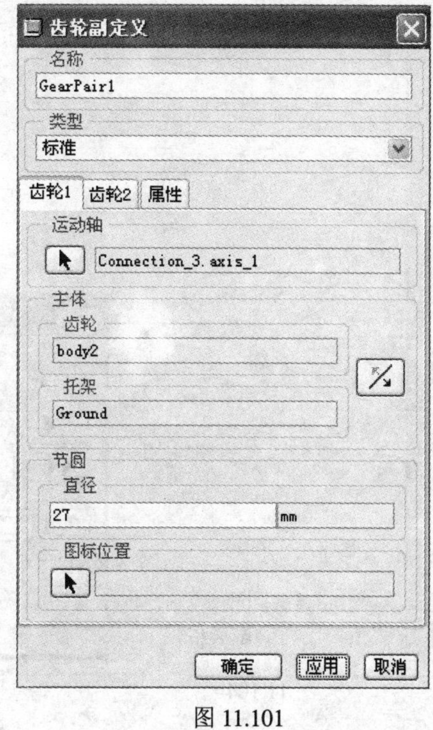

图 11.101

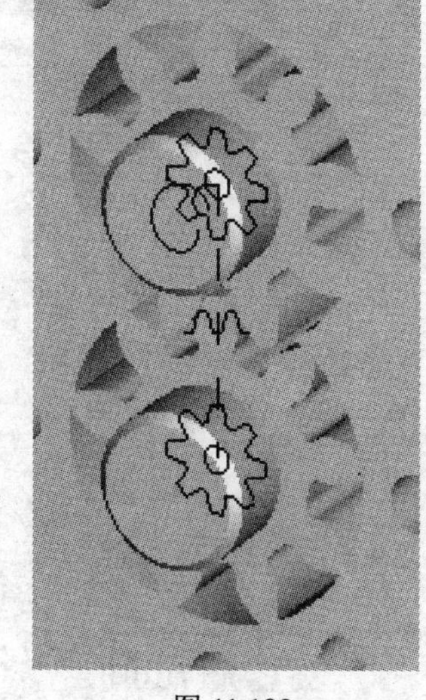

图 11.102

右击模型树中的“分析”选项，选择“新建”命令，打开“分析定义”对话框。选择“长度与帧数”，“终止时间”输入 100，“帧数”输入 1000，如图 11.103 所示。单击该对话框的“运行”按钮，可以观察运动结果。单击该对话框的“确定”按钮，完成运动分析。

单击模型树中“回放”左侧的“+”号。右击“分析 1”选项，如图 11.104 所示。选择“播放”命令，打开“动画”对话框，如图 11.105 所示。通过“动画”对话框可重新播放“分析 1”的结果。

（7）左泵盖的装配。单击（将元件添加到组件）按钮，打开元件 11-1-4，如图 11.106 所示。使基准轴 A_13 与基准轴 A_20“对齐”，使基准轴 A_14 与基准轴 A_21“对齐”。单击“放置”上滑面板中的“新建约束”，继续增加约束。“约束类型”选择“匹配”，“偏移”类型选择“重合”。选取如图 11.106 中箭头所指的两个平面作为“匹配”参照。此时装配状态栏显示为“完全约束”。完成的结果如图 11.107 所示。

（8）右泵盖的装配。单击（将元件添加到组件）按钮，打开元件 11-1-3。其余装配过程与步骤（7）相同。装配结果如图 11.108 所示。

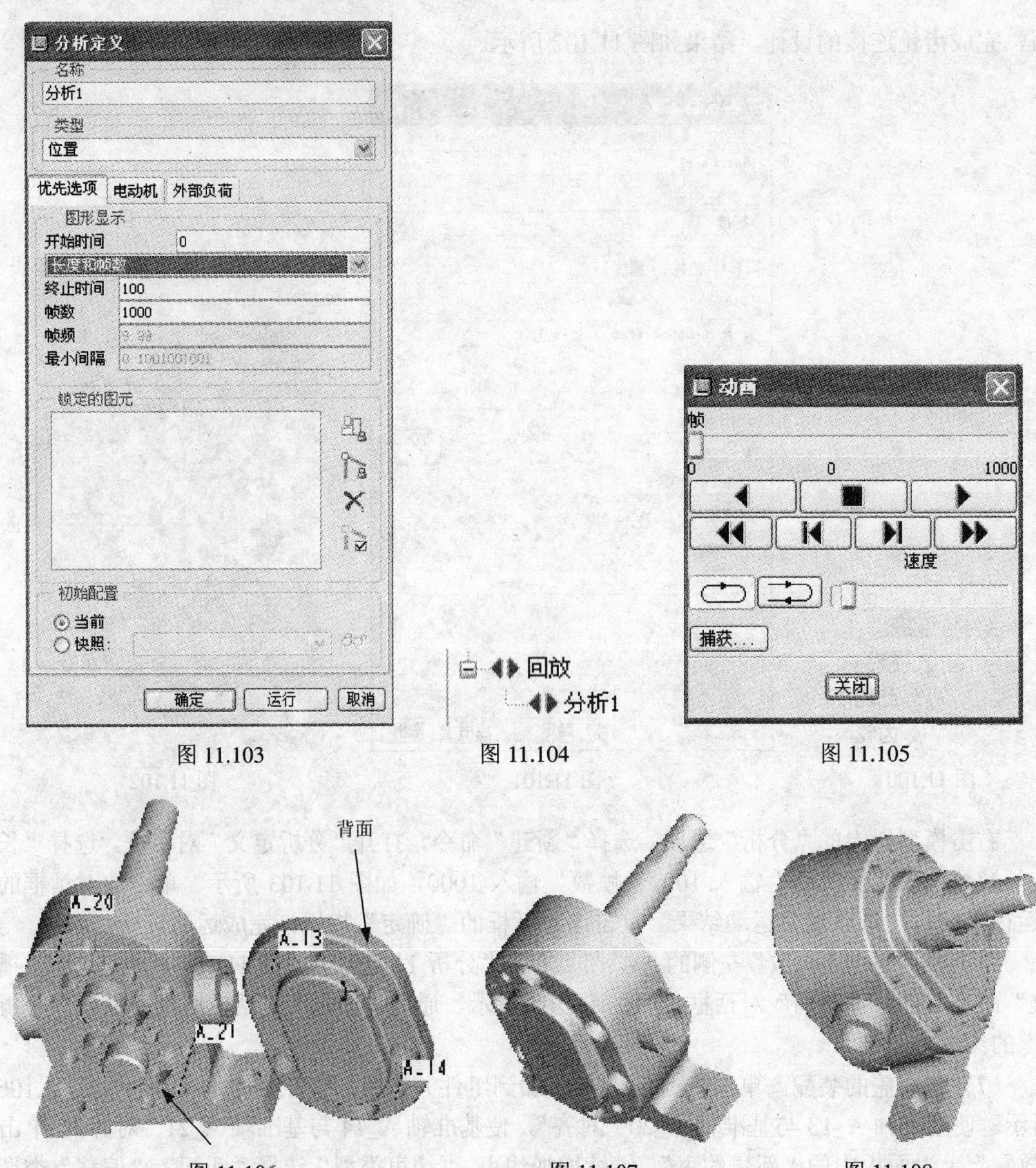

图 11.103 图 11.104 图 11.105

图 11.106 图 11.107 图 11.108

（9）定位销和紧固螺钉的装配。

左泵盖定位销的装配。单击（将元件添加到组件）按钮，打开元件 11-1-8，如图 11.109 所示。在“放置”上滑面板中选择“约束类型”为“插入”，选取如图 11.109 中箭头所指圆柱销外圆柱表面和销孔内圆柱表面作为“插入”参照，完成“插入”约束的设置。单击“放置”上滑面板中的“新建约束”，继续增加约束。“约束类型”选择“匹配”，“偏移”类型选择“重合”。选取如图 11.109 中箭头所指的两个平面作为“匹配”参照。此时装配状态栏显示为“完全约束”（允许假定）。完成的结果如图 11.110 所示。

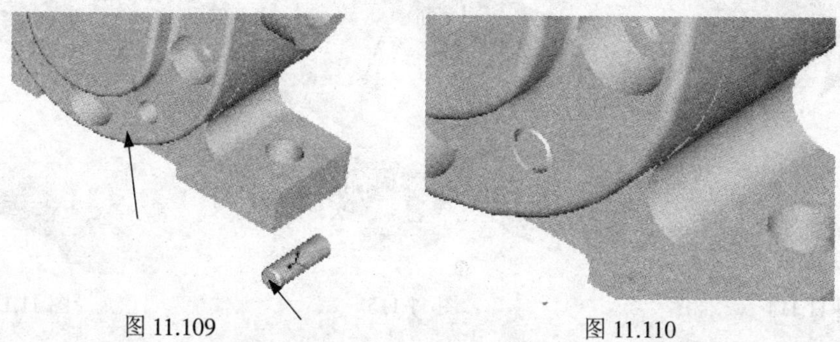

图 11.109　　图 11.110

重复装配定位销。装配过程参见“11.3 重复装配—例 3”。装配结果如图 11.111 所示。

装配左泵盖紧固螺钉。单击（将元件添加到组件）按钮，打开元件 11-1-9。装配方法与装配定位销相同。不再赘述。结果如图 11.112 所示。

重复装配紧固螺钉。装配过程参见“11.3 重复装配—例 3”。装配结果如图 11.113 所示。

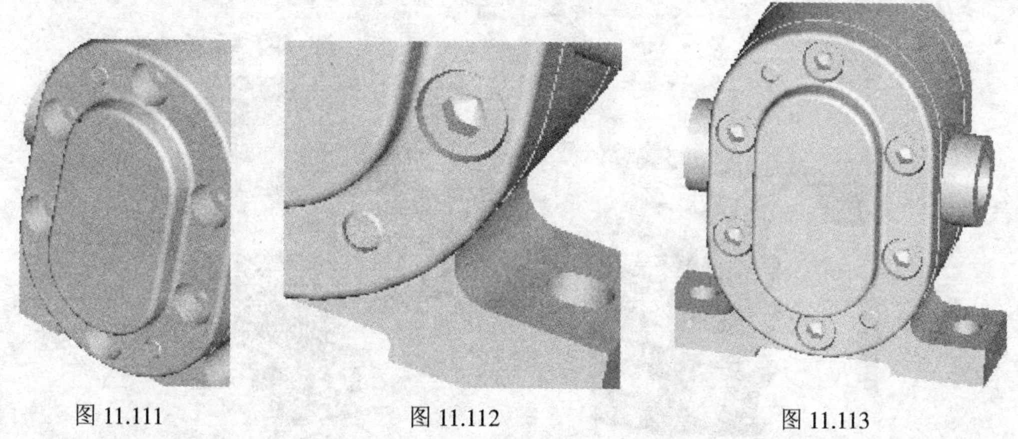

图 11.111　　图 11.112　　图 11.113

右泵盖定位销和紧固螺钉的装配过程与左泵盖定位销和紧固螺钉的装配过程相同，在此不再赘述。装配结果如图 11.114 所示。

（10）平键的装配。单击（将元件添加到组件）按钮，打开元件 11-1-13。如图 11.115 所示。在“放置”上滑面板中选择“约束类型”为“坐标系”。选取如图 11.115 所示的元件和组件坐标系，完成约束的设置。结果如图 11.116 所示。

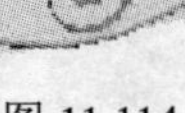

图 11.114

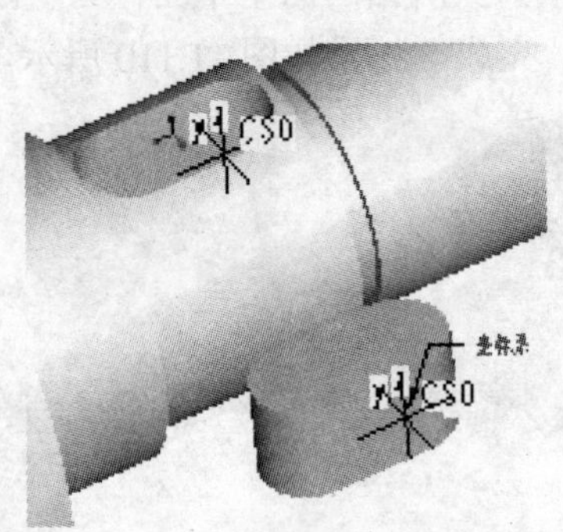

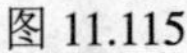

图 11.115

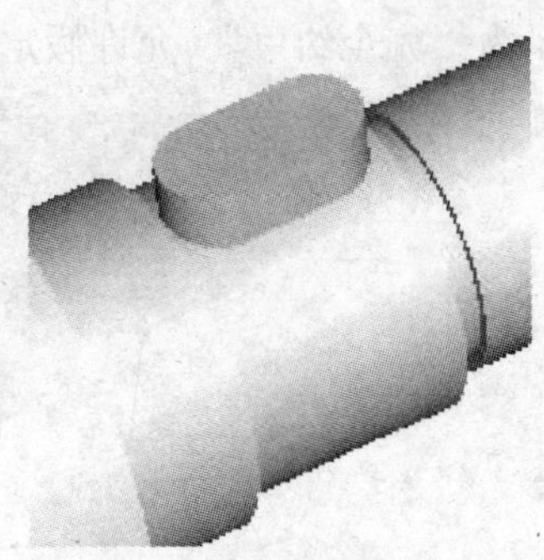

图 11.116

大齿轮的装配。单击（将元件添加到组件）按钮，打开元件 11-1-10。如图 11.117 所示。在“放置”上滑面板中选择“约束类型”为“匹配”，选择如图 11.117 中箭头所指的平面作为“匹配”参照。单击“放置”上滑面板中的“新建约束”，继续增加约束。“约束类型”选择“对齐”，选择元件 11-1-10 的基准平面 RIGHT 和组件基准平面 ASM_RIGHT 作为“对齐”参照。继续增加约束。“约束类型”选择“插入”，选取轴孔和轴的内、外圆柱表面作为“插入”参照。此时装配状态栏显示为“完全约束”。完成的结果如图 11.118 所示。

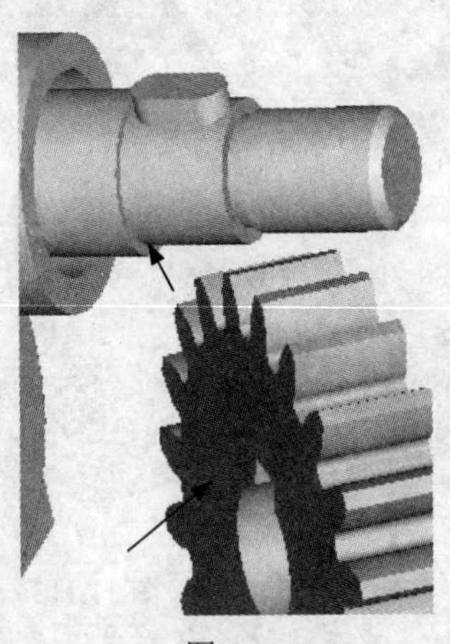

图 11.117

图 11.118

（11）其余元件的装配。剩余的元件，如锁紧螺帽、垫圈和螺母均采用轴“对齐”和平面“匹配”约束形式。在此不再赘述。最终的装配结果如图 11.119 所示。

（12）视图的分解。在主菜单上单击“视图”→“分解”→“编辑位置”，打开“分解位置”对话框。“运动类型”选择“平移”，“运动参照”选择“平面法向”，选择 ASM_FRONT

作为元件分解的参照，按系统提示在绘图区分别单击各元件并拖动到合适位置。单击“选取”菜单中的“确定”，单击“选取移动”菜单中的“使用先前”，单击“分解位置”对话框中的“确定”按钮，完成元件的分解操作。视图分解的结果如图 11.120 所示。

图 11.119

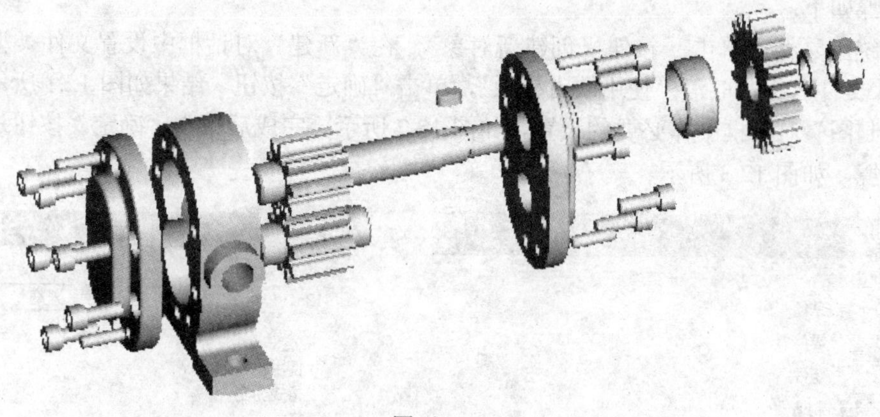

图 11.120

第 12 章　工程图与 AutoCAD

在实际产品的开发过程中，绘制产品工程图是必不可少的一个环节。Pro/E 不仅三维建模设计模块功能强大，同时工程图模块的功能也相当丰富，用户通过该模块能够轻松地设计出满意的工程图。如果将 Pro/E 的工程图模块与 AutoCAD 相结合，必将使工程图的设计效率进一步提高。本章着重介绍利用 Pro/E 工程图模块和 AutoCAD 创建工程图的操作方法。

12.1　工程图环境和相关配置

与零件或组件设计相似，在使用工程图模块创建工程图时首先要进入工程图设计环境。其操作步骤如下：

在系统工具栏上单击□按钮（创建新对象），在“新建”对话框中设置文件类型为“绘图”，输入文件名称，取消“使用缺省模板”，单击“确定”按钮。结果如图 12.1 所示。在打开的“新制图”对话框中作必要的设置，如图 12.2 所示。完成后单击“确定”按钮进入工程图设计环境，如图 12.3 所示。

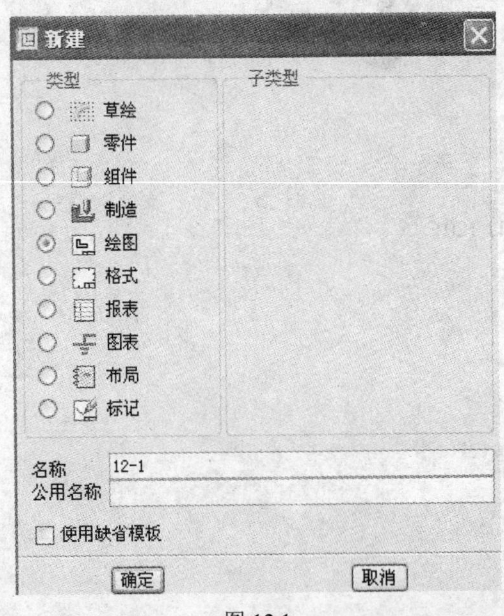

图 12.1

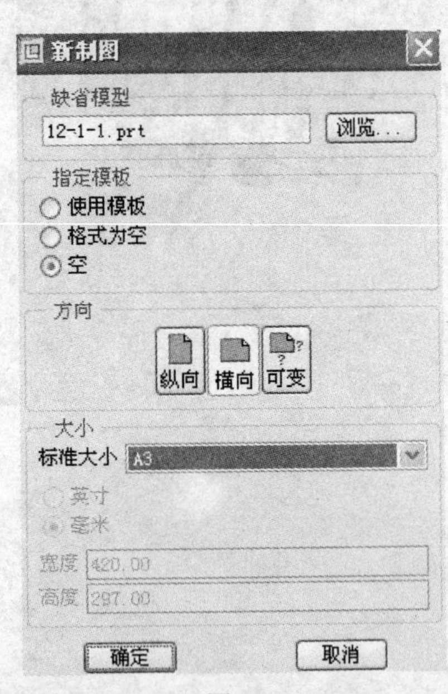

图 12.2

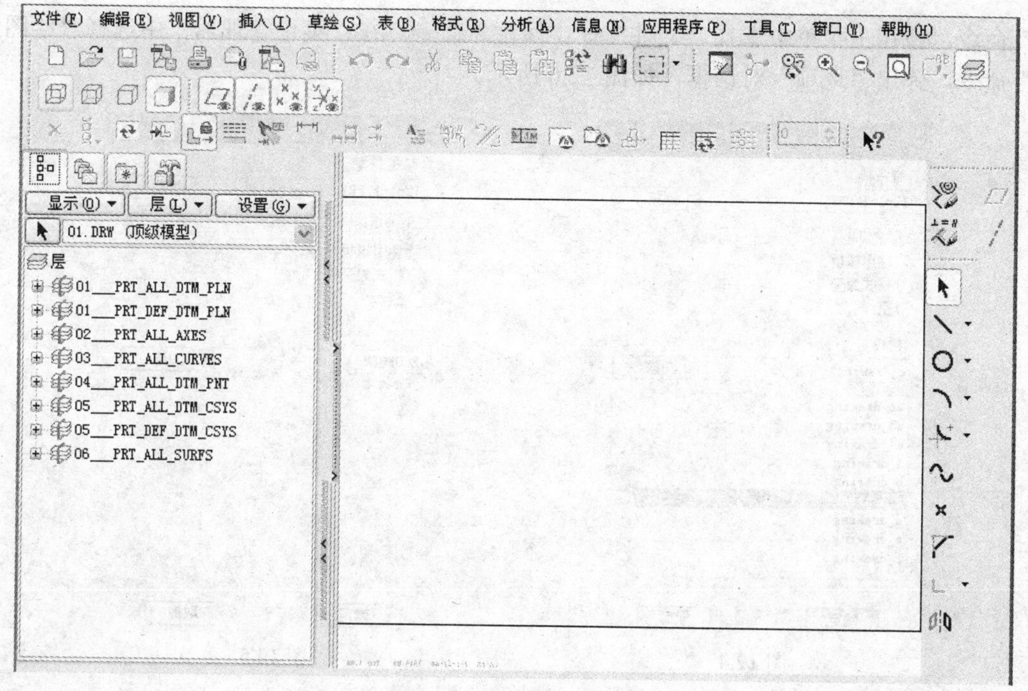

图 12.3

“新制图”对话框中有 4 个选项组，分别为“缺省模型”、“指定模板”、“方向”和“大小”。

（1）“缺省模型”输入框中显示的是用于创建工程图的三维模型名称。如果活动窗口中有模型，系统就会自动选择目前活动窗口的模型作为缺省工程图模型。如果活动窗口中没有模型或用户需要对其他模型创建工程图，则可以单击“浏览”按钮，以浏览的方式打开其他模型来创建工程图。

（2）“指定模板”选项组有 3 个选项，分别为：

“使用模板”：使用系统已设定好的模板来生成工程图，是系统的缺省选项。用户可以在“新制图”对话框中选择合适的模板，也可以单击“浏览”按钮选择用户自定义模板。如图 12.4 所示。

“格式为空”：在系统已经设定好的图纸上生成工程图。单击“浏览”按钮选择用户自定义图框创建工程图。如图 12.5 所示。

“空”：在空白图纸上生成工程图，但需要指定图纸边界的大小。如图 12.2 所示。

（3）“方向”：指定图纸的布置方式。

（4）“大小”：指定图幅与边界大小。

创建工程图之前，用户必须按一定的要求对 Pro/E 相关的配置文件进行设置以影响工程图最终创建的效果。在工程图窗口中任意位置单击鼠标右键，在弹出的快捷菜单中选择“属性”命令，或在主菜单中选择“文件”→“属性”命令。在“菜单管理器”中选择“绘图选项”命令，弹出“选项”对话框，如图 12.6 所示。

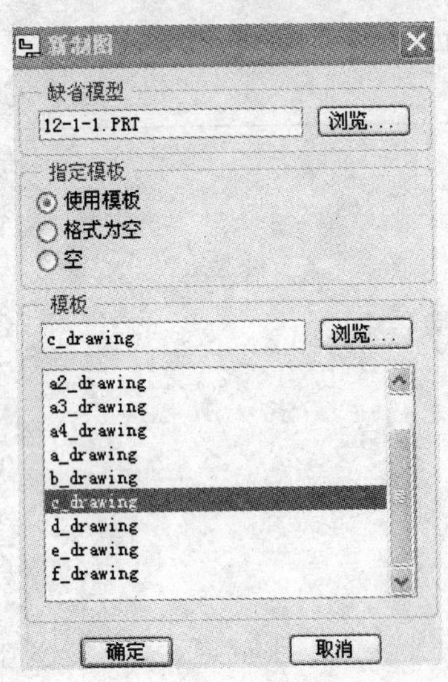

图 12.4

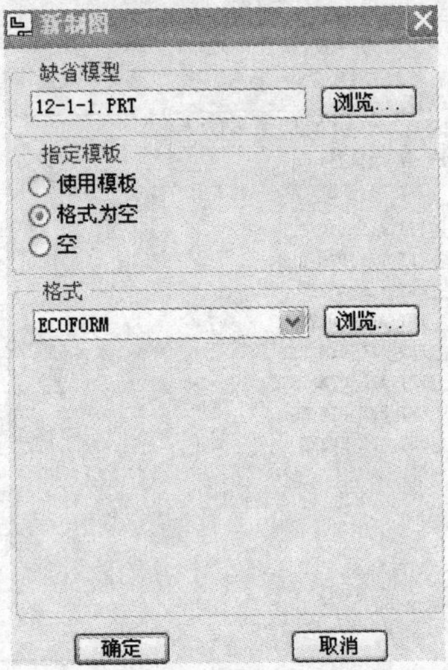

图 12.5

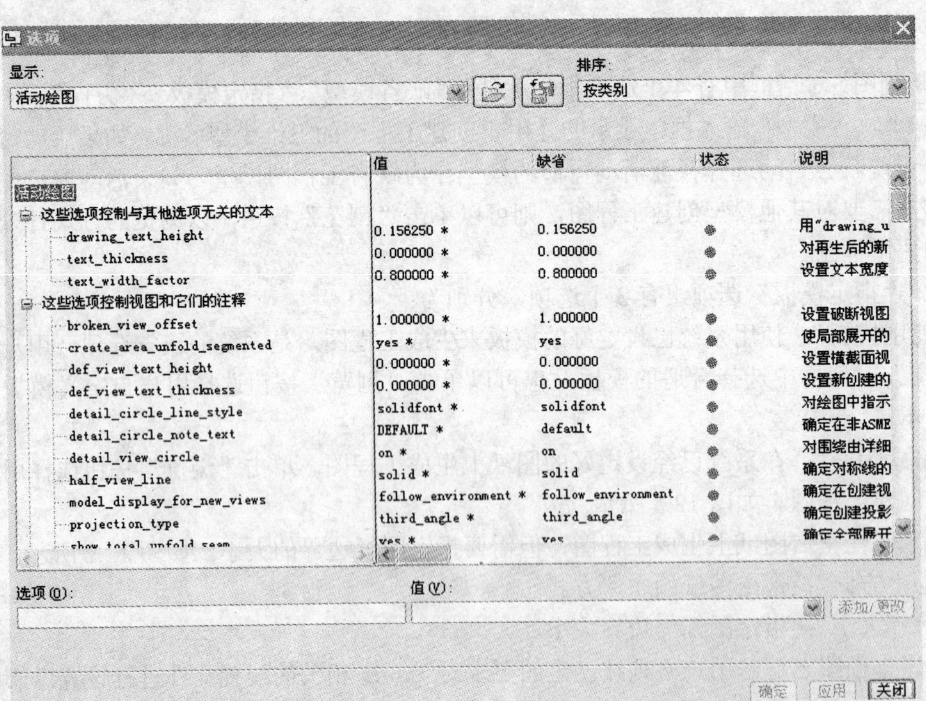

图 12.6

通常对以下选项的值进行修改：

Drawing_text_height：6

Projecting_type：first_angle

Draw_arrow_length：5

Draw_arrow_width：3

Drawing_units：mm

当所有选项的值修改完毕后，单击“选项”对话框中的“应用”→“关闭”。完成系统配置文件的设置。

12.2 关于“绘图视图”对话框

本节主要介绍“绘图视图”对话框的用法。在 Pro/E Wildfire 4.0 中，“绘图视图”对话框几乎集成了创建视图的所有命令。

单击“创建一般视图”按钮，根据系统提示在绘图区中选择一点作为主视图放置参照，系统打开“绘图视图”对话框，如图 12.7 所示。

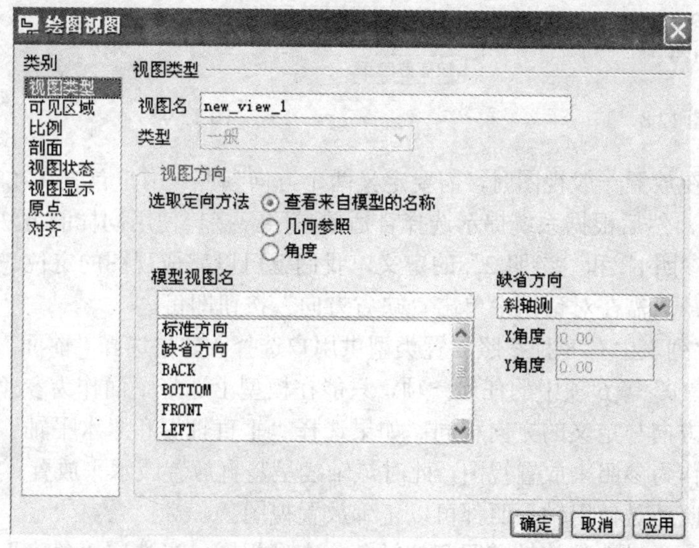

图 12.7

“绘图视图”对话框中包含了 8 大类内容，用户只要在对话框左边的“类别”选项组中选择任一类别，该类别内容将在该对话框左边区域显示。这 8 种类别各自的具体含义如下：

1. “视图类型”

在“类别”选项组中选择“视图类型”后，其内容将在“绘图视图”对话框中显示，如

图 12.7 所示。用户可以在该对话框中定义所创建视图的视图名称、视图类型（一般、投影等）和视图方向。其中“视图方向”选项组为用户提供了 3 种定位视图的方法。

（1）“查看来自模型的名称”：使用系统提供的一组已经命名的方位来定位视图，该定位方法也是系统缺省的视图定位方法。其使用方法为在“模型视图名”列表框中选择一个视图名称来定位视图（该名称表示观察模型的方向），接着在“缺省方向”下拉列表中选择“等轴测”、“斜轴测”或“用户自定义”三种方式之一来定义视图缺省方向。如果使用“用户自定义”方式定义视图缺省方向，可以输入视图绕 X、Y 轴的旋转角度来定位视图，如图 12.8 所示。

（2）“几何参照”：通过选择模型上的几何参照来定位视图，这是最常用的一种视图定位方法。当选定“几何参照”选项来定位视图时，“视图方向”选项组上的内容将变为如图 12.9 所示。

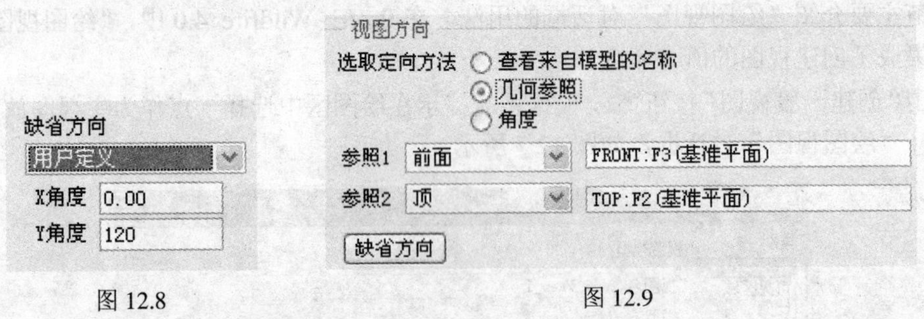

图 12.8　　图 12.9

使用此方法在放置一般视图时，需要定义两个方向参照。用户首先在“参照1”下拉列表中选择 1 个方向，然后根据系统提示选择合适的参照，接着使用同样的方法完成“参照 2”的定义，通过“参照1”和“参照 2”的定义，我们就可以完成视图的定位。如果用户想让视图回到缺省状态，只需在对话框中单击“缺省方向”按钮即可。

“参照”下拉列表中有 8 种参照放置类型供用户选择。如果选择“前面”、“后面”、“上”、“下”、“左”和“右”等 6 项中的任何一项，只能在模型上选择平面作为参照来放置视图，此时该平面的法线方向与定义的方向相同；如果选择“垂直轴”和“水平轴”中的任何一项，则只能选择轴线作为参照来放置视图，此时该轴线呈竖直放置或水平放置。如图 12.10 所示。不管使用平面参照还是使用轴参照都可以正确放置视图。

（3）“角度”：通过选择旋转参照和旋转角度定向视图。当选定“角度”选项来定位视图时，“视图方向”选项组上的内容将变为如图 12.11 所示。

在用户没有进行任何操作的情况下，“参照角度”列表将列出一条定向视图的参照并被选中。另外用户可以通过“角度参照”列表上方的 + 和 − 钮用来增加或删除角度参照。“旋转参照”下拉列表中有以下 4 个选项：

①“法向”：绕通过视图原点并法向于绘图页面的轴旋转模型。

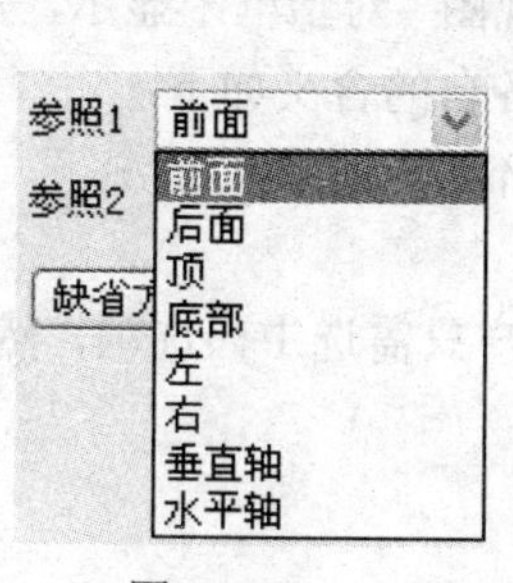

图 12.10

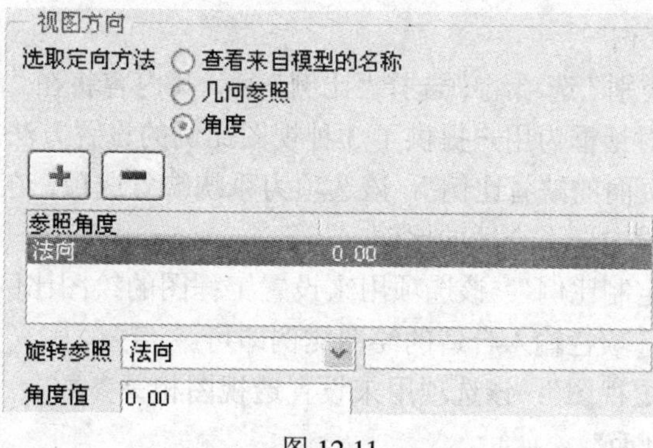

图 12.11

②“垂直”：绕通过视图原点并垂直于绘图页面的轴旋转模型。

③“水平”：绕通过视图原点并与绘图页面保持水平的轴旋转模型。

④“边/轴”：绕通过视图原点并与绘图页面成指定角度的轴旋转模型。

用户通过在绘图区中选择合适的参照，然后再在“视图方向”选项组的“角度值”栏中输入适当的角度数值，然后按 Enter 键即可。

2.“可见区域”

在“类别”选项组中选择“可见区域”后，其内容将在“绘图视图”对话框中显示，如图 12.12 所示。用户通过该对话框可以控制模型的可见区域，系统缺省为全视图，另外通过该对话框可以创建半视图、局部视图和破断视图等，如图 12.13 所示。其视图的创建方法随后介绍。

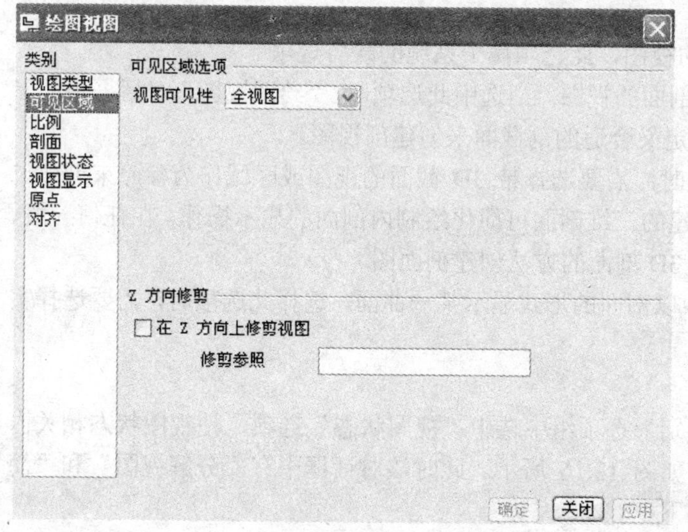

图 12.12

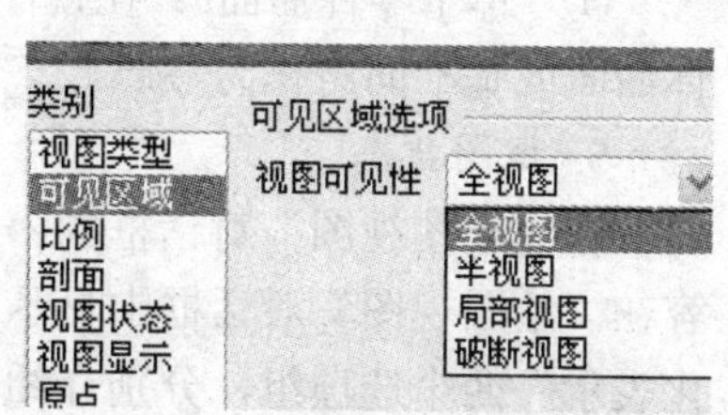

图 12.13

3.“比例”

在“类别”选项组中选择“比例”后，其内容将在“绘图视图”对话框中显示，如图 12.14 所示。该对话框为用户提供了 3 种视图比例的设置方法，其各自的含义如下：

①“页面的缺省比例”：该选项为系统缺省选项，在用户不设定比例的情况下，系统会自动为视图设定一个合适的比例。

②“定制比例”：该选项用来设置工程图的绘图比例，用户只需选中该选项，然后在“定制比例”选项栏输入合适的绘图比例即可。

③“透视图”：该选项用来设置透视图相关参数。

4.“剖面”

在“类别”选项组中选择“剖面”后，其内容将在“绘图视图”对话框中显示，如图 12.15 所示。该对话框的“剖面选项”选项组中包含 4 个选项，含义如下：

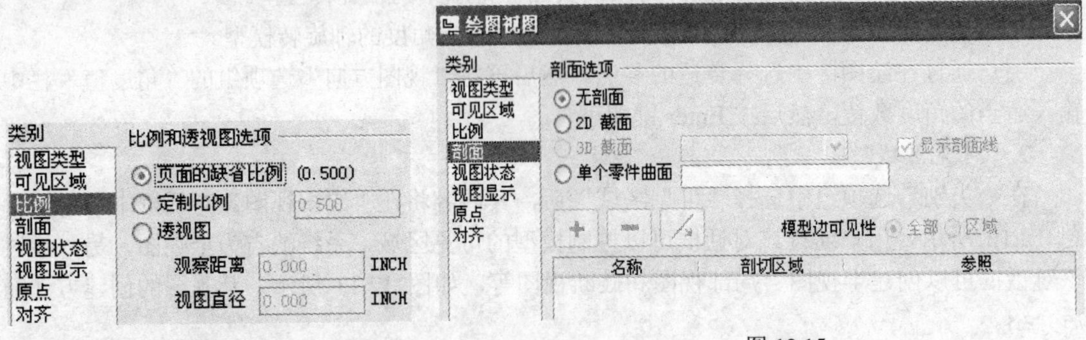

图 12.14　　　　图 12.15

①“无剖面”：创建没有剖面的视图，此选项属于系统的缺省选项。

②“2D 剖面”：创建带有二维剖面的视图。当选中此选项时，“绘图视图”对话框中的参照收集器将被激活，用户可以通过定义合适的剖截面来创建剖视图。

③“3D 剖面”：当选中此选项时，需要选择带 3D 截面的视图或区域作为参照来创建二维剖面视图。通过使用在模型中创建的三维剖面可简化绘制内剖面的显示操作。在任何一般、投影或详细视图中都可以使用显示 3D 剖面的方法创建剖面图。

④“单个零件曲面”：在视图中以剖面的形式显示某一曲面。选择此选项时，需要选择实体曲面或基准面组作为参照。

5. 视图状态

在“绘图视图”对话框的“类别”选项组中选中“视图状态”选项，使视图状态相关内容在“绘图视图”对话框中显示，如图 12.16 所示。此时该对话框中有“分解视图”和“简化表示”两个选项组，分别介绍如下：

（1）“分解视图”。

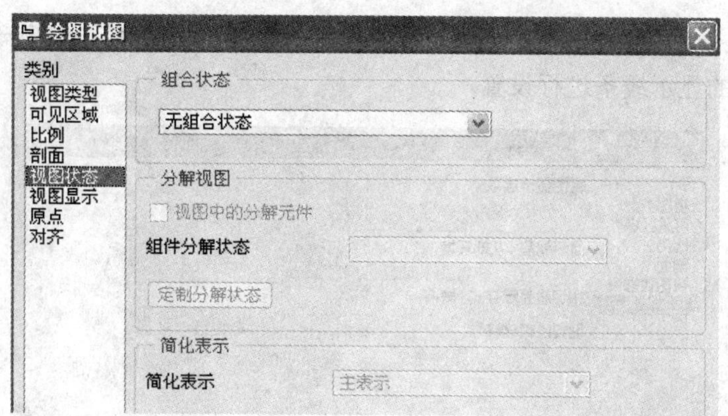

图 12.16

该选项组用来在工程图模式下创建分解视图。在工程图模式下创建组件分解视图有两种方法：

① 直接在“分解视图”选项组中勾选“视图中的分解元件”选项，然后在对话框中单击“应用”按钮，组件将以缺省方式分解。

② 先勾选“视图中的分解元件”选项，然后在对话框中单击“定制分解状态”按钮，系统打开如图 12.17 所示的“分解位置”对话框，用户可以通过该对话框定义组件视图的分解。

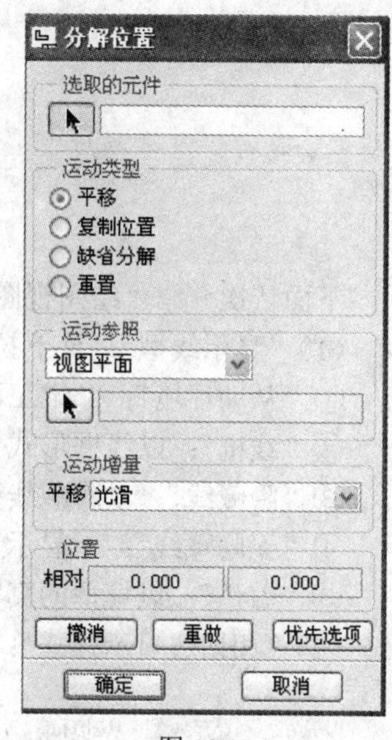

图 12.17

（2）“简化表示”。

简化表示主要用来处理大型组件工程图。随着计算机硬件的迅速发展，计算机的运行速度越来越快，在一般的设计中电脑的性能足够用户使用，然而若要对大型虚拟产品进行处理的话，我们现在的电脑性能似乎还远远不够，为了节约系统资源，在设计大型工程图时常常需要使用简化表示的方法来进行设计。Pro/E 中使用的简化表示方法是几何表示，系统检索几何表示所需的时间比检索实际零部件要少得多，采用简化表示之后，系统只检索几何信息，不检索任何参数化信息。

Pro/E 为用户提供了两种组件简化表示方法，它们分别是“主表示”和“缺省表示”。在没有给出该组件模型创建简化表示方法时，系统缺省使用“主表示”。

6. 视图显示

工程图模块缺省的视图线条虚实不分，使视图看起来相当凌乱。在工程图设计过程中，完成视图的创建后就需要对视图的线条显示情况进行设置。在“绘图视图”对话框中选中“视图显示”类别后，使其内容显示在“绘图视图”对话框中，如图 12.18 所示，用户可以通过该对话框对视图的显示线条进行设置。

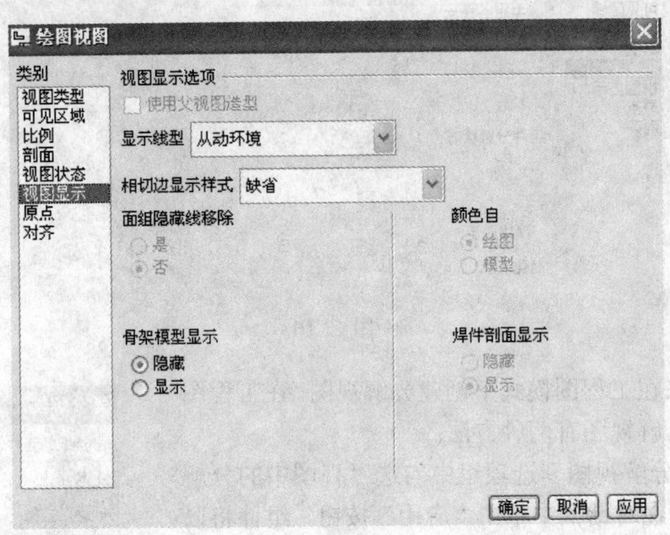

图 12.18

下面依次介绍“绘图视图”对话框中“视图显示”类别中的各项内容及其含义。

(1)“显示线型”：该下拉列表中有 5 个选项用来设定图形中的线型。如图 12.19 所示。

①“从动环境”：二维工程图的显示线型与三维模型的显示线型一致。

②“线框”：以线框形式显示所有边。

③“隐藏线”：以隐藏线形（比正常图线颜色稍浅）方式显示所有看不见的边线。

④“无隐藏线”：不显示看不见的边线。

⑤“着色”：以模型的真实感显示。

(2)“相切边显示样式”：该下拉列表中设置相切边的线条显示方式。如图 12.20 所示。

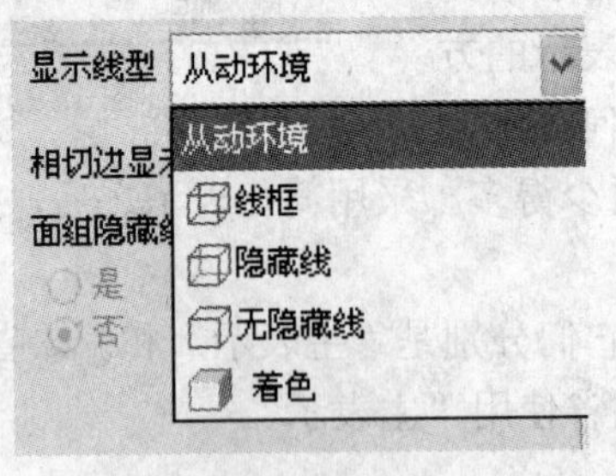

图 12.19

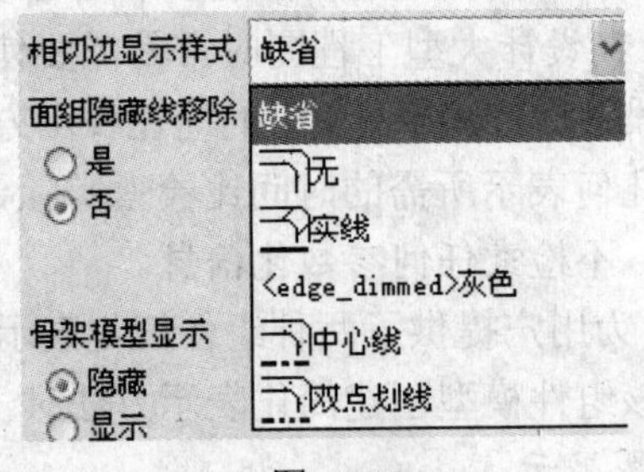

图 12.20

“缺省”：以系统缺省的方式显示相切边。

"无"：不显示相切边。

"实线"：以实线形式显示相切边。

"灰色"：以灰色线条的形式显示相切边。

"中心线"：以中心线形式显示相切边。

"双点划线"：以双点划线形式显示相切边。

（3）"面组隐藏线移除"：设置是否移除面组中的隐藏线。

"是"：从视图中移除面组的隐藏线。

"否"：在视图中显示面组的隐藏线。

（4）"骨架模型显示"：定义显示骨架模型的方式。

"隐藏"：在视图中隐藏骨架模型。

"显示"：在视图中显示骨架模型。

（5）"颜色自"：定义绘图时设置颜色的方式。

"绘图"：绘图颜色由绘图设置决定。

"模型"：绘图颜色由模型设置决定。

（6）"焊件剖面显示"：定义是否在绘图中显示焊件剖面。

"隐藏"：在视图中隐藏焊件剖面。

"显示"：在视图中显示焊件剖面。

7. 原点

在完成视图的创建后，如果用户对某些视图的放置位置不满意，可以通过调整视图的原点来调整视图的位置。在需要调整位置的视图上双击，打开系统"绘图视图"对话框，在该对话框的"类别"选项组中选择"原点"选项，使其内容显示在对话框中，如图 12.21 所示。

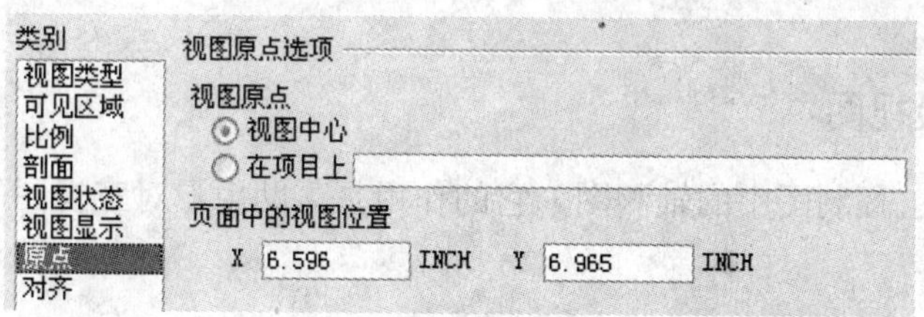

图 12.21

三种定义视图原点的方法如下：

①"视图中心"：将视图原点设置到视图中心，该选项为系统的缺省选项。

②"在项目上"：将视图原点设置到选定的几何上，选择此选项时用户需要选择几何图元作为参照。

③"页面中的视图位置"：通过输入视图原点相对页面原点的 x、y 坐标来重新定义视图位置。

8. 对齐

在 Pro/E 工程图模块中创建的工程图，视图之间存在着“父子”关系，如主视图的投影视图与主视图之间，当用户移动主视图时其投影视图也跟着一起被移动。用户可以通过在投影视图上单件鼠标右键，在右键快捷菜单中取消对“锁定视图移动”的勾选来解除主视图与其投影视图之间的这种约束关系。同时用户也可以通过定义视图对齐功能来设定视图与视图之间的位置关系。

在需要定义视图对齐关系的视图上双击，打开系统“绘图视图”对话框，在该对框的“类别”选项组中选择“对齐”选项，使其内容显示在对话框中，如图 12.22 所示。

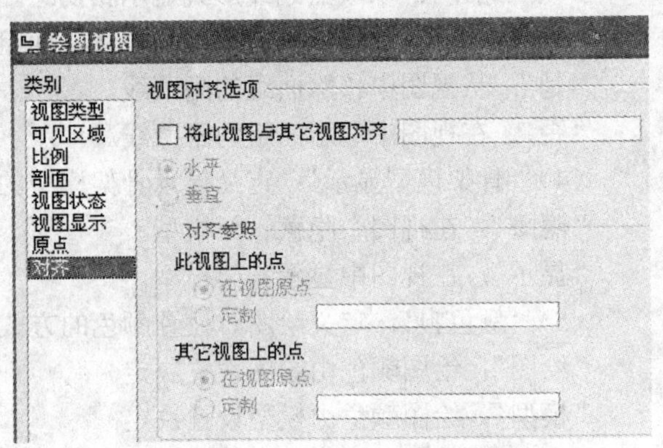

图 12.22

在定义视图对齐时，首先需要选中“将此视图与其他视图对齐”复选框，然后根据系统提示选择与其对齐的视图，该视图的名称将显示在复选框右侧的文本框中。系统提供了“水平”和“垂直”两个单选按钮供用户来定义视图的对齐方式，完成视图对齐定义后，如果与此视图对齐的视图被移动，则该视图将随之移动。

另外还可以通过“对齐参照”选项组来定义视图对齐。在此不再赘述。

12.3 创建视图

12.3.1 创建一般视图

一般视图是指工程制图中的轴测图，它的作用是帮助用户对三视图的理解。下面以实例来说明其创建过程。

实例 1：

（1）打开文件 12-1-1。

（2）在系统工具栏上单击□按钮（创建新对象），在“新建”对话框中设置文件类型为“绘图”，输入文件名称 12-1，取消“使用缺省模板”，单击“确定”按钮。

（3）在打开的“新制图”对话框中的“缺省模型”选择 12-1-1，“指定模板”为“空”，“方向”为“横向”，“大小”为 A3。如图 12.2 所示。单击“确定”后进入工程图绘制环境。

（4）在主菜单中选择“文件”→“属性”命令，在“菜单管理器”中选择“绘图选项”命令，弹出“选项”对话框，对下列选项进行如下设置。

Drawing_text_height：6

Projecting_type：first_angle

Draw_arrow_length：5

Draw_arrow_width：3

Drawing_units：mm

（5）在主菜单中选择“绘图视图”→“一般”命令，或单击“创建一般视图”按钮，然后在绘图区单击，单击的位置即为一般视图的绘制中心，同时系统打开“绘图视图”对话框。

（6）在“缺省方向”下拉列表中选择“等轴测”，单击“应用”→“关闭”，完成一般视图的创建。结果如图 12.23 所示。

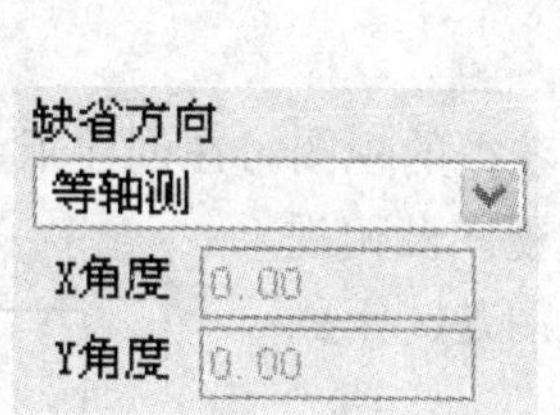

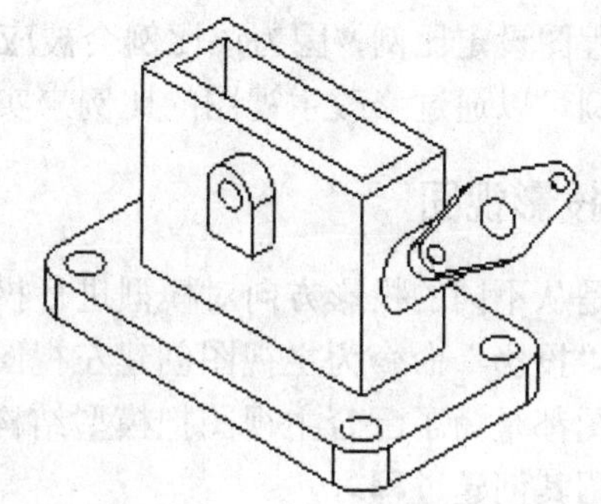

图 12.23

（7）保存并拭除文件。

12.3.2　创建主视图

主视图是用来表达零件主要结构的视图，也是 Pro/E 工程图创建过程中的第一个视图。下面通过实例介绍其创建过程。

实例 2：

（1）接上例，单击“创建一般视图”按钮，然后在绘图区单击，单击的位置即为一般视图的绘制中心，同时系统打开“绘图视图”对话框。

（2）在“绘图视图”对话框中的“视图方向”选项组中选择“几何参照”选项，接着在“参照 1”下拉菜单中选择“前面”选项，然后根据系统提示选择 FRONT 基准平面作为观察视图方向参照。接着在“参照 2”下拉菜单中选择“顶”选项，然后根据系统提示选择 TOP 基准平面作为垂直参照。完成主视图的创建。结果如图 12.24 所示。

主视图具有以下特点：

① 在不使用模板或使用空白图纸创建工程图时，第 1 个创建的视图一般为主视图。

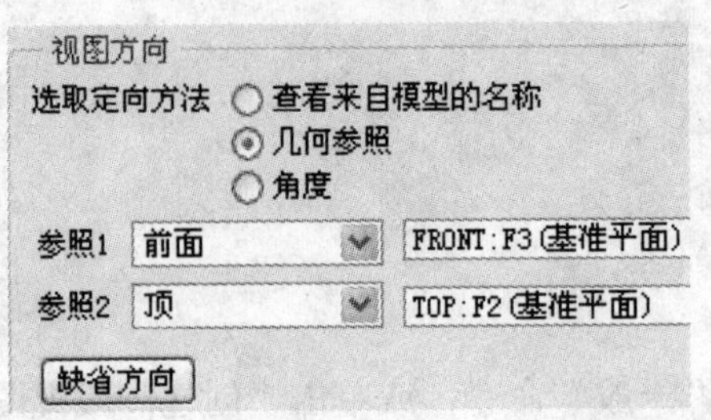

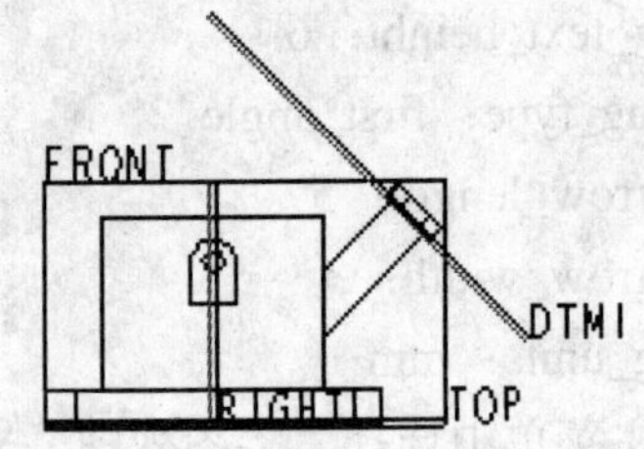

图 12.24

② 主视图是投影视图以及其他由主视图衍生出来的视图的父视图，因此主视图是唯一一个可以独立放置的视图，同时该视图不能随便删除。

③ 除了详细视图外，主视图是唯一可以进行比例设定的视图，而且给主视图设定比例也就是给整张工程图设定比例，因为该比例会被应用到整张图纸中（除了详细视图）。因此，修改工程图的比例可以通过修改主视图的比例来实现。

12.3.3 创建投影视图

投影视图是从不同的投影方向对模型进行投影后获得的视图。在创建了主视图之后，用户就可以通过“投影”命令为主视图创建左视图、右视图及俯视图等，这些视图都是为了配合主视图把模型结构表达清楚。下面通过实例来介绍其创建过程。

实例 3：

（1）接上例，在主菜单中选择“插入”→“绘图视图”→“投影”命令，此时在鼠标上附着一个黄色矩形线框，此线框只能在上、下、左、右 4 个方向上沿父视图的中心移动。

（2）根据系统提示选择投影视图的放置中心，然后在合适的位置单击鼠标即可放置该投影视图。最后创建的投影视图如图 12.25 所示。

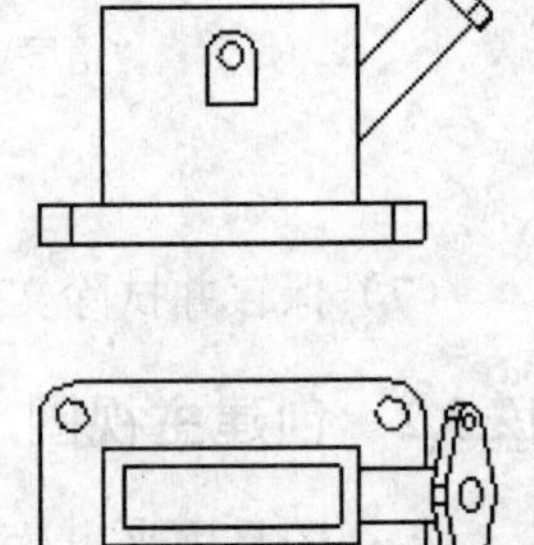

图 12.25

12.3.4 创建辅助视图

辅助视图是一种投影视图，是以垂直角度向选定曲面或轴进行投影后获得的视图，可以表达零件倾斜平面的真实尺寸和形状。如图 12.25 所示的投影视图中的腰形法兰，不能反映其真实形状和尺寸，因此应该用辅助视图来表达。下面通过实例来介绍其创建过程。

实例 4：

（1）接上例，在主菜单中选择“插入”→“绘图视图”→“辅助”命令，根据系统提示选择如图 12.26 所示的 DTM1 基准平面为参照，此时在鼠标上附着一个黄色矩形线框。

（2）根据系统提示放置辅助视图，最后创建的辅助视图如图 12.27 所示。

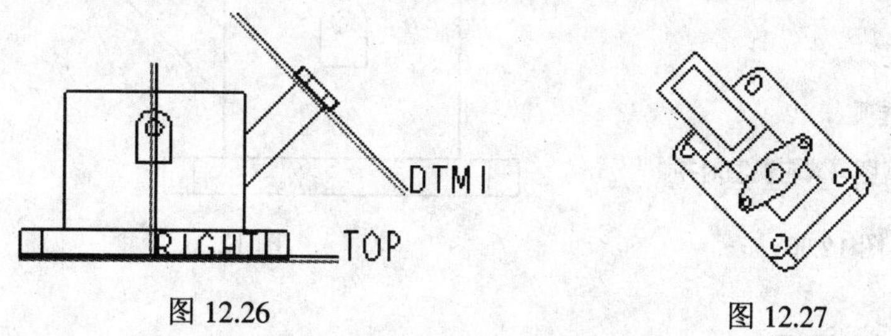

图 12.26　　　　图 12.27

提示：图 12.27 中创建的辅助视图想要表达的是腰形法兰的真实形状和尺寸。因此图 12.27 中的其余图形就没有必要表示出来。

（3）单击图 12.27 创建的图形，单击右键，在右键快捷菜单中选择“属性”命令，打开“绘图视图”对话框。在“类别”选项组中选择“剖面”，在“剖面选项”选项组中选择“单个零件曲面”单选按钮，如图 12.28 所示。

（4）选择图 12.27 中箭头所指表面，单击“绘图视图”对话框中的“应用”，结果如图 12.29 所示。

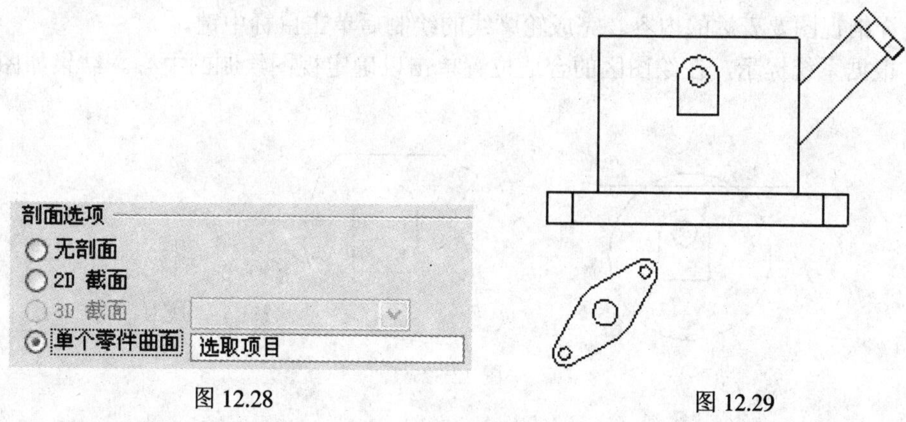

图 12.28　　　　图 12.29

（5）在“类别”选项组中选择“对齐”，在“视图对齐选项”选项组中去掉“将此视图与其他视图对齐”选项前的勾。如图 12.30 所示。单击“应用”→“关闭”，完成辅助视图的创建。

（6）单击系统工具栏中的“禁止使用鼠标移动绘图视图”按钮，单击绘图区中的腰形法兰，按住鼠标左键，将单独显示的腰形法兰图形移动到合适位置。结果如图 12.31 所示。

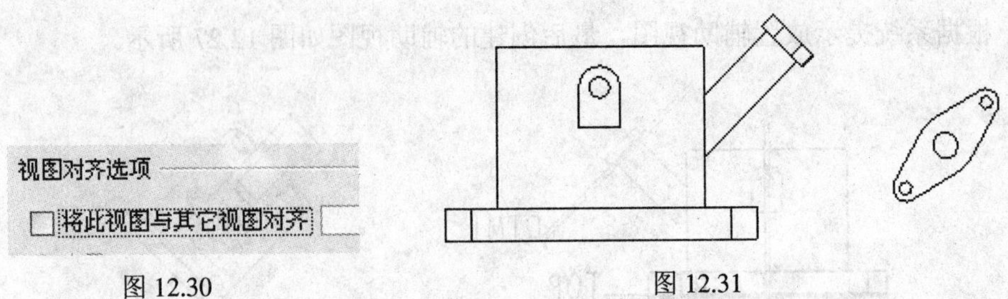

图 12.30　　图 12.31

12.3.5 创建详细视图

详细视图就是工程制图中的局部放大视图。在工程图设计过程中，为了表达清楚机件的部分结构，用大于原图形所采用的比例所绘制的图形，称为局部放大视图。用户可以根据需要给详细视图设定适当的比例。

实例 5：

（1）接上例，在主菜单中选择“插入”→“绘图视图”→“详细”命令，根据系统提示在需要查看细节位置的图元上单击，选择要创建的详细视图的中心位置。

（2）根据系统提示使用鼠标直接绘制包括需要表达细节的轮廓曲线，该轮廓曲面内部的部分就是详细视图要表达的内容。完成轮廓线的绘制后单击鼠标中键。

（3）根据系统提示，在绘图区的合适位置单击以确定视图绘制的中心。结果如图 12.32 所示。

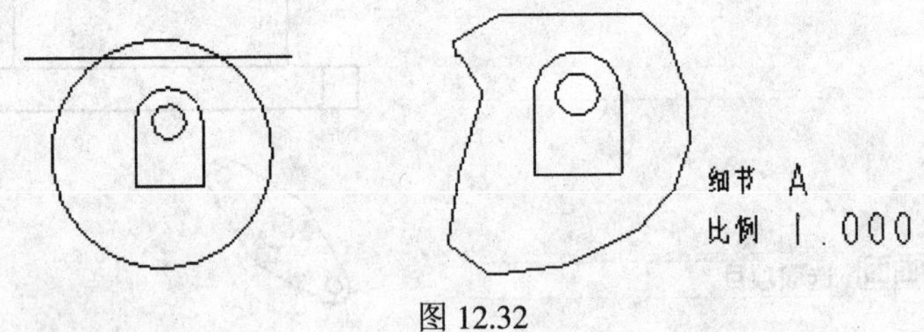

图 12.32

（4）单击完成的详细视图，单击右键，在右键快捷菜单中选择“属性”命令，打开“绘图视图”对话框。在“类别”选项组中选择“比例”，在“比例和透视图选项”选项组中的“定制比例”输入框中输入 2，如图 12.33 所示。单击“应用”→“关闭”，完成详细视图的创建。结果如图 12.34 所示。

（5）单击详细视图的注释文字，单击右键，在右键快捷菜单中选择“拭除”命令，擦除详细视图的注释文字。

提示：由于 Pro/E 工程图中的标注、注释等不符合我国制图标准的规定。因此，待全部图形创建完成后，将其导入到 AutoCAD 中进行统一处理。

（6）保存并拭除文件。

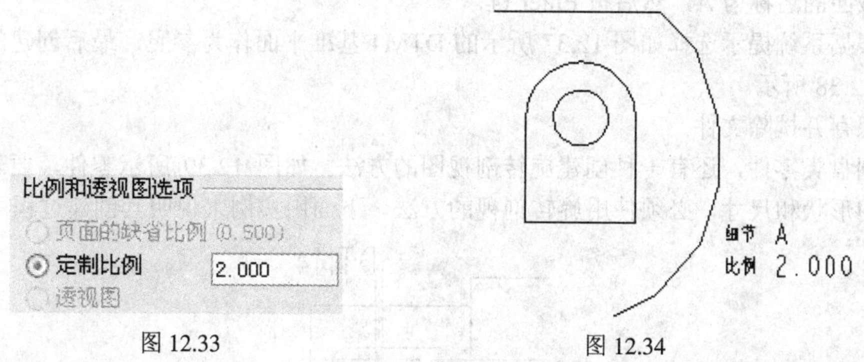

图 12.33　　图 12.34

12.3.6　创建旋转视图

创建旋转视图就是创建旋转剖视图，该视图可以是全视图也可以是局部视图。从父视图上来定义模型的切割平面，接着使用切割平面把模型切开得到剖面视图，然后绕剖面图的投影旋转 90°后获得的视图。下面通过实例说明创建旋转剖视图的操作过程。

实例 6:

（1）打开文件 12-2-1。

（2）新建工程图文件 12-2,“缺省模型”选择 12-2-1。

（3）按实例 1 的步骤（3）设置系统配置文件。

（4）在主菜单中选择“插入”→“绘图视图”→“旋转”命令，根据系统提示选择如图 12.35 所示的主视图作为创建旋转视图的父视图。

（5）根据系统提示选择绘图中心点。在绘图区的合适位置单击，选择该点作为旋转视图的放置中心点，系统同时打开“绘图视图”对话框和“剖截面创建”菜单。如图 12.36 所示。

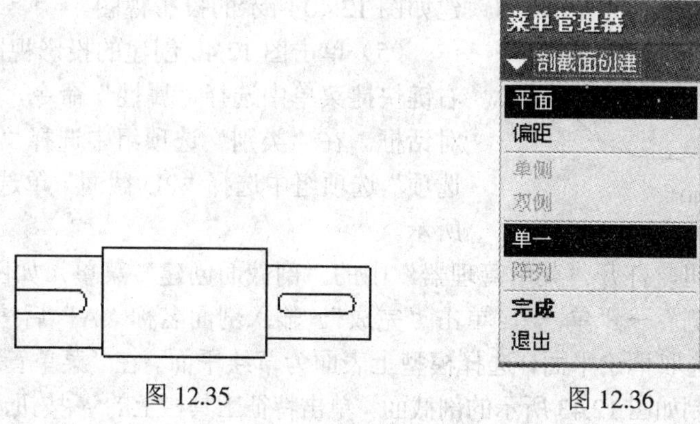

图 12.35　　图 12.36

（6）在“剖截面创建”菜单中选择“平面”→“单一”，单击“完成”命令。根据系统提示输入剖截面的名称为 A，然后按 Enter 键。

（7）根据系统提示选择如图 12.37 所示的 DTM4 基准平面作为参照，最后创建的旋转剖视图如图 12.38 所示。

（8）保存并拭除文件。

对于圆盘类零件，还有一种创建旋转剖视图的方法。如图 12.39 所示零件，要表达清楚圆周上槽的形状和尺寸，必须使用旋转剖视的方法。下面用实例来说明其创建过程。

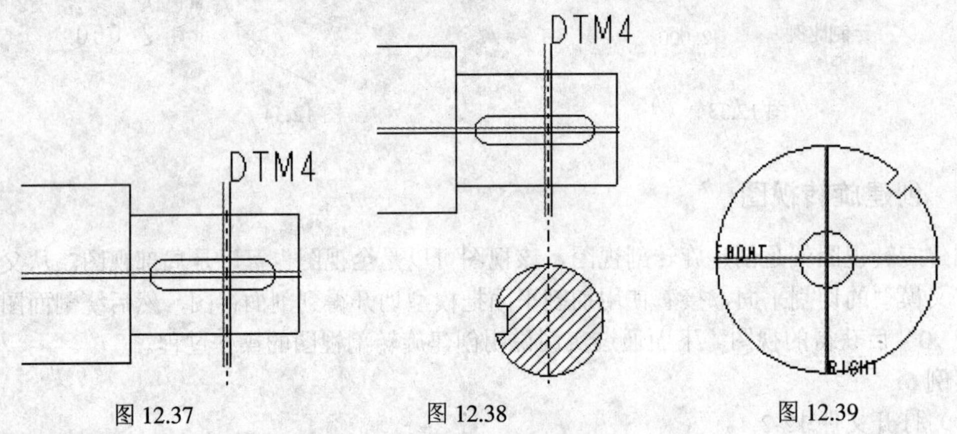

图 12.37　图 12.38　图 12.39

实例 7：

（1）打开文件 12-3-1。

（2）新建工程图文件 12-3，“缺省模型”选择 12-3-1。

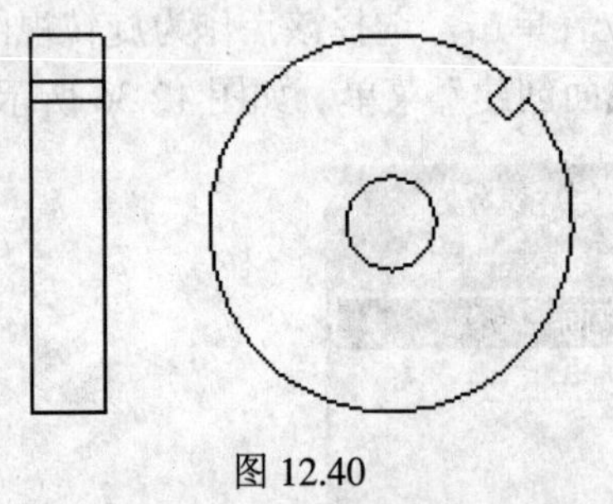

图 12.40

（3）按实例 1 的步骤（3）设置系统配置文件。

（4）首先创建如图 12.39 所示主视图。然后在主菜单中选择“插入”→“绘图视图”→“投影”命令，创建如图 12.40 所示的投影视图。

（5）单击图 12.40 创建的投影视图，单击右键，在右键快捷菜单中选择“属性”命令，打开“绘图视图”对话框。在“类别”选项组中选择“剖面”，在“剖面选项”选项组中选择“2D 截面”单选按钮，如图 12.41 所示。

（6）单击✚按钮，打开“菜单管理器”中的“剖截面创建”菜单，如图 12.42 所示。选择“偏距”→“双侧”→“单一”，单击“完成”。输入剖面名称“A”后按 Enter 键。

（7）系统提示选取草绘平面，选择模型上表面为草绘平面。在“菜单管理器”中选择“正向”→“缺省”，绘制如图 12.43 所示的剖截面。单击特征工具栏上的✔按钮，完成剖面的创建。

图 12.41

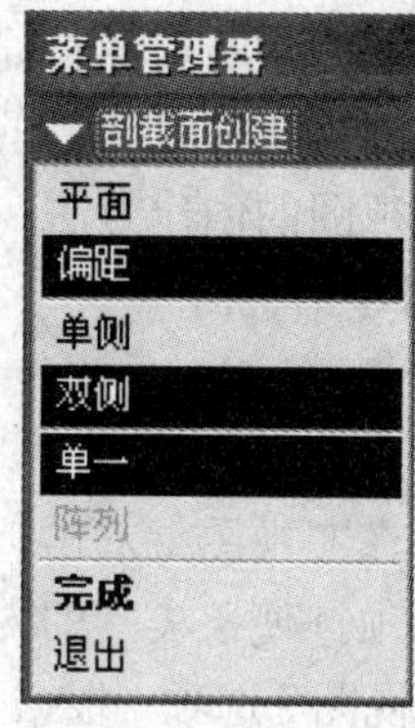

图 12.42

（8）在“剖切区域”下拉列表中选择“全部（对齐）”选项，如图 12.44 所示。按系统提示选取“A2”轴。在“箭头显示”下方的空白处单击，选取投影视图的父视图，为旋转剖视图增加箭头。如图 12.45 所示。单击“绘图视图”对话框中的“应用”→“关闭”，完成旋转剖视图的创建。结果如图 12.46 所示。

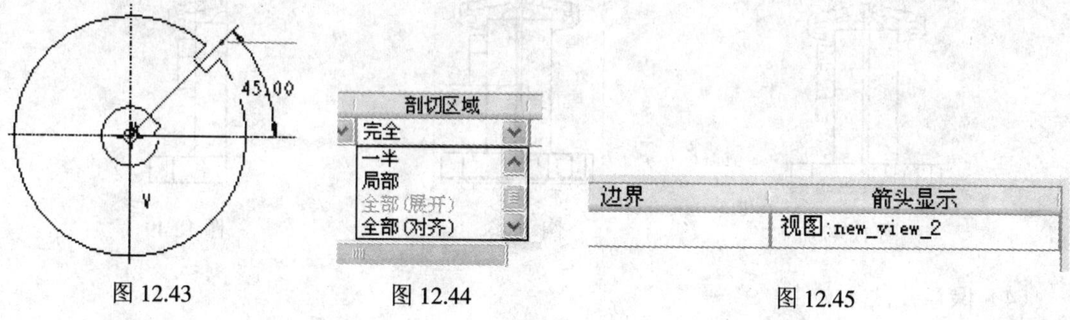

图 12.43　　图 12.44　　图 12.45

（9）保存并拭除文件。

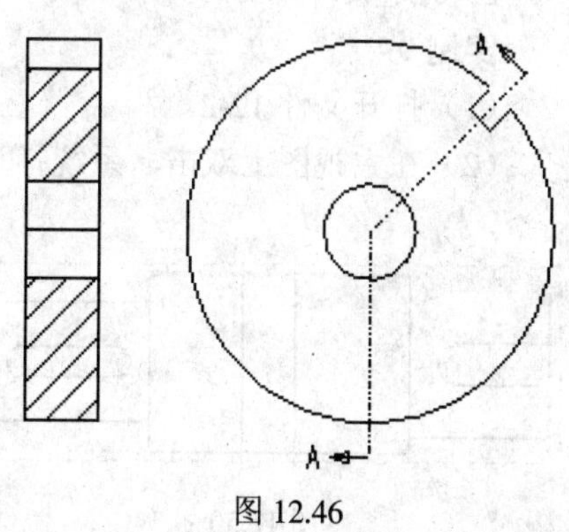

图 12.46

12.3.7 创建全视图、半视图、局部视图和破断视图

工程图的主要任务是表达清楚模型的结构，模型的结构只要在某一视图上表达清楚，则该部分内容就可以在其他视图上不再体现。全视图、半视图、破断视图与局部视图在工程图设计过程中应用广泛，通过这些视图不仅可以清楚地表达出模型的结构，而且省时省力。

全视图是系统提供的缺省选项，一般用于主视图或其他投影视图的创建。在此不再赘述。

半视图、破断视图与局部视图都是在“绘图视图”对话框中的“可见区域”设计类别中定义的，同时这 3 种视图的创建都是基于一般视图（主视图）或投影视图。下面通过实例讲述这 3 种视图的创建方法。

1. 创建半视图

实例 8：

（1）打开文件 12-1 后，创建如图 12.47 所示的左视图。

（2）在左视图上双击，系统打开“绘图视图”对话框，在“类别”选项组中选择“可见区域”选项，使该类别的内容显示在“绘图视图”对话框中。在“视图可见性”下拉列表中选择“半视图”选项，根据系统提示选取如图 12.47 所示 FRONT 基准平面作为创建半视图的参照。

（3）接着在对话框中单击按钮调整半视图保留方向如图 12.48 所示，然后在“对称线标准”下拉菜单中选择“实线”选项，结果如图 12.49 所示。单击“绘图视图”对话框中的“应用”→“关闭”，完成半视图的创建。结果如图 12.49 所示。

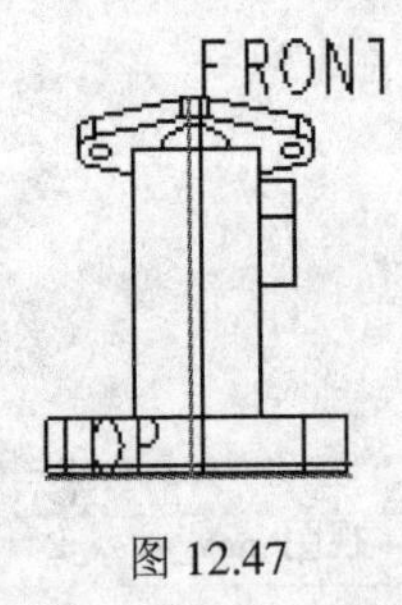

图 12.47

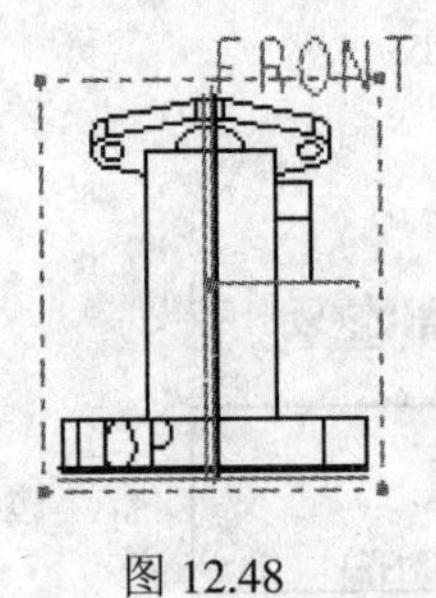

图 12.48

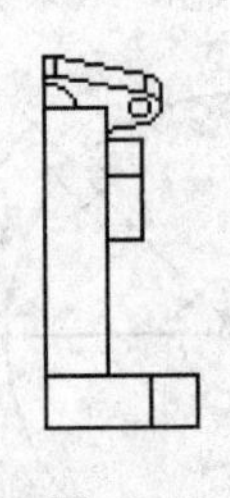
图 12.49

（4）保存并拭除文件。

2. 创建破断视图

实例 9：

（1）打开文件 12-2。

（2）在主视图上双击，系统打开“绘图视图”对话框，在“类别”选项组中选择“可见区域”选项，使该类别的内容显示在“视图绘图”对话框中。在对话框中的“视图可见性”下拉列表中选择“破断视图”选项，然后单击按钮向列表中添加一条记录。单击如图 12.50 所示参照线，拖动鼠标指针，在零件下方单击，完成“第一破断线”的绘制。根据系统提示绘制“第二破断线”，结果如图 12.50 所示。

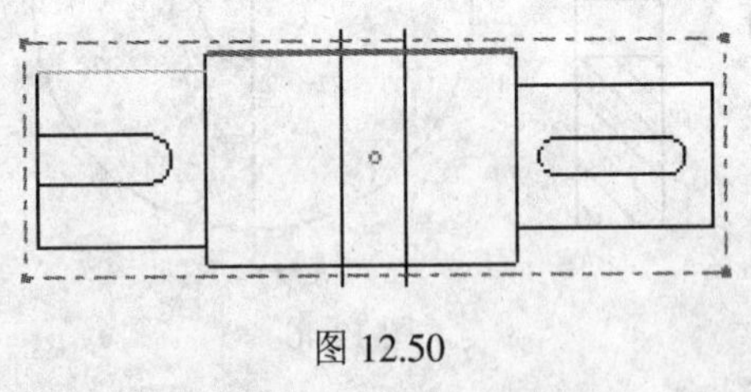
图 12.50

（3）在“破断线样式”栏的下拉列表中选择“视图轮廓上的 S 曲线”选项。如图 12.51

所示。

图 12.51　　　　图 12.52

（4）单击“绘图视图”对话框中的“应用”→“关闭”，完成破断视图的创建。结果如图 12.52 所示。

（5）保存并拭除文件。

3. 创建局部视图

如图 12.25 所示俯视图和图 12.49 所示左视图中的法兰，因为投影关系，在视图中不能反映其真实形状和尺寸，因此就没有必要在该视图中表示出来。在这种情况下，利用局部视图表达模型的形状和尺寸是比较恰当的选择。

实例 10:

（1）打开文件 12-1。

（2）在如图 12.25 所示的俯视图上双击，系统打开“绘图视图”对话框，在“类别”选项组中选择“可见区域”选项，使该类别的内容显示在“视图绘图”对话框中。在对话框中的“视图可见性”下拉列表中选择“局部视图”选项，然后根据系统提示选择局部视图边界曲线绘制参照，使用鼠标绘制如图 12.53 所示的局部视图边界线。

（3）单击“绘图视图”对话框中的“应用”→“关闭”，完成局部视图的创建。结果如图 12.54 所示。

（4）保存并拭除文件。

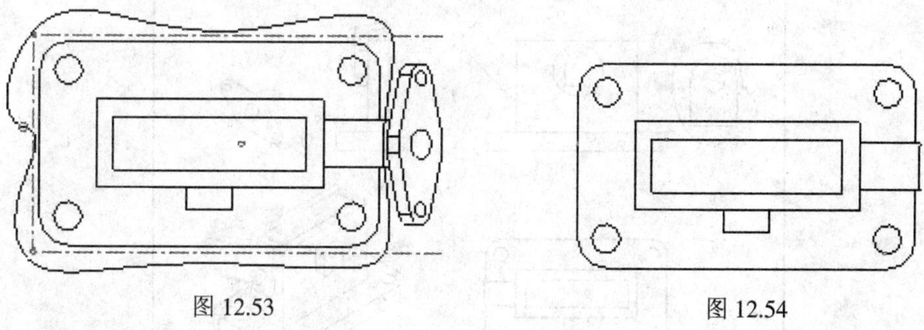

图 12.53　　　　图 12.54

12.3.8　创建剖视图

剖视主要用来表达零件被挡住的结构形状。当视图中存在虚线与虚线、虚线与实线重叠而难以表达零件的不可见部分的形状时，以及当视图中虚线过多，影响到清晰读图和尺寸标注时，常常用剖视图来表达。剖视图是使用假想的剖切面剖开零件，将处在观察者和剖切面之间的部分移去，而将其余部分向投影面投射所得到的视图。为了区别零件上的剖面与视图上的其他区域，通常需要在剖面上添加剖面线。

完成基本视图的创建后，双击需要定义剖面线的视图打开“绘图视图”对话框。在该对话框中的“类别”选项组中选择“剖面”选项，使创建剖面的相关内容在该对话框中显示，如图 12.55 所示。

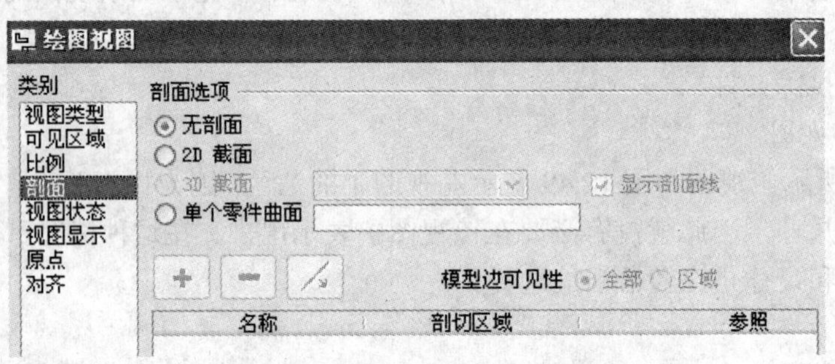

图 12.55

系统为用户创建了 3 种创建剖面的方法，在工程设计中“2D 截面”是最常用的选项，下面通过实例 11 来说明“2D 截面”的创建方法。

实例 11：创建完全剖视图

（1）打开文件 12-1，通过上述步骤创建的工程图如图 12.56 所示。

（2）现删除详细视图和半视图，经过适当调整后，得到如图 12.57 所示结果。

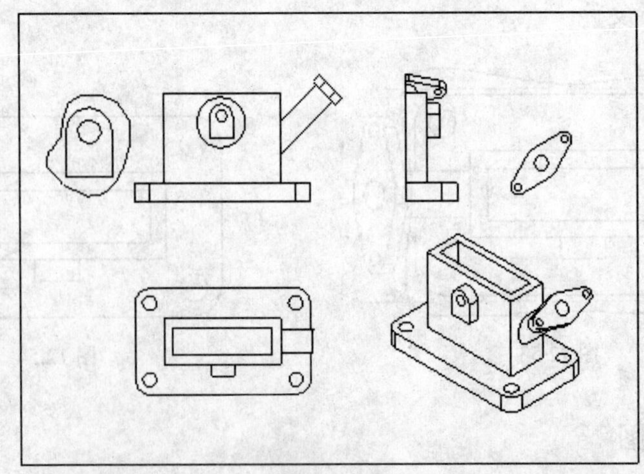

图 12.56

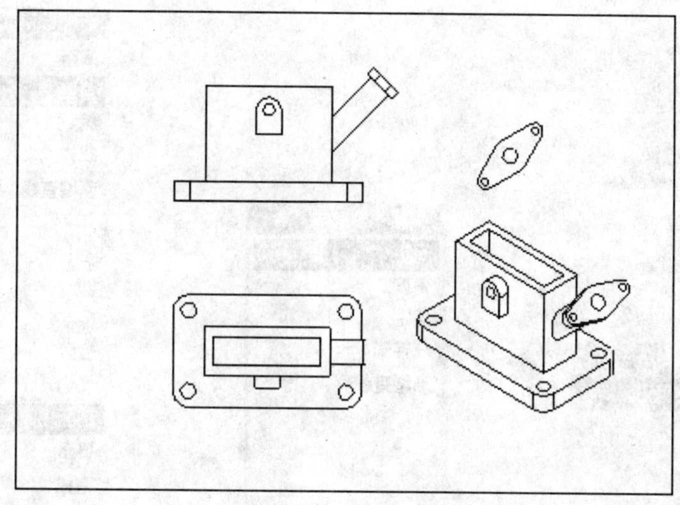

图 12.57

（3）在主视图上双击，系统打开“绘图视图”对话框。在该对话框中的“类别”选项组中选择“剖面”选项，选择“2D 截面”选项激活剖面属性列表。接着在对话框单击按钮，向剖面属性列表中添加一条记录，同时打开“剖截面创建”菜单，选择“平面”→“单一”，单击“完成”命令。根据系统提示输入剖截面的名称为 A，然后按 Enter 键。

（4）根据系统提示选择如图 12.58 所示的 FRONT 基准平面作为剖视图创建的参照截面，在剖面属性列表的“剖切区域”栏中选择“完全”选项，使用鼠标激活剖面属性列表中的“箭头显示”选项，然后根据系统提示选择俯视图，即在俯视图上创建剖切符号。单击“绘图视图”对话框中的“应用”→“关闭”，完成完全剖视图的创建，结果如图 12.59 所示。

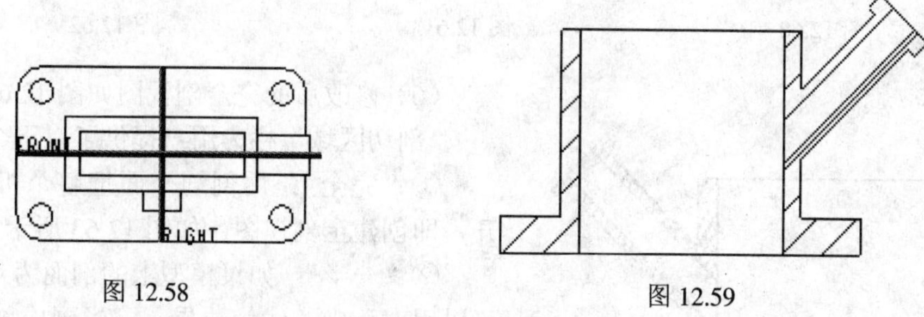

图 12.58　　图 12.59

（5）单击图 12.59 创建的完全剖视图的剖面线使其变为红色，单击右键，在右键快捷菜单中选择“属性”命令，打开“菜单管理器”的“修改剖面线”菜单，如图 12.60 所示。选择“间距”命令，在“修改模式”菜单中选择“一半”命令两次，如图 12.61 所示。选择“角度”命令，在“修改模式”菜单中选择“120”，如图 12.62 所示。

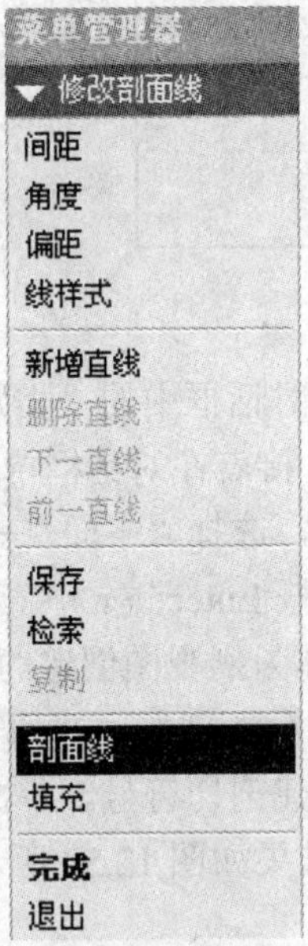

菜单管理器
▼ 修改剖面线
间距
角度
偏距
线样式
新增直线
删除直线
下一直线
前一直线
保存
检索
复制
剖面线
填充
完成
退出

图 12.60

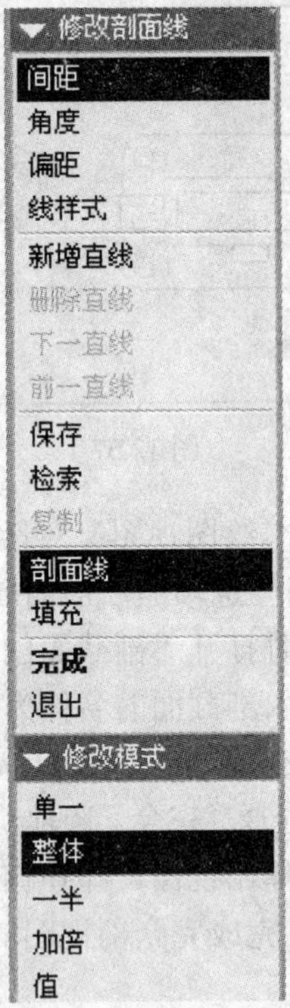

▼ 修改剖面线
间距
角度
偏距
线样式
新增直线
删除直线
下一直线
前一直线
保存
检索
复制
剖面线
填充
完成
退出
▼ 修改模式
单一
整体
一半
加倍
值

图 12.61

▼ 修改剖面线
间距
角度
偏距
线样式
新增直线
删除直线
下一直线
前一直线
保存
检索
复制
剖面线
填充
完成
退出
▼ 修改模式
单一
整体
0
30
45
60
90
120
135
150
值

图 12.62

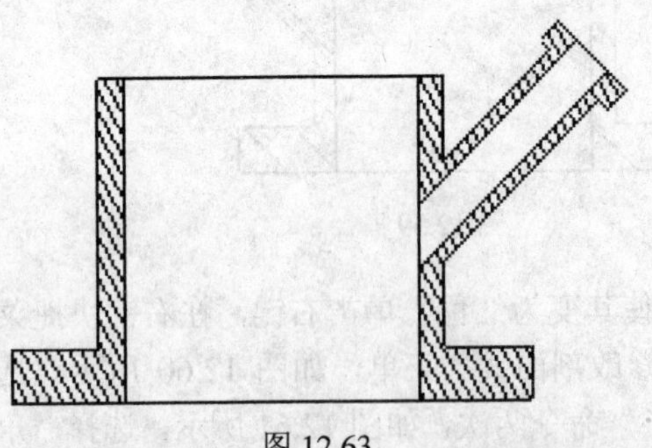

图 12.63

（6）修改后的完全剖视图如图 12.63 所示。

“剖切区域”栏为用户提供了以下 2 个选项：

①“完全”：用剖切平面把整个机件完全剖开，即创建全剖视图，如图 12.63 所示。

②“一半”：如果模型上的剖面为对称结构，可以用对称中心线为边界，一半画成剖视图，另一半画成视图。

实例 12：创建半剖视图

（1）接上例，通过主视图创建如图 12.64 所示的右视全剖视图。

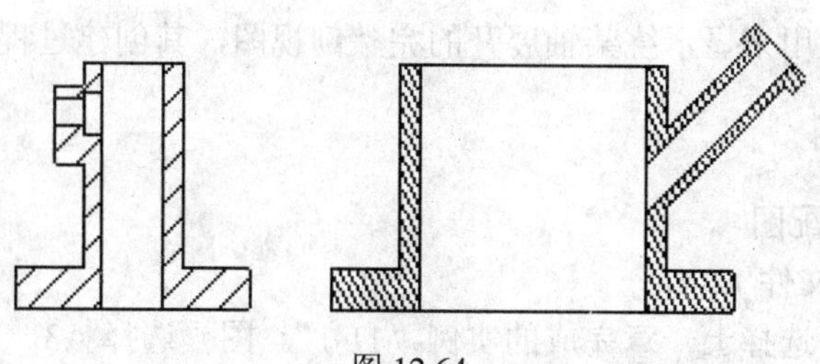

图 12.64

（2）在右视全剖视图上双击，系统打开“绘图视图”对话框。在剖面属性列表中的“剖切区域”栏中选择“一半”选项，如图 12.65 所示。根据系统提示选择如图 12.66 所示的 FRONT 基准平面作为半剖视图的参照。

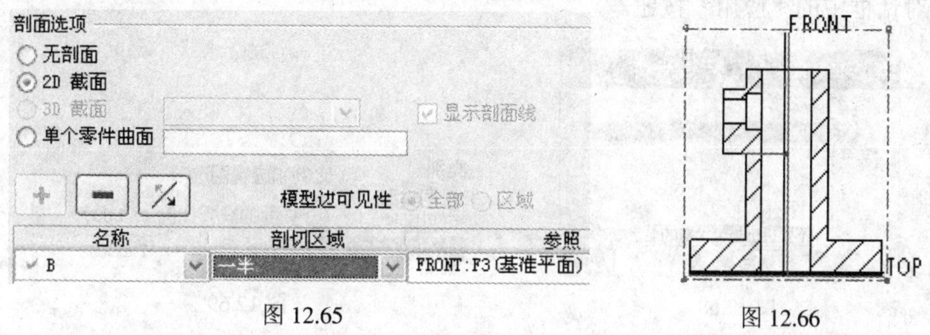

图 12.65　　图 12.66

（3）单击“绘图视图”对话框中的“应用”→“关闭”，完成半剖视图的创建，结果如图 12.67 所示。

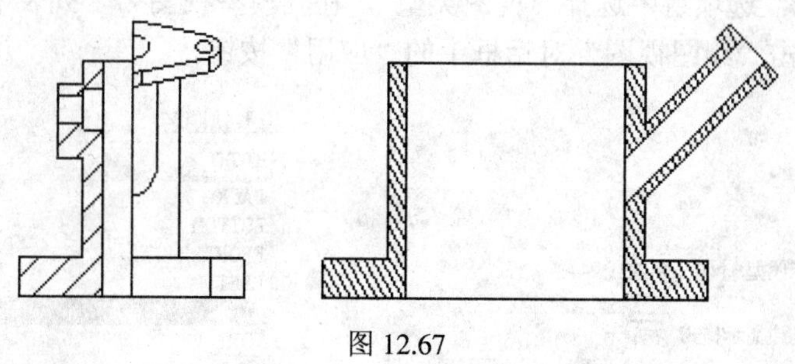

图 12.67

（4）保存并拭除文件。

“局部”：在视图上定义剖切区域来剖切模型的局部创建剖视图。其创建过程类似于局部视图的创建，在此不再赘述。

“全部（展开）”：显示一个展开的全部剖视图，使切割面平行于屏幕。由于该种视图在工程制图中应用不多，在此请读者自行研究。

“全部（对齐）”：用来显示绕某轴展开的完整剖视图，其创建过程请参考实例 7。

12.3.9 创建装配图

实例 13：创建装配图

（1）新建工程图文件 12-4。

（2）“缺省模型”选择上一章完成的实例“11-1”。图幅选择 A3。

（3）单击“创建一般视图”按钮，系统打开“选取组合状态”对话框，如图 12.68 所示。选择“无组合状态”选项后单击该对话框中的“确定”按钮，然后在绘图区单击，系统打开“绘图视图”对话框。

（4）在“类别”选项组中选择“比例”，“定制比例”为 1，如图 12.69 所示。单击“绘图视图”对话框中的“应用”按钮。

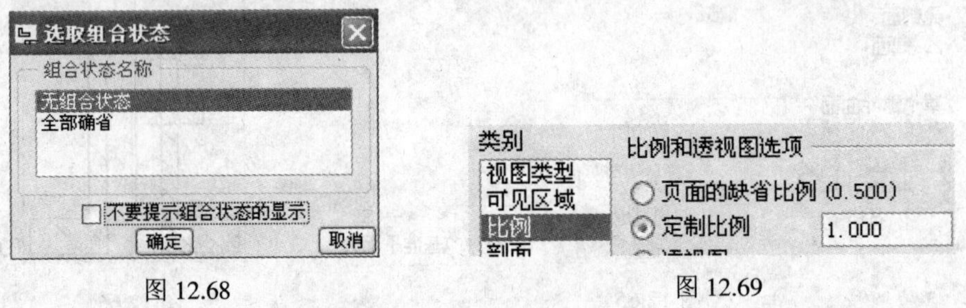

图 12.68　　图 12.69

（5）在“类别”选项组中选择“视图显示”，“显示线型”选择“无隐藏线”，“相切边显示样式”选择“无”，如图 12.70 所示。单击“绘图视图”对话框中的“应用”按钮。

（6）在“类别”选项组中选择“视图类型”，在“模型视图名”列表中选择 RIGHT，如图 12.71 所示。单击“绘图视图”对话框中的“应用”按钮。

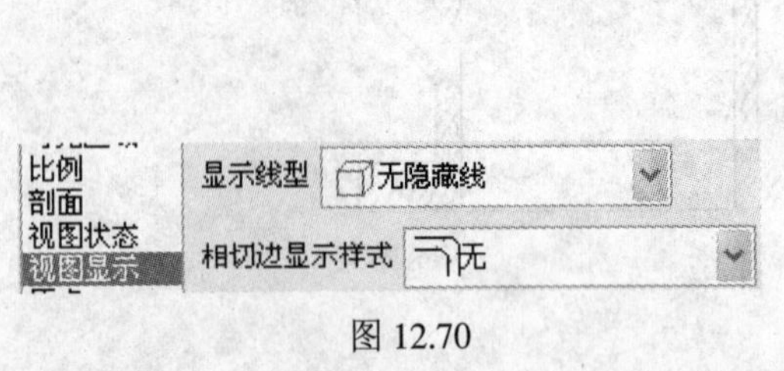

图 12.70

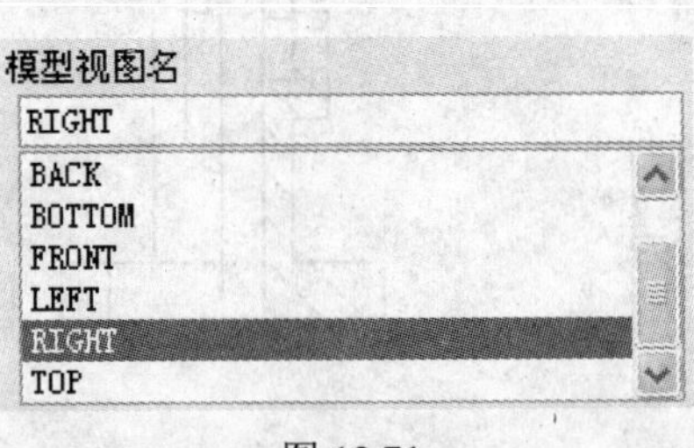

图 12.71

（7）在“类别”选项组中选择“剖面”选项，选择“2D 截面”选项激活剖面属性列表。接着在对话框单击按钮，向剖面属性列表中添加一条记录，同时打开“剖截面创建”菜单。选择“平面”→“单一”，单击“完成”命令。根据系统提示输入剖截面的名称为 A，然后按 Enter 键。根据系统提示选择 ASM-RIGHT 基准平面作为剖视图创建的参照截面，在剖面属性列表的“剖切区域”栏中选择“完全”选项，单击对话框中的“应用”→“关闭”，完成剖面的创建。

（8）选择上一步创建的剖面，单击右键，在右键快捷菜单中选择“属性”命令，打开“修改剖面线”菜单，通过“间距”和“角度”调整剖面的剖面线，如图 12.72 所示。通过“下一剖截面”和“排除元件”命令选择相应元件的剖面或删除不需要的剖面线，如图 12.73 所示。经过调整后的剖面视图如图 12.74 所示。

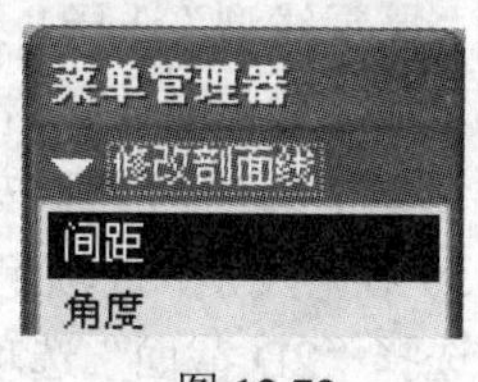

图 12.72

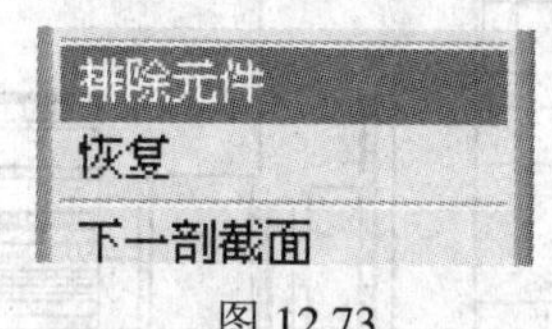

图 12.73

（9）单击“创建一般视图”按钮，系统打开“选取组合状态”对话框。选择“全部缺省”选项后单击该对话框中的“确定”按钮，然后在绘图区单击，系统打开“绘图视图”对话框。

（10）在“类别”选项组中选择“比例”，“定制比例”为 1。单击“绘图视图”对话框中的“应用”按钮。

（11）在“类别”选项组中选择“视图显示”，“显示线型”选择“无隐藏线”，“相切边显示样式”选择“无”，单击“绘图视图”对话框中的“应用”→“关闭”按钮。完成分解视图的创建。结果如图 12.75 所示。

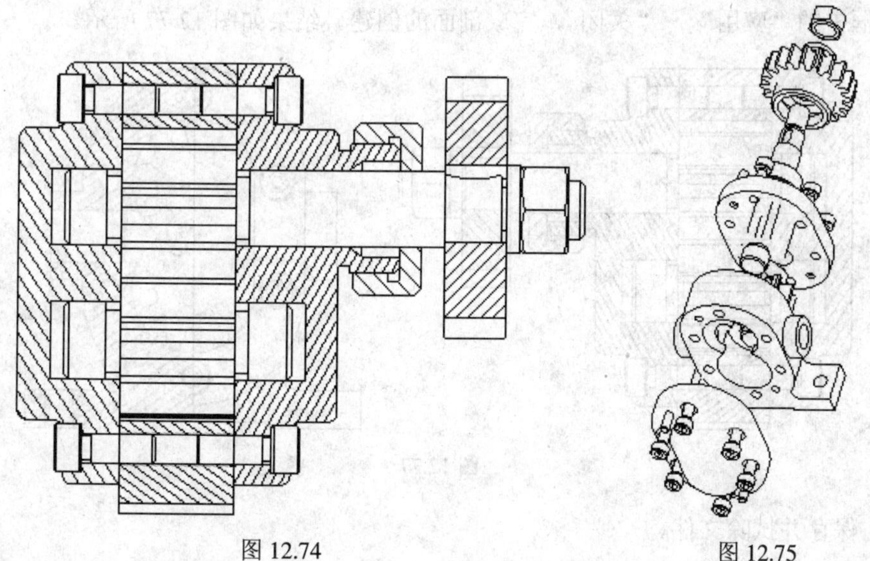

图 12.74　　　　图 12.75

（12）单击“创建一般视图”按钮，系统打开“选取组合状态”对话框，选择“无组合状态”选项后单击该对话框中的“确定”按钮，然后在绘图区单击，系统打开“绘图视图”对话框。

（13）在“类别”选项组中选择“比例”，“定制比例”为 1，单击“绘图视图”对话框中的“应用”按钮。

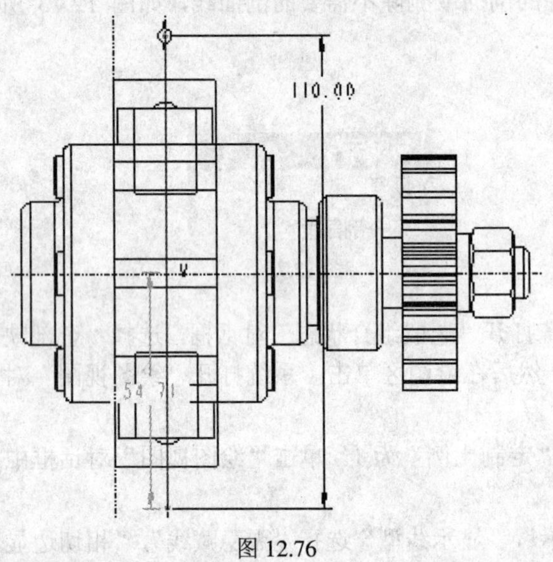

图 12.76

（14）在“类别”选项组中选择“视图显示”，“显示线型”选择“无隐藏线”，“相切边显示样式”选择“无”，单击“绘图视图”对话框中的“应用”按钮。

（15）在“类别”选项组中选择“剖面”选项，选择“2D 截面”选项激活剖面属性列表。接着在对话框单击按钮，向剖面属性列表中添加一条记录，同时打开“剖截面创建”菜单。选择“偏距”→“双侧”→“单一”，单击“完成”命令。根据系统提示输入剖截面的名称为 B，然后按 Enter 键。在绘图区绘制如图 12.76 所示的直线。单击特征工具栏上的按钮，完成草绘。根据系统提示选择 ASM-RIGHT 基准平面作为半视图创建的参照截面，在剖面属性列表的“剖切区域”栏中选择“一半”选项，单击对话框中的“应用”→“关闭”，完成剖面的创建。结果如图 12.77 所示。

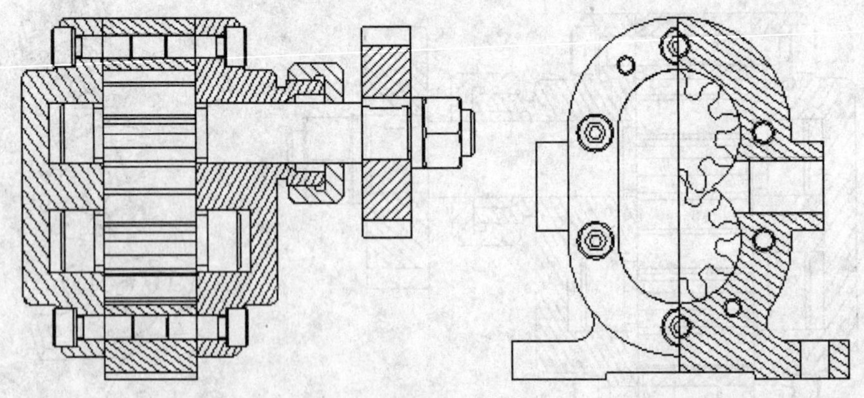
图 12.77

（16）保存并拭除文件。

12.4　图形文件互换

上述的各种操作只在 Pro/E 工程图环境中创建了工程图，而没有工程图中的诸多技术信息。在 Pro/E 中同样可以完成这些信息的创建工作，只是其操作过程略显烦琐。如果将 Pro/E 中的工程图导入到 AutoCAD 中进行编辑，那么工程图的设计效率必将得到提高。

Pro/E Wildfire 4.0 的工程图模块提供了类型丰富且多元化的图形文件格式，以便与其他同类软件进行信息交互。本节以 AutoCAD 与 Pro/E 进行文件交互为例说明其具体操作方法。

12.4.1　Pro/ENGINEER Wildfire 4.0 工程图与 AutoCAD 的数据转换

1. 导入 DWG 文件

将 AutoCAD 中创建的 DWG 文件导入 Pro/E 中，有以下两种方法。

方法 1：

（1）运行 Pro/E 软件。

（2）单击系统工具栏上的“打开现有对象”按钮，或在主菜单中选择“文件”→“打开”命令。在“文件打开”对话框的“类型”下拉列表中选择“DWG（*.dwg）”文件类型，单击“打开”按钮。如图 12.78 所示。

图 12.78

（3）在打开“输入新模型”对话框的“类型”选项卡中选中“绘图”选项，如图 12.79 所示，单击“确定”按钮。

（4）接受“导入 DWG”对话框的缺省设置，如图 12.80 所示，单击“确定”按钮，即可打开 DWG 文件。

方法 2：

运行 Pro/E 软件，新建工程图文件后，在主菜单中单击“插入”→“数据共享”→“自文件”选项，系统打开“文件打开”对话框，在“类型”列表框中选择“DWG（*.dwg）”文件类型，选择要打开的 DWG 文件，在“文件打开”对话框中单击“打开”按钮。其余操作与方法 1 相同。

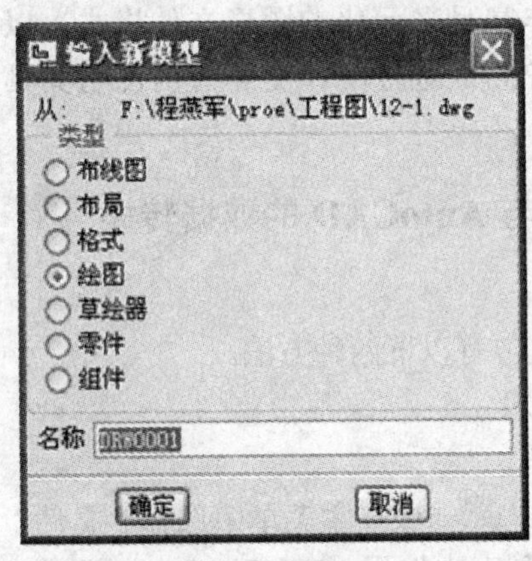

图 12.79

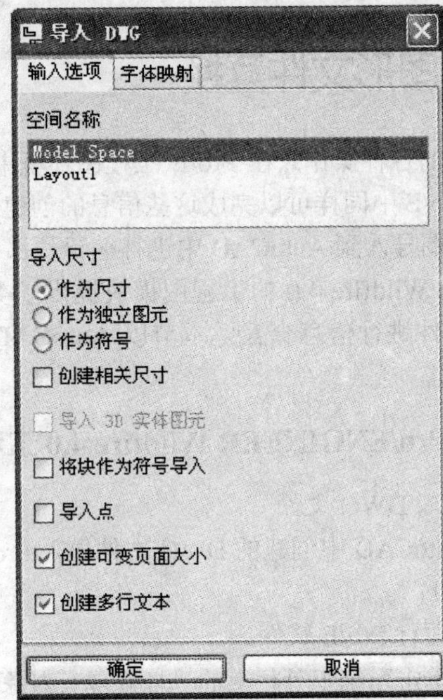

图 12.80

2. 输出 DWG 文件

在主菜单中单击“文件”→“保存副本”命令，打开“保存副本”对话框，在其中的“类型”列表框中选择“DWG（*.dwg）”文件类型，输入新建的文件的名称后，单击“确定”按钮。如图 12.81 所示。

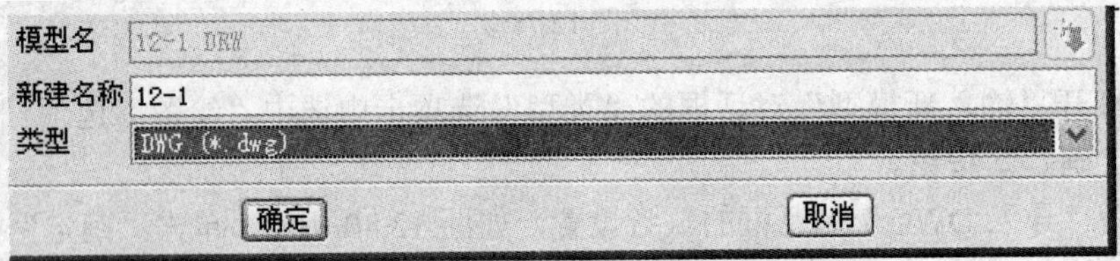

图 12.81

在打开的“DWG 的输出环境”对话框中进行相关参数设置，如图 12.82 所示。一般情况下使用系统缺省设置即可，完成后单击“确定”按钮输出 DWG 文件。

12.4.2 在 AutoCAD 中对工程图的编辑

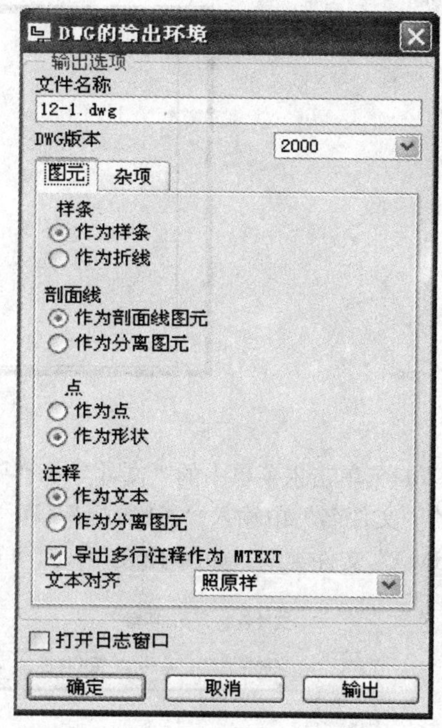

图 12.82

12.4.2.1 创建图幅模板

在利用 AutoCAD 创建工程图之前，按照国家标准设计一系列图幅模板（A0～A4），对以后工程图设计工作效率的提高会大有好处。现以 A3 图幅的创建为例讲述图幅模板的创建过程。

实例 14：创建 A3 图幅模板

（1）打开 AutoCAD（本教材使用的 AutoCAD 软件版本为 AutoCAD2004）。

（2）在软件下方的命令行内输入“Z”（ZOOM）命令，按空格键，继续输入“C”，按空格键，用鼠标在绘图区内任意一点单击，输入“200”，按回车键。完成图形界限的设置。

（3）建立如图 12.83 所示的图层。

（4）设置“汉字”和“字母与数字”两种文字样式。

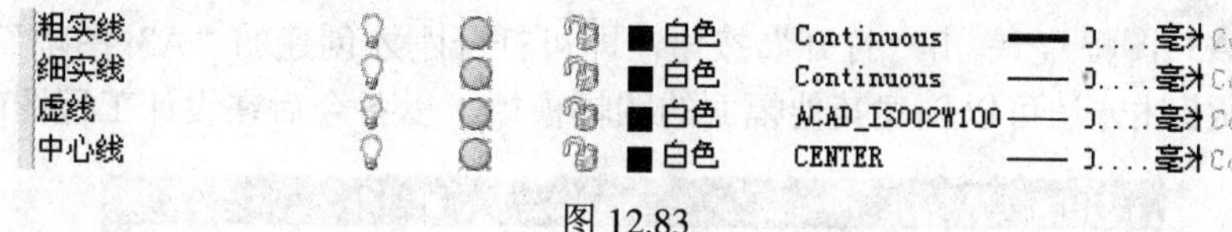

图 12.83

（5）设置标注样式。

（6）绘制 A3 图框。

（7）将 A3 图框创建为“块”，名称为“A3 图框”，插入点为左下角，并写入内存。然后将图框删除。

（8）创建标题栏（该标题栏为学生用标题栏，在实际工作中视具体情况确定标题栏的样式）。

（9）将标题栏创建为“块”，名称为“标题栏”，插入点为右下角，并写入内存。然后将标题栏从绘图区删除。

（10）通过“插入块”创建如图 12.84 所示 A3 图幅。

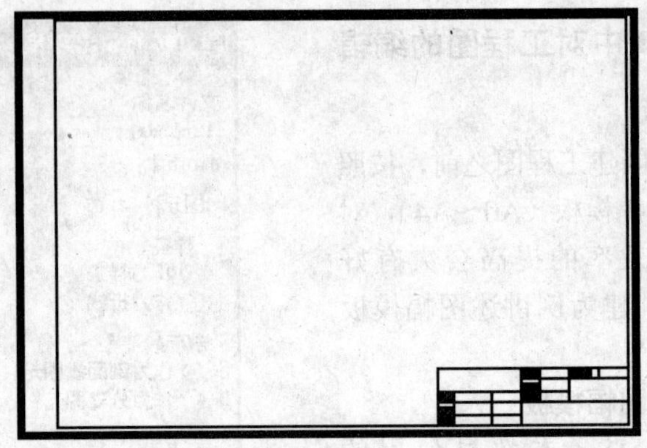

图 12.84

（11）单击主菜单中的“文件”→“另存为”命令，打开“另存为”对话框，在该对话框中的“文件名”中输入“A3 图幅”，在“文件类型”下拉列表中选择“AutoCAD 图形样板（*.dwt）”文件类型。如图 12.85 所示。单击“保存”按钮，完成 A3 图形样板的创建。

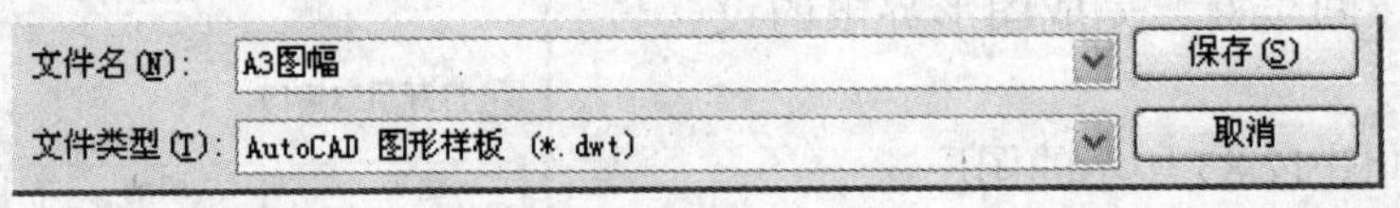

图 12.85

（12）单击主菜单中的“文件”→“新建”命令，打开“选择样板”对话框，在“名称”列表中选择“A3 图幅”，单击“打开”按钮，即可打开刚才创建的“A3 图幅”模板。如图 12.86 所示。按上述方法可以创建其他幅面的图幅模板，以备今后在设计工程图时使用。

图 12.86

12.4.2.2 创建标注符号块

在工程制图中标注工作所消耗的时间几乎占工程图设计总时间的一半以上。所以请读者一定要重视图纸标注效率的提高。其中，创建符号“块”的方法是 AutoCAD 创建标注的必经之路。在 AutoCAD 中，如果遇到用符号进行标注的问题，都是通过创建“符号块”来解决的。

12.4.2.3 创建零、组件的标注

下面以上一节实例 1 创建的文件“12-1”和实例 13 创建的文件“12-4”为例讲解用 AutoCAD 创建零、组件标注的方法。

实例 15：创建零件图的标注

（1）在 Pro/E 中打开文件 12-1，在主菜单中单击“文件”→“保存副本”命令，打开“保存副本”对话框，在其中的“类型”列表框中选择“DWG（*.dwg）”文件类型，输入新建的文件的名称“12-1”后，单击“确定”按钮。

（2）在打开的“DWG 的输出环境”对话框中进行相关参数设置，一般情况下使用系统缺省设置即可，完成后单击“确定”按钮输出 DWG 文件。

（3）打开 AutoCAD，打开文件 12-1。通过“插入块”插入“A3 图框”，结果如图 12.87 所示。

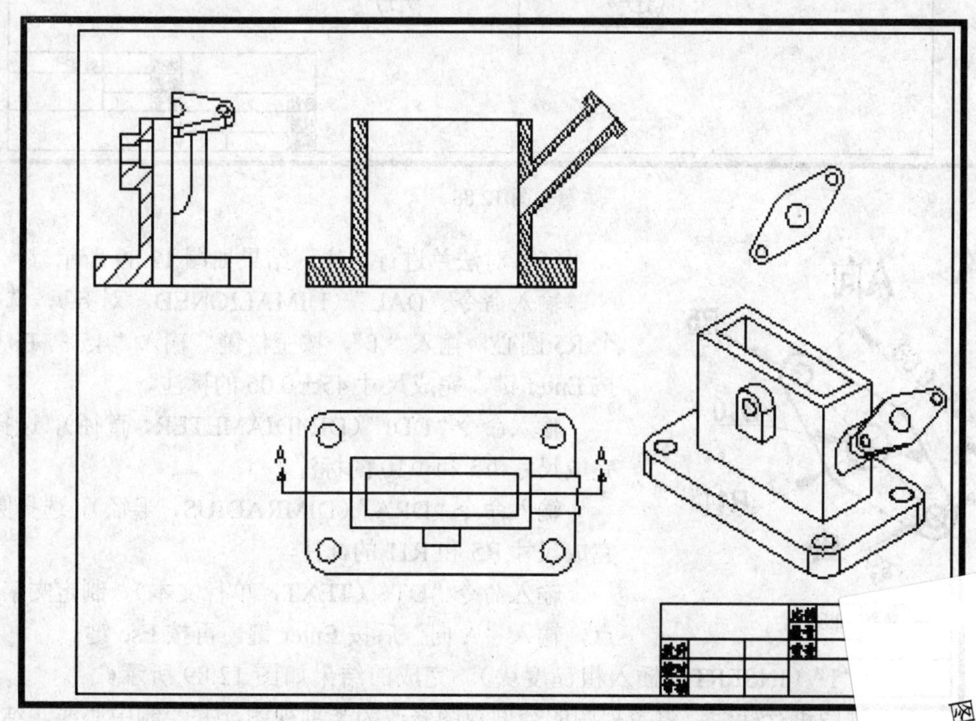

图 12.87

（4）删除轴侧图，绘制中心线并完善图形，结果如图 12.88 所示。

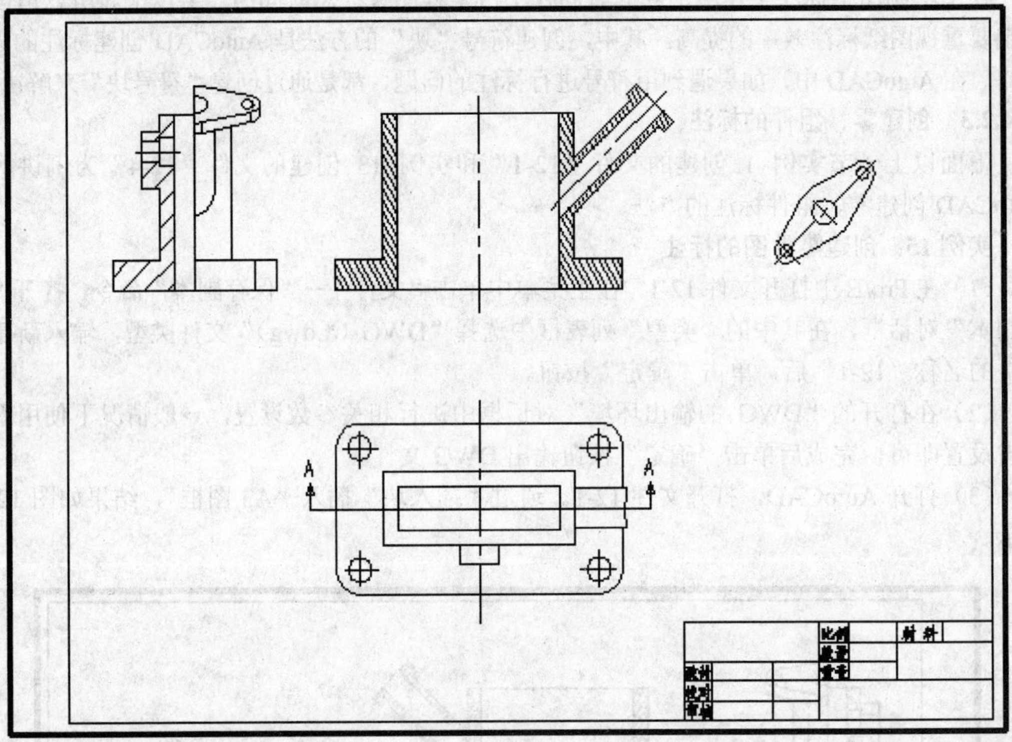

图 12.88

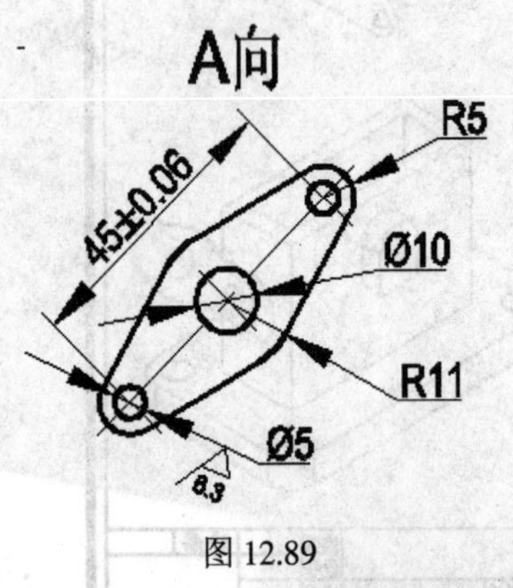

图 12.89

（5）对法兰进行标注，结果如图 12.89 所示。

输入命令“DAL”（DIMALIGNED，对齐），选择两个 R5 圆心，输入“T”，按空格键。输入“45%%P0.06”，按 Enter 键，完成尺寸 45±0.06 的标注。

输入命令“DDI”（DIMDIAMETER，直径），选择圆，完成尺寸Φ5 和Φ10 的标注。

输入命令“DRA”（DIMRADIUS，半径），选择圆弧，完成尺寸 R5 和 R11 的标注。

输入命令“DT”（TEXT，单行文本），制定文字的起点，输入“A 向”后按 Enter 键，再按 Esc 键。

输入命令“I”（INSERT，插入粗糙度块）。完成的结果如图 12.89 所示。

（6）对主视图进行标注，将主视图的全剖视图修改为半剖视图，并绘制中心线。结果如o 所示。

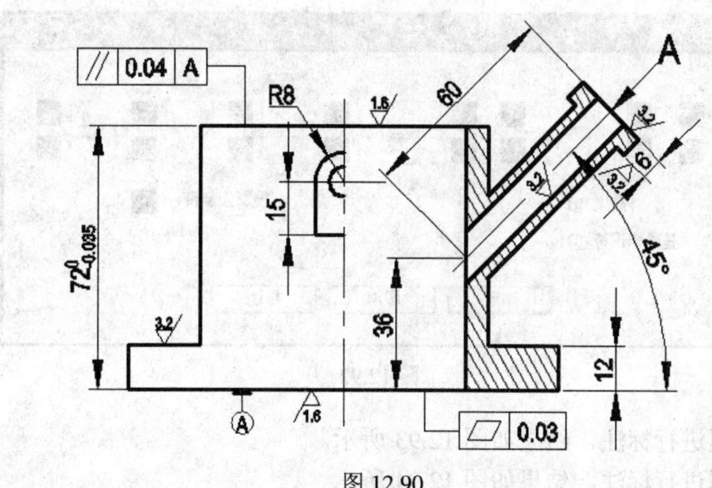

图 12.90

输入命令“DLI”（DIMLINEAR，线性），从左到右依次标注尺寸为 72、15、36、12。

在主菜单中单击“修改”→“对象”→“文字”→“编辑”，选取尺寸 72，打开“文字格式”对话框，在<>后面输入 0^0.035 并选中，如图 12.91 所示。单击“堆叠”按钮，单击该对话框的“确定”按钮，完成尺寸公差的输入。结果如图 12.90 所示。

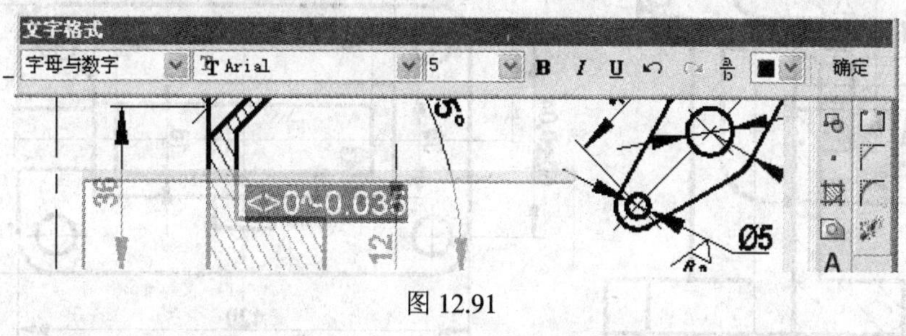

图 12.91

输入命令“DAN”（DIMDANGULAR，角度），选择两条直线，完成尺寸 45° 的标注。

输入命令“I”（INSERT，插入块），插入粗糙度块。如图 12.90 所示。

输入命令“LE”（QLEADAR，引线），输入“S”，按 Enter 键，打开“引线设置”对话框，在“注释”选项卡中的“注释类型”中选择“公差”选项。单击该对话框的“确定”按钮。按系统提示在绘图区单击 3 个点，打开“形位公差”对话框，如图 12.92 所示，单击“符号”区域，选择形位公差符号，在“公差 1”输入框输入公差数值，在“基准 1”输入框输入基准符号，单击该对话框的“确定”按钮，完成形位公差的标注。结果如图 12.90 所示。

完成各处表面粗糙度的标注和其余尺寸的标注。因为与步骤（5）的标注重复，在此不再赘述。

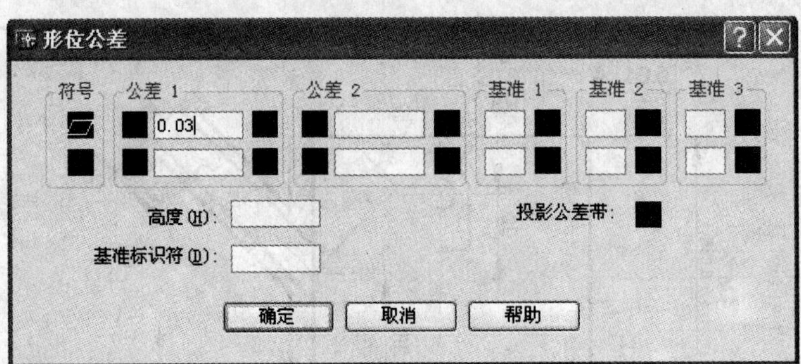

图 12.92

（7）对右视图进行标注，结果如图 12.93 所示。

（8）对俯视图进行标注，结果如图 12.94 所示。

（9）进行技术要求和未加工符号等其余标注后完成整个工程图的创建，最后完成的结果如图 12.95 所示。

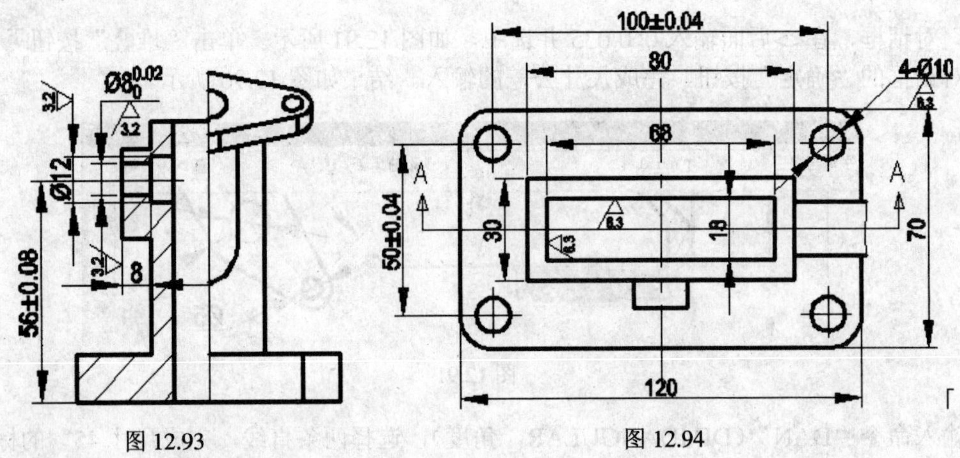

图 12.93　　图 12.94

实例 16：创建装配图的标注

（1）在 Pro/E 中打开文件 12-4，在主菜单中单击“文件”→“保存副本”命令，打开“保存副本”对话框，在其中的“类型”列表框中选择“DWG（*.dwg）”文件类型，输入新建的文件的名称“12-4”后，单击“确定”按钮。

（2）在打开的“DWG 的输出环境”对话框中进行相关参数设置，一般情况下使用系统缺省设置即可，完成后单击“确定”按钮输出 DWG 文件。

（3）打开 AutoCAD，打开文件 12-4。修改主视图为旋转剖视图。

（4）通过“插入块”插入“A3 图框”，标题栏和明细表。结果如图 12.96 所示。

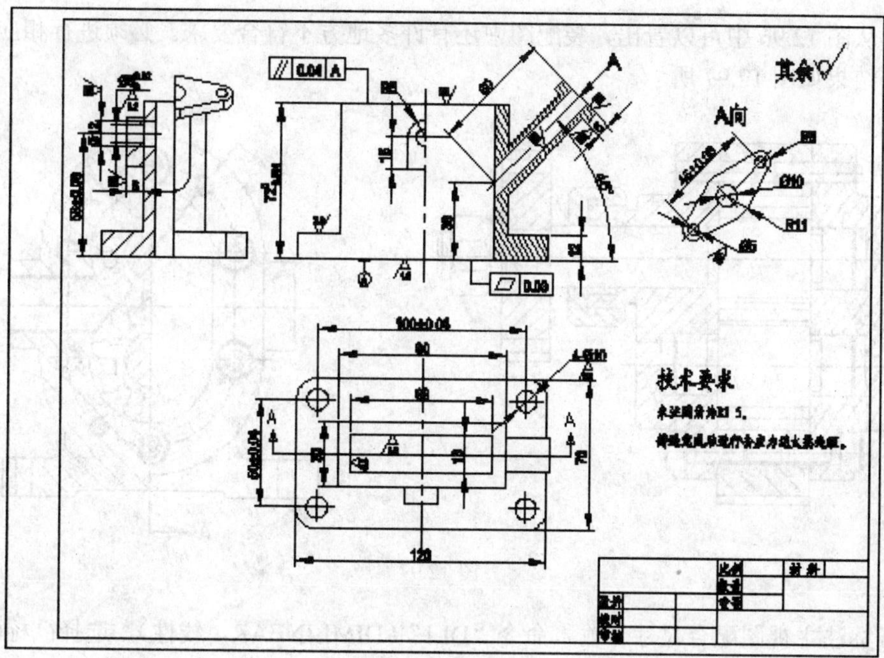
其余
A向
Ø10
R11
100±0.05
80
120
技术要求
比例
材料

图 12.95

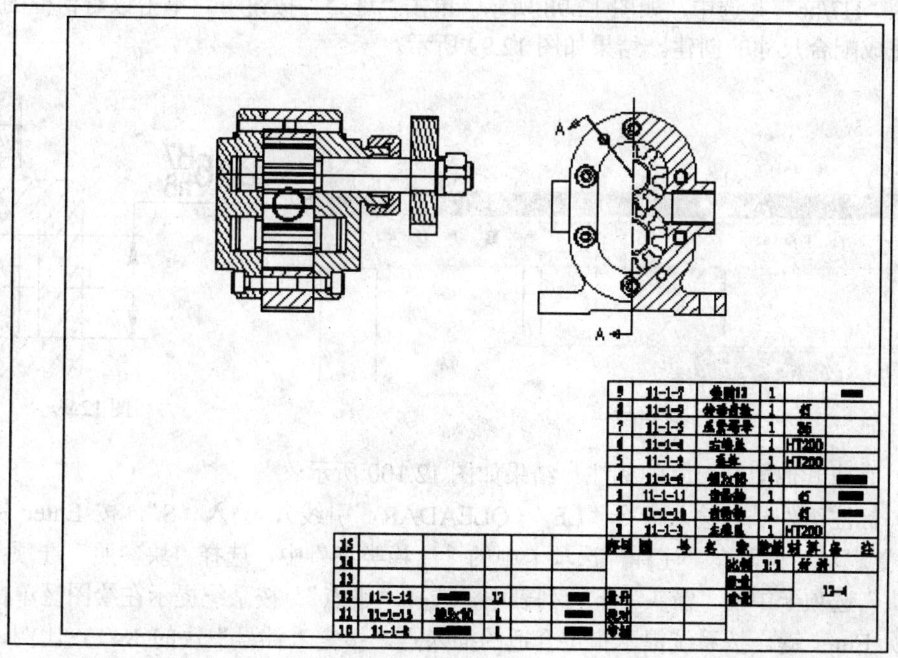
A
A
HT200
HT200
HT200
1:1
12-4

图 12.96

（5）从图 12.96 中可以看出，装配图中还有许多地方不符合要求。必须进行相应的修改。修改后的结果如图 12.97 所示。

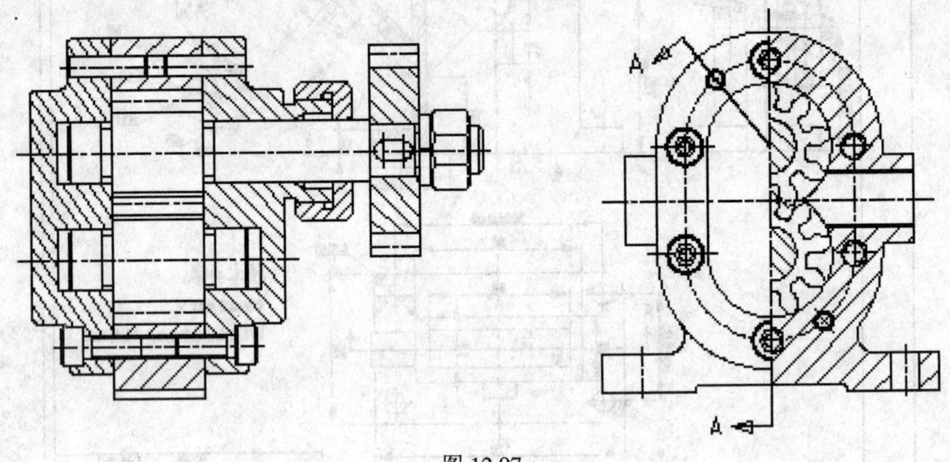

图 12.97

（6）标注主视图配合尺寸。输入命令“DLI”（DIMLINEAR，线性），选择欲标注尺寸的两个端点，输入“M”，按空格键，打开“文字格式”对话框，在<>前面输入“%%c”，在<>后面输入“H7/h6”并选中，如图 12.98 所示。单击“堆叠”按钮 $\frac{a}{b}$，单击该对话框的“确定”按钮，完成配合尺寸的创建。结果如图 12.99 所示。

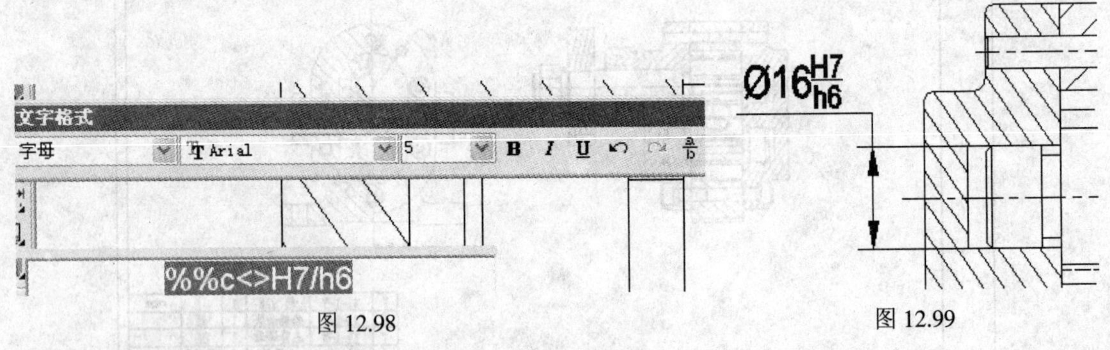

图 12.98　　图 12.99

（7）完成其他配合尺寸的标注。结果如图 12.100 所示。

（8）标注组件号。输入命令“LE”（QLEADAR，引线），输入“S”，按 Enter 键，打开“引线设置”对话框，在“注释”选项卡中的“注释类型”中，选择“块参照”选项；在“引线和箭头”选项卡中的“箭头”下拉列表中，选择“小点”。按系统提示在绘图区单击两个点后按两次 Enter 键，按系统提示指定合适的插入点，指定“件号”块的 X、Y 比例，指定旋转角度，按提示输入相应的件号，按 Enter 键。完成的结果如图 12.101 所示。

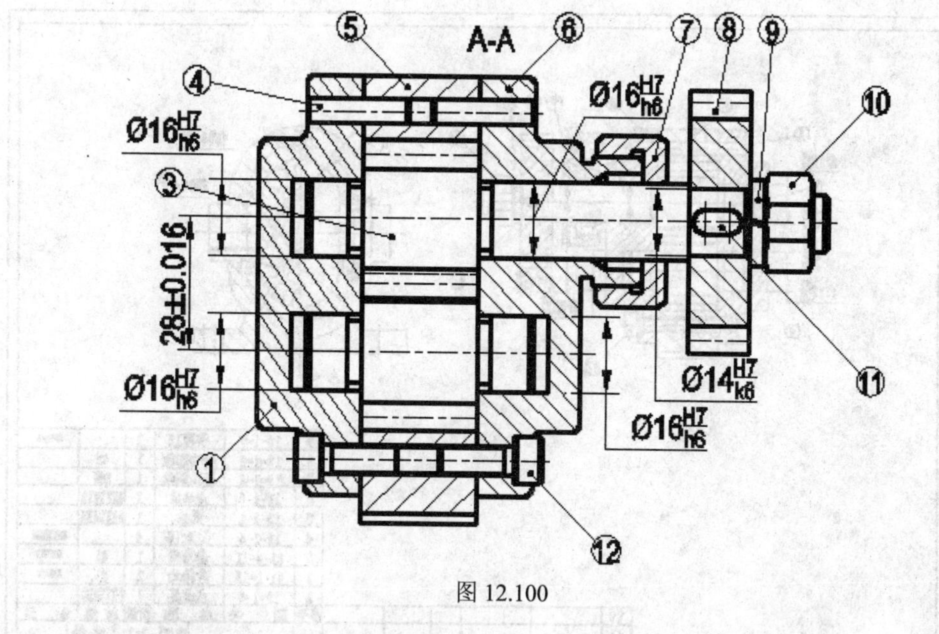

图 12.100

（9）标注左视图配合尺寸，结果如图 12.102 所示。

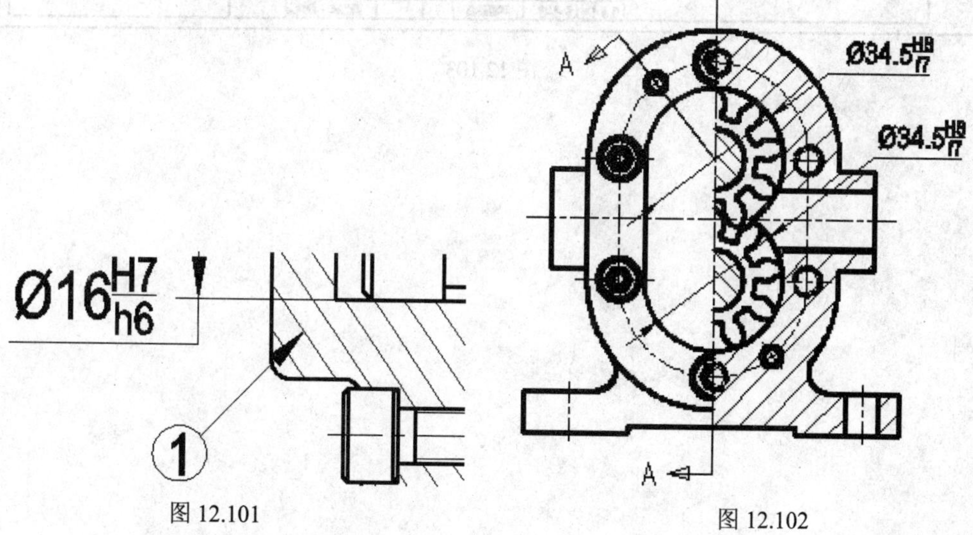

图 12.101　　图 12.102

（10）最后完成的结果如图 12.103 所示。

（11）保存并拭除文件。

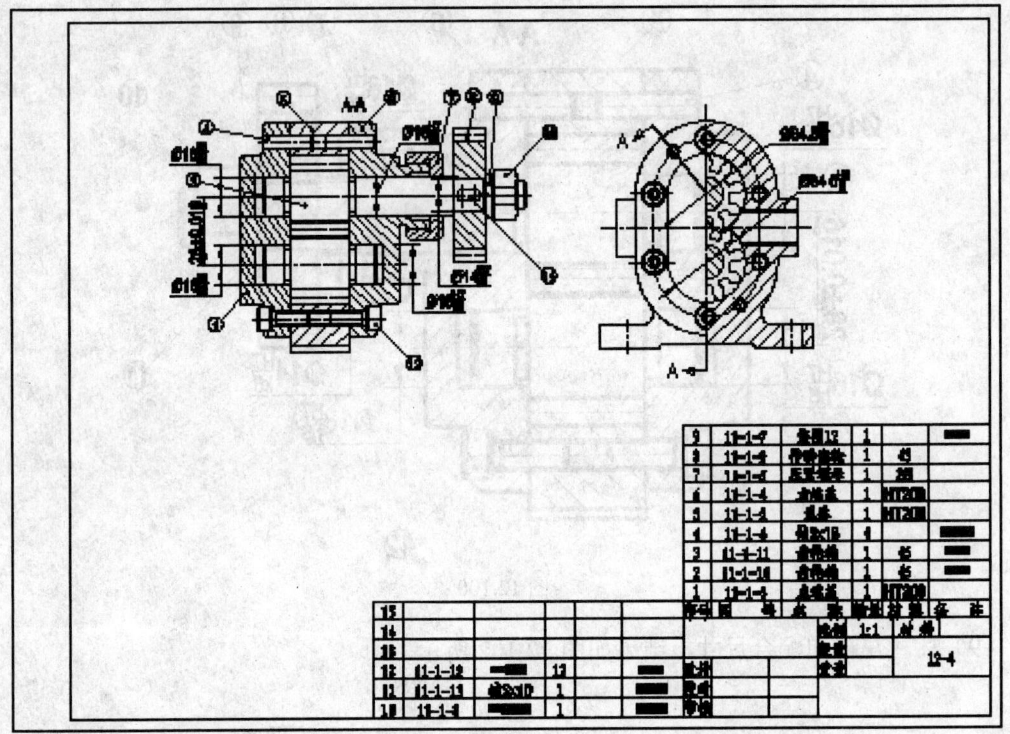

图 12.103

参考文献

[1] 韩玉龙. Pro/Engineer Wildfire 3.0 零件设计专业教程［M］. 北京：清华大学出版社，2006.

[2] 朱金波. Pro/Engineer Wildfire 3.0 工业产品设计完全掌握［M］. 北京：兵器工业出版社，北京希望电子出版社，2007.

[3] 黄圣杰，张盖三，洪立群. Pro/Engineer 2001 高级开发实例［M］. 北京：电子工业出版社，2002.